多机组飞行运行中的
人为因素

Human Factors in Multi-Crew
Flight Operations

[美] Harry W.Orlady　　Linda M.Orlady　著

黄为　等译

中国民航出版社

图书在版编目（CIP）数据

多机组飞行运行中的人为因素/（美）奥拉德（Orlady,
H. W.），（美）奥拉德（Orlady, L. M.）著；黄为等译.
—北京：中国民航出版社，2009. 3
ISBN 978-7-80110-871-5

Ⅰ. 多…　Ⅱ. ①奥…　②奥…　③黄…　Ⅲ. 飞机 - 飞行安全 -
人为干扰 - 影响因素　Ⅳ. V328. 1

中国版本图书馆 CIP 数据核字（2008）第 135882 号

责任编辑：邢　璐

中国民航出版社通过中华版权代理公司购得本书中文简体字版
权，享有全世界发行的专有权。未经许可，不得翻印。

北京市版权局著作权合同登记号：图字 01-2007-5981 号

多机组飞行运行中的人为因素

（美）奥拉德（Orlady, H. W.）
（美）奥拉德（Orlady, L. M.）　著
黄　为　等译

出版　中国民航出版社
地址　北京市朝阳区光熙门北里甲 31 号楼（100028）
排版　中国民航出版社照排室
印刷　长城印刷有限公司
发行　中国民航出版社（010）64297307、64290477
开本　787×960　1/16
印张　35. 25
字数　587 千字
版本　2009 年 9 月第 1 版　2009 年 9 月第 1 次印刷
书号　ISBN 978-7-80110-871-5
定价　120. 00 元

（如有印装错误，本社负责调换）

民航安全系列图书
编审委员会

序

由总局航空安全办公室倡导、中国民航出版社引进的安全系列图书陆续与大家见面了。这套书的原版出自英美等航空发达国家，内容涉及航空安全的各个层面，对我国民航业安全文化的研究和培育将起到积极作用，同时，对航空运输企业及地面服务与保障部门的安全管理也具有很好的借鉴意义。

安全是民航工作永恒的主题，是民航工作的头等大事。安全事故不仅使旅客的生命、财产受到损失，更影响到旅客对航空安全的信任度，影响到民航事业的长远发展。目前，我国航空运输已进入到了一个新的发展阶段，新形势、新情况对我国的航空运输安全保障能力，包括设备运行状况、保障手段和运行效率等方面都提出了越来越高的要求，而快速增长的运量则给航空安全带来更为严峻的挑战。因此，认真学习航空安全知识和管理方法，提高全员素质，不断夯实航空安全基础，从整体上提高安全管理水平已经成为摆在我们面前越来越现实的问题。

增强安全保障能力是一项复杂的系统工程，需要我们做大量的工作。它不仅需要基础设施的保障，更需要专业技术人员和安全管理人员素质和技术的支撑。在这种形势下，加大安全基础理论的研究工作，发展民航安全科学尤为重要。

本套书引进与借鉴航空大国先进的科技成果，学习其优秀的经验，弥补了我国安全理论研究与实践经验的不足，相信它将大大推动我国民航科研、管理与教学的发展，为我国与国际航空界的接轨，实现从民航大国向民航强国的跨越式发展提供理论基础的保障，对我国民航业的发展具有重要的理论价值与现实意义。

中国民用航空局副局长　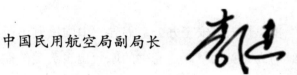

英文版序

很高兴应邀为本书作序。本书作者哈里（Harry W. Orlady）和琳达（Linda M. Orlady）既是我的同事，也是我的朋友。我与哈里和琳达的接触可追溯到我在航空人为因素领域的早期工作生涯中。我先认识哈里，他那时是联合航空 B747 的飞行员，不久之后的 1973 年，我到美国航空太空总署艾姆斯研究中心工作。哈里先前已经和本书常提到的查尔斯·比林斯（Charles Billings）博士取得联系，非常巧的是，1973 年查尔斯·比林斯博士也来到了艾姆斯研究中心。正是通过比林斯博士，我先结识了哈里，然后通过哈里认识了他的女儿琳达。

我应当为琳达事业的选择承担部分责任。在一次哈里到美国航空航天局的定期拜访中，他带着琳达。我们的交谈转到了飞行，同以往一样，我能预见下面要发生的事，我们在里德-山景（Reid- Hillview）机场用一架轻型飞机开始了琳达的第一次飞行。当时，我是飞行员，哈里在后面位子上，这个空间不如他经常所飞的 B747 飞机的座位宽敞，而琳达当时在副驾驶位子上。

琳达十分喜欢飞行。不久之后，她在俄亥俄州州立大学开始学习航空课程。她全身心投入到航空课程中，完成商业的硕士课程，专注于组织行为研究方向，后来她成为俄亥俄州航空飞行学校的一名教师。巧合的是，她成为了我女儿莎拉的飞行教师。琳达、莎拉和我都难以忘记莎拉的单飞，当时琳达是教员，我是观察员。我不确定当时谁更紧张，是初出茅庐的飞行员，教员，还是我这个父亲？许多人为因素在那天呈现。

作者主要从飞行员的视角撰写这本书，然而本书不仅仅是为飞行员而著，也不仅仅是有关飞行员的，完整地说，这是有关航空运输业和航空系统人因表现的一本书。它以实用的专业语言全面记述了影响人的效率和安全的因素，是一本能帮助理解航空运行的参考书。本书从系统的角度，讲述了系统因素如何影响人的表现，以及人的表现又如何影响系统表现（特别是安全）。

有许多有关人为因素的误解。事实上，早期在艾姆斯研究中心，许多研究人员过去一直认为人为因素就像黏糊糊的东西，模糊不清。当时对人类表现的研究倾向于主观化和定性化，缺乏客观性、定量化和机制模型研究。稍后的研究，尤其在驾驶舱资源管理研究中，心理学走在了前面。一些人把人为因素误解为是有关使人们彼此喜欢以便大家可以安全地一起飞行。然而，当您看了本书就会发现，在航空中的人为因素不是有关人们想当然的有关飞行员、空中乘务员、机械员、空管人员、签派员和其他一些成员的行动，而是有关可观察、可测量的机组的及时通告、依据通知的决定、领导才能的发挥、积极地管理疲劳和时差失调、监督、工作量的再分配、维持专业纪律、有效地沟通等等。

仔细地阅读本书，将会帮助您驱散对人为因素的通常误解，且会帮助您在航空系统中达到渴望达到的运行水平。人为因素十分重要，从大量的事故数据反映出，人的表现和人的差错仍将是各种不幸事件中的主导因素。

空客服务公司培训与人为因素副总裁

约翰·劳伯（John K. Lauber）

译者的话

人为因素是近年来国内外航空安全管理领域的热门话题，有关人为因素的书籍、论文、研讨会资料时有所见。但迄今为止，《多机组飞行运行中的人为因素》一书是我们所见到的航空人为因素领域最系统、最全面的专业书籍。该书的内容不仅限于飞行运行中与机组相关的人为因素问题，作者从航空运输业的草创期开始，以促进航空安全运行的技术发展和航空人为因素专题领域为主要脉络，全面介绍了航空业发展过程中不断产生的制造、通讯、运营和安全管理新技术，系统探讨了人、机、环境及相互关系中的人为因素问题。本书以丰富的素材、大量的事例和详尽的背景材料为突出特征，对航空人为因素以及航空安全的诸多话题进行了专业的介绍、分析、归纳和总结。该书自出版以来，得到了国际航空界的广泛赞誉和好评。这本书的内容不仅包括航空运输业、航空人为因素历史沿革和未来发展的介绍，而且对人的生理与心理、人与技术、人与组织、人与环境等人为因素问题进行了广泛、深入的探讨。这本书既可以作为民航业内教学和培训的教科书，也可作为业内外广大读者了解航空人为因素问题、查阅相关信息的参考资料。对于打算进一步研究某一专题领域的读者，本书还在各章之后提供了参考读物。

本书作者哈里·奥拉德和琳达·奥拉德是有多年商用飞机飞行经验的父女俩。父亲哈里机长，曾为美国联合航空公司效力长达 39 年。他驾驶过从 DC-3 到 B747 等 10 多种型号的飞机。作为航空人为因素研究的资深咨询专家、前美国航空安全报告系统（ASRS）的高级科学家和国际民航组织飞行安全和人为因素的专家组成员，他发表了近 100 篇专业论文，其研究领域涉及人为因素、航空安全、航空医学、地面及飞行安全培训。女儿琳达机长（B767），安全飞行记录超过 6000 小时，驾驶过 DC-10 和除 B777 以外的所有波音系列型号飞机。她既是美国飞安基金会董事会的成员，也是国际航空界公认的飞安基金会伊卡洛斯委员会（专门从事减少与人为因素相关航空事故的国际航空专家组织）的副主席。正是由于本书作者所具有的丰富飞行、教学和研究经历，才使我们得见这本将理论与实践融为一体、包含大量经验积累和学术研究成果的航空人为因素领域的精品著作。本书是航空人为因素专业研究人员两代人的智慧和心血的结晶。

本书作者奥拉德父女是航空人为因素研究领域当之无愧的专家，他们丰富的经验和渊博的知识使该书的翻译工作变得较为困难。他们旁征博引和深厚的专业造诣使各种译名考据、原名追查、资料复核的工作十分繁重。我们组织了多名译者，希望该书能早些与读者见面，但本书的翻译和统稿还是花费了近两年的时间。期间，在双休日、法定节假日的伏案之苦和一步步接近完稿的喜悦自不必细言。

本书能够翻译出版，离不开翻译小组的协作努力。本书翻译由黄为组织。引言、第一章、第二章、第二十一章和二十二章由黄为翻译，第三章至第五章、第八章由孙佳翻译，第六章由张向晖翻译，第七章由王文俊翻译，第九章至第十四章由曹海峰翻译，第十五章至十九章及附录由严琴翻译，第二十章由白福利翻译。全书由黄为、孙佳负责统稿。

尽管我们尽了最大努力，但限于译者的水平，译文和注释中错误或不当之处在所难免，敬请专家和同行不吝批评指正。

致　谢

　　十分感谢约翰·劳伯博士为本书作序。劳伯博士是航空安全和航空现代人为因素研究领域享誉航空界首屈一指的专家。劳伯博士作为航空航天心理学家和研究员，是美国国家运输委员会的杰出成员，美国达美航空公司前安全与执行副总裁，空中客车公司培训和人为因素现任副总裁。这种杰出的背景，使他能以独特的视角来理解航空运输领域中各种现代人为因素问题。

　　我们十分高兴能得到约翰·克里诺（John Cirino）的帮助。作为一名优秀的飞行员和合众航空公司（US Airways）的机长，约翰负责解释、设计、修改和丰富书中所有的图表。此外，约翰也给我们提供了对日常飞行运行的有价值的观察，并大大拓展了我们航空运输业的视野，使得本书更加出色。

　　最后感谢罗森·怀特（Lawson C. White）机长和劳夫·布罗恩（Rolf Braune）博士对本书作出的贡献。他们以永不言败的乐观精神花费大量时间来审阅本书，这种支持和努力，早已超越了友谊。作为作者，我们对本书中的错误、差错和遗漏负有完全责任。我们对怀特机长和布罗恩博士的感激之情，难以用回报、友谊来表达。

　　本书是许多人多年讨论的成果。令人遗憾的是，在以下名单中，肯定还有遗漏。他们包括：大学教授、航空医学家、航空心理学家、航空公司管理人员、航空科研人员、律师和仲裁员、航空人为因素专家、航空安全专家、航空工程师、飞行员协会成员以及来自美国和外国航空公司的飞行员同仁们。作者和他们当中许多人都有过共事的经历。他们的专业背景涉及现代航空人为因素、飞行员运行表现和航空安全多个学科的诸多方面。

　　下列名单中的每个人对我们的事业都很重要。在此列出他们，以肯定他们为本书所作出的贡献。他们是：鲍勃·艾尔可夫（Bob Alkov）、鲍勃·巴恩（Bob Barnes）、杰里·柏林（Jerry Berlin）、查理·毕林斯、南·伯耐

（Nan Burnett）、斯徒尔特·波恩斯特恩（Stuart Bernstein）、格里·布拉钦克（Gerry Bruggink）、比尔·克纳（Bill Connor）、阿斯夫·得加尼（Asaf Degani）、比尔·当科（Bill Dunkle）、伊尔洛·卡特（Earl Carter）、比尔·埃德蒙（Bill Edmunds）、德尔·法登（Del Fadden）、克雷·福西（Clay Foushee）、迪克·加布里尔（Dick Gabriel）、科特·戈雷波尔（Curt Graeber）、理查德·亥克曼（Richard Hackman）、雷克斯·哈帝（Rex Hardy）、迪克·哈勃（Dick Harper）、鲍勃·赫尔雷奇（Bob Helmreich）、迪克·詹森（Dick Jensen）、内尔·约翰斯顿（Neil Johnston）、巴博·坎及（Barb Kanki）、乔治·基德拉（George Kidera）、莱斯·罗曼（Les Lautman）、克里夫·罗森（Cliff Lawson）、杰里·雷德尔（Jerry Lederer）、丹·莫里诺（Dan Maurino）、朱迪·斯沃萨诺（Judith Orasanu）、伯特·卢森伯格（Bert Ruitenberg）、皮特·西格（Pete Siegel）、比尔·特劳伯（Bill Traub）、伊尔洛·韦恩诺（Earl Wiener）、里昂·沃拉得（Leon Wollard）、汤姆·杨（Tom Young），还有之后的比尔·爱西（Bill Ashe）、罗伊得·布雷（Lloyd Buley）、法兰克·霍金斯（Frank Hawkins）、特得·林诺特（Ted Linnert）和克朗西·塞恩（Clancy Sayen）。

引　言

　　《多机组飞行运行中的人为因素》是一本全新的书。该书以独特的视角——从飞行运行和富有经验的飞行员的角度，探讨航空运输运行中现代人为因素理论的应用及有效实施，关注新技术对航空安全和行业总体运行效率的影响。人的行为及其目标是航空运输业的重要组成部分，从业人员的安康决定了行业安全和运行效率。

　　《多机组飞行运行中的人为因素》一书，旨在向航空运行相关人员提供对航空运输业及现代航空运行中人为因素的理解和分析。本书提供的信息是职业飞行员和业内专家所熟知的，因此，这些资料对与行业相关的学生、工程师、科学家、经理、空管人员、政府管理人员以及其他关心航空飞行运行的人都具有价值。虽然以上人员的兴趣各不相同，但是他们有着相同的目标和需求，即熟悉航空运输中的人为因素及其应用。本书所讨论的航空人为因素问题，也将使希望对职业飞行员所需相关背景、信息、非技术因素、行为艺术和知识有更多了解的通用航空飞行员感兴趣。

　　本书不是针对学术研究人员或某一特定领域的详细论著——要完成相关工作，需要多部著作。作为作者，我们已经意识到，航空运输领域内专业人员有着不同需求，但我们相信，业内专业人士应该非常熟悉我们讨论的话题。我们确信，除本书外，没有任何一本书包含了我们所讨论的全部信息。我们也对那些希望对特定专题做进一步深入研究的人推荐了参考资料。

安全第一

　　本书着重强调安全，因为具有实践性的现代航空人为因素研究始于安全。人们经常讨论的运营管理及经济性，也许不属于一般人为因素研究的范畴。但正是这些因素，促使真实世界航空运营中的现代人为因素发展得以完成。

人机交互（绝不仅仅限于先进飞机或飞行员/飞机的交互）环境中的安全分支，是航空运输现代人为因素重点强调和拓展的研究领域。人机交互作用中引发的思考和所涉及的安全问题贯穿本书。本书的内容包括两个方面：一是人为因素在航空运营中的发展（包含一些具有挑战性的概念，如人机交互环境中的潜在考虑）；二是传统的运行人为因素研究（不强调人的行为因素）。

航空运输业是庞大、动态和复杂的行业。行业的规模和现实情况是讨论航空运行中人为因素的基础，我们在任何时候都不应该忘记"安全第一"，对安全问题的思考贯穿全书。在第二十章中我们对航空安全问题进行了归纳和总结，在第二十一章中我们讨论了当前航空安全面临的问题。

人为因素是侧重于应用的"核心技术"

多年以来，航空领域中的人为因素研究一直偏重于工程技术，因为航空运输业在很大程度上被认为是技术驱动型行业。以往研究的不足，是缺少现代航空运输中人为因素研究所注重的应用研究。今天的飞机，作为航空运输的技术奇迹，必须兼具运行的安全性和经济性。现代航空人为因素研究，对认知、构建和维护航空运营的安全性和有效性，起着非常重要的促进作用。

人为因素研究已经成为航空运营的"核心技术"。在航空业中，它已在很大程度上被认为是与飞机发动机、气象学、导航和通讯等技术相同的核心技术。

航空运输是一个世界性产业

航空运输业已经成为一个世界性产业。国际民航组织（ICAO），作为联合国负责航空运输业务的分支机构，引领行业达成共识——人为因素是航空运营的基本组成部分。人为因素已成为一个广泛的基础性国际化概念。我们将在第二十章——全球性安全挑战以及附录 D 中讨论国际民航组织。

所有与航空运输与技术打交道的人，都会对各技术之间存在的交互作用十分敏感。他（或她）也会发现，在全球航空运营中存在着多方面的文化差异。突破传统的思考方式，现代人为因素研究包括我们所谓的"社会环境"因素。航空运输是一个世界性产业，其中的诸多变化以及组织文化因素，都是重要的人为因素。而所有这一切，构成了现实世界中日复一日的航空运营所面临的制约与挑战。

每个行业都有其自身的发展规律。弗兰克·霍金斯曾提到，即使在1984年，还有来自一家美国大型航空公司的代表对一位国际同仁说："人为因素不过是无能的借口。"① 不幸的是，在过去几十年中，这是很多人的共同想法（见第三章——航空人为因素的发展简史）。这些早期的观点，代表了人们对人为因素认识上的偏差。我们希望能通过本书，使大家对人为因素有比较正确的认识。

《多机组飞行运行中的人为因素》一书主要取材于美国，其原因主要有三：一是获得美国数据相对容易；二是作者的美国背景；三是美国航空运输业在全球的地位。美国事故数据及相关参考资料在本书的突出地位，不能作为美国航空安全记录不良的例证，也不应给人造成一种印象——美国是人为因素研究素材的唯一来源。

我们所讨论的一些案例中的数据，特别是机体损毁事故、重大事故、伤亡人数等数据，可能会因来自不同数据库而存在不一致的现象。这些数据可能来自世界各国航空公司，也可能仅限于国际航协成员，或者只包括美国航空运输协会所属航空公司。此外，一些数据来自美国联邦航空局（FAA）、美国事故调查局（NTSB）和国际民航组织。完全理解数据所展现的问题并非易事，因为各组数据的定义很可能不同，所获数据的完整性也不尽相同。

需要说明的是，本书所讨论的人为因素基本原理适用于全球所有航空公司。大量引用波音数据及相关案例，主要因为获取这些资料相对容易，并且作者对这些素材也较为熟悉。全球范围的统计数据不包括中国和独联体（含独联体和前苏联），因从这些国家获得的数据十分有限。附录A——独联体国家及中国的安全问题——提供了这些国家航空运输业的更多信息。

标准化与互惠认证

力促航空产品标准化及各国互惠认证的努力日益增加，其目的是为了提高安全性和进出口的方便性。随着航空运输全球化发展和认证中人为因素问题的增多，相关问题正在恶化。在世界各国存在着人的、语言的和文化的差异，由此带给航空运输安全问题。对此，我们将在第六章——社会环境——中加以讨论。

---

① 霍金斯·弗兰克，《飞行中的人为因素》，第二版，Ashgate 出版社出版。

显然，航空运输没有地域疆界。本书的附录 O 将探讨多元文化运营及多国证照互惠认证的重要性。附录 O 的合作者是罗伯特·巴恩斯（Robert B. Barnes），他花了大量心血对这一重要话题进行研究。附录 O 中所提出的一些问题虽已超出了本书的研究范围，但这些是高级人为因素研究的重要领域，业内的专业人员应该对全球航空运营中的相关问题有所了解。

本书内容

第一章，"航空运输业的财富"，以回顾航空运输业运营历史作为全书的开篇。我们相信，熟悉航空运输业的历史将有助于更好的理解现代航空人为因素和航空运输业本身。过去的许多创新已成为我们今天财富中的一部分。整个航空运输业，包括技术和非技术方面，都因这些创新而繁荣发展。没有理由不相信，在未来我们能持续创新。

第二章，"航空运输业及其安全记录"，给出简略的行业安全记录的讨论以及规模和概况。这一章较早出现在书中是由于我们相信行业的规模、概况及其安全记录是必要的背景信息，帮助理解人为因素的问题和挑战，以及对航空运输业的展望。

第三章，"航空人为因素的发展简史"，简略地介绍人为因素在行业中的发展概况和人为因素在航空领域的具体研究情况，以及在航空运输领域就广义人为因素概念的重要性所达成的共识。

《多机组飞行运行中的人为因素》一书的其余部分论述了航空运输运营的基本元素和一般考虑，在第四至六章中讨论了航空运输的运行问题，第七至十三章论述了当前环境下航空运行中的一些重要考虑，在第十四至十七章讨论了其他值得考虑的人为因素。最后在第十八至二十二章中讨论了无惩罚事故报告、事故分析、一般安全问题、当前安全问题，并阐述了作者对未来行业的展望。在第二十二章中讨论了经营管理和经济效益所扮演的角色，它们是人为因素研究人员和航空工程师的研究成果得以实现的关键。

我们尝试写一本兼顾多方需求的书，使得无论是有序阅读还是有目的地阅读独立章节都成为可能。附录有所不同。他们代表了行业固有的复杂性，其中的信息是那些不太容易获得的，并且至少有一个案例中的数据和资料是我们认为很有趣但不够成熟，不能将其列入主要章节。附录 Q 是一个特殊的类别，其中列出了作者发现的特别有用的网址。互联网是不可思议的信息来源，但其信息需要核实。其中有些网站经常更新或改变。通常，他们提供了其他有用网站的链接。

通用原则

读者应该知道，本书中的"人"这个词代表的是一般意义的人。因此，除非有特别说明，它包括男性和女性。

如果必须区分飞行员和空乘，而语境中并不确切时，文章中会特别注明。如未注明，机组成员、飞行机组成员或者空勤人员等用词既指飞行机组成员，也指客舱乘务组成员。

作者的主要目标是让《多机组飞行运行中的人为因素》一书易于阅读。因此，每一章都自成一体，每一章后列出了参考文献。如果读者想就某一特定主题了解更多信息，这是很好的资料来源。为了减少读者前后查阅，我们在相关章节中重复列出了某些参考资料和文献。

目　录

缩写和缩略语表

第一章　航空运输业的财富

有动力飞行器的早期发展

本章并不打算详述航空运输业的完整历史，只想让读者对航空运输的发展轨迹和传统有一些基本了解，这将有助于对现代航空人为因素的发展及应用的理解和探究。

正如我们所知，有动力飞行器是 20 世纪的产物。绝大多数历史学家承认，有动力飞行始于机械天才怀特兄弟①。1903 年 12 月 17 日，在美国北加利福尼亚的基蒂·霍克村（Kitty Hawk）附近，他们完成了人类首次有动力飞行的壮举，世界历史由此翻开了新的一页。

航空界最早的先驱是列奥纳多·达·芬奇（Leonardo da Vinci）。他根据鸟的飞行原理设计出了飞行器的草图。500 年前他就认识到，飞行中的重中之重是安全。他在早期设计的飞行器草图中，用两根绳子捆住升降舵，以防一根绳子断开另一根能确保安全升空（J. Lederer, personal communication, 1996 年 2 月 2 日）。直到今天，所有的双翼飞机仍采用双线固定升降舵。

一项崭新的事业

多少年来，人们一直羡慕鸟能在天空自由翱翔。在怀特兄弟时代，还有许多人为实现这一梦想做出了不懈的努力，他们是法国的阿尔贝·托桑托斯·杜蒙特（Alberto Santos-Dumont）和加布里埃尔·乌瓦赞（Gabriel Voi-

---

① 怀特兄弟是真正的天才。除了制造出世界上第一架有动力的飞机，他们仅用 12 天就完成了飞机发动机的制造，他们最早构想出旋转翼螺旋桨飞机，他们是第一个飞机模拟器的制造者，他们发明了第一个飞行数据记录器（记录空中飞行距离、时间和发动机转速），并于 1913 年获得了迎角叶片自动稳定仪的发明专利。

sin）、英国的乔治·凯利（George Cayley）和海勒姆·马克西姆（Hiram Maxim）、德国的奥托·李林塔尔（Otto Lilienthal）、苏格兰的帕西·皮切尔（Percy Pilcher）、澳大利亚的罗伦斯·哈格雷（Lawrence Hargrave），以及美国的奥克塔夫·查纽特（Octave Chanute）、格伦·寇蒂斯（Glenn Curtiss）和塞缪尔·兰利（Samuel Langley）。没有他们的先驱性努力，就没有动力飞机的最后成功。他们每一次的努力都朝着成功跨出了一步，他们每一个人都对这一崭新的、发展的学科做出了有价值的贡献。

特别值得一提的是奥托·李林塔尔和乔治·凯利。19 世纪初期，凯利奠定了现代空气动力学的理论基础，并清晰的勾勒出飞机的轮廓。遗憾的是，他没能给飞机提供合适的动力装置（Moolman，1980）。李林塔尔早年在滑翔机上的开拓性工作对怀特兄弟的影响巨大，威布尔·怀特称他为"最伟大的先驱"。此外，李林塔尔还引入了"碰撞存活"的概念。他坚信，滑翔是掌握动力飞行的第一步。他在 1896 年 8 月 9 日的一次滑翔飞行中丧生。不幸的是，在他坠落时没用藤条固定身体，否则，在他触地瞬间，他设计的安全装置能吸收一些撞击时产生的能量（Lederer，personal communication，1996 年 2 月 2 日；Moolman，1980）。

怀特兄弟震惊世界的壮举并没有立即开启航空运输业的大门。那时，几乎没人相信他们是未来航空产业的星星之火。大多数早期热衷航空飞行的人认为，这种被称为飞机的动力装置，只能用来运送邮件，其主要目标是设法从政府那里获得邮件运输合同。最初的努力是为了证明在英国、法国、意大利、日本、澳大利亚和美国开展航空邮件运输是可行和适宜的。英国与其他国家有所不同，它是第一个官方批准尝试航空邮件运输的国家。1911 年 2 月，在印度阿拉哈巴德举办的一个工农业展览会上，一架飞机表演了装载 6500 封信件和明信片完成 5 英里飞行（Jackson，1982）。

第一次世界大战中飞机的使用大大提高了人们对航空的兴趣，因为飞机对地面部队是有力的补充。用飞机侦察敌情收到了很好的效果，而把飞机用于轰炸铁路、城市和其他目标，命中率却不是很高（可能由于很多炸弹是人投放的）。那时的人们，特别是那些投资者，还没有看到飞机对发展航空运输的作用。只有航空飞行爱好者们始终相信，飞机的主要用途是载运邮件。欧洲国家开创了同时进行国内和国际邮件运输的先河。

第一个定期夜间航班

在美国，要使这一正在成长的行业获得足够的支持和财务资助，需要证明飞行员能在晚上正常飞行。第一名完成定期夜班飞行的飞行员是杰克·耐特，时间是1921年2月23日，所飞航线是从内布拉斯加州的北普拉特到芝加哥。他的此次飞行，是开启美国东西海岸定期邮件运输大门的关键一步。详述这一飞行的全部过程，将使我们领略早期航空运输的艰辛。

在耐特开始他著名的夜航前一天，他执行的是从奥马哈到夏延的航班。然后，他被安排执行从北普拉特飞奥马哈。为了及时赶到北普拉特，他不得不以乘客身份搭乘航班飞到那里。而他要执行的航班在进港前又发生了一些机械故障，机械师在晚上10点44分才完成修理。当耐特半夜把飞机飞回奥马哈时，已是第二天凌晨1点10分。

在奥马哈，一场真正的危机正在上演。计划执行下一航班的飞行员因气候条件不宜飞行被滞留在芝加哥。杰克·耐特是当时在奥马哈的唯一飞行员。但之前，他从没有执行过从奥马哈到芝加哥的航班。虽然已经非常疲倦，他仍自愿继续飞。从奥马哈航站经理那里，他借到了一份奥马哈到芝加哥的公路地图。凭借这张地图，杰克·耐特创造了航空业的历史。

得梅因东部的大风雪使耐特的飞行经历了最危险的时刻。当时，耐特需要沿着铁路线寻找衣阿华城的加油站①。而大雪覆盖了铁路路轨，耐特失去了路标。在一般情况下，篝火也可作辨识城市的方向标，但在大雪弥漫时，篝火的作用也非常有限。耐特以他过硬的飞行技术，可能也靠了点运气，最终找到了衣阿华城的机场。

他到达芝加哥的时间是1921年2月23日早晨8点40分。客观地说，他飞了整整一夜。此次飞行使他立刻成了英雄，并成为航空界的传奇式人物之一。在他之后，另一个飞行员接替他，继续着被后人广为称道的历史性飞行。最后，经过33个小时20分钟，完成了从旧金山到纽约黑兹尔赫斯特的跨大陆飞行。即使用今天的标准来衡量，这一飞行时间也足够长了。在1921年，这比当时最快的火车还快65个小时（差不多等于3天）。雄心勃

---

① 早期的邮件运输飞行员经常沿着铁路线飞行。早期的邮件运输飞机的其中一个着陆灯是向下照亮的，这便于飞行员在夜间沿着铁路线飞行。

勃的第二邮政助理部长奥托·普拉格当即表示，东西海岸的直航"证明了进行商业性夜班飞行的可能性"。此次飞行使航空运输业向前迈出了重大的一步。这次飞行也震动了国会。第二天，国会以大约2:1的比例批准了125万美元的航空邮件服务拨款法案（Jackson，1982）。这项拨款为早期美国航空邮件运输业注入了急需的启动资金，使它能在美国生存发展起来。

与此同时，欧洲已开辟了到非洲、南美和欧洲内部的邮件运输航线。在美国，即使有助理部长奥托·普拉格和国家航空咨询委员会①领导下的邮政部大力提倡增加航空邮件运输服务，美国航空业的发展还只是零星的。虽然早在1922年国会就通过了航空邮件服务拨款法，但直到第一次世界大战结束，法案仍被束之高阁。刚刚起步的航空公司需要大笔资金，但国会紧缩银根，不肯拨款。那时，客运还是一片空白，政府的邮件运输合同是唯一可靠的资金来源。

美国的地理环境极大地支持了新兴航空公司的发展。开阔、广袤的美国给国内邮件运输业的持续发展提供了绝佳机遇。坐落于东西海岸的大城市和金融中心相距2500英里之遥，即使用当时最快的火车，穿越美国大陆也需要将近4天的时间，可靠的航空运输大大缩短了这一时间。

"天空中明亮的高速路"

被杰克·耐特的飞行壮举所激励，奥托·普拉格领导的邮政部的主要贡献，是证明了定期夜班邮件运输是完全可行的。1922年，一个名叫约瑟夫·马吉的工程师受雇于邮政部，研究夜班邮件运输问题。经过一年的研究，马吉建议在芝加哥和夏延之间架设指示灯，并建立应急着陆系统。夜航能力的增强，对于拟议中的跨大陆空中航路是关键性的一步。

马吉设计的主要降落地点有芝加哥、衣阿华城、奥马哈、北普拉特和夏延。每个降落点上都架设50英尺高塔，并在塔顶安装36英寸旋转灯。这些灯每分钟发射三束水平旋转光，在晴朗的夜晚，100英里以外仍清晰可见。此外，马吉还建议修建紧急着陆点。这些着陆点与正常降落地点大约相距25英里，每个紧急着陆点上也修建50英尺高塔，塔顶安装18英寸的指示

---

① 国家航空咨询委员会成立于1915年，该委员会作为独立部门管理航空。该委员会后被并入美国国家航空航天局（NASA）。NASA成立于1959年。

灯。全长 902 英里的航路上，每隔 3 英里安装一个汽灯，汽灯每分钟闪烁 150 次。同时，在主要机场安装泛光灯和围界灯。在当时运送邮件的英国哈维兰德 D. H. 4 型飞机的机翼上，也安装了着陆灯。

世界上还没有其他地方有如美国邮政部修建的灯光航路，这条航路犹如"天空中明亮的高速路"。这是历史性的技术进步，它使横跨美国大陆的航空邮件运输成为可能。邮政部的灯光航路在奥托·普拉格的继任——保罗·亨德森上校（Col. Paul Henderson）任期内得以完成。而亨德森并不热衷于航空运输，早在 1919 年他就说过："航空邮件运输只是不切实际的一股风，严肃的邮件运输工作中没有它的位置。"

当我们回顾这段历史的时候，美国邮政部和奥托·普拉格在开拓性建设航路指示灯过程中的作用都不可低估。这是一项真正具有开拓性的工作，华盛顿国会政治家们的漠然态度大大增加了工作的难度。美国陆军曾有架设哥伦布与俄亥俄州戴顿之间灯光航路的经验，但很少使用。法国也有用信号灯引导夜班飞行的经历，但仅此而已。

第一次仪表飞行

新兴的航空运输业面临很多问题。在发展初期，学会在云层和坏天气里驾驶，是对飞行员的一项基本要求。他们需要证明自己完全可以靠仪表飞行，但有少数飞行员却无法做到这一点。对于今天的飞行员，完全依靠仪表飞行的能力已司空见惯，但那时并不是每个人都具备此项能力，一些飞行员无法掌握这项现代飞行员的必备技能。在航空运输业发展的起步阶段，适应环境变化的能力，是对飞行员的绝对要求。对飞行员灵活性和适应性的要求持续到今天。

在驾驶舱完全被云雾包围的情况下，美国航空兵团（United States Air Corps）的飞行员詹姆斯·杜利特尔中尉（Lieutenant James H. Doolittle）证明了完全靠仪表飞行的可能性。1929 年 9 月 24 日，在一次测试飞行中，仅由他完成在长岛米切尔场（Mitchell Field, Long Island）的起飞和落降，而在整个空中飞行过程中驾驶舱完全被蒙住。杜利特尔中尉的空中飞行全程由包含三项技术创新的仪表引导：一个柯尔斯曼（Kollsman）精准高度表、一个斯佩里罗盘（Sperry Gyrocompass）和一个斯佩里人造水平仪。他还使用了专用无线电接收器。这次仅持续了 15 分钟的飞行，证明不依靠外界可视参照物完成飞行是可行的。由航空促进委员会（the Promotion of Aeronautics）的 Daniel Guggenheim 基金资助，在随后的一年中对此进行了大量的研究。对挣扎中的航空公司，此次飞行是富有积极意义的里程碑。Doolittle 的飞机现在被保存在美国国家航空航天博物馆。

草创行业取得的具有积极意义的进步

很多人认为世界第一家定期客运航空公司（从 St. Pertersburg 到 Tampa 航线）在 1914 年 1 月 1 日开始运营（Jackson，1982）。

图 1.1　第一家航空公司

资料来源：Encyclopedia of Propeller Airplanes 第 2 页，Gunston，1980

不幸的是，在历经一个有希望的起步后，这家新航空公司因春季旅游旺季结束而关门，此后没有再经营。几乎在同时，SCADTA 航空公司在美国南部的哥伦比亚的两大城市之间从事邮件和旅客运输。SCADTA 航空公司的水上飞机沿着河流飞行，把城市间的陆地旅行时间从几天缩短到几小时。一些人认为，事实上 SCADTA 航空公司是第一家经营定期航班的客运航空公司。

被选择的工具

有些具有讽刺意味的是，尽管第一架有动力飞机产生于美国，并且有着运营第一家定期客运航空公司的良好口碑，真正具有积极意义的航空运输业的早期发展，却出现在欧洲而不是美国。第一次世界大战的炮火和炸弹使欧洲很多铁路运输轨道被毁，原先十分繁忙的运输线路处于瘫痪状态。一些欧洲国家有连接偏远殖民地的线路。铁路和轮船联运所花时间多于航空运输。随着欧洲结束战争，有大量闲置飞机和要找工作的受过良好培训的飞行员。因此，发展航空运输是顺理成章的事。

在此期间，英国领导民航发展的潮流。英国的政治领袖确信帝国应当用航空来连接它遥远的殖民领地。根据一个影响深远的政府法令，英国将所有新生并境况窘迫的航空公司合并成"特定的政府工具，以发展商业基础上的航空运输"。这发生在 1924 年，其结果是不久后就闻名世界的皇家航空公司，后改名为英国海外航空公司。多年以后，英国海外航空公司同英国欧洲航空公司合并，成为今天的英航。

欧洲其他国家的发展

与此同时，法国的 Lignes Aeriennes Latecoere 航空公司开展着从 Pyrenees 到巴塞罗那、北非，直到南美的邮件运输。经过类似发生在英国的兼并后，这家航空公司更名为 Aeropostale，成为法航的一部分。Aeropostale 航空公司早期的一名飞行员就是天才作家 Antoine de Saint-Exupéry。

其他的欧洲国家也十分活跃。有着传奇式经历，且依然非常成功的荷兰皇家航空公司（KLM）成立于 1919 年。十年以后，荷兰航举行了开辟当时世界最长航线——阿姆斯特丹到雅加达的开航仪式。完成这段航程需 12 天①、总计 89 小时的飞行。总体来说，德国经历了相同的发展过程。战后的德国政府大力推动航空业的发展，于 1926 年将所有航空公司合并为一家——Luft Hansa——这就是后来的汉莎航空公司。到了上个世纪 30 年代中期，与法航和英国皇家航空公司间有着直接竞争的德国航空公司，已成为欧洲最大的商业航空运输系统，它在南美也有不少业务。

澳大利亚的快达航空公司（Qantas）② 最早开辟了从澳大利亚至中东和欧洲的航线。快达航成立于 1921 年，一些人认为它是世界第二历史悠久的航空公司（Donaldson，1977）。后来，快达航用飞行船（flying boats）经营从澳大利亚至欧洲的航线。前不久，举行了开航 76 周年的纪念仪式。当快达航刚开始其飞行船的运营时，在航班上的前两天晚上仍是在澳大利亚的领

---

① 雅加达是印度尼西亚的首都，曾被称为 Dutch Indies，现名爪哇。雅加达的首字母"D"被省略，城市名简化为"Jakarta"。

② QANTAS 是"Queensland and Northern Territories Aerial Services"的缩写。

土内。在飞行船运营的早期，机长实际上负责所有的事务。他花钱买航油，支付机组甚至旅客的住宿费。同一架飞机上的旅客和机组会在一起住上一周或更长的时间。

人们对航空公司成立的时间先后和是否真正投入运营常有些争论。比如，哥伦比亚的 Abicanca 航空公司，它也声称自己是世界第二悠久的航空公司，从 1919 年开始运营直至今天。其实，这些并不重要，真正值得铭记的是，航空运输业是一个崭新的行业，它是运输方式的创新，在它发展的早期，在很多国家进行的旅客和邮件运输极具开创性。

早期的飞行员

与那时大多飞行员一样，空运邮件飞行员是一个特殊的职业。在一定意义上，他们是"空中勇士"——那是戴白色围巾和飞行眼镜的时代。这是一个航空公司持续发展的新时代的开始。在圣安·托万的笔下，值得纪念的法国早期飞行员和探路者有迪迪埃·多洛特、皮埃尔·拉泰科埃尔、简·莫诺兹、亨利·吉约梅和其他在非洲和南美洲的开拓者们。在英国的先行者有乔治·霍尔特-托马斯、威廉·赛夫顿·布兰克、比尔·劳福德、杰里·沙、戈登·奥莉和阿兰·科布汉姆。艾尔伯特·波里斯曼是法荷航早期发展的引路人。在美国类似的人物有林肯·比齐、法尔·纳特、杰克·耐特、查尔斯·林白、巴得·古尔内、汉密尔顿·李、马克思·米勒、伦道夫·佩吉、威廉姆·霍普森和一些在航空史上赢得应有位置的人们。

早期邮件运输时期的故事之一是"西域英雄"霍普森。一次，他要赶到纽约赴一个浪漫的约会，不幸的是，他受阻于宾夕法尼亚的贝尔丰特（Bellefonte，Pennsylvania）。这当然不能阻止具有冒险精神的霍普森。他搭乘前往纽约的运邮件航班，便是由于装载邮件的舱位已满，于是他就爬上机翼，躺在飞机上面，一路抓着飞机外的铁索抵达了纽约。

类似的探索和扩张也发生在德国、法国和遥远的澳大利亚。德国是欧洲和南美洲发展的主要力量。法国是非洲和南美洲的拓荒者。对飞行员而言，这是个不会重演的全球性时代。唯一可能的例外是第二次世界大战期间试飞飞行员的生活，汤姆·沃尔夫的小说《The Right Stuff》对此有极为生动的描写。

硬式飞艇与齐柏林飞艇

与飞机同时代发展的还有硬式飞艇。在经历了短暂的繁荣后，这个时期以悲剧性的齐柏林硬式飞艇告终。在上个世纪之交，德国制造出了硬式飞艇。为了纪念其发明者，一名骑兵准将，Count Ferdinand von Zeppelin，人们把这个能在空中飞行的庞然大物称作齐柏林飞艇。实际上，这个名称成了那个时代所有飞艇的代名词。还有一些其他的硬式飞艇，但是它们存在的时间不长，因此齐柏林硬式飞艇在飞行器中自成一类。

齐柏林硬式飞艇才是真正的第一架商用飞行器。在飞机仅能承载飞行员之前，齐柏林硬式飞艇已有多年载运旅客的历史。在第一次世界大战期间，因担当了首次空袭和轰炸伦敦、巴黎和其他欧洲城市的重任，其价值得到淋漓尽致的体现。后来，这种飞艇不仅首次飞跃大西洋，而且也成为在大西洋季风环流下完成跨大西洋飞行的首架飞行器。

1929 年，齐柏林硬式飞艇用 21 天时间完成了环球飞行。最著名的一艘齐柏林硬式飞艇是 1928 年建造的"格拉夫齐柏林号"飞艇，一年以后，它成功地完成了从 Friedrichshaven 到东京 6980 英里的不间断飞行。在它 1937 年退役之前，"格拉夫齐柏林号"完成飞行一百多万英里，载运旅客 13110 名。

图 1.2　"格拉夫齐柏林号"

1937 年 6 月 6 日，在新泽西的莱克赫斯特，只用了短短的 32 秒钟，"兴登堡号"的可怕大火就结束了这些巨型航空器的生命。问题在于这些巨型航空器是依靠非常易燃的氢气来获取上升的动力，而更实用的、比较轻的惰性气体——氦气，当时在德国找不到，只在美国有。仅用 32 秒钟，大火就吞噬了"兴登堡"号和一个正在蓬勃发展的产业。人们重新调查这场灾难后得出的结论是，经过喷涂的飞艇外表率先着火，导致这场惨剧的发生。"兴登堡"号外表的喷漆是用来防止阳光的照射，这种喷漆之前没有经过测试，也没有在其他德国的飞艇上使用过。

那时，建造硬式飞艇的还有其他一些国家。意大利造了一艘"Norge 号"飞艇，它的机长阿姆贝托·诺比尔带着挪威探险家罗尔德·阿姆得森横跨寒冷的北冰洋和北极。"Norge 号"1926 年 5 月的 3180 英里跨北冰洋之行用了 70 小时 40 分钟。它从位于 Spitzbergen 的北冰洋岛上冰天雪地的国王湾出发，最后抵达阿拉斯加 Point Barrow 附近。美国海军中尉理查·伯德声称，在阿姆得森抵达北极的前几天，他本人已驾驶一架福克滑雪飞机到过北极。这种说法虽然已被普遍接受，但仍有不少争议。有些人坚持认为伯德的导航系统一定是出了问题，因为他们认为，以福克飞机的续航能力，不可能飞完来回程。因此，应该是阿姆得森和"Norge 号"首次飞越北极。今天，令历史学家感兴趣的争论是应该飞跨越北极的最短航程航班，还是让航线变得更如人意。

航空邮件运输

在 20 世纪 20 年代和 30 年代的绝大多数时间，挣扎在生死边缘的美国航空公司仅凭承运邮件生存的可谓凤毛麟角。1922 年颁布的《航空邮件服务法案》只保证了他们存在的合法性。国会通过的《凯利法案》使这些早期的航空公司获得了资金资助。《凯利法案》，或者称为 1925 年的《航空邮件法》，要求美国邮政署与私人公司签署跨大陆的邮件空运合同。这一法案使这些在风雨飘摇中生存下来的航空公司开始了稳定的经营，至少从表面上看，他们具有偿付能力。他们用于支付的饭票就是邮件运输合同。他们之间的竞争虽然有限却是很激励的。

从好的一方面看，旅客需求量不断增加。有远见的投资者确信，航空业的真正未来是发展完善的客运业务。截至 1928 年，美国的客运量已达到 6

万人。到 1929 年，客运量超过 16 万人，甚至超过众所周知的德国航空公司，几乎相当于欧洲航空公司承运旅客总和。在 1929 年的股市崩盘和随后的经济大萧条中，航空业的好日子仍在持续，航空股成为华尔街股市的宠儿，股价高涨。在这一时期，航空业一直好运相伴。与此同时，骨干航空公司逐渐被大的航空公司掌控（Allen，1981），幼稚的航空业的状况终于开始好转。

1930 年颁布的《沃尔特·布朗与沃特斯·麦克那瑞法案》

1929 年 3 月，赫伯特·克拉克·胡佛当选为美国第 31 届总统，上任后不久，任命沃尔特·佛格·布朗为他的新任邮政部长。这一任命对美国的航空公司具有重要影响。布朗部长的职责包括"促进商业航空的发展……，签署邮件空运服务协议"。他认真履行自己的职责。1930 年 4 月 29 日通过的《沃特斯·麦克那瑞法案》使布朗成为航空公司实际上的教父。

布朗起草的《沃特斯·麦克那瑞法案》的一个重要条款，是赋予邮政部长不采用低价竞标邮运合同的权力，取而代之采取"最低投标报价法"（Allen，1981）。这样做的原因是，以前有一些缺少信用的航空公司，以令人无法置信的低价投标，争夺邮件运输合同。在以这种方法中标之后，虽然有些不道德，但取得成功的航空公司会转而请求政府调整收费标准，他们常常可以获得一个较高费率。

随着事态的发展，布朗计划组建三家跨大陆的航空公司和一家在东部海岸南北运行的航空公司（Allen，1991）。联合航空公司是其中的一家，它的航线是从纽约经芝加哥到旧金山；另一家航空公司是环球航空公司（TWA），它的航线是从纽约到洛杉矶，中间经停匹兹堡和圣路易斯；第三家航空公司是美利坚航空公司，主要经营南部航线，从华盛顿特区到洛杉矶，中间经过亚特兰大、俄荷拉玛城和达拉斯。飞南北航线的是东方航空公司，它将在东部海岸经营迈阿密、纽约和波士顿之间的航线。

布朗坚持认为，以上每条航线都应该由一家财务状况良好的大型航空公司掌控（这不同于今天的放松管制观点），邮件运输不需要依靠已有或新的航空公司不稳定的中转航班。他的计划听起来不错。尽管事实上，邮件运输合同并不一定会给那些出价最低的航空公司，但邮政部的邮件运输成本从 1929 年的每公里 1.1 美元，下降到 1933 年的每公里 54 美分（Allen，1981）。

取消政府邮件空运合同

1934 年，航空运输业的发展遇到了挫折，最终发生了一件十分严重的事情。新当选的总统罗斯福做出了一个灾难性的决定：在国会调查政府空运邮件合同的处理问题时，让陆军航空兵进行邮件运输。

之所以说这是一个灾难性的决定，是因为没有经过很好训练的陆军飞行员被迫执行飞行任务，在此之前，他们既没有接受过相应的培训，也没有配备早已成为行业标准的导航设备。他们被迫执飞不熟悉的航线，并且要在冬季最恶劣的天气中飞行。毫不奇怪，在训练不精、装备不良的飞行员身上很快发生了一系列灾难性事故。仅在一周内，就有 5 名飞行员丧生，超过 6 名飞行员伤势严重。到前五周的运输任务结束时，已有共 12 名飞行员殉职。人们难以接受这种状况，低价竞标重新开始。作为过渡，陆军航空兵只飞白天航班。

当事情最终平静下来时，飞机的制造和运营被分离，两家新的航空公司加入了由美利坚联合航空公司、环球航空公司和东方航空公司组成的四大航空公司的阵营。其中一家，是托马斯·布兰尼夫领导的布兰尼夫航空公司，它获得了有钱可赚的芝加哥—达拉斯航线；另一家新公司是由沃尔曼率领的三角航空公司。三角航空公司获得了从查尔斯顿、南卡罗林纳至达拉斯和沃斯堡的邮件运输合同。到今天，布兰尼夫航空公司已破产倒闭，三角航航空公司则成为主要国内承运人和一家重要的国际航空公司。

航空公司初具雏形

上个世纪 30 年代的中期和晚期，风雨飘摇中的航空公司迎来了两个重要的创新。第一个创新是美联航在每一机组中加入一名注册护士（称为空姐），第二个创新是唐纳德·道格拉斯公司设计制造了 DC-3 飞机。

在增加旅客航空履行的认可度方面，注册护士空姐起到了非常重要的作用。此举由联合航于 1930 年 5 月 18 日实施，不久便成为遍及全球航空公司的标准。受过医护训练的空姐使旅客更加安心，她们还对那些有着各种需求、忐忑不安的旅客提供无微不至的照料。

DC-3 飞机是一种能搭载 21 名旅客的双引擎飞机。在它的上面，安装了液压可收放起落架，改善了减震装置，并采用了最先进的可调式螺旋桨设计。其实力和创新气动设计（使之稳定，比其前身 DC-2 更容易操作）使

DC-3 成为日后 20 年世界航空公司的主力机型和标准。

第二次世界大战凸显了 DC-3 在世界航空运输中的地位。DC-3 为美国、加拿大、英国、前苏联空军都作出过卓越的贡献。当美国用装有 4 个引擎的 DC-4 替代受尊敬的 DC-3 时，它已出厂 11000 架。DC-4 之后，是有增压设计的 DC-6 和星座飞机，再以后，是 DC-7 和超级星座飞机。

早年的国际航空公司

英国、德国、法国、荷兰、澳大利亚等国都急于确认，其他国家没有在新兴的行业获得显著的商业优势。这些国家对采取新方法、发挥优势、加速邮件及旅客运输的发展十分感兴趣。1928 年，英国率先使用飞行船进行航空运输，执行任务的是 Short Bros 有限公司的三引擎"加尔各答"号。英国皇家航空公司用"加尔各答"号开辟南至非洲、东南到印度和澳大利西亚的航线。多引擎飞机被用于飞越敌区。水上飞机被用于飞过长溪流水，降落在没有机场的地方。在世界的另一边，澳大利亚不断开发新航线。

早在 1926 年，德国人声称他们飞了第一个客运夜班。20 世纪 30 年代早期，他们的齐柏林式飞艇进行了环球飞行，日常完成着到南美洲的飞行。法国的 Lignes Aeriennes Latecoere 号到非洲的西海岸和南美洲的东西海岸探险，它的功绩被 Antoine de Saint-Exupery 载入史册。

德国人还有配合使用飞机和轮船的经验。他们用极具创新的方法，延长了海上飞机的航程。对欧洲和南美洲之间的飞行，延长飞机的航程是非常必要的。德国人的方法是，把海上飞机装在有特殊设备的补给船尾部，补给船载着飞机出国，再给它加油，到达既定地点后，然后将它弹射到空中，飞机就能继续它的航程了（图 1.3）。

这一时期，欧洲也有研制巨型飞机失败的经历，最典型的例子是意大利的 Ca-60（图 1.4）。Ca-60 是一架具有 8 个引擎、9 个机翼的巨型飞行船，在它第二次试飞时不幸失事，以后没有再建造。成功的例子是德国的多尼尔 Do-X（图 1.5）。Do-X 是一艘装有 12 个对置发动机的巨大飞行器（6 个向前的螺旋桨和 6 个助推器）。它的设计载运能力是，在不需要再次加油的情况下，载运 70 名旅客飞行 1000 多英里。尽管它在 1931 年有过一次横跨大西洋抵达纽约的记录，但 Do-X 决不是一架成功的商用飞行器。它曾被陈列在柏林博物馆内，后来在第二次世界大战的一次空袭中被炸毁。

图 1.3　一架多尼尔 18 从一艘在海上航行的轮船上起飞

资料来源：汉莎航空公司授权复制

图 1.4　Ca 60

资料来源：The Museo Aeronautico Caproni di Talido

图 1.5 多尼尔 Do-X

资料来源：《螺旋桨飞机图解百科全书》，第 64 页，Jackson，1982

胡安·林白和泛美航空公司

即使是简单地回顾一下美国航空公司业的发展，泛美航空公司不平凡的历史都占有一席之地。泛美的黄金时期——光荣"快船"的日子——是在上个世纪 30 年代中期。1981 年，发生在苏格兰洛克比上空的爆炸，使经营不善的泛美航空倒闭，这让全世界众多航空爱好者唏嘘不已。1996 年，一家新成立的航空公司从破产法庭购买了泛美公司的名字和著名标识。自此以后，这家新公司就进入了破产保护程序，现在刚走出破产保护。

胡安·特里普的名字与泛美航空是同义词，他是纽约投资银行家之子，当过海军轰炸机飞行员，对航空非常着迷。从耶鲁大学毕业后，他从费城海军大院里拍到了 7 架战后剩下的海上飞机，开始了他的事业，那是 1923 年。后来，他最终拥有了一家航线遍布全球的航空公司，在海外代表美国，成为美国国务院的一个帮手。

特里普最早经营的支线运输在 1924 年失败了。在有影响力的朋友们的帮助下，借助《凯利法案》，他设法获得了纽约和波士顿之间的邮件运输合同。他具有超前的想象力。他离开原来的航空公司，以自己"富有远见的特质"获得了古巴国务委员会主席日纳多·马查多的个人专属着陆权以及其他飞往古巴的特许权。随后，在一些富有朋友的帮助下，他组建了一家名为美国航空有限公司的新公司，买下也想进入古巴和南美市场的其他航空公司。有趣的是，对这桩生意同样感兴趣的三家航空公司之一，是由 4 个陆军飞行队的军官组建的。他们担心一家在哥伦比亚经营的德属航空公司 SCAD-TA 会对巴拿马运河造成潜在威胁。其负责人之一是 Major Henry H. （Hap），曾当过情报官，在第二次世界大战中任美国陆军飞行队指挥官（Allen，1981）。

《凯利外国航空邮件法案》与泛美航空公司

对泛美航空而言，一个关键性的立法是 1928 年 3 月 8 日通过的《凯利外国航空邮件法案》①。在这一时期，特里普为他的航空公司四处游说，帮助国会议员凯利撰写法案。其中的一个关键性条款，是赋予邮政部长决定权（不取决于投标书），即"从事最能体现政府所要求的航空服务"。

华盛顿的政治家们期望用"特定工具"理念管理国际航线，泛美航空是当然的选择。这样做的合理性在于，这是美国与有国家背景的外国航空公司（包括英国的皇家航空公司、法国的 Aéropostale、荷兰的 KLM 和德国的汉莎航）竞争的唯一方法。美国政府"特定工具"的管理思路一直持续到第二次世界大战后。

特里普早期取得了巨大的成功。仅用了 3 年，他就把一个航线只有 90 英里的航空公司，转变成在世界二十多个国家飞行 20308 英里的国际航空公司。以航线里程计算，泛美是当时世界上最大的航空公司。做到这一切时，特里普仅 31 岁。

林德伯格与泛美

1929 年，特里普有了一个巧妙之举，他把美国时下英雄式的人物查尔斯·林德伯格聘为泛美航空公司的技术顾问。作为兼职，他为泛美航空公司工作了 30 年。工作期间，他重点关注了 2000 英里长的古巴—巴拿马航线、南美的东西海岸线和太平洋航线。聘请林德伯格，既是一个非常有效的技术手段，也是一次很好的公关活动。作为横跨大西洋的第一个飞行员，林德伯格是国际知名人士，他为泛美提供了物超所值的服务。他与早期的泛美航空

---

① 1992 年，《凯利外国航空邮件法案》作为独立法案通过，它是对原凯利邮件运输法案的补充。宾夕法尼亚州克劳德·凯利代表是此两部法案的主要起草人。

公司一直保持着密切关系。

伊戈尔·西科斯基和"泛美飞剪"

不久，事情变得很明显，为了飞已有航线，泛美需要一架水陆两用飞机。为此，特里普再次找到了聪明的俄国流亡者伊戈尔·西科斯基。西科斯基是著名的第一架泛美航空"飞剪号"S-40的设计和制造者。为了满足对大飞机的需求，1932年，泛美提交了一张制造大型飞机的特别订单。两年后，西科斯基为泛美制造的S-42型"飞剪号"进行了试飞，并于1934年8月首航。

S-42曾是一架非同寻常的飞机。西科斯基的S-42系列飞机是50座、四发水上飞机，客舱用胡桃木装饰。它是奢侈航空履行的象征。设计成水上飞机的原因是它不需要机场，泛美打算用它为很多没有机场的城市提供服务。

最长的、也许是难度最大的航线，是特里普计划的跨太平洋至亚洲的航线。由于国际政治形势的影响，无法开辟林德伯格所推荐的经阿拉斯加、日本和中国到亚洲的航线。当时，到达亚洲唯一可行的方式是，从旧金山出发，跳跃太平洋上的岛屿。檀香山是当然的经停基地之一。泛美在中途岛、复活岛、关岛以及后来的金曼礁、萨摩亚岛都修建了现代化的飞行基地。再以后，泛美在坎顿岛和新喀里多尼亚也建了基地，为抵达新西兰和澳大利亚的航班服务。泛美要求基地施工人员架设天线、修建维修设施和飞行员宿舍，并为旅客建造专用旅馆和候机室。正如图1.6生动展示的那样，需要用炸药炸掉环绕在太平洋岛屿周边的珊瑚礁，以便泛美的飞机在水上降落。大约用了5个月的时间和5吨炸药才清理了复活岛周边珊瑚礁的顶部，为泛美在此地提供了一个安全的降落点（Allen，1981）。

仅有1200英里的有限航程，是S-42型飞机存在的一个大问题。特里普解决问题的方法是，从格伦·马丁公司订购三架M-130飞机。这三架飞机被分别命名为"中国飞剪号"、"菲律宾飞剪号"和"夏威夷飞剪号"。它们的设计载运能力是，满载41名旅客飞行3200英里。因此，从旧金山至檀香山的距离对它们来说并不是问题。它们的客舱内部被装饰得像一个小型豪华旅馆。S-42主要用于南美航线，因为它比太平洋航线更短一些。

图 1.6 在复活岛爆破泻湖

　　20世纪30年代确实是一个动荡的时期。马丁130型飞机很快超越了S-42型飞机，然而仅用了3年，马丁130型飞机就被波音314（真正的空中皇后）赶超。B314（图1.7）是此前生产的最好的飞机，直至30年后喷气式飞机的到来，它一直是最大的商用运输机。B314配备12名机组人员，飞机上设有机组人员专用休息区域。它的翼展非常宽，机械师可以在飞机上检查发动机。它的最大航程是3500英里，巡航速度为每小时193英里，它的双层客舱可安装74个座位或40个卧铺。泛美航空公司订购了6架第一批出厂的B314，其中有著名的"迪西飞剪号"、"美洲飞剪号"、"洋基飞剪号"。后来，泛美航空公司又订购了6架改进型B314A。作为泛美航空公司的主要对手，英国的海外航空公司为了在享有声望的北大西洋航线上与其竞争，也买了3架B314型飞机。

图1.7　泛美航空公司的B314型飞机在旧金山湾起飞

第二次世界大战与后战争时期

　　第二次世界大战从多个方面改变着航空公司的历史。在美国参战之前，就有很多之前在军队获得飞行驾照的飞行员被召回服役（航空公司的很多飞行员都是在陆军航空队即后来的空军、海军或海军航空队学习飞机驾驶，并进行保持驾照有效性的复训），大量的航空公司飞机被征用。出于国防需要，最终大约有一半的航空公司飞机和飞行员被国家征用。

在此期间，所有制造出来的飞机都被立即转入军队服役，航空公司无法更新被征用的飞机，也买不到新飞机。战争结束后，飞机数量逐渐增加，新的四发飞机被研制出来，飞行员也回到了民航工作。大量训练有素的飞行员为航空公司的扩张提供了可能。

第二次世界大战后，航空运输业产生了一些创新性的变化。其中之一，是人们逐渐认识到航空运输中人为因素的重要性。最初的努力仅限于改进飞行员的遴选程序，这一新的学科在显示屏及控制系统的设计、布局和解释方面的应用非常有限。这些多年以后为人们所关注话题被称为现代人为因素，大多是本书所涉及的主题。

这是一个重大发展时期，在这期间发生了很多重要的、技术性的变化。例如，甚高频无线导航和通信系统的改进发展，四发飞机 DC-4、增压飞机 DC-6、DC-7 以及洛克希德星座飞机的研发。

1960 年，骨干航空公司逐渐淘汰螺旋桨飞机，喷气机时代以英国海外航空公司引入倒霉的"彗星式"客机作为开始。"彗星式"客机于 1949 年首航，1952 年正式投入运营，1953 年获得了 50 架飞机订购协议和 100 架飞机购买意向书。不幸的是，早期的"彗星式"飞机发生了一系列的悲惨事故，各航空公司相继停飞了"彗星式"飞机。与此同时，波音 707 型飞机被设计制造出来。它所具有的显著性能优势，得益于有结构性缺陷的第一架"彗星式"喷气式飞机。为保持航空运输业的优良传统，在知道了"彗星式"飞机的问题后，德哈维兰飞机公司让有关公司都能获得相关信息。波音 707 型飞机于 1959 年 10 月 10 日投入定期航班运营，它是真正成功的商用喷气机。以重大先进技术为基础，第一架超音速飞机——英法合作制造的"协和号"飞机——于 1976 年投入运营。"协和号"飞机经营定期航班 23 年，无一旅客死亡，为超过 300 万人提供过超音速飞行。

在美国，现在实行的是放松管制政策——一种逐渐遍布全球的现象。飞机制造商正在制造能搭载 500 名旅客的飞机，下一步将制造 700～800 座级的飞机，甚至有人已经开始讨论研制能装 1000 人的超级运输机。在世界很多地方，地面和空中都存在容量问题。将来进一步发展超音速航空的可能性非常大。当然，所有这一切并非没有代价。1981 年以来，仅在美国就有 123

家定期航空公司、包机公司和全货运航空公司倒闭（Lampl et al.，1996）。毫无疑问，航空运输业仍是一个非常动荡的行业。

参考资料

［1］Allen, Oliver E. （1981）. *The Airline Builders*, Time-Life Books, Chicago, Illinois.

［2］Botting, Douglas. （1980）. *The Giant Airships*, Time-Life Books, Chicago, Illinois.

［3］Donaldson, Eric （1997）. 'Aviation Medicine in Australia and New Zealand', *Aviation Space and Environmental Medicine*, May 1997, Aerospace Medical Association, Alexandria, Virginia.

［4］Gilbert, James （1970）. *The Great Planes*, Grosset & Dunlap and The Ridge Press, New York.

［5］Gunston, Bill, ed. （1980）. *The Illustrated Encyclopedia of Propeller Airliners*, Phoebus Publishing Co., London, England.

［6］Jackson, Donald Dale （1982）. *Flying the Mail*, Time-Life Books, Chicago, Illinois.

［7］Josephy, Alvin M., Jr., ed. （1962）. *The American Heritage History of Flight*, American Heritage Publishing Co., Simon & Schuster, New York.

［8］Lampl, Richard and the eds. of Aerospace Daily and Aviation Daily （1996）. *The Aviation and Aerospace Almanac*, McGraw Hill, New York.

［9］Moolman, Valerie （1980）. *The Road To Kitty Hawk*, Time-Life Books, Chicago, Illinois.

［10］Nevin, David. （1980）. *The Pathfinders*, Time-Life Books, Chicago, Illinois.

［11］Prendergast, Curtis （1981）. *The First Aviators*, Time-Life Books, Chicago, Illinois.

［12］Saint-Exupéry, Antoine de （1932a）. *Night Flight*, Harcourt Brace Jovanovich, Orlando, Florida.

［13］Saint-Exupéry, Antoine de （1932b）. *Wind, Sand and Stars*, Harcourt Brace Jovanovich, Orlando, Florida.

［14］Saint-Exupéry, Antoine de （1942）. *Flight to Arras*, Harcourt Brace Jovanovich, Orlando, Florida.

［15］Saint-Exupéry, Antoine de （1976）. *Southern Mail, Night Flight*, Penguin Books, Harmondsworth, England.

［16］Serling, Robert J. （1982）. *The Jet Age*, Time-Life Books, Chicago, Illinois.

［17］Tryckare, Tre. （1970）. *The Lore of Flight*, Cagner & Co., Gothenburg, Sweden.

第二章　航空运输业及其安全记录

航空运输是一个动态的行业

　　航空运输业获得了非常可观的增长和安全纪录，这并不是一夜之间发生的。第一章中谈到，航空运输业早期和中期是一个发展缓慢的行业，然而在这样一个渐进的、有时不稳定的发展过程中，行业运量及安全水平稳步提高。1980年7月发行的美国联合航空公司的飞行运行出版物《驾驶舱》转载了一篇由泛美航空公司资深飞行员兼飞行员代表雷·格波发表的文章，文章描述了航空业的发展过程和一个容易被忽视的观点。

　　本文反映了一名飞行员长达35年的航空飞行所见所感。我有相当多的机会来观察和参与整个飞行过程，飞行给人们带来了利益、辉煌、沮丧、失望、成绩，甚至灾难。我见证了航空运输业的诞生和从时速85英里每小时的飞行船时代到时速1400公里每小时的超音速全天候时代，从12名飞行机组制到3名飞行机组制时代。在12名飞行机组制时代，我们身着整齐的制服，从候机楼开始出发，走过停机坪，在乘客和观众的注视下登上飞机，到达目的地后又如此演练一遍。当时，我所接收的第一副驾驶的训练是非常严格的，而今天的飞行员在职责、态度和行为方面都有外在的难以置信的巨大变化（注：现行标准是两人制机组）。

　　更令人吃惊的是科技大爆炸产生了今天设计出色的飞机。1942年，我受雇于一个机队。3架西科斯基（Sikorsky）S-42水上飞机是机队的一部分，它们是从近10年前购进的15架飞机中遗留下来的，这样的淘汰率在今天是不敢想象的。随着星座飞机过渡到

DC-6飞机，发动机改良技术显著提高了发动机的可靠性，这给我留下了深刻的印象。在我的日志中记录了"康尼号"飞机在过去5年中曾发生过42次故障，超过每年8次，几乎每月发生一次故障。发动机性能改进后，"康尼号"最初6个月没有任何故障。在驾驶B707型飞机的10年中，我仅遇到2次停车，其中一次是预防性的措施而不是故障。在驾驶B747型飞机的7年中，仅遇到一次停车。过去的数十年里，所有的安全记录都在稳步提高，加上空管、机场、和设施设备等方面不断完善，这就是进步。

（Gerber，1980）

今天的空中运输

大型航空公司

1993年，在航空运输业中占重要部分的旅行和旅游业每年有35亿美元的现金流动，是世界上最大的产业（Davis，1993）。国际民航组织的数据表明，1994年缔约国国内和国际航班客流量超过120300万人[①]。

人们很容易忽视航空运输业究竟有多大。1994年，美国每天有5800多架飞机在空管系统中运行。1995年，美国航空公司运载了超过54300万名乘客，其中超过49500万为国内乘客，国际乘客数量接近4800万，其间起降架次超过70亿次。1995年第四季度，美国国内航空收入客英里比上年同期增长了20亿，可供座英里增长了15亿（Lampl，1997）。1996年6月24日，航空运输协会主席兼首席执行官卡洛尔·哈来特在吉姆勒·赫尔主持的电视采访中谈到，美国航空公司每天有22000个起降架次。

航空运输业在以惊人的速度增长。1996年，美国定期航班在飞行小时数、飞行里程和离港人数方面均超过了以往各年。1996年，飞行时间达到1290万小时，飞行里程超过54亿英里，离港航班达820万架次。所有这些都创造了航空运输业的新纪录。

---

①　编者注：此处单位应为"人次"，原文为了表达方便，有时"人次"简为"人"，"架次"简为"架"，这不影响理解，译者在翻译中也未做更正。

现代运输机显示了非凡的能力和灵活性。1997 年，马来西亚航空公司的第一架安装遄达发动机的 B777 型飞机，创下了从西雅图到马来西亚吉隆坡不间断飞行 10823 海里的最长飞行纪录，飞行时间为 21 小时 15 分钟。此前的纪录是空客 340 在 1993 年从奥克兰到巴黎飞行时创造的，全程 10267 海里。

货运对以客运为主的航空公司和纯货运航空公司而言都有增长潜力，这是世界普遍现象。1997 年，美国最大两家航空货运公司联邦快递（Fed Ex）和联合包裹服务（UPS）在世界各地总计有近 50 万名员工，起降航班 196000 架次，每日投递文件及包裹 1500 万件，共计收入约 340 亿美元。联邦快递拥有 500 多架飞机，其中包括宽体飞机 130 多架。UPS 拥有飞机数的一半由 70 架 B757F 和 22 架 B767-300F 组成，其余的由 B727、B747 和 DC8-70 构成。两家公司每天运行近千架各种型号的飞机，被公认为是世界上最大的航空公司。

从人员方面看，1996 年美国的航空公司雇用了 10600 名新飞行员，1997 年雇用的新飞行员接近 12000 名，14 家美国主要航空公司预期到 1998 年这个数字会超过 12000。这些数字与大学航空协会（UAA）和航空资源公司所作的估计相符。大学航空协会估计，2010 年美国的大型航空公司将雇用 8000 名飞行员和 3000 名维修人员。英航将在未来 10 年中替换 1500 名飞行员。根据估计，52000 名美国飞行员队伍中的 20% 将在 6 年内达到强制退休年龄，其中的 47%（24440 名）将在 2010 年前达到强制退休年龄。在 51583 名驾驶喷气式飞机的飞行员中，有 5736 名将在 2000 年达到 60 岁的年龄退休。

人员雇佣并不仅限于飞行员。尽管将要退休的人数听起来很高，但应看到航空业仍在发展，各部门每年都有大量因年龄而必须退休的员工，这些退休员工必须由新雇员来接替。美国航空公司的雇员分布情况见表 2-1。

国际民航组织的统计资料表明，1997 年缔约国的国际定期航班收支平衡表显示总资产超过 2770 亿美元。1994 年这些航空公司运载了超过 120300 万名旅客，其中有 3040 万是国际旅客，这些航空公司雇用了 305253 名员工，其中包括 20709 名飞行员、3235 名其他类别驾驶舱工作人员和超过 42000 名乘务员。国际航空运输协会表示，到 1997 年，全球涡轮喷气式客机已经超过 10300 架。7 家制造商在世界各地都推出或准备推出 47 座级的涡轮喷气式飞机。总之，空中运输业是一个世界性的动态的庞大产业。

表 2-1　1995 年美国定期航空公司雇员数量

正、副驾驶员	55389
其他飞行人员	8571
乘务员	86670
机械师	50455
航空器及运输服务人员	251056
文职人员	41851
其他人员	52995
员工总数	546978

资料来源：*The Aviation & Aerospace Almanac*，page 148，Lampl，1997

　　1995 年美国国内和国际航空运输的总运营收入超过了 940 亿美元，这个数字还不包括补充航空运营人、通勤航空运营人和航空租赁运营人。航空运输协会报告指出，11 家美国航空公司有超过 10 亿美元的年收入，30 家航空公司收入在 1 亿至 10 亿美元间，54 家支线航空公司年收入接近 1 亿美元（Lampl，1997）。从这些资料中可以发现，1994 年美国执照航空承运人共消耗了 16827415 千加仑燃油，并为此花费了 65 亿美元，1995 年 95 家航空运输协会的成员航空公司雇用了 546987 名员工，资产计 897 亿 8100 万美元之多。同年，美国的一家主要航空公司（美联航）在 3 个地区 30 个国家的 104 个国内机场和 39 个国际机场提供服务。美联航旗下联合快线的合作伙伴在 191 个机场运营，其总收入达到 149 亿美元。

　　有各种规模的航空公司，美国的航空公司飞机数量从 400 架至 600 架不等，员工数量从 45000 名到 85000 名不一，有些航空公司有超过 8000 名飞行员以及多达 19000 名乘务员。支线航空公司规模各不相同，其中有些相当大，另一些则比较小。

支线航空公司

　　纵观世界，支线航空正在成为大型航空公司网络中不可分割的、战略性的重要组成部分，支线航空领域正在迅速地成长。涡轮式发动机飞机正在取代旧式活塞式发动机飞机，行业已经从传统的 19 座老式飞机转变为更大、更快、靠科技驱动的飞机。没有理由不期待支线航空公司继续取得可观增长。

支线航空协会报告指出，1996 年美国有 109 家支线航空公司。这些公司运行在 782 个机场，运营了 444 万个航班，每家公司拥有平均 566311 名旅客。这 109 家公司运输量达到 122 亿客英里，拥有 53.29% 的良好的年载运率。1995 年，支线航空公司运营了 2138 架飞机，46 家主要支线航空公司与各大航空公司签订了代码共享协议①，这使其承运了行业中 96% 的乘客。支线航空公司构成了一个庞大而重要的产业，支线航空公司在欧洲也是一个庞大的产业。1994 年，每 10 秒就有一架支线航空公司客机在欧洲起降。②

安全至关重要

自航空运输业问世以来，安全是必须首先考虑的问题。安全已成为管制者、制造商、运营商、航线飞行员首要考虑的问题。可以肯定，在公众的眼中，监管机构、厂家、运行人员和飞行员是行业的四项主要运营要素。他们各尽所能来减少民用航空运输事故的风险。不幸的是，可能造成悲惨意外的风险并不能被完全消除。

波音商用飞机制造公司的安全经理拉斯·洛特曼对航空运输安全给出了一个更为生动的例子。他指出："如果你出生在美国的一架客机上，并一直停留在上面，你会在 2300 岁时遇到第一起致命事故，尽管如此，你仍然会有 29% 的机会成为一名幸存者……（Lautman，1989）"对此，联邦航空局秘书大卫·森有另一种表达方式。他在 1996 年 8 月的 ALPA 年度航空安全论坛上指出，统计表明每天飞一次航班 27000 年才会出一次人员伤亡事故（Vinson，1996）。毫无疑问，航空运输是相当安全的，业界现在也在为此而努力。

对航空运输业务的各方面而言，安全都是极端重要的。第二十章更深入地讨论了安全问题，第二十一章讨论了当今安全问题。

---

① 代码共享是指一家航空公司的航班号（即代码）可以用在另一家航空公司的航班上。代码共享诞生于 70 年代的美国国内市场，短短 20 年便已成为全球航空运输业内最流行的合作方式。这对航空公司而言，不仅可以在不投入成本的情况下完善航线网络、扩大市场份额，而且越过了某些相对封闭的航空市场的壁垒。

② 国际航空，1995 年 11 月，第 1~7 页。

安全记录

要客观总结世界、地区甚至单一国家的安全表现是十分困难的，许多资料会误导我们，比如世界航空公司的统计往往按照较大和较小的航空公司或来自发达国家和来自发展中国家进行分类统计，这些类别差异往往成为影响安全记录的重要因素。航空公司能在不同的环境下运营，会有十分不同的经验。美国一家主要航空公司的年度业务甚至可以超过许多其他国家航空公司的整个运营记录。

大多数发达国家都在合理地收集安全信息，但对事故报告的内容构成还没有达成一致。1993 年国际民航组织对此提出了正式要求，在此之前，各国就此问题一直没有达成一致，国际民航组织也无法实施自己的标准。国际民航组织所收集的 1994 年以前的世界范围内的数据是不完整的。事故/事故征兆报告制度在北美、英国、欧洲大部分地区和其他一些发达国家更完善些。

航空公司常以飞机、乘客座英里或座小时进行统计，然而这些都是针对特定目的的统计，对航空安全没有多大帮助。一名早期的航空邮政飞行员、航空公司飞行员、试飞员、航空安全专家本杰明·霍华德在数年前写道："大约 95% 的飞行风险取决于操作，5% 取决于飞行时间和飞行距离。"事故死亡人数常成为媒体的焦点，媒体认为这些内容对广大旅客有特殊的意义。这里存在两个基本的疑问，事故死亡人数受飞机大小和业务类别的影响，死亡率与失事飞机当时的载运率有关。在很多事故中，生存与否不过是运气问题。

一些航空公司安全专家认为，保险公司可提供关于全部损失和重大损失的最有用、最可靠的数据资料（Woodhouse and Woodhouse）。然而这些数据都是限定在保险业中的，即使准确，始终没有严格意义上的可比性。不同地区不同机型的修理费用差别很大，特别是主要部件的费用。尽管国际民航组织要求报告"实际"损失，许多国家既没有进行调查也没有报告"实际"损失。业内经常会努力列出一份最好和最差事故率的航空公司的名单，但航空公司之间本质的差异常常导致这样的名单没有任何意义。有一个基本的原则是：差异必须是有意义的，必须是统计上显著的。不幸的是，不存在可以解决一切问题的单一标准，任何分析都有其优点和缺点。

当今的世界航空运输安全

1996 年，全世界共发生 47 次国内、国际航班事故，事故中有 1840 人丧生（国际飞行，1997）。这个数字远超过之前 10 年平均 44 起事故丧生 1084 人的记录。此外，随着离港旅客的大幅度增加，在目前事故率基本稳定的前提下，这将意味着事故次数和死亡人数必然持续增加。到那时，政界人士、大众媒体和旅行公众必然要求安全得到改善，仅维持目前现有的安全记录是不够的。

　　图 2.1 比较了 1959—1996 年这段时期与过去 10 年造成世界喷气客机机体损毁事故的主要原因。比较显示，事故原因比例几乎没有改变。调查权威机构已列出各个时期与机组人员有关的决定性因素，其中 70% 的原因在于机组人员。布拉钦克的研究（1997 年）表明，至少在美国这种情况可能正在发生变化。很不幸，这些悲惨事故的深层原因很少被充分考虑，这些原因包括机组人员的操作失误、训练不充分、组织管理失误以及语言障碍等。本书的大量章节讨论了这些不同领域涉及的因素。

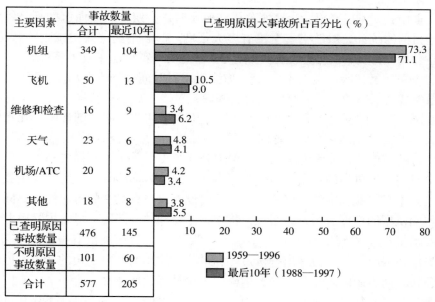

注：蓄意破坏和军事行动除外。

图 2.1　主要事故原因——全球喷气机机体损毁事故

　　资料来源：Statistical Summary of Commercial Jet Aircraft Accidents—Worldwide Operations—1959—1996，Page20，Boeing Commecial Airplane Company，1996

图 2.2 是 1959—1996 年世界商用喷气机的机体损毁记录。该图清楚显示出新飞机的使用使安全记录得到改善。

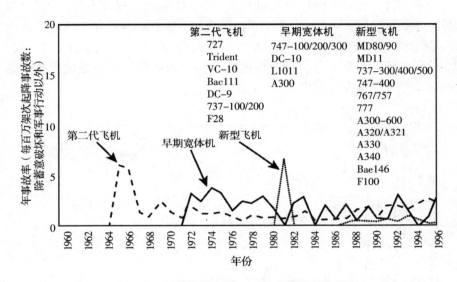

图 2.2　机体损毁事故——全球商用喷气飞机

资料来源：*Statistical Summary of Commercial Jet Aircraft Accidents*，*Worldwide Operations*，*1959—1996*，Page22，Boeing Commecial Airplane Company，1996

如果将非美国公司归为一类，就会发现美国公司的安全记录通常优于非美国公司，也就是说，美国公司在喷气飞机运营方面具有优势。这个结果需要慎重对待，事实上这个结果对于许多拥有等同或者超过美国公司记录的非美国公司来说是不公平的。

美国相对于其他许多国家（但绝不意味着所有国家）拥有更先进的基础设施。另外一个原因是，美国比发展中国家拥有更先进的科技，而先进的技术似乎总代表着较高的安全水平。最后一个原因，是美国公司运营在一个相对规范的管制和社会环境中。当然，这些原因也适用于其他发达国家的一些航空公司。

应该注意的是，这里的图表和数字都是为美国读者设计的，如果将这些设计改变一下，对于许多发达国家的读者来说也会看起来不错。大家知道，除了飞机离港次数和承运的旅客外，澳洲在安全方面领先于世界其他地区。从螺旋桨时代起他们就已领先于世界其他航空公司，这是一个相当伟大的成绩。

总体而言，1959—1995 年全世界共发生 577 起机体损毁事故，其中 154 起发生于美国公司，423 起发生于非美国公司。1987—1996 年全世界共发生 205 起机体损毁事故，其中 41 起发生于美国公司，164 起发生于非美国公司。这里的统计数字不包括独立国家联合体（独联体）所制造的飞机，制造商未提供完整的业务资料。

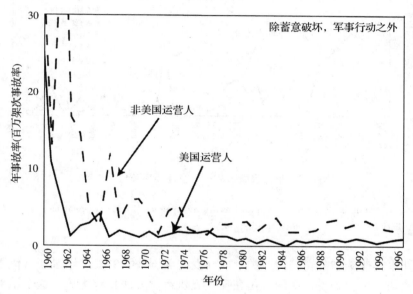

图 2.3　全球（美国运营人和非美国运营人）商用飞机机体损毁事故

资料来源：Statistical Summary of Commercial Jet Aircraft Accidents，Worldwide Operations，1959—1996，Page19，Boeing Commecial Airplane Company，1996

在图 2.3 中，我们将所有非美国运营人归为一类，但正如我们已指出的，这并不意味着所有非美国公司都拥有相对较差的安全记录。应客观地分析美国航空公司与世界其他各地航空公司的安全状况，我们都应记住所有航空公司安全水平其实是差不多的。航空公司发生的死里逃生事故和悲剧性的致命事故之间的区别不过是运气问题。个别优秀的安全记录绝对不是任何航空公司或其他国家沾沾自喜的理由。

美国的安全状况

安全纪录最差的时期是邮件运输开始的头几年，1920 年雇用的 40 名飞行员中有 31 名死于受雇的头两年（Jerome Lederer，个人通讯）。从那时起，事态在逐渐好转，图 2.4 显示了 1930—1990 年美国航空公司百万离港架次死亡事故率。图中显示了至少 4 层含义：第一，尽管前期记录并不好，但从螺旋桨时代开始安全记录已经开始改善，并在不断改善之中。

第二，不幸的是，尽管安全记录在持续改善，但从 20 世纪 70 年代中期开始出现缓慢变化的态势，并持续至现在，进一步改善该纪录已经越来越困难，这对持续增长的行业提出了进一步改进安全水平的要求，这确实是重大的挑战。如果百万离港架次死亡事故率基本恒定，按照行业的增长预测，死亡事故数量必然增长到不可接受的水平。

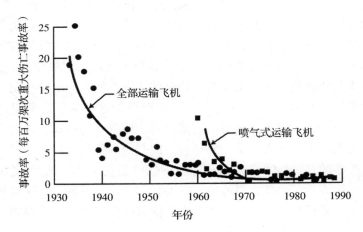

图 2.4　美国定期航班——重大伤亡事故率

资料来源：*Air Safety Story：Where We've Been and Where We're Headed*，figure 1，Lautman，1989

第三，图 2.4 显示喷气飞机在投入运营的最初五年，并没有对商业航空整体死亡事故率产生重大影响。当时喷气飞机的百万离港架次事故率大大高于全行业平均值。经过近十年时间，该记录到达螺旋桨飞机的水平。不幸的是，新机型总需要一个磨合期。

第四，图 2.4 展示了一些需要记住的规律，每年事故率都有相当大的波动，当某年的安全记录大大高于或低于平均趋势线时，评估该年的安全水平需要十分谨慎。

美国一家大型航空公司每天起降 2000 多架次，这给人留下很深刻的印象：确实有很多人都在做正确的事。这些航空公司中至少有一家在 16 年中的千万次起降中没有发生一起与机组有关的安全事故。其他航空公司也有类似的安全记录。不幸的是，1996 年美国环球航空公司从卡文尼克到纽约的航班在途中发生爆炸，这次爆炸是一场恐怖袭击，美国环球航空公司 21 年的安全记录毁于一旦。澳洲的快达航空公司在全部运行记录中，没有一个乘客死亡。不过值得注意的是，美国大型航空公司的年度运营量已经超过快达航空公司和其他许多非美航空公司的全部历史运营总量。

1996 年的发生的两起不同特点的破坏性事故引起了公众对美国航空安全的关注。一个事故是，一架瓦卢杰航空公司① DC-9 客机在迈阿密起飞后不久坠毁，这次事故中 110 人死亡。飞机坠毁的主要原因是一场从货舱燃起的失控的大火，这场重大伤亡事故似乎与机组人员及飞机运行本身无关。

事故调查集中在货物运输的潜在危险和放松管制后对航空公司的监管，尤其是对于新成立航空公司的监管。公众的压力迫使瓦卢航空公司与另一家航空公司进行了合并。该公司放弃了"瓦卢杰"这一名字，希望以此忘记这起似乎与飞机运行无关的事故。这是一场不同寻常的空难，它引发了一次不直接针对飞行操作本身而是针对运行中的其他问题的调查。

第二个事故是，1996 年 7 月环球航空航空公司 B747-100 在飞往纽约途中在长岛海岸发生了爆炸，事故中 230 人死亡。有意思的是，这两起事故都与机组无关。即便如此，这并不能给在悲惨事故中失去生命的旅客家属带来一丝安慰。

支线航空安全统计

尽管支线航空公司的运营状况已逐步改善，但其安全问题仍然引起了公众的关注。根据重大伤亡事故统计资料，1995 年支线航空公司创造了历史

---

① 实际上，瓦卢杰航空公司（ValuJet）是放松管制后新成立航空公司的第一起重大伤亡事故。美国的放松管制是以 1978 年的《航空公司放松管制法》开始的（*US News & World Report*，1996 年 5 月 17 日）。

上最好的安全记录。支线航空公司的十万次离港重大伤亡事故率从 1990 年
的 0.11 降到 1995 年的 0.04 （支线航空协会年报，1996）。联邦航空管理局
近期采取的行动毫无疑问将加强这种持续的改进。1995 年，联邦航空管理
局发布了针对训练、飞机取证和运行要求的最新规章，明确当前适用于 121
部航空承运人（大于 30 座）的相关要求也将适用于所有定期航班（包括
10～30 座）。这次联邦航空规章的变化得到支线航空协会和其成员航空公司
的大力支持。1991—1995 年支线航空公司的安全统计见表 2-2。

表 2-2　支线航空公司安全数据统计表

美国 48 州、夏威夷、波多黎各及美国维珍岛的航班			全美航班	
年份	事故率	重大伤亡事故率	事故率	重大伤亡事故率
1990	0.28	0.00	0.35	0.11
1991	0.50	0.17	0.68	0.05
1992	0.26	0.13	0.54	0.23
1993	0.34	0.05	0.48	0.11
1994	0.26	0.07	0.30	0.09
1995	0.19	0.02	0.32	0.04

资料来源：Annual Report，Page22，Regional Airline Associaton，1996

应当谨慎、客观地看待针对支线航空公司安全统计的批评。支线航空协
会主席 Walter Coleman 回应支线航空公司的安全性低于大型航空公司的评论
时说，这些评论是没有事实根据的。1996 年较大规模的支线航空公司没有
发生重大伤亡事故，并且规模较小的支线航空公司也获得了历史最好记录
（Asker，1997）。

欧洲支线航空协会指出，欧洲对支线航空的考虑与美国不同，尽管欧美
有不同的管制规章，但若以起降架次而不以飞行小时为基数，欧洲支线航空
公司事故率与欧洲大型航空公司相当。对于美国航空公司，美国支线航空协
会也持有类似的观点。

世界其他地区的安全记录

回顾 1995 年的安全记录，《国际飞行》年度安全回顾一文指出：非洲
和中南美洲地区安全记录在世界各地中仍是最差的（Learmount，1996）。

1995 年北美航空公司事故相对较多，但死亡事故率很小，原因是事故多数发生在小型货机承运人身上，其中唯一例外的一次事故是美利坚航空公司的卡里至哥伦比亚的空难。卡里空难夺走了 163 条生命，摔毁了一架 B757，打破了一家航空公司良好的安全记录。这架 B757 在当时已运营 13 年，一直没有出现重大伤亡事故。鉴于上述情况，尽管有这次空难，1995 年北美航空公司的安全记录比表面看起来的更好。虽然发生在北美的航空事故总量很大，但其航班量占世界商业航空运输的近一半。

1996 年对世界航空而言是糟糕的一年，该年的空难造成大量旅客死亡。尽管如此，20 世纪 90 年代的平均离港风险水平却没有因此变得更差。1996 年的空难事故比上一年增加了一起，空难死亡人数为 1840 人，超过以往年份中的最高记录。历史记录是 11 年前的 1985 年发生的，该年有 1801 人死于空难。一些观察者相信，1995 年就已出现一些不良趋势的苗头。无论这些数字是否呈现出有意义的趋势，都表明行业没有尽快降低事故率来确保事故数量和伤亡人数不会随着航空运输量的增长而增长。

安全记录尚有不足

从安全记录来看，美国国家运输安全委员会指出，1992 年和 1993 年两年中有 42860 名旅客死于汽车车祸。1992—1993 年期间，有 34 人死于美国定期航班，45 人死于通勤飞行。此外，联邦铁路管理局指出，1996 年美国有 4257 人死于铁路道口。尽管存在人数的可比性、信息披露渠道和许多其他因素的差异等问题，但有一点很明显，空中运输并不是最大的杀手。很少有人相信开车的风险比乘坐飞机的风险更大。与其他交通方式不同的是，对公众而言，空难一次瞬间夺走大量人员的生命并引起长时间的公众关注。

美国国家运输安全委员会研究显示，1993—1996 年美国定期航班每十万飞行小时平均死亡事故数仅为 0.02，这个水平不足前十年中同期水平的一半（Carley，1997）。还不能说，定期航班是所有交通方式中最安全的，真正危险来源于开车去机场的路上。每天发生在公路上的事故使空难相形见绌。

现实中，公众关注空难的绝对数字，而不关注统计比率。当考虑世界航空业的增长时，即使对美国和其他一些安全记录较好的国家而言，安全记录还不够好。我们不应忘记世界各地都有安全记录好的航空公司，我们更应注意到一些地区还有安全记录欠佳的航空公司。毫无疑问，世界航空运输业的主要目标之一就是提升这些航空公司的安全水平。

1996 年全球航空运输业共发生 57 起事故，共有 1840 人丧生（Learmount，1996）。如果这种死亡率仍持续下去，用简单的直线预测法可以估计到 2015 年将有 3680 人死于航空事故。这样的数字是公众难以接受的。美国联邦航空局估计到 2015 年美国航空航班数量将新增 40%，航空运输业每年将载运 12 亿旅客，运量规模是现在的 2 倍（Vinson，1996）。

至少有三个原因让人感觉世界安全记录还不够好。首先是空难十分吸引大众媒体的关注。当空难发生时，立刻引起了公众的高度关注，而几乎每次空难的发生都一次性造成大量无辜人员的死亡。无论发生在世界的什么地方，空难都是大新闻。在美国，一起空难经常连续数月成为头条新闻，其中一个原因是完成事故调查和确定事故直接、间接原因是一个相当长的过程。

第二个原因是离港事故率基本稳定不变。这是让人感觉世界安全记录不够好的一个十分重要的原因。世界航空运输业增长预测指出，如果不进一步改善航空事故率，实际发生的空难次数将达到一个难以接收的水平。预测显示，随着行业运输量的增长，每一到两周将有一家大型飞机在世界某地坠毁，这显然是公众无法接受的。公众从认知上会认为航空运输是不安全的，因为可以从每周的报道上计算空难的次数，因此用以反映安全水平的事故比率数据不具有公众说服力。

第三个原因是冷酷而严峻的。本尼·霍华德曾直言不讳地说："人类最大的罪是夺走无辜他人的生命。"（Howward，1995）所以我们不能满足现状，行业应继续努力提高安全水平。

我们之前曾提到，无论是以实际离港数据还是以百万客英里数为基数，事故率经常被片面理解。图 2.5 给出了本尼·霍华德多年前指出的重要内容。假设飞行时间为 1.5 小时，全球商业航空喷气机机体损毁事故中，93.6% 的事故发生在起飞、爬升、下降和着陆阶段。毫不令人惊奇，这些阶段都是接近地面的阶段。在 35000 英尺高空出现撞地事故的可能性非常小。

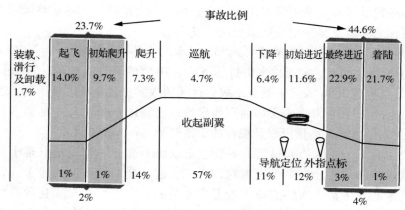

图2.5　飞行各阶段发生机体损毁事故的比例

资料来源：*Statistical Summary of Commercial Jet Aircraft Accidents*，*Worldwide Operations*，*1959—1996*，Page 13，Boeing Commecial Airplane Company，1996

对于大多数媒体而言，安全意味着确切的空难数字，他们并不关心以离港架次或百万英里数为基数的统计数据。这种情况将产生误解。因为即使事故率统计指标仍保持不变，离港架次或百万英里数的提高，也将使空难绝对数量上升。

大众被媒体引导，将航空安全等同于实际发生的事故数。不幸的是，当前的记录还不够好，即使航空公司安全记录较差也可能被当成安全记录较好的公司。这主要是因为行业在不断的发展。事实上，没有任何公司已好到不需要改进，其中的某些方面是必须要改进的。很明显，仅有很少的事故是无法预防的。

提升第三世界国家或所谓的发展中国家运行安全的需求已明显增加。一个不可否认的事实是，1996年世界航空运输业中12%的空运量造成了80%的伤亡事故。毫无疑问，全球航空安全水平将影响未来发展规划。

1995年飞行安全基金会年度国际航空安全研讨会上，专家们在探讨有关世界各地事故状况时，波音公司系统总工程师 Earl Wener 提供了一份图表。图表显示了世界最安全区域和相对不安全区域在安全标准方面存在巨大差异，并且差异在不断扩大。这对整个行业而言是一个问题。而这种情况并不仅限于经济状况与安全记录较差地区的航空公司。

年度报告或短期报告可能造成误导

事故没有随日历日期变化的特征规律。显然事故是一种稀有事物，短期或年度事故数据缺乏统计意义。在分析事故数据时，一定要注意数据来源、完整性及其定义。ICAO 一直致力于统一事故数据标准，但其效果取决于其186 个成员国上报的统计数据。而事故统计领域一直存在争议。

使用相对短期的数据时，将面临一个困难，以 1995 年为例，该年的头6 个月共发生 23 起重大伤亡事故，155 人遇难，死亡人数少是因为多起（10起）事故发生在小型货机身上。如果这年前 6 月的记录一直能延续到年底，当年将创造整个行业死亡人数最少的历史记录（国际飞行，1996）。

航空运输业还是很幸运的，如果 1995 年上半年的事故多发生在大型客机上，该年死亡人数将大大增加。当年的安全记录清楚地表明，减少重大伤亡事故数量是航空业务显著增长时期的一项重要挑战。从 20 世纪 70年代中期起，用百万离港架次事故率代表的航空运输业安全水平以缓慢的趋势变化，这表达了一个明确的事实，世界航空运输业必须降低离港事故率。

另外一个困难在于依赖短期记录会造成这样一种误区，容易将焦点仅仅放在一起单一事故上。发生在 1996 年 7 月的环球航空公司的悲惨事故是非常好的例子。在这起事故中，环球航空公司经历了过去 20 年中的首次重大伤亡事故。若没有这次恐怖袭击，该公司在过去 21 年中没有发生过一起重大伤亡事故。这起 B747-100 飞机失事发生在 1996 年 7 月 17 日，事故造成230 人丧生，并破坏了环球航空公司完美的安全记录。事故显然是由中央油箱的爆炸引起的。虽然经过美国历史上阵容最强、花费最高的事故调查，事故原因仍没有查明。调查已经持续了 1 年，花费了超过 3000 万美元。到作者截稿时，调查还在继续。这起事故仍得到了媒体广泛的关注。失事飞机已经完成了超过 92000 飞行小时和 17000 次起降。我们还了解到，从上一起旅客重大伤亡事故到这起事故以前，全球航空运输业安全记录超过 550 万次航班，并且环球航空公司在 21 年中没有一个乘客死亡（除去这次恐怖主义事件）。从更长的时间段来客观认识这起事故，可以帮助我们对安全水平有更清晰的认识。

参考资料

[1] Asker, James R. (1997), 'Washington Outlook', *Aviation Week & Space Technology*, 7 April 1997, McGraw Hill, Inc., New York.

[2] *Aviation Week & Space Technology* (1996), In 'News Breaks', 29 January 1996, McGraw Hill Companies, Inc., New York.

[3] *Aviation Week & Space Technology* (1996), In 'News Breaks', 4 March 1996, McGraw Hill Companies, Inc., New York.

[4] Billings, Charles E. (1997). *Aircraft Automaton: The Search for a Human-Centered Approach*, Lawrence Erlbaum Associates, Inc., Mahwah, New Jersey.

[5] Boeing Commercial Airplane Group (1996). *Statistical Summary of Commercial Jet Accidents: Worldwide Operations—1959-1996.* Boeing Commercial Airplane Group, Seattle, Washington.

[6] Bruggink, Gerard, B. (1997). 'A Changing Accident Pattern', *Air Line Pilot*, May 1997, The Air Line Pilots Association, Herndon, Virginia.

[7] Carley, William M. (1997). 'Final Approach, Landing Procedures Are Tied to Air Crashes: Safety Push is Begun', *The Wall Street Journal*, 11 August 1997, Dow Jones & Company, Inc., New York.

[8] Davis, Robert (1993). 'Human Factors in the Global Marketplace', keynote address to the Human Factors and Ergonomic Society, Seattle, Washington.

[9] Federal Aviation Administration, (1990). *The National Plan for Aviation Human Factors*, Washington, D. C.

[10] Federal Aviation Administration, (1995). *Administrator's Fact Book*, US Department of Transportation, Washington, D. C.

[11] *Fight International* (1996). In 'Airline Safety Review', 17-19 January, 1996, Reed Business Publishing, Sutton, United Kingdom.

[12] *Fight International* (1996). In 'Headlines', 24-30 July 1996, Reed Business Publishing, Sutton, United Kingdom.

[13] *Flight International* (15-21 January 1997). Reed Business Publishing, Sutton, United Kingdom.

[14] Howard, Benjamin (1954). 'The Attainment of Greater Safety', presented at the 1st

Annual ALPA Air Safety Forum, and later reprinted for presentation at the Aircraft Accident Prevention Course, University of Southern California, July 1957.

[15] Lauber, John K. (1991). 'Principles of Human-Centered Automation: Challenge and Overview', Presented at AIAA/NASA/FAA/HFS Conference Challenges in Aviation Human Factors: The National Plan,' National Transportation Safety Board, Washington, D. C.

[16] Lautman, Les (1989). *The Air Safety Story: Where We've Been And Where We're Headed*, Boeing Commercial Airplane Group, Seattle.

[17] Lampl, Richard, ex. ed. (1997). *The Aviation & Aerospace Almanac1997*, McGraw Hill Companies, Inc., New York.

[18] Learmount, David (1996). 'Airline Safety Review, Off Target', *Flight International*, 17 January 1996, Reed Business Publishing, Sutton, United Kingdom.

[19] Maurino, Daniel, E., Reason, James, Johnston, Neil, and Lee, Rob B. (1995). *Beyond Aviation Human Factors*, Avebury Aviation, Aldershot, Hants, England.

[20] Norman, S. D. and Orlady, H. W., eds. (1998). *Flight Deck Automation: Promises and Realities*, p. 126 of final report of a NASA/FAA/Industry Workshop held at Carmel Valley, California.

[21] Orlady, Linda M. (1992). 'C/L/R-How Do We Know It Works?', *Safetyliner*, Volume III, Issue 2, 1992, United Airlines, Chicago, Illinois.

[22] Regional Airline Association Annual Report (1996). Regional Airline Association, Washingtion, D. C.

[23] Shifrin, Carole A. (1996). 'Aviation Safety Takes Center Stage Worldwide', *Aviation Week & Space Technology*, 4 November 1996, McGraw Hill Companies, Inc., New York.

[24] Thurber, Max (1996). 'Best Year For Pilot Hiring; Big Turnover In Regional Seen', *Aviation International News*, 1 November 1996, Midland Park, New Jersey.

[25] Vinson, David R. (1996). 'An Air Safety Challenge', presented at the Annual ALPA Air Safety Forum 21 August 1996, Federal Aviation Administration, Washington, D. C.

[26] Woodhouse, Robert and Woodhouse, Rosamund A. (1997). 'Statistical Measures of Safety: An Objective Risk Indicator', *Proceedings of the Ninth International Symposium on Aviation Psychology*, The Ohio State University, Columbus, Ohio.

第三章　航空人为因素的发展简史

人为因素的起源

有些人坚持认为史前第一次使用工具的人类应该是人为因素学说真正意义上的奠基者。美国第一次对这一领域有组织的成果是 1898 年弗雷德里克·温·泰勒在伯利恒钢铁公司所获得的研究成果。他主要关注的是如何重组生铁装载任务。其他一些里程碑式的研究包括弗兰克和莉莲·吉尔布雷思在 20 世纪头十年进行的研究工作，以及常被引用的 Hugo Munsterbers 于 20 世纪 20 年代早期在西方电气公司霍桑厂所做的研究。这一时期，仅美国国防部在人为理论方面的研究取得了一定进展。美国国防部在很早就积极支持人为理论方面的研究，直到今天它仍然倡导这一理论。

人们已经深入地理解了在产品制造和服务中人所起的作用。Weimer（1995）指出，就人的这种作用，各种文献中至少有 74 种定义，包括人为因素、工效学、人为因素心理学、人机工程学、应用工效学和工业工程等。逐渐地，欧洲的许多国家多使用"人机工程学"一词，而美国则多使用"人为因素"一词。虽然用词不同，但其含义基本相同，可以互换使用。目前，仍然有一些小的学派把"人机工程学"严格局限在与机械或零件相关的事项上，"人为因素"被用在与系统相关的行为方面，其范围更加宽泛一些。"人机工程学"一词是 K. F. H. Murrell 于 1949 年 6 月在伦敦举办的讨论"人在工作生产中的作用"的会议上提出的。在美国，一些人为因素（人机工程）学者也意识到此领域的工作需要更好的组织和管理。1955 年，这些学者召开了会议，成立了"人为因素协会"。1993 年，该"人为因素协会"改组为"人为因素与人机工程学协会"。改组的目的是"消除两个用词之间的混淆，认可欧洲和其他地区的一些研究成果，使该组织成为真正意义上的国际组织"。

人因理论第一次世界大战期间及之后在民航领域的应用

第一次世界大战期间，航空医学医生在飞行员的挑选中起到了积极的作用。仅仅对飞行员进行极为简单的体检，就能有效地减少飞行员在初始训练阶段的淘汰率。其成果之一就是，从20世纪20年代中期起美国航空条例就要求飞行员定期进行身体检查。

在民用航空业发展早期，航空医学医生意识到他们本身正逐渐被牵涉到人为因素问题当中。这是很有道理的。在民航领域，最早被意识到的有关人为因素的问题实质上是一些生理上的问题，因此，航医涉足航空人为因素就很自然了。人们从第一次进入民航时代开始就不得不踏入一个与其生活的地面环境大不相同的领域。了解生理学的航医们就自然地选择了与加速度、海拔高度、震动、噪音、速度、温度和疲劳等因素有关的问题。

第一次世界大战为医生和心理学者提供了一个机会，即他们能为新兴的民航产业，尤其是在飞行员的选拔与培训上，作出极有意义的贡献。航空医生和心理学者第一次被组织起来携手科学地处理他们意识到的航空人为因素问题。

英国人生动地说明了了解人的因素的必要性。英国的统计数据表明，第一次世界大战期间，100名牺牲的飞行员中，有2人死于敌军之手，8人死于飞机故障，而90人死于自身的个体缺陷（航空医学，1919；Wilmer，1979）。意大利、法国、大不列颠和美国等国家先后对飞行员选拔程序的有效性进行了研究。虽然这些国家使用不同的标准来衡量选拔程序的效果，但是，他们得出的结论却是一致的：人员伤亡的原因主要是人的失误，而不是结构故障或者战斗原因（McFarland，1953）。那个时代的心理学家坚持认为他们能利用更优的选拔程序来明显改善状况。他们取得了部分成功。

两次世界大战之间，大多数人为因素活动研究都集中在汽车这个正逐渐兴起的行业中（Weimer，1995）。相比之下，西方电气公司霍桑厂的经典研究和军用航空的研究工作显得并不那么突出。军用航空所做的工作却很有意义。他们所做的大部分工作都围绕 Harry Armstrong 将军领导的一项心理调查展开。1940年，John Flanagan 为美军建立了一个全面的航空心理项目。在二次世界大战期间，此项目扩展成为美国空军航空心理项目。

实际上，哈佛心理学教授 Ross McFarland 博士是第二次世界大战之前唯一研究民用航空运输中人为因素的专家。他对航空领域的各个方面都很感兴趣，特别关注高海拔下缺氧的影响。他也研究疲劳对驾驶员的影响，这些驾驶员参与泛美航空公司开辟横跨太平洋和大西洋以及飞往阿拉斯加新航线所必须执行的远程飞行任务。他也成为泛美航空公司的官方顾问。二战中断了他与泛美的合作，其合作直至战争结束之后才得以继续。1953 年，Ross Mc-Farland 博士出版了那本被誉为经典著作的《航空运输中的人为因素》。这是继其早期的开创性著作《航空运输设计中的人为因素》后的又一部开创性著作。

二战对人为因素在航空领域应用的影响

第二次世界大战大大推动了人为因素在航空领域应用的进程。在英格兰，一个工效研究机构在牛津大学成立。在剑桥大学，一个应用心理实验室也成立了，它在 Frederick Bartlett 的领导下做了大量杰出的工作。另外一件事情就是应用心理学实验室建造了早期的模拟仪器，那就是后来著名的"剑桥飞机座舱"（Hawkins，1987）。模拟仿真实验清楚地说明最适合驾驶飞行器的飞行人员是那些品质个性适合飞行的人员，同时也限制了一些不适合飞行的人员。今天看来，能意识到这一点是很正常的，但是那时能够意识到这一点是极为不易的。关于这一点，今天仍然在使用，只是对于配有先进技术的驾驶舱做了一些细微的改进。剑桥计划的其他一些有实际意义的成果，还包括对飞行员的选拔和训练、睡眠不足或者疲劳对飞行员的影响上，加深了对于可视化和仪器显示准则的理解。

在美国，随着战争的进行，航空心理学中心开始在伊利诺伊州立大学和俄亥俄州立大学出现。此后不久，南方的加利福尼亚州立大学和其他的几所大学里也相继成立了航空心理学中心。今天，这些航空心理学中心继续着航空领域的人为因素研究工作，联邦航空局民用航空研究所①、（美国）国家航空和宇宙航行局、国家滑翔运输系统中心以及军方也一如既往地从事着这方面的工作。近来，许多科研机构，如得克萨斯州、迈阿密、伊利诺伊州、

---

① CAMI 是民用航空医学研究所。它是联邦航空局民用航空研究所的一个分支，坐落在俄克拉何马州的俄克拉何马州城。

北达科他州等州立大学及爱博利亚大学和普渡大学，以及佛罗里达州中央大学等对此尤为热衷。在美国之外，越来越多的其他国家对此也表现出浓厚的兴趣，他们对航空领域的人为因素研究也作出了相应的贡献。

　　Lt. Col. Paul Fitts 是二战时期美国领导这一研究的众多先驱之一。1945年，他被选为美国空军下属的航空医疗实验室心理学分机构的领导人。这一机构尽管侧重于军用航空领域，但是从那时起，它已经成为了研究和发展先进人为因素理论的中心。这一分支机构现在被称作"人机工程司"，近来，举行了纪念空军研究与发展 50 年的庆典。1949 年，Lt. Col. Paul Fitts 离开了美国空军，成为俄亥俄州立大学航空心理学实验室的主要负责人。

　　1946 年 1 月，Alex Williams 开放了伊利诺伊州立大学的航空心理学实验室，这一时期，此方面的另一位巨子，Alphonse Chapanis 加入了 Johns Hopkins 大学的心理学系。众多的此方面出版物中，《人机工程研究与技术》是佼佼者，对于这本书，40 年后的今天读起来，仍然不失其借鉴意义。

二战后的人为因素研究

　　相当大比例的一些人为因素问题已经不再被重点研究与关注了，诸如高海拔下空气密度变稀对人类活动产生的影响问题。二战结束后，航空领域的人为因素问题立刻集中在驾驶舱仪器的布局，以及其他一些高科技问题上。

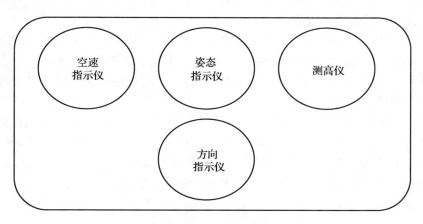

图 3.1　基本"T"准则的说明

稍后，在同一时期，航空领域做了许多改进，包括对飞行仪表布局上使用"T"准则。"T"准则要求航空器上的主要仪表，如空气速度指示仪、姿态指示仪、高度指示仪和速度指示仪等，在布局上要排成形如大写的字母"T"样式。

其他一些延续了二战时期的做法并已经暗含了人的因素的革新如下：用作导航和声讯通信的高频电台的发展，日趋复杂的自动驾驶仪使人更易操作，之后还包含了海拔高度的控制功能，加大对飞行训练中模拟仿真的使用。近来，配有数字飞行、工程仪表以及阴极射线管和平板显示器的透明驾驶员座舱的出现，有力地向我们展示了技术的进步。他们进行了创新并正在挑战人为因素带来的问题。

随着航空人员适应力的证实，特别是飞行员的适应能力，以及工业生产的倾向性，在二战后的初期，人为因素问题没能引起充分的重视是不足为奇的。这种状况在新兴的运输行业经历了一系列惨痛的机舱失火以后，有了轻微的改变。那些飞机以活塞引擎为动力并配以 6 伏直流电。数起大火导致美国要求毛重超过 8 万镑的飞机必须配备第三名机组人员。这些火灾事故催生了著名的 8 万镑限制规则。现在已经寿终正寝的美国民用航空委员会，那时明确负有推行此规则的责任。事实上，是蹩脚的设计问题导致在一定的情况下汽油汽化后流进机舱致使机舱内空气过热而促成了那些火灾，但是这没有改变第三名机组人员随机飞行的规则。今天，很少有什么人为因素能促成像8 万镑规则那样的事情了。

逻辑上的 8 万镑规则常常受到挑战。最后，所有的相关部门都被卷入其中，制造商、操作者、飞行员代表协会、飞机工程师代表协会以及官方（FAA）调节，最后达成一致，即仅仅重量不是有效的衡量飞机是否要配备第三名机组人员随行的标准。

8 万镑限制规则于 1964 年 FAA 颁布 FAR25.153 后被废止，以工作量作为机组是否需要增加人员的标准开始了。FAR 第 25 部分的附件 D 罗列了 6种工作量功能和 10 种工作量因素作为新航线的机组人员是否需要加强所考虑的工作量标准的决定因素。这些因素将在第十章中加以讨论。

在压力舱及早期的喷气式飞机中工作的生理问题

压力舱的普及及以后的喷气发动机标志着重大的工程进展，但是他们也带来一些日常问题，这些问题完全发生在高层的操作者、制造者和规章执行者身上。压力舱要求一个附加系统——发动机泄压系统——用来保持压力舱的压力。加热和制冷也产生了额外的要求，并要求额外的韧性。加热和制冷来自一个新来源——以发动机本身流出的空气为动力源的空调包。这些新系统以及喷气发动机的不同之处都要求飞行员的知晓和理解。

在这一时期，工业伴随着这些生理问题的增加取得了显著的进步。今天，大多数出现过的生理问题已经能够被识别，在很大程度上似乎也得到了较好的控制。识别出的问题包括再循环座舱和压力舱对空气一般质量、湿度及对氧气需求的增长问题，包括高海拔下高辐射和臭氧水平问题。其他一些问题如下（部分很严重）：地面上一些广告光束对机组人员和乘客的影响，短时间内运输量增加带来的被动，长程和短程飞行安排的不合理导致疲劳，这些都会破坏人的正常生理节奏，使心律不齐的几率增加。

解决这些问题的方法仍存有争议。疲劳问题是一个单纯的体能安排问题，但是，显然大家都知道，像这样的一些问题可能因喷气式飞机的驾驶而加剧。像因医疗、空中救护和其他的紧急飞行而带来的疲劳等问题，有其特殊行为的特殊致因。直升飞机和它短暂的起降过程中，人为因素也有其特别的重要意义。

新附加的正常和紧急状态下操作程序，包括紧急状态的迫降都被要求了。尽管喷气式发动机比老式的涡轮发动机简单，但是喷气式发动机比它的前辈有更大、更快和更多的燃油风险。喷气式发动机一般来讲都是应用在长程飞行中，因为航程增加，也就有更大的操作机动性。所有这些都要求新的制度和程序。喷气式飞机时代到来了，就像它刚刚开始一样，它也必然有一些萌芽期的问题。

人为因素理论花费了如此长的时间才在航空领域取得一些进展，一个主要的原因是因为一直以来飞行员是这一工业的关键，不论是操作者还是工程技术人员，他们都相信飞行员的适应能力，如果不能适应，再个别花费些精力调整。问题和进步都是技术问题，他们也愿意被认作是工程技术问题。无疑，考虑该问题是工程技术标准的一个条目。

安全性和有效性的兴起无疑是工业生产的一个目标。技术被认作是提高安全性和有效性的一个准则。如果技术改进被应用了，就要求飞行员在日常操作中要适应这一技术改进。操作人员和投资方认为如此显而易见的问题很简单的就能被解决掉了。很多人没有意识到在航空领域推广人为因素理论的必要性。这种状况被许多人为因素专家认为是无药可救，是对理解操作问题和常规操作问题上可悲的无知。

包含了行为特征和机组人员表现的生理学领域

在二战以后的几年里，特别是近几年里，航空领域的人为因素和操作运行越来越潜心于生理学领域的人的行为和表现方面上。这些开始于宣传并且废除了 8 万镑规则。在此后的 20 年间，团队合作、决策和机组人员的认知进步正逐步受到重视，其大部分是为了贯彻机组资源管理计划。在工作环境中，装备的有效使用、多功能控制和显示的适用性、先进驾驶舱和机舱的布局，这些在设计当中都要求重点考虑。其他一些生理学领域的问题，包括社会文化对操作的影响等都被意识到了，也需要比以往考虑的更多。

人为因素在航空业不断地被加强重视，一个基本原因是航空安全专家受到越来越多的困扰，航空运输事故是人为因素造成的，这是一个显著的事实，更不用说全面提高航空安全记录了。这一问题已经不容忽视了，但是工业方面对解决这一突出问题却感到无能为力。这一事实在 20 年前就被 Hugh Gordon-Burge 详尽的论述过了，以下是他在致辞国际航空运输协会顾问委员会关于飞机着陆阶段事故的一些话①：

> 当我们着手解决这些事故的时候，我们真的是毫无作为，只是重复地评论这些：评论年年的事故似乎是不可避免的；评论年年的事故是如此的相近；评论航空公司对降低事故率的无能为力，更不用说减少事故率了；评论人为因素是促成事故的这一显著事实。因而，总是重复以前的这些所谓的最紧迫的、最压抑的事情都是毫无意义。

20 世纪国际航空运输协会技术会议的影响

解决上述提到的"最紧迫的、最压抑的事情"的漫长进程的分水岭是 1975 年国际航空运输协会，它把人为因素列为 20 世纪技术会议的主题。会

---

① Hugh Gordon-Burge 作为国际航协安全委员会主席期间（1977 年），致安全委员会的开幕词。

议在国际航空运输协会秘书长 Knut Hammarskjöld 激愤的致辞下召开了，他陈述如下①：

> 事故数据的分析清晰地表明，如果我们继续忙碌于批评人类为何解决事情不力这一问题上，那从历史趋势来看降低事故率就只能成为一句空话。那些 15 或 20 年前事故被归结为"飞行员操作错误"或者"控制器失效"等肤浅认识应该终止了。我们现在已经超越了那些事故致因方面最不利和最不负责任的误导。
>
> 我们称我们现在的观点为人为因素，这是一个重要的问题，我相信关于这一点，在民航历史上的这一时代，我们有足够的知识开展一系列行之有效的进攻，攻破这一航空安全问题的最后堡垒。

尽管有清晰和雄辩的言论，尽管有世界航空公司经营者对人为因素重要性的一致赞同，此次会议仍然被讲稿不时引起的冲突和激烈的讨论中断并被迫于 5 日后终止，至于加大探讨人为因素的本质以及在其航空领域的应用仍然是遥遥无期。唯一例外的是荷兰航空公司，荷兰皇家航空公司创立了荷兰航空公司人为因素认知课程（KHUFAC）②，目的是提供一个系统的教育计划以提升员工对人为因素的理解水平。

现代的人为因素

现代化技术带来了新的挑战。一个明显的变化可能是从三个人的驾驶舱变成两个人的，这样无论从人数和毛重上都发生了很大的变化。其他新的挑战包括日益复杂的飞机，日益复杂的工作环境，以及飞机内嵌的计算机显示器和与飞机相关的驾驶舱操作及文档化程序文件。

数码工具的使用，被证明比过去类似的工具有更好的效果，但是也带来一些问题。新的人为因素方面的挑战还包括新的文档方面，如地图、图表及其在阴极摄像管及液晶显示屏上的显示。近地告警系统和电子近地告警系统

---

① Knut Hammarskjöld 担任国际航协秘书长期间，在 1975 年 11 月 10—14 日于伊斯坦布尔召开的国际航协 20 世纪技术大会上的开幕词。

② 这个单词的缩写表示荷兰皇家航空公司人为因素认知课程。此外的相关信息参考《飞行中的人为因素》一书第二版的第 331 页。

以及机载防撞系统和风切变警告系统也可能带来演示和操作问题。包括全球定位系统和自由飞行概念在内的导航系统都可能带来问题。平视显示和加强视觉显示增加了最小能见度着陆的可能，却增加了额外的人为因素问题的风险。这些革新将在第二十二章加以讨论。尽管政治衍生物、领空权、着陆权和沿海航行权等依然存在，但是国界的概念在航空领域已经变得越来越模糊。美国已经成为世界上最大的航空运输国。

对于设计新的超音速飞机的一个最大的努力方向就是没有下垂的机头，以往通过机头的下垂飞行员用来滑出、起飞、进近、着陆和滑入。因为机身的角度要有利于飞机的有效飞行，法国的协和飞机就没有下垂的机头，但是没有下垂的机头的前提是不能因在驾驶舱内的前视能力而影响飞行过程中飞行方向问题。如果这些相关的问题被解决了，那么下垂机头就没什么必要了，飞行员在滑出、起飞、进近、着陆和滑入过程当中就完全依赖设备而不是实际的前视能力了。这些也显然涉及对目前飞行器操作的改变。

显然，人们越来越关注对员工的选拔、训练培训和审核复查等工作的改进，这里的员工不仅仅指飞行员和教官，也包括在航空公司工作的其他个体。这包括规章执行机构人员的选拔和培训。人们开始意识到，运输工作的社会环境也不能再被忽视了。社会环境因素在理解人为因素在航空运输的安全与有效性问题上起到了极为关键的作用。承认社会环境因素大概是人为因素方向性问题诸多变化中最新的变化。社会环境问题将在第六章加以讨论。

今天，包括基于生理学分支的人为因素以及社会环境因素的重要性已经被这个行业的几乎所有部门所意识到并加以重视，人为因素理论看起来已经步入正轨。以前，传统上经常用狭隘的"人的因素"这一条目来表述此事，真的是过于简单了。感谢在航空领域对此逐步地认识，感谢近来领导阶层对此的帮助，感谢国际民航组织对此的推广，广泛的基于人为因素理论正在被世界上大多数进步的国家作为一项核心的航空技术所意识到，也被一些传统行业如气象学、发电站、空气动力学、航海和通信等领域作为核心技术所使用。

诸如国际航空运输协会以及国际飞行员协会等组织经过长时间不懈的努力，经过一次次辩论来影响国际民航组织的领导阶层，促使国际民航组织做出一些有意义的实质性行动来推动这一理论在航空领域一步步向前。1975年国际航空运输协会举办的 20 世纪技术会议，可以看做全面认识到人为因素在航空运输行业的重要性的转折点。国际航空运输协会的刊物 *Airline Guide to human Factors* 仍然是一本具有可读性和适用性的刊物。

国际民航组织是官方机构，由于其以领导地位在世界范围内的提倡，人为因素理论被加拿大、法国、英国、俄罗斯、美国和其他一些政府机构积极促进推广。如果没有官方的支持，国际民航组织的领导也不可能取得成功。国际民航组织是唯一的一个能对所有国家施加影响而不会带来任何主权问题的国际组织机构，很好地履行着领导和协调功能，其地位是任何组织所无法替代的。

现代和未来的航空运输行业所必须处理的是飞速发展的国际社会的需求，即对于安全和效益的需求，以及开发大型远程客运机的需求。经济和工作效益已经制订了两个人的机组标准，并补充了满足未来需求的机组标准。仅仅一个人的机组不能完成今天飞机的常规操作。这个问题的产生也是因为飞行员的力不从心。所有这些都要求增加一个副驾驶的角色，并且在飞行驾驶中要求"团队的处理方法"。就算是一个机长也可能犯漫不经心的小错误一样，人为的错误是普遍存在和不可避免的，要加强这一概念。

显然人为因素已经展现多样性，要求特别和广泛的加以界定。要想很好的做到这一点，需要具备一定的专业知识，仅仅医学和生理学方面的知识是不够的。事实上，经验丰富的人为因素的开创者 David Meister 论述到，"作为一个人为因素科学家，他需要考虑各个专业领域的一部分"（见附录 B）。

人为因素理论不断发展，这和许多背景、经历教育广泛的个人的努力是分不开的。对于一些有责任感的人为因素工作者来说，既要熟知人为因素理论，也要涉猎一些专门领域的知识，这是他们的义务。在某些情况，利用外部资源来保证必须的知识获得是十分重要的。像制造业、操作行业和规章管理等需要人为因素的专门技术，即他们不但要具备人为因素的一般理论，同时也需要具备行业内部的专业知识。

当前从事这项工作的有丹·莫里诺、John Lauber，David Woods、内尔·约翰斯顿、克雷·福西，Jim Reason、伊尔洛·韦恩诺、鲍勃·赫尔雷其和比林斯博士等人，长期以来他们对发展传统的航空领域的人为因素作出诸多贡献。巴博·坎及、朱迪·斯沃萨诺、Nadine Sarter、Asaf Degani、Mica Endsley 和迪克·詹森等人为因素研究者也加强了这方面的研究。上面列出的仅仅是工作在这一领域的诸多人员中的一部分，只是用来说明为了满足不断增长的航空运输行业的需求而工作在这一领域工作的人员数量的众多和种类的多样性。除此之外，在这个行业中也有每天与人及诸多因素打交道的工作者，他们对全面提高航空领域的安全水平作出的贡献也是不可磨灭的。

人为因素继续其突出地位

就像第二章中讨论的那样，航空运输工作主要是空中安全，甚至连对空中安全的理解都极为重要。人为因素有几种定义：研究形体、生理、心理和病理中可能影响人的正常操作的学科①；在系统工程学框架内，运用和人的因素有关的科学着手解决人和机器的最优关系的问题的学科②。航空领域明确的要考虑人为因素，一个主要的理由是航空运输业要求全面、优异的安全记录。虽然人为因素不是飞行事故中唯一应该被仔细检查的部分，但是几乎所有的空难事故都和人为因素有关。

参考文献

[1] Air Service Medical (1919). US Government Printing Office, Washington, D. C.

[2] Chapanis, A., (1959). *Research Techniques in Human Engineering*, The Johns Hopkins Press, Baltimore, Maryland.

[3] Christensen, J. M. (1987). 'The Human Factors Profession', *In Handbook of Human Factors*, edited by Salvendy, G., John Wiley & Sons, New York.

[4] Hawkins, Frank H. (1993). *Human Factors in Flight*, Second ed. by Orlady, Harry W., Ashgate Publishing Limited, Aldershot, English.

[5] IATA (1981). *Airline Guide to Human Factors*, International Air Transport Association, Montreal, Canada.

[6] Jensen, Richard S. (1997). 'A Treatise on the Boundaries of Aviation Psychology, Human Factors, ADM, and CRM', in program for *The Ninth International Symposium on Aviation Psychology*, Columbus, Ohio.

[7] McFarland, R. A. (1953). *Human Factors in Air Transportation*, McGraw-Hill Book

---

① Aerospace Glossary for Human Factors Engineers, Society of Automotive Engineers (SAE) ARP 4107。

② Richhard S. Jensen，关于航空心理学界限的论述，人为因素、飞行决策管理及机组资源管理。

Company, Inc. , New York.

[8] McLucas, J. L, Drinkwater, F. J . III, and Leaf, H. W. (1981) . *Report of the President's Task Force on Aircraft Crew Complement*, Government Printing Office, Washington, D. C.

[9] Orlady. Harry W. (1995) . 'The Evolution of Minimum Crew Certification', in *Proceedings of Eighth International Symposium on Aviation Psychology*, The Aviation Psychology Laboratory, The Ohio State University, Columbus, Ohio.

[10] Society of Automotive Engineers (1988) . *Aerospace Glossary for Human Factors Engineers*, ARP 4107, Soiety of Automation Engineers, Warrendale, Pennsylvania.

[11] Stanley N. , Cori, Louis, Carl, and LaRoche, Jean (1997) . *Predicting Human Performance*, Helio Press, Pierrefonds, Quebec, Canada.

[12] Weimer, J. (1995) . *Research Techniques in Human Engineering*, Prentice Hall PTR, Englewood Cliffs, New Jersey.

[13] Wilmer, W. H. (1979) . 'The Early Development of Aviation Medicine in the United States', *Aviation, Space, and Environmental Medicine*, May, 1979, Alexandria, Virginia.

第四章 外部环境和飞行生理学

外部环境

从伊卡洛斯和代达罗斯传说时代开始，人们就开始意识到外部环境是飞行中应该严格考虑的问题。那个传说讲述的是，伊卡洛斯是代达罗斯（雅典工匠和发明家的祖师）的儿子，他和他的父亲从克利特岛王国的迈诺斯开始逃亡。他们在手臂上粘牢蜡状的柔软羽毛作为翅膀，以便于他们能飞着逃离克利特岛监狱。不幸的是伊卡洛斯忽视了他父亲的指示。他的父亲告诉他要在天空的中部飞行，但是他却紧靠着太阳飞行。柔软且紧固他的羽毛翅膀的蜡开始融化了。当这些发生时，他的父亲不在他身边，而他却从高空中一头扎进大海，结束了他的生命。

还有关于这个故事的另外一个版本。一群英国的科学家，他们是英国事故调查委员会的成员，他们想通过现代的知识和手段调查这个传说。他们得出的结论是代达罗斯和奥维德都错了。伊卡洛斯柔软的蜡状羽毛翅膀并不是因为靠近太阳飞行而融化的，而是因为伊卡洛斯飞得太高了，蜡变得太脆发生断裂，不再具备黏合羽毛的能力，而使伊卡洛斯掉进爱奥尼亚海死掉的。

如今在航空领域，我们考虑物理环境的几个方面。几乎所有的方面都和高度有关系。许多在海平面上所具备的一切适合正常飞行的条件在高海拔下都不具备了，如温度、大气压力、大气的振动和湍流、噪音、臭氧层浓度、高海拔下的紫外线辐射及电磁辐射几乎都在考虑之列。

近来，引起我们一定关注、并且同飞行环境略微相关的问题是射向空中的地基激光的使用。这些激光的使用多数是出于做广告的目的，而且使用上很少有规章指导。这在飞机进近期间是一个严重的问题，激光束不经意间就对飞行员的视力造成很大伤害，甚至导致失明。严格说来地基激光不是自然环境的一部分，但是它们却成了飞行员飞行过程中关注的一部分。人们做了很多努力来宣传制定有效的规章向导，目的是规范地基激光的使用。不幸的是，有效的规章向导的制定进程太慢。自从地基激光问题产生以来，对其使用的规章指导问题几乎是所有航空运输国家所面临的一个挑战。

大气[①]

地球大气层被划分成不同的层和区域。这些层才是飞行员的主要兴趣所在，因为温度和气压变化时有发生。在比较高的海拔，飞行员还要面临臭氧集中和紫外线、电离辐射增加的问题。

大气层的第一层是对流层，按照国际标准，在极点，从海平面到26000英尺的高空，在中纬度，从海平面到36000英尺的高空，在赤道，从海平面到52000英尺的高空，都属于对流层范围。在对流层，空气温度在干隔热率下每升高1000英尺下降5.5华氏温度，在空气良好的湿隔热率下每上升1000英尺温度下降3华氏温度。对流顶层是对流层和下一层——平流层的过度地带。对流层的一个有趣现象是温度随高度升高而降低，直到对流层终了。层流层的温度不随高度的变化而变化，但是随着高度的增加压强下降。国际大气标准认为，在赤道顶部对流层附近的温度会达到 – 56.5℃（ – 70℉）。对流层的高度随着海拔的变化而变化，变化范围会从极点附近的5米变化到赤道附近的11米。对流层的高度也随季节变化而变化。

航空运输飞行发生在对流层、对流层顶和平流层的一部分。在平流层上是中间层，温度随着高度的增加而增加。中间层之上是电离层、Kennelly-Heaviside层和阿普尔顿层。后面的四层仅仅为太空旅游的人所关注。

我们呼吸和穿行其间的空气是有重量的。气压就是顶部的大气被压到底层由它们的重量产生的。因为空气密度的原因，大气压是随着海拔的增加而下降的。显然，顶部空气稀少。气压计在测量大气压力时还要取决于高度。在低海拔下，很小的高度增加所带来的压力的变化要比同等的高度变化下在高海拔下压力的变化要大，这是因为同等体积的空气密度越小重量越小。

压力随海拔变化的不同的结论的实用价值是，空中管理可以根据这一区

---

① 本章节的大部分完全参照了 Green et al. 的《飞行员的人为因素》和《飞行中的人为因素》第二版。这两本著作是任何希望得到飞行中基本的心理知识和希望有效飞行的人的必备工具书。

别而控制飞行器的间隔，即在高海拔下实际间隔可以比低海拔下的小。目前公允的空管规则规定 1000 英尺的间隔作为世界标准。现在的空中管制在海拔 29000 英尺的高空下用 2000 英尺的间隔标准（这是用传统气压计测算出来的）。许多人认为这个间隔数据比实际所必需的要大。继续使用这一标准的结果就是对日益拥挤的空中空间的浪费。

为了解决这一问题，国际民航组织已经介绍了减少最小垂直间隔的规定。这一规定在 1997 年早期在北大西洋地区介绍使用，并且计划在世界范围内推广。最小的航空器系统性能规范标准要求有数字化的空中数据计算机和与之相关的系统，且该系统能使海拔高度的误差保持在 50 英尺以内，这些都是减少的最小垂直间距规定所必需的。根据压力梯度，在海拔 29000 英尺的高空可以将垂直间距由 2000 英尺缩小到 1000 英尺，这样就双倍的扩展了有效的空中空间。当然，可以比实际的 1000 英尺还小。由于这样做所需的设备费用由非航空公司的主体所承担，所以这一主题仍有广泛争议。在29000 英尺的高空使用 1000 英尺的垂直间隔已经被国际民航组织全体成员国作为常规的间隔概念所通过，并被大多数开放组织所赞同。

大气层中海拔和压力的关系如图 4.1。

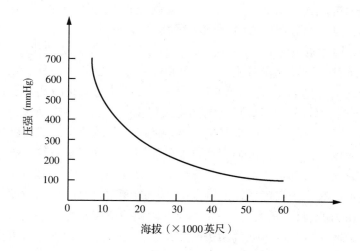

图 4.1　大气层中海拔和压力之间的关系

人对氧气的需要和极限

对于人为因素，我们关心在整个对流层和部分平流层日常工作或旅行的人对氧气的需要和极限。不论多少海拔下的空气都保持恒定的比例，即21%的氧气、78%的氮气、1%的其他气体。其他气体主要包括氩气、水蒸气和二氧化碳。这里我们可以近似的认为，空气是由21%的氧气和79%的氮气组成。从生理学上来说，二氧化碳是非常重要的，今后还要讨论。

我们特别关注氧气，是因为身体中的每一个生命细胞都需要氧气。身体里的氧气通过两种途径产生：一种是身体组织内的食物通过化学氧化产生；另外一种通过呼吸进程产生，呼吸系统把氧气传递到每个细胞同时把废弃物以二氧化碳的形式排出。身体通过呼吸系统完成组织内部和外部环境之间的氧气和二氧化碳的交换。这种交换之所以能完成，是因为肺气泡的毛细血管表面和外界的大气间的压力梯度的存在。

氧气和二氧化碳等废弃物在身体里通过血液运输，但是血液存储氧气的能力是十分有限的，所以对氧气的补给要求是经常性的。迫使氧气进入血液的压力叫氧气偏压，根据波义耳定律——气压随海拔的增高而降低，所以氧气偏压随着海拔的增高而降低。其他一些定律，如查尔斯定律解决了血液中的氧气数量问题，它论述了体积和压力之间的关系，还有道尔顿定律，它解决了混合气体的全压力与各组成气体的分压力之间的关系。

人类对氧气的需要是我们为飞行高度超过10000英尺或者12000英尺高度的飞行器配备增压系统的原因。现在的飞机其机舱内的压力维持在8000英尺高度时的压力，当其超过这个高度后也不会发生变化。具有较高巡航高度的超音速飞机需要更高的机舱压力维持。超音速协和飞机的增压系统在海拔5000英尺的时候就需要维持机舱内的压力了，这一高度比我们目前航空运输中的高度要低。

身体内的氧气平衡

保持身体内的氧气平衡是一个复杂的过程。空气进入口鼻，通过支气管最终到达肺部的气泡内。肺泡通过毛细血管组织将氧气渗透入血液。整个过程的阐述见图4.2。

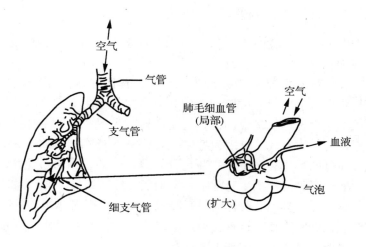

图 4.2　空气在肺部的运行

资料来源：改编自《飞行员的人为因素》，第 5 页，Green et al.，1991 年 Ashgate 出版社授权许可

　　血液是把氧气从肺部运输到身体各部的主要媒介，通过运输血液中携带氧气的血红蛋白分子，从而把氧气带到各个组织。除了健康的原因以外，不提倡吸烟的另一个原因是尼古丁具有削弱血红蛋白携带氧气的能力。这种削弱的原因是吸烟产生一定量的二氧化碳，由于它们和血红蛋白的结合能力比氧气强，而血红蛋白分子又不能同时携带两种气体，所以二氧化碳就顶替了氧气被输送到身体各个组织，从而增加了组织缺氧的可能性。组织缺氧就是因为身体组织内氧气的缺乏而使组织功能削弱。组织缺氧严重了就是整个身体缺氧，这种状况叫缺氧症，缺氧症能永久性地破坏人的大脑或某一器官。

　　初步了解我们的循环系统对于很好地理解输送氧气到组织各部的机制是十分有益的。关于循环过程（Green et al.，1991）的图表说明见图 4.3。关于心脏的图表说明见图 4.4。

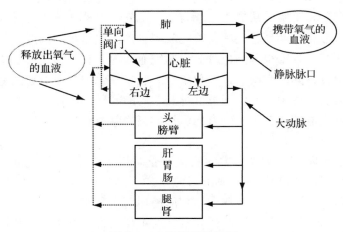

图 4.3 人体循环结构图

资料来源：改编自《飞行员的人为因素》第 7 页，Green et al. ，1991 年 Ashgate 出版社授权许可

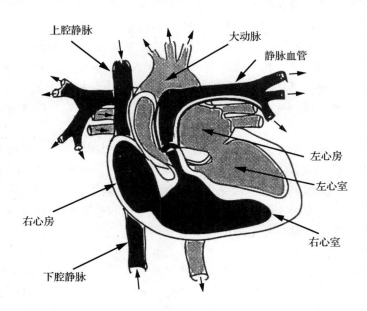

图 4.4 心脏

携有丰富氧气血色素的红血球通过肺泡毛细组织途经肺静脉进入左心房，然后到达左心室。从这里，含有丰富氧气的血液通过大动脉和支脉运到身体各部。最后血液到达毛细血管完成氧气到组织器官的输送。

毛细血管是管壁很薄的血管。在毛细血管内，氧气通过管壁渗透到压力梯度低的地方，同时交换回二氧化碳。装载二氧化碳的血液通过毛细血管进入静脉。静脉系统中的血液通过静脉及单向的静脉阀门返回心脏。单向阀门的作用是保证血液按照正确的方向流动。当静脉血到达右心室后，泵回到肺脏后整个循环重新开始。

我们已经明白了空气当中的氧气数量是以怎样一种方式随海拔而递减的。尽管氧气的浓度仍然保持在21%，并不随高度而变化，但是总质量却随密度的减少而减少。高海拔下，相同体积的空气比海平面情况下的空气的密度和压力大。根据波义耳定律、查尔斯定律、道尔顿定律，相同体积的空气，虽然空气浓度在任何情况下都保持在21%，但高海拔情况下所包含的空气的比海平面情况下的少，而身体是需要一定数量的氧气的。

为了弥补氧气数量的减少，在制造氧气时，通常制造浓度较高的氧气供飞行员使用，纯度可以达到100%。如果飞行员在33700英尺的高空呼吸纯度100%的氧，那么等同于海平面状态下的正常呼吸，合理操作表现能保持在40000英尺的高空。在40000英尺以上的高空，氧气在正压下才能传输，所以加压呼吸是必须的。为了在紧急减压情况下确保机组人员的有效供氧，加压呼吸在超音速航空运输中是必需的，因为他们的巡航高度通常在40000英尺以上。

加压呼吸是一个非常辛苦的过程，要求很好的训练，对于常规的航空工作来说太残酷了。即使在超音速航空过程当中，加压呼吸也仅仅在紧急状况下使用，所说的紧急状况包括完全失重的情况。也就是说不达到一定高度，加压呼吸是不要求使用的。即使是最好的氧气面罩也是很笨重的，而且会使人觉得不舒服。在常规航空过程当中，任何种类的氧气面罩对机组人员和乘客来说都是不可接受的。

联邦航空规章明确了氧气供应标准。例如，在配有两名飞行员的飞行器压力舱中，联邦航空规章要求每一名机组人员具备特殊能力，即在5秒钟内用一只手把指定位置的一种快速插管型氧气面罩带到脸上的能力，还要求具备在35000英尺高空供应氧气、正确的营救和密封的能力（FAR91.211）。

在海拔41000英尺的高空，规章规定飞行员在任何时间都要使用氧气面罩。超音速协和飞机通过弃权反对这一规定。

组织缺氧和强力呼吸

组织缺氧就是身体内的氧气不能满足身体组织的需要。在航空领域，周围环境压力下降与爬升海拔的增加是相关的。组织缺氧首先影响的是比较高级的思维功能，因为大脑组织对缺氧是比较敏感的。组织缺氧往往发生在高海拔下。有效意识时间（TUC）被定义为在该时间内一个人能采取有效措施的反应时间，在海拔30000英尺的高度该时间被定义成40~74秒（Sells and Berry，1961）。实际的有效意识时间因人而异，因飞行器的海拔高度而异，因压力下降率而异，因事故发生时个人所从事的具体活动而异。

一秒的时间间隔在减压中衡量安全无意识时间都是很重要的。安全无意识时间就是一个人不因为缺氧而使大脑受到损害的最长无意识时间。研究表明，安全无意识时间最多2分钟（Gaume，1970）。

可能的缺氧征候是个体一些显著的变化，如判断减弱、肌肉功能失效（特别是与细微的运动协调和决策相关的功能）等。其他的征候是短期的记忆功能削弱和感官功能丧失（特别是颜色辨别、触觉、方向感和听觉等功能），功能的永久丧失直至个体死亡。如果组织缺氧发生在高海拔下，死亡在短短的几分钟内就能发生。对于一个组织缺氧的个体来说，一个显著的外部特征是嘴唇发青、指甲呈现青蓝色，这是由于大多数血清素处于缺氧状态。

为了尽量获得更多的氧气，缺氧个体可能也会换气过度。换气过度就是在压力过低的外部环境下而进行的过分呼吸，从而使血液中的二氧化碳的排出超过了限度。换气过度对缓解低压状态下的缺氧效果甚微。充足的氧气不是简简单单就能得到的。

换气过度破坏了身体内血液的酸碱平衡，从而带来一些病状，如刺痛感、视觉混乱（特别是视力模糊）、冷热感、兴奋感等功能削弱，甚至是丧失意识。换气过度是过度呼吸从而排出血液当中二氧化碳过多的过程。这些会导致血液中碱性物质过剩而出现上述病状。尽管丧失意识听起来很可怕，但是呼吸是能恢复正常的。一旦个体迅速恢复后，就像什么事情也没有发生一样。

令人困惑的事情是，在压力舱当中过度呼吸会带来一些症状，但是以同样的呼吸次数慢跑或从事其他运动练习时却没事。理由很简单，即慢跑当中产生的过多二氧化碳必须排出体外，因为二氧化碳是由慢跑产生的，它们的排放是正常的。

如果飞行时出现症状，很难区分是换气过度还是组织缺氧。如果压力舱处于 10000 英尺以下，换气过度发生的可能性大些。而在 10000 英尺以上，则要首先考虑是否为组织缺氧。区分它们是最严肃的事情。幸运的是，换气过度经常和情绪激动等有关系，或者是发生在普通乘客身上的频率要比发生在机组人员身上的要高。发生在乘客身上的换气过度很少能产生严重的后果，但是就是发生在飞行员身上的很小概率产生的后果却很严重。

飞行当中不希望出现的压力舱减压时有发生。如果飞行高度超过 10000 英尺，处于该环境下的人很有可能会组织缺氧。尽管机舱减压很少发生，但是一旦发生就十分危险，而且要求航空器要迅速下降到较低和能接受的高度。航空公司的机组人员要时刻检查他们有效处理压力舱减压以及紧急下降时的处置能力。

减压病

减压病确实很少发生，但其原理必须被每一个职业的民航从业人员所理解。减压病指发生在高海拔下，由于压力骤减，血管里形成氮气气泡而引起的疾病。据报道，当上升高度达到 18000 英尺时，减压病就发生了。减压病的发生是因为正常情况下氮是溶解在血液中的，因为血液溶解氮气的能力有限，所以实际的氮气量是很少的，当环境压力突然减少，特别是急剧下降的情况下，一些溶解在血液中的氮就形成了氮气气泡。病症根据在身体的产生位置不同而异。氮气气泡积聚在肩膀、肘部、腕部、膝部、脚踝和其他关节，会引起上述部位疼痛，就是所说的痉挛。如果氮气气泡积聚在皮肤就造成皮肤发炎，发生在呼吸系统就构成窒息，发生在大脑就会引起中风。最终个体可能虚脱瘫痪，极少的情况下，氮气的积聚可能导致死亡。

尽管减压病很少发生，但是如果飞行前个体进行潜水活动很可能导致这一事故的发生率上升。这是因为在压力下呼吸，如潜水，身体内存储的氮气先是增加随后下降，氮气释放就可能促成减压病。一个好的规则就是在使用压缩空气、游泳或者潜水后的 12 小时以内不要飞行，如果潜水超过 300 英尺深，那么 24 小时内不要飞行。

残存气体和气压性创伤

身体内的温度保持恒定，当压力随着高度的增加而下降时，残留在身体内的空气体积变大。如果耳咽管的顶部软壁因为感冒等原因产生肿胀，就会使残留在中耳的空气不能通过耳咽管、咽喉、嘴而排到外部空气。耳膜外部的气压下降，而中耳内部的空气被截留，由于体积膨胀而导致耳膜变形。这会非常疼痛并伤害鼓膜。这就是著名的耳部气压性创伤。图4.5的解剖图展现了耳部结构。

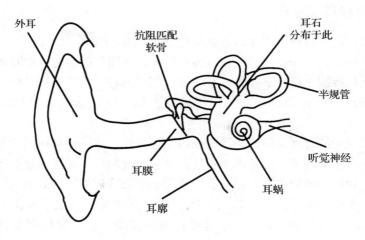

图4.5 耳部解剖图

资料来源：改编自《飞行员的人为因素》第二版，第12页，Green et al., 1991，Ashgate 出版社授权许可

所说的窦就是头骨上的一些空腔，主要分布在眼睛、面颊和鼻子后部。在这些空腔当中，空气或者气体，在升压的时候要比降压的时候排放的快。中耳中的空气的排泄也是如此。如果个体身患感冒、流感，或者鼻子过敏，窦和耳咽管附近的软组织肿胀或者阻塞以及室内通风通道不畅，他就会感觉不舒服和疼痛，随着上述病症的加重，不舒服和疼痛也会加剧。因此，机组人员应尽量避免带有这些症状飞行。如果不能避免这些，将会对个体造成严重伤害，甚至再也不能飞行。

还有一些情况虽不太严重，但是一旦发生，会造成废气引起的内脏疼痛。这些废气主要是诸如一些豆类和高香味的食物发酵产生的，由于它们没有通过嘴或者肛门排出体外，因而产生非常严重的腹腔疼痛。简单的解决方法是，当个体知道有可能在压力变化的环境中飞行时，尽量不吃这一类食物。

最后，牙齿不好或不注意牙齿卫生也会带来一些问题。因为牙齿脓肿或者牙洞填充不好，就可能产生气孔，在某些飞行环境下可能会非常疼痛。避免这些很简单，就是要注意牙齿保健和卫生。

听力和耳部生理

耳朵在飞行过程当中有两个重要的功能。其一是听，其二是平衡功能。当我们在听的时候，声波通过外耳传到耳膜。耳膜的震动通过中耳的一系列听小骨进行传播。这些听小骨一端缚在耳膜，另外一端则缚在耳蜗上。耳蜗转化这些震动为神经脉冲，然后传递给大脑，这样我们就感觉到了声音（见图4.5）。

内耳也能感受到大脑的角度和线形加速信息，这些是身体保持平衡所必需的。其中，半规管侦测角度加速信息，听石侦测线形加速信息。听石是一些石灰石颗粒，通常也被叫做耳石。听石和半规管连带的组成前庭器官，前庭器官的作用是为身体提供保持空间方向信息和控制其他系统所必需的信息。例如，当大脑移动时，眼睛也要相应的移动，以确保稳定的外界图像信息。

为了确保精确的方向模型，大脑也需要来自于眼睛的视觉信息。如果大脑受到一些不适的运动刺激，可能会导致个体一些不适的感觉，如恶心、呕吐、强力呼吸、面色苍白和出冷汗。这些病状会在个体处于不太熟悉的运动形式当中产生。运动病是因为耳蜗受到不适当的刺激所产生的，是对于刺激的正常反应，是不可避免的。在足够的刺激下，任何具有正常平衡感的人都要忍受运动病。

大多数人能快速适应运动或者感知并改变运动，就像他们在模拟飞行时发现的那样。运动病是飞行训练中很现实的问题，特别是军事训练中。如果个体因为离开了或者其他原因，没有参加适应运动病训练超过一周，那么再参加这种训练，可能训练对他们来说又是全新的了，适应性会消失，运动病可能又回来了。几乎三分之一的军事受训者有过运动病经历，结果他们当中的一些人失去了飞行资格。运动病是一个很现实的现象。这种现象发生在固定模拟仪器中，其实模拟仪根本没有移动，而是通过非常强烈的视觉暗示达到那种效果。

在航空运输中，运动病发生在乘客身上的要比飞行员身上的多，飞行员发生运动病的比例很少。原因可能有两点：第一是航空运输飞行不包括像军事飞行表演中所有种类的机动；第二点是飞行员能很好地适应飞行中的移动环境。

视觉

视觉是五种感觉（一些人认为我们有八种感觉）当中应用最普遍的一种感觉，视力好对于一个航空人员来说是最基本的要求。对于飞行员来说，好好的理解视觉过程的原理也是十分重要的。我们的讨论从基本的眼睛生理和它的功能开始。它包括一系列的问题，如飞行员所面对的光线强度问题，关于视力幻觉带来的迷惑目标的问题。

眼部生理

眼睛的基本解剖结构见图4.6。尽管详细的检查眼睛和它的功能都是特别复杂，但是相对来说已经十分简单和一目了然。

说起眼睛的功能，人们常常用照相机来做类比。这是因为光线进入眼睛的时候，眼镜头成像在视网膜上和光线进入照相机并成像在底片上是一样的。在视网膜上成的像是倒立的，其理由将不在这里作讨论。视网膜把光线转化成神经冲动经由视觉神经传递给大脑，这样真实世界的可视化图像就产生了。

视网膜方面的基本问题和光的亮度有关。这主要是因为视网膜由一些对光亮敏感的、所说的杆状状胞和视锥细胞组成。视网膜的中心叫做视网膜正中凹，它完全是由视锥细胞组成。由内向外，杆状细胞逐渐增多，而视锥细胞逐渐减少，到视网膜的边缘就只剩下杆状细胞了。杆状细胞对低亮度的光比视锥细胞敏感，但是它们对颜色却不敏感。所以低亮度下，我们看到的都是单色，因为杆状细胞感觉不到颜色。这也就意味着如果用颜色来提供信息，那么颜色的强度必须保持在高亮度的情况下。

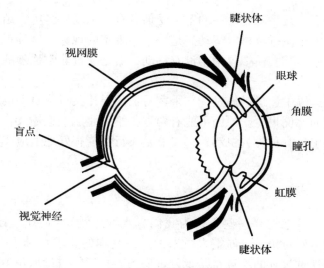

图 4.6　眼部解剖图

资料来源:《飞行中的人为因素》,第二版,第 109 页,Hawkins,1993,Ashgate 出版社授权许可

　　眼睛以两种方式来适应光线水平的变化。一种仅仅靠瞳孔的张开的大小来控制到达视网膜光线的数量。在光线过强的情况下瞳孔开始收缩,在光线受限的情况下瞳孔开始扩张。在光线很暗的地方,瞳孔能能扩张到正常状况下的 16 倍。第二种适应方式是杆状细胞和视锥细胞相互作用的结果。当光线变暗时,视觉感知的任务由视锥细胞传递给杆状细胞。不幸的是,这种转化不是立即完成的。整个转换过程的完成大概需要 40 分钟,并且年龄越大需要的时间越长。这个过程叫做黑暗适应。众所周知,当人从明亮的休息室到黑暗的影院时,就必须经历一个适应黑暗的过程。

　　视觉灵敏度

　　视觉灵敏度,或者称作眼睛分辨细微物体的能力,通常用这样的一种方式来表述,即个体在 20 英尺所能看到的最小字母和正常视力下看到该字母的最小距离相比。例如,如果视力为 20/20,那么意思是一个人在 20 英尺远所能看到的字母,正常视力下看到该字母也需要 20 英尺远。如果视力为 20/40,那么意思为一个人 20 英尺远所能看到的字母,正常视力下看到该字母所需的距离却是 40 英尺。

敏感度的水平不是均匀分布在视网膜上的。辨析能力最强的地方分布在视网膜正中凹。当注意力集中或者读书时使用的就是这里。偏离视网膜正中凹一点点，视网膜的辨析能力都会显著的下降。当我们遇到需要审视其具体细节的事物的时候，物体便自动的在视网膜上定影。这可能给许多航空人员带来一些麻烦，特别是那些开始仪器指令的人。这就是所谓的"视野狭隘"或者"过分入神"，这主要表现在所有的注意力都集中在一个仪器上，而忽视了其他同样重要的仪器。确切一点来说，"视野狭隘"或者"过分入神"是认知上的问题，而不是视网膜中央凹视力的问题。大脑发出的指令，要求眼睛转向哪里，眼睛就会转向哪里。因此通过训练和经历就能减少这种个体先天个性所带来的问题。

在现实的世界中，视觉灵敏度受如下一些因素影响，如亮度、周围的灯光和物体本身的对比度。带上合适的太阳眼镜能有效防止这一类问题，包括高海拔下的高强光。一副好的眼镜能有效的保护没有被臭氧层所吸收的破坏性蓝光和紫外线所带来的伤害。高海拔下的强光比例要比低海拔下的大得多。一定量的太阳紫外线照射是身体产生维生素 D 所必需的。正常情况下，能对身体造成伤害的紫外线等级已经被大气中的臭氧吸收掉了。过多的紫外线照射会带来一些症状，如晒斑、热衰竭、皮肤老化和疣（像日照角化症）等，这些症状大多数是很严重的，日后可能发展成皮肤癌。

适应性

为了看清楚不同距离的物体，眼睛内部有非常复杂的肌肉收缩活动来调整眼球的折射能力。这个过程叫做适应性，这主要是利用双目并用的收敛完成的。当目标物体不明确，或者是无特征的空域的时候，在适应过程当中就存在一个非常现实的问题了。视觉空域就是缺乏必要的辨别所需的视觉线索。这种情况白天黑夜都有可能发生。在视觉空域的时候，负责调节适应的肌肉处于反复测试或者松懈状态。研究表明，在视觉空域情况下，大部分个体的视觉焦距仅仅是 1 米或者比 1 码略大一些，而不是我们开始认为的无限大。这种情况通常叫做视觉空域近视或者夜间近视。如果此时眼睛正在搜寻远方的目标，如另外的航空器，但是眼睛没有调节到能侦测到目标的状态，事情就很严重了。油料运输机的驾驶员就不得不经常的处置黑暗下的焦距问题，因为高海拔下视觉空域所引起的近视问题时有发生。这种生理现象就是著名的 Mandelbaum 效果。

当视觉刺激和黑暗焦距相一致时，投向远距离的焦距被捕获了，这就是 Mandelbaum 效果。对超过一定距离的物体的敏锐程度就消失了。任何情况下，如果黑暗焦距的距离和眼睛到挡风玻璃的距离一致时，那么在挡风玻璃上任何对视觉的刺激，如污点、湿气、细裂纹、日炫、反射、虫子留下的污渍等，都会捕获投向远方的焦距。对超过挡风玻璃的其他物体的视觉敏锐度也就被削弱了。为了减小这种影响，飞行员做这样一些练习是有好处的，如刻意的凝视远方的云，在夜晚紧盯着星星，如果他能看见机翼尖，就紧盯着机翼的尖部看。

色觉

人类眼睛能感受到的光是由波长在 400 纳米和 700 纳米之间的电磁辐射波（一种能量波）组成的。不同的波长产生紫、蓝、绿、黄、橙和红等不同的色觉——就是构成彩虹的颜色。白光是这些颜色光的合成。色觉就是不同波长冲击视网膜所产生的神经刺激信号被传递到大脑的后面部分产生的。在视网膜内部，视锥细胞集中的视网膜正中凹在感觉色觉上扮演了一个极为重要的角色。如果物体被直接观察，那么它们的颜色能被很好地感觉。如果物体呈现在视觉的边缘，那么区分它们的颜色就比较困难。在光线较暗的地方，感受色觉的效果也不好（Clayman，1989）。当然，其理由也是杆状细胞对亮度等级低的光的感觉比视锥细胞对的亮度等级低的光的感觉好。但是不幸的是，杆状细胞对色觉毫无感觉。

在航空领域中，对于颜色的使用一定要和飞行员的色盲许可标准紧密联系。据估计，5%～10%的男人患有色盲，所说的色盲就是没有感觉不同颜色的能力。尽管女人也能携带明显的不可治愈的先天基因并把它遗传到下一代，但她们却很少患有色盲（Hawkins，1993）。这种失调流行在亚洲人和美国的印第安人身上的要比其他种族的低。色盲最一般的表现形式是对红色和绿色区分能力的影响，高加索人男性当中的 4% 受这种形式的影响。很不幸，患有这种病的人把这两种重要的颜色看成了黄色、黄褐色或者灰色。对红色和绿色错误辨识肯定会带来安全问题，例如，在解释驾驶舱中的警告信号灯或者解释来自空管人员的灯光信号枪的过程。一个未加考证的故事说的是对二战期间一系列的空难追究其原因时发现，是工作人员不能区分航空器上译码线的颜色，而做了不恰当的线路连接。

有许多能使色盲病缺乏的变异，如果好好利用，就能在预防色盲病上起到积极作用。如在文档或者压力舱仪器的设计上使用颜色就是一个例子。另外一个航空产品设计者应该考虑的问题是，对于许多从事民航运输行业工作的个体没有可以从事该工作的身体许可证，也未进行过相关的颜色测试。

深度感知

深度感知，或者是距离判断，在早期对人类就很重要了。它有助于早期的人类很好的从一个树枝跳到另外一个树枝上，或者它有助于人类更精准的投掷石子打动物。距离判断对于现代人来说也是一个很重要的技能，特别是在汽车驾驶和飞机着陆过程当中。尽管科学家仍旧不能评估出每条相关内容的重要程度，但是人们已经识别出至少九条线索用来判断距离。

大多数人认为立体视觉是判断深度的最重要线索。立体线索是我们正常情况下双目并用共同感受同一物体的结果。通过两眼在视网膜上成的影像并不是聚焦在物体的同一部位得到的，毫无疑问，这些信息提供了很有价值的知识，但是对于大脑如何处理这些数据仍然有很大的未确定性。尽管立体视觉在深度感知中的作用已经被公认，但是仅仅有一只眼睛的人是不能在深度要求等级较高的工作中有效地履行功能。但是，还是有特例。美国高海拔飞行的先锋，独自环球飞行的第一人 Wiley Post，就仅仅有一只健康的眼睛，他的另一只眼睛带着眼罩。

另外一些对于深度知觉起重要作用的线索包括重叠和移动视差。重叠包括飞机上物体相对尺寸和高度的差异、对象的纹理梯度和亮度的缩减以及颜色的对照差异等。移动视差是观察移动物体时产生的。近处静止的物体看上去似乎在运动的时候，远方移动的物体看上去就像静止了。

当以上这些线索缺乏、枯竭或者自相矛盾的时候，对高度和距离等的感知能力就会严重削弱。如果这种情况发生，错误也就有可能产生了。这种错误的一个例子是阴霾和雾等对视觉的干扰。在晴朗的天气下，小山等目标看上去又近又矮。然而，在有雾的情况下，它们看上去又远又大。从航空学的角度看来，越远距离图像看上去越暗，这已经是众所周知的了。它也是深度感知的另一个线索（Gabriel，1975）。

光刺激

处于一个完全陌生的环境，暴露在闪光环境下，如临界频率、高亮度、大反差、甚至存在一定程度的漫射，这些会诱使一个完全正常的人产生危险的反应。这就是著名的不间断光刺激。光刺激会对人产生昏昏欲睡、眩晕恶心、失去方向感、痉挛和昏厥等一系列的影响。与人的大脑的阿尔法（9~12Hz）节律接近或者与它的复合（如18~24Hz）接近的频率是非常危险的，对于一些出于某种原因而必须使用闪光灯的设计者来说要慎重考虑这些频率。这已经是一个非常古老的现象了。据说该测试用来为恺撒的古罗马军团筛选士兵，他们让被测试的士兵暴露在被战车车轮间歇打断的灯光间。那些被认为易受这种纯粹的光刺激攻击的个体是不合格的。

飞行员的视觉任务

工作在现代压力舱中的飞行员要面对很多视觉问题。传统的压力舱的设计是基于对飞行员看图表、手册、仪表等的纠正，如果必要，还用来对远方的视觉的纠正。今天，日益复杂的航空系统和现代化的飞机正在改变飞行员的视觉需要。日益增长的现代的飞船和飞机的复杂性要求更多的读和注意压力舱图表和手册的能力。对于许多飞行员来说，他们配戴的眼镜要具备纠正正视距离比通常情况更近的情况下的阅读能力。第二个要求是有利于更清楚地看清飞行仪表。这里还有一个中距离的需要，不过也是关注于更容易和更清楚地看到数据，并把它输入中央操纵台上的设备①。第三个视力要求是能清楚地看见飞机外的物体。第四个要求是能看清楚正常视力水平所达不到的顶部控制板。

有一个不切实际的想法是为每一种视力类型的人配一种眼镜，这当然是不行的。为了弥补视力老化在适应性方面带来的影响，如今的飞行员通常都戴双焦点的、三焦距的和变焦的纠正眼镜。一般说来，这些眼镜都工作得很好，但是一位资深的航空方面的眼科专家还是强烈建议多多利用现代化技术。

飞行员的眼基准设计位置

在压力舱的设计当中一个重要的考虑因素是飞行员视力的位置。当飞行员的座椅作适当的调节以后，飞行员的设计视力位置应该很便利的看到外面

---

① 当前美国的体检标准对于第三类飞行员的要求是无论是否纠正过，单眼的视力是20/40，并且年龄在50岁以下，这个要求相当于大约32英寸（详见附录P——FAA体检标准）。

的世界以及驾驶舱内的重要信息，而不需要做过多的头部转动。

如果飞行员的视力位置过低，那么飞行员就会看不到外面的部分景像。因为上挡风玻璃的边缘和机鼻会对视野造成一定的妨碍。在飞机内部，如果飞行员的视力位置太低，就意味着驾驶轮将妨碍某些仪表的显示，而那些仪表在仪表近进过程当中是必需的。虽然可以通过副驾驶杆来控制飞机，但是出于其他原因，视力位置仍然是十分重要的。控制飞机设计视力位置的规则是飞行员在低能见度情况下看见进近阶段的跑道长度以及在最后的进近期间着陆带的灯光能被遮上三秒钟。如果视力位置设计过高，外面的视野又会被上遮板所遮掩。

目前，飞机内部用一个小点或者一条刻线来指示视力的设计位置，它们通常在窗户后。因此，调整座椅高度使其和视力位置的设计高度相一致是飞行员进入驾驶舱后一个重要步骤，特别是在低能见度下的着陆或者是Ⅱ、Ⅲ类进近的情况下。老式的飞机没有视力位置设计高度的指示标志，而在实际视力位置的高度是一个很宽的垂直可调的装置。尽管实践已经证明训练在减少这个问题上很有帮助，但是对于在老式飞机上飞行习惯了的飞行员则不必强迫他们来习惯他们不熟悉的视力位置。

飞行中常遇的幻觉

人们当然认为感觉是正确的，因为这是多少年继承下来的。老话说得好，"眼见为实"，但是这句话并不总是正确。

视觉幻觉

视觉幻觉是一件令人迷惑的事情，任何一位职业的飞行员都亲身经历过。视觉幻觉分几种，基本的几种包括几何视觉幻觉、深度视觉幻觉和距离视觉幻觉。尽管视觉幻觉存在的事实已经被认知好多年了，也形成了许多理论来解释它，但是有实用价值的还没被确定。图4.7是几种典型的几何视觉幻觉。

美国空军的"人为因素术语表"说明了幻觉的复杂性。这份列表在附录C中。

低能见度的进近无疑给飞行员带来了严酷的飞行条件，但是大多数事故和事故征候表明，逐渐上升的幻觉问题往往发生在相对好的天气。当飞行员处于可视化的飞行条件下，他们往往正潜心于非精确进近程序。在飞行的每个阶段出现各种幻觉是很普通的。

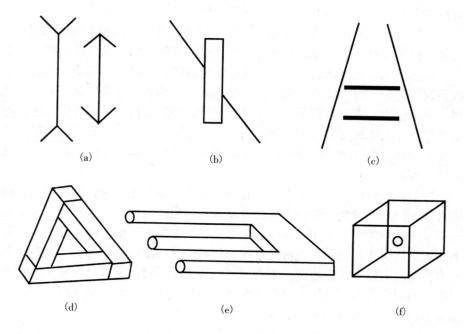

(a)　　　　　　　　(b)　　　　　　　　(c)

(d)　　　　　　　　(e)　　　　　　　　(f)

（a）Muller-Lyer 幻觉：带有由外向内的翼的图形看上去比另一个长。

（b）波根多里弗图形：贯穿的直线看上去被移位了。

（c）Ponzo 幻觉：在两条汇聚线较窄部分的水平横板比另一个看上去长。

（d）Penrose 三角：你无法把它想象成任何一个真实物体。

（e）Schuster 幻觉：在一端是三个臂状物，在另一端就变成两个了。

（f）Necker 立方体：后壁上的小圆圈有的时候看上去是在前壁上。

图 4.7　包括深度模糊错觉在内的一些错觉

资料来源：飞行中的人为因素，第二版，第 118 ~ 119 页，Hawkins，1993 年由 Ashgate 出版社授权使用

　　如果飞行员经常发现夜空中静止的单柱光束看起来像在运动的时候，那么他夜间飞行出现幻觉就很正常了。这种情况叫似动幻觉。另外一种幻觉和挡风玻璃上的雨有关。不幸的是，挡风玻璃上的雨存在着许多变数，这些变数包括挡风玻璃上的确切的气流、水的厚度、挡风玻璃上的雨刷和除雨设施及系统的有效性。所有这些，对于我们具体了解由于雨而产生的幻觉的效果

是很困难的，但无疑这些都是确实存在的现象。

薄雾和雾，以及被污染了的大气一样都有可能影响飞行员对于距离的判断。一个习惯了在空气相对污浊的都市区域飞行的飞行员，如果一旦飞行在清洁的空气环境中，他们往往会判断错高度，这是因为这种情况下，他们所观察到的距离比实际的要近。这种情况对于任何一个飞行员来说都是很普通的经历。还有其他一些幻觉，如错误地把倾斜的云堤当作水平的了或者是把地面灯光当作了星星。

速度和高度

几乎每个人都看见过高度影响视速度的示例。当高度增加的时候，视速度下降。这也是在高海拔下的飞机划过天空的速度看上去似乎比实际要慢的原因。

这种现象产生的一个重要影响是飞行员在滑行期间因为驾驶舱的高度不同而产生的速度幻觉。例如，像 B747 等大飞机，飞行员的眼睛是对着轮子的高度的，飞行员的高度和第三层窗口等高。大多数飞行员习惯于从他驾驶的小汽车中或者其他驾驶舱高度较低的飞机中判断地面速度。在大飞机中，要参照驾驶舱的高度而判断出真实的地面速度，从而控制滑行速度，这一点对于飞行员来说是绝对必要的。否则，如果在超速的情况下试图作出恰当的滑出、转弯或者停机坪进近，出问题是不可避免的。很有意思的是，我们是在 B747 的认证考试中，当出现由于暴胎而导致飞机在着陆时超速滑出跑道的情况时，才学习到这方面内容的。

另外一个常见的问题是当飞行员在不熟悉的机场着陆时产生的。透视图和尺寸线索对于确定滑翔斜率是非常重要的，因为不是所有的跑道的尺寸都是一样的。在 100 英尺的跑道上进近和在 150 英尺的跑道上进近看上去是大不相同的。跑道灯光的间隔不同也能促使飞行员对高度和速度判断错误。航空公司的飞行员很少在这方面犯错误，这是因为在芝加哥大会上，国际上一致通过附件 14，把跑道的宽度标准定为 150 英尺。附件 14 甚至定义了进近灯光、跑行道灯光和滑行道灯光。一个典型的例子是伦敦的希思罗机场，该机场的跑道灯光分布在跑道宽度内。

其他的视觉幻觉

幻觉只不过是飞行过程中的一部分。很普通的一个例子是，在飞机离开停机坪以前，当登机桥拖离的瞬间，坐在飞机内的个体就会有一种飞机本身在移动的感觉。滑行过程中吹动的细沙和雪也能产生相似的幻觉效果。在很少的情况下，眼看着飞行器正缓缓的驶入障碍物，因为那时飞机被认为是静止的。其他的情形是，在滑行过程中碰到可能伤及乘客的情况下所采取的紧急制动也能使人产生幻觉。

飞机在起飞后，如果飞行员把地面的灯光当作星星，或者把有斜度的云线误认为是水平的，那么他们会有一个错误的水平印象。其结果就是飞机会保持在一个危险的高度或者位置。所以飞行员一定要依赖飞行器的仪表指示。

视觉幻觉在巡航过程当中是不会造成太大危险的，但是如果我们不能很好地理解它，它就会带来麻烦。有一种视觉幻觉是关于远处的山顶，它看上去已经超过飞行器的巡航高度了，但实际上它还在航空器的下面。如果航图和飞机的高度指示仪器被正确设置，那么它们就能提供可靠信息并且是唯一能提供可靠信息的向导。

另外一种视觉幻觉发生在巡航时区分其他飞行器的位置和移动情况时。例如，大多数飞行员在运输飞行过程中逐渐接近开始看上去高度在他之上的飞机，但是随着慢慢地接近和对面飞机的缓缓下降，结果对面飞机反而从他下面经过。多数飞行员已经知道，当对面有一架或者两架飞机在移动时，和对面的飞机仅仅保持1000英尺的间隔是不恰当的，因为这有可能增加空中碰撞的危险。

另外一种假设是，如果有可能与之发生碰撞的飞机恰巧出现在挡风玻璃的污点上，而此时不调整两架飞机的移动方向，其实就是在向碰撞方向发展。因此，如果是单飞行员的情况，并且可能发生冲突的飞机恰巧出现在他的视觉盲点上，那么飞行员的视觉盲点就成为真正的问题了。挡风玻璃的设置是个问题，但是如果有两个飞行员，那么这个问题就不是很严重了。然而，这种情况下，谁也不能保证这两个飞行员总是朝外看的。图4.8用一种很简单的方法证实了视觉盲点的存在，每一只眼睛都有视觉盲点。

大家公认，进近和着陆阶段是飞行中最危险的阶段，如果是目视进近，那么至少存在着三种视觉幻觉。第一种是地形坡度和跑道坡度。当飞机朝向跑道方向倾斜的地形进近时，此时给飞行员的印象是飞机太低了，即使此时飞机对于跑道的高度是完全恰当的。如果进近的跑道从开始的时候就向下倾斜，此时给飞行员错误的印象是飞机的高度还太大。通常情况下，地形和跑道的倾斜方向是一致的，此时飞行员会逐渐感觉飞机高度的增加。

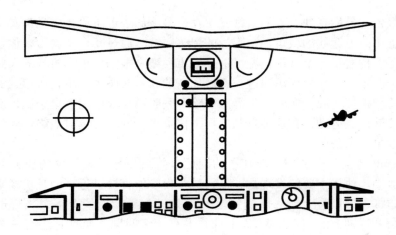

为了说明盲点现象，保持图片到一臂长远处，闭上左眼，张开右眼。现在向脸部移动该图片，并保持右眼始终盯着十字交叉线。右面的飞行器开始的时候出现，然后消失，当足够近的时候，飞行器又出现了。

图 4.8 验证盲点

资料来源：改编自《飞行中的人为因素》，第二版，第 115 页，Hawkins，1993 年 Ashgate 出版社授权发行

　　造成这种幻觉的原因是，当飞行员在正常进近的时候，通常和进近地形成大约 3° 的夹角。如果地形或者跑道向下倾斜大约 1°，那么飞行员的进近角度就只有 2°，因此给飞行员的感觉是飞机太低了。反之，如果坡度向上则所有的感觉相反。

　　另一个幻觉是关于"黑洞"现象的。"黑洞"幻觉最有可能当飞机在大海、丛林、沙漠上或者没有其他灯光的地方飞行时发生。当只有跑道和机场灯光时，进近就像是在一个黑暗的空洞上进行，该现象给人的幻觉就是高度增加了。

　　在简短地介绍了 B727 后，波音公司的 Conrad Kraft 博士领导了一项基本的研究来辨识"黑洞"幻觉，并揭示了"黑洞"幻觉的危害。一起这种新机型的空难促使了他的研究。Conrad Kraft 博士和其他几个人被授命找出这种机型是否有什么基本的错误。

　　Kraft 博士检查了 B727 的所有事故报告和那一时期发生的其他运输机的

事故报告，最后发现，它们大都发生在夜幕下的进近阶段，而且都发生在靠近看上去向上翘起的城市上空附近的黑暗区域。通过几个实验后，他在移动的桌子上构建了一个城市模型。这个城市模型是根据城市和机场的大照片构建的。有效的小球形光源通过被略微加高的软木底座上的小孔所形成的光线是实验的模拟光源。实验者把静态运输驾驶舱模拟仪固定在桌子上，通过桌子的移动使之运动，在这种驾驶舱模拟仪上飞行的飞行员对最终产生的视觉模拟效果表示信服。

Kraft 博士辨识了一个最基本的问题，并因为基于模拟仪的研究而受到多项奖励。他最主要的发现是，飞行员在夜晚作直接进近，而且机场坐落在城市边缘，城市看上去从机场到地平线上翘 1° ~ 3° 的情况下，飞行员会有一种高度特别大的幻觉。B727 本身并没有什么问题，而且它还有一个难以企及的安全记录。从人为因素研究的角度，Kraft 博士给了一条有趣的评论，如果全运动的模拟仪已经被有效的应用于学习，那么他或许就不会发现这个基本问题了（Orlady et al. ，1988）。

"乳白天空"现象

易于理解的是，飞行员趋向于依赖他们的视觉感觉和判断来决定滑翔斜率、速度和高度，而且还能达到足够的精度。但是，当缺乏外部环境的线索或者由于与他们经常经历的环境不同而被线索误导，困难就随之而来了。因为地形的同一性和由此产生的深度感觉线索的缺乏，目视进近如果发生在北极或者南极就相当的困难。危险且臭名昭著的"乳白天空"就是一个例子。设在南极站斯科特基地麦克默多的美国海军气象研究机构写道："……在乳白天空这种大气状况下，观察者能够看到距离他很远处的非常黑的物体，却无法看到他身旁被积雪覆盖的物体，即使是一座山。"（Vette，1983）当然，全面地论述乳白天空现象超出了本书的范围，但是强烈建议有可能暴露在乳白天空环境下的人认真研究一下相关文献。乳白天空被认为是 1979 年 11 月 28 日发生在南极阿尔卑斯山的新西兰航空公司空难的罪魁祸首。

非视觉幻觉

对于线性加速度的曲解也很重要。加速度是被中耳的半规管侦测到。不幸的是，向前的加速度和向上的倾跌也能产生相似的感觉。倾跌的感觉非常容易被误解为加速。当飞机加速和改变爬升高度的时候，存在身体重力幻觉，这种幻觉在复飞的初始阶段特别明显。在训练复飞中一个很普遍的失误是增加动力后改变复飞高度的失误。一些刚开始训练的飞行员，在身体重力幻觉下，会感觉飞机的仰角过大，因此在加速和动力增加的情况下没有及时抬起机鼻到指定的复飞高度，从而造成事故。许多事故表明，明明飞机马上就要撞到地面了，但是马达动力却一直在增加。图4.9解释了复飞阶段产生的身体重力幻觉的原因。

处于水平飞行状态中的飞行员，匀速运动时仅仅受重力作用。如果飞行员向前加速，惯性力就会因加速度而产生，其效果如图4.9。加速飞行的飞行器所受重力和惯性力的合力作用类似于爬升中飞行器所受重力和使飞行员产生爬升感觉的身体重力幻觉（Green ef al.，1991）。

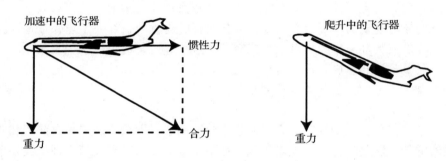

图4.9 身体重力幻觉

资料来源：改编自有关飞行员的人为因素，第49页，Green et al.，1996年由Ashgate出版社授权使用

身体重力幻觉通常通过运动模拟仪来模拟飞机的加速和减速来产生，如通过模拟仪的向上颠起来模拟加速过程，通过向下倾跌来模拟减速过程。经过一个缓慢的模拟运动过程后，模拟仪返还到正常的飞行状态。

另一种和平衡相关的幻觉是"倾斜幻觉"。这种幻觉是指飞行员将平直飞行的飞机感觉为带着坡度飞行，或者飞机带着坡度飞行而飞行员却感觉为直线平飞的现象。其表现形式有：如果飞机滚动转角速度低于前庭器官的知觉阈限时，或者出于其他原因使飞机处于倾斜状态，半规管和本体感受器又都受不到角加速度的适当刺激时，那么他就感觉不出滚转状态的变化，仍然以为飞机是在平飞。这种情况的产生是因为飞行员在转弯时把铅垂速度和从头到脚的轴线进行对正的结果。在协调转弯时，飞机被感觉到是在水平飞行。一旦飞机被以半规管能感觉的速度转回到真正的水平状态，飞行员就会感觉飞机偏向了另一侧，这种"倾斜"感觉可能会持续一段时间。

幻觉训练

在国际航空协会第 20 次技术讨论会上，美国航空公司的主席 J. A. Brown 给出了一个航空公司着手解决幻觉问题的例子。

试图通过训练使飞行员克服所有可能出现的幻觉问题，这种想法被证实是失败的。某些特殊的可能造成严重后果的幻觉问题有时是不可复制的。更重要的是，飞行员经过大量的训练并不能保证他在真实的环境中能克服这类问题。克服这一问题的关键在于确保飞行员不要相信自己眼睛所看到的。训练飞行员确保其相信幻觉问题是很重要的，但是关键是要相信保护程序。

来自飞行员和训练官的观点似乎十分明朗了，即最合理的解决前庭和其他幻觉的方法是相信飞行仪表信息，而不是依靠什么特别的幻觉训练或是个人的感觉。这条基本准则是仪表飞行训练的第一课，并且是针对幻觉问题唯一能给出的合理化建议。

我们认为，使专业的飞行员意识到幻觉模糊带来的危害也是非常重要的。对于一个专业的飞行员来说，不知道在什么时候就会突然遇到这样的视觉问题，这是不可避免的。飞行员在这方面的表现常常被疲劳、心律不齐或者一些其他形式的紧张情绪等的组合因素来削弱。如果飞行员不能很好的从本质上理解上一段所提到的准则，那么强制他们遵循这一准则也就没有什么意义了。

加速度

人类居住在地球上已经习惯了地心吸引力作用的影响。正常状况下是 1G 环境。这里所说的 G 是重力加速度的基本单位，通常被表述为公式：$1G = 32.2 ft/s^2$。在航空领域，我们关心长持续的加速度和短持续的加速度。短持续加速度是 1 秒以内，而且和影响加速度的力成正比。长持续的加速度使人感觉身体重量增加了，乃至于移动腿和胳膊都很困难，在长持续加速度作用下，人会感觉头变重了，身体的器官都错位了。因为身体重量的变化，也使身体内的血液循环发生变化。在 2G 条件下，个体的重量双倍增加。这对血液循环也会产生相同的效果，因为心脏不得不把重量成倍的血液输送到大脑。这必然会减少供应到大脑的血液量，其产生的结果特征描述将在下段介绍。

由于重力加速度的增加将影响到供应大脑的血压，对于这一点，首当其冲的是眼睛和大脑，由于眼睛和大脑收不到维持其正常功能的血液，主要是血液中的氧气。其结果可能是眼前变的灰暗并逐渐的意识不清。尽管所有这些现象通常发生在 3.5G 的情况下，甚至一些反重力的举措，特别是一些特殊的反重力设施能把上述的一些现象延迟到 7.5G ~ 8.5G 的情况下再发生，但是这些程序要求特别辛苦的训练，并且是在短期内就要完成的。军事上的飞行通常要求这些特殊的训练。

反向的重力影响通常发生在这样的一些飞行操作中，如倒飞、外向筋斗和某些旋转等。这种形式的重力影响迫使血液流向头部，但是心脏却没有能力使头部多余的血液流回。其结果就是积极重力影响的反结果，甚至更糟糕的情况。其症状包括面部疼痛、面部和眼部的细小血管爆裂、下眼睑上抬、"红视"、由于身体较低部位的血液向心脏的反向冲击而使心跳变慢等。人体能承受的最大负向加速度是 -3G 并且坚持的时间非常短。

人的身体能承受的重力加速度带来的影响因身体的部位不同而异。例如，人体的头部能承受 25G 的重力加速度带来的影响，而在尾轴线的前部能承受 45G 重力加速度带来的影响。一旦超过了人体的承受极限，加速度可能给人体带来伤害甚至是死亡。这些限制标准显然应该是机舱和压力舱的设计者所关注的问题。因为有效的下摆和肩带以及高效的 G 承受椅，飞行员和机组人员受到了比乘客更多的保护。保护用的降落伞背包带必须舒适、易于使用，并且最低程度地限制使用人员正常的身体移动。

当前环境下应该考虑的外部环境

在飞行当中最早被意识到的是相关的工作人员[①]和外部环境的接口问

———————————

① 这里所指的是参与运行的人员。

题。早期的飞行员戴头盔来预防噪音和寒冷，穿飞行服来抵御寒冷，戴氧气面罩来保护海拔较高空气稀薄环境下的缺氧问题，戴玻璃眼罩用来防止气流的冲击。所有这些措施都是使人在外部环境变化的情况下履行职责。以后开发出来了如密闭舱、增压舱、复杂的增压系统以及现代化的隔音系统。

新的外部环境问题可能包括在亚音速水平下过多的暴露于臭氧层和在高海拔下紫外线辐射和电离辐射带来的影响。超音速飞行可能加剧上述情况。另外一个对所有飞机都可能带来影响的是地基广告激光束可能对一不留意暴露于危险的激光束中的飞行员和乘客带来的影响。对于每一个新问题都要求特殊的规章、较好的措施，建立切实可行的环保的暴露限定，监视相关的个体，此外对飞行员和机组人员以及地基激光束的操作人员的训练也是十分必要的。

一个老生常谈的且经常被忽视的问题，但是现在逐渐唤起更多注意的问题是关于疲劳的问题。夜西昼东的旅行速度以及经济的需要，航空器和人都需要保持24小时的超负荷运转，这可能使一些问题增加，如：生物节奏混乱、睡眠不平衡甚至失眠（详见第十四章）。

仍然有部分外部环境问题随着航空运输业的扩大而加剧。在人员密集的航站楼，在充分利用拥挤充塞的进出道口、滑行道和跑道时，要确保航空功能的安全、高效。航空运输业正在愈加拥挤的空域中运行，而改善航空运输业基础设施所需的经济与政治的代价却是巨大的。

参考文献

[1] Boeing Commercial Aviation Co. (1998) . *A Glossary of Terms*：*Human Errors in Aviation*, Boeing Commercial Aviation Co. , Seattle, Washington.

[2] Clayman, Charles B. , ed. (1989) . *Encyclopedia of Medicine*, American Medical Association, Random House, Inc. , New York.

[3] Gabriel, R. F (1977) . 'Some Potential Errors in Human Information Processing During Approach and Landing', Douglas Paper 6587, Douglas Aircraft Company (now Boeing), Long Beach, California.

[4] Gaume, J. G. (1970) . 'Factors influencing the time of safe unconsciousness (TSU) for commercial Jet passengers following cabin decompression', *Aviation*, *Space*, *and Environmental Medicine*, 41：382 – 385.

［5］ Green, Roger G, James, Helen, Gradwell, David, Green, Roger L,　（1996）
. *Human factors for Pilots*, Avebury Techniclal, Aldershot, England.

［6］ Gunston, Bill（1986）. *Jane's Aerospace Dictionary*, Jane's Publishing Company, Ltd. ,
London.

［7］ Hawkins, Frank H. （1993）. *Human Factors in Flight*, Second Edition, ed. By Orlady,
Harry W. , Ashgate Publishing Limited, Aldershot, England.

［8］ Josephy, Alvin M. Jr, ed. （1962）. *The American History of Flight*, The American Her-
itage Publishing Co. , Inc. , New York.

［9］ Koonce, Jefferson M. （1988）. *Aerospace Glossary for Human Factors Engineers*, SAE
Aerospace Research Publication 4107, Society of Aeronautical Engineers, Warrendale,
Pennsylvania.

［10］ McFarland, Ross A. ,（1953）. *Human Factors in Air Transportation*, McGraw Hill Book
Company, New York.

［11］ Orlady, Harry W. , Hennessy, Robert T. , Obermayer, Richard W. , Vreuls, Don-
ald, and Murphy, Miles R. （1988）. *Using Full-Mission Simulation for Human Factors
Research in Air Transport Operations*, NASA Technical Memorandum 88330, Ames Re-
search Center, Moffett Field, California.

［12］ Sell, S. B. and Berry, Charles A, eds. （1961）. *Human Factors in Jet and Space Trav-
el*, The Roland Press Company, New York.

第五章　大型飞机及其内部环境

大型飞机的发展简史

许多飞机是第一次世界大战时期造的。在早期，它们中的绝大部分肩负着运送邮件的任务。几乎所有的飞机都被重新设计成了轰炸机。它们被重新设计成轰炸机的原因是一旦它们肩负运输任务，国家可以很好地利用运输行业的先进方法。就如同今天所知道的那样，人为因素没有被考虑。在欧洲，新型的航空运输机包括汉德利·佩季公司的 DH. 4A 和 W. 10、哥利亚的 F. 60 系列、维克斯公司的商用 Vimy、海空公司的 F-5L、德哈维兰公司的 DH. 34、多尼尔 Wal、梅赛斯密特公司的 M. 20、俄罗斯图波列夫公司的 ANT-3、肖特公司的加尔各答飞船，以及其他很多机型。

容克斯公司和福卡公司是第一次世界大战后的第一年内欧洲航空运输机的主要制造者。它们的成功与发展得力于德国第一航空公司——今天的汉莎航空的前身汉莎航空公司、荷兰皇家航空和这些航空公司所在国家的政治支持。荷兰皇家航空在 1920 年就订购了两种早期的福卡。福卡 W34 的第一次飞行是在 1925 年，其目的是开辟几条偏远地区的新航线。令福卡公司引以为荣和欣慰的是三引擎的 F. VII 机型，它是单引擎的 F. VII 的一个改进版，单引擎的 F. VII 被设计的目的是参加在 1925 年 9 月于美国举行的福特可靠性实验。福特可靠性实验的目的是增进即将被航空公司所采纳机型的可靠性。

在 19 世纪 20 年代的中晚期，福卡公司的 F. VII 系列成为世界上最著名的飞机。其中最著名的是查尔斯·爱德华·史密斯嘉的"南十字星"之行，在那次行动中，他满载燃油完成了从美国加利福尼亚州西部港市奥克兰到澳大利亚东部港市布里斯班的飞行。"南十字星"之行于 1928 年 6 月 9 日到达布里斯班。它穿越整个太平洋的时间是 83 小时 11 分钟。

　　在美国举行的首次穿越大西洋的民用航空之行也是引人注目的。早期航空邮递飞行员操作的飞机多为传递邮件而设计的系列飞机。福特三发飞机，就是被昵称作"福特 T 型车"的机型，就是这一时期的产品，甚至被称为美国的第一架先进的运输机。福特三发 4-AT 型飞机是高翼、开放式座舱的单翼飞机，并配有一个密闭的可容纳 8 人的机舱（Gunston，1980）。它的首次飞行是在 1926 年 8 月 2 日，它一飞行就创下了多个当时之最，如，它的动力源是 3 个 300 马力的旋风式星形发动机，机舱可容纳 15 人，并且是封闭式的座驾舱。波音 247 和道格拉斯 DC-2 的出现终止了福特的发展，但是在美国和南美的许多地方福特三发仍然被使用。

图 5.1　福特三发飞机

资料来源：螺旋桨式发动机的插图版大百科全书，第 42 页，Gunston，1980 年授权使用发行

　　在航空运输发展的成型阶段，其他类型的飞机也被设计出来了，其中包括洛克希德公司著名的 Vegas 和波音的 40A 和 40B，后者直接促成了后来波音 80 的成功。波音 80 第一次为女乘务员在机舱的尾部安装了可自动向上收起的折叠椅。Ellen Church 小姐被认为是有史以来第一位空乘小姐。她于 1930 年 5 月 15 日工作在波音 80 上，并且永久地改变了航空公司的历史。波音 80A 是波音系列中第一个具有封闭式座驾舱并主要是用来载人的机型，

运送邮件和货物是其次要的选择。

法国、德国、英国、意大利和俄国在那一时期继续造新型的先进的飞机，其中包括一些比较大的短程飞船，如福卡的 F. XII 系列，西克斯基的 S-38 系列，Latécoère 28，图波列夫的 ANT-9，著名的道尼尔的 DoX 系列，意大利的三马达双壳体的 Savoia Marchetti S. 66 飞船等。福卡的 F. XII 系列完全是木质结构，它们被几家航空公司所采用，但是在 1931 年一起空难后逐渐退出历史舞台，这起空难起因于印第安纳的雷电。在这起空难中，圣母大学的著名美式足球教练卡特·罗克尼遇难。

1933 年，波音先后推出了 B-247 系列，B-247 系列可以说是真正意义上的现代化航空器。它逐渐在美国的航空运输业取得了统治地位。B-247 系列低翼悬臂，配有惠特尼黄蜂 550 马力单引擎飞机，该发动机采用新型的可控针式推动器。B-247 系列不久就被道格拉斯 DC-2 系列和 DC-3 所采纳。航空运输业已经成为生机勃勃的产业。

道格拉斯 DC-3 的加冕试飞是 1933 年，毫无争议地成为航空史上的里程碑。除了飞行在泛美航空和大不列颠帝国之间的航空飞船，道格拉斯 DC-3 不久就成为周游世界的首选航空器。DC-3 也是低翼悬臂单引擎飞机，并配有一个可折叠的起落架和可旋转的尾轮用来控制起飞和降落。它是那一时期所能生产的最好的航空运输器。到 1939 年，DC-3 已经承担了世界航空运送旅客数量的 90%（Serling，1982）。

第二次世界大战的影响

随着美国对第二次世界大战的参战，DC-3 开始大批量的生产，到战争结束之前已经生产了 11000 架。空军称它们为 C-47 或者 C-53，而海军把它们称作 R4D，但是它们本质上仍然是 DC-3。俄国从道格拉斯购买了大约 2500 多架 DC-3 授权许可。俄国人称它们为 PS-84，后来改称为 L2D。在这段时间内，人为因素很少为人们所关注。

道格拉斯 C-54 在二战期间被发展成空军机型。C-54 有 4 个发动机并且比 DC-3 大许多。二战后，非抗压的 C-54 被一些航空购买并以 DC-4 之名而闻名于世。耐压技术在战前就在波音 307 上使用了，也就是所说的高空客机。高空客机的首飞是在 1938 年，它是第一个配有压力舱的飞机。在高海拔下飞行过程中，涉及压力舱的人为因素问题不得不被考虑。

图 5.2　道格拉斯 DC-3

资料来源：联合航空公司许可翻印

　　第二次世界大战阻止了耐压飞机的进一步发展。航空公司不得不等待战争的结束，来发展新的机型取代 DC-3。战争一结束，军用的 DC-4 马上下线给航空公司，制造商们也开始制造耐压的 DC-6、DC-7 和洛克希德的 L-749 和 L-1049。

　　喷气式飞机时代

　　喷气式飞机的时代开始于英国的"晦气的彗星"时代，他们预计第一次飞行的时间是 1952 年。不幸的是，这个使现行的飞机在速度和高度上成倍增加的"彗星"在设计上有一个致命的缺陷。尽管"彗星"在结构规格上可以匹敌甚至超过同时期或未来可能出现的飞机，但是它的方形窗户角部可能发生一些小的疲劳裂缝。圆形或者椭圆形的物体（就像鸡蛋的形状）在阻止疲劳受损和裂缝上是有一定优势的，而"彗星"上的方形窗户在飞机极速爬升和下降过程中逐渐产生了一些可怕的疲劳受损，这些疲劳受损产生的裂缝对飞机来说是毁灭性的。美国在期待波音 707，它的首次试飞是在 1958 年，而它的首次航程安排是 1959 年。一年以后，道格拉斯 DC-8 开始了它的第一次航程。在最传统的航空运输领域，波音和道格拉斯已经从先行者"彗星"身上了解了问题及其细节所在，这些是被 de Havilland 提供给他们的。在这一时代，人为因素仍然是工程领域所次要考虑的问题。人们仅仅寄寓飞行员能很好地适应新技术。那些不能很好适应这些的飞行员就被淘汰了。

在民航发展的初始 50 年内，飞机已经由最初的开放式座驾舱、大约 1200 磅重、动力源只有 300～400 马力和不搭载旅客或者仅仅容纳 2 名旅客的小飞机发展成今天的巨型机。今天的大飞机几乎能容纳 400 名旅客，发动机的数量和动力也几乎是过去的几倍，能不间断地飞跃世界上任何两个城市中心。今天的制造商计划制造的超音速飞机能容纳 800～1000 乘客。

目前的航空器都是非常大的飞机。例如，最大机型之一的 B747-400，如果把它放在一个长 300 英尺宽 160 英尺的标准美式足球场内，它的机鼻在一侧的球门线附近，它的机尾能到达距离另一侧边线 20 码远的地方，它的机翼边缘能超出左右边线 26 英尺。莱特兄弟的第一次飞行完全可以在 B747 的内部完成。空中客车的近似尺寸被制造这些飞机的欧洲联盟所制定。飞机模型正在被大西洋两岸所制造。

同时我们应该记得我们拥有超音速飞机已经有一段时间了。英法所成功制造的世界上第一架超音速飞机于 1976 年 2 月 21 日首次载客飞行。协和飞机至今已经飞行 23 年了，载客量超过 2 亿，飞行架次超过 44000 次，如今它仍然继续着无旅客伤害事故的记录。这是一个难以企及的记录，但是这仅仅是经济边缘的运作。

目前，世界上最大的航空客机是俄罗斯 Antonov 的 An-255。它有 6 个发动机，有效载荷超过 250 吨，毛重接近 1323000 磅。第一架也是唯一的一架 An-255 造于 1988 年，目前仍在飞行。但是因此就认为我们将来不能制造出比现在更大更好的飞机却是一个错误。

航空运输中的人体测量学

机组人员会因他们所在的人群和种族以及性别的不同而不同，更多的细节将在第六章中展示。在形形色色的飞行员当中找出典型的身体尺寸数据和移动力量所能达到范围的数据，所有这些必须在飞机的设计阶段就加以考虑。驾驶舱里面的控制设备必须置于飞行员在正常情况下力所能及的范围之内。这些问题必须事前就加以考虑，如果飞机制造完成之后再去考虑这些问题，甚至是修改问题，花费就太昂贵而且不大可能了。

对于每一种新式飞机的人体测量数据都要仔细地研究考虑。目前，对于这方面研究的一个不利的问题是，所有有限的关于身高、性别和种族的测量数据规律方面的研究，仅在欧美等国家进行，而且大部分相关的人员都是来自于空军。例如，可以利用的有关远东地区飞行员的这方面的数据就很少。尽管这样，经过制造商对于人体测量学方面的深入考虑，以及相关认证机构的较小的扩展，与人体测量学有关的问题已经逐步减少。为了满足潜在机组人员身高方面的差异，今天飞机驾驶舱被设计成可以适应身高在 1.59 米到 1.92 米之间的个体，力量方面的需求可以满足不同性别以及未来的需要。

飞行员的身高以及形体是千差万别的。颇具讽刺意义的是，在早些年代包括整个活塞式发动机年代，美国最著名的资深航空邮递飞行员 E. Hamilton Lee 因为个子矮小，所以他必须随身携带一个特殊的垫子，通过垫子他才能触摸到常规的 DC-3 的方向舵的踏板。这个特殊的垫子伴随 E. Hamilton Lee 完成了他整个无暇的职业生涯。也就是说早期的飞机很少考虑到飞行员的身高。

近几年，人体测量学的重要性准则随着女性飞行员队伍的逐渐壮大而逐步发展，而女性飞行员队伍的壮大是为了满足逐渐扩大的世界范围的航空运输业的需要。区分不同性别、不同种族所带来的身高、外形以及力量的变化已经超出了单纯区分美国人和欧洲人在上述方面的差异。

现在，所有的大型飞机制造商通过计算机生成模型来研究人体测量学问题。例如，在一个案例中，用一个三维的线框人体模特可以模拟各种不同身高或身体比例的人坐在设计参考点的情况。在模拟状态下，可以看到计算机设计的人体模特操控指令、看显示器、执行需要外部视觉的任务。但不幸的是，由于目前全球只有相对很少的人体测量学数据可用，设计者还必须经过判断才能得出最终的结论。

座舱的物理环境

驾驶员座舱给机组人员提供了内部物理环境。由于现代航空器的作业空间在设计阶段就已经设定好了，而且空间总是很有限的，所以对于驾驶员座舱设计考虑，应给予预先的充分的策划。通常，要满足旅客座位、行李空间、货物空间、旅客手持行李、厨房设备空间、休息室、其他旅客服务设施、飞行乘务人员座位、飞行乘务人员设施设备等的多方面需求，不可避免要在其中进行一些折中处理。这些设备空间总是要和驾驶舱竞争空间。许多设备空间，从飞行数据包空间到烟雾眼罩与消防斧存储间，在飞行当中都要易于接近和使用。

驾驶座舱

驾驶座舱必须关注前仪表面板、航空器和系统控制的电路断路器面板以及驾驶员沟通模式。设计工程师还必须考虑飞行员座位的空间，机组行李、手提物品、外套、制服帽子、必需的紧急设备以及长途飞行用的休息设施所需空间。驾驶舱里的观察员席位，即通常所指的"备用座席"，是另一个应当考虑的因素。备用座席不但是 FAA 或者航空公司对机组航线检查的需要，也是机组人员活动的需要。最新一款的 B747-400 客机安装了 3 个驾驶舱座位，除机长和副驾驶的座位外，还有一个备用座位。这款长途运输飞机的座舱中安装有专供机组休息的设施，它由位于座舱后部封闭区域的两个铺位组成。

驾驶员必须系肩带，但不允许限制行动或阻碍控制动作。驾驶舱座位必须是舒适的、并且在前后及上下方向都是可调节的。座位必须能够适应不同的机组人员，还必须在座位前部设计一个卡口，用以卡住分叉的带子，同时要保证扣合的顺畅，防止飞行员在事故中因带子束缚而溺水。尽管在一些情况下还未被接受，但一个侧手臂控制器仍然能使类似问题简化。舒适的驾驶舱至关重要，因为美国要求飞行员在航班飞行全程待在驾驶舱，并系好安全带（除生理需要或规定的休息时间外）。最新的运输机安装有完全可调的羊皮座椅，可为长途飞行的机组成员带来舒适的感觉。该座椅配有腰部调节装置，还装有固定臀部下方垫子的装置。

空中客车公司取消了原有的驾驶杆或驾驶盘等装置而改为侧杆操纵，这是符合人机工程学原理的。美国制造商还没有将电传操纵飞机转换为侧杆操纵，他们因为想与上一代飞机保持一个相对的通用性，并避免切换侧杆时带来的反馈不及时问题。关于这一点，将在本章的结尾处作简短的讨论。

防火门通常是锁着的，但应很容易地打开锁，方便机组人员进入驾驶舱和客舱休息室。考虑到保安的因素，应严格控制驾驶舱或客舱门的解锁。驾驶舱门由机组人员控制，并为机组人员配有专门的钥匙或密码。

内部环境因素

在一个相对窄小的空间内，人的工作效率是受限制的（详见第九章——人体极限、人为差错与信息处理）。客舱温度、压力、湿度、噪音都是影响乘客和机组人员舒适性的重要因素。温度和压力可以由飞机的空调和压力系统控制。绝缘和隔音装置使客舱和驾驶舱内的噪音被控制在可接受的范围以内。

空气与风挡玻璃撞击产生的噪音是驾驶舱又一个问题。一些客机和大部分直升机的噪音都来自发动机、螺旋桨或转子。早期，飞机驾驶舱内的噪音很大，机内如果没有内部通讯系统或不合适的耳机，就会影响机组人员在驾驶舱内的交谈。尽管大多数涡轮螺旋桨飞机存在噪音问题，但幸运的是喷气飞机很少发现这些问题。

高海拔

在高海拔下飞行是远程飞行的一部分，并有可能受到来自宇宙和太阳的辐射，对于这一点应该很严肃地从飞行员、空乘服务人员、航空公司以及规章制定的权力机构等方面予以考虑。长时间暴露于低辐射状态下或者短期内暴露于较高的辐射状态下，都会对人造成伤害。隐性的电离辐射作用于人体，其效果是不可见的或是没什么感觉的。普通的眼镜、飞行器结构、挡风玻璃甚至是衣服对于阻挡电离辐射都是没什么效果。尽管电离辐射问题已经被意识到好长时间了，但是它的影响仍处在争议中。

美国联邦航空局的咨询通告 120 - 52（AC 120 - 52）为这个难题提供了很优秀的背景材料。例如，尽管就某些特定的规定没能达成一致，但是像对于孕妇的辐射限制等级规定已经基本被大家所接受了。另外一个比较好的背景材料是 1992 年 FAA 办公室的民航医疗报告——机组人员的辐射暴露 Ⅱ，这份报告是由 Frieberg 等人提交完成的。美国联邦航空局也开发了一个计算机程序（CARI-5E）来计算在一些飞行中接受到的电离辐射。CARI-5E 能计算出来用户输入的飞行侧面所接受的，处于任何位置的海拔在 87000 英尺高度的，可以远到 1958 年 1 月的电离辐射的数据。这个程序可以到美国联邦航空局民用航空医疗研究所的辐射研究网站上下载。网址是 http：//www. cami. jccbi. gov/aam-600/610/600radio. html。

来自银河的辐射随着海拔的增加而增加，这确实会带来一些问题，事实上，两极附近受到大气层对辐射的保护就比赤道附近要少。居住在海拔大约5000英尺的丹佛的居民受到的正常辐射就比海拔略低的芝加哥和纽约的居民要多。作用于人体的电离辐射是一个累积的过程，它们的大部分是被人们在日常生活中一点一点吸收来的。辐射源可能是计算机终端、微波炉、高压电线、电视、医疗用的发射线，甚至是一些含氡元素较高的房屋。

民用航空医学研究所的科学家们，在国家海洋大气局和位于特拉华州立大学内的巴特研究所的同事们的帮助下负责监测来自银河的辐射水平。其他的世界范围内的研究团体包括南卡罗莱纳州州立大学和ALPA的航空医学研究局，他们共同合作致力于银河辐射带来的影响。ALPA航空医学研究局的主要负责人Donald Hudson博士恳切地认为来自银河的辐射是值得一直关注的问题。

喷气式发动机时代开始于1959年，10年以后几个航空公司完全被喷气式飞机占据了。这就意味着喷气式飞机的机组人员暴露于喷气式辐射高度下已经30年了。这对于作纵向的研究应该是足够长的时间了。但是显然研究受到了限制，因为数据都是来在协和飞机的机组人员，协和式飞机开始于1976年。几个令人担忧的事情呈阶段性的上升，即那时的机组人员甚至是乘客纷纷有患有各种癌症和提前老化并死亡的趋势也开始上升。

目前，民用航空医学研究所和来自全世界不同的航空公司及机组人员联盟，会同对此方面感兴趣的大学致力于在喷气式运输中因长时间暴露于辐射环境而带来影响问题的研究。机组飞行人员对银河辐射的长期影响和短期影响都十分关注。我们缺乏关于银河辐射影响方面的研究，即便是有一个有据可查的被公认的中立的专家们所从事的这方面的纵向研究，也是用来减少此方面的恐惧，这是非常现实和复杂的。纵向的研究费时费力。几乎没有什么证据正面地或者反面地表明，关于机组人员所遭遇过的暴露辐射水平今天是可以利用的。

一个一直以来都存在的难题是辐射领域的偶然性问题，所说的偶然性问题是因为其相当困难、复杂，需要高技术，并且不总能被准确地完全报导。事实上所说的集体讨论的观点可能会使问题更复杂。幸亏在这一领域该工业的所有方面有一个共同的目标。即从被认可的专家那里获取信息是十分重要的。尽管更深入的研究辐射及其影响的问题已经超出了本书的范畴，本书的作者和其他辐射方面的专家一样，认为辐射领域是一个值得飞行员或者服务人员协会、航空公司及相关的管理机构应该持续注意的领域。而且被多方认可的专家所从事的纵向的有效的研究应该被赋予某些特权。

另一个问题是高海拔下臭氧及其对肺部与人体呼吸的影响问题。臭氧是氧气的变异体，空气中的氧气在阳光下会很自然地生成臭氧。臭氧的一个有用之处在于它可以吸收太阳产生的紫外线，从而保护地球上的生物体。不幸的是，臭氧也是一种有毒气体，其副作用与暴露期间的浓度正相关。臭氧过量的第一个负效应症状是常常有鼻子干、喉咙干，跟随的是胸部不舒服，甚至会导致肺部的异常与哮喘，还有报告眼部异常的现象。个体的反应不同，并且异常反应通常发生在处于飞行中的活跃个体身上。飞行助理往往是第一个意识到臭氧过量的人。

臭氧层在对流层以上浓度集中，冬季与春季的几个月浓度增加，随着纬度与高度的增加而增加。每年度当中的强风盛行期将会带来臭氧的浓度密集，这多发生在南半球与喷气式运输机的航线高度流向层。

臭氧层已经被流经的加压系统所部分破坏，有效的保护方法是通过各种飞机类型来实现。许多飞机的加压系统不提供充足的臭氧保护，而是通过使用碳过滤和催化系统来控制臭氧危害。不提供臭氧层保护的航空器将受限于航线与飞行高度，这些航空器只能在臭氧不充足的层面上航行（Hawkins，1993）。

FAA出于保护人体健康，使人们免受最高水平的伤害的目的，制定了0.25ppmv（每百万容量的含量）（CFR121.578）的限制。然而，据报道，极地区域臭氧浓度可达0.57ppmv（Preston，1979）。

湿度

湿度是一个真正的问题，尤其是在压力飞机中。而对于驾驶员和航班空服人员问题更大，因为比起普通乘客，他们的飞行次数更多，因此在大多数的压力飞机中，他们就更多地暴露在干燥的空气中。在高空中，外部的空气是非常干燥的，而且当空气通过活塞式飞机的动力压缩机时会被加热，这样的空气用来供给驾驶员座舱和机舱，就会变得更加干燥。暴露在干燥的空气中引起的症状包括咽喉发炎和鼻子发炎，而且会增加主观疲劳的敏感性。这些症状对乘客来说是最大的困扰，而这些症状对于班机和机舱的空服人员来说更加严重，因为他们经常要暴露在干燥的环境当中。

大多数由于低湿度引起的身体不适主要是因为上呼吸道和皮肤变得很干

燥。喉咙和鼻腔受到刺激后的一般感觉是不舒服，以及对氧气呼吸器中较轻传染病的敏感性不断增加。另一个经常出现的疾病就是眼睛的结膜（就是眼睑内表面和眼球表面除了角膜之外的粘膜）和角膜变干燥引起的不舒适、发痒和无泪感。

人们曾经尝试在长途飞行的飞机上增加湿度水平，但是收效甚微而花费却非常的高。不仅额外的水箱和附加的配管的建立和维修费用很高，而且它们还会占用一些重量并需要附加空间。在高空中，如果要使增加的湿度能够提供更加舒适的环境，在低海拔的时候就要让这些湿气凝结成水汽和水滴，而机舱就成了一个压力容器。这可能会给电子设备和仪器带来不利的影响，并且使湿气渗透到飞机的绝缘材料当中去。增加的湿气在低海拔会凝结成水滴而在高空中会冻结绝缘材料。

后期的飞机（以 B747-400 为例）仅仅在驾驶员座舱充分增加了湿度。不幸的是，在长期飞行期间要保持驾驶员座舱适宜湿度的话，在下降过程中湿度就会达到饱和，这是由于下降过程中驾驶员座舱和机舱的空气压力造成的。不期望的湿气浓缩之后便会出现在驾驶员座舱中。

空气再循环

是利用机舱和驾驶员座舱内原有的空气还是适当地利用外面的新鲜空气进行加热冷却，这一直是一个很有争议的问题。由于压力、通风设备、污染物、湿度和温度等问题都需要考虑，要维持机舱和驾驶员座舱内的空气质量就成了一个复杂的问题。

有一点大家是普遍认可的，那就是烟草的烟气和再循环烟草的烟气是造成空气污染的一个最重要的因素。国际民航组织的一项决议声明，所有的定期航线航班都应该禁烟——这项决议也得到了航空医疗协会的强烈支持。美国所有的国内航班已经禁烟很多年了。另外，美国的航班和国际航班中禁烟航班的数量正在快速地增加。

机舱空气研究

关于机舱空气中的微粒和机舱空气质量的研究一直都很有争议，现有的两种综合性研究都声明有关媒体和一些合法的信息公布渠道都将问题夸大了，甚至有些言过其实。首先是美国运输部（DOT）1989 年的研究，这项研究对 92 个携带空气的航班进行了监测，表明可吸入的微粒、一氧化碳

（CO）和臭氧水平都低于联邦航空局、美国采暖、制冷和空调工程师协会（ASHRAE）和职业安全与卫生管理局（OSHA）规定的标准水平。另外，细菌和真菌的数量也较其他公共场所建筑的细菌和真菌数量要少。

1984 年美国运输协会（ATA）公布了一项研究结果，这项研究利用最先进的可以直接连续地读出数据的仪器监测了 8 条较大的航空线路的 35 次航班的机舱空气。研究的对象包括较老式的飞机如拥有 100% 机舱空气流量的 B-727，以及较新式的飞机如拥有 50% 机舱空气流量的 B757 和 DC-8。可吸入的污染物、CO 水平、臭氧和易挥发的有机化合物也都低于设定水平。运输部的研究表明机舱内没有重大空气污染的证据。细菌和真菌的数量也都低于国际职业安全与健康研究所（NIOSH）的建议水平（Rayman，1997）。

这项发现的原因之一就是目前大部分飞机中都使用了高效粒子过滤器。一台高效粒子过滤器可以过滤出 99% 的直径大于 0.3 微米的粒子。而大多数的颗粒直径都大于 0.3 微米，这就解释了为什么美国运输部和运输协会的研究的细菌和真菌数量较低。现在，所有的商业飞机上都推荐安装和使用这种高效粒子过滤器（Rayman，1997）。

关于客机机舱空气中的微生物合成物的最新研究会在第十七章中进行讨论。研究发现，客机中的微生物的聚集程度要远远低于与日常活动相关的一些场所，因此，"在客机中，由于微生物聚集而引起的疾病的传播风险是很低的"。

空气再循环问题

空气再循环问题并不是简单的问题。关注乘客健康的宇航医疗协会的附属委员会记录了很多来自禁烟航班上乘客有关机舱空气质量的投诉，而这些情况一般都是发生在允许乘客在机舱内吸烟之后。为了用一句话强调这个问题的重要性，附属委员会的报告指出："所谓的机舱空气质量问题是由多种因素导致的（组织缺氧、气压降低、拥挤现象、静止、温度控制、时差反应、噪音、三维运动、恐惧、压力、个人健康、饮酒量等），我们在排除任何一种因素之前都要考虑所有的可能致因"（Thibeault，1997）。需要进行进一步的检验才能证明一些问题是否是由机舱内空气质量引起的。

空气再循环也会引起经济问题，利用动力压缩机中的再循环空气要比利用外部新鲜空气更节约能量，压缩机溢流，利用空气循环机进行流通，最后再把空气传送到客舱和驾驶员座舱中。制造商和航空公司为了节省燃油成本，尽可能多地使用可循环空气。

航空运输中的人为因素

航空工业所取得的显著的技术成果已被人们广泛认可，这主要是由于设计制造过程中综合考虑了乘客在乘坐过程中和驾驶员在飞行过程中的各种影响因素。因而扩展航空人为因素的观点是很有用的，这使得空中运输产业的主要目标仍然是安全。

过去，驾驶员座舱是根据传统的驾驶舱设计的，出于实践的目的，按照显示器、按钮、开关、控制器和各种尺寸、形状和颜色的警告进行设计，这些项目可以从详细制造商目录中选择。从历史的观点来看，设计团队的主要工作是能够把所有需要的设备安放在有限的空间内。要想把各项工作都做得十分完美有时候是较困难的，相关的人为因素也不可能延伸到整个航空系统。

现在，一种和谐的驾驶舱设计概念最充分地考虑了人的能力和局限性。设计人员和检测人员需要清楚地了解不同性别和种族之间的差异。形形色色的人都是航空市场的一部分。如今的系统方法将最终产品作为综合的人机系统的一部分来考虑。飞机只是航空系统的一个部分，所有与飞机操作有关的人员都要考虑在内。

综合的系统方法

为了实现真正的系统方法，美国的主要的制造商都拥有一支人为因素分析团队，这支团队由包括 12 名博士在内的超过 30 名人为因素专业人员组成。这支团队的目的是"在飞机和相关产品的设计过程中提供人为因素原则，这样就可以对它们进行安全有效的生产、操作和维修"。这支人为因素专业团队包括人为失误、认知、理解、决策制定、人类工效学和程序开发方面的专家（Graeber，1997）。欧洲的主要飞机制造商都拥有这样的团队。现在，运输飞机的综合的系统方法已经被全世界广泛接受了。

基本上，飞机驾驶舱是一个工作场所。驾驶舱中的控制台、控制器和显示器等仪器操作起来都非常复杂，而且使用环境经常发生改变。一项基本的原则就是要有效安全地操作控制台、控制器和显示器。要做到安全有效的操作就必须要牢记每种仪器的基本的限制条件，这些仪器是用来操作和支持飞机和它的系统功能的。

驾驶员座舱中各种可能出现的情况都要给予充分的考虑，如范围、舒适度、座椅和控制器的功能以及内外视觉的需求等。另外，附件的用途、地图的存储、飞行手册、航线图以及咖啡杯架、脚踏板和食品供应等服务项目和个人行李物品的存储等都应该考虑在内。

如今的飞机驾驶舱的技术不断提高，这些成果主要是飞机制造商、航空公司、飞行员队伍和仪表制造商共同努力的结果。其中，最主要的成果是对旧式的驾驶舱进行了明显的改进，而且这些改进会随着工业的进步而不断进行下去。虽然我们主要是在驾驶舱的基础上进行讨论研究的，但是对人为因素的考虑却要贯穿整个飞机和航空系统的各个部分。同时我们还必须考虑那些进行操作和维修系统元件的各种人员的需求和限制。

全面设计考虑

在驾驶室里必须有人，这将成为航空系统中最复杂的元素。驾驶员在驾驶舱中的能力往往是弥补系统弱化导致事故或事故征候发生的最后的机会。个体的身高、个体的限制以及个体绩效方面有着很广泛的变化范围。我们要尽最大的努力让所有员工的能力最优化。

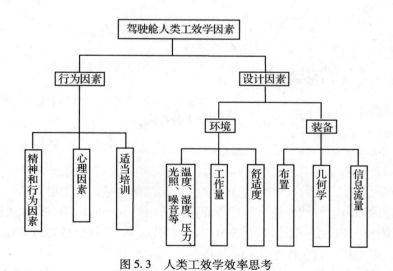

图 5.3　人类工效学效率思考

资料来源：The Ergonomic Integrated Flight Deck，第 2 页 . Stone, 1989

Gerald Stone 把人类工效学的设计因素划分成两大类别：行为（如依赖于操作者）方面和设计可靠性及制造可靠性方面（Stone，1989）。图 5.3 就是他的人类工效学效率思考模型，图 5.4 是该模型中人的特性。在他的模型当中没有简单的概念。很明显，专业、仔细的设计是要能够满足各种需求的。

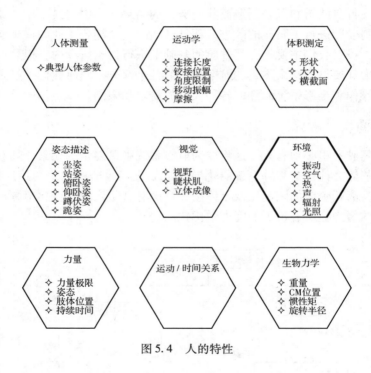

图 5.4　人的特性

资料来源：The Ergonomic Integrated Flight Deck，第 3 页．Stone，1989

在国际上，机舱设计中的一个主要的问题就是颜色的使用问题。产生这个问题的原因之一就是使用颜色方面还没有国际统一的标准，现在人们越来越认为意识到这是一个国际上普遍存在的问题。但是其中最大的困难就是不同的国家对特定颜色的定义是不同的。

在美国，在航空中的主要的颜色有红色、黄色和绿色，FAR25.1322 中对它们的详细说明如下：

- 红色表示警告（这种颜色预示着灾难性的危险，需要立即改正行为）；
- 黄色表示提醒（这种颜色预示着可能要改正行为）；
- 绿色表示安全；
- 其他颜色，如白色，在本段中都没有进行介绍，说明不同颜色的含义是为了预防可能出现的混淆。

图 5.5 列举了现代运输系统设计中必须考虑的项目数量和复杂度。很明显，这些项目在设计阶段就要尽可能地考虑全面，否则在制造程序的后期对它们进行改变和修正，不仅浪费时间，造价也非常高。

在为新飞机建造机组站时应考虑以下三个因素：①身高和体型；②范围；③站内人员的视力范围。由于合并的可能性和缺少除了美国和欧洲男性以外的其他地区的人体数据，因此站内人员的身高和体型是需要仔细考虑的。利用计算机模拟了飞行员特定群体的 14 种外部身体尺寸，这是为了确保机舱中所有的机组人员可以从任何位置够到控制器。设计者在设计时需要利用所有可行的数据并要利用已有的判断区分性别和种族的不同。

第二个因素是范围。包含三个变量：限制尺寸（利用肩部安全带的三个位置），把手的类型（手指尖、捏紧、抓紧）和衣服的尺寸。现在，可以模拟 27 种范围的联合。一家制造商指出，它们监测了 3600 架飞机的尺寸和形状，发现它们完全在可接受范围之内（Stone，1989）。

第三个因素是有关于为新飞机建立机组站的。这时候必须综合考虑机舱内显示器的摆放和外部环境的影响。对外部视觉的需求可以用来规定挡风玻璃的结构，还需要考虑像火灾把手和控制轮等遮挡的影响。外部视觉需求或许会在以后的超音速运输机中得到彻底地改进。这种超音速运输机没有偏倾前缘，但是有着不同的视觉外部需求（见第三章和第二十二章）。

视觉元素中的一个有意思的概念就是视锥区。视锥区也就是在高浓度和高压力情况下的视觉的狭窄部分。为了确认这种现象，飞行危险期间的必要的信息显示了主要的视锥区。它被定义成视觉限制仅仅与眼睛运动有关。第二视觉锥区覆盖了头部和眼睛运动的联合区域。

最近，人们开始关注坠落防护方面的问题了。全美运输安全管理委员会编制了一个计算机程序，用来分析机动车坠落时乘客的反应。这个程序也被空军采纳用来分析飞机坠毁时的情景。这个程序后来还被修改扩展到了商业运输上，最近还用来详细说明当前飞机的位置。

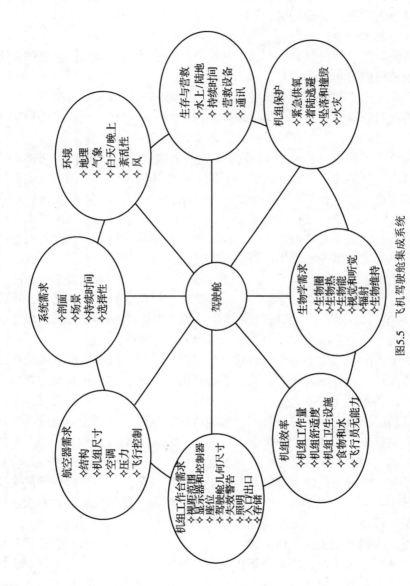

图5.5 飞机驾驶舱集成系统

资料来源: The Ergonomic Integrated Flight Deck, 第5页, Stone, 1989

为了说明这些问题的复杂性，表 5-1 列举了 38 种在新的运输系统的驾驶舱中必须考虑的一些项目（Stone，1989）。

虽然表中并未包含将来的飞机运输系统中可能需要的所有情况，但这是不成问题的，最主要的是要将人因素考虑在内，并且在早期将这些问题都提出来。

表 5-1　飞机驾驶舱的设备需求

仪　　表	操作项目	应急设备	杂　　项
主要仪表	耳机	消防斧	壁橱
次要仪表	麦克风	逃生设备	行李架
导航仪表	电缆	烟气护目镜/头盔	手提箱架
通讯仪表	氧气面罩	漂浮装置	咖啡杯固定装置
动力仪表	写字板	灭火器	笔架
系统（液压、电源、环境）仪表	地图固定装置		垃圾桶
起落架仪表	飞行手册		餐桌板
紧急仪表	航图		座椅
门指示仪表	灯		脚踏板
			把手
			风挡玻璃
			机组人员预留空地
			观察员座椅

资料来源：The Ergonomic Integrated Flight Deck，第 10 页，Stone，1989

"侧杆" 问题

在过去的几年，在飞机运输的驾驶舱有关人因素方面进行了不断的革新，其中变化最大的要数空中客车公司的侧杆。下面引用了 Ron Roger[1] 在 1998 年第 6/7 期的一篇名为《飞行的 B777-300》的论文，阐述了侧杆问题的可操作性和人为因素的复杂性。最初有关侧杆问题的争论随着它的经验的

---

[1]　本书编写期间，Ron Roger 是 ALPA 适航、性能、评估和合格审定委员会主席。

增多而下降。图5.6展示了大型客机驾驶舱的内部状况。

图5.6　空客飞机驾驶舱

资料来源：Courtesy of Airbus Industrie

为什么不使用侧杆？

　　为什么波音飞机中没有使用侧杆？侧杆是有许多优势的。它很舒适而且省去了飞行员前面的许多固定设备，当然，这也会带来一些新的问题。其中的一个问题就是飞行员在整个控制过程中不能监测飞行数据的输入，另一个问题就是通过观察控制杆的运动过程可以更容易地监测自动驾驶仪的输入。"小位移控制杆"的使用实现了对飞机边缘地区高度的控制。这样波音飞机只能实现对飞机控制器的硬限制而不是期望的软限制（这是在经营理念上的根本不同）。波音飞机利用飞行模拟器进行了详细的分析，发现控制杆的工作效果更好一些。B777-300 使用的控制杆比其他的波音飞机都要小。不管是侧杆还是控制杆，波音飞机的控制设备都要更好一些（Rogers，1998）。

一般来说，许多飞行员都喜欢操作侧杆控制的大型客机。当然，制造商的设计成果做出了巨大的贡献，并因此制造出了非常先进的飞机。有关自动化理念方面的不同在第十一章中进行了讨论。

总结

本章有选择性地简要介绍了空中运输飞机的发展历史。如果想要对飞机的发展历史有更进一步的了解，推荐以下几本书，供读者参考：Bill Gunston 的 *The Illustrated Encyclopedia of Propeller Airliners*，Time-Life 和 Oliver E. Allen 的 *The Airline Builders*，Alvin M. Josephy 的 *The American Heritage of Flight*。这些都是初级的版本，适合任何需要更全面了解历史的读者们。其中，*The American Heritage of Flight* 涉及朝鲜战争和波音 707 系列。

参考文献

［1］ Bryan，C. D. B. （1979）. *The National Air and Space Museum*，Harry N. Abrams，Inc.，New York.

［2］ Caidin，Martin（1992）. 'High-altitude radiation risk'，*Professional Pilot*，January 1992，Alexandria. Virginia.

［3］ FAA，Civil Aeromedical Institute （1998）. CARI-5E（computer program available at http：//www. cami. jccbi. gov/aam-600/610/600radio. html. ），Oklahoma City，Oklahoma.

［4］ Gilbert，James（1970）. *The Great Planes*，Grosset and Dunlap，Inc.，New York.

［5］ Graeber，Curtis L. （1997）. 'Enhancing Safety Through Human Factors'，The Boeing Commercial Airplane Company，Seattle，Washington.

［6］ Green，Roger G，James，Helen，Gradwell，David，Green，Roger L， （1991）. *Human Factors for Pilots*，Avebury Technical，Aledershot，England.

［7］ Gunston，Bill， （1980）. *The Illustrated Encyclopedia of Propeller Airplanes*，Phoebus

Publishing Co. , London, England.

[8] Hawkins, Frank H. (1993) . *Human Factors in Flight*, second Edition ed. Harry W. Orlady, Ashgate Publishing Co. , Ltd. , Aldershot, England.

[9] Preston, F. S. (1979) . 'Aircrew Stress', in *Symposium on Human Factors in Civil Aviation*, 3 – 7 September 1979, The VNV Dutch Airline Pilots Association, The Hague, Netherlands.

[10] Rayman, Russell B. (1997) . 'Passenger Safety, Health, and Comfort, A Review', *Aviation, Space, and Environmental Medicine*, Aerospace Medical Association, Alexandria, Virginia.

[11] Rogers, Ron (1998) . 'Flying the B-777-300', *Airline Pilot*, June-July 1998, Herndon, Virginia.

[12] Sells, S. B. and Berry, Charles A. (1961) . *Human Factors in Jet and Space Travel*, The Ronald Press Company, New York.

[13] Serling, Robert J. (1982) . *The Jet Age*, Time-Life Books, Chicago, Illinois.

[14] Stone, Gerald, (1989) . 'The Integrated Flight Deck', presented to SAE, Aviation Research and Education Foundation Human Error Avoidance Techniques Conference, Douglas Aircraft Company (now Boeing), Long Beach, California.

[15] Wagstaff, Bill (1996) . 'High-altitude radiation: How much is too much?, *Aviation International News*, 1 October 1996, Midland Park, New Jersey.

第六章 社会环境

忽略了环境就是削弱了实用性。

(Charles Perrow, 1982)

预防航空器飞行事故或事件的最后一道防线在于航空器的驾驶舱。因此，在 60% ~ 80% 的飞行事故中有大量的驾驶员卷入了那些不幸的事件中也就不足为奇了。在过去的半个世纪中，这个统计都是一致的。过去，大多数的事故调查都将事故原因归结为飞行员差错。Jens Rasmussen 给我们道出了如此多的调查将事故原因归结为飞行员差错的原因，"……人为差错事件的认定完全依据停止规则①，而停止规则是在事实之后申请的解释性调查"（Rasmussen, 1987）。本章（以及本书的其他章节）的内容都超出了初级调查的内容。

如今，就我们所知，事故中卷入的人员不仅仅局限于驾驶员。一些其他的因素已经与事故有着密切的联系，并且例行调查完成的更加迅速。相关的观察员认为目前的人为因素为航空安全的显著改善提供了机会。很多专家认为"社会环境"② 不仅是被忽略了，而且在一些情况下其定义太狭隘（Maurino et al. , 1995）。

现在的航空人为因素涉及一种完整的系统方法。当人们特别关注人的行

---

① "停止规则"指的是大多的事故调查在找到一个或多个可能的原因之后随即停止，而这些错误是重复的，并且是可以事前预防的。因此，他们把调查结果作为一种解释来接受，这种解释告诉我们发生了什么，而不是为什么发生。

② 在我们使用的条款中，社会环境包括民族文化、监管文化、组织文化、企业文化和航空公司文化。

为因素和社会环境的时候，我们应该意识到在航空运输业中其他许多传统的人为因素仍然起着很重要的作用，认识这一点是很重要的。如今航空人为因素关注的是满足行业动态一致性的需求。航空运输业中的人为因素由最早的涉及仪表盘和开关的人机界面的生理学问题引申而来的，而且它已经继续延伸到今天的包括各种学科的航空人为因素中，并且应用于人机航空系统的人的行为及其他方面。

当今航空运营中的社会环境

航空人为因素表明为了理解航空运输营运中的"活件"，我们不仅有必要了解与运营相关的个体，而且也要了解能够影响他们行为的社会环境，包括民族文化、监管文化和组织文化。一些特殊的国家具有与其他国家截然不同的文化。

这些差异会影响航空运营。甚至在同一个国家的航空公司中也存在着等级和文化的差异，尽管有时这些差异不是很明显。这些差异同样也会影响飞行操控。Ashleigh Merritt（1993）将文化定义为"使人们凝聚为一个团体并区别于其他团体的价值和行为"。这是一个恰当的定义。

与社会环境相关的最主要的因素是民族文化，它影响几乎所有责任人的行为。在不同的国家，民族文化完全不同。每一个人最关注的航空运输安全涉及航空运营中的所有个体的行为，如果民族文化中的任何价值行为需要改变，那么个体的需求必须引起关注。

在许多地区，影响操作行为的第二大因素——监管文化被视为民族文化的一部分。一些人认为航空安全在相当大程度上受监管文化的影响，监管效力是第三世界国家的主要问题（Faizi，1997）。很显然，一个国家的监管体系的品质受到人才合理使用的限制。然而，对于一些监管制度较好的国家这只是一个小问题，但对于其他一些国家来说这是一个相当大的挑战。

第三大因素是组织文化，这也可以称之为公司或企业文化。但是不管它被称之为什么，安全都是它的核心内容。不管航空器或一个体系是好、普通、还是差，航空器或体系一旦被购买或使用，航空公司就有责任保证在很长一段时间内航空器或体系运行的安全性和有效性。组织文化或企业文化是航空公司能否做到这一点的主要决定因素。一直以来都十分重要的安全问题现在已经成为航空公司生存的必要条件。

民族文化

对于航空运输业中的诸多因素，民族文化是一个重要的需要考虑的方面。民族文化不仅影响个体对监管和决策的反应，而且还会影响个体对企业政策和程序的反应。

作为民族和文化传统的一个功能，重要的能够激发积极性的因素是非常多样化的。甚至由于个人文化背景的不同而导致每个人的领悟能力存在差异（Gabriel，1975）。根深蒂固的信仰和价值观是很难改变的，即使确实发生改变，它们也是在缓慢地改变。信仰和价值观是每个人文化背景的一部分，同时也必然是民族文化的一部分。

来自不同国家的飞行员具有不同的文化背景。尽管在不同的文化背景和常规条件下操作相同的机型，他们不会表现出很大的差别，但文化差异还是会影响机组人员的行为。当机组人员面对意料之外的操控问题的时候，这种文化冲突和潜在的影响就变得更加突出。

尽管在正常状态下文化差异只造成细微的操作差别，但我们必须认识到，在像飞行这样的非一般状态下，文化差异的影响是很重要的。在不利情况下文化差异问题会变得突出，原因就在于在产生压力的状态下，人们都趋于回复到根深蒂固的下意识的行为。那么不正确的操作行为就是民族文化的一个反映，并且在那种环境下这是完全正常的。在其他环境下，正常的行为对于非正常情况和紧急情况是完全错误的，甚至有时在常规情况下这些正常的行为也被认为是不恰当的。

日本航空公司在良好天气情况下降落在旧金山湾 27 号跑道并冲出跑道的飞行事故中，民族文化就是一个主要的因素。副驾驶员为了不冒犯他的上级，虽然他已经意识到了这是跑道有水情况下的降落，但却没有采取有效的措施。从那以后，航空公司就积极地开展机组资源管理培训，这是对飞行员文化需求的响应。

个人主义、集体主义和权力距离

考虑到此次讨论的目的，民族文化环境的特性可以描述为个人主义、集体主义和权力距离。荷兰心理学家、跨文化心理学先驱 Hofstede 创造了这些术语（Hofstede，1980）。在上述提到的驾驶舱中，个人主义指的是在机组成员中一种高等级的自主性，即使它有时会随着监管或组织的需要而改变。集体主义是指高度的互助和团体固有的集体导向的成就。权力距离是指团体中无权力的人不平等地接受权力或影响的限度，并且他们要认为这是正常的、公正的、合理的。

在航空运输业中，个人主义、集体主义和权力距离三个要素是航空人为因素的重要部分。这些要素在国家之间和国家内部这样更小的范围内都存在着差别（Johnston，1993，and Redding and Ogilvie，1984）。它们是显著相关的，因为个人主义、权力距离和事故率三者之间呈现相关性（Weener and Russell，1993）。但是，这种关系过于简单而忽略了诸如基础设施、培训、维修、设备以及监管文化和组织文化这样的因素。但是在评估航空运输业的安全性和有效性时，这些因素中的每一项都是必须考虑的要素。

权力距离是一种非常重要的衡量手段。机长与副驾驶员之间的关系称为跨越驾驶舱内权力梯度，这其中就涉及权力距离。早在1975年，Elwyn Edwards 教授就对这个术语进行了描述（Edwards，1975），但直到现在才引起人们的关注。

在一个权力距离较少和高度个人主义的团体中，接受一些观念要相对容易，这需要有一个好的驾驶舱团队和理想的跨越驾驶舱内权力梯度。然而，在权力梯度非常好的团体中也不能保证不会出现任何问题。团体中的个体具有广泛的多样性，他们中的一些人能够很好地适应变化，但另外一些人却很难改变。要想建立一支优秀的驾驶队伍，就需要那些通常不能接受团队中其他成员立场的个体在哲学观上发生显著转变。在当今的飞行操控中不允许存在不适当的驾驶舱权力梯度。

最佳状态　　　　　　太陡　　　　　　太平

图 6.1　跨越权力梯度

资料来源：Human Factors in Flight，Second Edition，第 35 页，Hawkins，1993 年 Ashgate 出版社授权重印

在高权力距离和低个人主义的团体中很难建立一支优秀的队伍。航空运输的安全和有效性需要机组中相对低的权力距离和相对高度的个人主义。这些是机组中重要的特性，因为在机长和副驾驶员之间，尤其在副驾驶员的职责受到个人主义约束的时候，高度的权力距离与集体观念是相互矛盾的。对于当今航空运输的安全操作来说集体观念是必要的。这决不能说明这种适应是不可能的，但是在高权力距离和低个人主义的飞行机组中确实存在很大的问题。他们必须改变那些最根本的个人特性，至少在飞行中要进行改变。

根据 Hofstede 和其他人的观点，大部分在欧洲、北美、澳大利亚和新西兰的发达国家中，个人主义高而权力距离相对较低。也许这是一个巧合，这些国家都有良好的安全记录。对于那些高权力距离的国家来说，其中一个原因是在大量新的人为因素观念的有效发展中存在突出的问题。在这些观念中，最重要也是最困难的一个就是在必要的时候，副驾驶能够有效地监控并挑战机长的行为，因为他们的民族文化使他们加固了"机长是国王"的观念，并且认为机长不可能犯错误。

航空运输安全是一个复杂的事情。正如我们所提到的，基础设施、培训、设备、监管、组织哲学体系和某些情况下操作人员的技能水平都是安全涉及的重要方面。通常，民族文化在所有这些方面中起到十分重要的作用。但是，我们不要忘记世界各地都有良好的安全操作。相关性通常比潜在因素更容易确定。

航空运输业的运作传统使得在下级机组成员中做出斩钉截铁的决定成为几乎所有民族文化中的一个难题。把任何与机长—副驾驶作业关系有关的问题限制于安全记录不好的国家的想法是不正确的。例如，美国 NTSB 列出了在最近几起事故中，副驾驶未能有效监控或积极干涉机长的行为作为致因因素（NTSB，1994）。事实上，这不是一种新现象，自从副驾驶加入到飞行机组的那一天起这就成为一个问题。通常，改变会带来一些问题。

我们已经提到"脱离了环境事情就会变糟"。不幸的是，在航空运输业中安全事件经常是在脱离环境的状态下发生的。当相关因素存在于世界各处时，他们即将或已经有了明显的区别。尽管消除了地理区域和国家之间在权力距离、集体主义、个人主义上的区别，世界各地仍然会有记录良好的航空公司。航空运输安全的区域普遍性是很容易令人误解的。这一点是非常重要的，因为它已经表明尽管一些航空公司在他们运行的社会环境中有内在的安全问题，但他们仍然能够有效地运营。研究人员不是一直以来都认识到这些区别的。过于简单和太过宽泛的概括性结果已经被称为普遍事实了。

其他因素

除了像权力距离和个人主义这样的措施之外，另外两个能够改变民族文化的因素在航空安全中也是重要的。第一是个人特殊的背景。例如，军人或平民，教育类型和水平以及其民族文化中的其他部分。第二是对计算机的精通程度。后者在操作高科技航空器时是十分重要的。这两个因素都能影响到人的行为。当谈及驾驶员时，强调计算机熟练程度和能力与年龄有关是错误的。重点是驾驶员必须具有灵活性并且能够适应新的情况。关于计算机熟练程度重要性的证据是不充分的，因为这没有大量的数据来支撑。不过，许多将要晋升为高级驾驶舱航空器的飞行员训练者都持有那样的观点。这个概念将在第十六章进行深入讨论。

不论亚文化群的名字和重要性如何，个人行为受个人社会背景影响是毫无疑问的。在任何文化下，新飞行员，尤其在最初的时候，比他们的前辈在具有高水平的新科技航空器计算机操作水平上似乎更容易，并且也更容易改变他们的操作观念。这两个团体都是航空系统中重要的组成部分。稍微有点挑剔的、虚构的观察员也许会建议在我们的文化中，老飞行员有时可以用一些新飞行员暗示的灵活性和想象力，而新飞行员具有老飞行员经验积累的保守主义和怀疑态度时将会做得更好。一位经验丰富的观察员认为，在运输培训课程中，尽管新飞行员频繁接受新概念比老飞行员更容易，但是老飞行员在课程结束的时候弥补他们表面上的不足，并且在毕业时他们的成绩都排在班级的最前面（B. S. Grieve，personal communication）。

要提高航空运输业的安全性和有效性，我们就必须认识到作为民族文化一部分的人为因素的特性。其中有些因素是需要特别关注的。它们包括了很难改变或缓慢改变的社会生活的基础结构。不足为奇的是，Redding 和 Ogilvie（1984）已经发现飞行机组人员都带有影响他们操作行为的文化背景。不幸的是，在要求不断提高安全记录的现代航空运输业中不允许在不恰当行为的改正上花费很长的时间。特别需要考虑的是要求贯彻像机组资源管理这样的适宜的运营安全理念。第十三章将讨论这个主题。

在过去的十年中，普遍接受新的行为观念和运营策略已经有了发展。新的观念包括机组资源管理和许多变化，这些变化是机组资源管理固有的部分。这些包括接受诸如以下的内容：增强责任感和第二命令的权威，增强航空器操作中的团队观念，并且要强调驾驶舱任何情况下的不把杆驾驶员（PNF）对把杆驾驶员（PF）行为的有效监控的重要性。同样重要的是应该意识到错误总是会出现的，每个人都会犯错误，并且我们必须减少和控制不可避免的运行错误。这些观念和态度的变化已经成为了现代航空运输业的固有部分。在某些文化背景下，建立这些观念和联合监督的观点似乎是难以完成的。

监管文化

监管职责是一个重要的国家职能。它们是在航空器、系统和人员的证明和运行中需要重点考虑的事宜。不同国家之间的监管文化是完全不同的，一个主要的因素是独立国家完全拥有他们自己的监管权利和职责。低估或看轻监管文化的重要性是一个严重的错误。

由于对运营者来说实现许多安全措施的成本是昂贵的，因此有必要采取适宜的监管建议或要求的安全措施以确保这些措施的统一执行。这是监管文化的组成部分。在美国，近地警告系统（GPWS）、空中交通机载防撞系统（TCAS）、风切变警告系统（WSAS）都是监管安全要求的范例。在美国，联邦航空局对机组资源管理活动的大力支持和促进就是安全建议的一个例子（Advisory Circular 120-51B）。各个国家之间安全监管措施的范围是不同的。自从在世界范围内实行航空公司的解除经济管制以来，安全监管就变得更加重要了。

解除经济管制

在美国和其他许多国家，航空公司解除经济管制是存在的一个事实。解除经济管制的结果之一就是航空公司再也不能依靠以往十分充实的津贴来满足他们的运营成本。这也意味着即使是建立和运营很好的航空公司也要面临来自航线开辟上的激烈竞争，而这在以往是毫无竞争的。每一个航空公司的部门之间为了不充足的资金也存在着内部竞争。一个强大的、有能力的和负责任的监管机构应该认识到目前使人为因素与安全项目相关的可能性最小化成为在解除管制环境下内在经济竞争的一部分。还有非常令人不确定的是如果在没有监管要求的情况下，像近地警告系统、机载防撞系统和风切变警告系统这些需要花费资金的安全防备或其他设备还会安装在美国所有的航空公司中吗？

但是，这也有一些例外。一些独立运营人在没有强制监管要求的情况下也采取了安全行动。其中一个例子就是最近报导的美国一家大的货运航空公司在它的所有飞机上安装了防撞系统，尽管这一项对只作货运的航空公司没有要求。另一个例子就是美国 15 家航空公司许诺将花费 4 亿美元在 3700 架货运飞机上安装气体探测器，这是任何监管都没有要求的。这个许诺是在 1996 年 5 月 11 日佛罗里达埃弗格来兹 DC-9 喷气飞机坠毁后做出的。调查过程中发现，货舱内起火是导致这次 110 人死亡的飞机坠毁事件的根本原因。对于上一段说明的另外一个重要的例子就是在世界范围内大的航空公司已经购买了增强的地面进近警告系统（EGPWS）。这是在哥伦比亚卡利的美国航空公司 B757 坠毁事件后所做的。

人们相信增强的地面进近警告系统能够很好地防止卡利事件的发生，但在坠机之前并没有应用这项技术。至少一家大的制造商已经为未来制造的运输机制造出了增强的地面进近警告系统的标准设备，同时我们也希望在许多国家能有花样翻新的设备。美国航空运输行业已经认识到增强的地面进近警告系统能够缓和有效的安全问题并在监管之前采取措施。正如本章所写到的，175 架飞机已经装备了增强的地面进近警告系统，这个系统带有能够提醒飞行员危险地形的全球定位卫星和数字地图的导航系统。到 2003 年，另外 6300 架运输机将会有相似的装备。这些新设备的花费至少是 6 亿（Flight International，6 January 1998）。联邦航空局在这一领域也是行动迅速，他们已经开始监管要求将来在美国航空公司的飞机上装有增强的地面进近警告系统，这将是政府监管进程要求中需要尽快完成的。

国际监管标准

为了强化国际民航组织（ICAO）标准及推荐措施（Standards and Recommended Practices——见附录 D）的重要性，美国联邦航空局在 20 世纪 90 年代早期开发了国际航空安全评估程序（IASAP）。这个程序监控其他国家对国际航空安全监管规定，尤其是 ICAO SARPS 的执行有效性。未提供安全监管保证的国家的航空公司不允许进入获利的美国市场。联邦航空局已经声明这不是评估一个航空公司是否安全，而是关注一个国家是否有适当的民用航空权力，这种民用权力能否保证通过它的航空运输获得可接受的安全有效的方式。在某种现实意义上，国际航空安全评估程序评估了国家监管文化的有效性。

几年之后，通过扩大国际民航组织的作用来努力提高国际航空安全水平。Assad Kotaite 博士、国际民航组织主席，在 1977 年 2 月 24 日对国际民航组织委员会作出指示，通过国际民航组织执行的国家航空运输标准审计必须是公认的规范。Kotaite 博士对完成这项工作的方法提出了建议："在采用国际技术检查或安全和保安审计中能够发现权力的来源，这些检查或审计呼吁国家调整已暴露出的不足。"他进一步强调，"国际民航组织作为一个国际团体应该被授权严密地检查安全和保安标准的执行并且能够执行监管检查"（Kotaite，1997）。很明显，这是国际民航组织在国际航空安全中作用的扩大，并且必将替代由美国联邦航空局发起的国际航空安全评估行动。

极少数的国际民航组织观察员认为，对任何提议的积极行动都有像国际民航组织的审计一样的深远意义。另外，类似工作的认可是一个漫长的过程。但是，在这种情况下，145 个国家的代表于 1997 年 11 月 10 日—12 日召开了一次会议，这加速了审计的进程。这次会议支持在国际民航组织的 185 个成员国中使用国际民航组织审计并严格执行审计结果。美国联邦航空局和代表 36 个欧洲国家的欧洲民用航空协会是支持国际民航组织计划的外界组织。

国际民航组织审计能够帮助第三世界国家或现在称为发展中国家的监管权力的明确。这些国家有其特殊的问题。他们中的许多国家没有良好发展的基础结构或有专门技能的个体，这些都需要发展良好的监管文化。国际航空运输协会安全委员会负责人、巴基斯坦国际航空公司安全法人 Amjad Faizi 机长非常坦率地告知一个国际协会说，监管疏忽是第三世界国家航空公司安全问题中最大的问题（Faizi，1997）。

在这些国家中不可避免的是预算紧张。这就使得某个人既是航空公司负责人又是监管权力机构领导的这种不适宜组织结构的倾向增大了。然而这是可以理解的，它带来了明显的潜在利益的冲突。第二个问题是对于没有资格的人的诱惑就是真实地将监管权力机构的领导完全变为"政治果实"的受益者。

发展中国家所面临的另一个组织问题是监管权力机构领导通常既不是军人也没有军事背景。他们中的一些人对军事安全文化与大众安全文化的区别并不敏感，或者他们对军事机构和民用机构在组织方式上的不同也是不敏感的。在某些情况下，军事机构确实运行着部分民用航空的结构。这个问题与缺乏称职的个体是紧密相关的。

在某些国家，最后一个问题就是监管权力机构也对调查权力机构负责。有时这会引起严重的利害冲突。由于缺乏功能分离和专门的技术，监管权力机构与不经审查就批准的机构没有什么差别。整体的安全水平并没有提高（Faizi，1997）。

组织文化

组织文化或企业文化对运营安全有直接影响。这种说法对于机组来说是最确切的，因为不间断地监督是不实际的或者是不可能的，当然也不希望是来自飞行员的观点。这就是哈佛大学 J. Richard 教授称驾驶舱机组为自我管理团队的一个原因。作为部分企业和职业文化的有效评估系统，对于确保在日常操作中不出现违反标准操作程序和重要安全行为是至关重要的。企业文化对员工的行为有着强烈的影响。

正如前文已经提到的，"组织文化是一个广泛使用但有着不同定义的术语"（Maurino et al.，1995）。但是，不管定义如何，在一种文化中公认的、良好的解决安全缺陷的方式也许在另一种文化中却不合适（并且也是无效的）（Maurino，1994）。一个行为在一种文化中是亲切的和鼓舞人心的，但在另一种文化中似乎就是侵略性的、粗鲁的和麻木不仁的。这是一个重要的值得关注的事情，对于组织文化来说必须认真考虑。在航空运输系统中，组织文化是一个至关重要的元素。正如 J. Richard Hackman（1986）所说，"为了完成一次飞行使命的所有任务是一个团队任务，并且驾驶舱机组一直在组织环境中操作"。

John Lauber 也提出了相同的观点："在封闭状态下不会产生个体行为，而在组织和文化环境中总是会出现这种行为"（Lauber，1989）。耶鲁大学 Charles Perrow 教授进一步强调了这个观点："人为因素在组织环境中会产生作用……忽略了环境就是削弱了实用性"（Perrow，1982）。

当然，一个航空公司的安全文化是运行品质中的一个至关重要的组成部分。尽管事实是一些非常优秀的航空公司已经能够使他们的运作区别于其他企业的行为，但是我们认为航空公司的安全文化是企业文化的本质内容。现在不确定的是，即使安全文化被认定为企业文化的核心部分，那么它是否就会更加浓厚。之前人们对企业文化在航空安全中的作用只是给予少许的关注，Lautman 和 Gallimore 指出："在广义的管理环境中，这些运作者（已经有非常高的安全记录）最初将安全摆在企业的第一位并且强烈地强调安全，这个意识渗透到了全部的操作中"（Lautman and Gallimore，1987，italics supplied）。

在一种民族文化中企业之间的文化存在着区别，正是由于这种差别的存在，分析企业文化差异时应考虑到一些特别的灰色区。在每一个航空公司中，组织文化受到参与日常运行的人的个体文化差异的影响。每个个体是一种特殊的文化，这种文化是能够影响个人行为的安全文化和组织文化，甚至是民族文化中的一部分。例如，客梯人员、飞行员或乘务员互不相像，并且他们的行为与组织中的其他成员也不相像。这些组织的行为规范与医生、会计师、旅客代理商或水管工人的行为标准也是不同的。航空公司文化的一个重要目的就是利用和升华个人文化以达到提高运行安全和有效性的共同目标。

企业或组织文化的许多方面是不能用语言描述的。"未成文的行为准则对感知和行为具有意义深远的影响。"内尔·约翰斯顿机长意味深长地提到成文的和未成文的组织规章在描述和执行中都具有现实的重要性。约翰斯顿在《Organizational and Motivational Aspects of Air Carrier Pilot Decision Making》一文中提到：

> 一直以来都有一种组织风气，它有正反两方面的作用。组织中还存在未成文的行为准则以及关于某些类型的行为和决策的重要地位的感知。当你发现这些的时候，你就会发现一个组织真正的决策思潮是什么。
>
> 那么实际上所有这些意味着什么呢？当然，一方面，一个组织能够非常支持它的飞行员，给予好的指导和支持并且飞行员享有足够的尊重和信心。但是，另一方面，组织也是管理压力和矛盾的来源。在企业中存在着相当多的职责不清以及心理上的不信任和不确定的现象。例如，畏惧不相称的或武断的处罚，或者是与不一致标准的不确定性。另外，飞行员在那些与实际不一致的情况下还会出现例外。但是，如果这种不理智的和未被发现的例外情况一旦存在，它们通常对操作决策和飞行员行为具有切实而显著的影响。由于这种情况对飞行员行为切实的潜在影响必须对他们进行监控。
>
> 正如我在别处所指出的：

在对来自鸟击或爆胎事件的任何事情都向乘客提供报告并传送详细调查的可能结果的环境下，个体就会感觉到自己一直处在紧迫和压抑的状态下。监管程序使这种背景趋于工作环境……这样的因素与压力之间的这种联系和与航空安全的联系被认为是一致的……

(Johnston，1986)

企业文化必须始终与监管文化和企业文化的影响共同对安全产生作用，这一点是非常重要的。正如我们在前面所提到的："不管航空器或一个体系是好、是普通、还是差，只要航空器或体系一旦被购买或使用，航空公司就有责任保证在很长一段时间内航空器或体系运行的安全性和有效性。"在许多方面企业文化是所有文化中最重要的一个，这是我们认为的"关键之处"。

在航空公司内部建立良好的企业文化氛围

4P 理论

良好的企业文化和安全文化内在的基本原则的执行是很难实现的。美国国家航空和宇宙航行局的 Asaf Degani，迈阿密大学的 Earl Wiener、Robert Mudge 和其他许多人都对这个问题进行了研究。为了保持这项工作的一致性和系统性，Degani 和 Wiener 将相关问题归结为 4 个"P"（Degani and Wiener，1994）。这 4 个"P"分别是哲学观、政策、程序和实践。

哲学观

第一个"P"是指哲学观。正如企业文化中所显现的，哲学观构成最根本的基础。为了有效执行基本的哲学原理，企业政策和程序必须包括企业哲学体系。同时，确保航空公司的日常运行符合已建立的政策和程序也是必须的。

航空公司最根本的运行问题就是保证它的安全和有效。我们必须认识到所有与安全性和有效性相关的因素都是重要的，并且 4P 仅仅是复杂体系中的一部分。其他涉及安全的问题还包括像决策、工效、基础设施、规章、自动控制和管理等等这样的要素，并且它们都是相关联的。为了更好地了解和提高航空运输运行的安全性和有效性，所有这些因素都是必须考虑的。

航空哲学与航空文化经常混淆①。在航空中使用的术语确实不同的时候，它们可能是非常相似的。在字典中 philosophy 的定义表述为：在不同事情中，哲学被认为是"实际行动的指导原则体系"②。

每个航空公司都有自己的企业文化，并且这种文化反映它的企业哲学。同时，这种文化能够显示渗透整个组织的有力的安全政策。不幸的是，安全政策经常表述不清，并且即使安全政策表述清晰也很难有效执行。例如，英国克拉彭交叉轨道事件调查报告中指出："事件本身及其原因表明劣质的工作、不利的监管和拙劣的管理共同破坏了这个承诺。"

很明显，仅仅在公司规章制度中采用过于高调的措辞也不能使其被有效执行。企业的安全政策必须是积极的、实用的并且能有效提高整体安全水平的，而不是像在克拉彭交叉轨道事件中提到的那种安全政策。在航空运输业中，积极的、实用的和有效提高整体水平的企业政策势必要增加经济成本。同时，在日常运行中建立一个良好的无矛盾的哲学体系并不是很简单的。

政策

很显然，企业文化反映企业哲学。企业运营政策的目的是表明一种方式，在这种方式下航空公司的管理运营能够得到引导。运营政策涵盖了包括飞行、培训、维修、权力行使、个人行为和惩罚措施的许多领域，同时也包括像职责适宜性、机组成员个人责任和自动防故障装置机组③原则的符合性这样的运行条款，并且支持包括驾驶舱内部、驾驶舱与客舱之间以及公司内外部其他操作人员的机组资源管理原则。

公司政策比公司哲学更具灵活性和动态性，因为政策必须与运营环境的变化紧密相关，而整个企业哲学体系的基本原理是保持不变的。公司政策执行公司哲学并且涉及一些特殊的领域。尽管一些政策是经过充分考虑的，但是它们应该具有灵活性。例如，关于机长作用（除特殊职责）和副驾驶作用的政策在经过一段时期后已经进行了修正。其他的，如对于自动控制设备

---

①　*Webster's New American Dictionary*（1995），Smithmark Publishers，Inc.，New York，对文化作出如下定义："一个种族、宗教或社会团体的风俗信仰、社会形态和物质特征"。

②　*The Random House Dictionary*（1980）．Ballantine Books，Random House，Inc.，New York

③　尽管"失误 - 安全原则"常与机组的能力联系在一起，然而，这一概念还应当更为宽泛一些。"失误 - 安全原则"，是指机组成员的任何失误或偏离都不会对飞行的基本安全造成削弱或破坏。

的使用、机组资源管理原则的执行、团队观念、客舱机组的作用与职责、客舱和飞行机组间的接口与关系这样的政策都是成熟化的政策。关于乘客和机组成员不准吸烟的政策就是一个例子，这个政策随着时间而改变，并且现在对大多数承运人来说已经固化了。

政策的发展是一个动态的过程。政策经过修正或改变之后才会发展成熟。事实上，执行者能够很好理解特殊政策的基础是重要的，在这个过程中良好的沟通是极其重要的部分（见第七章——基本通讯）。公司政策或方针应该包括其他部门的政策和整个公司的哲学体系。正如 Nicole Svátek 所说：

> 如果每一个地区能够在不知道别人在做什么的情况下工作，那么一个组织很难对"生存"有一个清晰的描述。那么部门文化就变得比公司文化更有意义，并且比补充目标成为规范更具竞争力。

（Svátek，1997）

程序

毫无疑问，公司程序应该包括企业哲学体系和方针政策。Degani 和 Wiener 指出，如果企业哲学体系和方针政策以书面形式详细列出，那么：

- 制定一个与企业政策和哲学观一致的合理统一的驾驶舱规定程序；
- 易于发现相互矛盾和冲突的程序；
- 飞行机组必须了解每一个运行标准程序中的逻辑关系。

（Degani and Wiener，1994）

我们非常期望第三点被认为是乐观的。毫无疑问，Degani 和 Wiener 给出的三个原因都是非常好的。

运行程序包括标准和非标准程序。最严重情况的非标准程序有时称为应急程序，但是这个专用名词正在慢慢地被一个主要制造商和一些航空公司所排除。他们的解释是基于以下三点原因以前的应急程序应该包括在非标准程序中。第一，违规程序和应急程序一向很难区分。第二，应急程序中包括的条款是例行公事的训练和检查。第三，飞行员在可能发生紧急情况的时间内随时准备执行所谓的应急程序，因此这些程序只不过是有效的非标准程序。

通过减少记忆条款和执行"阅读、操作和查证"检查单加强了非标准和应急程序的正确执行。这些条款的例子包括发动机失效、发动机失火和快速减压。航空公司之间在这些领域中依然存在很多差异。在这一章和这本书中非标准这个词包括紧急情况，但是如果使用应急这个词并不能包括所有的非标准状况。

实践

最后一个"P"指实践——这是在日常运行中处处实际发生的。这是对程序和日常运行行为的真正基准。结论性的测试是不管是否建立了标准或非标准程序，常规运行遵从航线运行。在一些已经制定程序但不符合标准的情况下，这些差异经常被称为"书本方式"或"部门培训方式"与"现场实际情形"之间的对比。

对于不能一直符合标准运行程序（SOPs）有不可理解的原因。有时，在舒适、明亮的办公室或会议室写出的政策和程序看起来非常好，但是在航线运行中它们是不实用的。因此，一些已经出版的标准运行程序就被使用者修正或忽略了。这种情况在标准和非标准的状况下都出现过。在此必须指出，对于前3个"P"已经作了很好的工作的航空公司必须建立一个内部系统以收集需要改进的实际操作的反馈，同时也需要建立一个能够正式将适宜的改变整合为新的程序或政策的内部系统。这是保持程序动态化的一种方式，同时这也帮助程序制定者了解飞行员的操作行为与程序中条款的相同之处和不同之处。第九章讨论了不符合标准运行程序的其他原因。

参考文献

［1］ BoIman, L. （1980）. 'Aviation Accidents and the Theory of the Situation', in Resource *Management on the Flight Deck*, NASA Conference Publication 2120, Ames Research Center, Moffett Field, California.

［2］ Degani, Asaf and Wiener, Earl L. （1994）. *On the Design of Flight-Deck Procedures*, NASA Contractor Report 177642, June 1994, Ames Research Center, Moffett Field, California.

［3］ Edwards, Elwyn （1975）. 'Stress and the Airline Pilot', paper given at BALPA Medical Symposium, London, England.

［4］ Faizi, Amjad, （1997）. Quoted in 'The Last Challenge', *Flight International*, 8 – 14

January 1997, Reed Business Publishing, Sutton, Surrey, United Kingdom.

[5] Gabriel, Richard F. (1975). 'A Review of Some Universal Psychological Characteristics Related to Human Error', presented to International Air Transport Association 20th Annual Technical Meeting, Istanbul, Turkey, Douglas Paper 6401, Douglas Aircraft Company, (now Boeing), Long Beach, California.

[6] Gunston, Bill (1986). *Jane's Aerospace Dictionary*, Jane's Publishing Company Limited, London, England.

[7] Hackman, J. Richard (1986). 'Group-Level Issues in the Design and Training of Cockpit Crews', in *Cockpit Resource Management Training*, NASA Conference Publication 2455, Ames Research Center, Moffett Field, California.

[8] Hawkins, Frank H. (1993). *Human Factors in Flight*, Second Edition, ed. by Harry W. Orlady, Ashgate Publishing Ltd., Aldershot, Hants, England.

[9] Hofstede, G. (1980). 'Culture's Consequence', Sage Publications, London, England.

[10] Johnston Neil, (1993). 'CRM: Cross-Cultural Perspectives', *Cockpit Resource Management*, eds., Wiener, Earl L., Kanki, Barbara G., and Helmreich, Robert L., Academic Press, Inc., San Diego, California.

[11] Johnston, A. N. (1986). 'Organizational and Motivational Aspect of Air Carrier Pilot Decision Making', in *Proceedings of the Third International Pilot Decision Making Conference*, Transport Canada, Ottawa, Canada.

[12] Kotaite, Assad (1997). Quoted in Air Transport, *Flight International*, 5 – 11 March 1997, Reed Business Publishing, Sutton, and Surrey, United Kingdom.

[13] Lauber, John K. (1989). 'Human Performance Issues in Air Traffic Control', *The Air Line Pilot*, *June*, 1989, Air Line Pilots Association, Herndon, Virginia.

[14] Lautman, L. G. and Gallimore, P. L. (1987). 'Control of the Crew-Caused Accident', *FSF Flight Safety Digest*, June, 1987, Flight Safety Foundation, New York, and Boeing Commercial Airplane Company, Seattle, Washington.

[15] Maurino, Daniel E. (1994). 'Cross Cultural Perspectives', *The International Journal of Aviation Psychology*, 2 November 1994, Lawrence Erlbaum Associates, Hillsdale, New Jersey.

[16] Maurino, Daniel E., Reason, James, Johnston, Neil, and Lee, Rob B. (1995). *Beyond Aviation Human Factors*, Avebury Aviation, Ashgate Publishing Ltd, Aldershot, England.

[17] McKenna, James T. Slack (1997). 'Commitment Hinders Safety Gains', *Aviation*

Week & Space Technology, 12 May 1997, New York.

[18] Merritt, Ashleigh (1993). 'The Influence of National & Organizational Culture on Human Performance', in *The CRM Advocate*, Charlotte, North Carolina.

[19] NTSB (1994). Safety *Study-94/01*, National Transportation Safety Board, Washington, D. C.

[20] Perrow, Charles (1982). 'The Organizational Context of Human Factors', essay presented through grant provided by Grant Number SEs-08014723, Sociology Division, National Science Foundation, Department of Sociology, Yale University, New Haven, Connecticut.

[21] Rasmussen, Jens (1987). 'The Definition of Human Error and a Taxonomy for Technical System Design', in *New Technology and Human Error*, edited by Rasmussen, Jens, Duncan, Keith, and Leplat, Jacques. John Wiley & Sons Ltd., Chichester, England.

[22] Redding, S. G. and Ogilvie, J. G. (1984). 'Cultural Effects on Cockpit Communications', University of Hong Kong, Presented at Flight Safety Foundation, Inc. Conference, Zurich.

[23] Svátek, Nicole (1997). 'Human Factors Training for Flight Crew, Cabin Crew, and Ground Maintenance', *Focus on Commercial Aviation Safety*, The United Kingdom Flight Safety Committee, Choham, and Woking, United Kingdom.

[24] Taylor, Laurie (1997). *Air Travel: How Safe Is it?*, 2nd edition, Blackwell Science Ltd, Oxford, England.

[25] Weener, Earl F. and Russell, Paul D. (1993). 'Crew Factor Accidents: Regional Perspective', Presented at the 22nd International Air Transport Association Technical Conference, 6 – 8 April 1993, Montreal, Canada.

[26] Yamamori, Hisaaki (1986). 'Optimum Culture in the Cockpit', *Proceedings of the NASA/MAC Workshop Cockpit Resource Management Training*, NASA Conference Publication 2455, ed. by Orlady, Harry W. and Foushee, H. Clayton, Ames Research Center, Moffett Field, California.

[27] Zeller, Anchard (1966). 'Summary of Human Factors Session', *Proceedings of FSF's 19th Annual International Air Safety Seminar*, Flight Safety Foundation, Inc, . Arlington, Virginia.

第七章　基本通讯

通讯的五种类型

各种类型的通讯是航空运输操作所必需的一部分。社会效益、经济效益、技术效益都依靠有效的通讯，有单路通讯，例如，从驾驶舱设备和警告系统到飞行员，也有人对人的通讯，主要包括在飞行甲板的个人、在机舱的个人、其他参加操作的管理人员、调控部门之间的通讯。人对人的通讯通常叫做双向通讯，但在使用规则或命令上也可是单路通讯。

有四种人对人的信息传递方式，每一种都非常重要。在先进的航空器内，有另一种类型的通讯与航空器计算机及航空器计算机之间的通讯。本书将列出以下五种类型。

● 第一类是机组成员之间口头的信息传递方式。

● 第二类是非口头的，可能适合用手势信号从地面传向驾驶舱，机组人员之间的例行操作，在发生非常规事件过程中或之后，或与晴空湍流碰撞过程中或之后，机组成员和乘客之间。

● 第三类是书面通讯，可能来自制造业者指导航线的维护人员用最好的方法维护引擎，有的来自发布规则的管理机构，有的来自航线的领导，发送手册、技术通告、标准操作程序、清单等等。

● 第四类是修改了的第三类，通常非常简单，由书写和更多的图解组成的通讯。通常发送的信息是针对旅客的。

● 第五类主要包括先进技术的飞行器，在航空运输操作中显得越来越重要。与航线内的计算机的通讯以及计算机之间的通讯是另一种类型的通讯。

关于计算机通讯的详细讨论已经超出了本书的范围，其他相关内容会在本书第十一章加以介绍。所有的航空专家应该明白特征和计算机程序的可靠含义。Greene 和 Richmond 已经就以下一些实际问题给予了警告，包括在飞行环境中的计算机软件（特别是计算机代码），充分地理解中间失效状态，包括日常航线运转（Greene and Richmond，1993）。

第三类和第四类的根本不同在于，第四类针对一群特殊的不同的对象所设计，用不同的地方口音和混合的语言向乘客传达安全信息。易懂的符号和简单明了的书写内容通常针对乘客所设计，因为有许多乘客对所书写的内容并不熟悉，对于这类乘客最有效的方法是制作符号、图表或在屏幕上显示图像信息。不幸的是乘客通常对有关安全信息不感兴趣。

最近，电视屏幕也成为与乘客展开通讯的一种方式，不过目前只有长途飞行的乘客才能享受到这样的待遇。安全信息在屏幕上以口述和示范的方式显示。供乘客使用的安全设施由图示来表示。这种示范不能完全解决语言不同的问题，但是图示的方法更加有利于乘客的理解。在一些飞机上，掌握两种或多种语言的乘务人员用多种语言来口头传达安全信息。在美国的主要航线上，50% 以上的乘务人员掌握了两种语言。

书面和语音通讯

书面和语音在航空运输通讯中应用非常广泛。它们都有自己的特点和规律，也有相同的地方。

标准化是书面和语音通讯的重要特点之一。在紧急的语音通讯及像列表清单和标准操作程序这样的操作文件中，标准化特别重要。书面通讯很少像某些语音通讯那样有时间上的压力。

官方的通讯始终是采用书面形式。它们可以长久地被保存，如果书写得非常好，还可以大大减小误解。在书写官方通讯时清楚地了解所面向对象的特征是非常重要的。这就要求同样的手册和通告有不同的版本。在这种情况下，最重要的是每一种版本都要包含相同的内容。这是制造商和航空公司重要的责任交接点。航空公司在另外一个国家购买航空运输器，要保证他得到的所有的操作规程和手册能让使用者容易理解。

如果制造商热衷于把航空器销售给世界上所有国家的航空公司，那么他们必须考虑许多问题，如果只是销售给本国的航空公司，就不需要考虑这些问题了。美国制造商希望把航空器销售给不同语言和文化的国家，如印度、中国、俄罗斯、法国、巴西。美国制造商必须考虑那些写在设备和手册上容易误解的单词。如果仅仅面向美国航空公司一个市场，误解或不能准确传递特殊信息这样的可能就可以少考虑。当然，如果欧洲、俄罗斯、东南亚、拉丁美洲的制造商把产品销往其他各国时也面临同样的问题。

单词的可理解性或读者对一个单词的理解程度是非常关键的因素。对于奥马哈当地人非常熟悉的文字，而对于圣彼得堡、布宜诺斯艾利斯、巴黎、柏林、北京或其他一些母语不是英语的城市里的人们来说就不那么容易了。如果非英语国家的航空专家想要完全掌握他们所操作的复杂设备的差别，他们就有义务学习比国际民航组织所列举的航空管制程序更多的内容。

尽管这样的惯例会不幸地发生在绝大多数的国家，但航空公司还是感到不满意，因为他们希望飞行员驾驶新飞机时操作仍很出色，而且能够调整操作性能，使其与所应用的文化环境相适应。如果新设计的飞机被用于另一个语言和文化不同的国家，有效的通讯和品质提升问题会很困难。

在另一个领域，很多不必要的混淆主要是由于制造商为具有同样功能的设备标注了不同的名称而造成的。这增加了学习和交流的难度。功能相同的部件使用不同的术语主要是为了收到一种商业鉴定的优势。因为这些潜在的不利影响，使用不同的术语只为获得潜在的商业优势的做法没有什么理由支撑。如果功能、系统、设备在本质上是相同的，而其他方面都不同，通讯问题也是不同的。

其他理解错误的产生要看通讯是采用书面方式还是语音方式。书写的句子可能含糊不清，如果用语音的方式再加上适当的重音、音调、时态，句子就可以表达清楚了。即使是含有多种意思的普通单词，如"tear"、"lead"，但如果用语音表达就不会产生歧义。如果书写，根据上下文就能正确区分它们。另一方面，例如"wait"和"weight"这类发音相同的单词，在语音中只有根据上下文才能把它们区分开。如果书写，就不会有混淆的问题了。还有一个问题就是那些用作名词、副词或指示动词的单词，如"hold"、"arm"、"pack"以及"clear"。这些单词的意思取决于它们的用法，至于应该用书面表达还是用语音表达还是个问题。还有一个问题就是那些包含"ough"的单词。在英语中"ough"有 9 种不同的发音[①]。英语是航空业的

---

① 下面这个句子包含了"ough"的9种发音："A rough-coated, dough-faced, thoughtful plough-man strode through the streets of Scarborough; after falling into a slough, he coughed and hiccoughed."

国际语言，对于非英语国家的公民来说，英语不是一种简单的语言。

语音通讯用于机组成员之间或机组成员与飞行员之间——尤其是同检查、监察人员联系的时候。语音通讯的内容要与官方书写的内容一致，这是非常重要的。如果一名飞行员说"我知道这不是手册上所说的，但我想让你用这种方法做"，那么没有比这更糟糕的了。

带有重音的语音通讯

在语音通讯中，研究者发现在发音清晰的前提下，被频繁使用的单词或短语更容易理解，而不是使用短的、删节的译本。长的单词更容易被正确理解，这些单词或短语容易识别，因为人们只要清楚地听到这些被频繁使用的单词或短语的一部分，就能完全明白它们所表达的意思。

同样的道理，在噪音环境下，经常使用的常用短语比单个单词更容易被听懂。在设计检查列表和操作程序时应该特别考虑到这一点，因为检查列表和操作程序经常伴有大量的噪音背景。单词和短语的选择是一个综合复杂的过程。当然简短是最好的，问题的关键在于，在不太理想的环境下，人们只要听到这些单词或短语的一部分就能正确理解它们所表达的意思。

通常，一个单词或短语在日常生活中应用的频率是决定准确通讯的重要因素。当然也有例外，尽管通常大多使用短的单词，但在特殊困难的环境中，长的单词更有助于正确理解。在紧迫的环境中，这一点显得特别突出。这里有一个关于比较"no"和"negative"有效性的例子。"negative"在紧迫的环境中要比使用频率高的"no"更容易让人听懂（Hawkins，1993）。

在紧迫的环境下，重复在语音通讯中特别有效。例如，在乘客撤退的过程中重复使用"快、快、快"要比只说一个"快"字更有效。其他有关撤退的例子是靠近安全出口的乘务员用的一些口令。"从这边走！从这边走！"，接着是"跳！跳！"，如果重复使用，对位于出口处的乘客是非常有效的。重复要强调简单命令的重要性。要有判断地重复，过分、夸张地重复会使人感觉厌烦和精神涣散。在实际的紧急事故中，乘客希望远离紧张的状态而不是时刻注意撤退命令的细微变化。例如，用"release your seat belt"而不是"unbuckle your seat blet"，因为航空公司知道"unbuckle"容易与"buckle"混淆。

国际民航组织词汇表

标准词汇表中的词汇设计得很容易理解，特别是在使用环境不好的情况下。编者们也努力减少单词在其他情况下使用时可能产生的误解。当使用多种语言解释时，这些标准化的单词显得很有帮助。标准词汇表最初的设计目的在于增强北大西洋公约组织各成员国之间的相互理解交流。1955 年，国际民航组织将其向全世界推广应用。因为在大范围应用的口音和语言中，拉丁文是最清晰的，所以拉丁文单词被优先选用。标准的国际民航词汇表见附录 E。

1990 年，一架哥伦比亚喷气式飞机在纽约的 Cove Neck 坠毁，这次事故证明语言的应用在这个领域仍然存在问题。这次坠毁事故原本是可以避免的，但是由于母语是西班牙语的副驾驶和繁忙而又匆促的缺乏敏感性的进近指挥员对英语单词错误的至少是有问题的选择，导致了此次事故的发生。1977 年，一架美国 Pan 飞机与一架荷兰航空公司的喷气式飞机在大雾弥漫的西班牙 Tenerfe 机场相撞，这次事故很可能是由于语言的错误使用造成的。最近，沙特阿拉伯的客机从印度的新德里起飞与一架正在进站的哈萨克货运飞机相撞。太平洋阿拉斯加航空公司与荷兰航空公司的飞机相撞事件中有582 人死亡，是航空历史上死亡人数最多的一次事故。尽管美国在航空业占有显赫的地位，也在不断提高英语在航空中的应用，但美国是最晚接受国际民航组织词汇表的国家之一。

语音——最普通的通讯方式

语音是我们最普通的通讯方式，我们在工作中或工作之余都会用到它，由于它操作简便，所以是我们首选的通讯方式。语音是常用的、基础的、重要的。可以这样说，也许在航空器操作中没有其他重要的活动比语音通讯更容易受到人为错误和执行限制的影响而导致失败（Monan，1986）。

语音的特点

语音是驾驶舱中最常用的通讯方法，不包括与副驾驶的通讯。语音是每一位机组成员最常用的。通常语音有以下四大特点：强度（分贝）、频率（赫兹）、谐音或音质、讲话的时间或速度。下面我们逐一讨论。

强度

强度是语音的第一个特点。强度的大小用分贝（dB）来表示，对响度感觉的结果。低于正常人开始听到的极限为 0 分贝。分贝用对数来计算，每增加 10 分贝表示语音能量增加 10 倍。声音强度在 80 ~ 90 分贝时，通常变得让人烦恼，85～90分贝的声音强度对人有潜在的危害。下面列举日常生活中一些声音强度的对比：

隔音间	0 dB
图书馆	30 dB
普通办公室	50 dB
说话	60 dB
街道拐角	70 dB
真空吸尘器	70 dB
大型喷气式飞机起飞	100～120 dB

频率

频率是语音的第二特点。频率用赫兹（Hz）衡量，即秒$^{-1}$，表示每秒产生的音调增加值。健康的人能觉察到16～20000Hz，儿童对高频率更加敏感。语音的频率一般在1000～9000Hz。相同强度下，低频率的语音听起来没有高频率的声音大，因为人们对1000Hz以下的要比1000Hz以上的更敏感。连续处于噪音大的环境中会导致听力丧失。

在未来，听力的逐渐丧失是不可避免的。听力通常不会很快丧失。在嘈杂的驾驶舱工作几年后的飞行员的高频率听力会丧失，因为他们长期处于噪音的环境。

谐波

谐波是语音的第三特点。谐波就是通常所说的音质。语音中谐波的改变会使同情的短语变成讽刺的短语，或一条重要的操作短语变成感觉或理解迟钝的常规的短语。一个朋友在日常生活中说"Hello"的音质和在电话里说的大不相同。音质在航空业中是非常重要的。从机舱或从驾驶舱发出的播音（PA）是否传达权威、反应能力、友谊的印象，这取决于语音的谐波和所表达的信息内容。由飞行员或关于空中交通管制信息的地面空中交通指挥员发出的语音的音调，不但可以传达常规的信息，还可以传达紧急的信息。

时间

语音的第四个也是最后一个特点与时间有关，即说话的速度、停顿的长度、不同的发音时间。通常标准的PA宣布由一个烦躁的机舱服务员来做，表现得时间紧迫，这也是短途飞行中机舱服务员的一部分责任。这样的播音仅仅由于时间因素大大失去了它的有效性。语音的这个特点包括时间、速度、发音的时机，在空中交通管制信息中非常重要。不幸的是，操作的必要速度有时强迫管制者以实际不可接受的速度讲话。例如，在美国一个繁忙的机场，交通量非常大以至于管制者以非常快的速度讲话，延缓所有的复诵，仅仅要求所有的飞行员以他们的频率仔细听。复诵①的重要性我们将在下一段进行讨论。

复诵和监听

语音通讯中一个连续的问题，来自于对原始发送者认为是一个清楚的英语单词或短语的理解的期待和预期。如果希望空中交通管制中心发出的是"同意"，那么当空中交通管制中心实际上发出的是"不同意"也有可能被听作"同意"。讲话的内容由于传送质量或噪音障碍物失真得越多，在解释语音信息的过程中导致的损失也越多。噪音和其他障碍影响通讯的问题我们将在本章的结尾讨论。

在飞行员和管制员之间的通讯中，复诵非常重要。复诵的目的在于确保飞行许可被充分理解和接收者遵守飞行许可。飞行许可的复诵由空管员发送，这是美国联邦航空局标准程序要求，同时也是国际民航组织附件和大部分常规自主国家的要求。

有许多语音通讯问题的例子。例如，在美国早期的航空安全报告系统（ASRS）中，收到的一则报告，内容为五个字母的坐标指令"TOUTU"，它的发音和数字"22"的发音相同。TOUTU 是一个航行坐标，在印度埃尔克哈特的埃尔克哈特地方机场的 27 号跑道进近。飞行员经常把 TOUTU 错误地理解为将航行改变 22°，这样导致位置、海拔高度、飞行员和管制员之间的距离混乱，另外造成明显的飞行混乱发生。

在另一个国家，霍金斯报道："在英国航空系统中，有一个控制点叫 Eastwood。通常一个母语不是英语的飞行员从 ATC 收到期望指令，在导航过

---

① 复诵是飞行员将听到的清除或其他 ATC 指令返回到控制器，以确保正确的原始传送的信息被执行。监听是一个管制员听飞行员对于 ATC 清除或其他指令的复读的行为。这些术语第一次这样应用很可能是在 1990 年 5 月 ASRS 第 11 期月报 *CALLBACK*。ATC 手册能够保证飞行员获得关于管制员发出的消息、清除或其他指令的正确知识。

程中改变航向。当飞行员被指示指向 Eastwood 点，他认为指令的意思是向东拐，因此调整航向 90°"（Hawkins，1993）。通常只有处于这样的环境时，程序和术语才会修改。通常事件在问题被认识之前就发生了。同样，航空专家们应该明白这个问题。

　　为保证飞行员和管制员的紧密联系，管制员要求必须评价飞行员的复诵差异，必要时进行更正。这一过程称作监听，目的是确认飞行许可或被飞行员重复的指令。控管制作为人类，非常容易受飞行员的影响用同样的方式来期望。在这种情况下，管制员听到的仅仅是他希望听到的已经发出的飞行许可或指令。复诵和监听受到消波、屏蔽、传导阻滞、变频等的影响，这些影响因素取决于问题本身。

　　图 7.1 解释了飞行员和管制员之间的基本通讯过程。这一过程从管制员发出飞行许可、指令、信息开始。飞行员复诵，如果需要澄清或产生误解，管制员再来监听。有时候这一过程由飞行员发出请求开始。这时候，飞行员的请求就是原始信息了，剩下的过程和以前的一样。

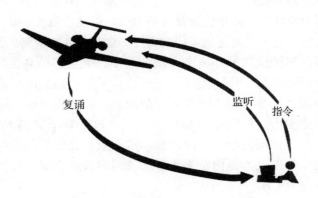

图 7.1　飞行员与管制员的通讯

资料来源：*Methods and Metrics of Voice Communications*，第 21 页，Kanki 和 Prinzo 编著，1996

　　我们可以用一位 ATC 监督员向 ASRS 发出的报告，很好地解释监听过程的重要性，在报告中他报道了一个复诵错误，这是当他监督一名 ATC 实习员时发生的。报告内容如下：

航空器 A 要求从 8000 英尺仅仅下降到 7000 英尺（6000 英尺是本航线的底线）。飞行员复诵 6000 英尺，这是我们任何一个人都捕捉不到的。我们尽力让他回到 7000 英尺，但是在他返回之前，他已经到了 6500 英尺。航空器 B 在 1 英里外成一列纵队在 6000 英尺高度以同样的速度飞行。

一个主要原因是我们过分相信在训练中表现出色的实习生。我假设他能发现这一问题，因此我并不专心去听。从 8000 英尺下降到 6000 英尺的典型的下降可能使飞行员下降到 6000 英尺。这证明了听到和理解复诵的重要性。

（CALLBACK，No. 220，1997. 10）

不幸的是，这样的事经常发生。对于飞行员复诵飞行许可在 16000 英尺是经常的事。当他的真正高度在 14000 英尺时，管制员是不能发现有差异的。例如，航空器的高度为 14000 英尺，被告知飞到高度为 16000 英尺。飞行员希望听到 16000 英尺并报告将要飞到 16000 英尺。因为 14000 英尺是管制员设定的高度，这一高度是他希望的高度，也是他认为听到的高度。飞行员和管制员都在犯错误。另外一个典型的例子，航空器的高度为 12000 英尺，被告知飞到高度为 27000 英尺。飞行员复诵是正确的，但是飞机直接飞到 27000 英尺，完全忘记 12000 英尺的限制。在这件事中，短期记忆的限制可能是主要原因。但结果是功败垂成，飞机正在下降到 6000 英尺进近到一个繁忙的中西部机场。一位经验丰富的航空交通管制员从来不提及一个高度，这个高度并不是他希望飞行员飞到的高度，这已作为他自己的规则。

许多情况下，监听管制员不遵循以听觉追踪飞行员复诵的信息，因为他可以从一个正确的复诵得到必要的证实。在另外的情况下，例如，飞行员被允许在 25 左跑道降落，或在 27 跑道起飞，如果能收到一个正确的复诵，那么进一步的通讯则是多余的、没有必要的，只会使繁忙的频率发生混乱。

和一个简单过程中的基本内容相关的问题的数量值在一次 ASRS 研究中给出，在 1993 年，1652 名飞行员或管制员的通讯技术被报告到 ASRS。这些事件包括了已报道的 11 类通讯问题的 96% （Connell，1996）。早期的关于飞行员和管制员之间的通讯的研究，Monan 发现：

> 417 起事件中的 328 起是由于飞行员听力或反应能力不足造成的。错听数字的有 174 起事件，没有听到更改的飞行许可有 38 起，不适当的确认回答"知道了"、"好的"等类似的捷径导致 46 起"对 ATC 指令不忠诚"的事件发生。在 41 组飞行员与管制员的额外对话中，飞行员坚持他已经正确听到了数字，是管制员发送时犯了错误。他们经常会说"我可能已经犯错了，但我并不想这样"。最后 71 个错误的发送导致了驾驶舱内错误地管理飞行许可信息。

（Monan，1986）

同时，在依赖声音的前提下，好的通讯练习可以最大限度地减少错误的操作后果。机组成员应该明白飞行许可是针对他们的飞机和飞行员飞行的。无论何时对飞行许可的细节有疑问，都应该立即解除。大部分情况下都要和航空交通管制员确认。好的复诵和监听的重要性应该重点强调，虽然好的复诵和监听并不能保证对飞行许可信息的误解不再发生，但可以大大提高检测误解发生的可能性。有一个基本的做好操作和航空安全的例子，首先要最大限度降低不可避免的错误，然后迅速地检测到他们，最大限度减少他们不利的操作结果。

美国和国际民航组织的措词和程序

与航空通讯有关的术语和措词存在三大问题。第一是美国常用的英语术语和措词，因为标准的术语和措词并不一致地用于飞行员和管制员。管制员受制于标准规则，他们比飞行员做得好，飞行员并不受制于任何标准规则。结果导致飞行员之间大量的变化，混淆和不适宜的通讯经常发生在 121 部飞行员、135 部飞行员、通航飞行员、军事飞行员、非英语国家飞行员和管制员中。在美国飞行员、非英语国家飞行员、管制员之间产生混淆的原因之一是美国的 ATC 术语表是由 FAA 制定的，应用于美国的管制员，这与 ICAO 的 ATC 术语表是不同的，后者被应用于世界上所有其他国家的飞行员和管制员。第二个问题产生的原因是美国的通讯标准和 ICAO 的通讯标准不同。

第三个问题是美国和 ICAO 的程序不同。当然有些不同的地方不会导致严重的后果，但有些不同可以明显产生一定的安全分歧。

在美国，飞行员在很大程度上并不受制于任何标准规则，飞行员与管制员的通讯是非常松懈的。不幸的是，一些飞行员在与管制员通讯时，使用擅自发明的、无标准的用语或是用亲昵的术语或捷径已成为传统习惯，这暗示飞行员是一个"老手"。幸运的是，现在的许多飞行员懂得了这一点。但在飞行员和管制员之间的无标准通讯仍然是一个大的现实问题。

正如我们以前提到的，美国是最迟接受 ICAO 词汇表的 ICAO 成员国之一，这阻碍了官方有效地利用 ICAO 词汇表。国际航空飞行员协会（IFAL-PA）在其成员国的强迫下指责美国 FAA 有关飞行员与管制员之间的无纪律通讯，这样的通讯正在被美国飞行员所用。美国飞行员所使用的无纪律通讯使非英语国家的飞行员在美国飞行时，使用航空英语进行通讯变得非常困难。当美国飞行员飞往其他国家时，也为外国的管制员增加了困难。

尽管对问题的多少有少量的不同意见，但对于问题的改进已作了有限的努力。由于飞行员个人的努力上述问题已有大幅度的改进。一些美国航空公司已大大优于其他的航空公司，因此我们说所有的美国飞行员都是无纪律通讯是不公平的。

因为好的航空通讯具有极大的重要性，运输航空器飞行的地方需要同样的条款和程序成为一个明确的问题。大量因素的存在使通讯问题加剧，于是普通的通讯和程序的标准成为一种必然需要。飞行员和管制员的不同重音、语言和文化，较差的通讯环境和设备都是航空固有的因素。特殊场合不利的环境条件也是因素之一。所有的这些都增加了确保良好有效地通讯的难度。

飞行员与管制员之间的误解

关于操作通讯的 SAE G – 10 委员会已经确定了另一个通讯问题领域。委员会意识到有效的通讯必须是彻底地协力完成的，每一位参加者的行动都会影响到其他人，委员会相信飞行员与管制员需要更好地相互了解对方的任务要求、问题、机动范围和责任，以至于降低操作误解和指令曲解。委员会推出第 50045 号航空资源文件（ARD），将其命名为"运行通讯：交叉操作教育和培训"，委员会解决了这一问题并要求交叉培训。

事故调查中的语言

在事故调查中，语言成为一个日益重要的因素（Brenner, et al,

1996）。这项运动的主导者是俄罗斯人，他们近期和美国人及其他一些科学家以一种预先不为政界所接受的方式协作并交换一些重要的研究。语言测量在事故调查中是最重要的，是首要因素，包含频率的声学测量，其中包括基本的频率范围、振幅和被调查的这些典型的相对能量的分布。第二个因素是时间测量，包括讲话的速率、相对讲话/停顿的时间和作出反应的时间。第三个因素是形状测量，是和讲话的能量随时间变化的波形图的形状相联系的。最后一个因素是语言研究者所感兴趣的语言心理学测量，包括话语清晰度的变化，并考虑到飞行情形的需要，测定通讯是否是适当的和有效的。

这种数据从座舱声音记录（CVRs）[①] 中被保留下来，并且是从很可能被牵涉到事故中的管制员的声音记录中。在美国，这些记录已经成为 NTSB 调查的一个完整部分，并且被应用在其他很多国家。被 CVRs 保存下来的信息能够帮助人们解释在事故中发生了什么。研究员们希望在将来，有更好的记录和对飞行员及管制员记录更深入的分析，从而更容易确定事故中包含的其他因素。早期的 CVRs 能在一个旋转的金属录音带上持续记录 30 分钟座舱所有的声音，直到飞机坠毁或者外力扰乱终止这个记录。30 分钟的记录是不充足的，应该有这样一个全面的识别。

通讯中的噪音和其他障碍

噪音简单地说就是"不希望听到的声音"。它也被定义为"任何一种声音，尤其是大声的、混乱的、模糊的或者不协调的"。[②] 不幸的是很多飞机能产生又大而且不协调的噪音。然而，不协调性的判断是非常主观的，飞机的噪音很少是混乱的或者模糊的。所有的航空专家都应该清楚一个事实，那就是普通大众对任何一种噪音的忍耐度都是有限度的。这种限度好像在下

---

① 目前有两种飞行记录方式，座舱声音记录（CVR），可以记录其他声音；飞行数据记录（FDR）在所有的美国飞行交通飞机和其他国家的飞行交通飞机是被要求的。第三种数字飞行数据记录（DFDR）是发展了的 FDR，现在正在被要求。这些就是在每一个事故调查中承担着重要角色的黑匣子。实际上，他们中没有一个是黑色的，而是橘黄色的。

现代 DFDRs 最低能够存储飞机每秒飞行的 88 个操作细节。总的来说，1991 年 10 月 18 日以前，航空器的构造仅仅被要求能够监控 11 个参量。从那以后，航空器的构造被要求能够监控 16～29 个参量，这取决于它们是否安装了飞行数据采集单元。后来的航空器构造被要求能够监控和存储29～88 个参量（FAR，第 121 部分）。

② 《美国传统英语词典》（1978）。

降。对于噪音及其产生的潜在的混乱结果的全面的讨论不是本书讨论的范围，下面的内容包含了一些对交通航空尤其重要的方面。

从大部分人强加给它的观点来看，噪音不仅是大众不希望听到的声音，而且它会扰乱所有的通讯，尤其是语言通讯。不论噪音是否扰乱通讯或者它仅是一种可厌的东西，噪音都是那些对操作通讯和航空交通操作感兴趣的专家们必须考虑的一个因素。另外一个原因是长时间的大声的噪音会影响健康。

很多重要研究都是关于噪音的。其中大部分是由在机场附近和噪音有关系的社会保护团体所激发的。他们刺激了静音航空发动机、可操作的消音飞行程序（有时候减少飞行的安全空白）及隔音的居住和工作建筑的发展。

受工业健康关注的鼓励，对于那些不能避免地处于噪音中的人们的耳朵保护措施有了一定的发展。有效控制噪音的问题包括在噪音源处采取措施，如果这样不可行的话，可以在噪音接收的地方控制噪音。对于那些暴露在噪音中的人们、接触噪音运动及业余爱好的人们，一对质量好的保护耳朵的皮耳套是非常重要的装备。一种具有电动消音功能的新技术耳机在某些情况下会有很大的作用。

航空专家们应该知道有另外一种噪音，却不是声音大和不协调。弗兰克·霍金斯给我们一个这种噪音的定义，"对于完成现在的任务没有任何关系的声音"（Hawkins，1993）。举个例子，机组人员之间的闲谈或者和一个正在参与飞行工作的人员的闲谈都是对于正在进行的工作产生干扰的一个因素。

在讲话中常常会带有大量的赘言，这些赘言会对基本信息的理解增加很多不必要的工作。当不得不在不喜欢的或噪音的环境下通讯的时候，这就是一个非常有价值的特征。即使信息被曲解或者被噪音包围，利用赘言，充足的信息能够被理解并传达重要的意思。如果没有赘言，尤其是在噪音的条件下，将会出现一个潜在的问题，那就是听者会把他（她）所听到的东西建立在以前经历的、学到的或者所期待的基础上。尤其是如果信息的一部分是模糊的，接受者很可能会形成一种错误的假设。这种错误的假设在航空中是一种非常现实的危险，它基于一种不完全的通讯、一个错误的期待或者一个不恰当的过去经验的应用。

信噪比

信号强度和噪音的比称为信噪比。正确地理解这个定义比单独地去界定信号或者噪音的绝对值大小重要得多。提高或者降低音量只能同时改变信号和噪音，这几乎是毫无意义的。单纯提高音量可能会造成听觉疲劳，更严重的会导致失真。两种做法都会影响听力。

屏蔽、消波和传导阻滞

和噪音控制非常相关的一种听觉传达技术信号方式叫屏蔽。外界一些不受欢迎的噪音经常会屏蔽讲话或者其他重要的声音。这种屏蔽仅仅通过噪音的音量超过重要的声音。这些噪音可能来自飞机的引擎、公路交通、办公室打印机、传真机或者人们的讲话声，甚至可能来源于一些电磁干扰，这类干扰主要来自无线电话，或者在某些情况下来自电话本身。

保护讲话和其他听觉传达不受噪音屏蔽影响的最好办法是在噪音起源的地方控制或隔离噪音。然而，这在通过情况下是不可能做到的。应用标准的措词和其他好的通讯练习都是有益的。必须做到谨慎，避免部分伪装信号的曲解和错误的期待，甚至于标准措词的应用。

另一种听觉通讯技术信号方式是消波。消波不经常发生，仅当一部分信息被有意或无意地丢掉或忽略的时候它才会发生。消波经常会因为对麦克风设备的一些不正确的应用而发生，比如说在麦克风开启之前讲话，或者仅仅因为发送的信息没有完成。避免消波的最好办法是应用好的通讯技术。

最后一个问题是发生在传输被一个以相同频率的传输屏蔽或加快。当这种情况发生的时候，传输会被第一个相同频率的传输屏蔽。这是一个经常发生的问题，结果是仅听到一部分或者错误的通讯。如果话筒按钮不小心被碰到处于完全打开的状态，将会完全占用一个频段。

数据连接

引入数据链系统后，指令将被自动地打印到驾驶舱打印机，或者显示在驾驶舱的 CRT 显示器或平板显示器，从而减少一些其他通讯问题。业界也意识到，数据链已经把对指令的错误理解问题极小化了的同时，它本身也会导致一些新的困难并带来其他的一些实际问题。这几乎是任何一项改革无法避免的问题。

数据链的目标是保证指令和其他一些信息被接收，而且迅速地被接收到和理解。数据链的缺点是所谓的共用线的丢失，飞行员只能听到一些这个区域的其他航空器的信息，告诉他们其他航空器与自己的位置关系，及在当时那个时间段运行的其他设备的接近、飞离和天气情况等。然而，大部分人赞同共用线对于日常的操作是有益的这一观点，但是要达到普遍的共识和共同的价值观却是很遥远的事。如果实际应用问题解决了，那么剩下的问题就是通过数据链发送指令和其他信息的优点是否高于应用共用线的优点，及转换到其他新的通讯系统不可回避的问题。

在几个国家进行了大量的研究，包括应用数据链的最佳方式，包括将硬盘拷贝的指令信息从航空交通控制中心直接发送到座舱打印机、座舱 CRT 或者平板显示器的优点和缺点。如果数据链实施后，妥协、折中并规定一个中间的过渡期是必要的。

世界范围的操作通讯

对于航空运输来说，通讯问题是至关重要的。因为航空运输是一个国际概念，固有的文化和语言的不同在国际民航组织间的通讯是不可忽视的。尽管很多美国飞行员做得很好，但是在美国，飞行员与管制员之间几乎没有抱歉方面的借口，也不存在美国和世界其他国际民航组织之间关于基础操作不同的借口。我们希望，在这个领域不要用惨痛的空难为代价来换取重大的改善。

英语的应用在世界操作通讯中是一个非常基本的问题，因为有些国家的母语不是英语。英语不是一种易学的语言，英语作为国际航空语言，对于国际航空界的任何人来说，掌握航空英语并超过使用英语的最低限度正在成为一个必要。这也包括必须与非本国飞行员进行通讯的地勤人员。下面的部分将介绍这方面的内容。

英语为何被确定为航空的官方用语

1944 年，美国政府邀请 55 个同盟国和中立国（第二次世界大战期间）在芝加哥召开会议，被邀请的有 52 个国家参加了此次会议。这次会议的目的是考虑民用航空的国际问题。这次会议的结果是达成了芝加哥民用航空公约并成立了国际民航组织，附件 D 中有进一步的解释。

芝加哥公约包括 96 个条款，"……规定所有成员国的特权和限制，提供国际标准和被推荐的影响空中导航的实践，推荐成员国进行导航设备的安装，并建议减少外部手续以使空运易化"（Taylor，1988）。

同时，通过国际协议，英语被确定为航空的国际性语言。这很可能是因为讲英语的国家在民用航空器的设计、制作和运行领域属于领先地位。此外，空运在美国和其他一些讲英语的国家发展到了很高的水平，而且就全世界而言，美国在空运的成长和发展过程中充当了重要的角色。

尽管在某些范围受到一些挑战，讲英语的民族仍然占有优势地位，并很可能会继续维持这种优势地位。这就使得英语在航空中成为人类因素的一部分。空运被认为是没有区域边界的。一直以来，对于国际航空来说，采用一种通用的语言进行通讯是一个非常现实的问题。通讯误解严重影响飞行安全。

当英语不是你的母语的时候

航空英语的应用会给那些母语不是英语的国家带来特殊的通讯问题。大部分基本规程和设备守则都是用英语书写的，而且同等重要，国际空运管制采用的语言也是英语。这就意味着母语不是英语的飞行员在飞离自己的国界后必须掌握基本的英语措辞。在很多这种情形下，空中交通管制中相当大的一部分是国际性的。这些飞行员的任务是通过采用一种国际一致的措辞而使问题在一定程度上变得比较容易，但是这个问题并不是那么简单的，主要由于以下几个原因。

一个原因是人们通常用自己的母语"思考和推理"的时候最好。如果出现紧急情况，并且是不可避免的，当事人（管制员或飞行员）的母语不是英语，他们和航空系统处于一种截然不同的劣势。例如，一个边境内熟练的飞行员飞入美国后不能充分利用航空交通管制的能效，这将成为一个问题。同样，美国飞行员飞入别的国界，在那里航空交通管制明白并且应用标准的民用航空措辞，但是英语不够流利，就会遇到同样的问题。在这种情形下，如果缺乏熟练的英语，技术精湛的飞行员或者管制员却不能做任何事情。

飞机坠毁事件中的语言

在有些坠毁事件中，语言障碍可能成为一个事故原因，比如1996年一架美利坚航空公司的飞机在哥伦比亚的卡利坠毁，1990年在卡文尾克区，纽约阿维安卡公司的一架喷气式飞机在进纽约 JFK 机场时的坠毁，伯根航空公司的 B757 于 1996 年 2 月 6 日在多米尼加共和国的普拉塔港附近坠毁，1996 年 11 月 12 日，沙特阿拉伯的 B747 和哈萨克斯坦的伊尔 I-76 在靠近印度查克亥达德里的半空中相撞。

沙特阿拉伯航班刚刚从新德里起飞，哈萨克斯坦的货机在飞行中。当两机相撞坠毁时，死亡 351 人，这是世界上最严重的空中碰撞事故，并且在所有的事故中排第三。关于这个事故的官方报道不像这里所描述的，但是有趣的是，印度管制员与俄罗斯和沙特阿拉伯机组都被牵涉进来。所有人都用英语作为国际航空语言。另一个例子是 1997 年，PAA 喷气式飞机和 KLM 喷气式飞机在地面相撞，KLM 正在从西班牙特内里费岛的一个多雾的机场起飞，这次事故中有 582 人死亡，是航空史上死亡人数最多的一次航空事故。这其中很可能包括了英语、荷兰语、西班牙语三种语言的问题。

当一个只能做到最低限度地精通英语的飞行员飞入一个比较繁忙的美国机场的时候，比如说芝加哥、纽约的肯尼迪、迈阿密、亚特兰大、洛杉矶或者旧金山，另一个问题就出现了。一个繁忙的管制员讲话已经被迫超过了正常的速度，可能有的时候会用到美国惯用的措辞或者地方用语，但是国外的飞行员不知道这些。国际飞行员代表团体 IFALPA 觉得有必要控诉美国联邦航空局的某些美国设施中无线电话的措辞比较差，这在某种程度上是讽刺性的。飞行员之间、飞行员和管制员之间仍然存在严重的语言通讯误解（Taylor，1988）。

一个最形象的语言问题的例子（我们认为也是一个教训）描述的是一个受过训练、参与定期航班运行的亚裔副驾驶，他只会讲很少的英语。当他在飞行中听到从飞机安装的 GPWS 发出的消息时，他问同样不讲英语的机长“pull up”是什么意思。结果这架飞机很快就坠毁了（1993 年，中国北部城市乌鲁木齐），坠毁时他们正在用自己的母语讨论“pull up”这个短语的意思。这是一个真实的事件。这不是反映这个机长或副驾驶员基本能力的问题，而是指出一名母语不是英语的飞行员所面临的实际问题。

仅有专业词汇就够了吗？

对于语言练习来说，仅限于航空专业词汇的学习是不够的，而且也不包括来自英语对话通讯能力中的语言自信。常规的陆－空通讯采用的是比较容易掌握的限制性的语言，然而在非常规情形下，没有正式的措辞。语言能力在非常规情形下或许是十分重要的。

　　如果飞行员不能很容易地通讯，那么有效地操作通讯将会变得很困难，这是需要掌握全面英语的另外一个原因。这对于形式多样的驾驶员座舱和需要有效操作的联合作业是尤其正确的。对于现代交通来说，平稳操作比一连串地背出一个清单要考虑得更多，对于后者来说，死记硬背给出的东西是最重要的。

　　当一个英语是第二语言的管制员给一个归航的机组一个"992"的高度设置的时候，将会出现一种不同的语言问题。如果这个机组以自己的高度计（在美国高度设置采用的是百帕）设置 992 英寸的高度并开始降落，他们不知道管制员的意思是 992 hectopascals（管制员所在国家应用的一种压强单位），这个错误将使得飞机处于 600 英尺的过低位置。在比较差的天气，这将导致灾难发生（航空周报语空间技术，1996 年 11 月 4 日）。此问题的出现表明，管制员与机组人员都是缺少足够的培训的。

　　尽管存在着语言相似及文化相似等方面的问题，但是仍然有很大一部分的飞行员与管制员已经意识到，管制员尽量使用着航空英语的低级水平，为大量不同型号的航空器提供优良、安全的空中交通管理服务。不幸的是，仍然有相对少数的飞行员与管制员，对他们的训练与文化上的导向，在实际上仅能提供微乎其微的帮助与防护。

参考文献

[1] Aviation Week and Space Technology (1996) . *Aviation Week and Space Technology*, November 1996, McGraw and Hill, New York.

[2] Brenner, Malcolm, Mayer, David, and Cash, David (1996) . 'Speech Analysis in Russia', in a report entitled *Methods and Metrics of Voice Communications*, the proceedings of a workshop organized by the Federal Aviation Administration, National Aeronautics and Space Administration, and Department of Defense, Kanki, Barbara. G. , editor, and Prinzo, O. Veronica, co-editor. DOT/FAA/AM-96/10, FAA Cicil Aeromedical Institute, Oklahoma City, Oklahoma.

[3] Billings, C. E. and Cheaney, E. S. eds. (1981) . *Information Problems in the Aviation System*, NASA Technical Paper 1875, Ames Research Center, Moffett Field, California.

[4] *CALLBACK* (1997) . Form NASA's Aviation Safety Reporting System, Ames Research

Center, Moffett Field, California.

[5] Connell, Linda (1996). 'Pilot and Controller Issues', in a report entitled *Methods and Metrics of Voice Communications*, the proceedings of a workshop organized by the Federal Aviation Administration, National Aeronautics and Space Administration, and Department of Defense, Kanki, Barbara G., editor, and Prinzo, O. Veronica, co-editor. DOT/FAA/AM-96/10, FAA Civil Aeromedical Institute, Oklahoma City, Oklahoma.

[6] Greene, Berk and Richmond, Jim (1993). 'Human Factors in Workload Certification', presented at SAE Aerotech '93, Federal Aviation Administration, Seattle, Washington.

[7] Hawkins, Frank H. (1993). *Human Factors in Flight*, Second Edition, edited by Orlady, Harry W., Ashgate Publishing Ltd., Aldershot, England.

[8] ICAO (1984). *Manual on Radiotelephony*, Document 9432-AN/925, International Civil Aviation Organization, Montreal, Canada.

[9] Kanki and Prinzo (1996). *Methods and Metrics of Voice Communications*, the proceedings of a workshop organized by the Federal Aviation Administration, National Aeronautics and Space Administration, and Department of Defense, Kanki, Barbara G., editor, and Prinzo, O. Veronica, co-editor. DOT/FAA/AM-96/10, FAA Civil Aeromedical Institute, Oklahoma City, Oklahoma.

[10] Monan, William P. (1986). *Human Factors in Aviation Problems: The Hearback Problem*, NASA Contractor Report 1773398, Ames Research Center, Moffett Field, California.

[11] Taylor, Laurie (1988). *Air Travel: How Safe Is It*, BSP Professional Books, London.

第八章　文件、检查单与信息管理

机组人员文件体系

飞行过程中要使用到多种类型的文件体系。大多数文件在驾驶舱及具体运行环境下使用。驾驶舱文件有很多种，有大的手册、检查单、运行数据卡、飞行航图公告、飞行数据图表及各类程序。设备手册、飞行手册、检查单、运行数据卡、航图、数据图表及操作程序均是日常运行不可或缺的组成部分。

飞行员们都在抱怨日常工作中需要用到的大量文件系统。最近，Ruffell Smith 在他的《飞行员超负荷工作与出错、遗漏及决策之间关系的模拟研究》一书中指出："如果没有航空器及其运行的手册，假想中的与飞行相关的纸质文书（从华盛顿杜勒斯机场到纽约肯尼迪国际机场再到伦敦希思罗机场）如果单面铺地，大约能覆盖 $20m^2$（$20m^2$ 相当于一堵高 9 英尺、长 24 英尺的墙的面积）。

Ruffell Smith 具有划时代历史意义的研究成果还包括他的四本以活页形式装订的操作手册（两本关于航空器、两本关于航线的一般操作规程）、打印出来的飞行计划、载重平衡单的复印件、气象航图及其他飞行必需的相关气象信息等。这套文件系统当然还包括上面一段提到的航图及表格。

其他的航空公司也有类似的要求，但是所需资料一般是以另外一种方式来组织的。大的航空公司有许多必需的文档，有人开玩笑说是"为了任何一个航班的正常，都要砍掉一些树木"。很少有与观测资料不符的现象，大量观测结果都表明，无论是对于机组人员，还是对飞行操作人员，乃至文件管理部门的人员来说，大量的纸质信息资料是一个大的问题，保存当前所有的数据亦是一个很可怕的任务。而更为重要且很不容易做到的事情，还是如何保证使用者所用到的数据都是最新版本。

有另外一个例子，Philip Brooks 发现飞行员经常被大量的阿拉伯数字所困扰。对于一个飞行美国主干航线的飞行员来说，他们不得不考虑不少于 28 个组成部分，如独立卷、手册、图表、公告、文件、航行日志、报告、电子信息与视频系统，所有这些数据通过一个单独的检查单都可以了解到。他还强调，作为文本之一，手册应包含"北美区域"，包括加拿大、美国、墨西哥等在内的特定机场图表与飞行程序，大约包含超过 3100 页纸的内容和约 200 万位的阿拉伯数字或符号信息。然而，这些信息并不是每次飞行都要用到的，其中仅有很少一些是有用的。因此，信息充斥的确是一个现实问题。

图 8.1　从华盛顿特区飞往伦敦所需的工作单

资料来源：飞行员超负荷工作与出错、遗漏及决策之间关系的模拟研究，第 5 页，Ruffel Smith，1979

值得关注的是，驾驶舱中大量要求使用的纸质文件这一问题，可通过阴极射线管显示器或"玻璃驾驶舱"中的"平板显示器"来加以缓解，但是这不意味着就能消除信息过剩这一问题①。许多人希望这一问题可以通过

①　当前，飞行程序甚至可通过阴极射线管显示器或平板显示器来获取，飞行员需要用纸质材料来检验数据的有效性。

"电子飞行数据包"和"无纸飞机"来加以缓解。如果有了电子飞行数据包，所有需要的数据及需确定的数据都可以由机组人员通过阴极射线管显示器或平板显示器来调用，飞行员大概不需要携带飞行程序，只需保证是最新版本就可以。然而，电子飞行数据包在其研发阶段仍需做大量工作，即在电子飞行数据包成为航线飞行的标准配置之前，大量的设计及实施问题需解决。虽然电子飞行数据包目前还没有普遍，但他们一定将会成为或者至少成为航空工业系统中的一部分，甚至，在电子飞行数据包成为大型航空公司的标准配置之后，可以预见，它无疑将成为所有运输机不可或缺的一部分。有关电子飞行数据包的详细介绍见第二十二章。

排版印刷和语法的标准化

所有类型的文件，其印刷质量和文件术语的一致性是关键问题。很少有人提出应该改善飞行运行手册文件质量这一问题。字体字样、字符高度、大小写字母之间的转换、线条的长度、空格等都是值得注意的问题。纸张的质量及关于绘图方面的布局、用不同色彩作标记或分类、字体及字符间的对比等都是需要主要考虑的事项。另外一件需要引起注意的事情是阅读环境，尽管它不是文件系统中的一部分，但是在航空器内提供给阅读者足够的驾驶舱阅读环境是更为关键的一件事，这包括向机组人员提供控制灯光、光的眩目程度及光源的有角度布置等。

假设能保证使用标准化的语法，那么通过查找参考文献，信息及某种程度上的运行时间表等即在用户需求的某种程度上可被有规律的轻松的检索到，并且，能在所有现实中可能面临的问题及运行条件下，使人很容易地找到、读出相关信息数据。Asaf Degani 1992 年所写的"美国宇航局排版印刷承包方报告"是本书的一篇优秀参考文献。保证飞行机组文件系统的语法标准化是个很重要的问题，该问题在关于美利坚航空 1995 年发生在哥伦比亚卡利的事故悲剧相关报告的相关附录中被经常提到并予以强调。美利坚航空 965 次航班从迈阿密出发飞往哥伦比亚的卡利。在降落的过程中，B757 飞机的飞行员需要使用无线电导航仪选择下一个定位坐标，名字为"RO-ZO"。他输入了一个"R"，计算机返回了一个周围附近的以 R 开头的地点列表，随后飞行员选择了第一个经纬度看起来正确的那个。不幸的是，飞行员选中的不是"ROZO"而是"ROMEO"。飞机正在下降至一个南北走向的山谷里，任何侧向的偏差都是极其危险的。按照飞机上电脑的指示，飞行员开始调转机头朝东撞向一个 10000 英尺高的山头。这是一个致命的错误，这也是一个计算机程序的错误。飞行管理计算机数据库识别的"Rozo"是"ROZO"，而不是一个简单的字母"R"。就像伊尔洛·韦恩诺恰当的指出的那样，计算机是个"忠实的哑巴"。飞行管理计算机按预先设定好的程序工作，但一旦程序设计有误，那么它就像被诅咒过一样，后果不堪设想。它指引着这架难逃悲剧厄运的航空器直接冲向了 ROMEO。ROMEO 在 ROZO 偏北 130 英里处、且偏离正常目的航线 120°。显然，认定此次事故是由单一的、基本性原因造成的是有些过度单纯化了想法。酿成此事故的原因有几个方面，包括语法及空管语言的标准化问题等。

航空公司的文本沟通及运行文件系统

飞行运作管理中的一项基本要求是能够同飞行员畅通无阻地交流。当重大变革产生后，如在美国联邦航空局（FAA）的高级资格项目（AQP）研发出台之后，或机组资源管理（CRM）项目开始创立之后，交流问题更是显得尤为重要。若想实现高效的交流，运行管理人员与飞行员之间不断的联络是很必要的。此种交流方式亦是有其重要原因的。因为，这能使飞行员明白他们所采用的某种做法的原因所在及某种变革的原因所在。此外，可以肯定地说，交流的目的还在于确保飞行员的兴趣，并保证对开发出来的相关过程及程序，让飞行员以积极的心态加以巩固利用。爱尔兰 Aer Lingus 航空公司的机长 E. A. Jackson 在国际航空协会的第 25 届研讨会上对此问题进行了完美的解释：

> 在专业的、亲自驾机的飞行员之间对所有的程序、变更及制度规范的协商、讨论和辩论等都是十分有必要的。这就使得在工作组、协会委员会和所有层面的工作人员之间维持一种持久的联系，能够对相关的信息、观点和政策进行充分的交流。

（Jackson，1975）

飞行手册、设备手册、检查单、运行公告等都是重要的交流方式及媒介，这些东西都应是有用的文档，应能反应航线的运行规律及特征，反应航线的运行程序及相关训练要求。这不仅仅是手册的发行、也不是"奥林匹斯山顶"上具体的操作指示及飞行员之间有效沟通问题。

手册与飞行公告

手册给飞行运行部门及该部门的飞行人员们提供了一套长期合理可行的向导，指导他们操纵特定型号设备的具体做法。另外，飞行公告（可能还有一些其他称谓）则经常用于特定的目的及环境下。飞行公告经常适用于临时状态，然而，飞行公告实质上应与运行手册一样具有可读性的要求，并应使之符合同样的印刷排版要求。运行手册与飞行通告都应使用统一的术语，并以统一的格式认真编排。两者都以高标准的技术写法来组织行文，并配以适当的注释。

飞行管理计算机上的文件系统材料（FMCs）

存储于飞行数据包中的文件系统材料通常是不便于机组人员使用的，这些材料至少包括一些各类的手册文件；而在一些高技术装备的航空器中，通过飞行管理计算机及一些控制显示单元则可获取文件系统资料信息，飞行管理计算机及一些控制显示单元（CDUs）是所有飞行管理系统中必备的一些设备单元。飞行管理计算机能提供大量的信息，包括几个关于性能方面的重要信息，如飞行中的垂直速度、水平滑行、转速、垂直爬升、放襟翼、进近速度等所有进近与着陆过程。飞行管理计算机也提供动力设定、最佳高度及垂直与横向导航等方面的信息。

此外，玻璃驾驶舱航空器上的飞行员还可以选择阴极射线管显示器或平板显示器上的有关导航信息，这些信息不但可以提供航空器的动态位置，还可以提供显示周边的助航系统、机场、路点信息。另外，阴极射线管显示器或平板显示器还可以显示航空器在爬升及着陆性能方面的一些其他信息，如特定的仪表（导航）进场着陆、规定的控制模式、半盘旋运动模式等。图显功能被认为是玻璃驾驶舱时代的一些最伟大的创新之一。毫无疑问，对于当代的新型航空器，驾驶员有让显示器显示众多信息的自由了，随之而来的，冗余信息也就出现了。有人也在思考，冗余信息数据是否同在也存在于驾驶员的思维意识当中。

计算机自动生成与手工生成的飞行数据

通过计算机对适当优良航线的选取、受飞行员欢迎的飞行高度的选取、特定航行燃油需要的选取，大多数的飞行计划就由计算机自动生成了。这种情况在大型的航空公司里尤为突出。计算机通过查找到达目的地的预定时间、根据航空器性能所供选择的具体方案、航空器的配载情况等，即能生成飞行计划。计算机化的飞行计划是由签派人员来准备和提供的，之后，需要机长的签名及适当的签派官来对获批准的飞行计划做出指示。在计算机化的飞行计划出现之前，飞行计划都是需要人工完成的。两种方式有很大差异。之前，副驾驶的主要职责之一是做飞行计划，从副驾驶开始做手工飞行计划时起，到该计划得到机长的指示，机长与签派官对该飞行计划的最终批准与签署，真的是有很长一段时间。此种方法仍然用于航空系统中。虽然不需要经常做飞行计划，但所有的飞行员都应该熟悉此过程中必要的信息类型，还要知道手工做飞行计划是多么复杂的一件事情。

基本检查单

检查单也是运行文件系统之一，属于程序的一部分。检查单通常被认为是标准化运行程序的基础，更是增强运行安全系数的关键。正是因为它如此重要，检查单总是被认为是各自独立的，并且，我们能够创建很多检查单。

检查单的应用通常出于截然不同的两个目的。一是组织与设置某些或整个航空器系统，以期使之处于运行前的良好状态，或是在运行的一个特定过程中，如起飞或着陆；二是确保发动机引擎或整个系统在正常与非正常（包括紧急状态）操作下，都能恰当的处理及解决，并确认这些程序是否都被正确执行。

航空器制造商的检查单是为航空器本身而准备的，通常包含使航空器安全、有效飞行的基本条目。这种检查单的内容在一直增加附加条款，这些条款都是被认为对个别航线有重要意义的内容，目的是强调此航线对于特定运行的航空器的一些要求及需要格外注意的内容。这样的话，出于效用的目的，新增的条款就被添加上来了。

检查单编制的方法与思路

设计检查单通常有四种具体的方法与思路，在此基础之上，有很多航空公司又进行了进一步的修改。检查单的所有条目都需要得到确认，通常是由一名与具体的操作行为无责任的机组人员来实施。一种编制检查单的方法是由"读单、操作、确认"三步曲构成。用这种方法设计的检查单具有时效性，即应该立即实施检查行为。这种检查单不需要飞行员的记识，只需他们对需检查条目比较熟悉就可以了。对于一些航空公司而言，应用此方法最初遇到的难点是对检查单中所列条目的一些遗漏。如启动一些程序之前或发动机关机之后，是否都由机组的操作流程控制方法得以执行及确认其执行。第二种编制检查单的方法与第一种方法很相似，叫做"操作、提醒、确认"三部曲。第二种检查单与第一种检查单的不同之处在于其不含"读单"这一步骤。

第三种检查单干脆省略了"提醒"这一步骤，即仅由"操作"与"确认"两部分组成。使用这种方法，机组人员来实施某些特定条目的操作，另由其他机组人员来读检查单，并确认相关操作是否得以正确实施与执行。这样一来，一个人来操作，另外一个人来确认，实现了双保险。此种方法允许飞行机组对检查条目使用工作流模式来开展，而不要机组人员快速而准确的记忆过程。这种方法对于一些正常运作路线程序，如准备着陆过程，被证明是很适用的。第四种编制方法是一种复合操作方法，除实施"操作"与"确认"这两个步骤之外，在一些非正常操作情况下、紧急状态下，还要实施需要牢记的一些"立即操作行为"。

在第四种分类方法当中，有一些检查条目是很重要的。使用这种方法，一些"立即行为"完成后，后续的"读单、操作、确认"等条款就应由检查者牢记了，在机组人员的组织下来实施完成。仅在极少数情况下，如机舱减压、设备报警、近地警告系统（GPWS）、增强型近地警告系统（EGP-WS）拉起警告、机载防撞系统（TCAS）决断、V_1 下的不能拉起等，需要机组人员的"立即行动"。显然，此种检查单对于那些处于非正常运作及紧急情况下的航空器运作的机组人员来说是其第一个优点。它的另一个显著优点是，对于那些使用"读单、操作、确认"及"操作、提醒、确认"两种检查单来实施检查的众多航空公司来说，通常机组人员要实施大量的必需检查及操作行为，这在机组人员的组织、飞行前准备、正常停车、飞行结束等过程中，都突显时间压力。

在一些偶尔出现的特定紧急场合下，除了准确记忆并实施全部必需的操作步骤外，别无他法。非正常及紧急情况下的操作程序通常都很复杂，而这时，正确的行为操作就更为重要。因此，非正常及紧急情况下就应该使用复合检查方法。一些关键性的立即行为是关系整个操作过程成败的重中之重，一定要牢记。对于检查单中罗列的要素条目，使用"读单、操作、确认"等步骤来确保检查过程的完整性。

三种检查单

有三种不同种类的检查单——标准检查单、非标准检查单或异常检查单，这是那种包括了有时称为紧急条款的检查单，还有一种是扩展的检查单。每种检查单都是依据制造商和航空公司的检查单体系设计出来的。对于多数的航空公司来说，非标准检查单都包含一个标准操作程序（SOP）的手册或者包含一个简明参考手册。在盈利飞行中，通常用标准检查单而很少使用非标准检查单。大多数飞行员应该也必须意识到非标准检查单的重要性。

扩张检查单经常在装备或培训手册中出现。扩展检查单是对标准和非标准检查单的补充而不是用于飞行。它通常是覆盖了大量可以使飞行安全有效的条款的所有细节。在常规和非常规检查过程使用的详尽的检查单可能只是纸上谈兵，有些甚至都称不上是扩展检查单。扩展检查单是非常好的培训和复习工具。

检查单的展示

大多数标准检查单用于展示的方法是使用一种纸质检查单——一张罗列着详细条款的硬纸板。它或者拿在手里或者夹在一个或两个驾驶舱的操纵杆上。检查单可能粘在仪器面板上或者打印在长期贴在操纵杆上的公告上以达到整改的目的。另外一种检查单是滚动式检查单，这种检查单有一条狭窄的成卷形垂直于两个卷筒的纸带。"机械或电子机械检查单"是一种在塑料滑座上记载检查单条目的检查单；另一种（同样称作机械的）检查单具有一些开关，在检查的时候可以起到照明的作用，而当检查结束时可以熄灭。还有一种是"会发声的检查单"，这是听得见的检查单，飞行员启动一个可以选择标准或非标准检查单的旋转开关，计算机辅助检查单包括一个显示器和一个指示器。最新式的计算机化的检查单包含一个闭环系统，该系统指示检查条目完成的进度。

毫无疑问，先进的电子检查单，比如用在波音 777 和空客 340 中的检查单就是检查单的未来发展方向，它包括标准和非标准检查单。电子检查单通常显示在飞行员前面的 CRT 或者面板上，通常是指示前面的条目已经完成后依次显示下一个条目。它还能做一些诸如探测和指示未完成条目的工作，并且自动传输非标准准备条目到"着陆前检查单",这样飞行员在繁忙的时候就可以不必顾及检查单。

检查单的发展史

虽然几乎所有人都认同检查单很重要,但是很不幸,很多现存的检查单都晦涩难懂,并且设计和组织结构不合理。早期的检查单都是由思想非常独立且有主见的人来设计,飞行员们则只是被动接受并适应。所以毫无疑问,检查单没有发展成一门系统学科。

随着对操作系统变化的响应和对旅客关注度的提高及对风险因素的考虑,检查单的内容日益详尽。事故调查员已经发现检查单偏离了程序,检查单掩盖了非重要条目,甚至发现一些紧急情况检查单埋没于飞行手册中,并且很难对紧急情况进行定位。

监管要求

在美国和其他很多国家,检查单的准备工作的含义就是检查单必须通过监管部门授权。这就意味着,美国一些特殊航线的检查单必须由联邦航空局(FAA)主任运行监察员(POI)批准。别的许多国家也有这样的相同程序(比如德国),当然虽然在细节上还有许多的改变,但还是大同小异的。

一个确凿的事实,美国联邦航空局内部 2900 多名主任运行监察员和飞行安全监察员就一些观点和规章解释达成高度的一致。针对这个问题,FAA 出版了航空运输运行监察员手册(8400.10)。这是一个详尽实效的文献,它提供给运行监察员以行动指南。联邦航空局的报告"航空器检查单使用与设计过程中的人员绩效"(1995)对评估检查单具有显著的作用。

美国 FAR121.315 提供了对航线的明确监管要求,其中机组检查程序一节这样写道:

1. 每个具有证书的监察员都要对每种机型提供一套被认可的驾驶舱检查步骤。

2. 这些被认可的步骤必须包括在发动、离开或着陆前及飞行中和系统紧急情况下对飞行航班的全体人员的安全检查的必要条目。设计这样的步骤就是便于每个飞行人员不用在脑子里重复的想检查条目。(这里需要注意的是,那些牢记的快速行动是要求在紧急行动中准确在检查单中完成的。)

3. 这些被认可的步骤必须在每架飞机的驾驶舱中易于使于,并且当操作飞机时，飞行人员要遵守这些步骤。

FAR121.315 没有给出航线检查单中有关"类型、定义、方法、原理（除极低程度的）或者表述"的指南。所有这些因素都是检查单发展过程中需要着重考虑的事情。即使规章的制定者费尽心思努力把语句表达得很清楚，但是它也和许多的规章一样有许多不同的译法。举个例子，人们会在诸如这个条目是否重要这个问题上产生不同的观点。同样，在规章中没有只针对安全的限制条款。在一条独立的航线中机队之间的检查单不要求是一致的，因为检查单的类型、定义、方法、原理、表述在航线间是不同的，甚至在同航线间的机队也是不同的。

远程与短途检查单比较

对于所有航线检查单设计来说，最基本的问题是短途和远程飞行员在执行任务的频率和时间上常常会有很大的差别。那种详尽的检查单对短途的飞行员来说可能就是一件麻烦事，他们要在同一天内重复演示好几次。但是同样的检查单对远程飞行员来说不仅不是麻烦事，而且还是很好的提醒，因为这些飞行员只在每次飞行中演示一次，甚至在有些时候每月只有三次。对于远程飞行员来说理想的检查单，短途飞行员几乎是不能接受的。这就是混合飞行机队并不是最好的解决方案的原因之一。依靠并遵循检查单是件很难、很麻烦的事。

检查单在航空公司与业内的标准化

检查单在行业中达到标准化终究不如在航空公司达到标准化更为重要。就像 Degani 和 Wiener 指出的那样，这就是问题的症结所在。各航空公司间存在差距的主要原因是私人的航空公司经常会有不同的检查单。其中的一点就是有些航空公司坚持检查单应该越简单越好，而且还应该只包含一些临界的条款。这是飞机制造商的最起码的立场。还有一些航空公司坚持认为检查单必须涵盖那些每个操作步骤都要演示的条款，而且还要包括那些很重要同时导致不安全的条款。

Degani 和 Wiener 举了一个极端的例子，有一个航空公司对旗下的飞行员在起飞前要求检查发动机启动的条款就有 50 条，而在另外一家航空公司对上述状态相同的飞机的检查条款只有 13 条（Degani and Wiener，1990）。这里没有什么无关紧要的不同，但是他们重点指出这两家航空公司最大的不同在于自动化程度与检查单的设计方法。我们在这里想补充的是检查单不应该被当作良好的培训与精确调教的补充。

这两家航空公司以及航空公司之间检查单不相同的另外一个原因是检查单在飞机制造商之间也是不相同的。很多的航空公司拥有的飞机是由不止一家飞机制造商来生产的。航空公司和联邦航空局更倾向于接受由制造商提供的最基础的检查单，这些制造商会清楚他们销售的飞机中哪里是操作的临界的条款，除非他们有什么好的理由去修改。很不幸的是，合法责任的流失是这个决定因素，所以完成标准化的混合机队几乎是不可能的。

关于缺少标准化的问题，最糟糕的情况就是在某个航空系统制造者的检查单中用绿色来指示已经完成的条目，而在另外一家制造商对同样的系统竟然用绿色来指示那些尚未完成的条款（Degani and Wiener，1990）。几乎不用费多少想象力就可以想象到如果驾驶员被迫使用两种类型的飞机的话，问题就出来了。

在跨国航空公司内达到精确标准的检查单设计和实践推广是很困难的事。国际民航组织的成员国之间存在主体文化差异，所以在同一个最基本的操作条款中必须包含这种飞机是否由澳大利亚、荷兰、巴西和埃及或者其他国家的飞行员飞行。最近的一次《全球飞行安全与人为因素研讨会》在新西兰奥克兰举行，有54个主权独立的国家参加。就像在这次研讨会上提到的要在不同的组织之间保持在世界范围内在检查单通用方法、应用和内容上的一致是一项异常艰难的任务，对国际民航组织来说的确是一件让人退缩的任务。

要达到世界范围内的一致与标准化是很重要的，其原因之一是国际间频繁发生的飞机与机组人员的相互流动（包括湿租①），有时是飞机改装。当上述情况发生时，那么航空飞行人员可能要被迫使用与平常不同的工具和步骤（包括检查单）。

举一个关于航空公司之间差异的经典例子。一个跨国航空公司按照高层执行长官的主张把旗下的所有飞机的驱动开关按照与制造商相反的途径安

---

① 湿租是指一家航空公司租赁另一家航空公司提供的包括整个机组在内的商业航空运输服务。纯湿租过程中临时的飞机改装和不可预见的设备更换往往会带来问题，其结果是两家公司不同的理念、人员、手册和程序的混杂。

装，而且这家公司的开关和检查单在公司内部是一致的，这样所有的飞机上都按照与制造商相反的途径直接安装上这些驱动开关。对于那些相反布线的飞机来说，"上面"这个开关其实就是"下面"；在这家航空公司的飞机上，"上面"这个按钮需要开关"向上"。这个改动要求对每架飞机进行特殊的重新布线。这需要一笔昂贵的支出。这种独特的布线方法也会对飞行员带来一些现实的麻烦，这些飞行员都是按照习惯布线的飞机进行培训的，而现在则是被迫以一种特殊方式布线的操作来操控飞机。这还对那些涉及包括飞机类型在内进行交流的飞行员制造了一些麻烦。

检查单问题

检查单的问题在行业内引起关注已经有一些年头了。日本航空业的龙头之一全日空（ANA），在其旗下 B727 在 Tokyo Bay 事故以后，开始计划规范其操作规程和尽最大可能规范检查单。当他们的计划实施的时候，ANA 拥有六种机型和六种检查单。这些检查单在抬头、措辞、格式、颜色和特殊条目上都不同。这种结果产生的大杂烩检查单就是全世界各国都在使用的典型。ANA 中一个工作非常勤奋的团队花费了相当大量的时间来尽他们的最大能力提高和规范机队的检查单。

行业中持续发生意外事故和涉及错用现有检查单的事故使人们对整个事件进行反思。这是一个复杂的过程。对大多数航空公司来说，重新制作不同飞机的检查单就涉及机组资源管理和操作步骤的议题。几乎所有的航空公司都已经或者正在努力重新按照一致的使用方式来制作检查单。

检查单内容、用途与理念的改进

Degani 和 Wiener 开始他们的研究是通过检查单本身对人为因素的关注。但是他们很快发现，"这只是事物的表面现象"，问题的核心在于"检查单的设计观念与社会用途导致飞行员误用或者根本没有使用检查单"。航空操作规程不同的始作俑者是公司和国家，使得检查单执行过程中产生差异。

当 NTSB 把检查单误用归属为三种可能发生的航空运输事故之一后刚过一年，检查单内容、用途以及理念的改进受到深远的影响。另一种航空事故是没有辅助机翼的起飞，最后一种是准起飞的检查单错调了飞机的方向舵，导致这架 B737 在拉瓜迪亚机场偏离了跑道继而扎进附近的水里。

检查单理念的标准化愿望保留了一个基本问题。很不幸的是，直到 Degani 和 Wiener 及联邦航空局 1995 年的关于检查单报告之前，无论是美国或者西欧的背景数据库还是当前文献都没有记载任何系统的关于检查单怎样设计的内容。有关检查单的一个例外是 Aer Lingus 的著作，内尔·约翰斯顿机长已经记载过了（Johnston，1995），但是在 Degani 和 Wiener 研究的时候是不可以利用的。

检查单问题不仅仅出现在航空业中。举个例子，Herald of Free Enterprise 号于 1987 年那次航海业著名的沉船事件就是由于启航前冗长的检查条款所致。Swain 和 Guttman 发现在核工业中检查单出现的问题与航空业的类似。Valerie Barnes 在他的一部著作中探讨了核能工业中程序和检查单的发展。

检查单在航空运输坠毁中的角色

检查单如果使用恰当可以确保重要的程序和潜在的临界情形不会导致罗列条目的不恰当操作。在省略的检查单中，一个被疏忽的但非常重要的条款表明，在航空坠机事件中飞机在起飞时都试图不用辅助机翼。如果有经常的附加的诱发因素的话，那些仔细应用的检查单已经阻止了坠落的飞机。造成这些疏忽的原因在第九章和参考中讨论，在 Degani 和 Wiener 及 FAA 的报告"航空器检查单使用与设计过程中的人员绩效"中有详述。

经常举的检查单问题的例子是 1987 年 8 月底特律 Metropolitan Wayne 机场西北航空公司的一架 DC9-82 的坠机事件和 1988 年 8 月 31 日在得克萨斯州达拉斯 Fort Worth 国际机场三角航空公司的 B727-232 的坠机事件（NTSB，1988 和 1989）。在这两起事故中，辅助机翼在起飞时没有按操作规程伸出，正是遗漏这个问题没有检查，并且合适的检查单没有执行。Robert Sumwalt Ⅲ 机长在一篇文章里列出了一份更加完整的表，这篇文章刊登在美利坚航空的 Safety Hotline 上。在 Sumwalt 机长的表 8-1 中，给出了从 1968 年 12 月到 1988 年 8 月之间美国航空运输业由于检查单误用所造成的主要航空事故。具有悲剧色彩的是，有相当数量的人在这些空难中无辜丧生。

表 8-1　由于检查单的误用导致的重大航空事故统计表

1968 年 12 月	安克雷奇	泛美航空公司的 B707 型客机，襟翼未放到起飞襟翼位置
1974 年 12 月	纽约	美西北航空公司的 DC9 - 82 型客机，空速管加温关闭
1982 年 1 月	华盛顿	佛罗伦萨航空公司的 B737 型客机，发动机防冰开关关闭
1983 年 1 月	底特律	美联航的 DC8 型货机，起飞时未放下水平配平片
1987 年 8 月	底特律	美西北航空公司的 DC9 - 82 型客机，襟翼未放到起飞襟翼位置
1988 年 8 月	达拉斯	三角航空公司的 B727 型客机，襟翼未放到起飞襟翼位置

资料来源：全美航班安全热线

检查单不是操作的万能药

如果说正确运用检查单是某种对提高安全和效率操作的万能药，这可能是一个误区。其实这里面还涉及机组协调、质量控制、团队精神、决策及其他因素。检查单只是很多必要和重要因素中的一个。这些检查单在日常运行中是很必要的，因为正确执行一系列常规的、有时是重要的和必需的行为时不能完全依靠一套不标准的方法，尽管这种方法证明他们的行为是正确的。检查单可以看作飞行人员的安全网，检查单同样在正常和非正常或者紧急情况下适用。构建好的检查单需要对飞机的操作以及检查单的原理都要有良好的认识和了解。

现在广泛的共识就是驾驶舱检查单要简化，包括尽可能少的条款，适当的与操作有关，范围尽可能宽，在机队之间要标准化。就像我们以前所提到的，标准化议题是尤其困难的，因为主要的困难就是机队之间的飞机不同，即使是同一家航空公司的。

检查单的使用

检查单的正确使用是一个相对简单的事情。首先，检查单的使用者需要明白检查单的原理和条款的原理。好的检查单设计通常能够确保对于重要条款的适当刺激发挥双重保险的作用。仔细确认检查单条目是有效完成任何检查单的关键，日常使用检查单必须细化到每一步操作。有一位机长提倡规范地使用检查单"就是因为大多数检查单都是传承其他的"。

人类的一个特点就是只看到他们所希望看到的，只听到他们所希望听到的。飞行员在日常的常规操作过程中以及那些极少出现的必须在非一般重大压力下的操作过程中明显容易受到攻击。航空专业人员必须充分考虑到人类的这个特点，因此要警惕自己防止出现这个问题。一个有效地防止只看到他们所希望看到的和只听到他们所希望听到的这个特点的方法是小心翼翼地遵从好的检查单的步骤。检查单中的双重检查使检查单变成一张有效的安全网。

对检查单的最好的回顾和描述、它们的用途及问题都可以在《驾驶舱检查单中的人为因素：标准检查单》中找到。尽管笔者不是完全认同书中观点，但是对于本章来说它也是一部值得推荐的参考书。另外高度推荐的文章有内尔·约翰斯顿的"一种泛型非标准检查单的开发利用及资格认证程序简介"，当然还有联邦航空局的 *Human Performance Considerations in the Use and Design of Aircraft Checklists*。

地图、航线图和进近图

地图、航线图和进近图在航空业中都是非常专业的资料，这些资料必须在有限的空间内提供大量的信息。每种资料都有其特殊的用途。这个行业的发展也经历了很长的历程，它起源于这样一个事件：有一位名叫杰克的爵士，他在第一次夜晚飞行奥马哈—芝加哥航段之前，向奥马哈站的经理借了一份地图，目的是利用夜间飞行不间断地沿着大西洋岸运送航空邮件。

地图

在美国，大部分用于航空业的地图是由联邦航空局出版的。联邦航空局还出版用于远景规划的特殊地图。联邦航空局地图设计的用途是显示地理位置和其他飞行员感兴趣的方面，这类地图对其他使用者倒是没什么用处。

直升机飞行员和那些飞行水平相对较低的飞行员对地图的使用主要是出于可视飞行控制（VFR）和地理导航的需要。喷气式飞机飞行员除了对巨大物体外，对低矮的物体几乎不花什么时间来辨认。他们的主要航行参考是航空图表，这会在下一节介绍。

很不幸的是，在喷气机时代，空中飞行带走了许多原来预想的浪漫，这在很多作者比如 Wolfgang Langewiesche 和 Guy Murchie 的著作里都有描述。我们重点推荐 Guy Murchie 的《天空之歌》，这本书结合科学与浪漫，这种感觉只有在那些能够幸运地在无压飞机的低空飞行中消磨时间的人们身上才能找到。

图表

航空图表是很特别的，图表设计描绘那些只通过无线航空技术来传输的信息。这其中需要使用全球定位系统（GPS），这方面的内容将在第二十二章——航空运输展望中介绍。虽然用现有的图表来分析可预知的将来还将是一个现实的问题，但是 GPS 的使用使得很多问题得以解决。

在美国和世界上大部分地方，多数航空图表和进近图都是由 Jeppesen Sanderson 公司来生产的。美国国家海洋部航空图表和制图部以及一些分散的公司和组织也生产航空图表和进近图。进近图是极其特别的，将在下一节介绍。全世界飞行员主要使用的图表是那些描述低空航线和高空喷气式飞机航线的图表，每一种都具有相关交叉点、中途机场和导航卫星来频繁交换信息。标准终端降落路线（STAR）图表和标准仪器监测图表是特殊化的图表，它们只针对那些有选择性的忙碌的机场出版。一些美国高度密集的机场，比如明尼阿波利斯的圣保罗、芝加哥、波士顿、亚特兰大、迈阿密、达拉斯、洛杉矶、旧金山和西雅图都有当地区域图表，这些图表显示的是那些会使低空图表过于拥挤的航线和地形数据。专门的当地区域图表在国外的繁忙区域也有。

进近图

一些连续关于看待进近图以及它上面所显示的信息中的很多内容都由于美国航空公司和国际航空运输协会（IATA）的第二十届技术会议（IATA，1975）发放的调查问卷的结果而得到加强。调查问卷的结果是令人担忧的，而且清楚地显示出对进近图提高现状、突出重点、提高培训水平的要求。

进近图包含了飞行过程中大部分的关键阶段。它们在通常情况下使用，也经常用于苛刻的照明及操作条件下，还包括大量频繁交换的数据。虽然操作者不经常分发，但是修改后的进近图和航空图表还是每周出版一次。对于提高飞行员使用的现有的进近图中的数据这项研究工作已经在很多机构展开，包括约翰维兹沃尔佩国家运输系统中心、美国联邦航空局制图标准和飞行程序部、汽车工程师学会十国集团委员会、美国国家海洋和大气协会、国防测绘局、杰普森桑德森公司。就像以前提到的，最新出版的进近图已在全世界范围内使用。

事实上，进近图含有六大类信息。第一类是名字、地点、定义和无线传真及最小安全高度扫描图解的频率。第二类是无线传输频率和进近控制、塔台及地面控制的声音频率。第三类就是临近区域平面图，包括机场和周边范围内的障碍物。第四类则是仪表进近和复飞办法的剖面图。第五类是给出精确进近图表的最小值。第六类的信息在进近图的背面，是一张关于机场的图表，图表中给出了机场海拔、跑道数量和尺寸、滑行道识别、机场区域障碍物及其他相关机场信息。进近图是经过非常仔细的设计和完成的。

一项主要的进近图的重新设计工程于 1997 年由 Jeppesen Sanderson 提出。这个新的进近图应该减轻飞行人员的工作负荷，并使他们能够更精确地使用进近图上的信息。这种新型的图表是先前提过的那个组织详尽研究的结果。这种新的格式具体表现为从进近图表中吸取来的综合人为因素评价的经验，利用简要信息的一种标准预进近简报次序，以基础机组资源管理技术为驱动，以及在各种操作条件下日益强调的可用性和易理解性。新的进近图表的格式在附录 F 中体现，这是 Jeppesen Briefing Bullentin 强烈推荐的。它阐明那种在所有气候条件下需要的信息和进近图表的复杂性和重要性。

具有特殊地形问题①的深色线进近图的引入已经得到了非常好的改进。通过不断的努力使得在用户友好界面方式中显示重要信息并且减少了不必要的混乱。这里存在大量的组织混乱的不一致性，因为这些图板必须满足不同使用者的大量需求。颜色的另外一个用途是在特殊页面设计中机场区域的彩色照片的使用，尤其是对机场技术指标。这种技术方法的最大优点就是能够在任何需要的时候调出页面进行查看。一些涉及航空中颜色使用的问题在第四章——物理环境和飞行生理学中讨论。

目前的飞机日益使用 CRT 或平板显示系统显示进近数据。作为显示媒介，平板显示系统比 CRT 具有几个优点并且在技术上更为先进，因此平板显示成为了制造商和使用者选择的驾驶舱显示方法。然而，多数使用者仍然依靠纸质图表，因为在他们飞行的飞机上没有 CRT 或平板显示系统，同时他们也需要数据确认。电子显示发展中的问题与目前纸质图表中存在的问题是一致的。

一些美国境外航空公司，特别是英国航空公司、德国汉莎航空公司、

① 重要地形特征的 Jeppesen 标准是指在 6 海里圆形区内海拔或障碍超过机场参照点 2000 英尺以上的任何地点或在机场参照点 25 海里圆形区内海拔或障碍超过 6000 英尺的任何地点。

KLM 航空公司和 ATLAS 集团的其他成员航空公司印刷他们自己的进近图图表或者有他们特殊的印刷品。把 Jeppeson Sanderson，Inc. 作为提供商的许多美国和国际航空公司在飞行员使用的进近图图表中作了特殊的修正，这能够反映他们自己的操作规范和其他常规数据。

信息管理

大量的数据和其他包括地图、图表和进近图等内容的信息在驾驶舱中是可以获得的。这些信息的管理对于飞行员、航空公司管理、制造商和管理者来说是一个实际的问题。目前，至少由于两种原因造成不断发展的运行问题。第一个原因是在不同的个人方式中能够获取运行环境下被同化的最大数量的信息。第二个原因是基本上需要这些大量信息的一个部分或几个部分，这与第一点是紧密相关的。

可以通过纸质文件、与空中交通管制（ATC）或公司人员的语音交流和飞机设备的信息传送来获得信息，尤其是在信息获取数量显著增长的玻璃驾驶舱飞机中。管理这些信息或把这些过多的信息区分优先顺序不是一项容易的工作。不过，在玻璃驾驶舱中科技手段的应用减少了飞行机组需要细察的设备的数量，并且提供了在更少的设备中提取更多信息的功能。但是，人为因素问题或人为犯错的机会仍然大量存在。

事实上，到目前为止人们所做的与玻璃驾驶舱飞机操作和电子飞行包开发相关的信息管理研究在将来都可能成为现实。运行信息管理包括比飞行机组交流更多的信息。在航空运行领域中这方面的例子就是美国国家航空和宇宙航行局兰利研究中心的航空安全/自动程序中的一个研究程序的议程。这个研究程序使用了一个经营上的定义，将信息环境定义为包括人、技术以及与航空器、航空公司、航空器制造商、美国联邦航空局和空中交通管制相关的其他特征（Ricks and Abbott et al.，1991）。在这本书中，我们稍微有一点狭隘的观点，并且原则性地涉及了驾驶舱信息管理。即使以狭隘的观点来看，驾驶舱信息管理也是与所有实体相关的。

运行环境的改变，尤其是未来计划的改变都会带来额外的问题。新的国家空域目标导致不可避免地需要增加空中交通管制能力，这意味着更大的交通量和更加紧密的飞机间距。这毫无疑问地会导致飞行员运行负担增加，并且需要与公司运营、空中交通管制和其余空域系统的其他使用者保持高度协调。然而这些都不是新的要求，它们的数量和复杂化已经增加，尤其是在变化导致飞行机组交通分离责任显著增加的时候，这些附加的要求导致驾驶舱信息超载。这个问题在第二十一章——目前安全问题和第二十二章——航空运输前景中一同讨论。

纸质文档是当今运行沟通中主要使用的一种媒介。除了基本的人为因素逻辑，运行问题或人为因素机会主要包括最初建立的实用的、合理的指标和较易的格式化。其他问题还包括减少交叉引用数量的需求、有用和无用信息的储存、技术写作的品质和效率以及通常使用的印刷样式。这包括最适宜的字体、颜色、使用纸张的重量和设计等等。最后，运行文件的信息数量必须控制在个人能力范围之内。

"玻璃驾驶舱"的引入通过增加可获取信息的数量改变了信息问题的本质。其中一个新问题就是关于FMC电子页面的适当选择的决定。在其他方面需要对FMC特殊使用和运行逻辑的良好理解。这不是一个简单的过程，因为FMC各不相同，而且它们并不是一直遵循简单的逻辑关系。

在FMC管制和显示单元中需要良好的指示，在信息集合中强调需要优先系统的良好表述都是可以实现的。在低工作负荷期间许多信息是重要的，这些信息在许多正常和几乎所有非正常运行中出现中度至高度工作负荷的期间内具有运行限制优先权。

持续存在的信息管理问题

许多年前，比林斯和Cheaney指出，在一段五年以上的时期内向ASRS提交的28000份报告中，超过70％的报告涉及信息传送的问题（Billings and Cheaney，1981）。许多报告都是信息管理的问题。比林斯和Cheaney总结出的结论是人的特性和系统因素对信息传送问题和不足产生作用。他们将影响信息传送问题的人的因素定义为"注意力分散、遗忘、监控过失以及不标准的程序和措辞"。他们将系统因素定义为"交通信息的无效性、不可靠的信息、不明确的程序、环境因素、高度的工作负荷和不常见的设备失效"。他们提到的大部分问题都是人为因素的分支。因此，我们希望通过增加数据链来缓解其中一部分问题。

没有任何理由可以让人认为未来信息管理方面的问题不会增多。目前，在某些飞行关键阶段，语音通信频率的通信量已经接近饱和。正如16年前比林斯和Cheaney指出的那样，信息传输中存在的问题和不足是航空系统中的一个大问题。与自动化和可靠性的提高对情况的好转有所帮助相比,将三人机组减为两人机组未能改善状况。使用地空计算机数据链会减少目前语音通信频率的拥挤,但是,使用数据链本身也会带来新的问题。可用信息总量会明显增加。几乎可以肯定的是,信息量的增加提高了信息管理的重要性。如果不能很好地管理新增数据,就没有办法提高航空运输运行的安全和效率。

第十一章自动化、第十三章机组资源管理(CRM)与团队和第二十章全球性安全挑战等三章中也讨论了某些信息管理的具体问题。事实上,即使是采纳新技术,也不会解决任何原来已存在的问题。"玻璃驾驶舱"的引入让人为因素专家不仅要面对原有的全部问题,还要面对先进技术带来的新问题。

参考文献

[1] Braune, Rolf J. , Hofer, Elfie F. , and Dresel, F. Michael (1991) . 'Flight Deck Information Management', *Proceedings of the Sixth International Symposium on Aviation Psychology*, The Ohio State University, Columbus, Ohio.

[2] Degani, Asaf (1992) . *On the Typography of Flight-Deck Documentation*, NASA Contractor Report 177605, December 1992, Ames Research Center, Moffett Field, California.

[3] Degani, Asaf and Wiener, Earl L. (1994) . On *the Design of Flight-Deck Procedures*, NASA Contractor Report 177642, June, 1994, Ames Research Center, Moffett Field, California.

[4] Degani, Asaf and Wiener, Earl L. (1993) . 'Cockpit Checklists: Concepts, Design, and Use', *Human Factors*, Human Factors and Ergonomics Society, Inc. , Santa Monica, California.

[5] Degani, Asaf and Wiener, Earl L. (1991) . 'Philosophy, Policies, and Procedures: The Three P's of Flight-Deck Operations', *Proceedings of the Sixth International Symposium on Aviation Psychology*, Columbus, Ohio.

[6] Degani, Asaf and Wiener, Earl L. (1990) . *Human Factors of Flight Deck Checklists-The Normal Checklist*, NASA Contractor Report 177549, Ames Research Center, Moffett Field, California.

[7] Federal Aviation Administration (1995) . *Human Performance Considerations in the Use*

and Design of Aircraft Checklists, Federal Aviation Administration, Washington, D. C.

[8] Hawkins, Frank H. (1993) . *Human Factors in Flight*, Second Edition, edited by Orlady, Harry W. , Ashgate Publishing Ltd. , Aldershot, Hanis, England.

[9] Howard, Benjamin (1954) . 'The Attainment of Greater Safety', presented at the 1st Annual ALPA Air Safety Forum, and later reprinted for presentation at the Aircraft Accident Prevention Course, University of Southern California, July 1957.

[10] IATA (1975) . 'Approach Plates', Twentieth Technical Conference, 10-15 November 1975, International Air Transport Association, Montreal, Quebec, Canada.

[11] Johnston, Neil (1995) . 'The Development and Use of a Generic Non-Normal Checklist with Applications in Ab Initio and Introductory AQP Programs', Aviation Psychology Research Group, Trinity College, Dublin, Ireland.

[12] Lautman, Lester G and Gallimore, Peter L. (1987) . 'Control of the Crew-Caused Accident', Airliner, April-June, 1987, Seattle, Washington.

[13] Murchie, Guy (1954) . *Song of the Sky*, The Riverside Press, Cambridge, Massachusetts, and Houghton Mifflin Company, Boston, Massachusetts.

[14] Mykityshyn, Mark, Kuchar, James K, and Hansman, R. John (1991) . 'Electronic Presentation of Instrument Approach Chart Information', *Proceedings of the Sixth International Symposium on Aviation Psychology*, The Ohio State University, Columbus, Ohio.

[15] NTSB (1988and 1989) . *Aircraft Accident Reports NTSB/AAR-88/05 and NTSB/AAR-89/04*, National Transportation Safety Board, Washington, D. C.

[16] Palmer, Everett and Degani, Asaf (1991) . 'Electronic Checklists: Evaluation of Two Levels of Automation', *Proceedings of the Sixth International Symposium on Aviation Psychology*, The Ohio State University, Columbus, Ohio.

[17] Ricks, Wendell R. , Abbott, Kathy H. , Jonson, Jon, Boucek, George, and Rogers, William H. (1991) . 'Information Management For Commercial Aviation', *Proceeding of the Sixth International Symposium on Aviation Psychology*, The Ohio State University, Columbus, Ohio.

[18] Rogers, William (1991) . 'Information Management: Assessing the Demand for Information', *Proceedings of the Sixth International Symposium on Aviation Psychology*, The Ohio State University, Columbus, Ohio.

[19] Ruffell Smith, H. P. (1979) . *A Simulator Study of the Interaction of Pilot Workload With Errors, Vigilance, and Decisions*, FNASA Technical Memorandum 78482, Ames Research Center, Moffett Field, California.

第九章　人体极限、人为差错与信息处理

人体极限

1952 年，航空安全领域的奠基人杰罗姆·莱德雷尔在一封写给皇家航空协会、旨在力图提高设计安全水平的信中写道：

> 常人只有一个大脑以及双眼、双手和双脚，其对指令的反应很难保证在 ±5% 的范围之内；常人的体温适应范围不超过几十度；其心脏只能以恒定的心率和血压工作；其循环系统习惯了相对稳定的环境；其循环和呼吸系统等压力系统的承载能力有限；其操作能力受到疲劳、疾病、失误、生气、疏忽、高兴、抱怨和焦虑等各种因素的影响。这一机制早在石器时代就在支配着人类的活动，直到今天也未见进一步的发展。问题在于要允许这一古老的机制在很小的误差范围内起作用，并能在各种不同的陌生环境下控制其强度。

（Jerome Lederer，1952）

如今，我们依然面临着杰罗姆在 50 年前就提出了的问题。所幸航空运输业在其间若干年中的长足发展为解决这一问题作出了贡献，人类"尽管没有进一步发展"，我们却依然可以进行正常运作。然而我们正不断经历各种陌生的工作环境，如今我们面临的工作状况范围更加广泛。无论如何，应当牢记杰罗姆论断的实质及其实用性。

在距今仅仅 31 年的 1966 年，安查德·蔡勒提出了这一观点并作出了清

晰的结论。他在安全飞行国际公司组织的航空安全研讨会上对与会者发表了如下演讲：

> 在任何时候，当人是操作者时都应该记住这样一项基本真理：无论怎样优选、优训和优化，操作人员总有一定的局限性。当这些局限性超过了瞬时基准，便会造成事故征候。如果这些事故征候多次重复，就会导致事故发生。

> (Anchard Zeller，1966)

个体差异

应该记住，尽管人们具有很多相同的局限性，但特定国家的人与其他国家的人是不同的。他们之间至少存在两项基本的差异。一项基于人体测量，这些人体测量结果来自于美国与欧洲（常见于军事人员）进行的研究。另一项基本差异源自其不同的文化背景。大量证据表明，外来人员的性格特点在很多方面都与本国居民有明显不同。例如，众所周知，除了自身因素的差异以外，受国籍及文化背景影响的动机因素也有很大的不同，甚至在某些情况下理解力也会表现出差异。此外，在相同的民族文化内部，不同的组织文化以及管制文化也会对行为产生影响。在这种情况下，很难理性地要求所有个体行为一致。

即使在诸如飞行员这样经过多种选择的群体中，仍然存在行为方式、态度看法以及个性方面的差异。在航空系统其他重要组成部分的非机组人员中，同样也存在这种差异。通常情况下，前述各个因素通过相同的途径影响大多数人。主要变化在于影响的程度不同，而非影响本身的性质不同。应该记住的是，人与人存在差异，并且这种差异意义重大。

一般人为差错

早在两千年前，西塞罗就指出"出错是人与生俱来的天性"。其后若干年的实践证明了这一论断的正确性。拉斯穆森、邓肯和拉普拉特（1987）告诫我们，观察发现的人为差错的多样性，"更多反映的是环境的复杂性，而非心理机制的多样性"。

所有的人（包括飞行员）都会出现差错，这是一个基本事实。飞行员所出现的差错趋于一般化、稀少化，甚至更具偶然性。对于这一观点人们很少有不同的看法，尽管很久以来人们的传统观念是认为机长从不会出现差错和失误。但如果他们出现了失误，则无疑将被视为失职。现在，我们对这一问题有了更为理性的认识。

人们对差错有很多定义，以我们的观点来看，森德斯和莫瑞（1991）对差错的定义更为贴切，他们将差错定义为"一种不能满足隐性或显性标准的人类行为"。他们进一步指出："当一系列计划好的行动未能达到预期结果，并且不能将其归因于某些偶然事件的时候，差错就会发生"。我们不会像关心人为差错现象及其共性一样去关心一个特定的定义。

人类知觉与差错根源

大多数人类经验是以感受到的某种形式的体能为开始。因此，我们从某些与接受感官刺激相关的因素开始来讨论人为差错似乎更为合适。

人体感官

人们都有感受光线、声音、气味、味道、移动、触觉以及冷热的器官。很多感觉对于外部事物作出正确反应并且完成特定任务都是必需的。人通过眼睛、耳朵、味蕾、各种触觉器官、感受人体方位的前庭及内耳以及关节和肌肉上帮助定位肢体的本体感受器官来实现这些感觉。某些感觉要比其他感觉更为敏感，但是这些感觉多数易于退化。所有的感觉都有局限性。致力于人为因素领域的专家都需要相关的生理学知识。在国际民航组织支持下的国际规章建议，掌握一定的生理学知识也应当成为未来飞行员执照考试的一部分。相关领域的内容详见第四章——物理环境与飞行生理学。

感觉不同于感知

据估计，与外界环境相关的信息约有 80% 是通过视觉获得的。航空领域中这一比例甚至更高，因为飞行中视觉是我们最为重要的感觉。本书中大多数关于感官的讨论都包含视觉。本章末尾的参考文献中有更为深入的讨论。

我们所知的关于视觉的一个基本事实是，感觉不同于感知。身体感官将输入信息从视网膜传递到大脑，信息在大脑被感知、破译，并被赋予特定的意义。感觉与感知不同，主要原因是因为在特定刺激下，感觉总是一成不变的，而对这一刺激的感知则会有很大的不同。图 9.1 乍看上去是一系列毫不相干的图形，但经过一定的训练和学习后，会有全然不一样的发现。

图 9.1 感官刺激导致多种感知

资料来源：心理特征与人为差错关系综述，第 4 页，Gabriel，1975。波音公司授权引用。

注意力、刺激及动机

尽管我们不能确定所有的刺激都能被个体感知，但刺激从未作为完全被动的受体而起作用。对于感知到的特定刺激信息的准确性和有效性而言，原有知识和当前动机都是重要的决定因素。人类感知能力的局限性限制了人们同时感知不同信息源发出信号的能力。

大量证据表明，大脑不仅能控制刺激的强度，而且还能隔绝部分（而非全部）多余的刺激。如果两组刺激竞相引起我们注意的话，往往是广度、强度、频度最大且轮廓、对比度和颜色最清晰的刺激占优势。然而，个体所需要的和感兴趣的因素会最终战胜其他因素。刺激是相同的，而感知却变化多端。

从第四章——物理环境与飞行生理学中，我们已经知道大脑会将注意力集中到它认为重要的刺激上。这常会导致对一两个因素的管视或过分注意，从而忽略了其他可能同样重要的因素。这是一种选择性注意，行为人的注意力过于集中在任务的某一方面，以至于不能注意到其他或许更为重要的因素。在这种条件下，行为人可以感觉到预期信息，但却无法进行正确的感知和行动。

　　一项关于猫狗的著名实验说明，当注意力集中于其他目标时，分散刺激的有效性将被限制在一定的范围之内。猫的体内被植入电极，以此来测定由耳朵传入大脑高级中枢的神经兴奋程度。再引入"短声脉冲"式的噪音。当猫的面前出现一只装在瓶子里的老鼠时，其注意力会专注到老鼠身上。

　　实验中引入的短声脉冲结果显示，老鼠出现时猫的神经系统活度远低于平时。显然，为了降低被老鼠所转移的注意力，猫的大脑抑制了外来的脉冲刺激。上述现象如图9.2所示。

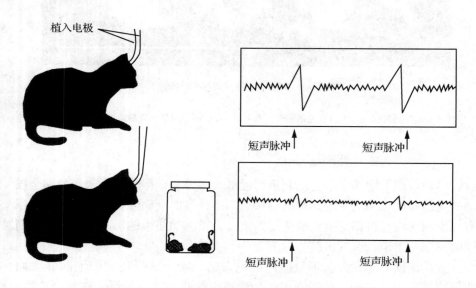

图 9.2　注意力转移导致对感官刺激反应的变化

资料来源：心理特征与人为差错关系综述，page 30，Gabriel，1975。波音公司授权引用。

　　"反应定式"的概念在航空运行中至关重要，因为它会在许多方面影响人对外部刺激的行为反应。对反应定式的一个定义为"基于已有经验或指导，运用特定方式方法解决问题的倾向"；另一个定义是"运用特定方法对周围环境响应的准备"。概括来讲，是指人们对所预见的外部环境（至少是部分地）进行感知，并作出响应。民间谚语"见所想见，闻所想闻"说明了反应定式现象的重要性。

很多人相信一架荷兰皇家航空公司的 B747 客机在特内里费机场与另一架泛美航空公司的 B747 客机相撞坠毁的事故中，反应定式是一个重要因素。因为大雾原因，能见度几近最低，荷兰航空的 B747 客机期待能听到起飞的放行许可。不幸的是，机组听错并且曲解了放行许可，导致其与泛美航空客机的相撞。这是目前世界上最大的一起空难，共有 582 人遇难。习惯和社会环境的作用会显著影响定式感知反应的日常表现。

当我们面对模糊不明确的暗示时，动机就成为至关重要的因素。人们往往会专注于他（她）所期望的外界刺激状态，这是完全正常的。换句更通俗的话讲，越想看到就越容易看到；越想听到就越容易听到。这种倾向在航空作业中非常重要，比如在临界天气下的着陆，飞行员当然希望能够看清进近指示灯和跑道，以便能够进行降落。如果注意力和信心不放在不受感觉判断影响的精密仪表数据上，错误辨认进近灯将会导致灾难性的后果。像特内里费空难那样，没有可靠的仪表数据可用于核查空管的放行指令。这一系统有赖于高效的语言交流。

动机是行为的一个复杂组成部分并且显得尤为重要，因为它是行为的核心要素。动机引发行动，并指导和整合行动的各个方面。动机激励着行为人的意志，并导致以目的和动机为表现的必要行动。缺乏动机同样会抑制行为的发生。

目的可以被定义为一种目标，是一个相对简单的过程。动机过于复杂，可以将其划分成两类。第一类是一种关于饥饿或口渴这类内在状态的"内驱动力"，它激励着我们的行动。第二类是一种目标，它引发行动，并至少可以临时终止最初动力。动机包含领导能力和士气。基本上来讲，动机包含马斯洛提出的著名的需求层级，如图 9.3 所示。

彼得·F. 德鲁克曾指出："……需求或需要会随着它的满足而发生改变……当针对目标的需求或需要达到饱和时，它作为回报和激励的吸引力会迅速消退。然而，它阻止行动、制造不满和制造障碍的能力却显著增强"（Drucker，1974）。这是一种特别容易观察到的现象。

一些由不当的注意、反应和动机而引发的典型错误见图 9.4。这些类型的错误不仅仅限于图中所给的例子。

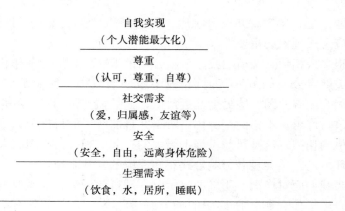

图 9.3　马斯洛的需求层次模型

资料来源：引自马斯洛，A. H. ，"A Theory of Human Motivation"，*Psychological Review*，1943 年 7 月。

注意力
- 飞行员过于专注跟踪飞行指挥仪，以致忽视了下降速度、高度表、空速或仪表着陆数据；
- 在武器运输中，飞行员过于专注跟踪目标，以致将航空器飞入目标控制区；
- 飞行员注意力被故障转移，忘记保持飞行状态；
- 飞行员未予以确认或者纠正过高的下降速度、或过低的高度，以致未达跑道着陆。

反应定式
- 飞行员期望达到 10000 英尺，但却将高度表上 1000 英尺的指示误当成 10000 英尺；
- 未收起落架而是展开扰流器导致复飞；
- 收到错误天气信息，在低于最低天气条件下无意识的继续操作。

动机和冲突
- 执行航班计划时"偷工减料"；
- 偏离飞行航道以满足乘客观看地貌风景的意愿；
- 低于最低天气标准下故意继续操作；
- 消减噪音进近或起飞；
- 天气状况恶化时反复尝试着陆；
- 机组或空管人员消极怠工，分散机长注意力，出现漏洞和差错。

图 9.4　不当注意力、反应定式或动机造成的典型错误类型

资料来源：*A Review of Some Universal Psychological Characteristics Related to Human Error*，page 40，Gabriel，1975。波音公司授权引用。

人是一个复杂生物体，这是有助于我们更好地理解动机和行为的一个附加因素。动机并不总是通过简单直接的方式影响人的行为。通常情况下，一些相互冲突的动机会同时起作用，为了满足每个动机，从而产生一些相互矛盾的反应。这些矛盾反应的会导致冲突，而这些冲突必须要解决。解决这些冲突的方法包括："延缓决断或干脆不做决断；通过其他途径努力回避反应；忽略现时情形；或寻找其他折中方案"（Gabriel，1975）。冲突的动机还会引起其他形式的行为，如不稳定的行为，一成不变的行为方式（实质上是忽略了矛盾的存在），情绪化的反应模式，或者变得过于好斗。决定对冲突反应的关键因素在于动机的相对强弱，达到或接触目标状态的距离，以及接近矛盾状态的情况。

一些航空心理学家认为很多航空事故都要归因于冲突因素。尽管很多人为差错的原因都可以通过改善驾驶舱人机工程予以消除，但还有很多与动机和注意力相关的因素无法消除。这些差错的源头在制定规章、程序和公司条例时就需要考虑，从而予以纠正。最后，有必要重点强调对已有条例和程序例行执行的重要性。建设性使用同年龄群体压力是十分有益的。

航空事故率和航空人为差错

多年来，60%～80%的航空运输事故（及事故征候）都可归因于机组人员的操作。现在众所周知人为失误是不可避免的，所有的人（甚至设计工程师和飞行员）都会犯错误，这使得失误变得普遍化、无意化、相对罕见化和随意化。对于这一观点，基本上没有不同意见。进行飞行员事故记录至少有两个原因，目前公认这些原因过于简单，并容易令人产生误解。一个原因是，公众倾向于将单个起因作为灾难的原因。另一个原因是，飞行员或机组总是那些可对诱发事故的航空运输系统任何部分采取措施的最主要的、最后的人员。

飞行员的一项重要工作是应该能够从系统要素的错误和失败中汲取教训，无论错误是否是自己所犯。格拉尔德·布鲁金克（1975）曾坦率地告诫一批飞行员："你们是易出错个体操作系统的最后一道防御底线。"不幸的是，事实上错误是不可避免的。全行业必须加强学习，使产生的错误数量降到最低，并能控制这些已发生错误所带来的操作后果。与控制这些后果相关的问题将在第十九章——事故分析的一些流派，以及第二十章——全球安全挑战中进一步讨论。

差错分类

差错被分成不同的类别，以便于对其进行更好的描述和理解。分类方法有很多，一种普遍分法是：首先为遗漏差错——发生懈怠或不当作为情况，需要特定活动替代。其次为操作差错——选择错误操作，未能将正确行为坚持到底，或控制措施操作失误而尽可能去矫正。最后为替代差错——执行错误操作来替代与之不同的正确操作。更简单的一种分法是将差错分为可逆差错和不可逆差错，不可逆差错是无法进行补救的。

另一种在航空安全中更为有用的分法是将差错分为随机差错、系统差错或偶发差错。随机差错很难预测，可能由各种情形引起，与直接目标可能有关也可能无关。航空系统必须学会容忍随机差错，因为它们很难通过更好的训练、更好的工艺或者更好的设计予以消除。系统性差错是可预测的，但并不是每次都会发生，它们是缺乏最优设计、工艺或训练的产物。系统差错的消除首先需要对其进行识别，然后再纠正设计、工艺及训练的不足。偶发差错则发生在日常良好运转的过程之中或之后，很难预测和预防。霍金斯（1993）用图 9.5 所示的射击靶子作为例子形象地说明了这三种类型的差错。

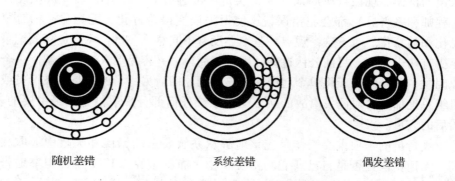

随机差错　　　　　　系统差错　　　　　　偶发差错

图 9.5　差错分为随机差错、系统差错或偶发差错

资料来源：*Human Factors in Flight*，第 2 版，第 47 页，霍金斯，Arcade 出版公司授权引用

霍金斯还将这一差错分类与航行联系起来。如下文所述：

> 如果将这三种差错类型与飞行状态联系起来，我们会发现飞行员不按可识别模式降落的话，着陆点会有所偏离，这时他所犯的就是随机性差错。如果一个飞行员一贯地着陆未达跑道，则说明是系统性差错。如果一个飞行员通常都能精确着陆，但却偶尔有一次无法解释的罕见着陆未达现象，那么他所经历的就是偶发差错。同样的差错分类方式当然也可用于其他任务的作业过程，例如女乘务员准备咖啡或者技师进行维修工作。

（Hawkins，1993）

美国国家运输安全委员会研究中的分类

美国国家运输安全委员会在一项致力于更好理解航空运输事故中人为差错的研究中，对 37 起美国航空公司重大事故（1978—1990）中查明的 302 项差错逐一进行了分类。安全局的安全研究项目发现每起事故中的平均差错率为 8. 162 （302/37 = 8. 162）。NTSB 采用了 H·P·瑞福·史密斯博士在他的经典著作《飞行员工作量与差错、警觉和决断交互作用的模拟研究》中所使用的分类表。此分类表说明了差错产生过程的复杂性，如图 9.6 所示。除了下面描述的分类方法之外，NTSB 研究小组还将 302 项差错分为遗漏差错和操作差错。

尽管我们很清楚有很多种差错分类方法，而且大多数方法都还可以细分，我们还要时刻记住拉斯穆森、邓肯和拉普拉特（1987）所提醒的"我们看到的人为差错表面上形式多样，这更多反映的是环境复杂性，而非心理机制复杂性"。全球航空运营多变、复杂，且是动态的。没有单一的差错分类学能够满足所有可能的需要。为了便于正确理解这一问题，了解分类方法的局限性是非常重要的。

1. 飞机操纵：飞机未能被控制在设定参数内。
2. 通讯：不当回读、didascalia听，提供准确信息失败，提供信息不当。
3. 导航：选错无线电导航台所需的频率，选错径向方位或航向，误读航图。
4. 程序：未做必要标注，标注不准确，对所需飞行检查单或简报未作处理或未处理完成，未遵守设定检查单程序，未参考航图或者未获得关键信息。
5. 资源管理：未在机组成员中分配工作职责或者未予分配任务，未区分完成任务的优先次序，机组成员工作超负荷，未做好飞机操控任务交接。
6. 情景状态：控制飞机出现错误参数。
7. 系统操作：操作发动机、液压系统、制动系统或油路系统不当，误读或误设置仪表，未作防冰处理，预警系统失灵（注意：气动系统也应包含在此处）。
8. 战术决策：错误决断，未响应信号改变操作步骤，未留意到要求改变操作步骤的警告或警报。
9. 监控/质疑：未对其他机组成员的错误操作或不作为进行监控或提出质疑。

图 9.6 美国国家运输安全委员会安全研究中所用差错分类方法

资料来源：引自 NTSB 安全研究项目，1994 年 1 月

失误与过失

另外一种最为有用的分类方案将差错分为失误或者过失。现代航空运营正面临日益复杂的环境，并非一项简单作业。任何操作中出现的不可避免的差错都可分成失误或者是过失。失误是不当的或者疏忽的行为，而过失则是意图、理解力或认识不正确。例如，顺风时速 20 节时起飞（通常 10 节为极限），或者机翼结冰时起飞（禁飞状态）即为过失——基于规定的过失。计划要起飞但是起飞计划本身有问题，而实际上有明确的规章可以预防所有过失。相反，失误只不过是执行错误，它包括诸如收襟翼起飞、机腹着陆或者无许可起降等情况。飞行检查单的设计目的就是要消除众多疏漏失误。未将检查单列入工作规范即是过失。

初次差错和二次差错

前 8 个差错被认为是"初次差错，即不依赖于先前的差错"。第 9 个差错则被认为是二次差错，它"依赖于其他机组人员先前或同时所犯的初次差错"。

这些差错分类法之间的界线有时候很清晰，但有时候却很难明确区分。在另一种解释中，詹姆士·里森将失误与过失按如下定义："失误是在行动的执行过程中出现失败所导致的错误，而过失则起源于行动的计划阶段"（Reason，1987）。

过失多是由于训练不足导致的，尽管可能还有其他原因；而失误则更多地跟压力、疲劳、自满、工作量负荷过大甚至过小，及其他工作内外的健康状况有关。不论过失是否起源于计划或预先计划阶段，也不论失误是否由行动过程中出现失败所致，最终结果都是出现差错。差错的后果并非我们所预期。过失的有效改进明显区别于失误的有效改进。必须能够控制失误或过失的潜在不良后果，因为任何一个都有可能成为一起事故或严重事故征候的主因。

信息处理

人们通过其感觉官能从周围环境获取信息，并在大脑中对信息进行处理。在这一过程中，一个基本问题是人们是否能同时处理多个渠道的信息，即人的大脑是单通道还是多通道处理器。尽管人们可以同时做很多事情，如开车时交谈或打手机，骑自行车时吃三明治，但大多数当前证据表明，至少在高阶心理过程中，人只有一个处理通道。这种单一通道的处理能力也是有限的。

信息处理在现代航空运行过程中至关重要。尽管人类具有非凡的感知能力，但我们也知道，具体到每个个体时，其信息处理能力都有局限性。由于这些局限性，现代"玻璃驾驶舱"所面临的一个问题是有效信息的数量。提供能及时消化的信息要比单纯提供大量信息更为有益。仅仅提供显示器信息而不去分析如何由所需人员对当前信息进行有效处理，这样做是毫无益处的。以上这些是设计工程师们一直面临的问题。

次优仪表和预警系统都是因为考虑到人为处理系统的能力和局限性而产生的。最为成功和卓越的一款运输机有 400 个警铃、指示灯、警笛以及其他听觉和视觉指示器，每一个都传达着重要信息。然而，人有时很难对 400 个显示出来的特定信息进行逐一识别，而且潜在的信息组合更易让机组人员负担过重（即使他经过严格训练）。尽管机组人员变得更加经验丰富，诸如此类问题也难以消除。

示波器及平板显示器的数字电子设备被装配到"玻璃驾驶舱"飞机上，其灵活性和适应性有很多优势，但也会加剧人为因素这个现实问题。尽管数字电子设备、示波器和平板显示器大大提高了有用信息的数量，但我们业已知道，人的信息处理能力是有限的。尤其是对新型飞机，更容易获得大量数据流。不幸的是，人们只能把注意力集中于其中的部分信息，对那些事实上未实现"自动化"的任务而言，速度和精确度之间不可避免地会存在一个平衡。对于多信号评估情形，显然需要某种过滤和优选系统。我们知道当对手工操作及速度提高有所需求的情况下，差错会增多；精确度得到提高的情况下，时间耗费又会增多。

现代玻璃驾驶舱所需的大量信息对设计工程师、管理者、运行人员和飞行员都提出了考验，主要包括初训和复训、短期及长期记忆限制。这些因素大都带来了有效人为因素的问题。这是一个非常复杂的话题，很多人为因素问题一般都按心理学规律来处理。在对信息处理进一步讨论时，我们极力推荐本章参考文献中所列的威肯斯的《工程心理学与人类工作效率》。

短期记忆与长期记忆

短期记忆常被缩写成 STM。短期记忆在人们行为中的一个常见例子是电话号码的使用。几乎每个人都查询过电话号码，但是稍一分心，就必须重新查询，这主要是由于完全正常的短期记忆限制所致。

通常短期记忆的容量大小为 7 ± 2 个项目，尽管信息类型不会对短期记忆有太大的影响，但如果不对其给予持续关注的话，信息很快就会被遗忘。如果超出了短期记忆的容量，信息将会在无中断情况下丢失。这也是好的驾驶舱操作程序至少需要给一名飞行员配备高速暂存器或其他存储设备的原因之一，其目的是为了满足空管放行许可的要求。如果信息能以更大的单位（称为"存储块"）存储，而不是原先的"位"中，短期记忆的容量将大幅提高。例如记住 WAM JAV 比记住 926 – 528 容易得多，因为可用双"存储块"处理 WAM JAV。

对长期记忆（LTM）而言，需要持续的关注和重复才能将新的信息记住。当持续不断地进行关注和重复时，信息占据了大脑中的中央信息处理器，而限制了其他信息的处理过程。

大量证据表明，有些东西一旦学会或者亲历过，就很难从长期记忆中抹去。因此，长期记忆问题更多的是有关检索而非存储的基本问题。几乎每个人都曾有过这样的经验：怎么也想不起好朋友的名字。名字往往 "就在嘴边"，但在需要的时候却说不上来。

熟练的操作人员通过经验和训练后，会知道很多接收到的信息是多余或者不重要的，因此会将其忽略。詹姆士·里森教授指出，对输入信息的甄别以及更为集中的注意力是熟练操作人员与非熟练人员或新手最重要的区别标志（Gabriel，1975）。输入选择器（在大脑中）受长期记忆中所存储信息的支配，对输入信息进行筛分、整理并重新排序，最大限度地增加通过大脑有限容量系统的重要信息数量。熟练操作人员滤除掉无用的或多余的信息以后，便会有时间来预先制定下一步的计划或行动，从而能进一步减轻压力并使问题易于处理。通过对所关注问题的不断重复和实践，原先需要中枢处理的行动或一系列行动就会变得更加自动化。此时，事实上自动处理程序早已存在于长期记忆中，只不过在需要时忽然出现而已。

技能需要、技能恢复与技能退化

技能需要体力、脑力协调或二者之间的协调。很多技能通常很难掌握，即使掌握也需要一个漫长的过程，还有一些技能如果运用不熟练的话很快就会被遗忘。尽管与技能相关的信息从未被遗忘，但一些技能相对较为脆弱，如果不熟练很容易会退化。这种退化很微妙，除非突然用到某项技能，否则很难被注意到。这也是机长每半年、副驾驶每一年需要进行熟练性训练和检验的原因之一。美国联邦航空局的高级资格项目（AQP）进行重要技能的退化再测试，以确定人员调动的合理期限。这种测试对人员调动有明确的要求，在常规例行飞行中或许用得到，或许用不到。美国航线运输飞行员协会认为，尽管当前对某些熟练性训练的频次要求过高，甚至是不必要的，但是任何必需技能都应当成为周期性训练和检验程序的一部分，而且事实证明训练或检验周期间隔不应大于两年。

幸运的是，大多数技能通常很快就能被拾起，即使已经荒废了很久。这些技能有多种退化及衰退问题。典型的例子是游泳或骑自行车的技能，它们衰退起来要比其他技能慢得多，而且能很快被捡起。如我们在第十一章——自动化中所见，由自动驾驶导致的手动驾驶技能退化是我们真正需要考虑的问题。毕竟重新拾起一项特定技能要比从头学起容易得多。

经过大量实践以后，更多脑力介入的需要会显著降低甚至消除。这一现象多见于基本仪表飞行，（飞行员的）反应会变得模式化，能够自动进行而无需大脑的中枢处理。在掌握了必要的技能之后，先前难以解决的任务只需花费很少脑力即可轻松完成。但不幸的是，飞行员所掌握的这些技能很少是完全通用的。比如，精通航空器运行和老式模拟装置译码的专家在使用最新式运输机"玻璃驾驶舱"内的数控仪表及显示器时，难以保证很轻松就能获得同样的熟练程度，尽管飞行所需的基本人工控制操作都是相同的。

人脑——不仅仅是人工计算机

人脑在某些领域的活动与计算机无异，但人脑远不只计算机这么简单。然而，尽管人脑能够处理简直不可思议的过程（如作出判断及复杂决定，这些是计算机所不能的），但人脑处理数据的能力与现代数字化计算机比起来要慢得多。对于简单任务，人的最大处理速度约为每秒作出 2~3 次判断，相比之下现代计算机的处理速度则要快得多。即使对连续跟踪任务，人脑也是间断地进行处理，而非连续完成。如果任务变得更为复杂，大脑的处理时间会增加。人脑作出判断所需的时间随不确定性或可能发生的多重反应而增加。

使用计算机执行（或指导）很多航空运输运营所需的常规功能具有显著的优势，而且安全高效。然而，计算机的运行过程自始至终必须由人进行监控。不幸的是，人并非优秀的监管者，尤其是对一些非频发事件。关于自动装置（计算机）监控的重要主题将在第十章——工作量中详细讨论。

日常使用的规定程序及偶发故意忽视

对规定制度及程序的故意忽视在航空运输运营中所幸很少发生。然而，在某些事故中也能见到确实属于故意忽视规定制度及程序的情况。应当看到的是，对规定制度及程序的忽视并不仅仅局限于飞行员。这一问题及对这一行为的讨论同样适用于从事任何操作的人员。

可遵守性差的一个原因是这些程序本身存在不足。所有程序都必须经过例行检查。有问题程序在高危作业中是不被接受的，当然在航空运输中也不被接受。程序（包括检查单和必要编号标记）必须非常健全而且高效。汉莎航空公司的海诺·恺撒以轻松的口吻指出，包括标准操作程序（SOP）在内的所有程序必须是"现实的、有利的、易用的、可靠的"。我们还应补充一点，程序制定过程中还必须与使用者充分沟通。

制定"现实的、有利的、易用的、可靠的"程序并不像听上去那么简单。仪器的差别以及经营文化，甚至同一航空公司不同飞行员之间籍贯的差别，都会带来真正的问题。另一个问题是短途运行与远程运行之间的现实差别。对远程航班飞行员来讲并不是什么问题的程序或检查单，对短途航班飞行员来说可能就是一件麻烦事，因为他们要频繁使用这些程序和单据，有时每天甚至使用6次或更多。对于特定操作并不"现实的、有利的、易用的、可靠的"程序，飞行员们有时会对其作出调整甚至不予理睬，这一点不足为奇。对航行检查单的改进在第八章——文件，包括检查单和信息管理中进行了详细讨论。

要与规定程序保持高度一致性并不是一个简单问题。例如，对于上述我们所面临的问题，总有少数人会违反规定操作程序，不过幸好违反程序的人非常少见。

飞行员或任何其他团队成员之间总是在动机、品格、生活方式、个人目标、个性以及自我力量方面存在相当大的差异。尽管在对飞行员的选择、指导和测试方面非常谨慎，但从他们的长期职业生涯来看，上述特质有可能、也肯定会发生变化。然而，不论这种改变是暂时的还是持久的，事实上所有的飞行员都希望能被同行认可，成为"优秀飞行员"。另外，更为重要的是，他们不希望被同行认为是"逊色的飞行员"。飞行员与许多其他团队成员一样，对同伴的团体监督压力特别敏感。

如果为了达到与良好的规定程序的高度一致性，采取的所有措施如果都是权威意见，那将是一件幸事。但很不幸，做到这一点并非易事。在制定程序的过程中与整个飞行员团队的良好沟通是必不可少的。然而，对于故意违规的情况，即使有良好的沟通也是不够的。例如，故意违规的一些原因如下：

● 飞行员或其他成员可能认为规定程序就是不正确的。

● 飞行员或其他成员可能认为规定程序对"一般"飞行员或其他成员还可以，但对他/她本人却不一样。

● 飞行员或其他成员可能认为他/她自己的程序不是和规定程序一样就是比规定程序还要好。

● 飞行员或其他成员可能认为规定程序并不重要或不必要（或者根本

不用考虑），仅仅一次、经常性地或者始终这样认为。

● 最后，在某些情况下，飞行员或其他成员并不真正反对规定程序，但却有意无意地想去违反"它们"——这涉及通常所说的管理或权威。

大多数情况下，飞行员或其他成员相信，不遵守程序并不会对安全产生太大危害。即使对安全有些小危害，他们也常常认为值得去冒险，因为他们深信事故不会发生在自己身上——至少当前这一次不会。当然，在他们身上故意违规的情况还存在其他原因和表现形式。稍作变化，上面所列原因就可能成为很多领域违规现象的潜在起因。

按照不同程度，故意违规至少具有三种常见特点：

1. 每个人都挑战权威。

2. 每个人可能经常用过度方式来掩饰一定程度的不安全感——常伴有过于男性化（或过于女性化）的表现。

3. 每个人都强化个人自我意识。

出于大家理解和熟知的原因，专业人员都应遵循"现实的、有利的、易用的、可靠的"规定操作程序，这是必须传达给机组人员及其管理者的信息。规定程序在应用环境中的现实可行性是必需的，这对其他需要遵循规定程序、采取高效工作方式的人员同样适用。

在日复一日的生活压力下，违反规定操作程序是完全正常的反应，能够意识到这一点至关重要。要想解决"故意违规"这一难于应对、却又非常现实的问题，就应当认识到上述这类行为。另外，还应当努力使那些敌对情绪，以及某些情况下在挑战权威的过程中所隐含的不安全状态得到净化。尽管来自同伴的团体监督压力在处理这一问题过程中有一定作用，但也不能被视为万能药。

正确认识机组差错

机组差错与航空运输业密不可分，因为很大比重的航空运输事故都与其有关。早期对于引入最新一代飞机，人们热情高涨，那时很多设计工程师和航空安全专家坚信不断发展的自动化系统将会抑制甚至消除人为差错。不幸的是，接下来在最新运输机上应用的自动化系统既未有效抑制也未能消除人为差错，尽管很多常见差错的表现形式已经大为改变（Wiener，1983）。同时，全球范围内的事故率持续表明 60% ~80% 的航空运输事故与机组有关，而且很大比例的事故可归因于机组的作为。对于航空系统的潜在问题在这些事故中所扮演的角色，业内人士目前已达成共识。这些潜在问题将在第二十章——全球安全挑战中进行讨论。

在 1975 年 11 月 10 号国际航协组织的 20 世纪技术大会上，理查德·加布里埃尔博士在仔细考虑了人为差错相关问题之后，总结到：

　　……人们如何能做到在做好每件事的同时永远都不犯错误，这是很难让人理解的。人们的感知易受错觉影响，注意力每次只能集中于一件事情，受到本身信息处理速度的限制，一旦反映变成习惯以后就很难直接控制，记忆有时也会跟人开玩笑，被动机冲突所困扰，变得疲劳；等等。

　　尽管有如此多的限制，但人类能完成自动化系统无法完成的任务，且具有高度的可靠性。一位学者运用汽车交通数据总结到：人们能作出数以百万次决定而不出任何事故（Reason，1974）……而且这一记录并未因醉酒、行人、恶劣道路阻碍、低能见度、难以理解的标志以及其他不适宜环境而受到影响。

　　不幸的是，尽管人的可靠性有如此鲜明的例证，但据统计，与人为因素相关的事故比例却占到了 80%。很多事故其实是可以避免的。发射程序中 50% 的燃料泄漏事故是由螺母螺帽扭矩过大造成的。另一项研究表明，书写不当的手册或指南所引起的差错要比设计很差的指示器和仪表带来的差错多 33%……

　　安全活动应行之有效。对生存和自身利益的基本动机应当成为促进安全的强大力量。但安全宣传活动对促进安全所起的效果相对并不明显。一位研究者（Kay，1971）指出，这是因为我们都倾向于认为事故只发生在别人身上，而不会发生在自己身上。他指出警示缺乏直接的强化效果。安全简报的读者或许并未经历过与简报报道同类型的事故，可能相信他/她自己的经验可防止犯同样的错误。

　　这种情况并不表示没有希望。为克服危险状况而做出的努力已使事故模式发生了变化（Kay，1971）。对事故的系统性抵制很快将会收到效果。过去我们过多地采取补救措施而不是寻找解决办法。不去寻求对问题的真正理解，而是进行警告或力图使任务变得自动化，这种做法只能使问题更为复杂化而无助于问题的真正解决。对人的特性的理解已取得了长足进步，在工作设计中已具有实际价值……如果减少人为差错被给予足够的重视和优先考虑，毫无疑问，这一目标一定能够实现。

（Gabriel，1975）

我们不能忘了很多人在航空运输业中做了大量卓有成效的工作。正如格里·布拉钦克经常指出的那样，航空运输安全记录如此良好的原因之一是由于操作人员，当然还有飞行员的良好工作效能。不可否认，一些差错是由粗心、忽视甚至是持续的判断力不足所造成的。有时，良好的工作效能并不总是只有经过良好训练的享受高薪待遇的专业人员才能拥有。然而，所有的飞行员差错决不仅限于上述几类。本杰明·霍华德，一位竞赛飞行员、航空公司飞行员以及航空器工程师的先驱，多年前在对一组航空专家谈及飞行员差错时强调了一点："我……认为，当我们将坠机事故原因归结于飞行员差错，而飞行员只需对他的行为（尽管这些行为早已被其他飞行员认定是合格飞行员应做的）承担罪责的时候，我们是在逃避责任"（Howard，1954）。这些明智的话并不仅针对专业飞行员。我们应时刻记住，出现失误或过失，或出现操作差错或忽视差错，是人类的基本特性。

参考文献

［1］ Aviation Safety Commission（April，1988）. *Volume I Final Report and Recommendations and Volume II Staff background papers*，US Government Printing Office. Washington，D. C.

［2］ Braune，R. J.（1989）. *The Common/Same Type Rating*：*Human Factors and Other Issues*，SAE Technical Paper Series 892229，presented at Aerospace Technology Conference and Exposition，25－29 September 1989，Anaheim，California，Boeing Commercial Airplanes，Seattle，Washington.

［3］ Bruggink，Gerard M.（1975）. 'The Last Line of Defense'，presented at the Special LEC Meeting of ALPA Pilots in New Orleans，LA.，14 March 1975.

［4］ Chapanis，Alphonse（1959）. *Research Techniques In Human Engineering*，The John

Hopkins Press, Baltimore, Maryland.

[5] Drucker, Peter F. (1974). *Management: Tasks, Responsibilities, and Practices*, Harper and Row Publishers, New York.

[6] Gabriel, Richard F. (1975). *A Review of Some Universal Psychological Characteristics Related to Human Error*, presented to International Air Transport Association 20th Annual Meeting, Douglas Aircraft Company, Long Beach, California, now Boeing Commercial Airplane Company, Seattle, Washington.

[7] Grieve, B. S. (1990). 'The Terrible Risk – It's Worth A Thought', presented at the 43rd International Flight Safety Foundation Symposium, Flight Safety Foundation, Arlington, Virginia.

[8] Hawkins, Frank H. (1993). *Human Factors in Flight*, (Second Edition), ed. by Orlady Harry W., Ashgate Publishing Ltd., Aldershot, England.

[9] Hofer, E. F., Palen, L. A., Dresel, K. M. and Jones, W. P. (1991). *Flight Deck Information Management—Phase* Ⅰ, FAA Contractor Report DT FA01-90-C-00055, Document D6-56305, Boeing Commercial Airplane Group, Seattle, Washington.

[10] Hofer, E. F., Palen, L. A., Higman, K. N., Infield, S. E., and Possolo, A. (1992). *Flight Deck Information Management—Phase* Ⅱ, FAA Contractor Report DT-FA01-90-C-00055, Document D6-56305-1, Boeing Commercial Airplane Group, Seattle, Washington.

[11] Hofer, E. F., Kimball, S. P., Pepitone, D. D. T., Higman, K. N., Infield, S. E., and Possolo, A. (1994). *Flight Deck Information Management—Phase* Ⅲ, FAA Contractor Report DT FA01-90-C-00055, Report No.: FAA-RD-94-XXXXX, Federal Aviation Administration, Washington, D. C.

[12] Howard, Benjamin (1954). 'The Attainment of Greater Safety', presented at the 1st Annual ALPA Air Safety Forum, and later reprinted for presentation at the Aircraft—Accident Prevention Course, University of Southern California, July 1957.

[13] ICAO (1993). *Human Factors Digest No. 10*, *Human Factors*, *Management and Organization*, International Civil Aviation Organization, Montreal, Canada.

[14] Kay, H. (1971). 'Accidents: Some Facts and Theories', in *Psychology at Work*, ed., P. Warr, Penguin, Hammondsworth, England.

[15] Lederer, Jerome (1952). Infusion of Safety into Engineering Curricula, Royal Aeronautical Society, Brighton, England.

[16] Lundberg, Bo (1966). The 'Allotment-of-Probability-Shares' - APS - Method, presented at the International Symposium on Civil Aviation Safety, Stockholm, Sweden.

[17] Lysaght, Robert J. , Hill, Susan G. , Dick, A. O. , Plamondon, Brian D. , and Linton, Paul M. , Wierwille, Walter W. , Zaklad, Allen L. , Bittner, Alvah C. Jr. , Wherry, Robert J. (1989) . *Operator Workload: Comprehensive Review and Evaluation of Operator Workload* Methodologies, Technical Report 851 , United States Army Research Institute for the Behavioral and Social Sciences, Alexandria, Virginia.

[18] Maurino, Daniel E. , Reason, James, Johnston, Neil, and Lee, Rob E. (1995) *Beyond Aviation Human Factors*, Avebury Publishing Ltd. , Aldershot, England.

[19] Norman, Donald A. (1980) . *Errors in Human Performance*, Center for Information Processing, La Jolla, California.

[20] Norman, Donald A. (1988) . *The Psychology of Everyday Things*, Basic Books, Inc. , New York.

[21] Perrow, Charles (1984) . *Normal Accidents—Living With High Risk Technologies*, Basic Books, Inc. , New York.

[22] Prendal, Bjarne (1974) . Management and Communication: Discipline and Motivation, presented at the 27th International Flight Safety Foundation Symposium, November 1974, Williamsburg, Virginia, Flight Safety Foundation, Arlington, Virginia.

[23] Rasmussen, Jens, Duncan, Keith, and Leplat, Jacques (1987) . *New Technology and Human Error*, John Wiley & Sons Ltd. , Chichester, Great Britain.

[24] Reason, James (1987) . 'The Psychology of Mistakes', in *New Technology and Human Error*, ed. by Rasmussen, Jens, Duncan, Keith, and Leplat, Jacques, John Wiley & Sons, Ltd. , Chichester, Great Britain.

[25] Reason, James. (1974) . *Man in Motion: The Psychology of Travel*, Walker & Co. , New York.

[26] Ruffell Smith, H . P. (1979) . *A Simulator Study of the Interaction of Pilot Workload with Errors, Vigilance, and Decisions*, NASA Technical Memorandum 78482, Ames Research Center, Moffett Field, California.

[27] Sears, Richard L. (1985) . 'A New Look at Accident Contributors and the Implications of Operational and Training Procedures', Presented at the 38th International Flight Safety Foundation Symposium, November 1985, Boston. Flight Safety Foundation, Arlington, Virginia.

[28] Senders, John W. and Moray, Neville P. (1991) . *Human Error: Cause, Prediction, and Reduction*, Lawrence Erlbaum Associates, Hillsdale, New Jersey.

[29] Stewart, Stanley (1989) . Emergency: *Crisis on the Flight Deck*, Airlife Publishing Ltd. , Shrewsbury, England.

[30] Taylor, Donald H. (1987). 'The Hermeneutics of Accidents and Safety', in *New Technology and Human Error*, ed. by Rasmussen, Jens, Duncan, Keith, and Leplat, Jacques, John Wiley & Sons, Ltd., Chichester, Great Britain.

[31] Wickens, Christopher D. (1992). *Engineering Psychology and Human Performance*, Harper Collins Publishers, New York.

[32] Wiener, Earl L. (1983). 'The Human Pilot and the Computerized Cockpit', presented at Air Line Pilots Association Symposium 'Beyond Pilot Error', December 1983, Air Line Pilots Association, Herndon, Virginia.

第十章　工作负荷量

工作负荷量与飞行员工作表现

工作负荷量是航空心理学和航空运输中的一个重要概念，也是被误解最多的一个概念。工作负荷量对人的工作表现有重大影响。尽管非常老练的飞行员或其他航空专业人员通常都熟知工作负荷量这一概念，但如果彻底研究的话，情况将异常复杂。下面的讨论是对这一重要、难以处理并且复杂题目的总体概括。伊利诺伊大学克里斯多佛·D·威肯斯所著的《工程心理学与人的工作表现》（第二版）是一本涉及人的工作表现所有方面（包括工作负荷量）的很好教材，我们向有兴趣进一步学习的读者强烈推荐此书，具体参见本章末尾的参考文献。

工作负荷量对我们非常重要，因为它是我们理解飞行员工作表现进而理解航空系统高效运行的核心。在这种或其他背景下，理论上造成人们在实践上难以理解这一概念的主要原因是没有一个统一的、公认的关于工作负荷量的定义（Meister，1985）。当工作负荷量的概念还没有明确就被频繁用到的情况下，这一问题变得更为复杂也就不足为奇了。

工作负荷量举例

莱实等人（1989）以下面驾驶汽车的常见任务作为例子，说明工作表现如何随工作负荷量的细微变化而不同，并说明工作负荷量与工作表现是不同的。同样的原理也适用于飞机。

●由于你是一位重要名流，州警察局对所有其他驾驶人员关闭了州际公路。你在一个阳光明媚、天气宜人的日子，以最高限速驶下了高速公路。驾驶非常轻松，不是吗？

●你刚过了州的边境。第二个州未把你作为重要人物看待，现在你在路上遇到了一些车辆，情况还不算糟糕。

● 你已经驾驶了一段时间，正接近一个大城市市区的高峰时间，车辆在增加。

● 现在是星期五下午，每个人都想在拥堵到来之前回家或离开市区。交通变得比平时拥堵，车行速度也慢了下来。

● 你早上很早离开家门，忘记停下来吃午饭，现在又累又饿。

● 车辆现在行进缓慢。你忘记吃午饭的同时也忘了给汽车加油。必须找个出口并设法找到一个加油站。

● 车辆缓慢行驶的同时，天气又发生了变化，现在下起了雨。

● 天变黑了，能见度很低。高速公路的标志不清，你必须十分小心以免错过出口。

● 更糟的是，前面的车辆没有刹车指示灯，因此你必须特别注意这个走走停停的家伙，眼睛时刻得盯着前面的车子。

● 已经走过了几英里，但由于天黑外面的温度也降了下来。雨停了，路上开始结冰。很多车子滑出了公路，造成了车的保险杆相互碰撞的交通状况。汽油越来越少。

● 一直在后座上睡觉的你两岁大的儿子醒了过来。他很饿，也很害怕，一直在哭。

● 这种状况持续下去并不是什么好事。另外，发动机听上去要熄火，而你知道此时汽油并未用光（你已经关小了收音机，并设法让孩子安静下来）。

报告继续写到："你快要失去理智了，就像其他同样情况的人已经证明的那样。这种情况当然没有发生，但并不是不可能的。你的工作表现仍然是可接受的。"尽管报告中没有明确说明，但显然安全裕度明显减少。

莱实等人（1989）的第二个例子生动描述了采用适当工具及程序对给定任务的重要性。例子很好地说明了脑力劳动负荷量对工作表现的影响及其影响方式。他们采用的任务如下：

● 背诵字母表；

● 从 1 数到 26；

● 两者同时进行，将字母表和数数字穿插进行，A-1，B-2，等等，并念出答案。

大多数人很难数过 G-7 或 H-8。这是一项非常难的任务。然而，当测试者拥有一张纸和一支铅笔，并被告知在念出答案之前先把答案写下来的时候，任务会变得相对很简单。纸和笔减轻了短期记忆的重担。这一任务给了在认知工作负荷量下工作表现的很好例证。重点要记住的是，同一任务的相对难易取决于我们如何去做。工作负荷量较大，在不用纸和笔的情况下的表现非常不好。这时的工作表现是不能接受的。第二种情况下，当用到纸和笔时，工作负荷量会低很多，工作表现完全可以接受。二者之间的区别在于第二种情况所使用的工具和程序。

工作负荷量概述

工作负荷量与很多变量有关，很多变量难以量化。工作负荷量可被描述为一种内在现象，如果太高，会使操作人员遭遇困难，无所适从或者焦虑担心。工作负荷量受训练、操作程序、经验以及压力水平的影响而不同。在一些情况下，工作负荷量可以和压力互换。尽管工作负荷量会随着高的压力水平而增大，但两个概念并不完全一样。

工作负荷量也可被描述为一种外在现象——产出量。这是一种狭义的普遍用法。两本常见字典中可查到的两个非专业定义分别是："在给定时间内某个或某组工作人员完成的工作总量"，以及"由某一工作人员或岗位承担的或被分配的工作总量"。两个定义在我们所讨论的情况下都不是特别有帮助。美国航空航天局的桑德拉·G·哈特把工作负荷量定义为"……一种反映某一特定个体与被赋予的特定任务之间相互关系的假设性建构。工作负荷量代表的是操作者为取得特定水平的工作表现而付出的代价"。这一定义更接近于我们要更好理解的航空运输运营中的工作负荷量概念。影响工作负荷量的飞行员特性包括个人能力、技能、先前经验以及个人偏好。

大卫·麦斯特谈到了工作负荷量的明晰化特征，他写道："无论比功率（W/L）是什么，它都要受到任务和个人的影响，并且包含了需求与满足需求的能力之间的对比，还会对人员和整个系统产生影响"（Meister，1985）。很少有人反对这一观点。毫无疑问，无论工作负荷量如何定义，都是航空人为因素中需要考虑的重要事项。

自动化与工作负荷量

第十一章中讨论的自动化，会影响到与最新式飞机相关的工作负荷量。自动装置的主要影响是它决定着自动化的优化水平。通常自动装置的设计目的是减轻工作负荷量，但现在有人担心自动化会使飞行员的工作负荷量降到最佳工作负荷量以下，从而使他们产生厌倦和自满情绪。一个研究热点是确定适宜的自动化水平或标准，从而使所采用的自动化水平适合于飞行状态及其他工作状况。这被普拉苏拉曼等人称作"自适应自动化"（Parasuraman et al.，1993）。机械地认为只要是工作负荷量降低就是好的，或者只要是工作负荷量增加就是不好的，这是一种错误的过度简单化行为。

另一个与自动化和工作负荷量相关的领域是应当给予自动装置多大程度的"信任"问题。这是一个比较困难的问题，不同的人理解不同，"信任"程度因人而异。信任程度是一个与工作负荷量相关的问题，因为如果飞行员认为自动装置不可靠，那么他的工作负荷量将会增加。我们知道，人或自动化装置都不能一直保持100%尽善尽美的运行状态。对于可靠性很高的自动化系统，飞行员会变得麻痹大意，并且过于信任。飞行员也有可能会过度挑剔并且不信任可靠性略显欠缺的自动化系统，尽管它们的运行水平至少等于甚至优于预期的手工操作水平。这些相关方面与开发实用的自动化理论及实践体系密切相关。每个相关因素都会影响工作负荷量。

工作负荷量的影响因素

训练和实践也会影响工作量。受到良好适当训练的人员跟未受到足够训练的人员相比，完成一项给定任务要容易得多。有相关经验的人员会发现他们在完成一项给定任务时要比新手完成起来容易得多。另一个影响因素是基本能力。我们经常看到对同样的任务，一些人做起来得心应手，而另一些人则举步维艰。不同的人获得特定技能的能力差别很大。很难确定这些区别到底是因为本身能力、经验，还是更好的训练。很多情况下，这些区别是由以上三种因素共同造成的。

生理节奏、睡眠不足、计划不周以及劳累过度等因素都不可避免地会导致工作表现下降。显然，这些因素也会影响工作负荷量。其他影响工作负荷量因素的因素包括工作流程、内部和外部环境，以及飞行状态操作要求。还有一个因素是只考虑最高或最低工作负荷量时的特定状态还是进行全面的考虑。另外一个因素是自动化或相关操作的心理需求，以及是在低密度还是在高密度环境中进行操作。实际情况下的工作负荷量是一个非常复杂的现象，事实上所有影响因素都受到训练质量的影响。包含所有情况的笼统表述都有一定的局限性。

以上提到各因素的实际影响是，工作负荷量可能会随测试时不同的个人和条件而有所区别。例如，假定没有个体差异，由充分休息的机组在阳光明媚的下午来执行一项给定的飞行任务，与经过长时间多次经停飞行后的机组在黑暗暴风雨夜凌晨三点执行时，肯定有很大不同。尤其是第二种情况下人的肾上腺激素的不正常循环，这是一个额外的复杂因素。

在采用合理方式将上述因素影响最小化的努力中，出于对安全负责，FAA 开发了一种用于新型飞机的取证与运行和完善已取得适航证的飞机系统的一体化方法。美国境内任何航空运行活动都必须遵守这些由 FAA 颁布的规则与程序。很多国家也有类似的规定，一些还有互惠协议，因此取证程序就不需要再重复（见本书附录 O）。这一系统运行良好，因为业内都有确切的安全运行记录。然而，当我们考虑《联邦航空条例》25 部附件 D 时，工作负荷量问题不再是一个简单题目。

《联邦航空条例》25 部附件 D

《联邦航空条例》（FAR）25 部涵盖了工作负荷量的内容，正如题目所描述——适航标准：航空运输分类。25 部的 1523 款（最小飞行机组）规定，必须建立最小飞行机组，以满足安全运行的考虑，尤其是"机组成员个人的工作负荷量"。25 部附件 D 还详细说明了决断时必须考虑的各项条款。修订版的 25. 1523 款于 1965 年 4 月生效，80000 磅①的规定同时作废，该规章规定对于重量超过 80000 磅的飞机需要配备随机工程师。1965 年 4 月以后，机组机动人员取决于座舱的工作负荷量，而不再取决于飞机的总重。座舱工作负荷量必须通过 25 部的新附件 D 中的考虑因素来确定。30 年来，这些规定并无本质变化，尽管它们的实施及执行过程已经非常精练。

附件 D 所列 7 个必须考虑的因素为：

1. 飞行航迹控制
2. 防撞
3. 导航
4. 通讯
5. 航空器发动机运行与监控

---

① 在第三章——航空人为因素的发展简史中，对 80000 磅的规定展开了讨论。

6. 机载飞行管理系统运行与监控

7. 指挥决策

附件 D 还列出了与上述因素有关的 10 个工作负荷量因素，这 10 个因素如下：

1. 控制方法与操作

2. 仪表/显示器数据读取及其显著性

3. 程序数量与复杂性

4. 脑力及体力劳动时间与强度

5. 所需监控力度

6. 机组成员无用功率

7. 自动化程度

8. 通讯

9. 紧急情况

10. 丧失资格

关于这些工作负荷量因素，有关各个方面（飞行员、制造商、航空公司或研究人员）之间很少有异议。不过，各方面的意见也并不总是完全一致。对于日益复杂化的飞机构造和操作环境，在最小机组需求方面就存在很多分歧。然而，随着工程技术的进步和经济上的考虑，两人机组正成为当前运输机事实上的机组定员标准。

总统工作组的选定基准

工作负荷量的重要性得到了《总统工作组机组定员报告》的特别推动（McLucas，Drinkwater，and Leaf，1981）。成立总统工作组的目的是为了确定两人机组能否安全驾驶未来十年将得到广泛应用的喷气运输机。工作组对工作负荷量给予了很大程度的特别关注。报告指出，尽管 FAA 采用了最尖端的方法来考量当前运输机的驾驶舱工作负荷量，但特别工作组相信工作负荷量程序仍可以改进，并推荐了一些其他方法：

• 工作负荷量评价的合格标准应进一步提高和强化。

• 通过在资深飞行员身上应用改进的经验评价方法来证明符合 FAA 的机组定员标准，对传统的任务/时间线分析方法进行补充。

• 利用资深航线飞行员扩大 FAA 合格审定审查组的规模，以此来对机组程序、工作负荷量评价以及训练要求等方面的评价进行补充。

　●准备最低放行设备清单（MEL），进行机组定员认证程序和航空公司操作规程改进过程中检测故障组合的相关测试。

　FAA赞同特别工作组的建议。自从最小机组认证程序修订过以后，实际上没有再发生过变化。整个业内普遍认同特别工作组的看法，确实需要一个更为有效和可靠的工作量评价技术以及改进的驾驶舱工作量评价体系。正如巴恩斯、亚当斯以及其他人（1997）所指出的，上述观点对于两人机组和高级航空电子设备装配尤为正确。

工作负荷量的当前评估

　受机组定员总统特别工作组报告的鼓舞，在致力于评价和更新工作负荷量现状知识方面，开展了大量工作。《机组工作负荷量测试方法、技术及程序的评价》一书中对这些前沿成果进行了描述（Corwin et al.，1989）。本书是对FAA和美国空军联合发起的合作项目的工作总结报告。另一个报告《操作人员工作负荷量：操作人员工作负荷量方法学综合回顾与评价》中对前沿方法也进行了评价（Lysaght et al.，1989）。本报告由美国陆军行为社会科学研究所发起，对当前有关工作负荷量的科技文献进行了分析。NASA艾姆斯研究中心的人工绩效研究小组也出版了很多关于工作负荷量方面的研究成果。

工作负荷量确定方法

　工作负荷量研究人员长期致力于研究一种直接简便并且可靠的工作负荷量确定方法。人们希望能找到一种心理特征，或一种可测量的行为特征。如果能够找到这种适合的特征，其突出的特点是可测量性。这一问题本身或者研究人员将不再需要个人的主观判断。

　不幸的是，有太多的个人可变因素，而可测心理特征与工作负荷量之间的直接可靠关系却少之又少。眨眼频率、瞳孔直径、眼球运动、临界闪烁频率（CFF）、血压、呼吸频率或肺活量、脑电图（EEG）、肌电图（EMG）、体液分析以及皮肤流电响应（GSR）等都被证明是不可靠的。心率曾被认为是可信的，但它会受到压力、兴奋和体力活动的扰乱而变得非常不可靠。一项比大多数情况要更加接近精确结果的心脏测量方法是英国的艾伦·罗斯科博士所使用的对两次心跳间隔进行测量的方法。

飞机的副翼轮、升降舵操纵或方向舵操纵等指标数据输入过于变化不定，很难作为工作负荷量的可靠衡量指标。莱实等人说得好："前面提到的技术对工作负荷量都过于敏感，每项技术看上去都有缺陷。"上述技术，包括艾伦·罗斯科博士的两次心跳间隔测量方法在内，对航空运营取证都不够可靠。

选取一个单纯测试方法的众多困难之一是任务的多样性。对于某一特定任务切实可靠的测试方法对另外的任务而言却不一定能满足要求。主观的工作负荷量测试方法成为最实用的方法并不足为奇。这些方法相对容易运用，如果使用适宜，并不会对测试任务产生妨碍。尽管主观评判并不能代表任务的内在特性，但确实在操作者、任务本身和环境之间产生了交互作用。这正好是大多数航空运输工作负荷量考虑因素（包括取证）所需的信息。正如特别工作组所指出的：

> 基本程序毕竟是内在有效的，飞行员通过这些程序来决定航空器及其装置和机组定员从系统安全和高效角度来看是否可以接受。

（Mclucas，Drinkwater，and Leaf.，1981）

合适的试飞员的作用不应被过高估计。例如，运输机评价中专职试飞员的使用对偏倚结果并无益处。平时训练较少的飞行员与经过良好训练、对飞机了如指掌的飞行员对评价测试中的场景和技术动作会给出完全不同的答案。

任务/时间线分析（TLA）

正如《总统特别工作组报告》中所指出的那样，传统的工作负荷量测试方法是采用任务/时间线分析（TLA）。TLA是报告出台那个年代最为前沿的工作负荷量测试方法，但并不能完全满足要求。

TLA对预计有效时间所需的时间比例进行计算，且必须对每一个操作工序和机组的每个动作进行计算，对视觉、手动左方转动、右方转动或两个方向行为以及所需的听觉、触觉和口头行为都要进行测试。波音公司采用的一种改进方法增加了对眼睛注视时间和凝思时间的测试，以便对相关的脑力工作负荷量进行评估。但是，很多人认为，即使进行了改进，TLA仍然不能充分说明机组的不显著的或脑力的工作负荷量，也不能对千篇一律重复的影响进行估量。

其他方面对 TLA 应用的批评比在设计和咨询或补充作用方面更为严重，主要在于对完成特定工作目标所需的时间或有效时间很难进行估计。例如，FAA 的两位高级试飞鉴定员（吉姆·瑞奇蒙德和已故的伯克·格林）曾指出："过去十年来的趋势是，正常和非正常飞机控制以及系统需求的时间几乎低到了不可思议的程度。这并不是说时间线分析不再是设计方面的优秀方法，但它却失去了作为工作负荷量鉴定方法的作用"（Greene and Richmond，1993）。

另外有批评指出，TLA 采用一种串行方法计算任务，而众所周知飞行员可以同时并行处理多项任务。不考虑任务本身是什么，并行处理任务会导致过高估计工作负荷量。幸运的是，这种误差从安全角度看是可以接受的，尤其是在设计或改进一款新的飞机、系统或设备时。

TLA 充其量是一种复杂的、甚至有点深奥的、需要专门技能的工作负荷量分析方法。大多数观察员都认同 TLA 在设计过程中有实际价值，因为它能使设计人员对机组的任务需求作出相对保守的估计，以保证机组的实际工作负荷量处在可接受的水平上。

改进的 Cooper/Harper 分量表

最初的 Cooper/Harper 分量表出现在 1969 年，主要是用来开发一种新型飞机或其改进型号（主要用于军事）的操作性能分量表，以便对试飞员采用一致的模式进行评价。它是一种主观分量表，采用了将航空器适飞性能划分为从 1 到 10 的 10 级分支技术（1 级代表优秀，10 级代表严重不足）。

改进的 Cooper/Harper 分量表出现在 1983 年，主要用于缺乏基本动力和精神动力任务的情况，以更好地对感知、监控、评估、沟通以及解决问题等认识能力进行评价。所有这些认识能力对航空运输操作都是非常重要的部分。对原有 Cooper/Harper 分量表（以及其他很多方法）的改进包括改变分级标准，要求飞行员评价脑力负荷而不是可操作性，着重强调面临的困难而非自身不足。大多数人的一般结论认为改进的 Cooper/Harper 分量表适用于全部脑力工作量进行评价的试验情况，但可能不如用于需要绝对诊断的子系统时有效。开发者 Wierwille 和 Casali 所用的改进 Cooper/Harper 分量表如图 10.1 所示。

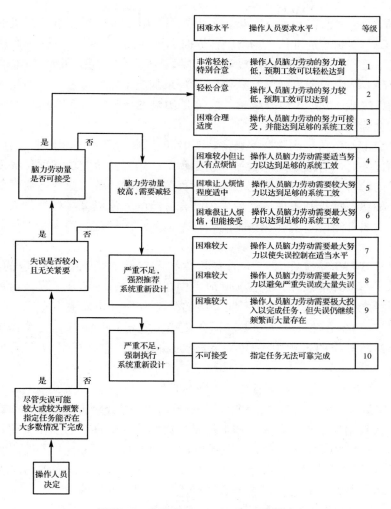

图 10.1　改进的 Cooper/Harper 分量表

资料来源：*Operator Workload*：*Comprehensive Review and Evaluation of Operator Workload Methodologies*，第 87 页，莱实等，1989 年

主观工作负荷量评估技术（SWAT）

SWAT 技术已在美国空军和陆军中得到应用。在一项关于直升机的研究中，SWAT 不能区别机长－副驾驶情形时的操控配置，而这一配置在单人驾驶情况下已经非常明了，SWAT 由此引起了人们的关注。更为基本的情况下，SWAT 仅用 3 个等级（高、中、低）来确定工作负荷量，而不是一般情况下的 5 级或 7 级。3 级分量表的缺陷是如果飞行员只有 3 个选择的话，他们往往会选择中间的等级。

确定工作负荷量的 3 个等级是：①时间负荷，反映的是计划、实施及监控某项任务时的有效时间总量；②脑力负荷，用来评价完成某项任务所需的有意识的脑力努力和计划；③心理应激负荷，用来评价完成任务需要面临的风险、疑惑、挫折和焦虑。然后采用结合分析的方法以飞行员评价人所看重的 3 个主要等级的重要性作为基础，将个体的等级转化为整体工作负荷量的等级。

尽管 SWAT 系统在其产生的有效性和可靠性方面获得了普遍的认同，但是除了军事环境以外，它在实际应用中存在不足，主要在于飞行员评价程序在开始之前需要填写 27 种不同等级的分类卡片。如果手工完成，分类过程需要 20 ~ 60 分钟。这一分类过程会转移实质研究的注意力，尤其是在模拟航空运营操作的过程中。SWAT 系统的功效在航空运输环境下还未得到证实。

NASA 的任务负荷指数量表（NASA-TLX）

NASA-TLX（见图 10.2）来自于 NASA 的两极分级方法。NASA 的两极分级方法采用 9 个等级代表工作负荷量，再加上一个整体的工作负荷量分级标准。NASA 的两极分级方法以及后续的 NASA-TLX，既与工作负荷量的多维特性有关（导致多重工作负荷量等级），又和操作人员个人评估的工作负荷量个体等级特性有关。后者导致了个人评价程序的发展。

NASA 的两极分级方法中的 10 个等级全面代表了工作负荷量、任务难度、时间压力、绩效、脑力/感官上的努力、体力、挫折程度、压力程度、疲劳和行为模式。NASA-TLX 是一个更为凝练和简化的程序，同样也采用了多维的分类标准，但仅用到了 6 个工作负荷量等级——脑力需求、体力需求、时间需求、绩效、努力和挫折。莱实、考文等的文献（本部分的主要文献）中有对这些确定工作负荷量的方法及其他方法很好的描述和探讨。

项　目	两个端点	描　述
脑力需求	极高/极低	任务的脑力需求如何？
体力需求	极高/极低	任务的体力需求如何？
时间需求	极高/极低	任务进展速度要求有多仓促或匆忙？
绩效	完美/失败	完成要求任务有多成功？
努力	极高/极低	达到你的绩效水平付出的努力有多大？
挫折	极高/极低	心神不定、气馁、生气和烦恼程度有多大？

图 10.2　NASA-TLX 分级描述

资料来源：*Operator Workload*：*Comprehensive Review and Evaluation of Operator Workload Methodologies*，第 94 页，莱实等，1989 年

贝德福德分量表

贝德福德分量表最初产生于英格兰贝德福德的英国皇家航空研究院，是对 Cooper/Harper 分量表的改进，也是采用决策树评级和三级体系的方法，来询问飞行员能否完成任务、工作负荷量能否忍受、工作负荷量在不减少情况下是否令人满意。贝德福德分量表将等级范围划分为从一端的"无关紧要工作"到另一端的"可放弃任务"。一个非常有意思的新概念是要求飞行员运用他们可预计的余力来评价工作负荷量的水平。贝德福德分量表的巨大优势是操作起来相对容易，而且飞行员也乐于接受。这一方法如图 10.3 所示。

动态工作负荷分量表

动态工作负荷分量表（图 10.4）是另外一种多维主观分级方法，由空客公司开发，并已应用于空客飞机的验证。该方法对飞行员评价时采用 5 分量表，而观察员则采用有重叠的 7 分量表。飞行员和观察员被要求将备用能力、中断和压力等都作为确定所面临工作负荷量时的考虑因素。动态工作负荷分量表的改进技术要求观察员在任何工作负荷量发生改变的情况下都必须重新进行评级，或者每 5 分钟进行一次评级。后一种方法中，观察员通过给飞行员电子信号提示告诉他们应当进行评级。

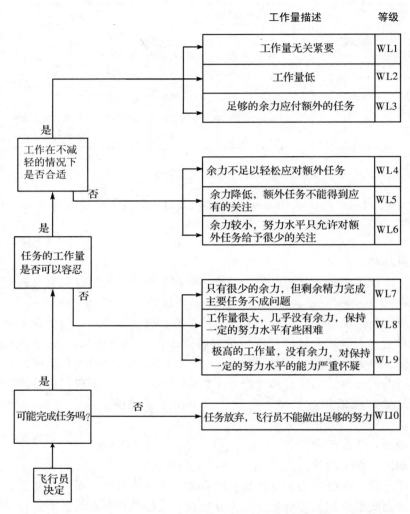

图 10.3 由英格兰贝德福德英国皇家航空研究院的罗斯科和
埃利斯开发的贝德福德分量表

资料来源：*Operator Workload：Comprehensive Review and Evaluation of Operator Workload Methodologies*，第 89 页，莱实等，1989 年

开始评估	试验飞行员分量表	观察员评估人分量表	分量表描述
工作量较轻?	是，A	2　较轻 3　轻	工作量水平较低，所有任务很快即可完成
工作量适中?	是，B	4　非常可接受 5　合理/可接受	工作量水平适中，存在一些任务中断，但有显著的备用能力
工作量较大?	是，C	6　勉强可接受	工作量水平较高，需要缓解工作负担。频繁的任务中断或显著的脑力劳动
工作量过大?	是，D	7　长期不能接受	工作量水平过高，长期下去不可接受。错误遗漏可能性很高。持续的任务中断或过多的脑力劳动或过大的压力
工作量极大?	是，E	8　一刻不能接受	工作量水平极高，短时都不可接受，因为会对体力或脑力造成损害

图 10.4　动态工作负荷分量表

资料来源：*Airbus Industrie Workload and Vigilance*，第 480 页。空客训练报告整理，空客公司无偿提供

比较评价

如果采用比较评价的概念，存在异议和缺乏统一标准的情况将大为减少。此时新型或改进型飞机的工作负荷量会同早已通过验证并且在商业航空环境中有效运行的基本型飞机进行比较。对比较评价概念的异议之一认为，评估人的个体差异会导致结果有问题。对这一异议的回应认为，实际飞机或飞行系统是由变化多样的个体来使用的，这正好支持了典型飞行员范例的重要性。这也是典型飞行员范例应用的原因之一。另一项回应认为，内部评估人的可靠性程度可以通过统计学方法确定，因此可以对其影响进行评价。评估人的多少及其人员构成显然是一个非常重要的问题。

飞行员主观评价（PSE）

PSE 是主观评价与比较评价方法的结合。该方法由波音公司和 FAA 联

合开发，用来对 B767 飞机进行合格审定，并可扩展应用于其他机型。PSE
包括 7 分量表和一套完整的问卷。PSE 特别有意思的地方是它采用先前经过
审定的飞机作为参照，并且飞机由飞行员自行选定，以此来对工作负荷量进
行比较评价。飞行员对 B767 飞机的操纵进行评级，确定其在脑力劳动、体
力消耗以及时间需要方面，与参照机型相比更大、相同还是更低。需要更大
工作负荷量的地方即确定为需要改进设计的地方。一段时间结束后，在引起
高工作负荷量的方面对飞行员进行一次访谈。PSE 如图 10.5 所示。

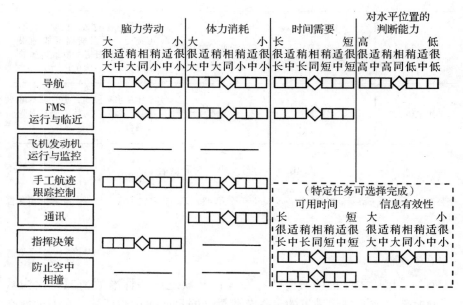

图 10.5　飞行员主观评价分量表

资料来源：*Operator Workload：Comprehensive Review and Evaluation of Operator Workload Methodologies*，
第 107 页，莱实等，1989 年

改进的飞行员主观评价（MPSE）

MPSE 是专门针对 PSE 的改进，并已作为奥兰德和巴恩斯开发的整体评
价程序的一部分得到应用，用以支持售后市场飞机补充型号认证时的机组工
作负荷量评价。与 PSE 相同，采用了 7 分量表和一套完整的问卷。在一段

评估时间结束时，将进行一次延伸访谈。

在 MPSE 使用过程中，需要根据实际测试操作的需要，进行相应的修改。它的优点之一是其具有灵活性。MPSE 主要有三个任务模块。第一个模块是飞行识别和飞行员信息，这些都是显而易见的。第二个模块包括对正常操作（像起飞和降落）的评价。与降落有关的数据包括降落的机场、降落时间、降落过程中以及着陆时的飞行状况、空中交通管制状况、进近方式、自动驾驶仪／飞行指引仪的不同工作方式，以及其他任何相关情况（飞行管理系统工作方式在其可用时显然也很有吸引力）。接下来会要求飞行员对附件 D 中的考虑因素做出评价。第三个模块包括非常规和紧急的操作。另外，还包括警报信号和警报程序，以及是否有意安排非常规操作。正常达到过程的 MPSE 表格如图 10.6 所示。额外、非常规或紧急运行的表格如图 10.7 所示。表格中不可用选项（N/A）的多少和位置取决于接受测试的仪器和系统。

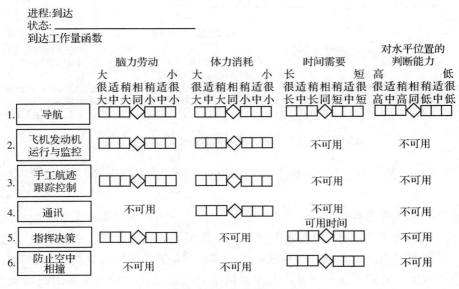

图 10.6　正常到达过程的 MPSE 表格

资料来源：MPSE 方法及相关表格版权归 H. W. Orlady 和 R. B. Barnes 所有，此处引用已获得授权

MPSE 表格的各个选项及其所有注释，不论好与坏，在每次飞行之后的延伸访谈中都会被讨论。延伸访谈被证实非常有实用价值。经验丰富并且富有洞察力的访谈者是一个必备条件。如果访谈者本身在接受测试的模拟飞行或实际飞行中也是观察员，那么将是一个很大的优势。

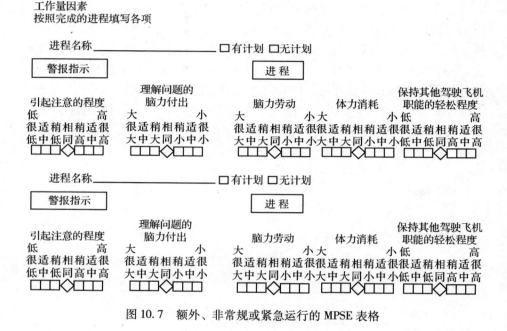

图 10.7　额外、非常规或紧急运行的 MPSE 表格

资料来源：MPSE 方法及相关表格版权归 H. W. Orlady 和 R. B. Barnes 所有，此处引用已获得授权

其他考虑因素

正如前文所指出，全球航空系统的飞行员在体格、训练、经验以及文化背景方面存在巨大差异。所有这些差异都是重要的考虑因素，而且会影响到飞行员所经受的工作负荷量。人体测量学分析是设计程序的重要组成部分，其他考虑因素，诸如训练、经验以及文化背景也同样重要。每个因素都会影响到工作负荷量。

工作负荷量评价测量方法的一个基本区别是，尽管大多数方法都力图寻求一个有效并且可靠的确定工作负荷量水平的工具，但只有 PSE 和 MPSE 方法对相对工作负荷量进行测量。采用比较方法的根本原因是，任何飞机或系统，只要工作负荷量等于或者小于已经证实成功的飞机或系统，显然都是可以接受的。比较方法避免了在没有一致基准的情况下确定工作负荷量可接受水平的困难问题，即使工作负荷量能够通过令人满意的方式加以确定。

如果研究人员能开发一种在实际测试之前即可精确预测给定系统或飞机所产生工作负荷量的测量方法，那么对工程设计人员来讲将是一件乐事。如果研究人员能开发一种可在实际给定测试中简明的非主观测量方法，也将是件令人高兴的事。然而，研究人员还开发不出上述方法用来说明我们讨论的一些原因。实际系统、系统组合及飞机中用到的工作负荷量评价大多采用主观方法学。桑德拉 G. 哈特在由艾伦·罗斯科编写的航空研究与发展顾问组报告（AGARDOGRAPH①）中明确指出：

　　　　主观分级方法最接近于筛选出工作负荷量的实质并提供最可行和最灵敏的测量方法。原因是该方法提供了一个反映飞行相关活动对飞行员影响的指征，并将很多其他因素的影响进行整合。

（Hart，1984）

参考文献

［1］ Barnes，Robert B. and Adams，Charles F. （1997）. 'Minimum Crew Certification：Human Factors Issues and Approaches'，*in Proceedings of the Ninth International Symposium on Aviation Psychology*，The Ohio State University，Columbus，Ohio.

［2］ Corwin，William H.，Sandry-Garza，Diane L.，Biferno，Michael H.，Boucek，George P. Jr.，Logan，Aileen，L.，Jonson，Jon E.，Metalis，Sam A. （1989）. *Assessment of Crew Workload Measurement Methods*，*Techniques and Procedures*，*Volume Ⅰ-Process*，*Methods and Results and Volume Ⅱ - Guidelines for the Use of Workload Assessment Techniques in Aircraft Certification*，WRDC-LTLR -89-7006，Federal Aviation Administration，

---

　　① AGARDOGRAPH 是由专门委员会为航空研究与发展顾问组（AGARD，见术语表）编写的报告。

Washington, D. C.

[3] Greene, Berk and Richmond, Jim (1993) . 'Human Factors in Workload Certification', presented at SAE Aerotech '93, Federal Aviation Administration, Seattle, Washington.

[4] Lysaght, Robert J. , Hill, Susan G. , Dick, A. O. , Plamondon, Brian D. , and Linton, Paul M. , Wierwille, Walter W. , Zaklad, Allen L. , Bittner, Alvah C. Jr, Wherry, Robert J. (1989) . *Operator Workload: Comprehensive Review and Evaluation of Operator Workload Methodologies*, Technical Report 851, United States Army Research Institute for the Behavioral and Social Sciences, Alexandria, Virginia.

[5] McLucas, J. L. , Drinkwater, F. J. III, Leaf, H. W. (1981) . *Report of the Task Force on Aircraft Crew Complement*, US Government Printing Office, Washington, D. C.

[6] Meister, David (1985) . *Behavioral Analysis and Measurement Method*, John Wiley & Sons, Inc. , New York.

[7] Meister, David (1989) . *Conceptual Aspects of Human Factors*, The Johns Hopkins University Press, Baltimore, Maryland.

[8] Parasuraman, J. , Molloy, R. , and Singh, I. L. (1993) . 'Performance Consequences of Automation-induced "Complacency" ', *International Journal of Aviation Psychology*, 3 (1), 1-24. , Lawrence Erlbaum Associates, Mahwah, New Jersey.

[9] Weimer, Jon (1995) . *Research Techniques in Human Engineering*, Prentice Hall, Inc. , Englewood Cliffs, New Jersey.

[10] Wickens, Christopher D. (1992) . *Engineering Psychology and Human Performance*, Harper Collins Publishers, New York.

第十一章 自动化

——不可忘记——

在某些特定情况下人类甚至不如黑匣子，但是人类更为灵活也更为可靠，更容易被相对不熟练的工作所塑造并保持良好状态。

（空军指挥官 H. P. Ruffell Smith 的日志，1949 年）

前言

自从莱特兄弟证明动力飞行是可能的以来，用来辅助飞行员的飞机操作功能自动化已成为飞行的一部分。飞机自动化装置的第一个例子或许是海勒姆·马克沁爵士①于 1891 年在伦敦取得专利的陀螺仪装置。这比莱特兄弟在基蒂霍克村试飞成功早了 12 年。马克沁的装置能持续增强试验飞机前后升降舵的动力，飞机很不牢固而且是在两个极富创意的固定木头及铁质控制轨道上进行测试。马克沁的飞机由于很难控制从未能起飞，他是那个时代为数不多的致力于研制能依靠自身动力飞行并能在空中进行控制的飞机的科学家之一（Moolman，1980；Billings，1997）。

---

① 海勒姆·马克沁，缅因州人，生于 1840 年。他在 19 世纪 80 年代末发明了机关枪，但美国战争部和海军部发现并不实用。1881 年，英国战争部对此表现出浓厚的兴趣，马克沁随之移居英格兰并成为英国国民。1884 年，他对机关枪进行了完善，使其能在一分钟之内完成 600 次连发，从而一举成名，并因此被维多利亚女王授予爵位。马克沁自幼就对航空学表现出浓厚的兴趣，但始终无法解决飞机操作与控制的问题。他在 1894 年发明的航空器重量居然达到了不可思议的 8000 磅，不过这也证明了机器可以依靠自身的动力起飞。

自动化的发展

莱特兄弟在 1903 年首次实现动力飞行之后，又在 1905 年开始研究自动驾驶仪，并在 1908 年申请了一项自动稳定装置的专利。1913 年，莱特兄弟获得了上述两项专利，并因此在 1914 年 2 月 5 号被授予颇具威望的"科里尔"奖。同年，21 岁的劳伦斯·斯佩里发明了他著名的陀螺稳定器，这成为以后稳定系统的基础，当然也包括 1969 年将人类首次带上月球的惯性导航系统（INS）（Crouch，1989）。霍华德在《威尔伯和奥维尔》一书中指出："在飞行器的发展过程中，自动装置在某些飞机上越来越广泛的应用弥补了飞行员的直接生理反应，对减轻飞行员所需的工作负荷量做出了很大贡献"（Mohler，1997）。

早期致力于功率控制自动装置的大量研究中，提出了对燃空比和可调螺距螺旋桨进行气压高度调节的概念。多年以后，螺旋桨自动同步装置中运用到了上述概念，这些同步装置与所有发动机的螺旋桨保持相同的速度，并可使振动以及恼人的差频噪音降到最低。在早期的活塞式四发飞机中，如麦道 DC-4 和星座飞机，自动化装置非常重要，同时通过使用这些装置也大大提高了乘客乘机的舒适性以及飞机的适销性。

二战之后，研发和改进的某些双发飞机中用于获得可接受单发性能的自动顺桨装置，可以说是喜忧参半。其目的是在起飞后一发失效的情况下将阻力和可控性降到最低。不幸的是，在一些事故中自动顺桨装置会在无意中关闭全功能发动机。自动顺桨装置由于其不可靠性未被普遍接受。

自动驾驶仪

以今天标准看，很初级的自动驾驶仪在早期麦道 DC-3 型飞机及其他很多机型上得到过应用。美国东方航空公司仍然坚持在使用自动驾驶仪。公司的飞行员抱怨到："如果埃迪机长的斯帕德①战斗机上没有装自动驾驶仪的话，他才不会买呢。"当时的"埃迪机长"指的是埃迪·里肯巴克，他是第一次世界大战中的英雄，也是美国东方航空的总裁和首席执行官。关于自动驾驶仪，埃迪机长回应到："我付钱让它们飞行，那就让它们去飞。如果我

---

① 斯帕德是由法国斯帕德飞机厂（*Société Pour l' Aviation et ses Dérivés*，简称 SPAD）制造的，是第一次世界大战早期的一款战斗机。

只是让它们闲着，那么我将会受到谴责。"

自动驾驶仪当时的技术还很粗糙，远没有达到"用户友好"的程度，其应用非常保守。飞行员总是尽可能地平稳驾驶并尽量使乘客感到舒适，而且在那个年代手动驾驶飞行也非常简单。由于当时的自动驾驶仪的质量以及飞行员导航所依赖的四象限低频无线电波段的质量和特性过硬，情况确实如此。随着自动驾驶仪的发展以及特高频率无线电导航（VHF）的应用，使得飞行途中平稳而精确地驾驶变得更为容易。手动驾驶飞行，尤其是在长时间飞行航程中，是一项非常容易让人疲劳的任务。20世纪50年代自动驾驶仪获得了巨大发展。自动驾驶仪在设计上获得了持续的发展，自动驾驶在运输机飞行员中间的日常应用如今也已经非常普遍。最新的自动驾驶技术已被证明能应用于除起飞以外的所有阶段。

自动油门

通过控制燃料流量来控制喷气发动机推力的自动油门系统，最初性能粗糙，有时会引起大的功率变化甚至严重的功率振荡。由此产生的噪音和振动会使飞行员和乘客难以忍受，

因此，自动油门应用很少。后来逐步开发出更为成熟的系统，克服了早期的缺陷。自此，自动油门由于其性能稳定并能大大减轻飞行员的工作量而获得了广泛的应用。自动油门的新近发展是航空发动机全权限数字电子控制系统（FADEC）。这一系统的精确性获得了进一步提高，使得喷气动力装置变得可控。很多能自动地防止发动机过烧和温度过高。现在最新款的喷气式飞机中集成了自动推力系统，用来控制发动机参数并设定所有阶段（包括起飞）的发动机功率。

其他自动化系统

近来广泛应用的另一项自动化系统是防滑（防抱死）制动系统。这是一种压力调节系统，它是在制动轮锁上且开始滑动之前将其自动松开，给飞机以最大限度的制动。如果制动轮锁上，其牵引能力将会大为降低。

在随后进一步的改进中，很多最新型的飞机也采用了自动制动系统，为飞机的着陆以及中止起飞提供最大限度的制动。这一系统可在着陆过程中为飞行员提供多种自动制动减速率的选择。比如，B767客机就有5档可供选择。在正常着陆过程中，在起落架轮接地起旋的瞬间，由飞行员选定的可调

制动会自动启动。另外，飞行员会对系统进行调节以获得中止起飞（RTO）的最大制动。在很多情况下一旦选定了中止起飞，它就会自动工作，例如，当油门空转速度超过 80 节时（B767），或者当风速超过 72 节地面扰流板展开时（空客 320）。

为了减轻驾驶舱工作负荷量，飞机各系统及其子系统越来越简单化，并进一步自动化。过去曾经是飞行机械师负责的电气系统、液压系统、气动系统以及燃油系统，现在已实现高度自动化，使得两人机组操作更加简便易行。座舱安全带以及"禁止吸烟"标志能够自动工作，还有能简化发电机失效带来问题的电力负荷自动减载系统，另外，空气调节组件在起飞过程中发动机失效情况下会自动关闭。所有上述自动化装置以及其他一些自动化装置都可以减轻驾驶舱的工作负荷量，尽管它们并未使飞机的复杂度降低。

运输机操作中自动化装置的持续应用和自动化水平的不断提高，已使其衍生出多个分枝。例如，无线电通信的巨大发展取代了飞行报务员。与此基本类似，像惯性导航系统（INS）和测距仪系统（DME）等自动导航系统大大减轻了国内航班的工作量，这些系统，连同多普勒导航系统以及远程无线电导航系统，取代了过去远程越洋飞行中需要的导航员。最近又增加了飞行管理系统、全球定位系统和未来空中导航系统组件（详见缩略语的术语表，将在本章后半部分以及第二十二章——航空运输业的未来中进行讨论）。自动化已使两人机组在复杂运输机上的应用变得可行，并已成为现在的最新标准。

自动化的作用与飞行员

对于目前自动化是否已经先进到显著改变飞行员职责的程度，还存在很多争议。尽管这一争议很大程度上仍然停留在口头上，但我们确信飞行员的职责并未发生变化。飞行员的职责仍然是安全高效地驾驶飞机从 A 点飞到 B 点。在麦道 DC-3 型飞机的年代其职责如此，现在也是如此。

不断发展的自动化现在只是（一直以来也只是）帮助飞行员完成飞行任务的一个工具而已。自动化并未改变飞行员的职责，而且我们也不希望将来它会改变。然而，毫无疑问，飞行员为履行职责所必需的任务正在发生变化，而且变化显著。这些变化是逐渐向前发展的。驾驶麦道 DC-3 飞机肯定不同于驾驶麦道 DC-6 或麦道 DC-7 飞机，而驾驶上述飞机又肯定不同于驾驶 B707 或麦道 DC-8 飞机。显然，驾驶 B707、B727 或麦道 DC-8 飞机又不同于驾驶最新款飞机。现在环境下的飞行驾驶与过去相比肯定不同。最新型飞机的很多变化都是由不断发展的自动化带来的。

如今的驾驶舱早已从模拟设备发展为数字设备。最新款飞机现在都安装有阴极射线管和平板显示器，可以显示驾驶舱信息。其发动机及相应子系统的自动化水平都很高，可以显示附加信息，而且还有精度很高的自动驾驶仪。最新飞机的飞行速度越来越快，容量越来越大，结构也越来越复杂。另外，跟其他飞机一样，现在的飞行环境也越来越复杂。

由于以前的模拟显示器相比严格的数字显示器有很多优点，一些情况下，数字显示器也会进行修正以保留模拟显示器的优点。其中一个优点是老式的模拟显示器是由圆表盘和一个或多个指示器所组成，可以显示整个全景，而在只有数码显示的数字显示器上则无法做到。人们只能将老式模拟仪表盘显示的信息和数字式仪表盘显示的信息联系起来进行考虑，以发现它们在总体时间上的区别。

飞行员的 5 项分任务

航空运输飞行员的 5 项分任务是：

1. 操作、管理并监控发动机和飞机控制系统；

2. 避免无意中遭遇不利地形或地面目标；

3. 高效地驾驶飞机，直至抵达目的地机场；

4. 确保旅客和机组人员旅途舒适（通过操作、监控压力和温度控制系统）；

5. 与企业运营部门和空管部门进行沟通。

所有飞机上都会出现上述分任务。运输飞行中的自动化对飞行员的自动操作职责或其他飞行员所有的分任务都有影响。

理论上，以及实际大多数情况下，通过简化这些分任务，从而减轻工作负荷量，自动化系统能够使飞行员在不断增进安全和效率的前提下顺利完成其任务。现在的自动化系统已经从简单地缩减飞行员的任务发展为不但可以使这些任务更加易于完成和管理，而且可以提供更好更全面的操作信息。某些情况下，相比飞行员一贯的常规手动操作，自动化系统可以更出色地完成操作任务。

控制、信息及管理自动化

波音公司的戴莫·范登将现代意义上的自动化分为：①"控制自动化"，即帮助飞机上的飞行员控制任务或用自动化装置取代其手工操作；②"信息自动化"，即所有显示仪表和航空电子设备，主要用于导航和环境监控，以及空管和航空公司运营中日益广泛的数字通讯。查尔斯·比林斯后来又补充了第 3 类，称之为"管理自动化"（Billings，1997）。管理自动化包括所有有助于飞行员管理任务的活动，例如安全高效地驾驶飞机从 A 点飞到 B 点。管理自动化对飞机进行操纵，完成必需的飞行任务，并为飞行员提供飞机状况和任务目标进展情况的信息。

"控制自动化"与"管理自动化"的区别非常显著。在控制自动化中，飞行员自行选择完成任务或分任务所需的自动化系统。这些过程是个人的、单独的行为。在管理自动化中，飞行员只需选择总体目标，自动化系统就会根据既定目标进行甄别，并通过整体方式去完成任务。换个角度看二者的区别，控制自动化可以认为是一种内环控制，而管理自动化则具有外环特性。

自动化与安全

伴随着最新一代高度自动化飞机的出现而产生的一个主要问题是，不断提高的自动化程度是否真的能够提高飞机的安全性。有人指出，目前的自动化水平实际上是削弱了安全性，至少这种可能性很大。一个重要的问题是，安全性是所有航空运输运营中头等重要的考虑因素。

自动化水平提高下的安全记录

航空运输业在喷气机时代的机体毁损事故率如图 11.1 所示。图中清楚地表明，随着飞机机型自动化程度的不断提高，安全记录获得了很大改善。尽管安全记录的改善不完全是由于自动化，但是改善程度有目共睹。在航空运输事故的某些特定原因中，安全记录的改善并未改变人为因素的传统角色。不论机组成员是航空运输事故的始作俑者还是后继者（Reason，1997），60% ~ 80% 的事故都与机组人员有直接关系。

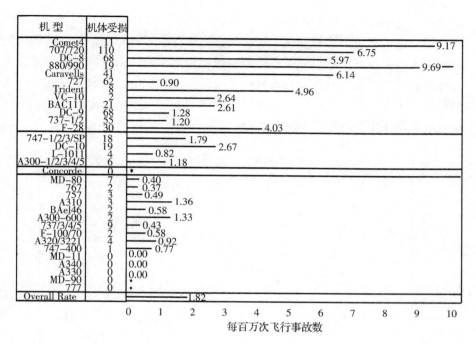

机　型	机体受损
Comet4	11
707/720	110
DC-8	68
880/990	19
Caravells	41
727	62
Trident	8
VC-10	2
BAC111	21
DC-9	68
737-1/2	55
F-28	30
747-1/2/3/SP	18
DC-10	22
L-1011	4
A300-1/2/3/4/5	6
Concorde	0
MD-80	7
767	2
757	3
A310	3
BAe146	2
A300-600	2
737/3/4/5	9
F-100/70	2
A320/3221	4
747-400	1
MD-11	0
A340	0
A330	0
MD-90	0
777	0
Overall Rate	

每百万次飞行事故数

注：小于100000次起飞

图 11.1　机体毁损事故率：全球商用喷气飞机（1959—1996）

资料来源：*Statistical Summary of Commercial Jet Aircraft Accidents—Worldwide Operations—1959—1996*，第 15 页，波音公司，1996 年

　　空客公司在其公司内部第四次飞行安全会议上提供的一张图片（图 11.2），实质上也说明了同样的信息，只是形式略有不同。图中用到的自动化飞机的型号包括麦道系列（McDonnell Douglas）MD80、MD11、MD90，以及新型的波音系列 B737、B757、B767，和空客系列 A310、A300-600。它们的安全记录比以前的机型更为良好，看来"线传飞控飞机与第三代自动化飞机不相上下，甚至更好"（Birch，1997）。这一说法已经证明是正确的，然而每代飞机之间的差距并不明显。这意味着为了使安全记录得到实质性的提高，必须有效运用更为全面的系统方法，利用人为因素操作方面的最新进展，实施良好的机组资源管理（CRM）程序。还必须更好地利用更多操作中

反馈回来的经验，以及从更精确、更个性化的训练方法中得到的经验。

安全记录表明由于自动化系统对航空安全存在不利影响，关于自动化的争论毫无意义，安全记录同时也清楚地说明，自动化并未缓解人为因素带来的问题。基本问题仍然存在，另外两个受到广泛关注的、悬而未决的自动化问题是：①在日益自动化的两人飞行机组中明确规定最佳任务配置；②确定航空运输操作中的最终自动化程度。

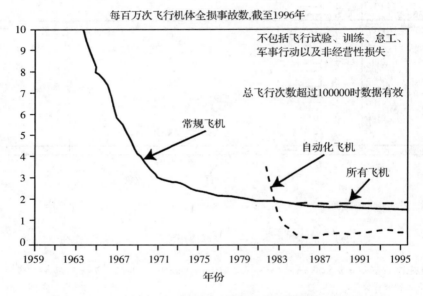

图 11.2　1959—1995 年自动化飞机与常规飞机机体毁损情况比较

资料来源：空客公司提供

我们是否真的看到了新问题？

在关于新技术引发的事故、事故征候以及人为因素的讨论中，美国国家运输安全委员会成员之一的约翰·劳伯提出了一个关于自动化的核心问题：

　　　　这些自动化引发问题的例子仅仅是与自动化相关的人为操作事故吗？但哪些又从根本上与其他所有人为操作事故（或事故征候）没有区别呢？

大卫·麦斯特对这一问题进行了总结：

> 或许大多数行为问题并未发生改变，只是在人们集中精力于困扰自己的软件/硬件界面细节时变换了一种表现形式而已。

上述问题的答案对于那些致力于研究航空运输操作中的安全与人为因素的人而言，仍然十分重要，而且有待于进一步探讨。事实并非只是简单的"是"或"否"的问题。

人的作用

在"改善人为因素提高航空安全国家计划"中，航空运输协会的人为因素研究小组作出了如下的假设："……在 2010 年之前，人类将继续控制并指导国家安全系统（NAS）……"（航空运输协会，1989 年）。现在看来，研究小组的假设过于保守了，目前已经发展到了完全自动化的系统，包括无人驾驶飞机，这远远超出了 2010 年的预期。即使我们假定现在的航空系统已经使无人驾驶飞机这一技术成为可能，也很难描述公众的接受程度。

值得注意的是，ATA 的报告中 2010 年只是一个假设，并非是对 2010 年以后的预测。毫无疑问，我们坚信国家航空系统中，即使在 2010 年以后的若干年内，人的因素仍将发挥至关重要的作用，而且包括自动化最优化应用在内的人为因素仍将是主要的考虑因素。在另外一项研究飞机驾驶舱人机界面问题的团队——FAA 人为因素研究任务组的报告中指出："机组人员对所驾驶飞机的安全负有最终责任，对此人们普遍认同。"

大约 20 年前，维纳和柯里指出，"任何任务都可实现自动化"。随后他们又提出，"是否应该实现自动化……?"（Wiener and Curry, 1980）。很少有人怀疑目前我们已基本能够实现飞机的完全自动化，并能制造无人驾驶飞机，至少有类似的计划。出于基本的安全和社会政治方面的考虑，我们仍然相信无人驾驶飞机在可预见的未来是不可行的，也没有可接受性。

自动化的基本问题

自动化在美国及其他国家研发的新一代飞机中获得了持续的发展。FAA人为因素研究任务组的报告中指出了使我们目前所面临问题恶化的一个因素。报告中提到："对于自动化的实现及其应用，每个飞机制造商都有不同的观点。"代表最新自动化水平的新式飞机（制造商）对自动化的看法至少会有一些细微差别，这一点不足为奇。

制造商之间的竞争异常激烈。从政府及公众的观点看，如果全行业都实行标准化，以致创新都机械地限制在标准化的研究中，那么将很难推动进步。对于相关的人为因素及纯技术问题，没有确定唯一的答案。这些问题包括了很多复杂的方面，很难对其给出一个简单的"是"或"非"的答案。

现有自动化观点

奥兰德和巴恩斯指出，FAA 总结了三种关于自动化的观点。分别如下：

空客——

● 动化不能降低飞机的整体可靠性；应当提高飞机以及系统的安全性、高效性和经济性。

● 自动化不能使飞机超出安全飞行的界线，并应使飞机保持在正常飞行范围以内。

● 自动化应当允许操作人员最大限度地使用安全飞行极限数据，尤其是在非常规环境中更是必需的。

● 在正常飞行范围内，自动化不应与操作人员的操作输入冲突，除非是出于安全考虑必须这样做。

波音——

● 飞行员对飞机的操纵具有最终权威。

● 机组成员对飞行的安全操控负有最终的责任。

● 飞行机组的任务，按照优先级排列，依次为安全、乘客舒适和高效。

● 对机组操作的设置，应当以飞行员的前期训练和操作经验为基础。

● 设计系统须有容错能力。

● 设计选项的层次分为简单、冗余和自动化。

● 自动化只是作为一种辅助飞行员的工具，而非取代飞行员。

● 处理所有正常及非正常操作情况下的基本人为能力、人为限制和个体差异。

● 只有当新技术和新功能确认具有清楚明确的操作优势和高效性，并且对人机界面没有负面影响时，才可以使用它们。

麦道——

● 运用技术自然地去辅助飞行员，同时给予飞行员最终推翻计算机使用经验和技能的权威。

（Orlady and Barnes，1997）

自动化系统与飞行员工作负荷量

需要指出的是，在任何时候任何水平下减轻飞行员的工作负荷量都是有必要的。如前文所指出的，现在这一概念变得越来越重要，引发的问题也不再简单。或许我们经历过一个为了自动化而自动化的年代，不过现在情况已经不是这样了。关于自动化的主要担忧包括，自动化对机组的有效监控能力带来的负面影响，操作完全自动化飞机所带来的工作挑战，以及自动化的发展对整体安全所带来的影响。

在现在的飞机上，很多以前由飞行员完成的常规子系统的功能都已实现自动化。对这些子系统中存在的缺陷通常被设计为自动处理（Bilings，1991）。比林斯引证了一个 MD11 机长的话：“我们最根本的策略之一是：如果你知道你想让飞行员做什么，别告诉他们，直接做。”

与自动化相关的人为因素问题是一个既定系统在没有飞行员事前告知的情况下是否能关闭或有所变化的问题。应当看到，如果给定系统在没有飞行员预先告知或没有任何不利反应的情况下即可被关掉或改变，或许能够减轻飞行员的工作负荷量。然而，我们相信基本原则是自动化操作需要通过适当的反馈才能实现，而且飞行员也会马上被提示注意相应的操作。我们完全同意查尔斯·比林斯的观点，操作人员必须对自动化系统进行监控，并且保证随时都能够接收到正确信息。后来人们又对这一概念进行了修正和扩展。在对这些概念进行修正及扩展的情况下，系统允许自动改变状态，包括在没有预先通知飞行员的情况下关闭等情况。另一方面，当飞行员接到系统或状态改变的通知后，自动化装置应当允许飞行员将系统恢复到初始状态。

飞行管理系统（FMS）

飞行管理系统（FMS）是高科技飞机的核心。FMS 具备四维区域导航能力以及一体化的经度、纬度、高度和时间参数能力，以便在优化飞机性能时，飞行员可以作出更加经济、快捷，并且更符合公司需求等方面的选择。由于不同制造商之间以及同一制造商生产的不同机型的飞机之间，在描述飞行管理系统不同要素时采用的缩略语和术语差别很大，因此很容易混淆。比如，空客公司把 FMS 称为 FMGS，意思代表飞行管理导航系统。

麦道 MD80 机型和波音 B757 及 B767 机型首先对整合各种自动化设备进行了系统的努力，将其整合为无缝隙流程，以便用于流水线作业过程中。尽管以前配备有惯性导航系统（INS）的远程飞机能够通过 INS 对飞行轨迹进行规划，但 FMS 才是最初被设计用于所有机型导航的系统。飞行员的一些任务由于 FMS 而得到缓解。然而，飞行员需要了解其他附加的知识，多数专家都认为飞行员的识知负荷量实际上是增大了。

FMS 整合了大量不同的系统，以此来提供水平和垂直方向的自动导航并优化性能。FMS 所包含的要素会随着机型、制造商以及操作人员操作规程的不同而不同。例如，波音 B737-300（到波音 B737-800）由以下四个组成系统（但不仅限于四个系统）：

- 自动驾驶/飞行控制系统（AFDS）；
- 自动油门（A/T）；
- 惯性参照系统（IRS），在新一代飞机上应用的全球卫星定位系统（GPS），以及卫星通信（SATCOM）；
- 飞行管理计算机/控制显示装置（FMC/CDU）。

空客 A320 机型上，FMGS（或 FMS）包括下列组成部分：
- 飞行管理和引导计算机（FMGC）；
- 多功能控制显示装置（MCDU）；
- 飞行控制装置（FCU）；
- 飞行增稳计算机（FAC）；
- 节流阀；
- 电子飞行仪表系统阴极射线管显示器（EFIS CRT）。

飞行管理导航计算机（FMGC，在空客公司内部术语中也称为 FMCG）代表了自动化发展过程中的重大进步，这将是后面讨论的重点。FMC 同时具有以下三方面的信息：
- 飞行计划和飞行员输入的性能信息；
- 来自于支持系统的信息（如 IRS，导航设备）；

● 自身数据库的信息。

有关 FMC 的交互界面可以通过一个通常安装于驾驶舱底座中央并且每位飞行员都可看到的控制和显示装置（CDU）获得。CDU 是飞行员用来运行和使用飞行管理计算机（FMC）的硬件系统。典型例子是 MD80 飞机上应用的 CDU，如图 11.3 所示。

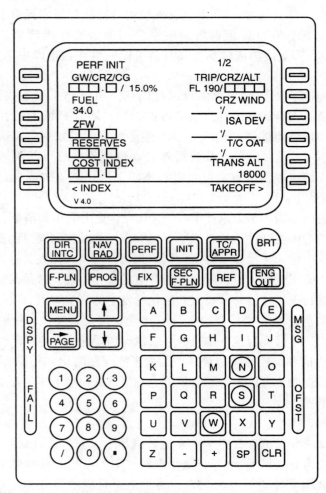

图 11.3　霍尼威尔飞行管理系统控制和显示装置（CDU）

资料来源：道格拉斯飞机公司（今已并入波音飞机公司）授权引用

　　FMC 是一个复杂的系统，包括很多页面，每页有 14 行文字数字信息。这些是飞行员附加识知负荷的一个主要来源，同时也是飞行员训练负荷增加（而非减少）的一个主要原因。

　　FMC 内部软件包括复杂的导航操作程序以及性能数据库，而这些程序和数据库只适合于特定机型和操作人员。这些可升级的软件包包含了大量的信息，操作程序可以包含 1400 多个软件模块。导航数据库涵盖了飞机正常飞行的所有区域。它可以根据特定航空公司的需要作出调整，它包含有 32500 个导航点和航线构成数据。飞行员可以一直在数据库中增加 40 个航路点的信息。

　　FMC 性能数据库包含了很多可以在以前飞机操作手册中找到的信息。它提供了对所有飞行状态下速度及高度的指导，同时 FMC 可以用来提供整个航行中不同航路点的详细情况。FMC 性能数据库可以提供精确的飞机空气动力学数据（如阻力），这些数据随发动机型号及总重的不同而差别很大。该数据库还可提供所有重量级别和不同飞机状态下的最大高度及最大（最小）速度数据。

　　尽管已付出了很多努力来使 FMC/CDU 操作更为简单和清晰，但工作模式及显示器构造的复杂性仍然带来了很多实质性的操作问题。例如，很难保证在日常工作中输入字母数字时不会偶尔犯错误。当操作人员打算输入西经数据而误输入了东经数据时，就会造成严重的操作问题。这是某航空公司飞行员在地面进行飞机座舱部分设置初始化时发生的真实案例。飞行员会收到很多条错误信息，提示"控制箱"并不接受这种位置输入。他们需要一些耐力和创造力，才能无视这些信息，强制执行错误输入。

　　CDU 的性能和监控标准非常之高，为了使问题简化，并使 CDU 输入具有更高的容错性能，人们进行了大量努力。最近的模型取得了显著进步，比林斯解释如下：

　　　　标准或常用航路都存储在导航数据库中，并可通过数字检索。标准仪表离场（SID）和标准进场航路（STAR）[①] 也存储在数据库中，当 ATC 要求进行改变时，只需输入所需程序的名称即可。进

---

① SID 是指标准仪表离场，STAR 是指标准进场航路。这些路线由空中交通管制系统发布。

场跑道的改变意味着飞行航路的改变，同时根据需要自动调谐至适当的无线电导航频率。对于新的 FMS，与导航显示相符合至关重要，同时还要能够通过图像形式告知飞行员改变飞行计划带来的影响，以便飞行员在备选飞行计划进入实质影响之前对其可行性进行判定（尽管 ATC 的要求并非必需）。

（Billings，1997）

目前我们的 ATC 系统中，进近航路及跑道的改变经常是必需的，也是不可避免的。如果机组希望使飞行管理系统的作用发挥到最大，那么对于 ATC 做出的进近航路或者跑道的改变，都要进行一定程度的程序重调。这些程序重调通常会增加额外的驾驶员飞行时间，尤其是对早期的 FMC 系统。程序重调本身并不复杂，很多飞行员使用程序重调仅仅是因为他们知道系统具有这种能力同时也知道该如何去做。然而，在进近阶段按下 CDU 按钮，对于进行程序运行前判定的飞机操纵监控者（PNF）和飞机操纵者（PF）而言，都是一种分神的举动。在进近过程中，对驾驶舱外的其他飞机需要保持一个良好的视野。

为了应对这一问题，很多飞行员将"不在 10000 英尺以下进行程序重调"定为常规，很多航空公司也将其作为标准操作程序（SOP）的一项条款。这种处理方法或许会导致手工进近飞行，但却使人力资源可以处理更高优先级的任务。这种解决方案的代价是放弃了 FMS 自动化在航站区带来的益处。进近航路及跑道的改变在老式飞机上是一个引人注意也是让人分神的问题。飞行员发现 FMC 数据的字母数字输入要比以前飞机上简单的转动转换开关更耗时耗力。

关于 FMS 的大多数简短讨论都是基于《飞行自动化：探寻以人为本的解决方案》中第 107 ~ 117 页的内容。在这部非常值得推荐的文献中，查尔斯·比林斯博士详细讨论了 FMS 及其应用。该文献是其他附加信息极好的资料来源。

警告和预警系统的扩展

飞机越来越复杂和精密，以及标准驾驶舱机组由三人减至两人所带来的后果之一是警报系统复杂性的增加。这些警报是获取有效系统认识的重要因素。越来越复杂的警报系统以及不断应用的新系统，例如增强型近地警告系统（EGPWS）、机载防撞系统（TCAS）、风切变警告系统（WSAS）以及综合危险防止系统（IHAS）等，都未能消除虚假、多样和混乱的警报事件。这些系统将在第二十一章——当前的安全问题以及第二十二章——航空运输业的未来中进行讨论。研究人员、设计人员和操作专家正在进行不懈努力，以在一定程度上消除或至少是减轻这些问题带来的不利后果。

当今的高科技飞机中，警报可以是单独的信号，也可以是各种信号的结合，包括光、图像或文字等视觉信号，铃声、哨声、汽笛或仿真语言等声觉信号，或者抖杆器及推杆器①等触觉信号。当飞行中的警报引起机组人员注意力涣散而危害到飞行安全，或至少警报成为不必要骚扰的时候，警报会被禁止，从而使其传播限制在一定范围之内。例如，速度超过 210 节时起落架告警喇叭会被关闭；另外在一款最新的运输机上，火警警铃及相应的主警灯在起飞过程中也会被关闭。进一步的例子见 IHAS 中的优先系统。

由于"多种警报形式组合起来数目会呈现阶乘增加"（即 3 种警报意味着 6 种组合，4 种警报意味着 24 种组合，等等），优先级成了最新运输机设计者面临的一个非常现实的问题（Gilson et al.，1996）。正确处理这一问题至关重要。至此，多重失效看上去很少发生，而且在运输作业中处于良好控制状态，多于两重的失效几率看上去更是少之又少。然而，所有航空运输运营相关人员都应当清楚地知道潜在的失效问题，尤其是对训练人员而言。

吉尔森等相信，"当多重失效发生时，成功结果更依赖于问题解决技巧而非一系列的规章"。他们很好地阐明了这一问题：

> 计算机无可辩驳的能力与操作人员独有的解决问题及模式识别技能之间需要一种平衡。

（Gilson et al.，1996）

---

① 事实上，推杆器不仅仅是一个触觉信号，因为它是一个有效的失速防止系统，能强制使操纵杆推前，控制飞机从爬升状态调整为浅俯冲状态。抖杆器不会向前推动操纵杆，只是使操纵杆抖动。

驾驶员/计算机界面

很多研究人员相信目前运输机面临的实际问题是人们常说的驾驶员/计算机界面。近年来一系列与空客运输机相关的事故——法国 Habsheim（1988 年）、班加罗尔（1990 年）、斯特拉斯堡（1992 年）、名古屋（1994年）、图卢兹（1994 年）的事故，以及 1991 年 A310 客机在莫斯科，1994年 A310-300 客机在巴黎奥利的事故都引起了广泛关注。航空安全报告系统的数据清楚地表明，界面问题不论是出在设计上还是设计与训练兼而有之，都不仅限于空客运输机中。

在考察上述事故时，应当考虑诸如母语、社会环境、"4P"① 以及训练品质等各项因素。这些因素在决定驾驶员/计算机界面的作用及需求时都非常重要。考虑这一问题需要涉及所有现代运输机上的自动化系统。

克服这些失误困难的一个积极因素是"以人为本自动化"（查尔斯·比林斯支持的一个概念）的发展，在下一段将进行详细讨论。以人为本自动化的主要原则已经被欧美的制造商、运营商、飞行员协会和管理者所采用。为达到最终（也许是虚幻的）"零事故"目标，以人为本自动化的概念已经取得了巨大的进展。

控制模式的扩展

引起人们不安的一个问题是最新系统控制模式的激增，尤其是当飞机处于自动驾驶状态或机组对自动驾驶仪和飞机进行监控的情况下。不幸的是，飞行员接受的培训常少于最优训练量。尤其是对早期的一些部分任务训练人员而言，训练设备很难保证满足实际训练的需要。例如，很多只提供单路径模式的训练，对训练者而言只有一个正确响应按钮，而大家都很清楚，很多响应模式都可以达到预期的结果。所有这些响应都是可用的，而且其中的大多数在飞机上也得到了实际应用。

实际训练过程中需要考虑的因素是如果这些可用模式在训练中都被采用，其可行性如何，另外飞行员在考试过程中对所有模式的示范知识和技能都要做出反应。例如，某家航空公司明确说明飞行员在考试时只对 7 种模式负责，而这 7 种模式是训练的全部内容。官方的检查权限也限于这 7 种模

---

① "4P" 是指原理、政策、程序和实践。关于"4P"的讨论见第六章——社会环境。

式。然而，这些模式并不足以应付日常飞机运行过程中的所有情况，只是为飞行员打下了一个很好的基础，以便将来继续完善。

再如另外一家航空公司，飞行员可以在至少5种程度的自动化系统中进行选择以改变高度（Sarter and Woods，1995）。后来的吉姆·瑞奇蒙德和伯克·格林提出了一个非常具有挑战性的问题："我们是否需要所有的模式？"（Greene and Richmond，1993）。这一特殊问题的引出是由于通常的"垂直速度"、"飞行航迹"以及"飞行水平改变"等自动驾驶模式功能都相似，而约束限制却各不相同，当出现限制时会以不同方式影响飞机的行为。A320客机的"开放下降"模式及其与飞行指引系统的结合引起了人们的关注，被认为是班加罗尔着陆事故的潜在因素。航空公司在A320运行过程中采用的一种权宜之计是最终进近阶段在低于一个安全过渡高度时禁止"开放下降"模式（Billings，1991）。显然，与该问题有关的一个基本人为因素问题在设计及验证阶段没有引起充分认识。

自动驾驶模式混乱

自动化系统及其包含的飞行员监控的发展衍生出人为因素分支，并将继续发展下去。大多数观察者普遍同意今后的自动化系统会对飞行员监控的效力产生负面影响，部分原因是由于人们不善监管稀有事件。自动装置引起了广泛关注，由于自动装置过于可靠，使得对其监控变成了一件单调无聊的事，因此监控的效力不可避免地会降低。对设计者提出的进一步挑战将在本章后续部分进行讨论。

某些自动化系统本身建立起来的内在逻辑会导致自动化问题的恶化。例如，最新的运输机如果采用垂直速度自动驾驶模式，飞机将不会捕获预期选择的高度，而当到达预期高度时，又会飞离该高度。再如，当达到操作限制时，对飞行员的通告在模式状态读出器中的改变将变得相当乏味。这是一种不当反馈，并不总是有效。在某些情况下，飞行员希望去掉自动化系统中的一部分而仅利用其他特点，但这却很难做到，因为"要么全部，要么全无"是唯一的选择。例如，飞行员可能会希望手工改变导航或速度，而保留高度保持。在当前的一些飞机上，这是不可能实现的。毋庸置疑，这可能仅仅是一个由计算机程序引起的问题，因为计算机编程人员根本不知道在真实情况下运行的飞机的复杂性。这也是设计阶段很需要飞行员参与的一个原因。

在研究航空运输自动化的过程中，来自两所大学的研究人员大卫·伍兹和纳丁·萨特，发现大量被他们称为"模式混乱"的现象。例如，他们指出，存在众多垂直模式，但有时飞行员很难理解他们到底是如何起作用的，尤其是当处于飞机性能范围的边缘时。这种混乱无论是通过更好的设计、更好的显示还是更好的训练（或三者的结合）加以解决，都是当前需要探究的一大问题。麻省理工学院（MIT）的一项研究发现，184 起已知模式事故中，74% 的事故与垂直导航有关，而只有 26% 的事故与水平导航有关（Hughes，1995）。表 11-1 列出了空客 320 客机中可以见到的多种自动驾驶模式。

表 11-1　空客 320 客机中的 FMS 及自动驾驶模式

自动推力模式	垂直模式	水平模式
起飞复飞（TOGA） 灵活起飞推力（FLX）42 最大连续推力（MCT） 爬升（CLB） 慢车（IDLE） 油门（THR） 空速/马赫（SPD/MACH） ALPHA 平面（ALPHA FLOOR） 起飞复飞锁定（TOGA LK）	速度基准系统（SRS） 爬升（CLB） 下降（DES） 开放爬升（OPEN CLB） 开放下降（OPEN DES） 加速（EXPEDITE） 高度（ALT） 垂直速度或飞行航径角 （V/S-FPA） 最终翼载（G/S-FINAL） 拉平（FLARE）	跑道（RWY） 导航（NAV） 航向/航迹（HDG/TRK） 航向信标（LOC*） 航向信标/自动驾驶导航 （LOC/AP NAV） 着陆（LAND） 滑行（ROLLOUT）

资料来源：授权转载自《人为因素》，1995 年，第 37 卷，第 1 期。版权所有：人为因素与人类工程学学会，1995 年。保留所有权力。

对自动化过度自信或过度依赖

目前运输机几乎完全实现自动化所带来的一个很有意思也很现实的问题是，飞行员对自动化过度自信同时也过于依赖。飞行员的这一响应发生在常规操作中，同时也反映在飞行员对系统在反常情况下自动做出正确响应的信赖上。如果日常采用高度可靠的自动化系统（短途和远程航班中），可以理解，机组成员会出现过度依赖自动化系统的趋势，以致对于有些本来手工操作常规检查很好的情况也会坐视不管。尤其是在远程飞行中，疏忽和疲劳是不可避免的。仅仅为了不让飞行员闲着而为其提供不必要的工作，理论上是想让飞行员保持警惕，但实际上并不是所有人员都能接受。主要原因是由于飞行员根本就不去从事这些不必要的工作。"忙碌的工作"并不一定能提高他们对监控系统的认识。

一个说明对自动化过度依赖的经典案例是发生在约翰 F. 肯尼迪国际机场的一起北欧航空公司麦道 DC10-30 飞机冲出跑道的事件。垂直能见度为 300 英尺，水平能见度 1.5 英里。计算得到进近速度为 154 节，跑道入口速度 149 节。在进近过程中，飞机设定为自动进近状态，一直下降到 800 英尺高度，飞机都保持正常。随后空速出现增加，当飞机通过入口时仍高于跑道入口速度 50 节。飞机在着陆过程中超出跑道 4000 英尺。甚至在理论上麦道 DC-10 飞机在干跑道上的滑行停止距离也要比机组预留的跑道距离长，而该跑道当时又是湿的，所以发生冲出跑道的事故也就不足为奇了。

美国国家运输安全委员会得出结论："该起事故的可能原因是飞行机组（a）无视最终进近阶段监控及控制空速的规定程序；（b）决定继续着陆而非中断进近；（c）过于依赖自动油门速度控制系统……"

这一事故引起了特别关注，主要是因为其仅仅发生在十几年前（1984年 2 月 28 号），当时还不像今天的玻璃驾驶舱这样高度自动化，同时也是第一次把飞行员"过度信赖或依赖自动化"作为事故的一种可能原因。尽管类似原因的事故没有再见到明确报道，但仍有多起与过度依赖自动化相关的事故征候发生。运营专家们一致认为飞行员对自动化系统的过度自信是现代飞机中有根据的关注问题。

尽管存在众多问题，人们普遍认为自动化将是未来的必经之路，关于自动化的争辩主要集中在如何对其更好地加以利用。比林斯博士提出了一个值得我们牢记的观点："尽管人们的能力在飞行的短暂历史中并未发生太大改变……操作人员在学习设计和理解如何操纵以高科技为突出标志的飞行活动的过程中，整体上都发生了很大变化"（Billings，1991）。这是很正常的向前发展过程。在未来，操作人员（本案例指飞行员）还会继续改变。自从飞行活动开始以来，优秀的飞行员一直在被迫和努力改变和适应。进入 21 世纪，优秀飞行员在他们继续适应和学习操纵高科技飞行活动的同时，自身也将不断发生改变。

自动化、训练和手工技能

关于不断发展的自动化，一种显著的谬误认为自动化已经（或者将要）降低了训练要求。显然这是不正确的。自动化在原先要求的基础上又增加了训练要求。充分利用自动化系统的技能和知识势必会增加到训练课程中。萨特和伍兹（1995年）指出，"……新的自动化带来了新的训练要求"。

毫无疑问，不断发展的自动化已成为广受欢迎的手段，被飞行员用来提高飞行的安全性和效率。然而，高效地运用现在的自动化系统并不意味着飞行员不再需要以前的旧技能和老知识。现在飞行员需要更多的技能和知识，他们需要以前所有的技能，同时还需要掌握自动化所需的各项新技能。经过十多年来对日益自动化飞机操作的学习，我们获得的经验之一是高水平的飞行员手工操作技能仍然是必需的。飞行员复训、改装训练以及校验程序，另外还有正确运用自动化所需的重点内容，都必须把手工技能作为其中的一部分。

技能退化有很多原因，包括诸如程序甚至动机等方面的因素，但大多数手工技能退化案例中，主要问题仍是缺乏实践。例如，某家大型国际航空公司报告称，长程航行计划只允许每位飞行员每月1~1.5次起飞和着陆。这一结果是通过假设所有起飞及着陆活动由掌握并保持该技能的飞行员平均分配而获得的。另一家航空公司报告称由于着陆是在长程疲劳飞行的最后，飞行员有时会让自动化系统进行进近和着陆，因为这样操作起来比手工更为简便。另外，自动化系统提供了更为有效的方式来监控驾驶舱内外情况并控制全部工作量，尤其是在不利天气状况和不熟悉机场情况下。

很多航空公司会强制安排专门飞长程航线的高度自动化飞机的飞行员每隔90天进行一次模拟训练，以保持他们起飞及着陆操作的流畅。一家美国航空公司甚至将此类飞行员的复训时间表从一年缩减至9个月。保持高度自动化飞机上手工技能的熟练是一个非常现实的问题。其他训练考虑因素将在第十六章——选拔和培训中进行讨论。

自动化与"失误"两难选择

对运输机及其系统设计人员而言，一个明显的两难选择是无论人还是自动装置及部件都会出现失误。对于持续降低航空运输事故及事故征候的水平，显然两者都不是完全可靠的。

将失误和自动化问题分隔开来是错误的，尽管自动化系统更有可能会出现失误。众所周知自动化并非完美无缺，还有人们会出现各种无意的、少见的和随机的失误。现在，航空运输运营已经发展到航空系统如果不能对操作后果进行起码控制的话，将不再容忍各种无意的、少见的和随机的操作失误（见第二十章——全球性安全挑战中对这一工业化问题的进一步讨论）。

日益自动化的飞机系统和控制该系统的计算机很少有机会出现失误，或者遭遇系统设计人员未能预见的情况。为了弥补和避免这些不可避免的失误所带来的后果，唯一可用的资源就是机组或空管人员。每种情况下，操作人员都是最终的后援。利萨和本布里奇给出了一个非常引人注意也非常具有挑战性的注解："……工程人员对人为因素的日益关注正折射出这一具有讽刺意味的情况：越是高级的控制系统，操作人员就越起着决定性的作用"（Bainbridge，1987）。

基于这一基本规则，设计的主要目标应使每架飞机及其系统的"容错"能力都能达到一定程度——使用系统的人员很难出现失误，或者相关的自动化系统也很难出现失误。然而，即便是对于容错系统，也常常出现失误。因此，设计的第二个目标必须使所有的系统，尤其是关键系统，具有"容错"能力，即确保一些无意的失误能够被发现并减少，至少是将失误减至非严重的程度。除了其他优点之外，简化是系统容忍人员和设备失误的重要手段，简化还使发现无意失误并采取适当补救措施变得更容易。

通过两名训练有素的飞行员监控自动化装置的运行，并监控彼此的操作绩效，同时通过自动化装置监控飞行员的操作绩效，可使由飞行员及控制人员出现少见失误而导致的安全问题减至最低。自动报警系统可使这一过程得到加强，下一段将对其作进一步讨论。

自动报警系统

自动报警系统对自动化装置给飞行员提供进一步的帮助作出了巨大贡献。尽管这些系统并不新见，却是最初的机器（或自动化装置）对人员进行监控的范例。如今，现代飞机主要有三种类型的自动报警系统：①确保输入或即将输入的飞机状态设定为飞行阶段的系统；②监控飞机的系统；③与环境对飞行安全的威胁有关系统。

自动报警系统监控飞行员的分任务完成情况。第一种系统与飞机的设置有关，被用来确保输入或即将输入的飞机状态为飞行阶段。该系统与第二种系统一样，已经运用了很多年。典型的例子有，油门（或功率水平）被收到着陆状态，如果起落架未被放下，此时起作用的起落架报警系统；以及油门被推到起飞状态，如果襟翼未处于起飞状态，此时起作用的襟翼位置报警系统。第二个系列的报警系统与各飞机系统有关，包括液压系统状态、发动机燃料或机油状况、电气系统运行以及增压系统状态。基本上，第二种系统提供包括系统故障在内的各种信息，很少会涉及人为失误。

第三种报警系统与环境对飞行安全的威胁有关，包括近地警告系统（GPWS）、最新开发的增强型近地警告系统（EGPWS）、机载防撞系统（TCAS）以及风切变警告系统（WSAS）。风切变防止系统既可以在地面由管制人员操作，也可以在空中由飞行员操作。最低安全高度警报系统（MSAW）或许也应当归到这一分类中。该系统完全在管制人员的职权范围之内，使管制人员能在飞行高度低于最低安全高度时对机组提出警告。最低安全高度警报系统创建于美国，主要是因为美国常见的不规则地形，以及当前美国空管自动雷达航站系统（ARTS III）进近雷达的良好软件兼容性。

无论何时 EGPWS、MSAW、TCAS 或空管中心管制员的冲突告警系统一旦被触发，系统的某一部分肯定出现了某种类型的错误。管制员的冲突告警系统利用飞机的模式 C（询问飞机高度）飞机应答机，对任何原因引起的高度及距离时间标准间隔偏离情况提出警告。飞行员和管制员有时将其戏称为"告密补丁"。

短期冲突告警系统（STCA）是一种主要应用于欧洲的不含"告密补丁"惩罚方面的有效设备。无论何时将出现间隔减小，该软件设备都会对管制员提出警告。因为 STCA 的参数在发生实际间隔减小之前均被设定为运行良好状态，因而具有很高的干扰警告率。相反，如果参数设定的过于接近实际间隔减小情况，系统恢复到正常状态的时间就会很少。STCA 是帮助管制员防止间隔减小的装置，与之相反，TCAS 则为飞行员提供了防撞装置。进一步的讨论超出了本书的范围。对另外与管制员操作有关的信息感兴趣的读者，推荐其查阅《空中交通管制：人的绩效因素》。本书由安妮·艾萨克博士和伯特·卢森伯格[1]合作撰写，即将于 1999 年 5 月出版并与读者见面。

任何形式的自动报警可以是完全视觉的信号（如持续发亮或不断闪烁的红灯），可以是视觉信号与听觉信号的结合，也可以包含触觉警报。这些警报的形式及其强度是一个人为因素问题。值得注意的是，GPWS、TCAS 和 WSAS 均由国会授权，说明了国会对航空安全的高度关注。

尽管存在早期的"试航"问题，自动化报警大大提高了航空运输运营的安全性，对此很少有人持怀疑态度。前面章节已经详细讨论了各种类型的自动报警系统，如第八章——文件、检查单与信息管理中的配置警告和环境威胁警告，第二十一章——当今安全问题中也对自动报警进行了讨论，第十章——工作负荷量中对系统报警进行了讨论。

以人为本的自动化

NASA 的艾姆斯研究中心前首席科学家，现任俄亥俄州立大学名誉教授的查尔斯·比林斯博士，经过研究准确地定义了以人为本自动化的概念，并对其进行了宣传推广和大力阐述。是谁最先引入以人为本自动化这一用语已经无从考证，如比林斯博士所说，"谢里丹、诺曼、劳斯、库勒及其他很多学者早在多年前就已经在以人为本或以用户为中心技术方面著书立说"（Billings，1997）。以人为本的概念非常重要，今天航空运输系统的所有组成部分都已普遍认可并接受了这一概念。

以人为本自动化是一个非常重要也很有益的描述性用语。正如我们所提到的，其理论和观点几乎在所有领域都得到了有力支持。对全面探究运输机飞行自动化感兴趣的读者有必要参考一下由比林斯编写的《飞行自动化：探寻以人为本的解决方案》。下面的讨论多数都是基于该著作。

比林斯博士确定了以人为本自动化的原理，如下：

前提：

飞行员承担飞行安全责任。

管制员承担流量分配和确保安全流量的责任。

---

① 安妮·艾萨克博士受雇于欧洲空中航行安全组织比利时分部。伯特·卢森伯格自 1992 年起一直作为空中交通管制员协会国际联合会（IFATCA）的官方代表，是荷兰阿姆斯特丹期希普霍尔机场的一名空中交通管制员。

推理规则：

飞行员必须保持对航空器的指挥。

管制员必须保持对空中交通的指挥。

结论：

飞行员和管制员必须积极投入工作。

两者必须掌握充足的信息。

操作人员必须密切监控作为辅助的自动化系统。

自动化系统必须具有预见性。

自动化系统必须同时能够监控操作人员。

系统的每个智能组件都必须知晓其他组件的意图目的。

这些概念非常基本而且简单明了，但同时也是至关重要的。我们会从飞行员的角度将结论扩展，有时甚至做些微小改动。与本书主要关注飞行运行不同，上文引用的比林斯文献关注对象是航空器运行自动化的所有方面。强烈建议对空中交通管制及管制员职责感兴趣的读者不要拘泥于比林斯博士的著作，另外像前面提到的由安妮·艾萨克博士和伯特·卢森伯格合作撰写的《空中交通管制：人的绩效因素》一书，也可以作为参考。

结论扩展

为了有效指挥，操作人员必须参与其中

这是核心原理。飞行员是通过自己直接控制飞机完成其任务，还是通过管理其他可用的人员或设备资源完成其任务，并无太大关系。操作人员必须要直接参与同时要对参与情况完全了解。人为因素专家多年来一直熟知高技能人员（如飞行员和管制员）并不擅长处理发生概率很低的事件这一情况。那些将高科技自动化系统利用到极致的人员经常会忽略这一关键要点。

为了参与其中，操作人员必须掌握信息

可用信息必须包含所有使飞行员保持积极操作状态所必需的数据，还必须包含使飞行员掌握充足信息所需的系统状态、进程及意图方面的资料，否则，操作人员很难真正参与其中。

人为因素的一个重要问题是决定信息的表现形式、时间及方式。数据并不是直接的信息。比林斯博士指出，"只有当数据经过适当的转换，并且在特定环境下以对人有用的形式表现出来的时候，才能成为信息"。白天在干净明亮的房间中测试时清晰有用的数据，到了暴风雨之夜紧张飞行状态下的驾驶舱里可能就不再清晰有用。

飞行员必须能够监控自动化系统

这与前述结论密切相关。自动化系统可能出现失误，飞行员是具备防御能力、能够控制或在某些情况下阻止系统失误的最后一道防线。系统失误如果发生在飞行关键系统中，将会导致灾难。航空运输在经济和道义上付出的代价过高，以致在运营理念上就必须要使飞行员对自动化系统进行有效监控。多数情况下，如果不了解系统是如何完成其任务的，那么将很难对其实施有效监控（Billings，1991）。足够的训练是至关重要的因素。

自动化系统必须具有预见性

自动化系统如果不具有可预见性，那么绝不可能被有效监控。如果飞行员不熟悉系统的预期行为，也绝不可能及时发现偏离自动化系统正常情况的行为。训练必须包含每个自动化部件的正常运转以及故障模式下的行为。

有时我们会运用完全自动化的系统，如偏航阻尼器，能自动计算掠翼飞机（所有现代喷气式飞机）的飞行趋势，在倾斜转弯时产生反向偏航角，并能抑制湍流的影响。自动化系统的另一个例子是俯仰配平补偿器，它能够计算喷气式飞机在高速飞行时下降的趋势。这些系统都是可预见性系统，通常都可以自动工作。如果它们不工作或者工作出现异常，飞机运行过程中就会通过警灯对飞行员提出警报。如果自动化系统停止工作，则会加重飞行员的飞行任务。最新式飞机还装有自动气动配平装置，以使重心保持在操作控制范围以内。在远程飞行中，燃料消耗也会引起飞机重心的显著改变。

自动化系统必须能监控操作人员，操作人员也必须同时能监控自动装置

这一结论着重强调了两个非常现实的问题。第一，人都是会出现失误的，并非好的监控者。第二，即使是目前的高性能计算机也会出现局部甚至全局性失误，并不能预料航线运行过程中可能会面临的所有状况。因此，计算机的运行过程必须由人员进行监控，同样人员的操作过程也必须由系统进行监控。自动报警系统起到了非常积极的作用。例如，作为现代飞机一部分，在美国和其他一些国家获得广泛应用的近地警告系统（GPWS），以及作为美国空中交通管制系统一部分的最低安全高度警报系统（MSAWS），事实上消除了可控飞行撞地（CFIT）事故的发生。前面提到的 GPWS 的新版本，称为增强型近地警告系统（EGPWS），可以提供比原有系统更有效、更

持久的警报。尽管一些人为因素方面的专家认为 EGPWS 存在设计缺陷，但其良好的初始设计仍表现出进一步改进的可能。

"极限保护"（或限制）是一家非常著名的欧洲航空器制造商生产飞机的设计特色，它通过设定特定的运行参数，当超过这些参数时则视为物理上不可接受的状态，从而提供临界飞行速度及配置条件下的保护。此类运输机已经通过了美国 FAA 认证，并已在美国航空公司投入运营。美国的飞行员和制造商普遍反对此类运输机上的这种绝对操作限制，目的是使飞行员能够对运输机进行最终控制，并允许他们在极端条件下尝试超越操作限制。驾驶过此类有"极限保护"飞机的飞行员对其大加赞赏。事实上，一位驾驶过此类飞机的国际航线飞行员曾经说过："只有从未驾驶过这类飞机的飞行员才会不喜欢他们。"

经过明显的妥协（或许这也是一种发展的折中办法），美国制造商对最初的极限保护概念进行了调整，他们采取的方式之一是设计新型的运输机，通过增加补充规定以提供相似极限保护，并且只有在对飞行控制施加巨大额外压力的情况下才允许设计突破范围的限制。对于允许飞行员在真正紧急情况下尝试超越范围限制这一理念是否更好更安全，目前国际上还远没有达成一致意见。

系统的每个智能组件都必须知晓其他组件的意图

为有效获取最大限度的安全性，交互式监控系统的一个非常基本的原理是，只有当监控器了解了系统（人员或设备）试图达到的意图以后，才能进行有效监控。该原理暗含在第二、第三及第四条结论中，同时还暗含在飞行员在飞行过程中对空中交通管制的监控中，并且是目前机载防撞系统中飞行员和管制员面临的一个问题。这一原理具有显著的训练意图，因为它需要飞行员了解每个自动化系统的常识，所以驾驶任何一款新型飞机的飞行员都不用再去询问"正在做什么？"、"为什么这样操作？"或"下一步该做什么？"该原理还需要主操纵飞行员（PF）和非操纵飞行员（PNF）之间的良好交流，因为如果没有良好交流，想要准确知道对方意图实际上是不可能的。

以人为本设计及未来自动化

很显然，以人为本的理念将成为未来航空运输设计及自动化的一个关键部分，尤其是驾驶舱，另外在飞机的其他部分及其他运输作业中也有广阔的应用前景。同时，由于目前的飞机都要多年使用，毫无疑问当前顶尖水准的设计观念仍将继续使用。在已通过认证的飞机上改变设计将会非常困难，而且成本高昂。

一个通常会被忽视的因素是大多数人为因素工作必须在"设计冻结"之前五年内完成，这一要求是任何新型运输机制造过程中都需要的。"设计冻结"大约发生在第一架飞机通过认证并交付航空公司之前三年左右。飞机进入服役后，研究人员和用户将对其进行评判。这一阶段飞机不可能再发生大的改变。早期运行过程中发现的任何导致重大建议的问题都会被认真评判。除非涉及重大安全问题，建议要进行的改变才会被应用到下一代飞机中。只有当发现的问题威胁到生命安全时，才会在"设计冻结"之后做出重大改变。

参考文献

［1］Abbott, K, Slotte, S. M. , and Stimson, D. K. （1996）. *Federal Aviation Administration Human Factors Team Report on: The Interfaces Between Flightcrews and Modern Flight Deck Systems*, US. Department of Transportation, Federal Aviation Administration, Washington, D. C.

［2］Air Transport Association（1989）. 'National Plan to Enhance Aviation Safety through Human Factors Improvements', Air Transportation of America, New York.

［3］Bainbridge, Lisanne（1987）. 'Ironies of Automation', chapter in *New Technology and Human Error*, ed. by Rasmussen, Jens, Duncan, Keith, and Leplat, Jacques, John Wiley & Sons Ltd. , Bury St. Edmunds, Suffolk, England.

［4］Billings, Charles E. （1989）. 'Toward A Human-Centered Aircraft Automation Philosophy', *Proceedings of Fifth International Symposium on Aviation Psychology*, The Ohio State University, Columbus, Ohio.

［5］Billings, C. E. （1991）. *Human-Centered Automation: A Concept and Guidelines*, Technical Memorandum 103885, NASA- Ames Research Center, Moffett Field, California.

［6］Billings, C. E. （1997）. *Aviation Automation: The Search for a Human-Centered Approach*, Lawrence Erlbaum Associates, Mahwah, New Jersey.

［7］Birch, Stuart（1997）. 'Safety', *Aerospace Engineering*, August 1997, Society of Automotive Engineers, Warrendale, Pennsylvania.

[8] Crouch, Tom D. (1989) . *The Bishop's Boys*: *A Life of Wilbur and Orville Wright*, W. W. Norton & Company, Inc. , New York.

[9] Degani, Asaf, Chappell, Sherry L. , and Hayes, Michael (1991) . 'Who or What Saved the Day? A Comparison of Traditional and "Glass" Cockpits', *Proceedings of the Sixth International Symposium on Aviation Psychology*, 29 April-2 May 1991 , The Ohio State University, Columbus, Ohio.

[10] Federal Aviation Administration (1996) . *Federal Aviation Administration Human Factors Team Report on*: *The Interfaces Between Flightcrews and Modern Flight Deck Systems*, Federal Aviation Administration, Department of Transportation, Washington, D. C.

[11] Funk, Ken, Lyall, Beth, and Riley. Vic (1995) . 'Flight Deck Automation Problems', *Proceedings of the Eighth International Symposium on Aviation Psychology*, Columbus, Ohio.

[12] Gilson, Richard D. , Deaton, John E. , and Mouloua, Mustapha (1996) . 'Coping with Complex Alarms', *Ergonomics in Design*, October 1996, Human Factors and Ergonomics Society, Santa Monica, California.

[13] Greene, Berk and Richmond, Jim (1993) . 'Human Factors in Workload Certification', presented at SAE Aerotech 1993, Federal Aviation Administration, Seattle, Washington.

[14] Hughes, David (1995) . 'Incidents Reveal Mode Confusion', *Aviation Week and Space Technology*, 30 January 1995, McGraw-Hill, New York.

[15] Isaac, Anne and Ruitenberg, Bert (1999) . *Air Traffic Control*: *Human Performance Factors*, Ashgate Publishing, Aldershot, United Kingdom.

[16] Meister, D. (1989) . *Conceptual Aspects of Human Factors*, John Hopkins University Press, Baltimore, Maryland.

[17] Mohler Stanley R. (1997) . 'Wright Brothers', *Air Line Pilot*, May 1997, Air Line Pilots Association, Herndon, Virginia.

[18] Moolman, Valerie (1980) . *The Road to Kitty Hawk*, Time-Life Books, Inc. , Chicago, Illinois.

[19] National Transportation Safety Board (1984) . *Aircraft Accident Report*, *Scandinavian Airlines System*, *Flight 901*, *McDonnell Douglas DC-10-30*, *John F. Kennedy International Airport*, *Jamaica*, *New York*, *February 28*, *1984*, NTSB/AAR-84-15, National Transportation Safety Board, Washington, D. C.

[20] Orlady, Harry W. (1988) . 'Training for Advanced Technology Aircraft', Unpublished paper, Aviation Safety Reporting System, Moffett Field, California.

[21] Orlady, Harry W. and Barnes, Robert B. (1997). *A Methodology for Evaluating the Operational Suitability of Air Transport Flight Deck System Enhancements*, Society of Automotive Engineers, Warrendale, Pennsylvania.

[22] Rasmussen, Jens, Duncan, Keith, and Leplat, Jacques (1987). *New Technology and Human Error*, John Wiley & Sons Ltd., Chichester, Great Britain.

[23] Reason, James (1997). 'Reducing the Impact of Human Error in the World-Wide Aviation System', keynote address at the Ninth International Symposium on Aviation Psychology, The Ohio State University Aviation Psychology Laboratory, Columbus, Ohio.

[24] Sarter, Nadine B. and Woods, David D. (1995). 'How in the World Did We Ever Get Into That Mode? Mode Error and Awareness in Supervisory Control', *Human Factors*, March 1995, Human Factors and Ergonomics Society, Santa Monica, California.

[25] Wiener, Earl L and Curry, Renwick E. (1980). *Flight Deck Automation: Promises and Problems*, NASA Contract Report 81206, NASA-Ames Research Center, Moffett Field, California.

第十二章 当今环境下的情境意识及情况处置

情境意识

情境意识绝不是一个新的概念，但却至关重要。仅仅在十年之前，美国空军称之为在提高任务效能方面唯一重要的因素（总结报告：内部飞行指挥、控制及交流讨论会，1986 年）。情境意识是被很多领域人员普遍应用的一个有重要意义的术语。我们相信情境意识包含了基本上所有与航空运输安全高效作业相关的要素。

情境意识涵盖了很多领域，经常会将通常认为分离的不同领域结合起来。总的情境意识在航空运输中至关重要，正如哈佛大学的李·鲍曼教授所说，"飞行员总是按照自己对情况的认识对情况进行处置。如果他们不能对处境进行正确观察，或看不到处境的动态变化，那么飞行员的情境意识相当不足"（Bolman，1979）。

情境意识的定义问题

情境意识没有被人们普遍接受的定义，尽管航空运输业中这一术语无处不在。萨特和伍兹曾经指出情境意识缺乏普遍认同的定义，他们或许是"半开玩笑"甚至是有些极端地建议到："目前甚至还不清楚，情境意识到底是表示一种确切的现象，还是仅仅表示应用识知科学在面对未解问题时设计新术语的一种倾向"（Sarter and Woods，1991）。

定义困难的原因之一是很多领域都采用同一术语。涵盖范围从军事战斗领域到航空运输运营，再到市政运行领域（Sarter and Woods，1991）。战斗机飞行员的任务，主要关注的是防空雷达、其他战机飞行员的对抗以及军事目标等，肯定与航空运输飞行员的任务存在许多区别。本书各段落中，我们的关注对象是航空运输飞行。我们的观点来源于见多识广的与航空运输密切相关的飞行员。瑞格等人指出，多年前最高水平的情境意识"仅仅意味着飞行员对航空器正常及非正常情况下安全飞行的相关因素有一个整体认识"（Regal，Rogers，and Boucek，1988）。上述定义的"底线"是机组必须知道接下来要发生什么，以及在可预见的未来将要发生什么。瑞格等人的定义能够保证对航空运输运营复杂性予以适当的考虑，是一个非常出色的定义。

在 1989 年第 5 届国际航空心理学学术会议上，道格拉斯·施瓦兹提出了另外一个出色的定义：

> 情境意识是指在特定时间段内，对影响飞机和机组的因素及状态的准确理解。用最简单的话说，就是能够知道周围要发生的情况——一个包含"比飞机想得更远"要求的概念。
>
> （Schwartz，1989）

米卡·埃斯利给出了一个非常学术化的定义："情境意识是对一定时间及空间环境内各要素的理解，以及对其含义的领悟和对近期状态的预测"。他还指出，"有必要准确地确定该定义中的各要素"（Endsley，1993）。在一篇题为"面向自动化的新范例：情境意识的设计"的文献中，埃斯利将其表述为"情境意识是人们对动态系统状态的心理模式，是做出有效决定和控制的核心，也是操作人员工作中最具挑战性的内容之一"。

什么是运输飞行中的情境意识？

情境意识基本上包括了五个部分。在某一起事故或某一项研究中很少会同时涉及所有部分。第一部分给出了状态信息——飞机的物理状态或情况，如襟翼或扰流板的数目、发动机输出功率大小、燃油状况以及起落架或襟翼位置。第二部分是考虑不同情况下的飞机位置，包括飞行计划、天然或人工障碍物或其他从防撞角度需要考虑避让的航空器。第三部分是整个外部环境，包括当前和未来的天气以及航行设施的详细情况[1]。第四部分包括飞机

---

[1] 航行设施包括机场（跑道、滑行道和停机坪）、无线电导航设备、无线电通讯设备、燃油设备等。

到达下一个领航坐标的时间、飞机到达目的地的时间、飞机等待着陆指示或飞机备降所需的时间、燃料可用时限、在天气发生变化之前留给飞机的时间等等。第五部分是运行团队（包括机组人员和乘务人员）、其他人员、乘客、甚至飞机上货物的状况。

　　一些研究者不希望把第四部分——时间维度——包含在情境意识中，而是将其作为单独的部分。它们认为"时间"在情境意识的几乎所有其他部分都非常重要，完全适合埃斯利对情境意识分类中的水平 2 和水平 3（埃斯利的分类包含了 3 个水平的情境意识，将在本章后续部分进行讨论）。我们更喜欢将"时间"看作一个单独部分，因为时间在特定环境及其他场合下非常重要（"时间"在"地点"信息中格外重要）。事实上，观点的区别主要体现在语义上，并不是我们特别关心的。重点是确认"时间"被考虑在内。"时间"在航空运输运营中非常重要，当时间被作为附加因素在先进ATC 概念中予以考虑时，会变得更加重要。

　　现如今的飞机都是复杂的机器。例如，第一架 B747 客机就有超过 400个种类齐全的警铃、警笛、视觉、听觉和触觉警报装置，每个装置都会向飞行员提供它认为重要的情境意识方面的信息。要确认这些信息在其他紧急警告信号中是否被有效利用，并非一项简单的任务。设计人员和操作专家付出了大量的努力，以减少后来飞机上这些装置的数目。一部分努力被认为是对报警信息优先次序的重新排列。

飞机状态信息

　　飞机的物理状态通常会显示在驾驶舱内的刻度盘、指示器或仪表上。襟翼位置会显示在一个驾驶舱指示器上，在老式飞机上一般为模拟指示器信息，而在高科技飞机上则为阴极射线管或平板显示器的模拟或数字信息，通过检查襟翼位置手柄来确认选定的襟翼位置。前缘襟翼、前缘缝翼和后缘襟翼改变了机翼的形状，使得巡航速度下有效利用翼型成为可能。通过增加精心设计的襟翼和缝翼，翼型发生了改变，从而在起飞、初始爬升、进近及着陆速度时使效率大为提高。

　　扰流板扰乱了掠过机翼的气流，增大了阻力，同时减小了升力。其形状是情境意识中的一个重要考虑因素。扰流板必须使用得当，因为部分打开的扰流板就会显著影响飞机的爬升能力，全部打开的扰流板将会使飞机不宜飞行。只有在着陆以后扰流板才会全部打开，以使飞机的全部重量都作用在轮子上，从而提高刹车效率。一些飞机禁止在空中襟翼展开的情况下使用扰流板，同时在扰流板部分打开的情况下，机组必须时刻清楚扰流板的位置，这一点至关重要。美国航空公司一架 B757 飞机在哥伦比亚卡利发生的坠机事故，有人认为其中的原因之一就是飞机在全速爬升阶段未能及时收回扰流板。

扰流板的位置极其重要。前缘襟翼、前缘缝翼和后缘襟翼的位置如果没有处在起飞位置，现代飞机甚至不能起飞。正常着陆也要求适当的襟翼和正常的缝翼。例如 1987 年 8 月 16 日美国西北航空公司（NWA）在底特律的事故，以及 1988 年 8 月 31 日达美航空公司（DAL）在达拉斯-渥斯堡国际机场的事故，主要原因都是起飞位置襟翼故障。NTSB 发现每个案例中，飞机起飞时前缘襟翼和后缘襟翼均处于完全收回的位置。每起事故中如果能正确使用飞机滑行及起飞前检查单的话，将有助于保证起飞时襟翼处于正确位置。另外，每个案例中不明原因的自动起飞报警系统故障是另外一个起作用的因素。机组未能及时掌握飞机状况导致事故最终不可避免。

最近发生的事故中，机组好像对飞机功率和飞行剖面图一无所知，这让人难以理解。这些情况本来都应当清楚地显示在驾驶舱的仪表上。例如发生在印度班加罗尔的印度航空公司的空客 320 事故，飞行员在明显空载功率情况下，在降落后期仍然允许空速低于目标速度 25 节。飞行员是不允许像这样来驾驶麦道 DC-3 以及其他任何机型飞机的。这起事故似乎也成了飞机在状况良好并且外界情况完全正常的情况下发生坠毁的另外一个典型案例。尽管对这些事故的原因还没有完全一致的看法，但对于在飞行临界状态下情境意识的严重缺乏这一点，很少有人持怀疑态度。

在技术先进的飞机中，另一个持续的飞机状态情境意识问题与采用的自动飞行控制系统模式以及特定时间特定模式所带来的结果有关。对于操作过程中特定模式缺乏分辨能力有很多实例；同时，当飞行进程已经达到另外的高度及飞行阶段时，对于此时不合时宜的模式产生的结果缺乏分辨能力也有很多实例。飞行员由于采取了与当时处境不相适宜的行动而导致犯错。很多上述问题显然是由于对系统缺乏足够的认识而造成的（Sarter and Woods，1995）。维纳在 1989 年指出，很多问题是由于"笨拙自动化"造成的。而对于一些训练不足的情况，则很少出现问题。

关于情境意识，有很多论文发表。这可能是当前高科技飞机上的飞行员所面临的一个最大问题。目前 NASA 艾姆斯研究中心正在进行的一项研究计划对情境意识予以了特别关注（Degani，Shafto，and Kirlik，1995a；Degani and Kirlik，1995b）。另外波音公司也正在进行一项模式意识特别研究计划。未来飞机上的飞行员模式意识将得到实质性的提高。

位置信息

位置信息在航空运输运营中至关重要。大多数航空运输飞行都是通过仪表飞行规则（IFR）完成，这意味着飞行员的导航是由驾驶舱导航无线电及驾驶舱仪表的安全信息来引导的。位置信息可以通过目视飞行规则状态下（VFR）与地形及其他飞机的目视观察进行验证，还可以通过留意航图、飞行计划以及驾驶舱仪表进行验证。正确使用驾驶舱仪表，包括导航无线电设备，在所有飞行阶段都是至关重要的。在仪表飞行规则、夜航以及能见度不良操作情况下，更具有决定性意义。

可控飞行撞地（CFIT）事故已成为航空运输事故中最大的一类。大多数这类事故都是由于机组不清楚飞机所处的确切位置而导致的，对于机组掌握错误的位置信息，存在很多原因。近地警告系统（GPWS）、最低安全高度警报系统（MSAWS）以及增强型近地警告系统（EGPWS）的发展都代表着在降低错误操作后果方面的长远要求，这些不适宜的错误操作曾导致过多起 CFIT 事故。第二十一章——当今安全问题中对这一问题进行了非常充分的讨论。这些有害事件的潜在原因在第九章——人体极限、人为差错与信息处理中进行了讨论。

移动地图显示系统是玻璃驾驶舱飞机上减轻飞行员工作量并为飞行员提供更多准确位置信息的一大显著特点。移动地图一旦选定后，即可为飞行员提供航空器本身及其在外界环境中位置的连续"鸟瞰"图（有时也称为"上帝之眼"）。这一显示系统提供了航空器位置的直接信息。以前，需要人工对航图及其他驾驶舱仪表数据进行综合分析，才能得到相同的航空器位置信息。辅助计算机甚至还能完成一些实用的推理任务（如计算风速和风向），并能将这些信息显示在屏幕上。飞行员可以从显示器获得精确的真实信息，而省却了额外的人工综合分析过程。

地图显示可用于所用飞行阶段，能描绘大量的位置信息及其他信息。例如，可以显示描述其他航空器相对位置及高度的机载防撞系统（TCAS）信息。还可以显示雷达天气信息，并能自动对飞行员选定区域的信息进行调整。另外还可以显示特定区域内的所有机场及助航系统信息。

巡航状态下，显示器会显示航向，对航路遮断或航路改变等情况提出预先的图示警报（空中航线上可能有也可能没有），并给出建议改变的航线或航向，当然也会显示航空器的确切位置。另外一个好处是显示的弧线能够说明飞机爬升或降落过程的趋势，以及当前飞机结构所带来的一些限制。这些信息对于空中交通管制放行许可是至关重要的。

在仪表着陆系统（ILS）进近过程中，移动地图显示了飞机在整个进程中的相对位置，并对飞行员开启（某些开关）或改变高度等行动提出预先图示警告，同时还显示了飞机在等待航线的位置。结合主飞行显示仪（PFD）的信息，就可以给出飞机在定位信标和下滑面上的确切位置。移动地图显示系统的上述特点由于省略了其他情况下的解译步骤，提高了精确度同时也减轻了飞行员的工作量，飞行员称之为玻璃驾驶舱最有帮助的特性。处理可用信息过剩也是一项非常重要的技能。

整体运行环境，含气象条件

航行设施的运行环境包括可用设备、现有交通密度以及气象条件。在美国东部狭长地带飞行与在人口较少的西南部各州飞行区别很大。在某些国家飞行又与在其他国家飞行显著不同。交通密度的增大导致了交通延误数量的增加，同时也导致了灾难性空中相撞事故危险性的增加。机组工作负荷量必然会随着交通密度的增大而增加。飞行员必须同时专注于驾驶舱内部的指示信息和通过挡风玻璃观察到的外部情况。无论冬季还是夏季，天气随地理区域的变化非常显著。诸如风切变、结冰、降雪以及白天和夜间雷暴等天气现象在实践中必须予以充分重视。

天气是运行环境中的重要部分。无论冬天还是夏天，当前及预测的天气状况对任何运行过程都是需要考虑的重要因素。天气可以决定运行本身的可行性、可能的盘旋等待时间以及可能的备选方案。对冷锋和暖锋运动，以及像"切斯比克湾低压"等气象事件的预测是非常重要的。另外，当露点与大平原地区温度接近，并且随着地形的不断升高气团温度降低，几乎可以确认有低雾形成时，对东风的形成及预测也是非常重要的。其他地理区域也都存在独特的气象问题。

上述气象现象连同世界各地大量不同的气象现象都是飞行员和签派员需要关注的因素，也是情境意识中有重要意义的部分。我们所关注的气象现象包括风切变、龙卷风、火山灰、飓风、雷暴、冻雨和冰雹。在很多地区，对天气和交通状况的认识水平取决于操作人员的相对知识结构。即使飞行员经常被问到的很简单的一句话："航行情况如何？"，也包含了情境意识。

与其他飞机的接近是触觉意识中另一个重要的部分。TCAS 及其改进型和正在开发的 TCAS 操作规则，都有助于在天空拥堵情况下使内在风险降到最低。尽管空中相撞事故在运输飞行中极少发生，但很多飞行员和航空安全专家估计空中相撞的威胁仍然很高。

在航空运输中，"玛丽女王号"被撞损毁的后果和一架飞艇被撞损毁的后果是同样严重的。例如，1986 年 8 月 31 日，墨西哥航空公司一架麦道DC-9 飞机与一架小型单发飞机发生空中相撞，尽管 DC-9 飞机完全处在 ATC控制状态下飞往洛杉矶。更糟的是两架满载乘客的大型运输机空中相撞所产生的潜在损失。不可避免地，除了人身伤亡的主要损失以外，事故还会在国内及国际范围内带来大量情绪化的、反对的、批评的宣传。

空中相撞在通用航空中是更大的航空安全威胁。从 1983 年到 1985 年，美国发生了 237 起空中相撞事故。这些事故大多数发生在通用航空领域和无管制机场的起落航线上。

时间因素及时间

情境意识的概念也具有时间维度。大多数情境意识的其他部分都具有时间维度。如果某个飞行员对所驾驶飞机运行的情境意识有良好理解的话，他就会自然而然地想在飞机前头。情境意识涉及飞机和机组的当前及今后状态。

目前，时间包含三类情境意识，今后还会涉及第四类。每一类对飞行都至关重要。第一部分与燃料有关。飞机的燃料数量是有限的，当燃料耗尽的时候，飞机将不能再进行飞行。举两个极端的例子，一个是 1978 年美国航空公司一架麦道 DC-8 飞机在俄勒冈州波特兰的事故，另一个是 1990 年哥伦比亚的艾维安卡航空公司客机在纽约 Cove Neck 机场的事故。尽管上述事故的原因存在很大的不同，但最后都是飞机在到达目的地之前燃油耗尽而坠毁。有人曾指出，一油箱的燃料所提供的时间也不过是到这箱燃料耗尽为止。一旦超过时间，将会超出燃料和飞行的界限。

缺乏足够的燃料已经带来了很多严重问题（尚未达到坠毁的程度），比如，计划储备燃料不足造成的着陆；至少在两起近期事故中出现的起飞前对机上燃料未进行检查导致的飞机在中间机场紧急降落。燃料是情境意识中的一个重要方面。

对涉及飞行计划的飞机进程，包括在领航坐标中的进度，时间也非常重要。一旦与飞行存在时间差异，马上会进行提示并对产生差异的原因进行识别。这一点是决定性因素，尤其是在远程飞行中。飞行时间要与飞行时刻表一致，并且要与安排执行飞行计划的钟表时刻一致，这一点也非常重要。

最后，时间是天气预报中的一个重要考虑因素。这对运营计划制定人员尤其重要，因为他们要制定全球范围的航班计划和时刻表。与天气预报相关的时间对机组是至关重要的。他们一直关心的是起飞和降落的最低天气条件、飞行途中的风速风向以及其他天气现象。

时间因素在未来修订改进的 ATC 系统中将更为重要。固定航线的飞机在领航坐标和进近坐标中会预先得到特定时间限制内的许可，例如，从东向西进入俄罗斯的领空。必须控制空速以赶上特定的时间段，如果飞机未能在这一特定时间段内到达，许可将会作废。控制时间限制的能力对远程飞行和超音速飞行尤为重要。很多现代飞机上的飞行管理系统软件都具备了这种能力，尽管还未在所有操作人员中间得到应用。

团队其他人员及乘客状态

团队其他人员及乘客状态是情境意识研究中很少考虑到的一个方面，或许是因为这一点很少会成为运行中的问题。驾驶舱和客舱其他人员的状态无论出于何种原因如果导致运行效率降低的话，就会对机组人员产生影响。

不明显的或显著的能力不足事故（见第十五章——适于飞行）或反常压力及疲劳（见第十四章——疲劳和压力）事例显然与效率降低有关。受到这些状况影响的个人，即使在其他方面行为方式正常的活动也不可信赖。尽管其他机组成员的情境意识对机组效率降低的补偿非常有限，但是如果效率下降问题得不到重视的话，驾驶舱机组的情境意识就会显著降低。

乘客的健康和快乐不在机组的职责范围以内，但是，当任何一位乘客成为整个飞机、其他乘客或他们自身的威胁时，或者当更多乘客需要专业医疗照顾时，它们与机组就会直接发生联系。

情境意识的 3 个水平

在一项对情境意识事故进行了更好分析的研究成果中，埃斯利提出了一个 3 水平分类法（Endsley，1995）。3 个水平分别如下：

- 水平 1：不能对处境进行直接的感知。
- 水平 2：不能对处境进行理解领会。
- 水平 3：不能对处境的未来状况进行理解领会。

采用上述分类法，航空安全报告系统（ASRS）对接到的 113 起情境意识事故进行了重新研究，发现了 169 处情境意识方面的错误。在这 113 起事故中，80.2% 的事故归于水平 1 错误，16.9% 归于水平 2 错误，仅有 2.9% 归于水平 3 错误。这些发现强烈说明，水平 1 错误（不能对处境进行直接的感知）需要得到最多重视。对于这些错误存在很多原因，其中一个原因是机组可能知晓这些信息，但很快将其遗忘。原因可能是系统设计上存在缺陷、交流过程出现失误或者是训练不足。数据都在手边，但却很难发现和察觉；或者数据明显可用，但却将其遗漏。数据遗漏或许是因为分神、自满以及理解的狭隘；因为只关注其他方面的情况；或者是因为过高的任务负荷。情境意识并非一个简单的过程，但航空运输安全高效运行同样也不是一个简单的过程。

情境意识与自动化

一些人认为自动化已经发展到很高的水平，以致飞行员已逐步跳出操作过程之外，因为他们的任务只是简单地对自动化设备进行监控。如果真是这样，飞行员可能会失去对非常重要的系统或环境意识的判断能力，这是我们所关注的。简要说来，就是他们失去了对自动化设备进行识别和纠正的能力，或者失去了在需要时接管飞机的能力。同样我们还会关注飞行员技能的丧失，这些技能是危险状态下需要的，但却由于长时间没有足够的练习而出现退化，主要是因为自动化实践和对使用手工技能的态度。这些问题在第十一章——自动化和第十六章——选拔和训练中进行了深入讨论。

情境意识总结

整个行业中存在一种普遍认识，认为良好的情境意识能够促进安全，减少工作量，提高飞行员工作效率，扩大飞行员操作范围，并能提高决断能力（Regal，Rogers，and Boucek，1988）。无论情境意识如何定义，如何评测，达到并保持高水平的全局情境意识都是良好操作方法、良好训练、良好标准操作程序（SOP）以及良好机组合作的产物。正如我们将在第十三章——机组资源管理（CRM）与团队——讨论的一样，准则至关重要。情境意识的所有方面都非常重要，需要富有经验的飞行员认真对待。

经济上及操作上高效的要求使得两人机组成为今后飞机的新标准。我们知道在需要操纵飞机的环境中，一个人很难独自完成现在飞机的日常飞行任务。这导致了操纵最新款飞机时的团队方式的应用和副驾驶员任务的扩展。认识到人为差错的普遍性和必然性，包括认识到甚至连机长也不可避免地会犯错误，并且认识到必须要对不可避免的失误进行控制的运营理念，都是对这些概念的强化。它们是情境意识的题中之意。

参考文献

[1] Andre, Anthony and Degani, Asaf (1996), 'Do You Know What Mode You're In? An Analysis of Mode Error in Everyday Things', *Proceedings of the 2nd Conference on Automation Technology and Human Performance*, University of Central Florida, Daytona Beach, Florida.

[2] Armstrong, Donald (1991). 'Enhancing Information Transfer: The Aircraft Perspective', presented at an AIAA/NASA/FAA/HFS Conference, 15-17 January 1991, entitle 'The National Plan: Challenges to Aviation Human Factors', Federal Aviation Administration, Long Beach, California.

[3] Bolman, Lee (1979). 'Aviation Accidents and the "Theory of the Situation"', *Resource Management on the Flight Deck*, in Proceedings of a NASA/Industry Workshop Held at San Francisco, California, 26-28 June 1979, Ames Research Center, Moffett Field, California.

[4] Degani Asaf, Shafto, Michael, and Kirlik, Alex (1995). 'Mode Usage in Automated Cockpits: Some Initial Observations', *Proceedings of International Federation of Automatic Control (IFAC)*, 27-29 June 1995, Boston, Massachusetts.

[5] Degani, Asaf and Kirlik, Alex (1995). 'Mode in Human-Automation Interaction: Initial Observations about a Modeling Approach', *Proceedings of IEEE International Conference on Systems, Man, and Cybernetics (SMC)*, 22-25 October 1995, Vancouver, Can-

ada.

[6] Edwards, Elwyn (1988). 'Introductory Overview, The SHEL Model', Human Factors in Aviation, Academic Press, Inc., San Diego, California.

[7] Endsley, Mica R. (1993). 'A Survey of Situation Awareness Requirements in Air-to-Air Combat Fighters', *The International Journal of Aviation Psychology*, Vol. 3, No. 12, 1993, Lawrence Erlbaum Associates, Hillsdale, New Jersey.

[8] Endsley, Mica R. (1995). 'Situation Awareness: Where Are We Heading?', *Proceedings of the Eighth International Symposium on Aviation Psychology*, The Ohio State University, Columbus, Ohio.

[9] Gilson, Richard D., Deaton, John E., and Mouloua, Mustapha (1996). 'Coping with Complex Alarms', *Ergonomics in Design*, October, 1996, Human Factors and Ergonomics Society, Santa Monica, California.

[10] Greene, Berk and Richmond, Jim (1993). 'Human Factors in Workload Certification', paper given at SAE Aerotech 93, Federal Aviation Administration, Seattle, Washington.

[11] Hawkins, Frank H. (1987). *Human Factors in Flight*, Gower Publishing Group, Ltd., Aldershot, England.

[12] Hawkins, Frank H. (1993). *Human Factors in Flight*, Second Edition, edited by Orlady, Harry W., Ashgate Publishing Ltd., Aldershot, England.

[13] Jones, Debra G. and Endsley, Mica R. (1995). 'Investigation of Situation Awareness Errors', *Proceedings of the Eighth International Symposium on Aviation Psychology*, The Ohio State University, Columbus, Ohio.

[14] Orasanu, Judith (1995). Situation Awareness: Its Role in Flight Crew Decision Making, *Proceeding of the Eighth International Symposium on Aviation Psychology*, The Ohio State University, Columbus, Ohio.

[15] Regal, David M., Rogers, William H., and Boucek, George P. Jr. (1988). *Situational Awareness in the Commercial Flight Deck: Definition, Measurement, and Enhancement*, SAE Technical Paper Series 881508, given at Aerospace Technology Conference and Exposition, Society of Automotive Engineers, Warrendale, Pennsylvania.

[16] Ruffel Smith, H. P. (1979). *A Simulator Study of the Interaction of Pilot Workload With Errors, Vigilance, and Decisions*, NASA Technical Memorandum 78482, Ames Research Center, Moffett Field, California.

[17] Sarter, Nadine B. and Woods, David D. (1991). 'Situation Awareness: A Critical But Ill-Defined Phenomenon', in *The International Journal of Aviation Psychology*,

Vol. 1, No. 1, 1991, Lawrence Erlbaum Associates, Hillsdale, New Jersey.

[18] Sarter, Nadine, B. and Woods, David D. (1995). 'How in the World Did We Ever Get into That Mode? Mode Error and Awareness in Supervisory Control', *Human Factors*, Human Factors and Ergonomics Society, Santa Monica, California.

[19] Schwartz, Douglas (1989). 'Training for Situational Awareness', *Proceedings of the Fifth International Symposium on Aviation Psychology*, The Ohio State University, Columbus, Ohio.

[20] Wiener, Earl L. (1989). *Human Factors of Advanced Technology* ('*Glass Cockpit*') *Transport Aircraft*, NASA Contractors Report 177528, National Aeronautics and Space Administration, Ames Research Center, Moffett Field, California.

第十三章　机组资源管理（CRM）与团队

团队与多成员机组运行

过去几十年中，航空运输运营中公认的最大变化或许是安全和高效运行所需的"团队努力"，另外，这里所说的团队不仅仅包括驾驶舱机组。情况并非一直都是这样。1987 年 8 月，时任美国联邦航空局局长的艾伦·麦克阿特在为航空公司执行层所做的一次报告中简洁明了地指出了驾驶舱团队概念的重要性，他在报告中指出："单独的飞行员不会发生坠机事故，但是机组（如果配合不好）则会发生。"但管理者和运营专家很少采用上述说法。

历史上，"唯一的飞行员"（机长）曾经被认为是航空运输飞行中唯一重要的个人。这一观点首先开始于围着白围巾、戴着护目镜的飞行员时代，代表着飞行员个人具有独立、良好判断力、足智多谋、冷静对待压力、有男子气概以及勇敢（在早期特别重要）[①] 等个性品质，很强调个人主义和个人行为。直到 1932 年，在安全记录得到显著改善以后，每年每 50 位航空公司飞行员中仍然会有一位因为航空器事故而遇难（Lederer，1962）。

随着飞机不断变大，操纵变得越来越复杂，机组成员又增加了副驾驶员。最初相当长一段时间内，副驾驶员一直被认为是多余的。其职能仅仅是在机长丧失操纵能力（因为任何原因）的极少见情况下提供操作上的支持，并在机长要求下帮助减轻其工作负荷量。最初，很多机长并不特别赞同这一观点。很多副驾驶员的工作只是填写飞行计划并获得机长的批准和签字，这

---

① 见附件 J，该附件详细记录了一起发生邮件运输时代的航空事故和一封拉里·莱斯顿机长的书信，信中详细描述了 1934 年一架 B247 飞机飞行及坠毁的整个过程。

种状态持续了很多年。飞行过程中副驾驶员的主要工作就是处理无线电通信。

为何进行机组资源管理（CRM）

直到 20 世纪 80 年代中期，航空运输运营中的大多数人为因素涉及飞行员/驾驶舱仪表的具体关系。尽管这些领域已经取得了富有成效的研究和调查成果，航空运输安全问题显然远不止飞行员/驾驶舱仪表的具体关系，即使是对限于上述关系的人为因素这一有限概念也不例外①。随着对事故和事故征候开展的调查，情况逐渐变得清晰起来：机组的技术能力很少会成为事故和事故征候的唯一原因，同时驾驶舱机组内部通常缺乏有效沟通。另外还存在机组界面问题，包括领导力不足、驾驶舱管理缺乏、协作精神缺乏以及团体决断能力不足。所有这些主题将在本章后面进行讨论。

如第二章——航空运输业及其安全记录所见，自有记录以来，商业航空运输中 60%～80% 的机体毁损事故都可归因于机组，必须采取一些不同措施（来加以控制）。尽管整体安全记录得到提高，但无论是行业内部还是外部规章方面的努力，都未能改变事故与驾驶舱机组操纵行为之间这种令人沮丧和不满的关系。作为行业内几乎所有方面大量调查和反思的结果，机组资源管理（CRM）不断得到发展、壮大，并不断得到修正和凝练。CRM 的范围不断扩展，现在被称为机组资源管理，已获得普遍认同。

CRM 的发展历程

20 世纪 70 年代，中期由 NASA 艾姆斯研究中心比林斯、劳伯和福西发起的研究成为 CRM 运动的促进因素。该项研究的目的是解决那些困扰航空界多年的、所谓"飞行员失误"事故及事故征候下面隐含的更为复杂的问题。如前面所述，早期研究结果表明很多运行问题与"操纵杆和方向舵"技能无关，反而看起来与其他方面相关，比如决策、机组配合、指令、领导力以及交流技巧，这些方面都处于驾驶舱内外环境之中。然而事实是飞行员训练程序很少涉及那些常出现问题的方面，这引起了人们的特别关注。

---

① 在第三章——航空人为因素的发展简史中讨论过的，作为今天驾驶舱仪表核心部分的"基本 T"的概念就是这一时代的产物。

从一开始就存在关于良好 CRM 程序应包含内容的界定问题。1986 年 5 月 6 日至 8 日在旧金山举行的 NASA/MAC 研讨会上，其中的一个工作小组在报告中对这一问题进行了很好的说明。此次会议是 NASA 关于 CRM 的第二届研讨会，参会人员包括 NASA 的研究人员、运营专家和来自美国及其他国家的相关学者。其中 3-B 小组的报告中指出：

>……本小组，或者是整个研究组，都存在一个对机组资源管理（CRM）的界定问题。严格来讲，这一术语限定性过强，而广义来讲，又会适用于任何人，边界变得模糊不清。3-B 小组决定参考将 CRM 称为"它"的知识体系。"它"并非只是在特定概念下为达到特定目标而进行的培训，还是一种运行的风格，一种飞机运行之前、当中和之后的生存之道。"它"将综合导向、训练和人为绩效及资源管理的多个方面有机结合起来。

>（Butler and Reynard，1986）

在早期的 CRM 中，驾驶舱管理注重于驾驶舱机组成员内部的界面。一些航空公司的关注范围甚至更为狭小，最初只引入了机长的 CRM 课程，而忽略了基本的一点，即驾驶一架运输飞机是一个团队运行的过程，整个团队都应当参加 CRM 的培训课程。这些航空公司仅仅针对机长设计课程，仿佛课程的内容是机密，要对其他机组成员保密。

在范围更广的更好课程中，副驾驶员必须意识到成为一名好的团队成员的重要性，同样，机长也必须意识到成为一名好的领导的重要性。所有类型的资源都应当予以考虑的观点，在约翰·劳伯对 CRM 的定义中得到了例证，定义中将 CRM 称为"所有可用资源的有效利用（硬件，软件和人力），以获得安全有效的飞行运行"（Lauber，1984）。哈佛大学的 J. 理查德·亥克曼强调了"团队"及团队概念应用于航空公司的重要性，并对这一概念进行了扩展。多年来，他研究了多种环境下的团队运行情况。在 NASA/MAC 关于 CRM 训练的研讨会上，他提到：

>……成功完成一项飞行使命的总体任务，始终是一项团队任

务……驾驶舱机组总是在组织环境中运行，机组与组织环境的代表（如组织管理者或空管人员）之间的交流，对任何机组的表现都是非常重要的。

（Hackman，1986）

然而不幸的是，直到20世纪70年代末80年代初，团队概念在日常运行或训练、检查及规章制定等活动中很少受到重视，大多数飞行员、运营商、飞行员协会、FAA和公众都不把团队成果作为航空运输运行的一个重要部分来看待。该观点忽略了一个事实，即越来越多有思想的飞行员对CRM原则有了更深入的理解并在加以利用。

在一些运行链中，尽管CRM得到不断的凝练和阐明，但CRM的界定问题仍然存在。其中的一个说明涉及对CRM的分类进行扩展的问题。目前将CRM称为"机组"资源管理，目的是将客舱机组包含进来，而不单单指"驾驶舱"资源管理。这一新术语在全球大多数的运行链中已得到普遍认同。

现在，美国FAA已经成为CRM的大力支持者。FAA的咨询通告120-51B及参考文献，另外还有ICAO的人为因素文摘（特别是文摘2），对致力于深入理解这一观点的人员来说都是必读资料。进一步说明FAA总体思路中CRM重要性的一个体现是，CRM培训已经成为FAA认可改进合格计划（AQP）的必要条件。AQP已成为FAA重新评估航空公司培训过程的关键性要素。第十六章——选拔和训练中将会对AQP进行更为详细的讨论。

CRM 的实质

因为存在对CRM这一术语的界定问题，人们对CRM计划应当包含的内容仍然存在不同看法。原因之一是如果航空公司来自存在文化背景及运营环境差异的不同国家，那么这些公司之间通常会存在显著差异。对A航空公司非常成功的CRM计划并不一定适合于B航空公司，同样，在一个运输公司运行良好的计划也未必适合于另一家公司。现在我们还知道一次性CRM课程并非适用于任何航空公司，有时甚至会带来负面影响。正如哈克曼教授所指出，CRM作为一种观念必须融入组织文化当中。

实践及理论要求

尽管航空公司之间存在差异，仍然存在一些基本概念和原理上的要素可以作为 CRM 计划的出发点。这些设想非常重要，因为它们构成了良好的 CRM 计划能够实施的基础。成功的 CRM 计划需要所有相关团队的积极参与和支持。主要包括高管层、培训及检查人员、航线飞行员和飞行员协会代表，还应包括签派人员、机组乘务员及其代表。理想情况下，他们应当从一开始就参与进来。

如果在 CRM 计划之前先对飞行员团队的知识水平、心态和理解力进行评估，很多后续问题就可以避免。CRM 计划能够建立一个良好的开端，所有参与者都认为该计划是实用而有帮助的，并且是深思熟虑的，有时甚至将其看做某些非常实际问题的解决方案，上述这些都是非常重要的。不少航空公司花费大量时间去描述和讨论它们的计划不会导致的后果，如不会减少机长的权力和职责。这些过于频繁出现的误传根本是不正确的，同时也带来了很多负面影响和闲置时间。

良好 CRM 计划的基本实践和理论要求包括下列认识：

• CRM 计划的主要目的是改善飞行安全状况并提高飞行机组效率。

• 机组必须被看做一个运行团队，而不是技术上能胜任个体的简单集合。培训必须更注重团队职责而非个体职责。机组必须被看成是一个培训单位。

• CRM 培训练习应当包括所有机组成员。机组应当具有完全航线飞行资质，而且机组成员的职责必须与其在日常飞行中完全一样。

• CRM 培训应当指导机组成员行为以提高机组效率，并强化这种行为。

• 机组成员应当注重技能实践，以成为有效团队领导和团队成员。CRM 培训应当提供机会使机组成员完善技能。

• CRM 培训应当包含在日常工作中（正常及非正常运行时）获得的有效团队行为。每一个模拟航程都应由表现出良好 CRM 行为的所有机组成员参与。每一个模拟航程都应以标准预设方案运行。

• CRM 培训可以也应当跟其他任何形式的机组培训相结合。CRM 计划不能只包含单独的独立课程。

• CRM 教员和评价人员毫无疑问需要专门培训。他们应当熟悉 CRM 的原理并能轻松自在地讨论这些原理。另外，他们在航线上的行为和表现应当反映自身对 CRM 概念的理解和支持。

良好 CRM 计划的引入和实施

在具有全新理念的航空公司引入并实施良好的 CRM 计划并非易事。正如 FAA 咨询通告 120-51B 所介绍，普遍认同的 CRM 训练应当包含至少 3 个不同的阶段：

- 认知阶段：对 CRM 问题进行定义和讨论。
- 实践和反馈阶段。
- 持续强化阶段：利用长期的正常及非正常情况训练和检查活动来确保 CRM 原则在日常工作中的应用。

良好的 CRM 计划并不能自我维护，必须要由不同水平的运营和安全管理、训练人员以及飞行员代表不断地进行补充和支持。

认知阶段尤其重要，因为这一阶段可能会带来团队和规章运营原理的主要改变。再则，所有相关团队尽早参与到计划的设计阶段，其重要性无论怎样强调都不为过。认知阶段应包含指导性的表述，告诉受训者 CRM 培训和 CRM 因素表现欠佳的原因，这些原因对以往的事故和事故征候具有显著影响。如果能够灵活运用航空运输企业自身的事故及事故征候作为案例，同时尽可能地进行重新认识，将会有特别的帮助。重点应当放在事件及事件原因上，而不是放在相关的个人身上。这一阶段还应当包含在保持机组配合方面个人及团队因素的作用，对很多人来讲，或许还应当引入新的术语或新的思维方式。

实践和反馈阶段（通常在模拟设施、航线检查和航线运行中）是必需的，因为 CRM 技能仅仅通过课堂讲授是很难学到的。持续强化也是必需的，因为无论识知阶段的 CRM 课堂表现如何有效，这种单一的表现模式总是不够的。期待通过短期培训计划就能在一夜之间改变机组人员长久以来形成的、并在先前经过正规公司和规章检查持续强化的看法和运行理念是不现实的。

CRM 的最后一个阶段可能是最容易被忽视的。因为那些需要紧紧把握的 CRM 原则必须要跟训练的各个方面紧密结合，并在不同的运营水平上不断强化。此外，航空运输企业的实践、程序、政策和普遍原理必须支持其健全的运行理念。这些理念被称为"4P"原理，已经在第六章——社会环境中进行了讨论。对 CRM 的重视并不意味着像一些批评家所说的对手工飞行技能的重视程度的减弱，相反地，CRM 扩展并增强了在今天环境下成功驾驶现在飞机所需的技能。CRM 是组织文化中密不可分的一部分，被理所当然地认为是"我们驾驶飞机的方式"。

CRM 主题领域

对于 CRM 计划应到包含哪些材料，行业内存在众多争论。与新概念出现过程中所面临的情况一样，CRM 初始前提的运用方法一直以来也存在显著不同。最终的结果是，在某些情况下，CRM 会成为没有任何特殊意义的术语。FAA 和 ICAO 都致力于通过明确 CRM 项目的需要来解决这一问题。如表 13-1 所示，尽管 ICAO 关于 CRM 的人为因素文摘和 FAA 的 CRM 咨询通告 AC120-51B 介绍的主题领域直接相关，但二者采用了有细微差别的不同解决方案。FAA 提出了两个主要的分类，而 ICAO 则提出了更加详细的 6 个主题领域。一个可能的原因是 ICAO 关注的是更广泛更多样的团体。ICAO 必须关注所有国家的航空公司，而 FAA 只需要关注美国国内的航空公司即可。另一个原因是 CRM 目前还只是一个处在发展阶段的概念。尽管 ICAO 划分的领域更为详细，但值得注意的是，二者并无实质性的区别。ICAO 和 FAA 领域的扩展列表和分主题见附录 G。

表 13-1　CRM 主题领域

ICAO	FAA
• 沟通	• 沟通过程及决策行为
• 情境意识	• 团队建设和维护
• 解决问题/决策/判断	
• 领导力/协作	
• 压力管理	
• 批评	

资料来源：ICAO 人为因素文摘 2，FAA 咨询通告 120-51B

沟通过程包括驾驶舱与外部以及驾驶舱内部成员之间的交流。机长必须在驾驶舱创造一种有助于良好沟通的氛围。CRM 计划中鼓励的"斩钉截铁"带来了一些问题，因为会有少数过于自信的副驾驶员感觉到这种武断的行为意味着他们的观点未得到适当的考虑。尽管事实上没有任何迹象表明从属的机组人员会被认为是副机长，明显可感觉到的机长基本权力丧失已经在一些人的头脑中带来了实际问题。断言是"一个明确的肯定的声明，但缺乏支持或验证的努力"，这一常见的字典定义对我们并没有什么帮助。副驾驶员并不是副机长，这一要点是 CRM 的原则之一，必须被不断地强化，即使是在 CRM 计划非常"成熟"的航空公司中。

团队决策是另外一个带来很多问题的领域。决策是一个不仅仅包括沟通的复杂过程，将在下一段中进行讨论。

驾驶舱中的决策

站在机组的立场来看，决策过程实际上从签派就已经开始了，此时机长为飞行做书面准备工作或表示同意。决策过程随着飞机的接受得到持续，在飞机着陆后舱门实现对接时结束，至此与飞行相关的书面工作彻底结束。

从根本上说，决策有三大特征：（1）面临多种抉择；（2）必须正确评估问题的特定属性；（3）包含风险评估。风险评估或许明确或许不明确，却是决策过程固有的特征。这些因素中的某些或许值得与相关团队进行讨论。决策的复杂性在于大多数决策都是常规性的，而且跟先前的决策如此相近，以致反应即使是在有预防措施的情况下都变得无意识。

如我们所说，在一些情况下，如中断起飞或继续飞行，机长根本没有足够的时间跟其他机组人员讨论并做出解释，更不用说签派员了。这就会出现完全依赖于机长决策的情况，尽管具有可靠 CRM 技能的机长事先已经对中断起飞事故的偶然性和责任分配做出了简要说明，并确信整个机组——都有机会听取飞行情况报告并从事故中吸取教训。在另外一些情况下，如决定备降机场，处理实际紧急系统问题的最佳方案，大多数客舱问题，很少出现但偶然也会发生的复杂问题的最优方案和优先级选择，一般会有足够的时间讨论。

经常引用的 CRM 定义（在有效时间内可用资源利用达到最大化）在远程运行中会带来一些有趣的后果。远程飞行的机长指出，他甚至有足够的时间将问题留待以后再解决，例如当这一问题是与 8 小时以外目的地机场的运行相关时。可用资源包括机组成员（包括客舱机组，如果合适，甚至包括正在客舱后面以乘客身份旅行的机组人员）、签派员、技师、工程师、运行中心人员、空管员等。机长——事实上也包括整个机组——都要毫不犹豫地利用一切有帮助的人员。

基于规定的运行

航空运输运营的性质就是在尽可能更广的范围内按照规定运行①，同时必须始终认识到规定并不能涵盖可能面临的所有情况。规定从来不能代替正确的判断。更常见地，决策只是简单判定现有的规章制度是否适用于当前情况，如果是，是什么。

由于在大多数情况下运行是相当固定地，所以强调规定成为明显趋势。当新的情形出现或预期要出现，或者当航线突然改变至新的机场或区域时，对运营管理者来讲，决定如何进行运行是完全有理由的。当飞行运营管理者公布运行规定时，所有相关人员坚信这些规定是必要的，它使运营变得更加简单。不仅如此，我们都知道密切监管日常飞行运行几乎是不可能的，即使监管是需要的并且有助于规定的正确执行。规则应当包含足够的运行弹性以促使安全有效地飞行运行。

通过公布新规定来应对事故或事故征候的起因已成为行业惯例，这满足了运营商、管理者和调查人员的认识需要。大多数情况下，相对于确保所有飞行员都了解到事故或事故征候可能产生的后果，并确保接下来的相关机组人员能在类似情况的压力下做出正确反应，仅仅发布一项新的规定要简单得多。新规定的发布回答了一个显而易见的问题。发布新规定的处理方式占优势的另一个原因是，这一惯例迎合了 FAA、NTSB、公众旅客和国会监督委员会的认识需要。

规定扩展带来的不可避免的后果是飞行运行手册（FOM）的不断扩展与扩充。FOM 的主要目的始终都是解释规定，以控制航空公司的飞行运行，包括控制不断扩展的运行领域。随着航空运输业的发展以及事故和事故征候的发生，飞行运行手册内容也不断扩充。新的规定被增加进来，以避免不幸事件的再次发生，同时期望避免可预见的类似事件。这既是一个被动的过程，又是一个主动的过程，同时强化了航空运输基于规定运行的趋势。然而，即使最好的规定也需要被理解。这不但需要对新规定作出决策，同时还需要现有规定未涵盖情况的出现。更常见的情况是，机组是在非适宜条件下被迫对规定进行理解。

---

① 基于规定的运行是延斯·拉斯穆森所分析的认知行为的三种类型之一，其他两种分别是基于技能和基于知识运行。

通常，决策过程是相当直接简单的，尤其是当存在时间压力的时候。飞行员首先要认识到问题的存在，第二必须准确地详细说明问题，第三要确定现有的规定是否包含这种情形，第四要评估与风险相关联的切实可行的办法。如果把诸如机组状态（疲劳等）、跑道实际状况、飞机状况、天气的能见度、所需时间和可用时间以及机长和其他机组成员技能等看作问题的本质，那么最终的选择或决策将很难作出。这些都是可以跟团队其他人员商量的决策。航空运输中首要的考虑因素是安全。因此，机组决策往往是相当谨慎小心的（O'Hare，1993）。

团队建设与维护团队观念

良好的团队建设及维护团队观念的重要性应当成为每个 CRM 培训计划的一部分。本章一直在强调其重要性。通过在 CRM 培训（应当用团队观念来解决问题）过程中不断强化，通过展示范例（如检查航线飞行的飞行员或其他监管人员），并通过在公司或政府必需的检查训练中获得的许可或推荐，团队建设可以得到最好的推动。领导力和协作都是必需的，而且都是可以训练和加强的。

团队维护

运行环境一旦产生团队，即将成员联系在了一起，确保运行利用与保持团队观念便成为机长的工作。团队观念的维护可以采取多种方式。最初，团队观念通过机长大体上的态度和行为维护。其他机组成员必须熟知团队观念。通过确保所有机组成员都处于运行循环之中，同时通过确保本人及其他机组成员的相关经验都得到分享，也可以维护团队观念。机长必须把飞行航程的看作"我们的航程"而非"我的航程"。其他机组成员必须把飞行航程的看作"我们的航程"而非"机长的航程"。维护团队观念需要协作互助、相互理解以及全体机组成员的适当参与。

领导

我们知道大多数飞行运行应当是一项团队活动。标准操作程序（SOP）认识到了团队运行的重要性，它的公布及相应训练是一个良好的开端。一个飞行运行组织确信，SOP 显然要求日常工作中固定的遵守。同样重要的是所有机组成员的领导能力和协作能力。

成为优秀领导的首要要求是尊重与你一起共事的同事。他们是机组的其他成员——飞行员、乘务人员、目前的同伴团体、紧急情况管理人员以及团队的其他支持人员。要想获得他们的尊重，机长必须熟悉并尊重自己的工作，并且还要认识到他们工作的重要性同时尊重他们。

优秀的领导可以带动一个好的团队。为了带动一个好的团队，领导者需要在适当的时候对团队成员委以责任，并且在作决策的时候，需要先听取所有人员的意见，然后进行评判，最后才进行决策。尽管一般情况下都是由机长来作出最终的决定，但是，确保其他成员的意见在运行时间允许且充裕的情况下被考虑到，而且不是简单的例行公事，是非常重要的。其他尽最大努力解决共同问题的成员，应当得到领导者关于最终决策方式及原因的解释。这也包括那些需要当场作出决策的特殊场合。

如果领导者作出错误决策，他/她本人应当承认自己的错误。鲜有事例证明，保证领导力比坦率地承认自己所犯错误更为重要。必须正确地看待整个团队环境，并清楚地表明所有团队成员实际上密不可分而且都是为了一个共同的目标。在 CRM 计划正式开始之前，高级运营官（其管理职责允许他在航线飞行运行中仅保留最少合格人员）会对副驾驶员做一个标准化的介绍。他总是告诉新的副驾驶员（对他来讲），此次航行过程中副驾驶的主要工作就是使他（高级运营官）不要出现问题。另一位管理者的介绍会告诉副驾驶员当天他是跟一位表现欠佳未达到以前航线飞行状态的机长一起执行飞行任务。上述两个案例的重点并不是为了向管理人员建议技术熟练问题，而是举例说明机长拒绝做到尽善尽美及征求反馈意见的不同方式。

应当认识到，在一些情况下，即使机长始终保持对机组的全面领导，但是在团队其他成员对情况更加了解的特殊环境中，机长此时已不再是机组的领导。很容易想到的一个例子是某一机组成员对特定的某个国外机场拥有比机长更丰富经验。向其他机组成员征求意见并利用其丰富经验对所有相关人员来说都是一个建立信心的过程，也并不意味着机长放弃了他的权力。更准确地说，是机长有效利用了驾驶舱内的资源。还应当指出的是，机长的这种领导行为与以前老套的机长专制行为是有本质区别的。

协作

协作是任何团队运行中的一个重要概念，因为任何团队不但要有领导而且还要有同伴。两个专制机长的配对是一种非常危险的组合，他们都不知道怎样做一个好的同伴。如果领导者拥有良好的同伴，那么他的任务会简单得多。良好的团队总是需要良好的同伴。

"协作"是一个新的术语，很多字典中甚至找不到这一术语。这一术语包含了成为一个优秀团队参与者的能力以及有效辅助公认领导者的能力。一些人甚至指出该术语是只可意会不可言传的。这也是协作的概念未能在所有国家获得广泛理解的原因之一。优秀的领导者还具备担当优秀同伴的能力，同时对系统了如指掌。他们意识到运行处在动态多变的行业中，并在组织严密的资深系统中进行。身份经常会发生变动。机长可以成为同伴，同伴也可以成为机长。例如，一些美国航空公司允许飞行员在达到 FAA 要求的 60 岁退休年龄后转为飞行工程师。这些飞行员中的很多都担任了很长时间的机长，如大多数评论所说的，他们非常成功地完成了从机长到同伴的角色转换。认识并理解这一系统，对每个人都至关重要。

工作负荷管理和压力管理

驾驶舱工作负荷量管理是 CRM 中的一个重要部分。现在的航空运输运行再也不能被看成是"唱独角戏"的运行过程了。确保工作量分配到驾驶舱每个成员并确保没有机组人员工作量超过负荷是机长的职责。分配的基础是良好的标准操作程序（SOP）。非常规情况下，机长可以对 SOP 做出修改，以保证每个机组成员的工作量在其个人限制范围之内。底线是驾驶舱工作量的分配不会带来驾驶舱团队效率的降低。驾驶舱工作量及产生因素在第十章——工作负荷量中进行了讨论。

压力管理也是 CRM 中的一个重要部分，因为它会影响团队的运行效率。驾驶舱工作量和驾驶舱压力应当控制在能够保持驾驶舱机组成员效率的程度上。决不能让过度的工作量过大和压力危害到飞行安全。不幸的是，多数情况是说起来要比实际去做更容易。

运行环境、飞行本身内部或其他外部出现的情况都可能会产生压力。这些话题将在第十四章——疲劳与压力中详细讨论。然而，从 CRM 观点来看，重点是认识到压力并且不论何种原因都要进行控制。如果压力达到了能够影响机组成员绩效的程度，运行必须要做出调整，以保证最终的飞行安全不受威胁。

关键背景和支持角色

由于 CRM 计划可能会涉及重大变革以及航空公司运营理念的重新定位，该计划得到公司所有管理层面的认可就显得尤为重要。通常情况下，CRM 计划从发起到最终获得通过，仅仅是在最初得到了管理高层的支持，这显然是不够的。如果传统运营理念想要进行有效变革，管理高层积极的、看得见的支持是绝对必要的。所有管理层面都认识到新的计划有可能代表了一场组织运营文化的重大变革，这一点至关重要。为了取得切实的效果，新的计划必须得到管理高层和中层有形的支持。

如果计划影响到日常航线运行的话，雇员组织（首要的是工会）的积极的、看得见的支持同样重要。这一领域有时会被忽略。一些航空公司拥有来自雇员组织强有力的支持，因为计划最初设计阶段就包含了来自雇员的代表，并且雇员代表一直被视为 CRM 计划运行过程中的一个重要组成部分。他们的意见被听取并被采纳，这时他们也有了共同的目标。如果雇员组织被忽略，结果可能会是计划在纸面上看起来天衣无缝，但却因为很难有效执行而对日常运行几乎没有什么影响。

执行机构运行分工的支持是另一个重要的环节。在美国 FAA 扮演了这一角色。主任运行监察员和代理飞行检查员等个人同样也需要培训。因为在美国，任何航空公司培训计划及运行规定的变化及修订必须要得到 FAA 的认可，没有 FAA 的支持和认可，很难实现运行理念和实践上的转变。

飞行教员、飞行检查员和 FAA 监察员

飞行教员、飞行检查员和 FAA 监察员是实现 CRM 运营转变的关键人物。他们知道、理解并支持新的运营文化的内在原因是非常必要的。这除了要求了解 CRM 的原理以外，还要求了解很多其他的内容。

很多情况下，飞行教员、飞行检查员和 FAA 监察员是"保守派"的产物。他们是成功的，也获得过很多奖励，因为他们在老的系统下表现良好。他们中间有很多人用带有偏见的眼光来看待过去曾服役过的系统的任何变化，也就不足为奇了。其中有些人还会感到这种变化是对他们位置的一种威胁。飞行教员和飞行检查员的认真培训和选拔是良好 CRM 计划得以进展下去的重要第一步。培训是公司和 FAA 监察员同样面临的关键问题。

"优秀"的飞行教员、飞行检查员和 FAA 监察员是名副其实的榜样，他们是 CRM 计划主要的、有效的支持者。很少有人能拥有跟飞行教员、飞行检查员和 FAA 飞行监察员一样保证 CRM 计划有效性的权力。

少见的"适得其反的人"

罗伯特·赫尔姆赖克教授指出了一个特殊问题，CRM 计划可能会对飞行员产生适得其反的作用，即飞行员在 CRM 计划开始之前或者在计划结束之后对 CRM 产生消极的态度。尽管"适得其反的人"非常少见，但并不局限于航线飞行员，飞行教员、飞行检查员和 FAA 监察员都有可能变成"适得其反的人"。他们的早期发现至关重要，因为这部分态度消极的人员会对 CRM 计划产生危害，而在这部分人没有参与时 CRM 运行非常良好。赫尔姆赖克、梅里特和威廉后来指出，"适得其反的人"还有其他一些称谓，包括"牛仔"和"燕卷尾"[①]。尽管我们更喜欢称他们为"适得其反的人"，重点仍是如何对他们进行识别并进行妥善处理。

机长的作用

在早期，存在一种不成文的根深蒂固的看法，认为机长总是正确的。从属的机组成员从未怀疑过机长的决定。机长对所有的运行问题都很在行，以致其他人从未对其产生过怀疑。

被再三转述的与机长决策有关的一个例子是某个麦道 DC-3 机组的案例。该机组执行的是早上从迈阿密飞往纽约的北上航线以及从纽约返回迈阿密的南下航线，而该航线正好位于阿巴拉契亚山脉东侧并与其平行。由于是在夏季，天气状况是云层经过长距离的积聚后最终容易形成塔状积云和积雨云，这种情况下，如果可能的话应当尽可能避开云层中心。这对于当时的非增压座舱飞机及其有限的攀升能力来讲，是非常严重的一个问题。这种云层状态几乎每天下午都会引起剧烈的雷暴和极端湍流。麦道 DC-3 飞机的爬升速度根本不可能快过云层的内部积聚速度。

碰巧一名毫无经验的副驾驶员被安排跟一位资深的机长一起执行此次 DC-3 飞行任务。这位急切的副驾驶渴望从经验丰富的机长身上学到尽可能

---

① 燕卷尾是澳大利亚的一种小型鸟类，经常会在毫无防备的路人头上盘旋并排泄污物。

多的技能。然而，当他们正前方有大范围的异常活跃的积雨云的时候，他不得不承认自己的确不能指出飞机可以绕行的路线。如果当时他在驾驶飞机，那么他决不会知道如何让飞机绕行。最后，机长很轻易地就告诉了他需要转向的路线。等到他们为期一个月的排班飞行任务结束之后，副驾驶终于不假思索地说出了他的问题。机长非常疑惑地看着他，说到："这非常简单，年轻人，如果你是往北飞行就绕向西飞，而如果你是往南飞则绕向东飞。"这一回答实在是让副驾驶感到非常迷惑不解，因为他从未听说过如此简单易懂的气象原理。最后，他向机长承认自己确实没有搞懂。机长的回答非常简练，也非常合乎逻辑，他说："这或许并不科学，不过这样做确实可以让你不再感到晃眼。"

事实上，这是一个说明如何应用规定（本案例中是如何避开积雨云和雷暴）并作出决策的很好案例。显然这并不意味着效果最佳。正如加里·克莱恩和朱迪·斯沃萨诺后来所指出，专家们即使在作出非常正确的决策的时候也很少会照搬那些作为范例的标准决策。而在标准决策中，各种选择方案要一视同仁，并经过检验，直到找到最佳解决方案。此时，取而代之的是，专家直接对情况进行观察，省却了对选择方案的检验过程，然后采取一种以前类似情况下行之有效的解决方案（Klein，1985；Orasanu，1993）。这种决策过程明显具有局限性。因为在决定避开积雨云中心绕行路线的案例中，整个过程中以及过程之后都有足够的时间去讨论（但机长并未进行类似讨论），很显然，案例中那位用词简练的机长的表现并非良好的 CRM 行为。

《联邦航空条例》和公司运行手册中都包含有机长基本职责的概念。这一概念在所有层面上不断得到强化，即使是在只需作出单纯判断决定的情况下。例如，某著名航空公司的飞行运行手册中有如下内容："本手册中的任何内容都不能替代准确的判断。"尽管所有机组成员的判断都非常重要，但是机长的判断是带有权威性的。机组人员、飞行员、航空公司和 FAA 都认为只有机长的判断（可能事后会遭到质疑，但这种情况很少发生）才是最终算数的。不幸的是，在 CRM 计划早期，当团队运行首次经受压力时，一些人把 CRM 看作对机长权力的侵蚀。但情况并非如此。

全球先进的航空公司都把变革后的全新驾驶舱理念作为运营的一部分，新西兰航空公司飞行员协会（NZALPA）为这一说法树立了典范。事情发生在（英国）皇家专门调查委员会对 1979 年发生在南极洲埃里伯斯山的新西兰航空公司 901 航班坠机事故的调查过程中。调查中，NZALPA 的一位代表解释了新西兰航空公司及其飞行员协会的政策，他说道：

> ……无论每个机组成员确定与否，高兴与否，总之无论怎样，他的固有责任都是对处于指挥地位的机长提出质疑，就跟对他自己所关注事情的性质进行质疑一样。事实上，如果处于指挥地位的飞行员制造一种气氛，藉此使得其他机组成员不愿对行动作出评论，那么他作为指挥员是失职的，这样说并不为过。

（Vette，1983）

显然，这一驾驶舱理念并没有降低机长的权威。机长在考虑了其他机组成员的意见后，无论时间是否允许都必须作出最后的决定。

机长的两难选择

事实上，现在所有的资深机长都已成为运营文化中非常成功的一部分，机长不但是其中的领袖，而且行动几乎从未受到质疑。美国一家著名航空公司飞行运行手册中的签派放行单样本中，采用的机长名字就叫"我是国王"。该案例说明了很多航空公司的主流运营文化。副驾驶员被看做学徒，无论从哪个方面来看都处于从属地位。历史上，一般都要对机长进行技术熟练程度方面的例行检查，但在管理驾驶舱团队并取得最佳绩效方面却鲜有作为。

这些机长们面临的两难境地是他们被迫要去改变多年来一直表现良好的运行理念。这些资深机长在受雇之初接受测试和面试时，却并没有关于决策方面的行为测试，即便有，也屈指可数。面试官无一例外地只对飞行技术感兴趣。很多有经验的成功的机长感到 CRM 明显是对他们工作和职业生涯的威胁。事实上，他们在 CRM 应用之前的系统中全部也都是副驾驶，要学会适应很多机长的不同个性和风格，有些情况下，还要适应机长的一些操作怪癖，最终他们都成功地被提升为机长。他们期待着在熟悉的组织文化中的运行获得不断的成功。一些人并不是轻易能改变的。然而，需要指出的是，对其他一些机长而言，CRM 仅仅意味着他们多年来管理驾驶舱的方式变得更加正式化。

副驾驶员的作用

现在，大多数情况下的飞行运行都不再跟以前一样。运输飞机运行的显著变化之一是副驾驶员技能和知识的升级。这一革命性的变化不可避免地引起副驾驶员培训内容的增加，副驾驶员工作重要性的增强，同时伴随着培训时间和成本的增加。副驾驶员必须提高自己的技能和知识，因为：

● 必须认识到有效监控所有手工或自动操纵行为的重要性，即使机长是飞机操纵者。

● 在对个人（或自动化系统）意图没有明确了解的情况下，是没有办法去监控其操纵行为的。

● 远程运行情况下，必须向所有机组成员（包括机长）提供休息设施。航空运输系统必须确保任何时间驾驶舱内的机组成员都能胜任工作并且是完全合格的。现在，在超远程机组中，副驾驶员都要求具有完全机长资质，并且要证明他们能够达到 FAA 的熟练程度检查要求。

副驾驶员的两难选择

一些事故和事故征候的记录表明，副驾驶员有时已经察觉到机长表现出来的严重问题，但却不愿意或者没有能力去改变事件的进程。副驾驶员（作为飞机操纵监控者）对机长（作为飞机操纵者）的监控，既不实用效率又不高，因为这只会引起冗余和重复检查。有些情况下，问题变得更为复杂，因为毫无经验的副驾驶员同样可能会忘记那些机长未觉察或者干脆就忽视了的危险。然而，这类事件相对非常少见。航空安全报告系统早期的一项研究（NASA CR 166433）表明，机长作为飞机操纵者时能发现所报告异常情况中的33%，而当机长作为飞机操纵监控者时这一数字是35%。副驾驶员发现异常情况的数据分别为15%（作为飞机操纵者）和18%（作为飞机操纵监控者）。副驾驶员在监控方面的欠佳表现并非因为他们对运行的不理解。

一些情况下，出现上述异常情况的原因非常简单，主要是从属的机组成员（副驾驶员）不愿意干涉机长的操纵行为，或者是机长在未受到质疑的情况下没有对自己的操纵行为进行回顾。出现上述异常情况的另一个可能原因是，副驾驶员担心违背传统观念（机长无论做什么都是被认可并且是正确的）所带来的潜在后果。如果副驾驶员还处在试用期，这将是另一个有重要意义的因素。在一些航空公司，当机长表现欠佳时，即使处在试用期阶段的副驾驶员也面临被解雇的可能性。机长提出申辩以后，副驾驶员甚至都没有上诉的机会。幸运的是，大多数航空公司现在采用的是不同的制度。

上面讨论的问题是 CRM 问题。为了形成一种良好的 CRM 气氛，所有相关方面都应当把创造一种并不把共同决策看作是机长能力负面反映的驾驶舱氛围作为目标。相反地，应当把共同决策看作是良好机组配合、机长优秀领导力以及机组其他人员良好协作能力的范例。对决策过程的更深讨论超出了本书的范围，有兴趣的读者可以参考维纳，坎奇和赫尔姆赖克的《驾驶舱资源管理》一书中关于奥拉萨奴决策观点的章节。

驾驶舱机组/客舱机组界面

驾驶舱机组/客舱机组界面对飞行员、客舱乘务员、航空公司和 FAA 都是一个复杂的难题。随着飞机上不同年龄、不同身体状况以及不同语言能力的旅客越来越多，飞行乘务人员也不断增多，界面对两人驾驶舱机组和乘务人员就显得更加重要。驾驶舱机组/客舱机组界面是良好的 CRM 计划的重要组成部分。

在事故报告中，客舱机组表现得到了越来越多的关注。从事故预防的角度来看，很显然驾驶舱机组/客舱机组配合与交流并不总是让人满意的。这存在很多原因，同时业内对"零"事故和"零"事故征候的传统追求也明确说明对驾驶舱机组/客舱机组界面应当给予更多的关注。

1989 年 3 月 28 日发生在加拿大安大略省 Dryden 的安大略航空公司事故生动地说明了驾驶舱机组/客舱机组界面的重要性。当时安大略航空公司的一架 F-28 客机在起飞时由于机翼表面附着积冰而坠毁。一名客舱乘务员看到了附着在机翼表面的积雪，但担心机长不会认可来自乘务员的操作信息，便没有通知驾驶舱机组。这起事故尽管还存在其他方面的因素，但驾驶舱机组/客舱机组配合与沟通是核心的问题（Moshansky，1992）。

实际中，驾驶舱机组和客舱机组在一起工作，然而（两个机组之间的交流情况）却并不像我们想象的那样完美无缺。就更深一层意义而言，尽管两个机组目标一致，但却是来自不同的文化背景，必须进行有效的沟通交流。舒特和维纳说得好："存在历史、组织、环境、心理以及规章方面的诸多因素，它们会导致驾驶舱机组和客舱机组之间的误解，产生质疑态度并导致相互之间沟通不畅"（Chute and Wiener，1995）。这些都包含了 CRM 问题。驾驶舱机组/客舱机组界面的历史及其内在问题在第十七章——飞行乘务人员的挑战性角色中将进行更为深入的探讨。

环境因素

一些任务要求和环境因素会妨碍驾驶舱和客舱之间的更好交流。飞行员首先要在飞行之前向签派员进行报告，以便在电脑上制定飞行计划或者批准飞行计划，还要分析天气状况，对需要的载油量进行预估或确定。在事先安排好的飞行机组柜台提前办理值机手续是一个非常重要的过程，但通常只是敷衍了事。

客舱机组面临不同的问题，他们一般会在不同的机组柜台办理值机手续，然后到达乘务员简令下达室。客舱机组柜台事实上跟飞行机组柜台总是分开的，有时甚至在不在同一楼层上。飞行机组和客舱机组在起飞之前的这段时间内都非常忙碌，机长对客舱机组的起飞前简令大多数时候最多也只是例行公事。最新的客机现在只有两名飞行员，但客舱乘务人员却能达到 19 到 20 人，因此想在如此繁忙的时间内进行个人的交流事实上是不可能的。

驾驶舱/客舱连接门是另外一个妨碍两个机组之间进行交流的环境因素。它制造了一个物理上的障碍，使驾驶舱机组跟客舱机组隔离开来。美国的规章要求在飞行过程中关闭驾驶舱/客舱连接门。连接门的存在使得双方都不可能知道对方在做什么。封闭的驾驶舱和细分的旅客区域（可容纳 400 人），都加剧了物理上的隔离问题。

这些情况的存在使得两个机组很难进行有意义的沟通，也使得良好的 CRM 培训计划和基于 CRM 并包含乘务人员的运行模式更加困难，同时也更加重要。

其他因素

另外一个妨碍驾驶舱/客舱机组界面的主要因素是飞行机械师的取消以及由此带来的三人机组的取消。传统上，飞行机械师充当了驾驶舱跟客舱联系的纽带。飞行机械师可以修好出现故障的放映机和烤箱，帮助（应付）那些不守规矩的乘客，确定通风系统中出来的灰色薄雾仅仅是尘雾还是从空调中散发出来的更严重的烟雾，还能在驾驶舱机组解决特殊问题时，提供额外帮助并完成很多其他职责。

这一驾驶舱/客舱机组之间的天然界面很大程度上是由于飞行机械师所坐的位置。飞行机械师的座位位于副驾驶员身后一旁，并且可以随时根据需要转向前面。在飞行员非常忙碌的时候，飞行机械师很好地扮演了驾驶舱和客舱之间过滤器或缓冲器的角色。如果飞行机械师的职责不做明确要求，对飞行员来讲将非常有帮助。这样飞行员特别是机长（对客舱安全也要负责），就可以对客舱的异常活动了如指掌，而不至于使他们在执行驾驶飞机的首要任务时分散注意力。

另外一个重要因素是"隔离驾驶舱"问题。鉴于一些事故及事故征候中出现的在运行上多余的驾驶舱/客舱机组界面问题，FAA 出台了《联邦航空条例》121.542 规章（FAR121.542），规定任何飞行机组"在飞行的关键阶段都不得履行保障飞机安全运行以外的任何职责"。按照 FAA 的定义，飞行关键阶段包括所有的地面运行过程，如滑行、起飞和着陆以及所有在10000 英尺以下进行的飞行运行活动，但不包括巡航飞行。

"不包括巡航飞行"条款引起了广泛注意，很多往返短途航班飞行高度从未高于 10000 英尺。如果没有这一例外条款，FAA 规章实际上将会阻止所有驾驶舱/客舱机组之间的交流，因为该规章后来又进一步规定"禁止客舱机组跟驾驶舱机组之间的非实质性交流"。这一后续条款在客舱机组、驾驶舱机组、航空公司和 FAA 本身之间产生了很多解释上的混乱。

特定的交流是否具有实质性，或者是否是出于安全考虑，这些问题都很模棱两可。尤其是在飞行员没空和没有仪表可用的情况下，想要准确确定飞机是高于还是低于 10000 英尺是非常困难的。很多情况下需要飞行员当时马上就要作出决策，而且大多数时候根本没有时间去考虑。这一问题跟驾驶舱机组和客舱机组都有关系，而且并不局限于 CRM 培训。隔离驾驶舱问题在第十七章——飞行乘务人员的挑战性角色中将进行更为深入的探讨。

结论

在 1993 年的《驾驶舱资源管理》一书序言中，约翰·劳伯称 CRM 是"已证实成功尚未推广的人为因素案例"（Lauber，1993）。这种说法在当时很正确，现在也依然正确。良好的驾驶舱管理并不是一个新的概念。多年来意识超前锐意进取的机长一直在运用这一原则。在英国和其他一些国家，通常将 CRM 作为飞行技术的一部分。

然而，CRM 潮流第一次使得这些原则正式得到承认和传授，并第一次把机组作为一个团队的表现看作训练、检查和航线运行的一部分。尽管 CRM 并非万应灵药，但现在 CRM（或跟 CRM 非常接近的一些计划）已被看作航空公司运行的基本部分。在美国及其他一些国家，CRM 已成为条例的要求。尽管目前世界上有些地区还不愿意采用（机组资源管理）这一特定用词或 CRM 这一缩写，但对 CRM 的概念却并无异议。

对航空公司和 FAA 而言，他们面临的一个基本困难同时也是重要一步是确定一种评估 CRM 技术效率的方法。CRM 计划效率的判断以及 CRM 参与人员个人（或团队）CRM 技能的客观评估，已经成为很多国际规章制定机构和航空公司工作中优先考虑的因素。

对机组 CRM 行为和技能的评估进程得到了一定进展，但同时也存在争议，至少对一些地区的某些飞行员是这样。从 FAA 的观点来看，如果 CRM 技术真的那样重要，那么航空公司应该保证飞行员具备这项技能，并且 FAA 有责任确保这项技能得到评估。然而，有效可信的评估手段的发展是非常困难的。来自于 NASA/UT 的罗伯特·赫尔姆赖克教授和他的团队为 CRM 的早期研究和评估方法的发展作出了贡献。事实上，赫尔姆赖克教授的"行动标记"已被收录到 FAA 的 CRM 咨询通告附录中，并为后续研究提供了极好的开端。

在一个保守的行业内，CRM 进展缓慢并且不顺是不足为奇的。CRM 主要涉及官方理念上的转变，在美国和全球其他国家都是如此。CRM 计划的实施并不是一项容易完成的任务。1993 年，从一开始就致力于 CRM 研究，同时也是 NASA 和得克萨斯大学联合项目参与者的比尔·塔格特发表了一篇名为"如何扼杀好的 CRM 计划"的文章，文中列举了很多发起或复核 CRM 计划时需要考虑的细节条目。

不幸的是，塔格特列举的前 10 种扼杀好的 CRM 计划的方法已经被多次证实。这些方法见附录 H，指出粗心大意将会落入陷阱。任何人都不应忘记实施或维护一项有效的 CRM 计划并非易事。甚至于当航空公司对 CRM 的态度越来越成熟，CRM 行为成为行为标准的时候，重新回顾基础原理仍然是有必要的。

尽管一项好的 CRM 计划能够最终带来航空公司运行安全性和效率的提

高，良好的 CRM 仍然需要额外的训练并且耗费巨大。CRM 不应被降低到"当年安全主题"的高度，从而给参与者留下这只是公司暂时关注对象的错误印象。CRM 计划应当富有成效，并且成果明显，否则可能会导致失败。

每项计划都必须符合特定航空公司的要求，并应考虑到公司运行的理念和运行的社会环境。在一个特定的国家内部航空公司情况都各不相同，更不用说来自不同文化背景、不同国家的航空公司了。但所有航空公司的主要任务都必须要保证 CRM 概念在公司最初安全目标中的积极性和可靠性。

关于 CRM 的参考书，我们积极推荐由伊尔洛·韦恩诺、芭芭拉·坎奇和罗伯特·赫尔姆赖克所著的《驾驶舱资源管理》，此书已出版发行。该书包含了 23 位各 CRM 领域公认专家的著述，这些专家代表了美国国内及国外的学术界、管理当局、航空公司管理人员和军用运输界。像 NASA 等政府研究组织也包含在内。其他一些主要的参考资料有 ICAO 人为因素文摘 2、FAA 咨询通告 120-51B 及其修订本。上述资料均为本章的主要参考文献。航空公司运营并不是一个简单的过程。同样，在一个不断变化并且不断扩展的世界中，处于动态变化中的航空运输业也并非一个单纯的行业，其中有很多的相关变量。

参考文献

[1] *American Heritage Dictionary of the English Language*（1978）. Houghton Mifflin Company, Boston, Massachusetts.

[2] Butler, Roy and Reynard, W. D., （1996）. 'Integration into the total training curriculum', from *Proceedings of the NASA/MAC Workshop*, held in San Francisco, 6 – 8 May 1986, NASA Conference Publication 2455, edited by Harry W. Orlady and F. Clayton Foushee, NASA/Ames Research Center, Moffett Field, California.

[3] Chute, Rebecca D. and Wiener, Earl L (1995). 'Cockpit-cabin communication: a tale of two cultures', in *The International Journal of Aviation Psychology*, 5 （3）. 257 – 276, Lawrence Erlbaum Associates, Inc. Mahwah, New Jersey.

[4] Chute, Rebecca D. and Wiener, Earl L. （1996）. 'Cockpit-Cabin Communication: II. Shall We Tell The Pilots'. In *The International Journal of Aviation Psychology*, 6 （3）, 211 – 231, Lawrence Erlbaum Associates, Inc., Mahwah, New Jersey.

[5] Driskell, James E. and Adams, Richard J. （1992）. *Crew Resource Management: An In-*

troductory Handbook, Final Report DOT/FAA/RD-92/26 and DOT/VNTSC FAA-92-8, Department of Transportation, Washington, D. C.

[6] Federal Aviation Administration（1993）. *Advisory Circular—Crew Resource Management Training*, AC No. 120-51B, Federal Aviation Administration, Washington, D. C.

[7] Hackman, J. Richard（1986）. 'Group Level Issues in the Design and Training of Cockpit Crews', *Cockpit Resource Management Training*, *Proceedings of the NASA/MAC Workshop*, ed. by Harry W. Orlady and H. Clayton Foushee, NASA Conference Publication 2455, 6–8 May 1986, Ames Research Center, Moffett Field, California.

[8] Helmreich, Robert L. and Wilhelm, John A.（1989）. 'When Training Boomerangs: Negative Outcomes Associated with Cockpit Resource Management Programs', in *Proceedings of Fifth International Symposium on Aviation Psychology*, The Ohio State University, Columbus, Ohio.

[9] Helmreich, Robert L., Merritt, Ashleigh C., and Wilhelm, John A.（1999）. 'The Evolution of Crew Resource Management Training in Commercial Aviation', *The International Journal of Aviation Psychology*, Vol. 9, Number 1, 1999, Lawrence Erlbaum Associates, Publishers, Mahwah, New Jersey.

[10] *Human Factors Digest No. 2*（1989）. 'Flight Crew Training: Cockpit Resource Management（CRM）and Line-Oriented Flight Training（LOFT）', International Civil Aviation Organization, Montreal, Canada.

[11] Klein, Gary A., Calderwood, Roberta, and Clinton-Cirocco, Anne（1985）. 'Rapid Decision Making on the Fire Ground', Klein Associates, Yellow Springs, Ohio.

[12] Lauber, John K.（1984）. 'Resource management in the cockpit', *Air Line Pilot*: 53, 20–23, Airline Pilots Association, Herndon, Virginia.

[13] Lauber, John K.（1993）. In Foreword to *Cockpit Resource Management*, edited by Wiener, Earl L., Kanki, Barbara G., and Helmreich, Robert L., Academic Press, Inc., Harcourt Brace Jovanovich, Publishers, San Diego, California.

[14] Lederer, Jerome（1962）. *Perspectives in Air Safety*, Daniel Guggenheim Medal Award Lecture presented at 1962 ASME Aviation and Space Conference, Washington, D. C.

[15] Moshansky, V. P.（1992）. *Commission of inquiry into the Air Ontario crash at Dryden, Ontario*, Catalog No. CP32-55/1-1992E, Minister of Supply and Services, Toronto, Canada.

[16] National Transportation Safety Board（1988）. *Hazardous materials incident report: Inflight fire, McDonnell Douglas DC-9-83, N569AA, Nashville Metropolitan Airport, Nashville, Tennessee, February 3, 1988*（NTSB/HZM-88/02）. Washington, D. C.

[17] National Transportation Safety Board (1972) . *Aircraft Accident Report*: *Allegheny Airlines*, *Inc. Allison Prop Jet Convair 340/440*, *N5832*, *New Haven*, *Connecticut*, *June 7*, *1971* (NTSB-AAR 72-20), Washington, D. C.

[18] National Transportation Safety Board (1979) . *Aircraft Accident Report*: *United Airlines*, *Inc*, *McDonnell-Douglas DC-8-61*, *N8082U*, *Portland Oregon*, *December 28*, *1978* (NTSB AAR-79-7), Washington, D. C.

[19] National Transportation Safety Board (1982) . *Aircraft Accident Report*: *Air Florida*, *Inc. Boeing 7737-222*, *N62AF Collision with 14th Street Bridge*, *Near Washington National Airport*, *Washington*, *D. C.* , *January 13*, *1982*, (NTSB AAR-82-8), Washington, D . C.

[20] National Transportation Safety Board (1984) . *Aircraft Accident Report*: *Eastern Air Lines Inc.* , *Lockheed L-1011*, *N334EA*, *Miami International Airport*, *Miami*, *Florida*, *May 5*, *1993* (NTSB AAR 85-01), Washington, DC.

[21] National Transportation Safety Board (1994) . *National Transportation Safety Board Safety Study*, (NTSB/SS-94/01), Washington, D. C.

[22] O'Hare, David (1993) . Book review of *Human Factors for Pilots*, *in The International Journal of Aviation Psychology*, 3 (1), 83-85, Lawrence Erlbaum Associates, Inc. , Hillsdale, New Jersey.

[23] Orasanu, Judith (1993) . 'Decision making in the cockpit', in *Cockpit Resource Management*, edited by Wiener, Earl L. , Kanki, Barbara G. , and Helmreich, Robert L. , Academic Press, Inc. , Harcourt Brace Jovanovich, Publishers, San Diego, California.

[24] Regal, D, Rogers, W. , and Boucek, G. (1988) . *Situational awareness in the commercial flight deck*: *Definition*, *measurement*, *and enhancement*, SAE Technical Paper Series 881508, Warrendale, Pennsylvania.

[25] Ruffell-Smith, H. P. (1979) . *A Simulator Study of the Interaction of Pilot Workload with Errors*, *Vigilance*, *and Workload*, NASA Technical Memorandum 78482, NASA/Ames Research Center, Moffett Field, California.

[26] Sarter, Nadine B. and Woods, David D. (1991) . 'Situation Awareness: A Critical But Ill-Defined Phenomenon', in *The International Journal of Aviation Psychology*, 1 (1), 45-57, Lawrence Erlbaum Associates, Inc. , Hillsdale, New Jersey.

[27] Taggart, William R. (1993) . 'How to Kill Off a Good CRM Program', *The CRM advocate*, October, 1993, Resource Options, Inc. , Charlotte, North Carolina.

[28] Vette, Gordon and Macdonald, John (1983) . *Impact Erebus*, Hodder & Stoughton,

Auckland, New Zealand.

[29] Wiener, E. L. , Kanki, Barbara G. , and Helmreich, Robert L. (1993) . *Cockpit Resource Management*, edited Wiener, E. L. , Kanki, Barbara G. , and Helmreich, Robert L. , Academic Press, Inc. , Harcourt Brace Jovanovich, Publishers, San Diego, California.

第十四章　疲劳和压力

疲劳与疲倦

关于疲劳方面的著作和文章有很多。疲劳经常可以与疲倦互换使用，在很多文献中，二者经常会同时出现在上下文中。某字典①中给出的对疲劳的两个定义反映了人们的普遍认识，一个定义是："由于工作努力导致的生理和心理上的倦怠或筋疲力尽"；另一个定义是："过度刺激或者过长时间努力导致的肌体或器官能力的减退或完全丧失，或者部分功能丧失"。该字典将疲劳（fatigue）和疲倦（tiredness）看做同义词。在另外的定义中，疲劳被描述成"……每个人生命中都会出现的令人不快的经历"。肯尼斯·博金博士在他的著作《航空医学》中将疲劳描述为："人们完成指定任务能力的不断下降，具有下列明显表现：工作质量的下降、缺乏热情、失误、厌倦、无聊、索然无味、对成功的漠然以及其他一些明显征兆"，最后，"由于经常性的疲劳经历，而使得疲劳成为整个人的外在表现"（Bartley and Chute，1947）。

常识及适当研究都说明，最广义上说，疲劳并不局限于特定的某一个体，而是一种普遍现象。疲劳会不断地带来副作用。大多数情况下，容易产生疲劳的情况包括长时间工作、打破睡眠规律、过度劳累、生理节奏紊乱或者有时干脆只是厌倦等。疲劳并非新的独特现象。

巴特利和舒特指出，尽管厌倦可能成为疲劳现象的一部分，但反过来却不行。这是因为厌倦是由环境作用引起的，而疲劳则是整体状况的产物。他们还指出，厌倦相对于疲劳更具暂时性，可以通过避开诱发环境而得到缓

---

① 即美国传统英文字典。

和。疲劳则与上述情况不同。尽管个体可能同时感到厌倦和疲劳，但疲劳的范围更广。由于不同的潜在原因，疲劳的形式发生变化，这或许可以解释为什么文献中会提到"心理疲劳"、"神经疲劳"、"战斗疲劳"和"操作疲劳"等。

基本问题

疲劳和疲倦被称为定义不明的概念，并且在每个人生命中都会出现。正如葛伯所说："我们生命中的每一天都会出现疲劳。疲劳的程度不同但很常见，有时甚至是一种颇受欢迎的感觉，人们很少对此认真考虑"（Graeber，1988）。不幸的是，疲劳仍然是一个大致的概念，没有一个专门或精确的定义。毫无疑问疲劳是存在的，能够感知的（Davenport and Jensen，1989），但是甚至于今天我们都不能直接对疲劳进行测量。如果疲劳过度，它会成为航空领域的一个严重问题。

对航空领域疲劳现象的最早的有组织的研究在著名的英国剑桥大学进行。他们在 20 世纪 40 年代展开研究并且对飞行员疲劳做出如下结论：

1. 发动机的响应周期会加剧疲劳，使飞行员忍受越来越多的痛苦；
2. 该话题越来越乐意接受更低的精确性和绩效标准；
3. 飞行员将注意力从 6 种基本飞行仪表转向自动反应；
4. 飞行员越来越多地忘记检查他们直接视线范围之外的仪表。

从那时起，人们在航空及其他领域进行了大量的研究工作。人们普遍认为疲劳可以反过来影响绩效，是一个非常复杂的问题，并且是 24 小时连续运行情况下不可避免的结果。但对很多人而言，研究只不过是"重复性劳动"，真正需要关注的是航空中的疲劳问题应当被正确理解和处理。航空公司值得推崇的安全记录、相对少的事故（尤其是跟公开报道相比）以及说明疲劳和事故记录相互关系的困难，都没有使这一问题得到简化。这些记录资料对人们变得足智多谋、增强适应性和提高生存动力会有很大的贡献。

航空运输运行中的疲劳

自从商业航空开始以来疲劳（或至少是疲倦）就是需要面临的一个问题。飞行员和运营者很久以前就认识到了疲劳问题的存在。1921 年 2 月 23 日，杰克·奈特在执行第一次夜航飞行时，疲劳就成为一个问题。他在完成飞行任务抵达奥马哈时已是凌晨 2 点。奈特已是精疲力竭，非常渴望正常的休息，但考虑到奥马哈没有其他飞行员，他答应继续飞往芝加哥。奈特已经非常疲劳，但仍坚持飞行以期创造飞行历史。

在行业内另外一个关于疲劳的案例中，20世纪40年代至少一些航空公司要求机长在完成职责之后，对副驾驶员做出综合评价报告。报告中的问题之一是："副驾驶员是否具备航空公司飞行员的体力？"这是一个非常重要的问题，需要特别关注。基本问题是副驾驶员能否正确处理运行过程中必然出现的疲劳。

关于1993年8月18日美国航空公司808航班在关塔那摩海湾的坠机事故，NTSB报告（NTSB/AAR-94/04）首次正式将疲劳作为"可能的原因"。报告指出，"此次事故可能的原因中包括，由于疲劳的影响导致机长和飞行机组判断、决策和飞行能力的下降……"三位机组人员之前累计缺少超过65个小时的睡眠，生理周期被破坏，长时间失眠最终导致飞机失事。所有这些都支持了疲劳导致这次交通事故的结论。NTSB的运营因素部部长吉姆·丹纳赫指出，如果飞机没有坠落，"该公司原计划飞机在关塔那摩海湾卸货后返回亚特兰大。这个插曲导致了24小时工作时间和12小时飞行时间的规定"（Duke，1997）。

直到最近，人们才认识到疲劳是引发事故的"可能原因"，这也是很长时间以来疲劳未被作为事故"可能诱因"予以考虑的原因。没有人真正理解疲劳。例如，在20世纪40年代后期，意大利航空公司的一架飞机燃料用尽，在康涅狄格的农田爆炸坠毁。当时，机组离开罗马，在伦敦着陆后返回罗马，然后又飞往纽约。飞机起飞24小时后发生了爆炸。燃料耗尽被认为是失事的可能原因，但无人提及疲劳因素。

建议在飞机运输过程中消除疲劳是毫无意义的。飞行的特点决定了疲劳的产生，运营专家必须在潜移默化中接受疲劳是航空运输一部分的事实。在飞行员的职业生涯中，他们应该能够预料到自己可能会遭遇疲劳，并且应该知道疲劳可能会产生的问题。如果疲劳过度，必须对运行做出调整。

不幸的是，对于如何处理远程或短途运行中的疲劳问题，没有什么灵丹妙药，也没有什么锦囊妙计。目前还没有一个简单的解决方案能够适合于航空业中所有的个人、所有的运营需求和所有的技术。航空运输需要24小时运行，如何将现有的相关科学心理知识应用到能够维持并扩大安全范围的领域，同时维持可行的航空运营，是目前航空运输业面临的挑战。

生理节奏和每日周期

生理节奏、无规律睡眠和每天的运营周期都会带来相似的工作表现问题，但这些问题的起因截然不同。

生理节奏（来自拉丁语 circa-dies）是最普通的身体节奏。这个词语来源于两个拉丁语单词，"circa"意味着大约，"dia"意为天、日。生理节奏循环与地球的 24 小时自转周期密切相关。由于存在个体的差异，24 小时只是一个近似的周期时间。科学家发现，一个独立个体的生理周期范围在 24 至 27 小时之间。现实中，生理节奏受到给时者的控制。日常的光亮和黑暗是最强有力的给时者，其他的如饮食和社会活动、体育活动也有一定的影响。

睡眠是人类的一种生理需求，具有周期性，与我们白天黑夜的正常生理节奏直接相关，那些试图在白天自然睡眠的人，也同样说明了睡眠的周期性。生理节奏明显会影响飞行活动。例如，美国横跨 4 个时区。一个生活在东海岸而要飞向西海岸的飞行员，他的正常生理节奏将会受到 3 个时区的影响。所有相关的给时者——白天和黑夜，饮食，以及任何社会活动、体育活动——都将会发生变化。如果要继续飞往火奴鲁鲁，又将会穿越 3 个时区。其他远程飞行甚至可以穿越 12 至 16 个时区，这将进一步加剧上述基本问题。

每日周期也会影响到人的工作表现，这是上夜班的人面临的主要问题之一。员工在每次工作之后都需要得到正常的睡眠。在昼夜不停连续作业的航空运输业中，系统各部分的所有员工都会面临每日周期问题。绩效下降问题以及在某种程度上可以使其得到缓解的补救方法，将在下一章——适于飞行中讨论。

睡眠不足与生理节奏紊乱

睡眠是一种复杂的生理活动状态，对人的生存至关重要。睡眠不足会产生嗜睡，而嗜睡并非意志力可以完全克服的。很不幸，嗜睡可能会在各个方面降低人的能力。毫无疑问，它也会降低飞行运行中人的能力。

众所周知，睡眠是所有人的绝对需求，是基本的生理需要。哪怕是一个小时的睡眠不足也会影响到人的清醒水平。该领域的两位研究人员卡斯卡顿和迪蒙特将睡眠定义为"一种可逆的行为状态，揭示了感知与环境的分离以及感知对环境的无反应性"。尽管人的能力以及人体极限对航空安全运行起到核心作用，但仍然不可避免地会发生打断人的正常睡眠规律的现象。因此，航空运行的所有部门都非常有必要尽可能多地去了解有关睡眠和嗜睡的知识，同时还要了解那些能够尽量减轻运行中内在睡眠问题的措施。不幸的是，对于由运行需求引发的一系列睡眠问题，目前仍然没有简单易行的解决方法。

航行中疲劳的两个主要来源是睡眠不足与昼夜节律失调。这两个方面都有很大影响，尽管睡眠不足并不一定是由昼夜节律失调引起的，但睡眠不足会导致睡眠债。睡眠债累积后会导致不可控的睡眠障碍发作（例如通常只持续数秒的阵发性昏睡或者持续数分钟的持续性发作）。不可控睡眠障碍的发作可能发生在驾车、驾驶飞机、操纵机器或者只是站立的过程中。这一现象显然是与驾驶飞机或其他存在危险的活动相抵触的。

尽管对睡眠不足和疲劳的全面讨论不在本书范围之内，航空专家应当明确睡眠不足可能是短期的，也可能是累积性的，同时睡眠不足还会导致睡眠债。睡眠不足肯定会发生，反过来会影响清醒时的表现、警惕性和精神状态。尽管轻度嗜睡通常可以被个人克服，但嗜睡可能会在各个方面降低人的能力。睡眠不足是所有飞行员都应当了解的一个概念。睡眠不足如果不能被克服，将会发展成睡眠债。在长时间向西飞行以后，飞行员通常需要至少2～3个晚上连续的正常睡眠才能使睡眠模式稳定下来，同时适应这种变化并使自己恢复到最佳状态。而长时间向东飞行对飞行员恢复正常状态更为困难，需要更长的时间。对某些飞行员或者执行个别航班任务的飞行员，可能还需要额外的时间来进行恢复。

生物钟

所有的运营人员都应当知道生物钟的概念。每个人大脑里都有一个生物钟，控制着人在24小时周期内的生理及行为功能，如睡眠/清醒周期、体温、荷尔蒙、表现、精神状态、消化能力、动作活动以及很多其他功能。

当生物钟的工作/休息或睡眠/清醒周期发生改变（例如只是到一个新的时区）以后，我们很难马上做出调整。一个众所周知的影响是飞行时差。不幸的是，完全适应这种大的变化需要数天到数周的时间。在一些排定的航空运行中，要做到彻底的生物钟调整是不可能的。这种情况下如何运用对策尽可能地减轻并控制疲劳问题就显得尤为重要。

个体之间对睡眠的需要差异很大，同时对所有生理因素的影响做出调整的时间长短和效率差异也很大，这是一个非常复杂的因素。例如，大多数人每晚需要约 8 小时的睡眠，但另一些人只需 6 小时即可，还有一些人则需要 10 个小时的睡眠才能感到完全清醒和思维敏捷，以达到工作的巅峰状态。

影响生物钟进而导致疲劳的因素包括年龄、个人睡眠需要、经验、综合健康状况以及飞行员在中途停留期间或在本地的工作模式。个人策略非常重要。预防策略可以用于执行飞行任务之前以及中途停留期间，主要包括在执行任务前保证适宜数量和最高质量的睡眠、保持良好的睡眠习惯、合理安排在经停地的睡眠时间、小睡、进行体育锻炼、保证营养平衡等。多年来飞行员都知道向西飞行要比向东飞行更为容易。向西飞行时延长生理周期（一天）要比向东飞行时缩短这一生理周期容易得多。

通勤

另外一个必须要考虑的因素是由工作任务所决定的上下班来往通勤。很多飞行员出于个人原因、经济原因或其他原因会选择居住在住所以外的地方。飞行员住所与基地重新调整情况发生以后也容易导致通勤问题。飞行员决定住在基地以外时，需要确保自己在上班时能够保持足够的精力和清醒度，这会给他们带来额外的责任。现在人们普遍意识到日常的上下班通勤也应当被考虑到工作时间以内，同时应当像重视疲劳一样重视通勤问题。

对很多人而言，通勤会带来一些特殊问题。举个极端的例子，一个飞行员住在迈阿密，需要执行由关岛始发的飞行计划。从迈阿密去往关岛需要两天的旅程，中间需要飞跃底特律和东京，而返程则需要飞跃火奴鲁鲁、洛杉矶和明尼阿波利斯。由于要穿越国际日期变更线，飞行员到家的时间与离开关岛的时间是同一天，尽管感觉上并非如此，这一过程实际总的飞行时间大约需要两天左右。更常见的飞行员往来两地的情况是，飞行员要从明尼阿波利斯起飞而住所在阿尔伯克基，从芝加哥起飞而住所在缅因州北部或新奥尔良。对这些飞行员，通勤飞行已成为他们正常飞行计划的一部分。需要指出的是，机组人员同样面临通勤问题。例如，一个航空公司拥有为数众多的居住在香港的乘务人员，但要执行从火奴鲁鲁或其他美国大陆城市起飞的航班任务。

美国航空运输协会（ATA）指出，美国最大航空公司的飞行员中有将近一半的人每天平均飞行航程达到 922 英里左右，他们在实际中都存在通勤问题。这产生了不同的生活方式和独特的文化。一些人指出这是非常危险的，而另外一些人则反对这种说法，他们指出在航空运输运营的历史上，从未发生过由于机组通勤问题引起的事故，或许这在很大程度上是由于大多数机组都是尽职尽责的。

通勤安排有无数种情况。FAA 主张不能通过立法规定人们在业余时间的活动，更不用说规定人们在自己居所的活动了。因为劳资双方对这一问题存在分歧，航空公司不愿意去干涉员工的旅行特权，而这种合法的补贴正是很多员工（不只是飞行员）认为航空业吸引人的一个重要因素。

运行对策

飞行过程中飞行员可以运用的运行对策包括体力活动、策略性利用咖啡因以及与其他机组人员和乘务人员的恰当交流。尽管这些对策很重要，但不幸的是，对每个人而言并没有一项专门的对策每次都能够奏效。个体以及环境都存在很多差异。在某种情况下非常有帮助的对策在其他情况下或许只能起到很小的作用。

很多国外航空公司普遍支持的一个有效对策是在飞行中有计划地安排飞行员小睡。瑞士航空公司、新西兰航空公司、汉莎航空公司和其他一些国际远程航空公司都已实行了预先计划好的驾驶舱小睡制度（《航空周刊与太空技术》，1996 年）。另外一些支持驾驶舱小睡制度的公司有英国航空公司和荷兰皇家航空公司。关于睡眠的研究支持了飞行中按计划小睡制度的必要性，该制度已经在规章弹性大于美国的上述其他国家公司中得到了发展。在美国，由于 NASA 艾姆斯研究中心的疲劳对策研究计划的推动，飞行中按计划小睡制度已经引起了 FAA 的高度重视，该计划将在后续进行讨论。但正如本章所述，目前上述制度还未得到美国官方的认可，希望不久的将来能够获得批准。

按计划途中小睡

很长时间以来，途中小睡都是一大难题，同时也是一个存在争议的话题。上述处理实际运行疲劳的方法（主要是由于打破正常睡眠周期引起的）从麦道 DC-3 机型年代开始飞行员就已经在私下或多或少地运用了。通过预先有计划地安排飞行员在途中小睡，能够消除偶尔出现的计划不规范问题，一位加拿大的副驾驶在非正式场合提到了上述问题，他在向一位作者解释时提到：

● 去年冬天他一直在执行一条正常航线的飞行任务，当时正在休假，某天晚上 8 点他接到了机组部门的一个电话。电话中他被告知预定航班的旅客人数远远超出了公司的预留座位量，问他当天午夜是否可以回到机场执行一趟飞往伦敦的航班任务。就在航班准备要执行的最后一刻，售票部门发现不能满足飞行运行的需求。

● 此时，他正在度假，整个假期事先都已安排妥当而且过得非常平静，此刻他正准备按时就寝。机组部门称刚刚从运控部门接到此次紧急航班的通知，他们对这样的安排也无可奈何。副驾驶同意执行此次航班任务，但没有足够的时间在飞行之前小睡，他晚上 10 点离开家以便在 11 点之前到达机场，同时便于签派部门做出夜间起飞计划。

● 当他到达机场，第一次碰到此次航班的机长时发现，机长休假还未到期，而且在家里也经历了类似的过程。此时北大西洋和伦敦正是典型的冬季气候，情况非常糟糕。

● 机长说他准备飞抵伦敦的希思罗机场，在着陆之前他将有一个小时的小睡时间。同时机长还告诉副驾驶，可以在巡航阶段飞行稳定之后小睡一会儿，这将有助于完成此次任务。

● 此次航班就这样执行了下来，两个飞行员按照各自事先安排好的时间在途中小睡，安全抵达了希思罗机场，总之，此次航行是一次非常成功并且安全的运行。

为了理解上述非常现实的运行问题，可以把自己想象成当次航班的公司管理方、监管人员或者乘客。在这种情况下，此次航班任务由上述安全抵达希思罗机场的机组执行最为舒适呢，还是由严格遵守规章中途不做任何休息的机组，或者在途中安排两次小睡的机组执行最为舒适呢？

经济因素迫使航空公司一天 24 小时运转。可以理解，很多乘客喜欢航班时刻表，因为他们根据时刻表在结束一天的正常工作之后可以继续飞行到其他城市，或者乘坐远程航班抵达很远以外的目的地并及时赶上生产工作日。在飞机上睡眠或休息正是旅客所希望的。航班时刻表为旅客提供了理想的依据，但有可能会打破飞行机组或客舱机组正常的睡眠规律。另外，飞机的地面维护也非常昂贵，航空公司总是想让飞机在航线上飞行。不可避免的后果是航班不总是在飞行机组或客舱机组处于最佳工作状态时执行。

由于上述所有因素，有时公司和个人都必须对熟知的疲劳问题进行相应的补偿。但可以选择的方法非常有限。飞行员适应某些困难条件的能力和积极性使得航空运输业能够持续保持真正优秀的安全记录。

备份飞行员与远程飞行员

疲劳对于远程飞行员及备份飞行员或机动飞行员而言是一个尤为严重的问题。备份飞行员要做到每次接到突然通知的时候都能保证执行航班任务。这种突然通知的次数因不同的航空公司而异，一般是备份飞行员合同中的约定条款。备份飞行员被突然通知执行任务的原因有很多，包括正常排班机组成员突然生病、上行航线航班取消、航班变更、设备替换以及其他一些特殊原因。备份飞行员很难做到也不可能做到为所有可能的航班做好准备。

很显然，运营人和飞行员都有责任使运行疲劳降到最低。引起疲劳加剧的主要原因有：排班表计划不周，未从疲劳角度加以考虑；不可预期的运行延误；执行任务的飞行员未得到适当的休息等。尽管短程航班可能也需要较长的工作时间，提前进行通知，夜间航行，或者有些情况下会发生不利的时区变化（Foushee et al.，1986），但远程航班需要频繁地长时间地越子午线飞行，由此会带来进一步的生理节奏失调问题。关于疲劳因素对运行的重要意义目前还没有明确的阐释，但是，相对于短途运营而言，远程运营中一向过高的事故率说明了疲劳对运行的影响（Graeber，1988；Caesar，1987）。

海诺·恺撒还指出，远程飞行员要面临很多额外的不利因素，这些不利因素包括操纵大型、重型多发飞机（尤其是在中断起飞和紧急着陆时）以及诸如气候变化，飞行时差反应，由厌烦、夜间飞行和缺乏睡眠导致的清醒水平障碍等长途飞行所带来的额外压力。其他不利因素包括严重的燃料问题、设施落后的偏远机场、陌生的天气状况、不经常运行的飞行路线、语言和交流问题以及由于高度自动化和实践机会降到最低而导致的手工操纵飞机熟练程度下降。

航空运输业是一个全球化的行业，需要 24 小时全天候运行才能满足运营的需要。倒班、夜班、非正常或不可预计的排班以及时区变化只是该行业的一部分。多年来，尽管技术进步和行业发展已能满足航空运输业 24 小时运营的要求，但人对睡眠的生理需求不曾改变。

NASA 艾姆斯研究中心疲劳对策研究计划

1980 年，美国国会要求 NASA 研究是否存在"由越子午线飞行引起的或者由飞行运行中与很多因素有关的疲劳所带来的潜在问题引起的、程度不同的安全问题"。该问题由 NASA 艾姆斯研究中心负责，并于 1980 年 8 月 26—28 日在旧金山举行了 NASA/DOT 飞行员疲劳与生理节奏失调研讨会。与会人员在会议最后得出结论："存在不同程度的安全问题，这些问题是由越子午线飞行引起，也可能是由飞行运行中与很多因素有关的疲劳所带来的潜在问题引起"。

在此次研讨会之后又进行了名为疲劳/飞行时差反应计划的 NASA 艾姆斯研究中心扩展研究，该项研究在 1991 年又发展成为疲劳对策研究计划。上述研究的目的都是一样的，即：

- 确定飞行运行过程中疲劳、睡眠不足以及生物钟紊乱的程度；
- 确定上述因素对机组工作绩效的影响程度；
- 提出对策并对所提对策做出评估，以减轻上述因素的不利影响，并尽可能提高机组的工作绩效和警惕性。

已经持续 16 年之久的 NASA 计划是为数不多的认真考虑航空运输中疲劳问题的研究项目之一。该计划通过将实验室对照研究与全能高保真模拟仿真研究相结合的方法，研究了驾驶舱疲劳问题，更重要的是，该计划还采用实际案例的方法研究了国内和国际航班运行中的疲劳问题。从科学研究及实际运行角度来看，所采用的每种研究方法各有长短。例如，航线运行过程中的现场研究与其他类型的研究相比，能够更准确地反应实际情况。然而，现场研究有内在的困难，因为不能影响到正常的运行程序，更重要的是，不能影响到飞行安全。另外，现场研究不可能涵盖所有可能起作用的因素，而实验室研究可以提供受控环境，并可以针对特定情况的结果做出准确评价。然而，这些研究成果通常很难推广到实际运行中。

全能高保真飞行模拟研究具有很多优势，因为它可以利用航程中的不同场景并且可以对更大范围的飞行参数进行测试。然而，这些模拟系统非常昂贵，而且仍然必须面对运行实际中的问题。NASA 计划的一个重要优势是它集合了上述三种研究方法，以利用各自的长处。

NASA 计划考虑了从短程航空运输运行（航线飞行时间小于 8 小时）

到远程国际航线（航线飞行时间大于 8 小时）情况下的疲劳问题。现场短程运行研究涉及两家航空公司的 74 位飞行员，调查了这些飞行员在 3~4 天的固定航班运行之前、运行当中以及运行之后的情况。该项计划研究了典型短程运行过程中睡眠不足、生物钟紊乱、飞行员表现以及疲劳的程度。远程研究着眼于职责要求、飞行员表现、当地时间以及生物钟系统影响睡眠时间、数量和质量的方式。该项研究共选用了 29 位 B747 机型的飞行员，占到了国际航线飞行员人数的四分之一（Rosekind et al.，1994）。

弗西等人早期的研究考察了 20 位双喷气发动机运输机机组志愿者在全能模拟仿真中的人为表现，模拟仿真包括了实际航线运行的大多数方面。机组志愿人员依照航线飞行顺序进行模拟飞行。该项研究的摘要提到：

> ……并不奇怪，后职责机组比前职责机组显然更容易疲劳。然而，对机组表现的评估中结果却有些不合常理。大体上，后职责机组的表现明显要好于前职责机组……
>
> 进一步的分析表明，造成这种结果模式的主要原因是机组成员通常在航行过程末端具有更多的运行经验，这些经验使机组成员更容易合作，是减轻工作循环末端疲劳行之有效的对策……
>
> （Foushee et al.，1986）

NASA-Ames 疲劳对策研究计划的结果之一是促进了 NASA/FAA 教育模块"飞行运行中的警戒管理"的发展。开发该模块的初衷是为运行团队带来有价值的有益结果。其目的包括 3 个方面：①说明当前作为疲劳基础的生理机制的知识状态；②澄清误解；③给出疲劳对策的建议。该模块的研究成果汇集为一小时的生动报告，报告同时还提供了互动与讨论的机会，对与会者关注的基本原理进行探讨。NASA/FAA 的技术备忘录对这一报告进行了补充，并提供了报告的所有幻灯片讲义（NTSB 和 NASA 艾姆斯研究中心，1995 年）。

本章大多数资料都来源于 NASA 疲劳/飞行时差反应计划以及后续的 NASA 疲劳对策研究计划。该项国际研究计划得到了美国联邦航空局、美国国家运输安全委员会、航空公司、飞行员协会以及军方的支持与配合。该计划的研究过程还得到了包括英国、德国、日本及其他国家的航空运行机构在内的国际间的协作配合。

认识疲劳与疲倦

理论上，政府规章应当创造条件以控制不合理的运行疲劳。然而，目前这些规章还远远不能满足要求。很多飞行员的工作状况更多的是受到他们所签合同的影响（工作协议和协定书），这些合同一般都是受到公司规章制约的集体合同。然而，仍然存在为数众多的通勤人员，同时还有很多航空公司在这方面很难达成一致。对这些运营商而言，它们的限制条件是那些不适当的联邦条例的规定条款。

最近，美国及其他一些国家正在修改政府规章中有关飞行机组工作状况的条款。在 NASA 计划的带动下，人们对"工作时间"、"飞行时间"以及"休息时间"的关注越来越多。在这些方面，航空公司组织及飞行员协会不会达成一致意见，这并不足为奇。附录 I 给出了美国一家主要航空公司（联合航空公司）的飞行运行手册中处理这一有争议难题的方法。运行灵活性、工作条件的质量以及最终的赢利都与之直接相关。如果规章能够解决集体合同的问题，那么该规章的细节将会引起双方的真正注意。一方或另一方，抑或是双方，将会从中受益。可以肯定的一点是，这将是一个非常复杂的问题，并且实施起来将有很大难度。解决好这一问题将会给双方都带来最大的利益。

1986 年由弗西、劳伯、贝特格和埃克姆等人撰写的 NASA 技术备忘录第 88322 号（飞行运行中的机组因素 Ⅲ：对短程航空运输运营的意义）对人们提高疲劳问题的认识非常有帮助。如前面提到的，该项研究表明："并不奇怪，后职责机组比前职责机组显然更容易疲劳。然而，对机组表现的评估中结果却有些不合常理。大体上，后职责机组（在同样的全能模拟飞行中）的表现明显要好于前职责机组。"

对于该研究中所考察的疲劳水平，其他因素好像比疲劳本身更为重要。"进一步的分析表明，造成这种结果模式的主要原因是，机组成员通常在航行过程末端具有更多的运行经验，这些经验使机组成员更容易合作，是减轻工作循环末端疲劳行之有效的对策①"。

总之一句话，疲劳和疲倦问题是航空运输运营中必然存在的一部分。它们是非常复杂的问题，也是职业飞行员应当理解的问题。疲劳和疲倦当然不仅仅局限于远程的越子午线飞行过程中。我们向需要更多了解这一现实问题的人强烈推荐以下资料：NASA 艾姆斯研究中心疲劳对策研究计划的报告，NASA-Ames/FAA 教育培训计划报告，以及维纳和纳格尔合著的《航空中的人为因素》中葛伯关于机组疲劳和生理节奏的章节。

压力

通常，有人说无论何时人们在矛盾压力下被迫行动时就会产生压力。压力是一个复杂现象，可以是急性的（由某种情形引起），也可以是慢性的（不是暂时特性，由持续的情形或生命事件引起）。生命或某些情况下人的特定状态会阻碍特定事件的发展并给人们带来工作压力，从而导致精神压力这一内在状态的产生。

像疲劳一样，压力也是航空运输运行的一部分，很难决定这一现象如何在航空运输运行中得到直接运用。两位最具眼光的航空心理学家罗伯特·赫尔姆赖克②和 H·克雷·福西③指出，"问题'包含疲劳、紧急情况和个人经验的压力如何影响团队交流和运作方式？'是关于机组团体程序的重要问题，也是我们理论上感兴趣但却知之甚少的问题之一"。

我们主要关注的是压力对人为绩效的影响，需要指出，并非所有的压力

---

① 该观点得到 NTSB 安全研究（机组相关的美国航空公司重大事故综述，1978—1990 年，NTSB/SS-94/01）的支持。研究报告指出："对于与航空公司机组值勤表相关的实践，安全委员会的观点表明，初次执行航班任务的机组发生事故的比例要远远高于预期。"

② 罗伯特·赫尔姆赖克是得克萨斯大学的心理学教授，同时也是 NASA/得克萨斯大学/FAA 联合项目航空机组绩效研究计划负责人。赫尔姆赖克教授曾担任 FAA 研究小组主席，该小组主要目标是制定《航空人为因素国家计划》，他同时还为 NASA 和 FAA 做了大量航空方面的研究工作，是世界公认的著名航空心理学家和航空人为因素方面的专家。赫尔姆赖克教授还是最活跃、最富创新精神的研究学者之一，曾经获得多项殊荣，是美国心理学联合会和美国心理学会会员。

③ H·克莱顿·弗西是 NASA 艾姆斯研究中心机组研究与空间人为因素分部的前首席科学家，同时也是 FAA 的前首席科学家和技术顾问。弗西博士领导了 NASA/FAA 的联合项目（同时得到美国国防部的帮助），该项目的主要目的是实施美国航空人为因素国家计划，同时也表明了政府在航空人为因素研究方面的努力。离开 FAA 后，弗西博士又到美国西北航空公司担任要职，最近刚刚担任法规事务部副主席。

都是坏事。我们每个人都见过这样的例子，少量或适度的压力和激励会带来高水平的良好的人为绩效。事实上，在缺乏压力的情况下很少有人为绩效表现出色的案例。

过大的压力与恐惧、焦虑、出汗和疲劳等不愉快的心理和心理症状有关。较低的压力会导致自我感觉良好或感觉对情况了如指掌。应当指出，感知到的压力水平会因人而异，也会因时间而异。例如，一项在非常紧迫的情况下完成的任务，如果在其他时间完成，压力就会小很多。

激励，尽管不能与压力互换，有时也被用作衡量特定状况下压力水平的指标。图 14.1 说明了激励与工作绩效之间的关系。

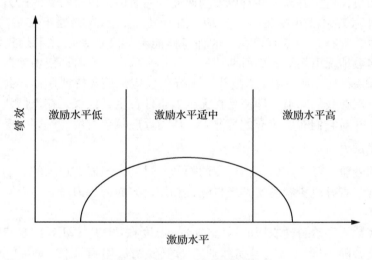

图 14.1 激励水平与绩效的关系

资料来源：引自《飞行员人为因素》，第 67 页，格林，1991 年，Ashgate 出版公司授权引用。

图 14.1 中表明，在低激励水平时，比如在远程夜航过程中的巡航阶段，压力水平也较低，飞行员对某些任务的表现可能欠佳。这至少跟远程航行中自动化系统的大量应用有关。正如我们所预期，激励会在降落、进近和着陆过程中增强，工作绩效的水平也随之提高。然而，很多飞行员工作绩效的改善会受到生理节奏紊乱、疲劳或疲倦的负面影响。幸运的是，即使包括着陆

在内的上述飞行阶段都可以由自动化系统进行控制。在这种情况下，有时激励带来的进步非常有限。这一因素在第十一章——自动化中已经讨论过。图14.1还表明，如果激励（压力水平）过高，工作绩效将会降低。工作绩效降低的原因之一是，人们习惯上会倾向于把注意力集中或者局限到自己认为最重要的需求上，而忽视了其他方面的重要信息。

在低激励水平下，神经系统并未完全发挥作用，对感官信息的处理过程比较缓慢。中等水平的激励则会使人们对外部活动及完成任务的过程产生兴趣，工作绩效水平随之提高。不幸的是，在较高的激励水平下，交感神经系统（人们无法对其进行控制）会产生额外的肾上腺素，使身体的心率和呼吸频率加快，血压升高，并有更多的血液流向肌肉，以应对新的压力。这种反应有时称为"战斗或飞行"反应。在历史上，当人类处于狩猎阶段时，这种反应非常有效。然而现在，这种身体能量的突然释放并不是我们想要的，大多数情况下会给我们所期待的行为带来危害。有时即使引起这种紧张经历的源头已经不复存在，"战斗或飞行"反应仍然会持续存在并会持续产生不适。现在我们知道，即使是在无真实事件发生、仅仅是在人们认识到命令和威胁并对它们有所响应的情况下，压力反应就会发生。

环境压力

在驾驶舱，环境压力包括过度的噪音、过高的温度、过大的振动以及过低的湿度。直升机更容易受到来自噪音和振动方面的压力。

温度

大多数人穿着普通衣服时适宜的环境温度在 70 ℉ （21℃） 左右，当然这一温度会随不同的民族习惯和通常的气候情况略有变化。60 ℉ ~ 90 ℉ （即15℃ ~32℃） 是最适宜的温度范围，如果超出了这一范围，往往容易带来不适并且会降低抵御其他压力的能力。日常飞行运行中偶尔会遇到上述情况。

噪音

噪音可用于帮助保持厌烦和疲劳阶段的激励水平，也可用于掩饰其他让人分心的声音。然而，过度的噪音除了让人感觉不适以外，还会干扰任务执行过程，使人烦躁易怒，导致心血管和其他生理反应。一些用于驾驶舱警报的声音也会产生上述有害反应。最近的研究正致力于寻求能够引起人们注意却不产生惊恐反应的警报声音。格林等人指出，过度的噪音会产生与过高温度类似的影响，使识知范围变得狭窄，使注意力过于集中并受到限制（Green et al. , 1991）。

振动

在振动环境下工作，不论时间长短都会影响视力和精神运动的表现。根据振动的频率和振幅的不同，会引起胸部及腹部疼痛，影响呼吸，并引起背部疼痛、头痛、眼睛疲劳、嗓子疼痛，导致语言障碍和肌肉紧绷。最初，设计人员力图通过减轻或消除一切振动，为飞行员提供一个没有振动的工作环境。在尝试失败以后，设计人员又试图将飞行员和振动源隔离，并通过精心设计的座椅来尽可能减轻振动。大多数直升机飞行员相信设计人员还有很长的路要走。湍流也是一种形式的振动。

湿度低

由于在喷气机的巡航高度上空气温度很低，很容易就会降到 - 60 ℉（ -51.6℃），并且没有水蒸气，因此飞机内的相对湿度会降到5%左右，而最适宜的湿度以一般在40% ~ 60%左右。我们已经讨论过湿度过低对人体带来的影响，比如会使眼睛、鼻子和喉咙的黏膜变得干燥。

湿度过低的问题在远程飞行中更为重要，一些研究人员指出了诸如保水能力以及尿液产生过少等其他方面的影响。由于受到这些潜在因素的影响，格林等人（1991 年）建议到，飞行过程中最好适量饮用饮品，满足身体舒适要求即可（避免过量的咖啡因），并"利用润肤剂或通过喷水来处理皮肤和嘴唇干燥问题"。航空医学会旅客健康分委员会给出了更传统、更符合常规的建议："对提高空中航行过程中液体摄入量的各种建议，都是将湿度的副作用控制在适度范围内所必需的。"很多乘客和机组人员发现，仅仅通过提高饮用水的摄入量就能起到很好的帮助作用。应当记住，驾驶舱和客舱机组面临的水分缺乏问题要比乘客严重得多，因为他们长期处于低湿度的环境中。

职业压力与家庭压力

职业及家庭压力情况相当普遍。前者与工作有关，后者则与日常生活有关。两者都是长期的现象，很难对其进行量化。如果控制不好，职业及家庭压力反过来都可能会影响在职行为。特定压力情形的细节以及个体对压力的反应都存在着巨大差异。例如，有些飞行员主张只有当他们离开家投入到工作中以后，才能真正从现实的家庭问题中脱离出来（与资深飞行员亦是飞行管理人员的 W. P. 莫男的私人谈话）。我们知道任何领域的工作压力都是一种潜在的精神压力。应当以个体为基础对压力问题进行考虑，因为个体对压力的反应各不相同。几乎所有压力的影响都依赖于个体所面对的压力性质、程度以及个体的反应和应对技巧。

工作（职业压力）

工作要求所带来的压力对每个人都存在显著差异。职业压力通常与时间有关，依赖于机组地位、住所、保留或预定状态、直接监管、个人竞争力、航空公司的经济稳定性，在某些少见的情况下也会依赖于工作本身。飞行员对工作要求的反应差别很大。例如，他们中的很多人由于害怕失败的后果而非常紧张，另外一些人则认为这些情形只不过是暂时性的考验。一位广受尊重的安全飞行达 35 年之久的退役飞行员承认："我按时去训练中心（例行检查和训练）已有 35 年了，次数至少也有 90 次，但我厌恶在训练中心的每一分钟。"因为这是令他压力的时刻。

家庭压力与家庭关系

事实上，任何个人家庭状况的变化，如离婚、分居甚至结婚等，都可能是压力的来源。飞行员和管理人员都应该了解这一潜在问题，并了解其对运行中飞行员行为和表现的影响。诸如配偶或子女去世、离婚以及同伴离职或复职等事件，都会导致压力水平的提高，而这在很大程度上依赖于适当的状况和成功的个人应对策略。

一段时间以来，人们做了大量努力来寻找那些能够促成事故的环境因素。诚然，这些因素天生就是转瞬即逝的，本文很难进行识别。一位经验丰富的航空心理学家罗伯特·A·艾克瓦指出，"飞行员失误更应当被视为促成因素的结果而非事故的起因"（Alkov，1977）。

在一项颇有意思的研究中，两位精神病学家托马斯·H·霍姆斯和理查德·雷发现，很多疾病是由于患者生活上的变故所致。上面选择的案例只局限于霍姆斯博士和雷博士的患者，可能会带来至少是部分偏颇的样本。上述研究的结果可能会也可能不会受到所选样本的影响。

研究中选取的生活上的变化有的是让人高兴的，也有的是令人难过的，最为重要的是情况发生了变化。这些人生大事几乎每个人在生命中的特定阶段都会经历到，主要包括：

- 配偶或其他家庭成员的去世

- 工作的改变
- 离婚
- 移居或迁往他处居住
- 子女出生
- 经济事件，如抵押开始或终止
- 升职或降职
- 休假
- 退休
- 怀孕（自己、女性亲属或同伴）
- 子女离家或返家生活

从两年的周期来看，生活中的事件非常重要，在生活危机出现大约一年以后，健康状况将会发生改变。研究发现一个有趣的现象，生活变化的影响是可以累积的。例如，任意选取一个标准，将丧偶作为最高的标准刻度值100点，总的累积点数越高，就越容易诱发严重疾病。

与航空业有关的重大生活变化大体上包括住所变化、家庭分离、工作状况变化、休假、公司合并、睡眠与饮食习惯、社会活动以及个人习惯。这些变化总的影响会使飞行员的能力面临更大的挑战，即使是对于他/她早已适应了的特定压力。如果个人生活危机带来的额外压力加到飞行员的工作压力中的话，将会产生非常严重的精神负担。当压力成为个人无法承受的心理负担时，压力就会为工作绩效带来重要影响。

为了将这些很有意义的发现应用于航空运行的环境，艾克瓦研究了1979—1982年间发生在美国海军中的737起A级飞行（或飞行相关）事故。该研究发现一个非常有趣的现象，不同个体对压力的处理方式存在很大不同，同时还发现"由于飞行员失误引发的航空器事故可以看做压力缺乏行为的表现"（Alkov，1984）。能够认识到个体之间存在差异以及个体所采取的有效预防措施的差异，这是非常重要的。当然，还有其他一些可能的原因会导致所谓的"飞行员失误"。

严重事故、疾病或失去亲人

特殊类型的压力包括个人或家庭成员遇到车祸、飞机失事或其他家庭灾难，这些都可以成为精神压力的源头。从中恢复需要很长一段时间，也有人需要的时间相对较短。如果亲友罹患严重疾病，也会出现同样的情况。不同个体对这些天灾所带来的不幸的反应各不相同。

当家庭成员由于遭遇事故或者罹患长期的难以忍受的（或者相反持续时间很短的）疾病而导致死亡时，通常会出现与失去亲人相关的压力。当家庭成员的身体状况出现严重的不利变化时，也会产生类似的压力。一个经典案例是某位军方飞行员在 6 周内发生了两次机腹着陆事故，在此之前他曾将妻子送往医院待产，然而遗憾的是婴儿胎死腹中（Green et al., 1991）。

关于疲劳和压力的结论

疲劳和压力均为航空运输中的难题，这是由二者的性质决定的，同时也因为二者已经成为正常航空运输运营中的内在部分。如果飞行员永远不会感到疲惫，从不在疲劳的状态下执行飞行任务，总是居住在自己的住所，或者预备役飞行员从未突然接到通知执行夜间飞行任务，情况该有多么理想。如果飞行员及其家人从不生病，从没有家庭问题，从不发生事故或者出现失去亲人的情况，情况也将非常理想。然而不幸的是，现实世界并非如此。职业飞行员必须适应有时很困难但却不得不去面对的职责要求。

疲劳并不单单是飞行员需要面对的问题，同样也会影响其他空中或地面工作人员。需要明确的是，运行管理者必须要记住过度疲劳的驾驶舱机组决不会危及航班安全。运行管理还必须包括其他机组人员。确定机组在什么程度下会变得过度疲劳并非一项简单的任务。对于管理人员而言，显然存在合理的商业压力来完成运营同时使飞行和工作时间最大化。NASA的疲劳对策研究计划的初衷是要在这一难于应对的领域为飞行员和管理人员提供指导。

压力是一个同样难处理的概念，因为它的变化太多。有些水平的压力是日常生活中不可避免的，甚至是必需的，因为一定程度的压力是日常飞行运行的一部分，还因为个体的差异（尤其是对家庭或个人压力）使得任何有意义的测量在实际操作上都是不可能的，但这决不意味着压力的概念可以忽略。过度的压力会导致工作绩效的显著降低。家庭或个人压力是最难处理的一个方面，大多数情况下，需要飞行员和一线管理人员之间的心领神会和相互理解。

尽管下面第十五章——适于飞行的内容很好地涵盖了疲劳和压力，但我们相信疲劳和压力是一个非常重要的主题，应当对其单独进行讨论。显然，如果飞行员受到过度疲劳以及慢性或急性压力的困扰，以致工作绩效显著降低的时候，那么他将不再适于飞行，除非这种状况得到纠正。

参考文献

［1］ Aircraft Accident Report （1993）. *Uncontrolled Collision With Terrain*, *American International Airways Flight 808*, NTSB/AAR-94/04, National Transportation Safety Board, Washington, D. C.

［2］ Alkov, Robert A. （1977）. 'Life Changes and Pilot Error Accidents', presented at Air Line Pilots Association Human Factors Symposium, Air Line Pilots Association, Herndon, Virginia.

［3］ Alkov Robert A. （1984）. 'Aviator Stress Overload', *Approach*, May 1984, Naval Safety Center, Norfolk, Virginia.

［4］ Bartley, S. Howard, and Chute, Eloise （1947）. *Fatigue and Impairment in Man*, McGraw-Hill Book Company, Inc. , New York.

［5］ Beaty, David （1969）. *The Human Factor in Aircraft Accidents*, Martin Secker & Warburg Limited, London.

［6］ Caesar, Heino （1987）. 'Safety Statistics and Their Operational Consequences', Flight Safety Foundation's 40th International Air Safety Seminar in Tokyo, Flight Safety Foundation, Arlington, Virginia.

［7］ Clark, Ron E. Nielsen, Ronald A. , and Wood, Rawson L （1991）. 'The Interactive Effects of Cockpit Resource Management, Domestic Stress and Information Processing in Commercial Aviation', *Proceedings of the Sixth International Symposium on Aviation Psychology*, The Ohio State University, Columbus, Ohio.

［8］ Duke, Tom （1997）. 'Battling Fatigue：The Challenge is to Manage It', *Air* Line Pilot, Air Line Pilots Association, Herndon, Virginia.

［9］ Foushee, H. Clayton, Lauber, John K. , Baetge, Michael M. , and Acomb, Dorothy B. （1986）. *Crew Factors in Flight Operations：III. The Operational Significance of Exposure to Short-Haul Air Transport Operations*, NASA Technical Memorandum 88322, Ames Research Center, Moffett Field, California.

［10］ Gabriel, Richard F. （1975）. 'A Review of Some Universal Psychological Characteristics Related to Human Error', presented to International Air Transport Association 20th Annual Technical Meeting, Istanbul, Turkey, Douglas Paper 6401, Douglas Aircraft Co. （now Boeing）, Long Beach, California.

［11］ Gander, Philippa H. , Graeber, R. Curtis, Foushee, H. Clayton, Lauber, John K. , and Connell, Linda J. （1994）. *Crew Factors in Flight Operations II: Psychophysiological Responses to Short-Haul Air Transport Operations*, NASA Technical Memorandum 108856, Ames Research Center, Moffett Field. California.

［12］ Gander, P. H. , Nguyen, D. , Rosekind, M. R. , and Connell, L. J （1993）. 'Age, Circadian Rhythms, and Sleep Loss in Flight Crews', *Aviation*, *Space*, *and Environmental Medicine*, *Aerospace Medical* Association, Alexandria, Virginia.

［13］ Graeber, R. Curtis （1988）. 'Aircrew Fatigue and Circadian Rhythmicity, in *Human Factors in Aviation*', ed. by Wiener, Earl L. and Nagel, David C. , Academic Press, Inc. , San Diego, California.

［14］ Green, Roger G. , Muir, Helen, James, Melanie, Gradwell, David, and Green, Roger L. , （1991）. *Human Factors for Pilots*, Avebury Technical Academic Publishing Group, Aldershot, England.

［15］ Hawkins, Frank H. （1993）. *Human Factors in Flight*, Second Edition, ed. by Orlady, Harry W. , Ashgate Publishing Co. , Ltd. , Aldershot, England.

［16］ Rosekind, Mark R. , Gander, Philippa, H. , Dinges, David F. , （1991）. *Alertness Management in Flight Operations: Strategic Napping*, SAE Technical Paper Series 912138, Society of Automotive Engineers, Warrendale, Pennsylvania.

［17］ Rosekind, Mark R. , Gander, Philippa H. , Miller, Donna L. , Gregory, Kevin B. , Smith, Roy M. , Weldon, Keri J. , Co, Elizabeth L. , McNally, Karen L. , and Lebacqz, J. Victor, （1994, June）. 'Fatigue in Operational Settings: Examples from the Aviation Environment', *Human Factors* 36 （2）, Santa Monica, California.

［18］ Rosekind, Mark R. , Gander, Philippa H. , Connell, Linda J. , and Co, Elizabeth L. （1994, December）. *Crew Factors in Flight Operations X: Alertness Management in Flight Operations*, NASA Technical Memorandum in press. DOT/FAA/RD-93-18, Ames Research Center, Moffett Field, California.

［19］ Rosekind, Mark. R, Wegmann, Hans M. （1995）. *Principles and Guidelines for Duty and Rest Scheduling in Commercial Aviation*, in press as a NASA Technical Publication, Ames Research Center, Moffett Field, California.

第十五章　适于飞行

概述

一直以来，人们对航空器驾驶员的期望都是休息充足、思维敏捷、保持良好的身体状况（由他们所持有的航空人员体检合格证和自身良好的判断力所证明）。在任何情况下，驾驶员和航空系统中的其他专业技术人员都不得涉及任何物品的滥用（执行飞行任务的人员要禁止饮酒和服用某些药物，无论这些药物是非处方药物还是医生处方药）。这些大都被认定是个人的责任，并成为所有通情达理的人们的共识。

今天，"适于飞行"一词有着更加深刻的含义。这是一个没有被人们充分理解、至少是没被有效认识的问题。适于飞行的责任不仅仅应落在个人的肩上，运营人和规章制订者在这个问题上也负有重要责任。

身体状况良好

驾驶员保持良好的身体状况是件相当轻松的事情，尤其是在家里休息或在飞行刚刚开始的阶段。由驾驶员个人保证自己休息充足、保持警觉并持有现行有效的航空人员体检合格证。对上述这些方面做了相应规定的系统似乎运转良好。事实上，也从未发生过归咎于飞行机组身体状况的事故。

对于职业驾驶员来说，保持能力、通过 FAA 所要求的体检事关重大。所有的驾驶员都被要求持有现行有效的驾驶员执照和体检合格证。体检的结果极其简单、却也很明确。如果不能通过体检，他/她就不能够继续合法飞行。航空公司的机长必须持有一级体检合格证，而且必须每 6 个月通过一次体检。作为体检的一部分，他们必须在 35 岁时做初次心电图（ECG，有时也写作 EKG），年满 40 岁之后，就必须每年做一次心电图。体检合格证的重要性成为大部分驾驶员进行适度或明显的节食、进行某种正式或非正式的锻炼、把体重保持在相当合理的范围内、认真地对待健康问题，从而被认为是刻意保持健康的人群的主要原因。附录P是FAA颁发三级体检合格证的医学标准。

饮食

以下很多关于饮食和锻炼的信息基于美国医疗协会的医学百科全书和加利福尼亚大学的健康百科全书（美国医疗协会，1989年，健康通知协会）中的信息。鼓励那些对节食和锻炼感兴趣的读者参阅这些或其他可靠的材料。

通常，人们一日三餐。这是为人们所普遍接受的事实，大部分人也都理所当然地认为事实就是这样。但是，我们吃什么、吃多少等细节也很重要。关心我们的饮食不仅仅是关心营养是否充足。我们都知道大部分人是吃得太多，尤其是摄入了过多的脂肪和超过人体需求的糖。除此之外，我们还关心其他一些问题。

平衡膳食

如今，我们被过多的节食建议所炮轰。幸运的是，平衡膳食的要求相当简单。牛奶、肉、水果、蔬菜、面包和谷类等基本的食物组合提供了良好饮食的基本组成部分。良好而平衡的饮食需要蛋白质、碳水化合物、脂肪、纤维、维生素、矿物质和水等全部物质。

保持健康的饮食需要坚持三个基本原则。第一，吃多种食物，获取各种食物中的不同营养成分。我们有无穷多种食物可以摄取。第二，应当由水果、蔬菜、谷类和豆类提供我们所需的大部分卡路里。水果、蔬菜、谷类和豆类属于高碳水化合物和纤维、低脂肪、零胆固醇的食物。我们所需的其余卡路里应当来自低脂奶制品、瘦肉、家禽和鱼。第三，保持摄入和消耗的卡路里之间的平衡。大部分权威专家都相信体重控制得当会最大限度地降低糖尿病、动脉硬化和高血压的发病率。锻炼确实有助于控制体重，但卡路里是关键因素。一定要注意卡路里！

胆固醇

胆固醇是蜡状、脂肪类的物质，它由人体肝脏合成，并由血液传送到全身所有的组织。尽管它是人体细胞的重要组成部分，但是如果脂肪太多了，就不是好事了。脂蛋白也是由人体肝脏合成的，它是人体胆固醇的一个重要部分。有压倒性的证据表明，血液中的高胆固醇会显著增加动脉硬化、冠心病或中风的危险，尤其是血液中低密度胆固醇（LDL，或低密度脂蛋白）含量较高时，危险性就更大。低密度胆固醇与高密度胆固醇（HDL，或高密度脂蛋白）两者正好相反。

看上去好像很奇怪，HDL是对人体有益的胆固醇。当胆固醇在血液中运送时，HDL不仅仅比LDL运送的胆固醇少，还将胆固醇运送回肝脏，这样，胆固醇在肝脏中得以重新处理或分泌。可以通过可溶纤维组织、单不饱和脂肪或多不饱和脂肪和高脂肪鱼类的消耗或通过有氧运动来降低血液中胆固醇的浓度。摄取含有高饱和脂肪的食物以及诸如蛋类、内脏等高胆固醇类物质、体重超标或吸烟都会增加血液中胆固醇的浓度（Health Letter Associ-ates，1991）。

蛋白质、碳水化合物和脂肪

蛋白质是细胞生长和修复所必需的物质。蛋白质的主要功能是提供健康生命所必需的氨基酸。我们从肉类和蔬菜中都可以获得蛋白质。对于素食者来说，重要的是蔬菜和全麦面包、米饭和其他谷类，他们从中获得健康平衡饮食所需要的全部氨基酸，而其他大部分人通过肉、鸡或鱼获得这些氨基酸。一般来说，动物蛋白质能够提供更多必需的氨基酸，因此他们比植物蛋白质更有营养。

碳水化合物来自于两类食物——糖和淀粉。他们是身体细胞内的新陈代谢化学反应过程所需要的物质。平时，至少一半的饮食应当是碳水化合物，尤其是没有经过精炼或处理的碳水化合物。未经精炼的碳水化合物比诸如糖和白面粉等精炼过的碳水化合物含有更多的人体所需纤维。

脂肪是细胞的结构组成部分，它为新陈代谢提供能量。但是，人体并不需要太多脂肪。脂肪应当不超过卡路里摄取总量的30%，但不幸的是，通常我们饮食中的脂肪含量过高。会导致心脏病的多余低密度胆固醇就是由于摄取了过多的饱和脂肪。我们摄取的大部分饱和脂肪都来自于肉类和奶制品。橄榄油和鳄梨所含有的不饱和脂肪或单不饱和脂肪以及鱼和蔬菜油中所含的聚不饱和脂肪对于人体来说更好一些。

纤维和水

纤维是植物中不能被消化的结构物质，也是人体非常需要的物质。低纤维膳食通常是高精炼胆固醇和高脂肪，通常会引起便秘、憩室病（通常在结肠的后段肠壁上形成小囊，小囊会引起感染）或者其他的不适症状。低纤维膳食还会促进产生例如肥胖和心脏病等不良结果。高纤维膳食（包括足够的水果、未经加工的蔬菜、谷物和豆类）提供人体需要的食量，而不会带来多余的卡路里，并将低纤维膳食可能带来的问题的发生率降到最低。

人体的 60% 是水，要保持身体健康，水是必需的。我们往往会低估人体所需要的水量。人体需要水来维持新陈代谢，从而保持正常的肠道功能和血液量。许多食物都富含水。因为长时间暴露在低湿度的环境中，飞行机组人员迫切需要饮用大量的水。每天饮用 8 杯水是一个相当合理的目标。

维生素和矿物质

人体必需的维生素和矿物质是存有争议的问题，在此问题上，仁者见仁，智者见智。尽管极微量的 13 种维生素和 22 种矿物质为人体健康所必需，但是，现实生活中的人们被铺天盖地的维生素和矿物质补充剂广告所包围。大多数医生和营养学家明确地宣称大部分正常饮食都能提供人体必需的维生素和矿物质。大量过多的维生素通过尿液排出体外。实际上，一名医生朋友认为美国人有着全世界营养最丰富的尿液。

尽管适度服用维生素补充剂不会带来危害，但是通常人们并不需要服用。摄入量不能明显超过推荐的日摄取量（Recommended Dietary Allowances，由国家研究理事会食品和营养委员会所公布的推荐的日摄取量，其早期简单的名称为美国 RDA）。后者是食品标签上的官方标准，也是美国的推荐标准。需要注意的是，过量服用维生素 A、D、E 和 K 会给身体带来危害。如果某人相信他/她应当补充维生素或矿物质，最好向知识丰富的医生或营养学家咨询。

尽管最近相当流行补钙，尤其是给绝经后的妇女，以防或降低骨质疏松，但是，人体所需要的适量各类矿物质——钙、锌、镁、磷和铁，大部分都可由正常的膳食提供。人体需要微量的氯化钠（食盐）来维持体液平衡，但正常膳食中已含有足够的氯化钠，不需要使用盐瓶。大部分美国人所摄取的盐分超过了身体所需，这是不合需要的，因为用盐过多会引起高血压。

飞行员在值勤期间进食时，要考虑到所有这些因素。不幸的是，他通常没有选择食物的可能性。诸如飞行中的食物中毒等一些需要特别注意的事项将在后面的飞行中失能一节中陈述。

锻炼

锻炼和饮食是职业飞行员生涯中要考虑的两个非常重要的问题。无论年纪大小，他们都是保持身体健康的关键因素。锻炼有令人想象不到的多种益处。它可以提高心血管的健康和肌肉的耐受力。另一个好处是增加体力。除此之外，锻炼还能够显著降低患冠心病的风险，并能帮助保持较低的血压，也对降低体重有所帮助。锻炼对人心理的好处是提高自尊，并使得人总体健康感觉良好。事实上，锻炼对任何年龄的人都有好处。与饮食一样，有大量的专题文章和书是关于锻炼的。

四种锻炼的方式

一般来说，有四种锻炼的方式。第一种也是最重要的一种是"有氧运动"——来自于希腊文，意思是"有氧气的"。有氧运动，例如散步、慢跑、游泳或骑车会迫使身体不断吸入更多的氧气，以满足机体增加的氧气需求。有氧运动有助于心血管和呼吸系统的健康。第二种重要的运动方式是"等长运动"，一组肌肉或不可移动物体（例如墙壁）向另一组肌肉施加压力，此类运动中肢体基本上没有任何移动。等长运动对于增加肌肉的力量非常有效，但是无助于锻炼心血管系统或提高耐受力。等长运动锻炼有时候也被称做"无氧的"，这个词也来自于希腊文，意思是"没有氧气的"。第三种运动方式是"等张运动"。等张运动中肌肉保持在或高或低的相同张力的情况下进行运动。身体抗拒外来的重量或自身的重量。等张运动增加肌肉的强度、尺寸和耐受力。举重或柔软体操等不使用或很少使用器械反复运动，这是典型的等张运动。第四种运动方式是"等动力运动"。等动力运动包括等长运动和等张运动。等动力运动把力量训练和某些有氧运动结合在一起进行，通常要求使用专门的器械。

锻炼强度

为了达到良好的锻炼效果，美国运动医学学院建议一周最少3天（最好是5天）、每天进行15～60分钟的有氧锻炼。此外，该学院也认为应当在训练心率的范围内锻炼，有时候也将此训练心率称作目标心率。确定训练心率的最简单的方法是用220（人的最快心率）减去你的年龄，然后分别乘上60%和80%。这两个值就是你目标心率的最低值和最高值。锻炼过程中，你的心率应当保持在这两个值之间。

尽管没有在锻炼总量或种类上达成完全一致，但是一般都认为有氧运动是最有益处的。规律地进行有氧运动有助于在正常水平上提高血压、降低患心脏病的风险、并有助于控制体重，甚至于提高 HDL，即"有益"胆固醇的含量。因为除了适于走路或慢跑的鞋之外，没有特别的要求或器械，因此消遣性地长距离行走、跑步或慢跑是飞行员理想的有氧运动方式。散步或慢跑不受地点的限制，同时也没有季节限制。研究人员发现散步是比较好的一种有氧运动方式，很容易进行。不要过多地强调适于运动的鞋子的重要性。

与比较流行的意见相反，定期有效的锻炼并不需要特别激烈，而且，年龄也不是障碍。从 20 世纪 80 年代开始，研究人员开始对适度的锻炼有兴趣，并且发现它与强劲的有氧运动的效果等同。明尼苏达大学的研究表明，日常进行园丁工作、散步、做家务或打保龄球的男性会比惯于久坐的男性拥有更加强壮的心脏、死于心脏病的危险会更低（Health Letter Associates，1991）。来自此研究的特别好消息（该项目研究了大约 13000 名中年男性罹患心脏病的风险）研究表明，大约 1 小时左右的锻炼是适当运动、对人体有益，更多时间并不会带来更加显著的好处。尽管这并不意味着更加强劲的运动没有更多的好处，但是，强烈建议有规律地少量运动而不是一点都不运动。

不飞行阶段

大部分飞行员在非飞行期间都过着很传统的生活。他们拥有家庭和孩子。与邻居一样，他们关心日常的家庭问题、家长与教师协会、足球联盟等。这些都会不可避免地与他们的飞行安排相冲突，调整仅仅是工作中一件简单的事情。

有时候相当普通的事情会带来很大困难。常见的一种情况就是新生儿或生病的孩子整夜哭闹使得家庭里其他人不可能睡好觉。有时候，驾驶员第二天有飞行任务。整夜未眠使得他们不能休息好，如果说这还不算什么问题，那么，如果生病的是驾驶员的配偶，就出问题了。大部分情况下，这意味着驾驶员既要为生病的配偶充当护士，同时还要为孩子充任看护。这些家庭责任不会取消他/她作为职业驾驶员的职责。这时，需要由管理层与他/她一起承担一项责任——在极端情况下不执行原定飞行任务。

另一种偶尔会发生的情况是执行飞行任务的驾驶员感觉到"身体有一点不舒服"，但仍然觉得可以飞。很难确定他/她仅是轻微的、临时的、短暂的不舒服还是更加严重的病症的前兆。如果是轻微的临时症状，该职业飞行员执行飞行任务可能没有问题。但如果驾驶员服用了非处方药物来减轻此轻微短暂的症状，问题就变得比较复杂了。很多非处方药物对于消除某些轻微短暂的症状很有效，但是，服用有些非处方药物对于飞行是违规的，这些非处方药物的问题是他们带来的副作用。对于地面上不操纵运动设备的人来说，这些副作用无关紧要，但是对于驾驶员来说就不行了。这种时候，驾驶员要向专业的航空医生咨询。

如果驾驶员正经受着严重病症，再试图飞行就会造成严重失能，很可能无法完成飞行任务。如果飞行员必须在某个地方被另一名飞行员替代，而此处没有替代飞行员时，事情就变得更加复杂了。

没有人（不论驾驶员还是乘务员）愿意在中途短停时生病。发生这种情况时，通常是由于各种不同的食物和/或食物与水的质量引起的胃肠不适。对于个人来说，最佳的选择是回家休息、等待康复。但是，由于身体原因不能飞行的飞行员和乘务员会面临一个两难局面，因为在某地没有可用的人员使得公司无法派出替代的人员，因而造成航班延误、甚至被取消。只有感觉良好时才飞行无疑是个正确的选择，但有时是很难的选择。

事实上，在这种情况下只能提出后面章节中谈到的一些一般性指导建议。很明显，除非他们觉得合适，否则驾驶员不能飞行。一般情况，身体不适时执行飞行任务是不安全的，此外，还会造成更加严重的身体问题，这不仅会是没有明确界线的灰色区域，还存在一些明显冲突的需求。这些需求可能来源于（突出的）基本安全问题、公司的需求、个人的生理需要，有时候是同事的压力，还有时候是针对个人的罚款。正如我们前面提到的，这是需要与驾驶员相信和信任的航空医师讨论问题的时机之一。

物品滥用

航空运输行业将以下三种物品作为不得滥用的物品——非法药品、酒精和烟草。他们的识别方法和治疗方法有着很大的不同。

非法药品

美国联邦航空局要求随机测试承担安全敏感职能的雇员是否吸食了大麻、可卡因、安眠药、幻觉剂（PCP）和安非它命。要求在指定的测试期内进行测试，包括专门的雇佣前测试和按照 67 部要求进行身体检查的个人定期测试，除非该雇员持有一年以上的反毒品项目批准书，否则该项目随机选择雇员进行临时测试。必须接受测试的人员包括直接承担或按照合同承担安全敏感职能的每一名人员，具体包括：

- 驾驶员
- 乘务员
- 飞行教员
- 航空器签派员
- 航空器维修人员
- 地面保安协调员
- 安检人员
- 空中交通管制人员

即使没有 FAR 的规定，航空界也不能容忍让自己受非法毒品影响的人员。这些毒品的滥用对于航空安全来说是相克的。即使是现在所谓的"软毒品"都会影响到人的表现、情绪和健康。幸运的是，非法毒品还未真正给航空运输界带来麻烦。但是，如果仅是存在某单一的药物依赖，也绝对需要专家帮助。在专家的帮助下，如果治疗成功，驾驶员和其他航空专业人员就可以继续飞行或执行常规任务。但是，此种治疗是一个缓慢的过程。

酒精

在全球大多数国家，酒精是一种为社会所接受的毒品。人们不顾忌酒精是一种有效而复杂的毒品而用它来让自己快乐和放松。在很多国家的文化中，酒精的社交用途确实存在。尽管是一种简单的周期现象，但有迹象表明饮用烈酒的情况在减少，取而代之的是饮用更多的红酒或啤酒。然而，这并没有改变酒精和航空业之间的矛盾。

事实上，航空公司有明确的有关于飞行机组和签派人员使用酒精的书面政策。大部分航空公司绝对禁止在任何飞行活动前 12 个小时内饮用任何类型的酒精饮料（包括啤酒和红酒在内），此处的任何飞行活动包括待命。即使不执行飞行任务，只要是身着航空公司制服，都严格禁止饮用任何酒类。

酒精滥用

过多饮酒或酒精滥用不总是能被轻易识别或确定。世界健康组织关于酒精滥用的定义是过多饮酒反复影响人的身体、精神和社会生活（Green et al.，1991）。但是，对于我们的目的来说，该定义太宽松了，对于航空运行来说，任何大量的饮酒都是不允许的。尽管有时候会因为性质不同，陈述会存在矛盾，但是"酒精总是会抑制脑神经系统的活动"。简单来说，飞行和饮酒不能混在一起。

大量社交饮酒会在发展成疾病之前就已对人体产生了伤害，可以根据肝、心脏、血液细胞或其他器官是否有物理损伤来确定这种伤害的程度。这种伤害程度在 50% 的人群中是相当低的。对于女性而言，这个程度大概比男性低 1/3。饮酒带来的早期问题危险征兆有：有规律地独自饮酒、一口吞下第一杯酒、必须饮更多的酒才能感觉良好、忘记头一晚发生的事情、清晨颤抖、对喝酒感到内疚、会因被批评而愤怒以及任何对家庭、工作或其他社交生活所产生的负面影响（Green et al.，1991）。

任何职业人员都不免会遭遇酒精中毒。与其他人员相比，飞行机组所处的很多环境会使酒精中毒发展成为疾病，因此，飞行机组酒精中毒的风险较高。这些环境因素包括孤独、高收入、厌倦中途停留、容易获得便宜的酒、成为"酒文化"的一部分、需要安慰和社交、经常饮酒放松并帮助睡眠。关于酒的一个教训是：即使是合法的，酒精也不能真正帮助睡眠，而只会使得睡眠像夜航后那样质量变差、时间变短。的确需要去找到其他"放松"的方法。

预防计划

酒精中毒在很多社会都是一个严重问题，比通常认为的要普遍得多。如果对朋友、同事或家庭成员存有怀疑，就需要立即、坦白和正面向他们提供知识帮助。在美国，FAR121 部附录 J 要求每一家航空公司（合格证持有人）要建立酒精滥用计划。美国航线运输驾驶员协会（ALPA）和其他驾驶员代表组织已经制订了非常成功的治疗计划供其成员使用。从一开始，AL-PA 的计划就由联邦航空外科医生协会提供支持。幸运的是，尽管该治疗计划很苛刻，但是非常有效；如果治疗成功，驾驶员可以重新飞行。对于酗酒者来说，未来全面戒酒是唯一现实的目标，因为这是唯一可靠的终点。如果驾驶员曾经有过严重的饮酒问题，他很难恢复为有节制地饮酒。

烟草

尽管吸烟在西方国家的历史已经超过 400 年，而在世界其他地区的历史还要长，但是，人们只是在较近时期才认识到它对健康的严重危害。一个早期的例外是英国的詹姆士一世国王（1566—1625），他试图在其王国范围内消除"醉草"的使用，但是未能成功。

最近，大部分有关于健康危害的研究都与吸烟有关。吸烟斗和雪茄的相关数据还不是决定性的，因为吸烟斗和雪茄的人通常不吸入烟，这样他们似乎比其他吸烟的人得肺癌的几率低。当然，他们得肺癌的风险比不吸烟的人群要高。吸烟斗和雪茄的人得口腔和上呼吸道癌的风险比较高，而吸鼻烟者得口腔癌、尤其是鼻咽癌的风险较高。

与适度饮酒一样，吸烟为很多文化所接受。但是，因为有证据证明吸烟会引起长期的心脏和肺部问题，因此，某些文化开始不接受吸烟了。另一个问题是二手烟问题，以及对吸入了被吸烟者污染的空气的非吸烟者所产生的有害影响。这些人被称为"被动吸烟者"，如果与吸烟者在一起，他们会直接受到影响。

在美国，运输航班的客舱中是禁止吸烟的，主要原因就是已知的不吸烟旅客受到吸烟旅客的影响而被动吸烟或吸二手烟对健康的影响。因为烟会留在客舱的循环空气中，因此，单独设置一个吸烟区的规定也不能保护那些不吸烟的旅客。在美国，二手烟被认为是严重的危害。尽管很多航空公司禁止任何人（机组成员或旅客）在航班上吸烟，但是考虑到断瘾期问题，FAA没有明令禁止在驾驶舱吸烟。

美国和其他国家禁止在公共场合吸烟的积极宣传活动使得反对吸烟已经广为人知。越来越多令人信服的研究表明吸烟显著增加了心脏和肺部病变的可能性。肺癌是最广为人知的吸烟所带来的危害，而且很难治愈。目前，美国男性因肺癌死亡的人数约占8%，女性的约占4%（Clayman，1989）。

其他与吸烟有关的严重肺部疾病包括慢性支气管炎、肺气肿或者这两种病的并发症，典型症状是呼吸急促、呼吸困难、咳痰。美国每年有数万人由于肺气肿和慢性支气管炎而过早死亡。吸烟还会增加患口腔癌、唇癌和喉癌的风险。健康百科全书中生动地写到："没有争论的余地：吸烟导致心脏病和癌症的发生，是美国那些可预防的过早死亡的主要原因。"

IATA最近公布的调查结果显示，搭乘国际性航空公司航班的商业旅客中有2/3欢迎所有的国际航班全程禁烟，另外，11%的旅客欢迎在大多数航班上禁烟（*San Jose Mercury News*，1996）。IATA的此项研究表明，重要的航空旅行阶层越来越多地感觉到吸烟不应当是运输航空的一个组成部分。在美国和其他一些国家，有些航空公司已经将国内航班的禁烟规定扩大到国际航班上。外国航空公司的大部分航班已禁烟但还不是全部，其发展趋势是在全球范围内的所有航班上禁烟。

航空公司禁烟的另一个动机是吸烟所产生的焦油不可避免地会残留在空气调节器或排气阀门处，这会对气动设备和流出阀门的维护带来额外的问题。

不吸烟的好处和挑战

戒烟最有说服力的原因之一是一旦戒烟，会立即产生益处。一旦戒烟，马上就对心脏有益，患肺癌和其他恶性肿瘤的风险稳步降低。据说人做任何事情都不能改善个人健康——即使是节食和锻炼，但戒烟是个例外。

但不幸的是戒除烟瘾并不容易。尼古丁被称为"所有毒品中最容易上瘾之一种"。M. A. 卢塞尔在其关于尼古丁对头脑和行为的影响中写到："尼古丁具有易上瘾毒品所有的典型特征。"

在戒烟过程中，很多吸烟者都要忍受戒烟期的症状。原来烟瘾很大的人的戒烟症状包括不断增加的"紧张、消沉、易怒、精力难以集中、心率减慢、血压升高、心电图改变、注意力不集中/难以保持清醒状态、跟踪能力减弱和反应时间增长。这些症状会在停止吸烟后一个小时就出现"（Sommese and Patterson，1996）。

接下来是"整个飞行机组的凝聚力会受到由于被迫戒烟而易怒的指挥官的影响，戒烟会使人易怒且缺乏机组协调能力、缺乏判断力、患香烟敏感症或注意力降低，从而危害飞行安全（Sommese and Patterson，1996）。同时，这两位作者指出，文献中没有考虑到不吸烟的成员暴露在驾驶舱的二手烟环境中的表现、情绪和对健康的影响。这是应当考虑的问题，同样应当考虑的是所有与飞行安全相关的人员。另一个使问题变得复杂的因素是错误地认为驾驶舱中烟瘾重的只有机长。

为了清楚分析整个问题，航线驾驶员协会的医学顾问唐纳德·哈德森博士在阅读了苏密斯和潘特森的文章后指出"不吸烟的益处远比戒除尼古丁所经受的轻微症状重要得多"。航线驾驶员1976年委员会、公众健康研究小组和航空消费者行动小组已经向 FAA 提出申请，要求飞行机组成员在商业运行飞行前8小时内和飞行中严禁吸烟。但是，FAA 判定他们所提交的数据不充足，因而拒绝了此申请。个别航空公司已经制订了自己的政策，大部分都禁止在驾驶舱中吸烟。

幸运的是，至少在美国，由于社会、政治和组织压力，驾驶舱吸烟已逐渐不成为问题了。那些不想戒烟但不能在远程飞行中吸烟的驾驶员和客舱乘务员面临着一个小的但确实存在的两难局面。有些人就转而在飞行中使用尼古丁片，直至他们到达某一地后可以在指定吸烟区中吸真正的香烟。使用尼古丁片显然是权宜之计，它会带来新的健康问题。

其他与工作相关的问题

另外还有两个与航线驾驶员工作相关的问题，一个是有时候没有充分考虑到的明显或隐蔽失能，另一个是在驾驶高度自动化的飞机时仍保持手动飞行的技能。

工作中的失能

由于发生的次数很少、而且一般都令人不愉快，因此失能问题很难处理。但是，考虑到所有离港航班的数量和机组人员的总数量，发生失能事件并不令人觉得意外。要正确对待失能问题。（附录 K——失能故事讲述了几个真实的驾驶员失能的例子）。

驾驶员失能是对新飞机或新系统进行合格审定时必须要考虑的十个因素之一（FAR 25.1523，附录 D）。持有一级体检合格证、并且每六个月检查一次身体也不能保证不出现失能这种极端少见的事件。好消息是可以通过仅仅遵守设计合理的 SOP、使用"两次通话规则"①、并遵守发生失能事件时应当采取的 4 步骤方法来控制飞行中失能的可能不利影响。这 4 个步骤方法是：（1）保持控制飞机；（2）照顾失能机组成员；（3）重新组织安排驾驶舱人员并降落；（4）计划着陆后要采取的措施。

明显失能

驾驶员会患一般公众会罹患的很多病症。在极少的情况下，驾驶员会在飞行中生病。病症的严重性会不同，可能轻微的、仅是无关紧要的不适，也可能严重到导致死亡的心脏病突发。

"明显"的失能与隐蔽失能相对，是其他机组成员可以立即发现的。可

---

① "两次通话规则"规定，如果驾驶舱机组成员对两次口头通话都没有适当的反应，或者，某机组成员不能恰当应对任何口头通话、并且明显偏离 SOP 或标准飞行剖面时，就可以高度怀疑他/她失能了。

能是突然发生的，也可能是延迟发生的，还可能会造成完全失去能力。

可能发生的最常见和最明显的失能包括由飞行前甚至是长途飞行中所吃食物引起的食物中毒。报告事件中很大比例是旅客发生这种情况。幸运的是，受这种影响的人有生病前兆。如果是某机组成员受到了影响，就要调整他/她的职责，以便符合运行要求。如果怀疑发生食物中毒或其他肠胃疾病时，应当立即通知其他的机组成员，不需要保密。

航空公司对于此类事件非常敏感，尽管他们无法控制登机前所吃的食物，他们也花费很多的资金和精力来确保飞机上所提供的食物的安全性。事实上，所有的航空公司就此危险定期警告他们的机组成员。在大部分情况下，旅客的食物和驾驶舱成员的食物是不同的，机组成员吃不同的餐食。食物中毒的问题很少发生，但因为其后果严重，因此必须考虑到。幸运的是，现有政策和飞行机组良好的感觉使一切正常运转，此类事件的发生率降至最低程度。

尽管采取了各种措施，飞行机组成员食物中毒事件确实发生过，其中一次发生在 1984 年 3 月中旬。一家在食物准备方面最为小心的外国航空公司发现，超过 75 名机组成员被怀疑沙门氏菌感染中毒，这些机组成员原本安排 4 至 5 天的远程飞行。大部分中毒者是乘务员，部分驾驶舱机组成员也中毒了。因为沙门氏菌一般是在吃了被污染食物后 24 至 48 小时内发病，因此大部分人都是在短停时发的病。有些情况下，因为需要飞回基地，某些机组成员不能被安排执行原定的飞行任务。

航空公司和公众卫生官员都非常重视可能的食物中毒问题。航空公司的厨房是一个特别的问题之处，因为他们必须大批量地准备食物，然后储存、冷冻、再加热。前述事件的罪魁祸首就被怀疑是航空公司自己的飞行厨房准备的开胃食品——肉冻糖浆。

飞行机组应当了解可能的食物中毒问题，在国外城市吃与平时不同的食物时要特别注意。最起码的防范措施建议包括饮用瓶装水、不吃已削皮的水果或叶状且未烹调过的蔬菜。消化系统会受到不熟悉的食物、疲劳和长途飞行带来的生理节奏失调等的影响。本地人会对本地的病菌自然免疫，但是，即使是经常的旅行者也不能期望他们产生这种自然免疫。

最引人注目的"明显"失能是驾驶舱中驾驶员死亡。幸运的是，在驾驶舱发生死亡事件的情况非常少。同样幸运的是，驾驶舱死亡事件一般不会对一名训练有素的机组成员产生严重的运行问题。适航审定规则要求在一名驾驶员完全失能的情况下飞机也能被安全驾驶飞行。

隐蔽失能

与明显失能相比,隐蔽失能发生的次数更多一些。通常隐蔽失能不被报告,部分是由于其通常是很短暂,持续几秒钟或几分钟。隐蔽失能很难琢磨,因为失能的驾驶员可能看上去还很好,并继续操纵飞机,但是确实有部分大脑失能。驾驶员也不知道他/她自己的问题,不能合理地评价此类失能。除了有些个体会表现出不正常之外,隐蔽失能经常没有征兆,因此它比明显失能更难对付。

杰罗姆·雷得利已经将一类隐蔽失能定义为认知失能。认知失能可以引起严重问题,尤其是正在驾驶飞机的驾驶员认知失能。根据杰罗姆·雷得利的定义,问题是如何处置出现"精神迷惑、精神失能或非理性固执,而身体有能力、也能做出口头响应"状况的正在驾驶飞机的驾驶员。有几家航空公司已经发现,这种失能分类对于分析其公司发生的诸如驾驶员在进近过程中过于集中或不集中造成不稳定进近等事件并从中吸取教训十分有用。有时候驾驶员将这种情况叫做"视野狭窄病",或说此人"出去吃午饭了"。通常,驾驶员在驾驶舱外的生活是明显的相关因素。

飞行中失能的训练

针对飞行中发生的明显失能和隐蔽失能的培训直接而相对简单。培训从在地面培训学校进行的讨论开始,讨论应当包括比预期发生频率更多的飞行中失能。从此之后,就可以简单地使用"两次通话规则"来探察是否发生了失能,然后按照模拟机上和航线上失能造成的运行后果控制的 4 个步骤。正规、例行地使用 SOP 和标准飞行剖面无疑是系统正常运转的要求。

飞行员的年龄问题

飞行员的年龄问题是一个复杂、困难而有争议的问题,至少包括以下 6 个因素,每一个都不简单:

1. 老化的生理影响;
2. 安全的基本问题;
3. 与集体谈判有关的问题,包括驾驶员工会的长期目标;
4. 运营人的考虑,包括经济和长期人力资源政策目标;

5. 联邦执照概念带来的哲学问题；

6. 政治考虑，包括公众和国会对这些问题的理解。

美国 FAR 规定，美国的航空承运人不得雇佣任何超过 60 岁的飞行员，尽管他们还能作为副驾驶或飞行机械师参与承运人的运行或作为机长参与空中租机运行。其他国家有不同的年龄要求。这是一个非常有争议的问题，在具体的年龄数字上没有一致的意见。在有些国家，因为驾驶员的严重短缺，这个年龄被推迟了。

有时候，确定驾驶员的年龄限制主要考虑的是生理问题，也要考虑到认知测试或评估，很难根据科学的依据对此做出决断，同时，航空医师或年龄专家也很少能就年龄限制形成一致意见。明确的一致意见是飞行员不能够永远飞行，但年龄限制上没有一致意见。在美国，很多人认为应当将美国飞行员的一般退休年龄推迟到 65 岁。

确定工作经历限制也被很多人认为是合法的集体谈判问题。在美国，由于各种不同的原因，与此相关的双方——航空公司的管理层和代表驾驶员的工会都支持目前执行的 60 岁退休规定。

在美国，把 60 岁作为驾驶员年龄限制是爱尔伍德·昆斯萨达担任 FAA 局长时制订的联邦航空条例。他是一名退休的空军军人。规定退休年龄的时间是喷气时代刚开始的时候，而当时没有人真正知道，只有几名航空专家严重怀疑年近 60 岁的驾驶员是否有能力驾控新的喷气式飞机。当时，航空业还很年轻，没有 60 岁的驾驶员。因为年纪大的、高级的飞行员是首先接受培训的，因此如果没有 60 岁的年龄限制，最初的喷气式飞机都会由年近 60 岁的驾驶员来飞行。同时，当时也是飞行员从航空公司退出的时期，很多驾驶员都被暂时解雇。明显的是，如果这些年纪大或高级的驾驶员被迫退休，就会为更多后来的驾驶员提供工作机会，暂时被解雇的驾驶员也会重新得到雇佣。如果以联邦条例的形式确定年龄限制，并以安全为辩词，工会和管理层就不会面临这个非常有争议的问题。

本书不打算讨论与此相关的所有问题，但任何可接受的研究结论都要求考虑到与此争议问题有关的所有因素，然而这些研究已超出了本书的范围。

参考资料

［1］ *Aviation Week & Space Technology*（4 November 1996）. McGraw and Hill, Inc., New York.

［2］ Bartley, S. Howard, and Chute, M. A.（1947）. *Fatigue and Impairment in Man*. McGraw-Hill Book Company, New York.

［3］ Caesar, Heino（1987）. 'Safety Statistics and Their Operational Consequences', Flight Safety Foundation's 40th International Air Safety Seminar, Tokyo, Arlington, Virginia.

［4］ Clayman, Charles B.（1989）. *The American Medical Association Encyclopedia of Medicine*, Edited by Charles B. Clayman, M. D., Random House, New York.

［5］ Davenport, J. K. and Jensen, T. G,（1989）. 'Fatigue Factor on Two-Man Crew', *Flight Safety Digest, September 1989*, Flight Safety Foundation, Arlington, Virginia.

［6］ Foushee, H. Clayton, Lauber, John L., Baetge, Michael M., and Acomb, Dorthea B.（1986）. *Crew Factors in Flight Operation: III. The Operational Significance of Exposure To Short-Haul Air Transport Operations*, NASA Technical Memorandum 88322, NASA Ames Research Center, Moffett Field, California.

［7］ Graeber, R. Curtis（1988）. 'Aircrew Fatigue and Circadian Rhythmicity', chapter in *Human Factors in Aviation*, edited by Earl L. Wiener and David C. Nagel, Academic Press, Inc., San Diego, California.

［8］ Green, Roger G., Muir, Helen, James, Melanie, Gradwell, David, and Green, Roger L.（1991）. *Human Factors for Pilots*, Avebury Technical, Gower House, Aldershot, England.

［9］ Health Letter Associates（1991）. *The Wellness Encyclopedia*, from the editors of the University of California, Berkeley Wellness Letter, Houghton Mifflin Company, Boston, Massachusetts.

［10］ National Transportation Safety Board（1994）. *Aircraft Accident Report, Uncontrolled Collision With Terrain, American International Airways Flight 808, Douglas DC-8-61 N814CK, US Naval Air Station, Guantanamo Bay, Cuba, August 18, 1993*, National Technical Information Service, Springfield, Virginia.

［11］ National Transportation Safety Board and NASA Ames Research Center（1995）. *Fatigue Symposium Proceedings*, National Transportation Board, Washington, D. C.

［12］ Robertson, Fiona A.（1996）. 'Go Beyond Technical Correspondence', *Aviation Week & Space Technology*, 18 November 1996, McGraw Hill, New York.

［13］ Rosekind, Mark R., Gander, Phillipa H., Miller, Doma L., Gregory, Kevin B.,

Smith, Roy M. , Weldon, Keri J. , Co, Elizabeth L. , McNalley, Karen L. , and Lebacqz, J. Victor (1994) . 'Fatigue in Operational Settings: Examples from the Aviation Environment', *Human Factors*, Human Factors and Ergonomics Society, Santa Monica, California.

[14] *San Jose Mercury News* (*1996*) . Article published in the 26 October 1996 issue, San Jose, California.

[15] Sommese, Teresa, and Patterson, John C. (1996) . 'When a Person Stops Smoking', Article in the *Air Line Pilot*, February 1996, Air Line Pilots Association, Arlington, Virginia.

[16] Taylor, Laurie (1988) . *Air Travel - How Safe Is It?*, Blackwell Scientific Publications Ltd. , Oxford, England.

第十六章 选拔和训练

选拔的发展演变过程

早期的驾驶员测试

首次对驾驶员进行智能测试始于第一次世界大战对军队航空兵的测试。哈佛大学罗斯·麦克法兰德教授在其《空中航空运输中的人为因素》一书中用以下文字描述了早期的一些意图：

> 尽管各盟国使用的测试有某些相似之处，但其方法和诠释仍存在差异。例如，意大利对一个好飞机驾驶员的结论是：心理活动准确而协调、感觉灵敏、注意力坚定而分配合理。法国强调情绪性活动的重要性，使用血管收缩测试和反应次数的差异来反映情绪的不稳定性。在英国，首先使用心理测试来确定高度飞行的影响，并研究飞行员的疲劳，而不是对候选人进行例行的检查。大部分这类测试都主要考虑到了一些生理指标，例如，脉搏跳动率、血压、肺活量，也涉及了一些心理问题，例如，根据候选人向压力计吹入水银及保持的水银量来判断他们的意志力或坚持能力。

> （Mc Farland，1953）

对初期测试感兴趣的一个主要原因是所有国家都遇到了在训练中的高淘汰率问题。就学员、教员和设备来说，训练是昂贵的。高飞行训练淘汰率不仅花费大量金钱，并且浪费稀缺资源。大量发生过的事故中的大部分都归咎于驾驶员差错。如果能够通过降低训练淘汰量和人为（驾驶员）差错引起的事故量来降低人员的消耗，并减少由于这类事故所引起的稀缺飞机的损失，就可能节约成本。这样看来，花相当大的精力在驾驶员的选拔上似乎是十分明智的。选拔者希望在选拔时进行彻底的心理评估，以筛选出那些在训练中很可能会被淘汰的人员。很多有能力进行心理测试的早期航空心理学家宣称他们有能力识别出这种潜在的淘汰人员。

尽管早期的心理学专家已取得了部分成功，但是他们至少面临两个问题。一个问题是在他们之间没有就理想的驾驶员特征达成一致意见。第二个问题是用于初步选拔驾驶员的测试的可靠性被夸大了。不同国家使用的选拔方法存在着很大的差异。

但是，无论测试有多不完美，早期军队使用的测试的确显著降低了训练中的淘汰率。不幸而显然的事实是，这种测试并未相对减少训练中或真实运行飞行中由人为差错引起的事故发生率。

在两次世界大战之间，军队（和航空公司）试图改进驾驶员选拔流程，并借鉴军队已进行的选拔工作的经验。人们把大量的注意力放在了 FAA 新建立的、面向大学的民用驾驶员培训项目（CPTP）所成功使用的预测试。1938 年开始使用的这个大纲在其三年多一点的生效期内为航空公司、军队和民用教员学校输送了大量飞行员。CPTP 于美国卷入二战时终止，当时所有由政府资助的航空训练都由军队进行。在二战中，J. C. 弗拉纳根上校开发了"9 级评分制"（标准 9）综合测试方法，该方法被广泛用于军队选择航空军官学员中。后来，"9 级评分制"被很多航空公司用于驾驶员的选拔。

二战后航空公司驾驶员的选拔

二战结束对航空运输至少有两个主要的影响。第一是突然间有额外的、正是所需要的飞机可用，第二是大量前空军、海军或陆军经验丰富的驾驶员需要航空公司的工作。他们作为航空公司的驾驶员，能继续从事飞行工作，能运用已掌握的令人羡慕的技能工作，并且是一份报酬相对较高的工作，也是那个时期其他好的工作机会相对较少时的一份好工作。

随着航空公司的发展，所有雇员的雇佣筛选成为扩大了的人事部门的重要职责。不同航空公司的选拔流程有很大差别。在很多航空公司，包括飞行员在内所有雇员的选拔成为人力资源专家的职责。飞行员和他们的上司不认为把选拔飞行员的职责从飞行部门转到人力部门是一个最适宜的改变。

选拔流程的目的是选择那些不仅会通过初始训练课程、而且还将长期飞行的航线驾驶员。航空公司通过跟踪研究表现良好和表现不佳的航线驾驶员找出了早期选拔中存在的缺陷。认识到了其中的不足，为处理好识别长期表现良好的航线驾驶员的问题，航空公司试图制订某种评价方案。但是，运行部门和人力部门不能就好驾驶员和好雇员的要求达成一致意见，一线运行驾驶员的意见也经常与这两个部门的意见相左。当时的一家大型航空公司试图通过对其认为出众的驾驶员采用一系列心理测试来解决这个问题。但是，由于被测试人员存在着太多的不同，该家航空公司最后只能放弃这种选拔方法。

一般来说，这个时期的航空公司飞行员管理人员或飞行检查员不支持在选择过程中使用心理测试。他们中的大多数原来是航空邮件驾驶员。这些人中，有些认为心理学家是威胁，有些仍然认为唯--需要的测试就是看被选拔者是否能顺利手动驾驶飞机飞行。这个认识在那个时候是不正确的，当然，在今天也是错误的。这种观点认为只要具有"操纵驾驶杆和舵的技巧"的人就能成为优秀的专业驾驶员。

这个时期，很多航空公司犯的一个错误是想当然地认为一名优秀的军队驾驶员能自动成为优秀的航空公司驾驶员和优秀员工。尽管此观念在事实上是错误的，但直到相当近期还有一些航空公司坚持着这个神话。但是，这种说法并不意味着军队驾驶员就不能成为优秀的航空公司驾驶员和优秀员工。这是一个重要的观点，因为：（1）很多前军队驾驶员成为了非常优秀的航空公司驾驶员和员工；（2）有些前军方驾驶员失败了；（3）很多非常优秀的驾驶员没有任何军队背景。如今，大约一半的美国航空公司驾驶员拥有民用背景，其他是前军方驾驶员。

目前驾驶员的选拔

长期以来，航空运输业认识到员工选拔计划的改进更多得益于驾驶员选拔计划的改进，而不是选拔程序的改进。驾驶员训练课程昂贵，失败的成本很大，失败不仅损失了训练时间和收益，还增加了运行失效和发生事故的风险。

尽管不同航空公司的选拔程序有很大的差别，但是，选拔程序一直在改进和提高。今天，选拔基于一个清晰的"初始资质"概念。现有运行团体通常都接受严格的雇佣前选拔，但是在细节上仍存有争议。美国航空公司使用多种笔试和面试来选拔驾驶员。典型的最低要求有：四年大学学位、ATP执照以及成功通过飞行机械师笔试。

尽管大多数美国航空公司在初始挑选阶段要求候选人具有大学本科学位，但并不是全球所有航空公司都有此要求。不同航空公司对飞行时间和飞行类型的要求也有很大的不同。通常，这些要求会随驾驶员的供求情况变化而变化。如本章前述，美国有很多可用的驾驶员，但全球情况就不同了，这会极大影响航空运营人对飞行资质的最低要求。

尽管对支线航空公司和通勤航空公司驾驶员的要求没有那么严格，但是，他们的教育成绩和教育表现也被认为是重要事项。初始雇佣要求驾驶员至少持有商业驾驶员执照和仪表飞行等级执照。此外，市场需求和可用驾驶员数量也起着很重要的作用。1996 年初，大型航空公司新雇佣驾驶员的平均飞行时间是 5052 小时，略小一些的航空公司是 4375 小时，其他的是 3270 小时。大型航空公司新雇佣的驾驶员中大约有 5% 的飞行时间低于 2000 小时，最少的仅有 644 个小时（Proctor，1994.4）。虽然很多训练专家认为总飞行时间的价值有限，大多数训练专家也勉强承认飞行时间不代表某种成就，但是大部分航空公司要求至少 1000 至 1200 飞行小时数。在这些最低要求中，一家与美国某大型航空运营人有密切联系的主要支线航空公司要求 1500 小时的固定翼飞机总飞行时间，其中要有超过 300 小时的多发固定翼飞机飞行小时数。

目前，局方和运营人都认识到选择那些能够进行团队合作、并且在认识到自身不具备某些必需技能和知识时能努力获取这些技能和知识的驾驶员的重要性。尽管驾驶员已经把大量努力放在了保证技术性专门技能上，但是，我们现在已经认识到与机组配合有关的态度和个性因素对于驾驶员来说也十分重要。显然，这些因素对于驾驶员的选择来说很重要（Chidester et al.，1991）。

对主要航空公司选拔政策存在的批评是：他们判断某人不满足既定标准而"选人出列"，而不是"选择合适的人入列"。我们认为此种批评没有根据，主要是对雇佣标准意见不一。尽管全球驾驶员的选拔条件各不相同，在美国，人力资源部门通常从大量的申请人中挑选有抱负的航线驾驶员。一家主要航空公司的一名驾驶员职位有超过 2000 名申请人（personal communication，1996）。对以下观点我们并不存在争议：人力资源部门没有考虑到目前驾驶员所有重要的特性，并且驾驶员遴选政策应当改进。但是，很少有人会怀疑人力资源部门在从候选人中挑选出最有资质的驾驶员时不尽力。同样不会被人置疑的是驾驶员的挑选是备受争议的话题。

综上所述，无论从哪个角度看今天驾驶员的选拔，仍然存有相当的疑问。这种质疑的一个例子就是黛安·达摩斯博士所持有的。在对驾驶员选拔测试进行了简单但严格的考察后，她发现选拔测试的内容和较低的预测有效性已延续了 50 多年（Damos，1995）。她的怀疑在其后的一篇文章中得以强调，在该文章的摘要中她写到："首先，极大量的驾驶员选拔测试预测的仅是训练表现而不是运行中的真实表现；其次，测试的预测结果与标准之间的关联性很小。"（Damos，1996）

选拔过程中固有的失效不是新问题，此失效也阐明了几年前某一对此问题感兴趣且非常活跃的驾驶员所持有的一己之见。在讨论驾驶员选拔这个问题时，他说，"即使我们能解雇所有的驾驶员然后重新开始选拔，我也不认为我们会得到更好的驾驶员或更佳的记录"。尽管他的观点可能是夸大其词了，但这确实反映了很多选拔过程中的犬儒之风，以及对能够采用新技术选拔到显然更好和更能安全驾驶的飞行员的怀疑。

渐进性变革、训练需求和训练成本

航空运输一出现，渐进性变革和技术革新就是其组成部分。变革始终是航空业的一个重要部分。一个基本原则就是航空运输运行中成功的驾驶员和成功的局方必须要能够适应变革。尽管有些时候渐进性变革和革命性变革在很大程度上是一回事，但是，过去这些年中，飞行运行和训练中的大部分变革是渐变而不是革命。如今，航空公司飞行运行中的一个显著变化是认识到了飞行运行中人为因素方面的重要性。认识到并有效实践这一新的因素已经成为航空公司生存的实质性要求。

过于一般化的训练和训练需求是个错误。世界上不同地区、不同国家和不同航空公司的驾驶员的训练实践是不同的。认识不到人与人在技巧和知识方面有着意义重大的差异而假设每家航空公司或某些航空公司的驾驶员培训是或应当是一样的，这是错误的。

飞机本身及其运行环境中发生的变化要求对训练进行重大改变。诸如 FAA 的局方和航空公司双方都不得不对训练进行调整——局方调整训练要求和监察员训练方式、航空公司调整他们驾驶员的训练方式以及在其飞行运行中实施已变化的要求的方式。某些驾驶员、某些局方和某些运营人已经发现适应这些改变是有困难的。

错杂而无情的事实是训练费用非常昂贵。不仅仅是驾驶员的训练费用昂贵，客舱乘务员、机械员和运行团队的其他人员的训练费用也都很贵。尽管与以前用于训练的飞机相比，飞行模拟机的购买和使用都相对便宜，但是模拟机不能彻底解决航空公司训练所要遇到的现实的经济性问题。

行业的主要目标是安全和效率，这是毋庸置疑的。运营人被迫以对待其他费用的同样方式来对待训练成本，而不管与其他任何成本相比训练应当具有较高的优先顺序。通常都会在想要进行训练的种类和数量上有相当大的不一致意见，这经常给运营人带来了必须面对的两难局面。不变的困难是论证训练是否超出了局方的最低要求。为了在高度竞争的行业保持合理"平等竞争"的训练成本，即使某一航空公司愿意，它也难以过多地超越规章规定的训练要求。

玻璃驾驶舱飞机

据报告，在新的玻璃驾驶舱和高度自动化飞机上经常听到的三个问题是"为什么它这样？"、"它正在做什么？"和"它下一步要做什么？"。无论这些基本问题是针对飞机初始设计、不充足的训练或飞机增加的复杂特性等，都会是颇具争议的。但是，一个基本事实是一旦飞机被购买，不管它是好的还是在设计上还值得改进的飞机，安全飞行并努力使之在其日复一日的运行中盈利都是购买该飞机的航空公司的责任。只能通过训练来确保驾驶此飞机的驾驶员充分了解飞机，而不经常遇到障碍或处于造成运行危害的境地来达成此目的。

向"玻璃驾驶舱"的初次改装应该是只飞过模拟仪表驾驶舱的驾驶员值得纪念的一步（模拟仪表驾驶舱也被通俗地称作"蒸汽表"和"绳子启动"飞机）。如今，很多航空公司给那些从老式的模拟仪表飞机改装到新型数字仪表玻璃驾驶舱飞机的驾驶员进行 2～4 天的基础课程作为早期的一般训练。运营人和大部分参与者都发现这段时间既是熟悉的过程，也是减少对新技术所存焦虑的过程。

不幸的是，引入玻璃驾驶舱飞机的行动本是伴随着对先进技术飞机的期望一起来的，这不仅能让飞行更加安全、高效，同时也能降低训练成本。很多人曾经认为提高这些飞机的自动化程度可以减少必需的训练量。

有关这些新飞机的记录表明他们确实提高了安全和效率，但是，期待先进飞机降低训练要求的愿望却落空了。因为具有先进技术的飞机除了要求所有老技能和知识外，还要求安全、高效地操纵自动化系统的技能和知识，训练费用并未降低。驾驶员们都很喜欢这些飞机，但是他们希望有更多的训练和更多的系统知识。这不是因为飞机不能够完全忠实地自动化飞行，而是很多驾驶员已经通过很痛苦的方式了解到如果时间足够长或机缘巧合，或者操作者编程不当的话，任何系统都会发生故障。

格林尼和莱其蒙德就已经描述过对从未失效过的系统进行合格审定的实际困难（Greene and Richmond，1993）。他们关注的问题是一个在合格审定过程中未观察到失效及失效后果的系统或部件。今天的一些飞机发生故障和失效的情况太少，以至于根本不会在设计或合格审定过程中真正发生故障或失效。

具有讽刺意味的是，与从未真正失效过的自动系统的飞机相关的一个问题是，人类对此类系统具有不可抑制的依赖倾向。这种人类依赖可靠系统的特性是如今美国每天有22000起落架次、而全球有更多起落架次的航空运输运行所必须考虑的问题。事实是，即使是这样巨大的数据，也很少发生事件。

因此，行业和驾驶员个人都不得不关注这极少发生的事件。对抗这类极少发生事件——极其可靠的系统发生极不可能失效产生的严重后果——唯一可用保护就是工作中的驾驶员。这种保护的效果取决于有效的运行监控和对有效的自动化系统实施的例行双重检查。不幸的是，人是这类事件中出了名的拙劣监督者，并且人难以完成例行的、但看上去并不必要的双重检查。但是，人的监控和例行检查为行业提供了最佳的、事实上是唯一的对这类极少事件的严重运行后果的保护。

由于自动化系统的复杂性，大多数驾驶员都已经知道需要相当多的训练才能熟练操纵自动化系统。他们必须具备牢固的系统知识。查尔斯·比林斯博士的"以人为中心的自动化"第二推论说明"人类操作者必须有能力监控自动化系统"。我们完全同意其观点。为了监控系统，人类操纵者必须知道自动化系统是怎样的、应当怎么做，并在系统部分故障或失效时知道系统出了问题。为此，人类操纵者不得不了解系统，这就需要高水平的训练。驾驶员需要了解的东西可不仅是知道按某个按钮就能启动或改变某一自动化模式。

今天的训练

训练很重要也很敏感，因为它给飞机制造商、购买运输飞机的公司和驾驶飞机的驾驶员之间提供了互相交流的重要机会。培训也是促进这些飞机与它们将要运行的环境相互融合的手段。这个环境已经变得日趋复杂，飞机本身也越来越精密、越来越昂贵（Buck，1995）。制造商、航空公司、驾驶员和环境之间的相互磨合和适应，包括驾驶员培训与这些因素之间的相互磨合和适应都是航空运输的安全和有效运行中的关键因素（Orlady，1993）。

在过去的二十年中，航空公司驾驶员训练大纲已经经历了大量重要的渐进式变革。传统上，航空公司驾驶员的训练只是培养和保持技术能力。如今，训练中包括了意义重大的行为技能，这非常关键。

事实上，所有与训练有关的单位都认识到在如今的环境下驾驶运输飞机是一项团队任务，但这并不总是对的。正如我们前面曾提到过的，1987 年 8 月前 FAA 局长阿兰·麦克阿特在向航空公司总经理讲话时，将这一观点简单粗暴地归纳为"驾驶员个人不会坠机，而飞行机组可以"。

副驾驶的职责得以充分增强，各级都强调不操纵飞机的驾驶员（PNF）对驾驶飞机的驾驶员（PF）的有效监控的重要性，尤其当副驾驶是不操纵飞机的驾驶员时。目前，人们从思想上明确了 PF 和 PNF 的职责，并统一认识到任何机组成员（即便是机长）也会犯罕见的疏忽性错误。可靠运行要求立即识别出这种错误，并将其对运行的影响降到最低，这与飞机设计和飞行员训练两方面都有关。这种改变代表着训练和运行趋于面向差错管理的改变。

机组资源管理和训练

第十三章详细介绍的机组资源管理已被定义为"有效利用所有的可用资源——硬件、软件和人——以达到安全、有效的飞行运行"（Lauber，1984）。CRM 是运行理念和知识形式，是所有飞行运行必不可少的部分。它将这些理念具体化为"团队解决方案"、扩大或加强副驾驶员职责、"机组概念"，而不仅是有效利用机组可用的所有资源。CRM 原则应当按照以航空公司所期望的飞行运行方式来具体化。显然，这些原则是整个训练课程中不可或缺的一部分。

训练的四种基本类型

航空公司的训练有四种基本类型。第一种是新雇员训练。一般是在他们开始专门的机型训练之前为期两周的基础课程，包括公司、程序、规程、政策等方面的内容。第二种训练是某一具体机型飞机的转机型或改装训练。其目标是教授飞行员如何安全、高效地驾驶另一种飞机进行航空公司的航线运行。第三种训练通常被称为升级训练。其目的是让驾驶员能获得职位的升级，例如，从副驾驶升为机长。有些情况下，升级训练和改装训练会结合在一起进行。

航空公司驾驶员的第四种传统训练是复训。所有的驾驶员都必须进行此类训练，在美国，联邦航空条例强制要求驾驶员定期进行复训——一般情况是，机长每6个月、副驾驶每年进行一次。其目的是确保驾驶员保持他/她的熟练程度，以及保持作为航线驾驶员操纵某类型飞机所需的技能和知识。第二个目的是巩固对所驾驶的飞机的熟练程度，并保证学员已经或将获得该型飞机最新的操纵知识。近几年来，随着副驾驶职责的逐步升级，机长和副驾驶的检查之间的差别已经相当小了。在很多其他国家，所有机组成员的检查基本上是一样的。FAA高级资质大纲（AQP）中有对复训进行重新检查的要求，有时候这是受争议的内容。

训练的反馈和转化

如果不了解训练的结果就不知道训练是否有效果。了解结果即是反馈。通过反馈可以巩固那些反响好的做法，改正或消除那些无效的做法，因为无效训练会增加发生差错的可能性。

一开始，可以通过看或听来获得反馈。这些渠道会占据单一渠道的大部分信息处理能力，限制学员的能力。随后，随着学习的进展，可以通过肌肉、肌腱和关节（本体感受）中的感觉接收器获得某些反馈。最好的一个例子就是熟练的打字员可以在阅读草稿的同时快速打字。在阅读草稿时，熟练的打字员从手指接收本体感受。

反馈是其他活动中重要的组成部分。如果反馈被延迟，基本记忆限制会对最终的动作产生更大的影响，从而增加出错的机会。如果可能，应当进行及时有效的反馈。有效的反馈增加了准确性，是良好表现的有力激发因素。

如果我们知道大脑是信息处理系统，那么就比较容易理解某些学习规律。如果通过一系列刺激获得了某种反应，那么就会产生额外的学习效果，原来的学习对学习新的内容会起帮助或阻碍作用。如果同样的或非常类似的刺激会引起基本相同的反应，那么，几乎全部的培训都会通过转化获得，几乎不需要新的学习。这是积极的培训转化的一个很好例子。

相反，如果是新的、而且有时候难以引起旧的、熟悉的刺激，就会产生明显的障碍。在这种情况下，人们学习新知识就会花更长的时间，还可能会出更多的差错。尤其在压力的情况下，可能会出现原来已掌握的、但现在已不合适的反应。这是一个非常普遍的问题，被称为消极转化。

如果以前的不适合的反应成为相同的或非常相似的刺激的自动反应，消极转化就会带来麻烦。一个恰当的例子是两架不同飞机上的火警显示是相同或基本相同的，但是每架飞机的处理程序不同。在这些情况下，迫切需要把两架飞机的处理程序设计为相同的。如果他们是不相同的，对于可能会驾驶这两种飞机的同一名飞行员来说，程序性差错则是不可避免的。程序中的细小差别比巨大差别更加麻烦。在飞行员改装训练中考虑到消极转化是特别重要的。

起始训练

第五类训练是起始训练①，它不是美国航空公司驾驶员的传统训练形式。有些欧洲的运营人已经有了成功的训练大纲，某些已经有好几十年了。汉莎航空公司②、爱尔兰航空公司、英国航空公司、日本航空公司和全日空都是起始训练的先驱。其他非美国航空公司也使用此概念，取得了相当大的成功。由于各个国家都期望自己的航空公司能够最大限度地雇用本土飞行员飞行，起始训练迅速增多。

起始训练有几个好处。虽然各大纲之间有差异，但是优秀的起始培训大

---

① "Ab initio" 是一个拉丁文短语，意思是"开始"。在本文中，该词意指：航空公司雇佣那些没有任何飞行经验或经验极少的人员担任飞行员，然后训练他们飞行技巧以及航空公司要求他们掌握的其他技巧。

② 20世纪50年代中期，当汉莎航空公司发现德国几乎没有可用的飞行员时，就开始开发严格有序的起始培训大纲。1956年，该航空公司在其 Verkehrsfliegerschule 运输飞行员训练学校成功开发了有关培训大纲。为了充分利用全年所有适合飞行（天气条件）的时间，该公司很多飞行训练都在亚利桑那州的固特异进行。

纲都包括航空公司文化、航空人为因素、多机组运行、航空人员基本技能中的标准指令等方面的培训。把飞行员的总飞行时间当作飞行员技术水平和胜任能力的可信赖指标的传统理念已经被推翻很久了。起始训练的倡导者认为，与那些在飞行经历中稍后时期才接受航空公司职位的驾驶员相比，从一开始就接受面向航空公司培训的驾驶员将会更加胜任航空公司的职位，也能为航空公司服役更长时间且更有生产力（Odegard，1994）。

爱尔兰航空公司的起始训练大纲

航空公司的起始训练大纲非常关注细节，而且内容详尽。例如，爱尔兰航空公司的训练大纲开始于一个仔细的初始挑选过程。选拔出的人员参与为期 14 个月的起始训练，训练内容包括商用驾驶员执照和仪表驾驶等级执照。他们还要进行 200 小时的监督下飞行。在完成初始训练大纲、进入航空公司后，这些学员要接受 6 个星期的通用培训课程，该课程是他们接受过的起始训练与航空公司运营之间的接轨课程。此"接轨"课程包括 3 个星期的地面训练和 24 小时"通用双发喷气式飞机模式"的模拟机课程。此后，这些毫无经验的航空公司驾驶员直接接受爱尔兰航空公司的专门转机型训练。在爱尔兰航空公司或爱尔兰通勤航空公司，根据这些学员毕业时公司的需求，这种专门的转机型训练可以是 SAAB 340 培训，也可以是各种波音 737 机型的训练。

这个大纲成功的关键之处是制订一个可为整个公司机队使用的飞机操作标准化系统。这包括制订一个通用的正常和非正常初始检查单，这些检查单适用于诸如空客 320 和波音 747 等各型飞机。起始训练大纲中一个重要的组成部分就是使用这些通用检查单。从第一天开始，学员就学习爱尔兰航空公司的程序，完全掌握这些程序，并将使用这些程序变为惯例。

毫不惊奇的是爱尔兰航空公司的起始训练大纲在运转和经济上都取得了极大的成功。在一份强力推荐的论文中，内尔·约翰斯顿机长提到"型别教员们指出，与他们的前辈相比，这些学员已经明显地提高了驾驶舱管理技能"（Johnston，1992）。接受 200 小时起始训练的驾驶员成功完成了 8 期模拟机型改装训练是该大纲效率的有力佐证。同样令人瞩目的是，有着非常良好安全记录的爱尔兰航空公司在此项目中从未失败过。目前，完成此课程的被选人员几乎全部成为了该航空公司的驾驶员。

美国的起始训练项目

美国用之不尽的富有经验的航线驾驶员资源很可能不会长久。事实上，对行业未来乐观的预测和军用驾驶员数量减少的估计已经让几所美国大学和一些航空公司开始对起始项目感兴趣了。

美国有两个成功的起始训练项目，其一是艾姆伯里利德尔航空大学的四年特别项目，另一个是名为"光谱"的为期四年的驾驶员起始训练项目。光谱项目由北达科他州大学（UND）和美西北航空公司联合开发。其他有些大学，例如西密歇根大学①也有类似的项目，但是，除非他们曾与航空公司签订过协议，否则包括艾姆伯里利德尔大学在内的大多数项目都与航空公司无关。

在光谱项目中，美西北航空公司同意挑选北达科他州大学航天光谱项目的学生来充任驾驶员。在二年级的学生中挑选成为参与此项目的人员后，学校和航空公司推荐他们在其整个学习过程中成为美西北的职员。项目包括严格的挑选过程，该过程在航空公司的监督下进行，确保挑选出的学生达到航空公司的标准。目前，由于航空公司已经有充足的有资质的驾驶员了，因此该项目还未得以实施。

北达科他州大学还为其他几家支线航空公司提供驾驶员，并为中华航空公司开发专门的训练课程。这些项目中，有些包括起始训练，有些不包括起始训练（Odegard，1994）。美国的其他一些大学，例如西密歇根大学，为某些外国航空公司组织训练项目。这些大学都期望未来美国航空公司对起始训练驾驶员的需求呈增长趋势。

其他几家隶属于美国航空协会（UAA）成员的大学也有起始训练大纲，但其内容差异较大，很多并不以培养未来的航空公司驾驶员为目的。UAA的成员包括55个提供大专、学士和研究生航空培训项目的机构。1994年《学院航空指南》中列出了其分别位于46个州、哥伦比亚特区、波多黎各和加拿大的机构。该指南内有超过280个机构的情况介绍，这些机构提供与航空相关的各种培训，这些培训涵盖从获取结业证书、大专学位到博士的各

---

① 西密歇根大学刚刚宣布了引进高级飞行模拟机的计划。该大学将为起始培训专门引进B737-400高级模拟机。目前，该大学已与爱尔兰航空公司、英国航空公司和阿拉伯航空公司签订了培训协议。

种项目。

面向航线的飞行训练（LOFT）

如其名字暗示，LOFT 是利用全功能模拟机进行训练的一种形式。LOFT 训练不包括正式的检查，将正式的检查和评估排除在训练之外从相当程度上提高了训练的可能性。完整的 LOFT 训练开始于模拟航线运行——包括签派、配载计划和其他所有相关的文件工作。在飞行中引入模拟机的某些具体问题，但是不进行"模拟机冻结"或其他中断，一直保持飞行状态。

不幸的是，在 LOFT 和其他类型的全功能模拟机训练之间存在着混淆。作为 LOFT 的先驱，汤姆·南机长在 1981 年由 NASA 艾姆氏研究中心主办的 NASA 行业研讨会上明确地给出了两种训练之间的区别（Lauber and Foushee，1981）。在这些问题中，他说到：

> LOFT 不是全功能模拟机训练。LOFT 利用全功能模拟机训练来创造一个真实世界环境，但是全功能模拟机训练可以有 LOFT 原始理念以外的很多用途。传统的 LOFT 完全是训练理念。全功能模拟机训练可以用作工具来进行实验性评估和其他用途。LOFT 主要促进的不是专门的程序性训练，其意图不是飞行检查。必须正确地区分任何类型的全功能模拟机训练和 LOFT。

应当对 LOFT 项目的实施不断进行修改和提高。LOFT 的一个改版是面向航线的模拟机训练（LOS），它只涉及 LOFT 的几个阶段。但是它仍然坚持着 LOFT 不包含评估的理念。LOS 常常用于某些特殊环境的训练，避免巡航中长时间的无收益模拟阶段。正如本节的后面部分将要讨论的，可以利用因 LOS 阶段缩短而多出的时间来进行检查或评估；如果这样的话，要将检查或评估与训练分开来，检查或评估被称为面向航线的评估（LOE）。用于必要的检查和评估的 LOE 阶段，与 LOS 或 LOFT 课程阶段相互独立分开是很重要的。

在行业中，LOFT 有很多理念上的支持，却无法在 LOFT 应当包括哪些内容等细节上达成一致意见。尽管这些年以来，LOFT 项目已经有了变化和改进，但是，任何对实施 LOFT 感兴趣的航空公司都有必要阅读 1981 年

NASA 行业面向航线的飞行训练研讨会报告（Lauber and Foushee，1981）。

LOFT 简报和讲评

大多数承运人都对其 LOFT 课程进行录像，这样他们可以在讲评时向机组成员播放。利用录像这个工具，富有经验的教员可以让所有的飞行机组成员参与有效的讲评，这比没有录像的真实反馈更易于对飞行机组成员的表现进行讨论。因为录像提供了正面的、令人信服的、清楚无误的机组成员表现的记录，因此通过其反馈，巩固了训练中所做的练习。整个机组开始了解他们行为的最终后果（好的或不好的）。

包括美国在内的很多国家会在训练总结之后把 LOFT 课程的录像抹掉，以确保 LOFT 中的表现在日后不会成为检查或处分的证据。在这种情况下，驾驶员更容易把 LOFT 完全看作训练环境。

但是，有些其他国家认为，在训练结束后例行将录像抹去会降低训练的效果——他们认为经验教训可以被强化，某些 LOFT 课程的录像应当发给参与其中的驾驶员，甚至还可以与其他驾驶员分享。保留课程录像的一个可能的问题是对驾驶员或承运人不利的诉讼。例如，一家承运人被法官传讯，要求其提供坠机事件中驾驶员的训练录像（但没有成功）。第十八章——非惩罚性事件报告中将会讨论此类法律问题。

仍然需要改进的一个方面是飞行前 LOFT 简报、飞行后 LOFT 讲评的质量，尤其是从飞行机组处获得更多的支持。机组在飞行前后的简报和讲评是 LOFT 的重要组成部分。因为如果机组更加习惯于讨论他们的表现，其讲评的质量就会提高。当然，这是 LOFT 的目的之一。

实际飞行中真正会遇到的问题是，对于机组成员来说，尤其是一天执行多个短程航段飞行任务的机组成员，建议其每一个航段都做大量的简报会成为麻烦事，在真实的航线飞行中这是令人厌烦、多余的事情。因为进行相同的完整简报并不能满足飞行的实际需要，因此，除了第一个航段，航线飞行驾驶员通常不在其他航段进行完整的简报。这种不一致会给驾驶员和 LOFT 教员带来训练中的问题。在模拟机训练飞行中，按照要求，驾驶员必须按照航线飞行一样做简报，而教员要强调飞行前和飞行后所有简报的重要性。在航线运行中，短程航段的机长通常根据该航段是否是第一个航段以及飞行乘务员是否是该机组的新人来决定对乘务员所做简报的详细程度。对那些连续飞行的乘务员来说，在短程航段的每一段重复进行简报会成为多余，还会使所有相关人员感到厌烦。

LOFT 普遍存在的问题

毋庸置疑，航空运输业已经进入了一个新的时代。在这个新时代，运行的一般理念和训练都发生了变革。必须宣传新的运行理念，而广为接受的 LOFT 成为新的训练的一个组成部分。为了有效应对这些变革，航空运输协会（ATA）已经组建了 LOFT 教员专门小组，该小组正在起草一份已达成一致的文件，为 LOFT 及相关教员的训练以及对机组成员的表现进行非 LOFT 评估提供指导。因为 LOFT 基本原则包括了新的概念，因此教员的训练是 LOFT 开发中一个非常重要的部分。这些基本原则包括飞行机组成员和飞行教员以前的教学方式以及很多年以来其运行方式的重大改变。本节参考书目中列出了相关书籍的名称，值得参阅（Dismukes et al.，1997，and McDonnell et al.，1997）。

无危险 LOFT 的评估问题

对于规章制订当局及其所监管的承运人双方来说，所有的飞行运行训练大纲中都存在两个基本问题。第一个是确保飞行机组有能力处理任何可能遇到的问题。开发满足所有这些条件的恰当 LOFT 不是件容易的事情。

第二个挑战与第一个问题完全无关，它是如何管理和处理 LOFT 训练中表现不佳的机组成员。LOFT 项目的目的是训练而不是检查，参与 LOFT 的驾驶员也是如此看的，这是最基本的概念。当 LOFT 溶入"熟练性训练"理念中后，"熟练性训练"也成为人们所接受的训练理念。尽管区别可能会变得很模糊，但是 LOFT 练习中不能包括任何形式的正式检查或评估。

毋庸置疑的是，如果 LOFT 中不包括检查，而且驾驶员将训练看作"无危险"情况的话，就创造了一个更加有效率的训练环境。如果驾驶员在 LOFT 训练中表现不佳的话，很多航空公司仅仅要求更多的训练。在大部分情况下，以面向航线的模拟训练（LOS）的方式来进行附加训练，强调改进存在问题的地方。这显然是一种评估，但并不涉及正式的检查。这样，为了达到真实世界中道德和规章双方面的要求，同时保持 LOFT 训练的优势，通常在 LOS 课程结束后第二天进行一次面向航线的评估（LOE）。

某一航空公司的做法是让表现不佳的驾驶员接受额外的模拟机训练，并被"特殊跟踪"。与其他飞行员一年一次复训不同的是，该飞行员每6个月复训一次。尽管一名训练部经理鼓吹这种跟踪应当仅被积极地看作"特别处理"，但是需要再次训练的驾驶员通常不这么认为。在此，所面临的困境是理论上的非评估环境下的附加训练是驾驶员需要面对的现实结果。必须进行附加训练，与不存在"失败"的航线飞行检查这个事实之间仅有细微的差别。以前，没有"非评估环境"的提法，这种表现就简单地被认为是"失败"。这显然是处理令人讨厌的困难问题的一个新途径。

明确地说，检查是所有 LOE 的一部分。通常在此过程中的驾驶员不太容易把他们看作两个完全独立的过程。即使不考虑 FAA 和每一家航空公司的道德责任，也没有办法避免 FAA 对于定期检查的要求。LOFT 和 LOS 系统提供进行必要的评估（LOE）之前的训练。只要参与的驾驶员训练充足，这个系统就会运转良好。

运行环境下的行为训练

航空业关心技术和非技术的行为，今天训练的目的之一是有效应对认知操作行为[①]。一开始，这个词听起来像是"心理学空谈"，但是，它是一个有用的概念，可以用于帮助更好地理解如今运输飞机运行中的行为。认知操作行为可以被分为三类——基于技能的、基于规则的、基于知识的行为（Rasmussen，1987）。每一个单一例子中会涉及两类甚至三类的行为。他们是训练中需要考虑的重要问题，随着训练目的和将要接受培训学员的特点不同而不同。

基于技能的行为

基于技能的行为特点是没有故意控制的、顺利的、自动的、高度一体化的精神和身体行为模式。几乎完全了解有关的行为和环境。对于这类行为，其反应通常是直接的。

基于规则的行为

基于规则的行为一般是在记忆中的规定、程序、命令引导或指导下发生

---

① 认知操作行为是指了解与行为相关的知识、感觉或意识（或者是缺乏这些相关的知识、感觉或意识）。

的行为。规则可以源于以前的经验，或者是有意识的解决问题和管理决策的产物。通常，规则作为指令或手册的改版告知给驾驶员。一个恰当的例子是飞行运行手册或设备手册中的标准操作程序（SOP）的使用。通常在发生了事故或事故征候后对 SOP 进行修改。

正如我们前面提到的，航空运输运行的特性是尽可能基于规则的操作。在大多数情况下，运行是相当确定的。当出现新情况或预见到新情况，或者航空公司将飞往以前未飞过的机场或地区时，飞行运行管理人员就要制订他们认为必要的运行规则。这样，对于所有相关的人员来说，运行就变得简单一些。第十三章——机组资源管理（CRM）和团队解决方案中深入讨论了基于规则的运行。

为应对事故或事故征候而颁布新的规则，这种行业做法满足了运营人、规章制订局方和事故调查人员的需求。在很多情况下，新规则的颁布也提出了新的训练要求。我们已经知道规章的这种增长带来的不可避免的后果就是飞行操纵手册（FOM）内容的复杂化。随着行业的成长和事故与事故征候的发生，飞行运行手册的内容逐渐增多。这是个被动的过程，使得航空运输运行更加趋向于基于规则的运行。尽管训练试图涵盖大部分重要的规则，但是，训练、甚至规则本身都不能够涵盖所有的可能性。厚厚的 FOM 不能免除驾驶员使用判断能力和良好的决断能力的责任。

基于知识的行为

当没有规则或没有任何已知的专门知识可利用以达成已确立的目标时，就会采取基于知识的行为。知识包括一般的背景知识，有时候还包括某些"特殊"知识。基于知识的行为与基于技能或基于规则的行为一起实施，且常常用在高级决策中。

在基于规则、基于技能和基于知识的行为之间存在灰色区域。在某些特殊情况下难以区分这三种行为中哪一种是主要的。大多数航线飞行假设基于技能的行为非常一致，在这种情况下，需要运用相关的规则加以控制。正如我们前面提的，当逐渐熟悉了某一具体的情况后，控制经常会从基于知识或基于规则转变为基于技能。这是因为基于规则的程序是一个确认的安全程序，是将驾驶员、甚至承运人遭遇司法或规章麻烦可能性最小化的可靠方式。

很多事件都要求联合实施三种行为。例如，侧风着陆就要求基于规则的行为（限制性规则和一般操纵规则）和高水平的基于技能的行为、甚至是基于知识的行为，以便成功地完成困难的侧风着陆。在《新技术和人为差错》一书中，雷森教授解释说基于技能的差错几乎总是一个失误，而基于规则或知识的差错几乎总是一个错误，从而将此分类方法与差错联系起来。第九章——人类的极限、人为差错和信息处理一章中讨论了失误和错误之间的区别。强烈推荐对此技术有进一步兴趣的读者研读雷森教授的最新著作《管理组织事故的风险》。

真实世界中的行为组合

艾尔·海恩斯和他的整个飞行机组于 1989 年 7 月 19 日在艾奥瓦州苏城的美国联合航空公司 232 航班事故中很好地组合了基于知识的、基于技能的和 CRM 训练的行为。执行原定飞往芝加哥航班的三发 DC-10 飞机在二号发动机（尾发）的涡扇部分故障后，飞机的三个液压系统都失去了全部液压力，飞机在艾奥瓦州苏城紧急坠机着陆。其结果之一是飞行几乎完全失控。在《原子能专家》的访谈中，海恩斯机长的陈述如下：

> 那时，我们发现自己在一个完全陌生的世界中。我们中的任何人都从未经历过这种情况，我们也从未接受过针对此种情况的模拟机练习，从未想过会失去液压，我们没有任何程序可以遵照执行。

事实上，没有任何正式的规定或程序能够解决机组当时所面临的困难。飞机几乎不受控制地以 215 节的速度触地（比正常着陆速度大得多），摔在跑道上并解体。机上 296 名乘客中有 112 人死亡。飞行机组成员和客舱机组成员的基于知识和技能的行为及其机组资源管理行为使得飞机上其他 184 名乘客和机组成员得以生存。由于其优异表现，整个飞行机组被收入斯密森名人纪念馆①。

斯坦利·斯特瓦特专门撰写了《紧急情况：驾驶舱危机》一书，献给

① 美联航 232 航班的飞行机组成员有机长 Al Haynes、第一副驾驶 Bill Records、第二副驾驶 Dudley Dvorak 和故障发生后进入驾驶舱帮忙的 DC-10 飞行教员兼机长 Dennis Fitch，客舱乘务员包括乘务长 Jan Brown 和其他 8 名乘务员。在极端困难的情况下，这些机组成员的表现都极其出色。

那些在驾驶员训练中未曾训练过或基于规则的正常课程中未涉及的情况下有杰出表现的模范驾驶员。由于航空业相对封闭，很多驾驶员在业外并不出名。行业几乎不公布这些事故征候，这可能是不幸的事情。但这种情况也能得到理解，因为这些事件通常不会得到准确的、正确的报告。

与训练相关的规章

行业内外的规章制订方和训练专家逐渐达成了以下一致意见：规章的要求和基于其上的训练实践活动并不总是能跟上飞机的最新先进技术和我们周围不断变化的环境，但是他们为受其管制的所有航空公司制订最低标准，因此规章制订方尤为重要。在很多国家，包括美国在内，规章制订方批准所有的训练大纲。

大多数规章制订方已经认识到规章要跟上运行环境的变化和先进的技术这一基本问题及其必要性。不同的当局采取不同的解决方案，某些可能与政治有关，但是所有的局方都认识到必需的训练要反映出不断变化的需求。下面所讨论的美国 FAA 高级资格项目（AQP）是局方所采取的解决方案的一个实例。

很多现有的标准和要求的课程在过去的几十年里是不存在的。这包括 Upset（有时候被称作高级操作）训练、CRM 训练、GPWS 训练、TCAS 训练、WSAS① 训练等。硬件和软件的改善要求驾驶员进行基于实际操作和运行条件的训练，以强化针对新设备的学习训练课程，很多此类训练都要求修改规章。

FAA 高级资格项目（AQP）

在美国，官方在驾驶员训练方面的进步创新是 FAA 的高级资格项目（AQP）。FAA 的咨询通告 120 - 54 详细说明该项目的情况。AQP 代表了 FAA 在规章方面所做的努力——保持训练现代化并使必要的训练适应不断变化的需求。它代表了一个主要的规章制订当局在以下方面所做的努力：鼓励训练的最大灵活度、最大限度地利用个人的技能和知识、认识到传统的训练已经不适当了或无效了，同时还要应对航空公司驾驶员训练成本不断增加的情况。

---

① 缩写参见词汇表。

当然，实施这类项目并不能让局方对公共航空运输安全和效率所负基本职责有所减少。为了向 FAA 提供此新项目有效性的有关详细证据，每一个实施 AQP 的航空公司要有严格遵守的规则和文件记录体统。要对每一个 AQP 作为独立的项目进行评估。例如，航空公司可以把其波音 747-400 机型的训练作为高级资格项目，而其波音 737-300 机型没有 AQP。目前，参与 AQP 项目是自愿的，并以各个航空公司具体的机队情况为基础。在承运人开始实施 AQP 项目之前，有很多的初始工作要做。要进行详细的分析、大量的文件记录，并与有关的 FAA 人员进行密切的沟通。目前，几乎所有的大型航空公司和越来越多的地区航空公司都参与了此项目。

AQP 的各个目标为 ATA 任务小组在 ALPA 和 APA 的人为因素以及其他很多方面提供了可靠的支持。它与受到广泛支持的《通过改进人为因素提高航空安全的国家计划》（ATA，1989，Foushee，1990）完全一致。尽管在有效的 AQP 所要求的全部细节上并未达成一致意见，但是，该项目在航线驾驶员训练中的重要性几乎没有被夸大。1990 年，FAA 制订了特殊联邦航空条例第 58 部（SFAR58），这部规章中提出了许可航空公司参与此创新项目的详细要求。美国 FAA 的互联网址 http：//www. faa. gov/avr/afs/tlpaper. htm 上有托马斯·兰格瑞德对 AQP 项目所做的精彩回顾。此外，附录 Q 列出了 FAA 网址上与 AQP 相关的链接。

个人需求

作为正逐渐被运行环节所接受的"熟练训练"理念的一部分，不可避免地要付出更多的努力来满足个人的需求。尽管个人需求可能与工作有关，也可能与工作无关，但是，他们确实会影响到驾驶员训练过程中的行为和效率。

个人需求会随时间变化而变化。变化的依据是近期和过去的种种经验、动机、航空公司的运行哲学（尤其是公司被卖收购或合并的时候）、个人的能力和有时被称为"计算机读写能力"的难以琢磨的性格，以及其他很多因素。有效的训练对于满足这些有时各不相同的要求是非常重要和具有经济性的。

同样，准确而具体地诊断个人对于某些训练的需求以及对训练类型的需求是很难做到的事情。如果航空公司的驾驶员生涯不必要地被中断，那么相关各方都是输家。FAA 的 AQP 项目在满足大多数情况下灵活多变的个人需求方面提供了更多的灵活性。

尽管"熟练训练"的理念对个人需求具有针对性，但是如果认为它会解决所有的熟练性问题，那就错了，因为，它显然没能解决所有的这些问题。不幸的是，总有一些驾驶员不能适应航空公司运行的重大改变，或由于某些原因未能显示良好的表现水平。因为有时这些驾驶员有着长久而成功的职业生涯，因此难以使用公平和可信赖的解决方案来应对他们、驾驶员工会和航空公司管理层都面临的两难局面。唯一的答案是将这些不经常发生但显然是永久的熟练性问题放回存在争议的灰色区域。在这里，这类问题能得到最好的处理、并可能被妥善解决。

制造厂商、航空公司和培训机构的训练职责

制造厂商、航空公司和专门的培训机构在航线驾驶员的训练中都扮演着重要的角色。下面就来讨论一下他们所应承担的职责。

制造厂商的职责

越来越为人们认知的是，在设计的过程中就要考虑到安全、有效地操纵新型飞机和系统所必需的一般训练要求和所需掌握的技能和知识。新型飞机或新系统的制造厂商很容易知道在其运行环境中安全、有效地操纵他们的新型飞机或新系统有哪些要求。制造厂商需要重点考虑的一个问题是驾驶此新型飞机、使用此新系统的驾驶员以及维护此飞机或系统的机械师必须接受的训练总量和训练种类。即使当时还没有具体的训练要求，但是应当在设计阶段就考虑一般的训练需求。如果一架飞机仅是原已获得适航审定和批准型号基础上的改型，那么确实可以节省在审定和训练上所花的时间和精力。基于完全能理解的原因，这成为飞机销售的一个重要因素。

制造厂商还承担其他的训练职责，因为先进技术航空器的购买者的训练能力各不相同、差别很大。驾驶员和维修人员的培训越来越复杂、也越来越重要。训练过程为制造厂商、规章制订方和运营人提供了相互沟通的机会。有些航空公司可能没有安全、有效操纵新设备所必需的培训设施（模拟机或训练设备）。通常的方式就是由制造厂商来提供确保制造厂商和购买者之间良好沟通所必要的高质量训练。制造厂商的这种能力为一些航空公司解决了非常实际的问题。

可以理解的是，航空器制造厂商为购买他们生产的运输机的航空公司提供初始训练。大一些的航空公司通常让制造厂商为新飞机的教员和飞行检查员提供初始训练，之后，因为他们自己有必备的训练设施，他们自己将继续进行培训。

航空公司的职责

驾驶员训练牵涉到驾驶员个人和管理人员，因为两个团队的职能都绝对关键。航空公司运行的安全和效益在某个程度上依赖于训练的效率和效果及其飞行运行管理的一体化。应当在此前提下考虑航空公司运行管理人员的整体训练。

规模较小的航空公司并不总具备目前训练所要求训练能力和昂贵的模拟机。因此，他们经常依赖制造厂商、其他航空公司或独立的培训机构来训练他们的驾驶员如何使用新设备。某些航空公司甚至借助这些非自有设施的训练和检查能力进行复训。但是，这并不能减少他们对其运行的安全和效率所负有的基本职责。

支线和通勤航空公司

由于几位批评家提出的有些扭曲的一项记录，美国通勤航空公司的安全得到了更多的关注，正如第二章——航空运输业及其安全记录中所述，美国已经宣布在 1995 年 12 月以后，美国的通勤航空公司和大型航空公司要达到"同等的安全水平"。用最简单的话来说就是新规章详细说明了必须将 10 ~ 30 座航空器运行标准提高到使用大型飞机运行的航空公司的 121 部标准的要求。尽管很多通勤航空公司已经全部或部分在 121 部下运行了很多年，但是新的规章对很多支线航空公司和通勤航空公司提出了更加严格的训练要求（支线航空公司协会，1996）。

底线

航空公司的运行哲学、政策、程序和实践（第六章中讨论过的 4P）是他们日常运行的关键组成部分。所有这四个要素的实施应当是训练中一个不可缺少的部分，同时也是优秀的 CRM 项目总体训练中一个重要的组成部分。公司基本政策和其他一些运行哲学的培训应当是所有机队训练的一个标准组成部分。

运行管理人员、训练官员和人员以及航线驾驶员都要关心公司政策中的细节以及由制造厂商已经设定好的基本操纵程序（航空公司可以进行修改，改后需要 FAA 批准）。所有的这四方——制造厂商、航空公司、驾驶员和 FAA——对政策、经批准的运行规程和程序的遵守情况予以同等关注。这些问题可能涉及人为因素问题，因此，如果想要满意地实施，就必须解决这些人为因素问题。

运行规程和程序包括"监控下的进近"、"不安全机组"、"基本机组或团队的概念"以及制订一个区分明确的操纵驾驶员（PF）和非操纵驾驶员（PNF）职责。此外还包括处理明显失能和隐蔽失能的程序和"两次通话规则"的使用。第十五章工作中的失能一节中解释了两次通话规则。所有这些规程和程序都应当是驾驶员训练的内容。

越来越被重视的 CRM 基本原则使飞行教员、飞行检查员和新的 AQP 评估员的职责变得更加复杂。飞行教员和飞行检查员的职责在变化，其工作也越来越难。教授和评估（或评价）航线驾驶员不是一份能很容易做好的工作，也不是一份很容易保持始终如一的工作。

飞行教员和飞行检查员是驾驶员有效训练的关键。目前，在教员和飞行检查员的挑选中要求注意 LOFT 环境下教授 CRM 和团队表现的能力。仅有技术技能已不足以担任教员和飞行检查员。正如本章一直所说的那样，考虑个人在团队中的表现的方法正在被加以评估。应优先考虑开发适当的标准并确认可用的工作方法。此项工作的先行者是得克萨斯大学/NASA/FAA（UT/NASA/FAA）的合作项目。附录 Q 中给出了详细记录得克萨斯大学在此方面所做努力的网站。

经常被忽视、但直接影响到训练效果的人员包括飞行检查员、飞行训练员和其他管理层飞行员以及较高级别的飞行运行管理层。尽管要求他们遵守已制定的规则和程序，但他们并不总能做到。用文雅的学者语言来说就是，无论何时何地涉及管理层，"理论支持"必须也是"理论表达"。尽管这听上去相当简单，但明显看穿了某些管理层所作所为与其支持的理论之间是存在差别的。

不遵守程序或偏离程序的原因有，很多航线驾驶员（有时候是管理层驾驶员）认为这些管理层的代表不会小心翼翼地遵守那些非最佳标准操作程序，这些程序并没有反映"事实是怎样的、事实应当是怎样的、也并不符合航线的实际情况"。不管这种做法的涉及面有多大，他们都应当知道不遵守 SOP 会对良好训练的有效性产生负面影响，并破坏其他运行良好的飞行，这种做法应得到纠正。第九章——人的极限、人为差错和信息处理中讨论了不能始终遵守 SOP 和程序的一些原因。但是，此处主要的观点是如果由于某些原因不能遵守 SOP 或其他程序，就会带来其他一些问题。

培训机构

尽管大多数承运人自己开展训练，但是由制造厂商、其他航空公司或培训机构组织某些训练有增长的势头。通常是因为航空公司没有设施（模拟机、教员等）在其内部实施必需的训练，这时就需要这种培训机构。航空公司越来越不愿意将飞机从航线服务中调出来进行训练。首先，将飞机从运行中调出来进行训练显然非常昂贵。其次，在飞机上做能够在模拟机中进行的动作训练是极其不明智的。主要的、也是一直存在的问题是确保在由训练合同方提供的训练和评估中反映公司的运行哲学、政策和程序。

建立公司专门的训练中心

越来越多的航空公司不断地需要高质量的驾驶员培训，并开始自己建立训练中心为驾驶员提供训练。这些航空公司想要最大程度地利用昂贵的训练设备，其中很多已经开始销售他们的训练能力。有几家航空公司将他们的培训部门作为单独的利润中心，提供从起始训练到经批准的型别等级训练和评估等范围广泛的培训，这种情况在欧洲尤甚。

没有理由期望这些努力会减少。最近，一家美国骨干航空公司宣布在其训练中心投资 1.3 亿美金，其目的不仅是为增加的训练需求提供准备，还要涉足蓬勃发展的美国和国际第三方航空公司培训市场（Norris，1997）。另一家骨干航空公司刚刚花费了 3.4 亿美金升级扩建其训练中心，现有 36 台模拟机、超过 600 名教员和 104 间教室和讲评室。目前，有超过 200 家的国内和国际承运人在自己的飞行训练中心训练他们的飞行机组。

将训练外包给培训机构

注重公司飞行运行的专门培训机构在某些干线、支线或通勤航空公司的运行中发挥着越来越重要的作用。毋庸置疑的是他们在航线运输中扮演着越来越重要的角色。

最近，一家主要的美国制造厂商和主要的飞行培训机构已经共同创造了一个被称为训练"超级学校"的词，它将飞行员和维修人员的训练结合在一起进行，是世界上此类训练公司中训练航线驾驶员和维修人员数量最大的学校。据预测，"在 20 年后，航空公司需要 16000 名喷气式飞机驾驶员才能满足航空运输量 5% 的年平均增长率"（Harrison，1997）。同时，未来 20 年中有超过 200 万的新驾驶员需要训练。这个培训机构（波音飞行安全国际训练学校）刚刚宣称它将花费 8500 万美金在伦敦建立新的欧洲培训中枢。这将是该培训机构在美国境外的首家海外培训中心枢纽，也是它计划为驾驶员和维修人员建立的此类国际培训网络中的第一家。

委任训练中心

在美国，FAA 的 AQP 中的一项新规定是正式建立委任"训练中心"。他们已经在 FAA 的咨询通告（AC 120 - 54）中作为独立机构依据合约提供训练，或向合格证持有人提供其他服务。几乎不用怀疑那些已经建成的培训机构会寻求并获得 FAA 的任命，成为 AQP 委任训练中心。

在 AQP 中，此类训练中心的人员是经 FAA 批准的。经批准的训练中心将会被授权向航空承运人提供驾驶舱资源管理的飞行教员和评估人员，并向某些承运人提供某些型号飞机的训练。承运人也要批准被授权的训练中心的大纲。要把过去的几年中逐渐形成的过程正式化。AQP 咨询通告也对在外包训练中强化公司具体的运行哲学、政策和程序等问题进行了规定。

训练设备

航线驾驶员训练发生的众多变化包括使用基于计算机的训练（CBT）以及与它密切相关的计算机辅助学习软件（CAL）。今天，与对行为有要求的和其他类型的技能和领域相比，此类最佳训练（有时被称作桌面训练）也更加符合技术性训练的要求。

很多早期的 CBT 训练设备不提供真实的训练，因为他们只是单一功能的模拟设备。这些训练设备只是完成某一特定目标的唯一方法。他们变成了"猛击正确的按钮后你就可以进行下一步"的训练设备。他们没有飞机上可用的选项，因此他们不能模拟真实世界的运行。他们并不为很多驾驶员和教员所喜欢。后来的 CBT 解决了这个问题。

　　所有 CBT/CAL 的功能都有了实质性的提高，毫无疑问，CBT/CAL 的使用会越来越多。这类训练的好处有：

- 比讲授型教学更加经济；
- 确保所有的学员接受相同（且正确）的信息；
- 不要求大量专家型教员；
- 通过允许学员按照自己的进度进行训练，从而减少了令学员不快的压力——这是此类训练存在争论的地方。

图 16.1　高科技教室

资料来源：*ICAO Journal*，April 1994，page 27

　　批评家断言，即使利用 CBT 或 CAL 实施的最优秀的大纲也不能真正减少学员的时间压力，因为通常每一个部分都有一个预定的"正常"时限，有时候还专门设定这个时限。他们还断言，以前在典型的学校环境中学员在教室中与其他学生以及一名教员互动是 CBT 或 CAL 不能提供的有价值的交流。大部分成功的训练项目似乎都综合运用了这些方法。

制造厂商大量参与了为航空器维修人员设计的 CBT/CAL 训练。例如，最近，一家曾在其耗资 1.08 亿美金的顾客服务培训中心培训了 3000 多名航空器维修人员的大型航空器制造厂商报告，其利用 CBT 来加强互动和故障检修技能。以前，95% 的此类训练由教员实施（*Aviation Week & Space Technology*，1996 年 12 月 2 日）。

飞行训练器（FTD）和飞行模拟机（FSS）

从先进技术时代迄始，驾驶员们就抱怨他们没有得到足够的基本系统训练，尤其是在如何使用飞行管理系统方面没有接受充足的训练。此问题的一个回答似乎是更多地使用了有时候被称为飞行训练器（FTD）① 的部分任务训练设备。飞行训练器在驾驶员、维修人员和飞行乘务员的训练中得以广泛运用。FAA 已经制定了 FTD 的 7 种复杂度标准。此外，FAA 还指定了高级全功能飞行模拟机（FFS）② 的 4 种逼真程度标准。在大多数国家，模拟机在投入驾驶员训练之前需要得到局方的批准。除非有双边协议或类似的文件证明，否则各国通常需要对投入训练的模拟机进行单独的审批，这是一个昂贵、费力和重复的过程。

近年来最有希望的进展之一是意识到每一个国家各自制订自己的规则太繁重且昂贵之后，12 个国家的代表一起编制了一份技术文件。这个文件设定了飞机飞行模拟机的评估和取证的通用标准。129 个国家在 1992 年 1 月的伦敦会议上一致通过了该文件标准。可以从 ICAO 处获得飞行模拟机鉴定标准手册（9625 号文件）。飞行模拟机评估国际标准的采用减少了航空器制造厂商、模拟机制造商和局方为数量不断增加的航空公司驾驶员模拟机训练颁证的工作量。

---

① 飞行训练器是在无机壳的开放式座舱内或有机壳的封闭座舱内对飞机仪表、设备、控制板和控制器一比一对应复制的，包括用于表现飞机在地面和空中运行所必需的设备和支持这些设备运行的计算机程序，但是不要求有提供产生动感的运动系统或视景系统（FAA）。

② 如果飞行训练器不能够提供三个轴向上的运动和夜景，就仅是一种飞行训练器，而不能被称作飞行模拟机（FSS）。

图 16.2　D 级飞行训练模拟机

资料来源：*ICAO Journal*，April 1994，page 28

逼真度的问题

最有效的训练和有限逼真度的最佳利用对于逼真度的要求是一个相当有争议的话题。不可避免的是，逼真度的提高意味着成本的明显提高，没有谁会购买超过逼真度需求的模拟机。此外，在一些情况下有证据表明，由于引起了不必要的注意力分散，非必需的高逼真度会降低训练的有效性。几年以前，一位知识渊博的训练专家华莱士·普赖费特就此问题发表过一篇杰出的论文。1963 年 11 月 6 日，该论文在希腊雅典举行的飞行安全协会国际航空安全研讨会上发表。普赖费特极具逻辑性地作出以下断言：

> 训练设备或模拟器有一个基本的目的——提供一个接受训练的环境。因为训练和飞行安全密切相关，因此，不必惊讶安全人员对训练设备相当感兴趣……我支持下述观点：航空人员已经太过关注设备——模拟机和训练设备——而对其使用不够关注。我们并未对

应当教授什么、该如何教授予以必要的关注。当我们应当该面向训练的时候，我们却面向硬件。因此，训练设备通常不能充分他们发挥对训练和飞行安全应有的贡献。

(Prophet, 1963)

"逼真度"的另一面是如果把模拟机作为训练和检查飞机的替代品，则FAA 和其他局方可能会有非常高的逼真度要求。因此，大多数航空公司购买逼真度非常高的模拟机，即使有时候并不使用他们所购买的模拟机的所有逼真度，或者最终将其用于那些并不要求那么高复杂度的任务。使用部分任务训练设备可以部分解决这个两难问题。托马斯·兰格瑞德在"高级资格项目回顾"中写到：FAA 的"AQP 鼓励航空承运人根据某些特殊阶段对训练设备需求的分析使用那些与训练需求相匹配的设备。明智的需求分析可以使 AQP 参与者明显减少对全功能模拟机的需求"（Longridge，1998）。

小结

我们十分清楚，航空公司驾驶员的训练是复杂、昂贵而重要的。这种训练非常专业化、非常重要以至于其优先级特别高。正如我们在序言中所述，不能将本书看作包罗万象的论文，尤其是本章。训练需求会因航空公司的不同而不同、也会因训练类型不同而不同。在有些情况下，训练需求可能会引起人为因素问题，这时可以由人为因素专家提供最佳回答。涉及技能的转化、可能的消极训练、确定部分任务训练的最优化利用确定非常复杂的模拟机的最优化利用以及最终评估培训系统的总体有效性等方面的问题，可能难以回答。这些问题已超出了本书的范围。

参考文献

[1] Air Transport Association of America's Human Factors Task Force (1989). *National plan to enhance aviation safety through human factors improvements*, Washington, D. C.

[2] Aviation Week & Space Technology (1996). 'Meeting the Training Challenge', Advertiser Sponsored Market Supplement in *Aviation Week & Space Technology*, 2 December 1996, McGraw-Hill Companies, New York.

[3] Bartram, Dave and Baxter, Peter (1996). 'Validation of the Cathay Pacific Airways Pi-

lot Selection Program', *The International Journal of Aviation Psychology*, 6 （2）, Lawrence Erlbaum Associates, Inc. , Mahwah, New Jersey.

［4］ Billings, Charles E. （1997）. *Aviation Automation: The Search for a Human-Centered Approach*, Lawrence Erlbaum Associates, Mahwah, New Jersey.

［5］ Buck, Robert N. （1995）. *The Pilot's Burden*, Iowa State University, Ames, Iowa.

［6］ Chidester, Thomas R. , Helmreich, Robert L. , Gregorich, Steven E. , and Geis, Craig E. （1991）. 'Pilot Personality and Crew Coordination: Implications for Training and Selection', *The International Journal of Aviation Psychology*, 1 （1）, Lawrence Erlbaum Associates, Inc. , Mahwah, New Jersey.

［7］ Cooper, George. E. , White, Maurice D. , and Lauber, John K, eds. （1979） . *Resource Management on the Flight Deck*, NASA Conference Publication 2120, Proceedings of NASA/Industry Workshop, Ames Research Center, Moffett Field, California.

［8］ Damos, Diane （1995）. 'Pilot Selection Batteries: A Critical Examination', in Johnson, N. , Fuller, R. , and McDonald, N. , eds. , *Aviation Psychology: Training and Selection*, Avebury Technical, Aldershot, United Kingdom.

［9］ Damos, Diane （1996）. 'Pilot Selection Batteries: Shortcomings and Perspectives', *The International Journal of Aviation Psychology*, Lawrence Erlbaum Associates, Inc. , Mahwah, New Jersey.

［10］ Dismukes, R. Key, Jobe, Kimberly K, and McDonnell （1997）. *LOFT Debriefings: An Analysis of Instructor Techniques and Crew Participation*, NASA Technical Memorandum 110442, NASA Ames Research Center, Moffett Field, California.

［11］ Federal Aviation Administration （1991）. *Line Operational Simulations*, Advisory Circular 120-35C, Washington, D. C.

［12］ Foushee, H. C. （1990）. 'National Plan for Aviation Human Factors', presentation to the Society of Automotive Engineers G-10 Committee, Monterey, California.

［13］ Greene, Berk and Richmond, Jim （1993）. 'Human Factors in Workload Certification', presented at Society of Automotive Engineers Aerotech '93, Federal Aviation Administration, Seattle, Washington.

［14］ Green, Roger G. , Muir, Helen, James, Melanie, Gradwell, David, and Green, Roger L. （1991）. *Human Factors for Pilots*, Avebury Technical, Aldershot, United Kingdom.

［15］ Harrison, Kirby J. （1997）. 'Boeing/FSI Create Training 'Superschool'', *Aviation International News*, 1 April 1997, Midland Park, New Jersey.

［16］ Johnston, A. N. , （1992）. 'The Development and Use of a Generic Nonnormal Check-

list With Applications in *Ab Initio* and Introductory Advanced Qualifications Programs',
The International Journal of Aviation Psychology, Lawrence Erlbaum Associates, Inc.,
Mahwah, New Jersey.

[17] Lauber, John K. and Foushee, H. C. (1981). *Guidelines for Line-Oriented Flight
Training, Vol. I and II.*, NASA Conference Publication 2120, Ames Research Center,
Moffett Field, California.

[18] Lauber, John K. (1993). In Foreword to *Cockpit Resource Management*, edited by
Wiener, Earl L., Kanki Barbara G., and Helmreich, Robert L., Academic Press,
Inc., Harcourt Brace Jovanovich, Publishers, San Diego, California.

[19] Longridge, Thomas M, (1998). 'Overview of the Advanced Qualification Program',
http: //www. faa. gov/avr/afa/tlpaper. htm, Federal Aviation Administration, Washing-
ton, D. C.

[20] McDonnell, Lori K, Jobe, Kimberly K., and Dismukes (1997). *Facilitating LOS De-
briefings: A Training Manual*, NASA Technical Memorandum 112192, NASA Ames Re-
search Center, Moffett Field, California.

[21] McFarland, Ross A. (1953). *Human Factors in Air Transportation*, McGraw Hill Book
Company, Inc., New York.

[22] Norris, Guy (1997). 'United Drives Hard To Gain A Place In The Training Market',
Flight International, 2 - 8 April, 1997, Reed Business Publishing, Sutton, United
Kingdom.

[23] Odegard, John (1994). 'Expert Pilots Can Be Cultivated Through A Shift In The Way
Students Are Taught', in *ICAO Journal*, May 1994, International Civil Aviation Organi-
zation, Montreal, Canada.

[24] Orlady, Harry W. (1993). 'Airline Pilot Training Today and Tomorrow', chapter in
Cockpit Resource Management, edited by Wiener, Earl L., Kanki, Barbara, G., and
Helmreich, Robert, L., Academic Press, Inc., San Diego, California.

[25] Orlady, Harry W. (1994). 'Airline Pilot Training Programmes Have Undergone Im-
portant and Necessary Changes in the Past Decades', *ICAO Journal*, April 1994, Inter-
national Civil Aviation Organization, Montreal, Canada.

[26] Orlady, Harry W. and Foushee, H. Clayton, eds. (1986). *Cockpit Resource Manage-
ment Training*, NASA Conference Publication 2455, Ames Research Center, Moffett
Field, California.

[27] Orlady, Harry W. and Wheeler, William A. (1989). 'Training for Advanced Cockpit
Technology Aircraft', *Proceedings of the Fifth International Symposium on Aviation Psy-*

chology, Ohio State University, Columbus, Ohio.

[28] Proctor, Paul (1996). 'Airlines Increase Hiring From Civil Ranks', *Aviation Week and Space Technology*, 8 April 1997, Hill Companies, New York.

[29] Prophet, Wallace (1963). 'The Importance of Training Requirements Information in the Design and Use of Aviation Training Devices', presented at the Flight Safety Foundation International Air Safety Seminar, 6 November 1963, Flight Safety Foundation, New York (now Arlington, Virginia).

[30] Rasmussen, Jens (1987). *New Technology and Human Error*, ed. by Rasmussen Jens, Duncan, Keith, and LePlat, Jacques, John Wiley & Sons, Chichester, United Kingdom.

[31] Reason, James (1997). *Managing the Risks of Organizational Accidents*, Ashgate Publishing Limited, Aldershot, Hants, England.

[32] Regional Airline Association (1996). *Annual Report of the Regional Airline Association*, Regional Airline Association, Washington, D. C.

[33] Stewart, Stanley (1989). *Emergency: Crisis in the Flight Deck*, Airlife Publishing Ltd. , Shrewsbury, England.

[34] Vette, Gordon with Macdonald, John (1983). *Impact Erebus*, Hodder and Stoughton, Auckland, New Zerland.

第十七章　具有挑战性的
乘务员职责

　　乘务员有两项基本责任。一项与他们重要的服务职责有关，另一项比第一项更加重要，与在正常和非正常状况下旅客和他们自身的安全有关。乘务员的工作要求他们在工作期间努力工作，并要求他们具备处理飞行中各种医疗或其他突发事件的能力。乘务员可能是旅客应急撤离中最关键的资源。

　　很多航空运输事故都是由与客舱乘务员及驾驶舱机组成员之间沟通相关的人为因素所致。本章主要关注乘务员的安全责任，但重要的是了解他们的历史、所处的环境和面临的特殊挑战。

历史因素

　　第一批客舱乘务员是 3 名 14 岁的男孩，由大英戴姆勒航空公司于 1922 年雇佣。他们穿着侍者的衣服，参与重要航班的飞行。这种航班既不提供食物，也不提供饮料服务，因此这些在飞机上的男孩更多的是装饰性的，没有实际工作。后来，戴姆勒公司男侍的职责逐渐升级，但毫无疑问的是他们的主要职责是旅客服务。20 世纪 20 年代中后期，欧洲航空公司继续强调飞行中为旅客提供的服务。有几家航空公司雇佣男性担任空中服务员，为旅客提供服务。这些人和戴姆勒男侍就是第一批客舱乘务员。

　　20 世纪 30 年代，联合航空公司永远地改变了飞行中服务的性质。因为艾伦·丘奇——全球第一名航空公司女乘务员（见图 17.1）的说服力和斯蒂夫·辛普——一名联合航空公司早期高层管理人员的远见，联合航空公司开始雇佣有吸引力的、单身的注册护士作为世界上第一批女性乘务员在其公司的航班上为旅客提供服务。她们的年龄必须小于 25 岁，而其全部职责就是增加旅客的舒适感和安宁感，并让旅客对这种新兴的旅行方式的安全、舒适和便利更有信心。今天，护士背景的要求以及年龄、性别、婚姻状况等方面限制已经被取消。

有很长的一段时间，飞行乘务员的工作（早期是女性乘务员）不被认为是一种职业。其主要原因是此项工作的严格要求——当这些迷人的、赏心悦目的、未加入工会的年轻女性结婚之后就必须立即从工作岗位上退下来。后来，客舱乘务员也加入了工会，逐渐增加了工资，对他们的其他的限制也减少了。

优厚的休假制度、利用通行证旅行、医疗福利和养老金等大多数所谓的额外福利也成为乘务员工作的一部分，直至今天，很多的客舱乘务员，无论男性还是女性，都将此份工作当作职业。很多飞行乘务员都是已婚人士。在多数情况下，他们的配偶也能获得与驾驶员和其他雇员配偶同等的福利。大约有20%的乘务员是男性。

图 17.1 艾伦·丘奇——首位航空公司女乘务员

资料来源：Courtesy of United Airlines

对旅客服务和舒适的基本关注一直被行业认为是乘务员工作的特点。这仍然是航空旅行促销广告中一个重要的观点。直到最近，乘务员在安全方面的职责才开始受到注意。由乘务员工会和驾驶员工会主导的安全职责已引起了研究者、FAA 和 NTSB 的广泛关注。之所以如此，是因为在对事故或严重事故征候的结果进行分析后发现，乘务员的职责、训练、行为以及他们与驾驶舱机组成员之间的沟通常常是导致事故或严重事故征候发生的因素。毫无疑问的是客舱乘务员的工作已经从以前唯一关注旅客服务发生了很大改变。例如，一家大型航空公司确定了 23 起与安全相关的事例，而这些事例都属于强制报告事件。附录 L 中列出了这 23 个强制报告事件，其中大部分都必须在现场得以解决。

组织因素

从女性乘务员提供服务时就开始出现的、持续影响飞行机组成员与客舱乘务员沟通的一个重要组织因素是航空公司流行的观点——客舱乘务员的首要职责是关心旅客的舒适度和安宁，包括在撤离时承担有关的职责。随之即产生了旅客服务仅是飞行机组成员的外围工作的观点，这种观点使行业继续把驾驶员和客舱乘务员放在不同的部门。

驾驶员通常隶属于飞行运行副总管辖下的部门，而客舱乘务员隶属于销售或市场营销副总管理的下设部门。从这两个群体的基本职责来看，这种安排没有问题。不幸的是，这种安排不能促进两个群体之间良好的互动。从历史来看，两个部门向来都不重视互动，可能除了乘务员承担应急撤离任务时双方有可能打交道外，其他情况下都很少有互动。如果从旅客角度看待乘务员及其完成的服务工作的重要性，就很容易明了为什么市场部希望能管理乘务部。此外，航空公司考虑到如果让乘务员保持相对独立，那么在与乘务员进行集体谈判时就具有更多的灵活性，也很少有人怀疑飞行运行部门会高兴地看到他们在销售和营销方面承担很少的责任。

关于采用这类组织结构的意愿问题，至少有三派意见。第一派认为当前的组织结构完全合乎逻辑。它的支持者们认为驾驶员最多能把市场营销排在第二位，而市场营销对于航空公司是如此之重要，需要专门的重视。第二派包括了很多学术界人士和研究人员，他们认为两个群体之间有安全这个良好的沟通界面，这十分重要，因此这两个群体应当由同一个人来管理。第三派，我们认为是很不幸的很少的一部分人，他们认为每一部门都有责任去了解和感受对方。因此，市场副总和飞行运行副总要向更高一级的一名副总负责，此人对两个部门负最终责任，并确保两个部门的安全和沟通得到了足够的重视。这很少的一部分人认为两个部门不应当像现在这样独立运行。

弗兰克·霍金斯在《飞行中的人为因素》中指出：需要考虑到乘务员与其独特的工作环境中所有因素的相互关系（Hawkins，1993）。就此领域中的讨论，我们强烈推荐他的书中的第286页至325页的内容。社会环境尤其重要，因为有关的社会环境是乘务员与旅客及驾驶舱机组两方面都存在的沟通界面。大部分社会环境衍生于航空公司的组织文化。航空公司的组织文化不仅影响了乘务员在安全方面的职责，也影响到他们与旅客和驾驶舱机组成员的关系。社会环境的概念在第六章——社交环境中进行了讨论。

规章因素

以前，乘务员长期追求的目标是获得某种由 FAA 颁发的执照。至少有两个原因使航空公司对此表示反对，其中之一可能比另一个更值得尊重。其一是如果乘务员可以在各类飞机上工作，排班就会简单得多，尤其相对于几乎总是只具有驾驶一种型号飞机的现行有效资格的驾驶员来说更是如此。这种排班上的多功能性对于乘务员和公司来说都是好事。但是，第二个原因阐明了乘务员、尤其是乘务员工会追求官方颁发执照的原因。这个原因是：如果乘务员没有执照，在诸如罢工等人力管理危机时公司能够更容易临时、甚至永久性找人代替他们的职位（通常是其他为旅客提供服务的员工）。

FAA 确实批准了航空公司为乘务员所设的训练课程大纲。乘务员的初始训练十分严格，通常是 6 周的课程，学习所有与安全相关的知识和公司特定的客舱服务知识。没有执照会给乘务员工会带来困难。一个实例发生在 1993 年。一家大型航空公司受到了罢工威胁，这家公司迅速向 FAA 提交申请，要求将必需的最少 6 周乘务员培训课程减少到 8 天（Chute and Wiener，1995）。FAA 的立场是 8 天时间足够圆满完成对安全方面知识的培训。

现在的乘务员

乘务员主要关心三类人员——其他乘务员、驾驶舱机组成员和他们的旅客。一般来说，波音737配备有3名乘务员，远程喷气式飞机上配备有多达

21 名乘务员。所有的乘务员必须作为团队开展工作，通常，协调工作由一名主任乘务员完成，有时候把他/她叫做乘务长。显然，客舱乘务员和驾驶舱机组成员之间的沟通非常关键。因为很少有旅客被限制登机（除非是明显喝醉的人），所以乘务员常常会遇到各种类型的旅客，这不会令人觉得诧异。乘务员要向年龄、性别、体格、经历、语言以及对旅行的感受都各不相同的各种旅客提供服务。预计到 21 世纪将会有 150 亿旅客乘飞机，不可避免的，乘务员将面对更广泛的旅客。

乘务员的沟通与协作

1985 年，FAA 人为因素研究计划提出的目标之一就是提高驾驶舱和客舱机组成员之间沟通和协作的有效性。"机组的协作不仅在发生紧急情况时非常关键，在正常运行中也非常关键……尽管他们是作为两个不同的机组进行培训、排班以及被认为是两个独立的机组，但是驾驶舱和客舱机组成员应当作为融为一体的机组成员工作"（Cardosi and Huntley，1988）。

乘务员职业性关注他们自身、与驾驶舱机组成员以及与旅客之间进行的沟通。因为本书主要关心运行问题，因此后面的章节会强调但不局限于运行小组之间的沟通与协作。很多问题与训练相关，其中大部分是人为因素问题，因为它们直接影响到驾驶舱和客舱机组成员之间的沟通，以及必须作为一个团队一起工作的乘务员之间的沟通。很多问题都与安全相关。为了更好地处理驾驶员操纵小组和客舱乘务员之间的沟通问题，目前，几家航空公司将驾驶员和乘务员组成联合小组一起接受某些项目的复训。几乎所有人都同意这样的联合训练具有激发性、积极性和教育意义，应当值得鼓励。

客舱与驾驶舱之间以及客舱内机组成员的沟通

乘务员的基本飞行运行中会有两类沟通，一类是驾驶舱与客舱之间的沟通，另一类是客舱机组成员之间的沟通。1985 年，寇安列出了客舱和驾驶舱之间进行良好沟通的前提条件：

- 机组成员之间的互相尊重和友好关系；
- 紧急情况下不会失败的沟通；
- 理解其他机组成员的职责；
- 特定情况下的相同信息（例如，代码字）。

例如，除非乘务员和驾驶员理解使用的代码字或信号的意思以及使用它们时将要采取的行动，否则在发生劫机时或者应急撤离时使用这些代码字或信号是毫无用处的。为应急撤离或者任何应急情况的处理进行配合良好的准备，需要客舱和驾驶舱机组成员双方协作良好的训练。

NTSB 和 FAA 已经越来越关心客舱和驾驶舱成员就相同的安全事项所接受的训练中存在的差异（NTSB，1992）。徐特和维纳引证了以下实例。9 年以来，乘务员接受的训练是在发生紧急情况时，他们希望飞行机组至少给他们提供四个关键信息。这四个关键信息包括紧急情况的类型、"准备好"信号、撤离信号和可用的准备时间。但是，来自于同一家航空公司的接受访谈的驾驶员都从未听说过这"四个关键信息"（Chute and Wiener，1995）。所有对此问题持严肃态度的观察员都认可很多航空公司需要在训练和处理安全事项时进行更好的协作这一观点。

要形成良好的沟通，会遇到一些很明显的后勤安排问题。例如，某些大型航空公司的乘务员数量超过 2 万人。就某一次具体的飞行来说，某名乘务员可能不太熟悉或根本不认识其他乘务员和驾驶舱机组成员。随着客舱乘务员数量的增加，沟通问题的复杂性增加了，因此沟通问题变得复杂起来。很多航空公司试图将乘务员与驾驶舱之间的沟通通过主任乘务员来进行。小型航空公司内的沟通问题要小一些，因为客舱和驾驶舱机组成员会经常一起飞行，并且互相了解。

下一个引发的问题是，有些航空公司生硬地将客舱和驾驶舱机组成员安排为一个完整的团队，让他们在一起飞行好几天。如前所述，乘务员接受的训练是可以在航空公司的所有机型上工作。如果乘务员和驾驶员的排班方法不同，就会带来经济上的益处。这种多功能性也意味着乘务员更好的工作条件。但是，这样的方法意味着机组没有机会建立起良好的沟通关系以及完成某些在第十三章——机组资源管理（CRM）与团队中讨论到的团队建设。

机组协作的另一个挑战与乘务员领导——主任乘务员或乘务长的训练有关。在有些航空公司，乘务长这个职位是按照资历来任命的，人们很少认识到它在训练及其他方面的相关职责。因此，在某些航空公司，由地位最低的乘务员来充任此重要职位的情况屡见不鲜。这种情况与让资历最浅的飞行员在驾驶舱内担任机长不同，这确实意味着在乘务员排班时对安全的考虑排在相当靠后的位置。

机组搭班的问题不仅限于长途大型喷气式飞机的飞行。在某一正常的飞行当班中，一名中型喷气式飞机的机长抱怨说一天会有 4 个不同的乘务员与他搭班飞行。他的确难以清楚地知道他在和谁搭班飞行。按照 FAA 的规定和工会合同，乘务员也根据不同的工作规定参与运行。这些差异会造成一些问题，诸如，在航班延误后驾驶舱机组成员飞行仍然满足规章对值勤时间的要求，但可能造成乘务员不符合规章对值勤时间的要求。实际情况也可能正好相反。

清楚的是，在训练中必须强调沟通和机组协作。CRM 训练，无论是联合进行的还是单独进行的，都应当强调这些要点。运行手册中短短的几行字根本不够。驾驶员应当接受向乘务员获取相关信息的训练，并且应当知道在非正常情况下乘务员及早得到清楚的信息对于他们的表现或旅客的行动来说非常重要。

不受干扰驾驶舱规定

协作问题已经通过"不受干扰驾驶舱"规定得以解决、强化。不受干扰驾驶舱规定（FAR121.542）是指在飞行中的关键阶段及所有 10000 英尺以下的飞行运行（除巡航之外）期间，任何机组成员都不得进行与安全运行无关的活动或谈话。规章特别将客舱机组与驾驶舱机组在不受干扰期间的不必要沟通排除在与安全运行相关的活动或谈话之外。

该规定的基本目的是可行的，但是，规定的实施造成了一些两难局面。例如，一名驾驶舱机组成员在低于 10000 英尺的进近阶段接到了简洁而准确的客舱通知。乘务员通知他们"着火了"。这个消息是第一个也是唯一的一次通知驾驶舱机组出问题了，客舱中着火没有人管。在航后的简评中，乘务员说他们很犹豫是否通知驾驶舱，因为当时的飞机是双人机组，没有飞行机械师，而失火发生在他们认为是"不受干扰驾驶舱"期间。

不受干扰驾驶舱规定的一个问题是如何定义什么是与安全有关的事项以及什么是不必要的沟通。第二个问题是确切地告知客舱机组飞机已经下降到10000 英尺以下还是已经爬升到了 10000 英尺以上。有些航空公司使用特殊的 PA 通知，有些是使用排好顺序的声音信号，有些就只是简单告诉乘务员起飞后 10 分钟和着陆前 10 分钟为不受干扰时期。

各航空公司在协作和沟通上的差异

各航空公司的训练部门对客舱机组和驾驶舱机组之间的协作和沟通的重视程度有很大差异。不幸的是，并不是准备充分的航空公司就不发生事故或事故征候。问题是前面所述事实将问题恶化了，驾驶舱机组成员和客舱机组成员通常在两个不同的部门进行管理，每个部门的负责人只管理自己那部分机组成员。由于有两个不同的训练部门，很明显，主要的努力必须放在提供一致的、且达到共同目标的计划上。有些航空公司在此方面做得十分成功，但是需要付出特别的努力和心血。机组资源管理计划为强调驾驶舱机组成员和客舱机组成员之间良好的沟通和协作的重要性提供了一个理想方式。

当前的协作和沟通所面临的挑战

目前，驾驶舱机组成员和客舱机组成员之间的沟通和协作似乎正在得到更多的重视——至少在某些航空公司是如此。在一些建设性方案中的重要部分是每个群体能理解另一个群体在正常运行和非正常运行中所担负的职责。在航程中，显示出一般的礼貌，例如，愉快的自我介绍、创造能够达成共同目标的协作氛围。通常应当尽可能地由机长主持飞行前简报会，通报诸如飞行中的天气情况、预计的飞行时间以及飞行中可能遇到的任何不寻常情况，并可以在简报会上提请对方进行沟通、并提供协助和支持。但是，尤其是在长途飞行和机组成员人数众多时，可能只能对主任乘务员或乘务长进行这种飞行前简报。无论是何种情况，客舱机组和驾驶舱机组都应将对方看作实现共同目标的资源，并在所有的问题上或不正常情况下有着良好的沟通。

1994年4月，FAA出台的一项规定引起了另一个沟通方面的问题，在此规定中FAA提出了一项名为运营人乘务员英语语言计划的要求，其目的是乘务员"理解足够多的用于沟通、协作以及承担必需的安全职责的英语"。此要求与对其他机组成员和签派员的要求相当。航空规章制订建议委员会（由与航空相关组织的人员组成）向FAA提出了规章方面的建议，他们声称"如果不确保他们有能力与其他机组成员就安全相关职责进行有效沟通和协作，而将这些飞行中与安全相关的职责赋予他们是不合逻辑的"。截至目前，FAA仍未实施这项规定，其主要原因是缺乏数据支持，而且行业对此建议没有兴趣。

丽贝卡·徐特和伊尔洛·韦恩诺已经在部分由NASA艾姆氏研究中心向圣荷塞州立大学和迈阿密大学提供支持的研究项目中对驾驶舱—客舱沟通问题进行了研究。建议所有在此问题上有更多想法的人阅读《国际航空心理学》杂志上刊登的他们就此问题的相关报告（Chute and Wiener, 1995和1996）。

医疗紧急情况和其他飞行中的问题

如果考虑到每天运送旅客的数量和类型，航空公司有时候会在飞行中遇到医疗紧急情况就不足为奇了。FAA 报告说在从 1971 年到 1980 年的 10 年间他们共接到 7789 次医疗事件的报告（Poliafico，1988）。因为当时没有强制要求报告旅客医疗事件，因此不可能估计这类事件的发生频度，但是，由于行业从 1980 年开始迅速发展，因此毫无疑问的是今天此类情况发生的数量更多。

在另一项研究中，日本航空公司的医疗服务部门报告说，在从 1993 年 4 月至 1996 年 3 月的 3 年间，该航空公司遇到了 405 次医疗紧急情况。这类事件的发生频度是 3.6 次每 1000 个航班或 1.4 次每 10 万名旅客。

在一些航空公司里，驾驶员联合会的航空医学委员会在监控此类事件上起着重要作用。一份 ALPA 航空医学委员会的报告中提到，1997 年一家大型航空公司报告了 2400 起飞行中医疗紧急事件，比前一年增加了 14%。这些事件中，2/3 是由旅客生病引起的，另外 1/3 是由于旅客受伤。这家航空公司每天航班数量超过 2000 个，那么平均每天发生 7 起医疗事件。1997 年发生的这 2400 起紧急事件中仅有 100 起导致了航班改航，其中的 25 起紧急事件发生在国际航班上。

因为医疗紧急事件没有统一定义，因此在分析这类事件的数据时要小心。医疗事件报告数据差异相当大，但是，毫无疑问的是平均每天都有大量的飞行中医疗事件发生，而乘务员已经接受过有效处理这些事件的基本训练。

旅客的医疗紧急事件对于乘务员来说是个难题。无论他们是否有急救资质，如果发生飞行中医疗紧急事件，乘务员不仅要被迫进行某种诊断，还必须提供有效的协助。对于两人飞行机组来说，真正的不利情况是因为他们没有飞行机械师这个资源可利用，而乘务员又确实帮不上什么忙。

大多数航空公司已经认识到并开始关注这个问题。一些航空公司有全天提供服务的内部医疗部门，这是个非常有用的资源。驾驶员能够和乘务员一起通过公司的沟通渠道与他们自己的医疗部门联系上。没有常设医疗部门的航空公司，至少要有某家可用的商业性机构为飞行中的医疗紧急情况提供国际性的 24 小时医疗咨询服务，或者提供飞行中医疗建议等非常必要的服务。

这个流程似乎运转良好。不幸的是，有些航空公司既没有自己的医疗部门，也未与任何医疗服务提供商建立合约关系。在这方面，某些航空公司能为他们的飞行机组提供的服务少得可怜。

引发飞行中医疗事件的大部分原因是胃肠不适、呼吸急促、换气过度、胸痛、由于昏迷导致失去知觉，有时候由于某种心脏病发作而失去知觉。换气过度在第四章——外部环境和飞行生理学中已经讨论过了。其他问题要求富有经验的诊断。

如果飞行中发生医疗紧急事件，一般的程序是先通知机长，然后寻找飞机上是否有医护人员，例如医生或护士，询问他们是否愿意治疗病人。机长可以决定是否尽早着陆。有些有资质的医护人员拒绝表明身份是因为可能会有法律责任问题，但是幸运的是，在大多数情况下，这些有资质的医护人员会表明身份并提供帮助。国家已经试图通过建立"行善的撒马利人"法律来豁免这些人员在这种情况下的责任，然而直到现在，这种努力仍在继续，并尚未取得成功。

1986 年，FAA 公布了 FAR121. 309 款。该条款要求在美国所有的运输飞机上配备一个相当复杂的医疗箱，并声明只有具备资质的行医人员才能使用它。很多非美籍航空公司飞机上也有类似的医疗箱——一些公司已经有很多年了。然而这些医疗箱并未解决他们的问题，还带来了诸如确认是否有资质使用此箱、箱子的基本保安问题、箱中某些药物的更换责任、自愿提供服务的医生的责任（如果有的话）以及语言等等问题。

近来，美国航空公司已经将该医疗箱的要求扩展到所有飞越水域的航班上要携带一个"心脏去纤颤器"，并训练乘务员如何使用该设备。其他航空公司和 FAA 正密切关注着他们使用去纤颤器的记录及效果。几家外国航空公司配备去纤颤器已经有一段时间了，最近，联合航空公司、三角航空公司、西北航空公司和维珍航空公司开始在他们的一些航班上配备该设备。

常常有人建议应要求所有乘务员都持有某种类型的正式急救证书，以便处理飞行中出现急性病症的旅客的问题。FAA 要求对所有乘务员进行经批准的急救训练，并定期检查。全球几乎所有的航空公司都向乘务员提供一定形式的急救训练，但其训练质量相差较大。新西兰航空公司要求所有的乘务员持有一份认可的急救证书，该公司是众多提供年度复训以确保所要求的急救知识保持现行有效的航空公司之一。

当然，飞行中出现的最严重的医疗问题是旅客的死亡。飞行中确实出现过旅客死亡的事件。在从 1977 年至 1984 年的 7 年间，有 577 例飞行中死亡事件的报告（Hawkins，1987，1993）。1997 年第 7、8 两期《航空公司雇员》杂志中提到，美国的飞机上每天大约发生 15 起医疗事件，每年大约有350 起死亡事件。大部分死亡都是正常原因引起的，其中 90% 的死者是老人。如果飞机上配备了适当的设施，估计可以预防 10% 的飞行中死亡（Po-liafico，1988）。但并没有对使用适当的医疗设施、恰当使用这些医疗设施的训练做出确切的规定。一名航空公司的发言人在讲话时引用了以下的话："付出多大的努力才能把飞机变成空中医院呢？"1996 年引起改航的飞行中医疗紧急事件的情况列在表 17-1 中。

表 17-1　1996 年引起改航的飞行中医疗紧急事件的情况

心血管疾病	183
神经性疾病	88
突发疾病	51
呼吸疾病	37
昏迷或失去知觉	34
其他	164
总计	557

资料来源：Air Transport Association of America

粗鲁旅客的问题

粗鲁旅客的问题有增加的趋势。据美国一家大型航空公司报告，对乘务员的身体攻击事件从 1984 年的 33 起增加到了 1995 年 140 起。另一家大型航空公司报告旅客的不正当行为事件从 1994 年的 53 起增加到了 1996 年 12月的 88 起。显然，这种增长的原因是行业的发展。日本航空公司年度报告的情况是：1994 财年发生 16 起暴力事件，1995 年 15 起，1996 年 40 起，而1997 财年的前四个半月就有 15 起。这些事件中的 60% 都发生在国际航班上，由于日本航空公司的国内航班不提供酒类服务，因此有些人认为这些事件与饮酒有关（《航空周刊和空间技术》，1997 年 9 月 8 日）。

根据美国一家大型航空公司的报告，醉酒大约占所有旅客辱骂行为原因的 25% 。如果认为酒精或非处方药物不是这些事件的致因就过于天真了。英国刚刚报告 1997 年他们的机组成员不得不处理了 260 多名具有破坏性的旅客。有些令人惊讶、至少是出乎我们意料的是，70% 的事件与吸烟有关。英国航空公司没有计划修改其在所有航班上禁烟的规定，这说明绝大多数旅客喜欢这个规定。

今天，航空公司和法庭很少善待那些对乘务员或驾驶舱机组成员在试图安慰粗鲁旅客时受伤的事件负有责任的人。正如一名起诉此类案件的美国助理律师雷姆 C. 华特所说的"飞机不是挑衅的好地方"。不幸的是，此类事件确实发生了；更加不幸的是，在应付这种情况时，两人驾驶舱机组能给客舱机组提供的帮助实在是太有限了。

在为此严肃问题提供指导的努力中，FAA 已经公布了一个咨询通告①（为了帮助航空公司、飞行机组成员和客舱机组成员以及法律强制部门来处理日益增加的粗暴旅客事件。这些事件包括从言语粗鲁到干扰飞行安全的行为）。大部分航空公司飞机上都有某些制止特别粗鲁旅客的工具，但很少使用到。国际航班上的问题很复杂，国际航班上的法律强制行为是目的地机场政府的职责，而语言障碍可能会让事件更加复杂化。

美利坚航空公司的总裁杜马尔德·卡蒂一直是个行业的引领者，率领航空公司、飞行和客舱机组成员以及法律强制部门为相互协作而努力。他曾要求，当旅客的不正当行为干扰了机组成员履行职责时，采取强制措施是"肯定的"（航空日报，1996 年 11 月 8 日）。此事的其他领导者包括联合航空公司、乘务员联合会、航线驾驶员协会和联邦航空局。

客舱中的硬件设备

传统上，驾驶舱比客舱更加重视人为因素，尤其是在老一些的飞机上。因为飞机预计服役时间要超过 30 年，而飞往不同地方的客舱设计和设备是不同的，在这种情况下，乘务员被迫应付飞行中提供给他们使用的东西，并且熟悉各种不同的设备。

安装有些客舱硬件的原因显而易见。例如，减少致命因素是一个主要的考虑。只要 G 载荷没有同时伴随刺入身体的锐器，则人体可以承受令人惊

---

① AC 120-65 AFS-200，干扰机组人员值勤。

讶的 G 载荷①。因此，应当清除尖锐的物体或突起。此外，也应去掉装载不当的设备。发生事故时，座位和其他客舱装置会松动，引起其他非致命的事故。乘务员和旅客会丧生，不是由于坠机的影响，而是因为客舱材料燃烧后产生的毒烟会在他们休克、但还未受致命伤时将他们毒死。

座位和休息的有关规定

乘务员的座位与乘客的有所不同。由于种种原因，乘务员的座位问题已经争论了很多年。一个原因是在设计时舒适并不是主要的考虑因素。在飞行中，乘务员被认为要四处走动为旅客提供服务，因此，他们的座位主要是在起飞、着陆和颠簸期间使用。这些座位通常被称为折叠座椅，因为在不用时，它们是折叠起来的。它们的位置必须靠近应急出口，除了传统的膝部安全带外，还必须有肩带。很多乘务员的座位是背朝前进方向的，这样可以充分利用隔板前面的空间，而且这个朝向的座位让他们可以很好地观察旅客。

远距离飞行中休息和放松的要求从最初的座位要求扩展到要求使用一个或一排旅客座位作为机组的休息区，这个发展意义重大。对乘务员和驾驶员的这种安排曾有过争议，因为休息的质量会因为靠近旅客以及确保客舱服务而有很大差异。作为最新型的运输飞机之一，波音 747-400 飞机的尾部有一个独立的休息区，该区域内有可供客舱机组成员使用的铺位和沙发椅。此型飞机也在驾驶舱的后部给驾驶员提供了单独的铺位。其他类型的远程飞机也给机组成员提供了单独的休息区。

手推车、厨房和控制面板

手推车和厨房通常得到了应有的、足够的重视，因为他们对于安全和效率来说都很重要，但乘务员仍然会因为电器、烤箱和加热装置、不适当的储藏设备、失效的插销和其他类似的事情而受伤。满载的服务手推车很重，必须要小心。必须以适当的方法把他们在颠簸中固定好。飞机在颠簸、爬升和下降过程中驾驶员和乘务员都必须考虑到运动中的手推车的重量和质量问题，因为在飞行过程中的某些阶段，飞机和客舱的地板角度很陡。为保持对这些手推车的控制，可靠的刹车装置是最基本的。只要想象一下体重 110 磅的人推着 250 磅中的手推车上坡并遇到颠簸，就可以理解为什么食物和饮料

---

① G 是加速度的基本单位。1G = 32ft/s²。

勤务手推车是造成乘务员受伤最常见的单一原因。

有一个发生在从巴尔迪摩/华盛顿到伦敦的航班上的极其少见的事件——厨房勤务升降机的故障导致乘务员死亡。该过失被归结为：勤务推车的固定和启动系统有问题、不完善的开关设计、一次不充分的航前检查（NTSB-AR-82-1）。此次事故明确显示了 L－H（人－机）界面中的不足之处。调查揭示，在过去的 10 年中，曾经发生过 9 次类似升降机的受伤事件，受伤情况包括挫伤、破皮和骨折。一个不幸的事实是，有时候诸如这样的灾祸事件会成为改进为更安全和更有效的客舱硬件的动力。既然出了事，那么不完善的设计就需要得以改正。从积极的一面来说，行业从严重事故征候中吸取教训并进行必要且重要的过渡改进是一件好事情。

厨房的数量和位置对于乘务员承担的多种任务的安全和效率很重要。大型喷气式飞机上配有 5 个独立的厨房、21 名乘务员。厨房服务区的控制面板以及用于通讯、旅客服务设施和广播（PA）的控制面板的设计也得到了应有的关注。现在的控制面板包括与其他服务站的联络、驾驶舱和旅客的沟通、厨房设备、灯光、电影和音频等旅客设施，在某些型号的飞机上，还有相对比较次要的温度控制。

最新型的飞机真正代表了设计和效率方面的技术发展，在有些飞机上乘务员甚至不需要通过飞行机组成员就可直接与地面运行人员通话。乘务员经常需要与地面人员联系，诸如与旅客医疗、额外或特殊餐食、轮椅、登机门和转接航班的信息等与旅客服务相关的信息。不幸的是，这种沟通需求通常产生于飞行机组忙于操纵飞机的时期。所有这些都要求在设计阶段考虑到人为因素。

客舱中的应急设备

从烟雾面罩和灭火器到应急氧气，应急设备种类多样。在设计的各个阶段已经对旅客客舱给予了很多关注。例如，因为我们已经看到了由于旅客没有找到适当的应急出口而发生的事故，重要的是应急出口要无障碍而且明显。客舱中有很多旅客人为因素问题。

尽管很少使用应急设备，但是，应急设备是驾驶舱机组、客舱机组和旅客的直接利益之所在。很明显，与使用者相关的人体测量数据是必需的，但是问题到此并未结束。因为乘务员有时候会因不注意而无法正确操作，应急滑梯一直是个问题。在发生事故时，客舱环境不可避免地会很混乱。

在发生事故时，很多情绪紧张的旅客常常会发现他们处在黑暗或几乎漆黑一片中。尽管有带颜色的字码或标牌的指示，但是他们很难记起沿着闪亮引导标志行动的指令，并且很少能客观地做出反应。发生事故时，飞机可能会是在水中，也可能不是正面朝上的。应急出口和其他设备可能对于那些不得不依靠它们求生的人来说是完全陌生的。极端重要的是旅客要使用的这些设备的操作要尽可能地不需要解释。

理论上，在起飞前的介绍中要讲到很多这类问题。但是，无论多么努力让这些介绍更加有效，旅客好像很少注意到起飞前的介绍，无论这种介绍是采用放电影的方式进行还是由乘务员亲自进行。1983 年和 1984 年，FAA 进行了一系列测试，发现即使是在演示后也大约有 1/3 的旅客不能正确使用他们的救生衣。很明显，问题不仅存在于演示中。同样明显的是，行业还不能解决紧急情况下旅客做出适当反应的问题（Hawkins，1987）。

为了保证应急设备在真正的紧急情况下的良好性能，应急设备不仅需要设计良好。最近，由英国 Granfield 大学的海伦·慕尔教授进行的一项名为"在应急撤离中客舱机组成员的行为"的研究发现，应急撤离演练中客舱乘务员果断的行为会显著增加飞机在地面坠落后或其他地面紧急情况中乘客存活的机会。研究中，果断的客舱机组成员行为包括"尽可能快地以一种高度积极但不激进的方式召集旅客到紧急出口，并将他们推出紧急出口"（Learmount，1995）。正是这种行为使得客舱乘务员能够将乘客很快地撤离出飞机。在 20 世纪 90 年代早期，曾有一架满载 284 名乘客的 DC-10 客机中断起飞并着火，所有人员在 90 秒钟内撤离完毕。乘务员在撤离中的责任不能被看轻，也不应该被低估。

客舱材料的可燃性和有毒气体

FAA 曾经估计过，1980 年的存活事故中有 30% ~40% 的死亡与火灾及其影响有关。火灾数据与衣服有关，也与客舱的装饰物有关。这引发了相当多的对 FAA 的批评，因为 FAA 没有提出在民用航空器上使用非毒性和非易燃材料方面的要求。这是 FAA 面临的一个重要问题。

飞机客舱中的一个主要危险就是聚氨酯发泡材料燃烧时产生的有毒气体。这种发泡材料被用于客舱中的很多地方。驾驶舱机组成员有防烟面罩，但是客舱里几乎没有。另外，驾驶舱机组成员接受过如何使用防烟面罩的专门训练，并且在强制性模拟机训练演练中熟悉了面罩的使用方法。航班却不会向乘客提供这样的训练和设备。近年来另一个被要求配备的设备是呼吸保护装置，即 PBE。PBE 是戴在头上的，相对密封，并有一个能提供 15 分钟氧气的氧气发生器。一般情况下，一架飞机的驾驶舱中有 1 个 PBE，客舱中有 2 个 PBE。曾经有过一段时间，一些航空安全的消费群体提出了不切实际的主张，他们建议每一名旅客都应当有自己的 PBE，以便在产生有毒气体的紧急情况下使用。

为了应对航空安全消费群体和航空安全专家的批评，根据 FAA 所进行的为期 5 年的全面深入研究，美国 1987 年之后生产或参与运行的大型飞机必须使用阻燃座椅套。在英国，阻燃座椅套也是英国 CAA 指令所要求的，其他某些国家也通过规章制订部门的指令对此提出了要求。这种椅套阻碍火势向聚氨酯发泡垫子蔓延。在燃烧时，这些垫子会释放出有毒的氢化氰和一氧化碳气体。这些椅套至少能为撤离提供额外的 40 秒时间。其他国家根据本国的合格审定当局的意见确定是否采纳此安全措施。很多此类要求都包含在双边协议中。

客舱中的小火通常由乘务员处理。有多种原因会引起小火，包括电线与顶上或其他照明设备的相互摩擦。通常，断开相应电路并使用手持式灭火器就能很好解决这个问题。飞行中禁止吸烟已经减少了客舱失火的次数，但是，尽管有足够的警告牌和厕所烟雾探测器，旅客仍然试图在飞机的厕所里偷偷吸烟，从而引起火灾。

最严重的客舱失火烟雾中毒事故发生在 1980 年的利雅德，在那次事故中有 301 人死亡。探测器发现烟雾是从货舱开始的，当在 L-1011 飞机客舱发现烟雾后，飞机返航利雅德。飞机安全着陆，当飞机从跑道滑出并停下来后，机长命令开始应急撤离。不幸的是，飞机仍然处于加压状态，由于压力，所有舱门都打不开，无论从飞机内部和外部都不能打开门。直到 26 分钟之后门才被打开，此时，整个客舱内部充满了烟雾和火焰。乘务员明显没有进行有组织的撤离，301 人死于有毒气体和火焰，很多尸体都堆在旅客出口和驾驶舱门前。这是一个悲惨的例子，说明了有毒烟雾产生的速度以及迅速和有效执行规定安全程序的重要性。几乎可以肯定，其中很多人的死亡是可以避免的。驾驶舱与乘务员之间的沟通不畅，最终被证明是致命的原因。从此次致命的事故中我们可以吸取很多经验教训。

英国民航当局委托海伦·慕尔等人进行了一项重大研究（1996），对不可避免的混乱，包括拥塞、争抢和舱位布局等因素在事故中的作用加以论证。此研究报告写到："对生命的致命威胁是在客舱中出现的火焰和有毒气体，已逃过第一劫的旅客要存活的基本要求是具有尽快逃离所处环境的能力"。

另一个由飞行中失火伴生的烟雾造成致命事故的实例是 ValueJet DC9-30 的悲惨事故。1996 年 5 月 11 日，该飞机坠毁在佛罗里达沼泽中，造成了 110 人死亡。飞机运送了未经批准的过期化学氧气发生器，在货舱中引起了火灾。这些化学氧气发生器在反应时产生了大量的热，其中至少有一个化学氧气发生器发生了反应，引起了货舱中运送的飞机轮胎失火。随后，火焰造成了大量的烟雾，烟雾又进入了客舱和驾驶舱。最后，飞机失去控制地下降并最终坠毁。

客舱空气

我们已经在第五章——大型航空器及其内部环境中讨论了客舱/驾驶舱物理环境中的很多因素。客舱机组成员直接受所虑及的内部环境的影响，并且比驾驶舱机组成员更易受到它们的伤害，其原因有二：第一，客舱乘务员在其值勤期间身体活动很多，而驾驶舱机组成员在值勤时身体活动相对较少。通常，客舱的温度适合久坐的旅客，比活动很多的人所要求的温度要高一些；第二，驾驶舱内比客舱内更容易控制循环的空气和温度，而在某些飞机上，甚至可以控制湿度。

每年有上百万的旅客搭乘美国航空公司的飞机，有更多的旅客搭乘全球其他外国航空公司的飞机。由于乘务员不可避免地要与很多的人接触，他们暴露在有可能携带病菌旅客中的情况已引起了更多的关注。

客机上的空气质量调查已经很大程度上考虑了环境中的烟草烟雾和微粒问题，这些已经在第五章——大型航空器及其内部环境中讨论过了，但还是存在通过客舱循环空气传播的微生物病菌。在为数不多的一项关于飞行中的飞机客舱内部正常微生物环境的研究中，威克和艾弗林博士选择了由西半球最大的美国航空公司之一运营的 36 个国内航班、4 个洲际航班和 2 个国际航班进行研究。

威克和艾弗林博士研究发现，这些客机上的微生物浓度一般都比家里、城市公共汽车和街道上等正常活动环境中的微生物浓度要低得多。一个原因是从喷气发动机的压缩机中排出的气体为客舱提供压力。压缩空气非常的热，一般为250℃，而后，这种热空气逐渐冷却到112℃，再由另外的热交换器进一步冷却后输送到客舱中。威克和艾弗林博士归纳为"因为高温压缩有效杀死了发动机入口空气中所有活的生物体，在进入客舱空气分配系统之前，气源就被消过毒了……因此，我们认为由于客舱中空气微生物浓度而造成的疾病传播的风险是相当的低"（Wick and Irvine，1995）。当然，这个结论还不为某些乘务员协会所接受，这仍是个存有很多争论的领域。从观察的角度、当然不是科学的角度来看，长时间暴露在低湿度的空气中会比暴露在污染空气中更容易让人不舒适。

专业化训练

今天，要求乘务员是可塑性高的多面手。为了达到这种必要的多功能性，他们接受各种不同的专业化训练。他们的专业化训练从认识处理危险品、消防、急救、处理正常和非正常旅客，再到机组资源管理、航空氧气要求，以及应急撤离中的职责。对他们的职业要求是苛刻的，但他们对安全和有效的飞行运行所作出的贡献通常会被低估。

参考文献

[1] Cardosi, Kim M. and Huntley, M. Stephen, Jr. (1988). *Cockpit and Cabin Crew Coordination*, Report DOT/FAA/FS-88/1, US Department of Transportation, Transportation Systems Center, Cambridge, Massachusetts.

[2] Chute, Rebecca D., and Wiener, Earl L. (1995). 'Cockpit-Cabin Communication: I. A Tale of Two Cultures', *The International Journal of Aviation Psychology*. Lawrence Erlbaum Associates, Inc., Mahwah, New Jersey.

[3] Chute, Rebecca D., and Wiener, Earl L. (1996). 'Cockpit-Cabin Communication: II. Shall We Tell the Pilots?', *The International Journal of Aviation Psychology*. Lawrence Erlbaum Associates, Inc., Mahwah, New Jersey.

[4] Hawkins, Frank. H. (1993). Chapter entitled 'The Aircraft and its Human Payload' in *Human Factors in Flight*, Second Edition ed. by Orlady, Harry W., Avebury Publishing Limited, Aldershot, England.

[5] Howard, Benjamin (1954). 'The Attainment of Greater Safety', presented at the 1st

Annual ALPA Air Safety Forum, and later reprinted for presentation at the Aircraft Accident Prevention Course, University of Southern California, July 1957.

[6] Koan, Noreen (1985). 'Cockpit and Cabin Crew Coordination and Communication' Society of Automotive Engineers, Technical Paper 851918, Warrendale, Pennsylvania.

[7] Learmount, David (1995). 'Assertive cabin crew save lives', *Flight International*, 24-30 May, 1995, Reed Business Information, Sutton, Surrey, United Kingdom.

[8] Mohler, Stanley R., 1969. 'Crash Protection in Survivable Accidents', Memorandum, Staff Study, FAA Office of Aviation Medicine, Washington, D. C.

[9] Muir, Helen C. and Marrison, Claire (1991). 'The Effect on Aircraft Evacuations of Passenger Behavior and Smoke in the Cabin', *Proceedings of the Sixth International Symposium on Aviation Psychology*, 29 April-2 May 1991, The Ohio State University, Columbus, Ohio.

[10] Muir, Helen C., Bottomley, David M., and Marrison, Claire, (1996). 'Effects of Motivation and Cabin Configuration on Emergency Aircraft Evacuation Behavior and Rates of Egress', *The International Journal of Aviarion Psychology*, 6 (1), 57-77, Mahwah, New Jersey.

[11] National Transportation Safety Board (1992). *Special Investigative Report: Flight Attendant Training and Performance during Emergency Situations*, NTSB/SIR-92/02, Washington, D. C.

[12] Poliafico, Frank J. (1988). 'Emergency Training for Flight Attendants: What and How', presented at the Fifth Annual Cabin Safety International Symposium, cosponsored by Federal Aviation Administration, Western Pacific Region, University of Southern California, and Southern California Safety Institute, Los Angeles, California.

[13] Skogstad, Anders, Dyregrov, Atle, and Hellesoy, Odd H. (1995). 'Cockpit-Cabin Crew Interaction: Satisfaction With Communication and Information Exchange', *Aviation, Space, And Environmental Medicine*, September 1995, the Aerospace Medical Association, Alexandria, Virginia.

[14] Vandermark, Michael J. (1991). 'Should Flight Attendants Be Included in CRM Training? A Discussion of a Major Air Carrier's Approach to Total Crew Training', *The International Journal of Aviation Psychology*, Lawrence Erlbaum Associates, Inc, Mahwah, New Jersey.

[15] Wick, Robert L. Jr. and Irvine, Laurence A. (1995). 'The Microbiological Composition of Airliner Cabin Air', *Aviation, Space, and Environmental Medicine*, March 1995, Aerospace Medical Association, Alexandria, Virginia.

第十八章　非惩罚性事件报告

令人担忧的事情是我们没有充分利用我们的财富。我们遭遇了灾难，一名活着的机组成员和完好无损的飞机正准备着要讲述什么，而我们从未打开这本书。

（Bobbie R. Allen，1966）

非惩罚性事件报告

本章主要讲述非惩罚性报告。事件报告是从操作者的角度告诉我们航空系统在真实世界中的运转方式。与事故记录一样，事件报告告诉了我们以其他方式难以获得的系统所存在问题的情况，因此，这几乎是对航空人为因素和航空系统本身进行的最终测试。此处，我们将很多精力放在了美国的经验上，因为我们极其熟悉美国的非惩罚性事件报告，也因为我们能获得有关的信息。

尽管人们认识到有效的非惩罚性事件报告系统具有的潜在优势已经有很多年了，但是，实施这样一个报告系统并不容易。最成功的此类报告系统之一是美国的航空安全报告系统（ASRS）由美国航空航天局（NASA）管理。目前，该系统每年能收到超过 32000 份报告。为了理解这些海量报告的重要意义，有必要记住作为美国航空系统一部分的潜在报告者数量。我们还应当记住 ASRS 已经在美国航空系统中成功建立了 22 年。ASRS 的历史非常充分地说明了在追求为大家所广泛接受的目标过程中，个人能作的重要贡献。

开发一个有效的非惩罚性报告流程是一个复杂的过程，其中会涉及很多因素。此过程的详细讨论以及所有的相关因素，尤其是在全球范围内如何实施，已经超出了本书的范畴。建议那些对此复杂研究感兴趣的人阅读由查尔斯·E·比林斯博士所写的专著——《民用航空事件报告系统》。比林斯博士是 NASA/FAA 航空安全报告系统的理论奠基人和主要设计师。该专著目前已经撰写完毕，将由总部位于加拿大多伦多的航空和空间医学国际学院出版发行。从非惩罚性事件报告一诞生，比林斯博士就参与其研究，并帮助美国 ASRS 的设计工作。在该报告系统初创和形成时期，他担任 NASA 的 ASRS 经理。

美国非惩罚性事件报告的历史

第一位倡导非惩罚性事件报告的官方人士是已故的罗比·R·艾伦，他是原民航委员会①安全局局长。艾伦先生确信非惩罚性事件报告有助于事故预防。1966 年 11 月，他向出席飞行安全基金第 19 届国际航空安全研讨会的所有与会人员提交了一份值得纪念的论文，论文的题目是《事件调查——沉睡的巨人》。

艾伦先生提醒参加研讨会的代表们"有人员死亡或飞机严重受损的事故和每个人都平安无事地走出飞机的事件之间仅有一线之隔，所不同的只是运气好坏而已"。他还提到：

> 令人担忧的事情是我们没有充分利用我们的财富。我们遭遇了灾难，一名活着的机组成员和完好无损的飞机正准备着要讲述什么，而我们却没有打开这本书。我们必须找到把这些事故预防的原始素材放入处理器的方法。
>
> 那么，是什么阻碍了把这些事件信息报告给适当的政府部门进行处理呢？当被问及这个问题时，不断重复的回答是害怕——害怕起诉、害怕规章、害怕被处罚。应当承认，这种害怕并不总是未被发现……
>
> （Allen，1966）

---

① 作为一个独立的联邦机构，美国民航委员会成立于 1940 年。其职责之一是调查航空事故并确定事故发生的原因。该委员会的首席安全官员由航空安全局局长担任。1958 年联邦航空法通过后，根据该法新成立了国家运输安全委员会。此后，民航委员会的事故调查职能就移交给国家运输安全委员会了。

不幸的是，在世界上大部分地方，害怕起诉、害怕规章、害怕被处罚的现象仍然在妨碍、有时甚至阻碍意义重大的事件报告。在很多国家、管制当局和企业文化的内涵中，蕴含着惩罚是绝对必要的、对社会的最好保护是避免各种形式的犯罪的理念。

为提高对事件报告的重要性认识，艾伦先生注意到，在一次 ICAO 事故调查会议上，澳大利代表团告诉与会者："澳大利亚飞行事故征候调查对飞行安全的贡献比飞行事故调查的贡献要大。"这类发言特别有意义，因为澳大利亚在航空运输安全方面走在世界的前列，他们保持着最好的安全记录。

澳大利亚的事件报告系统已经存在了好几年了。澳大利亚航行规章要求进行事件报告，因其高质量以及与其他典型的管理方式不同，此报告系统在航空界很独特。关于澳大利亚的报告系统及其管理方式，安塞特航空公司运行安全经理亚瑟·洛弗尔机长生动地写到①：

> 我们被我们的系统说服，在事件转变为事故之前，我们就得到了通知。注意力被正确地放在全面调查每一个报告，其目的是为所有关心航空安全的人改进和巩固航空公司的运行，十分明确的是不想利用它来进行惩罚，事实上我不记得曾发生过惩罚的情况。惩罚是消极的，其本身就值得怀疑。惩罚可出现很多结果，如果有的话，惩罚能取得什么效果，能取得多大的效果？

驾驶员是所有事件报告的关键人员，这是因为所有的情况下，他们都参与了事件的发生，通常由他们来提供事件报告。航线运输驾驶员协会前会长克拉伦斯·塞恩是非惩罚性报告的早期支持者。早在 1954 年，他就向航空运输业解释"事件报告系统无效是因为驾驶员害怕如果反映了某些危险事件后会被运营人或政府处罚"。当然，此处的有关信息完全是为了更好地控制航空安全风险所必需的信息。不幸的是，航空界中普遍存在害怕事件报告引起后果的现象。害怕遭受经济处罚、个人指控、纪律处分、甚至 FAA 执照吊销等后果，都在阻碍着任何意义重大的事件报告项目的实施。

---

① 此段文字摘自 1974 年 2 月 19 日他写给美联航飞行安全部 R. A. 斯通机长的一封信。

美联航飞行安全宣传项目

由于害怕，美国的非惩罚性事件报告没有太多进展，直至美联合航空公司飞行运行高级副总 W. E. 唐克机长在 1973 年下半年启动了联合航空公司的飞行安全宣传项目（FSAP）。该项目的一个重要部分就是非惩罚性的事件报告。唐克机长明确了他（和联合航空公司）的目的是知道事件的情况，而不是惩罚犯规的人。

作为飞行安全宣传项目的一部分，为了获得好的事件报告，唐克机长向美国联合航空公司的驾驶员们承诺：

● 联合航空公司不会因为此项目获得的信息而对任何驾驶员或飞行签派人员采取惩罚措施；

● 我们不会主动向外单位泄露受本项目保护的信息，以避免相关人员被识别出；

● 我们严格保护此项目中所涉及的个人，除非此人自己放弃这种保护。

这就是航空公司在美国法律允许的范围内所能做的。例如，无论同意与否，没有一家航空公司可以忽视法庭的合法传票。

为了从事件报告中获得有价值的数据，项目研究决定不采用完全匿名的方式进行。因为驾驶员不会对所有感兴趣的方面都敏感，FASP 项目采用只有在对驾驶员进行自愿的访谈后才从驾驶员那里获取报告。为了找到经验丰富的访谈人员，联合航空公司所有的飞行经理（超过 100 人）都参加了在 NASA 艾姆氏研究中心举行的为期两天的研讨会。为了保证每个人的参与度，每次参加研讨的人数不超过 15 人。NASA 的查尔斯·比林斯博士和约翰·罗伯博士参加了每一次的研讨会。事实上，他们协调并参与了该项目的各个方面。联合航空公司和 NASA 有着共同的航空安全目标。

飞行安全宣传项目研讨会包括基本访谈技巧的讨论和例行事件报告中不常包含的人为因素数据种类的讨论。研讨会还涉及飞行安全宣传项目的原因、前提和目标，航空公司业安全记录的详细回顾、联合航空公司的安全记录，以及唐克机长所做承诺对驾驶员们和经理们的影响。

此项目是前进道路上的一大步。航空公司保证驾驶员匿名并免受处罚。所有的事件报告都出自与他们进行自愿访谈的由联合航空公司驾驶员选出的100 名飞行经理中的一位。唯一的要求是该飞行经理必须参加过 FSAP 研讨会。访谈结束时，飞行经理会当着驾驶员的面将访谈结果以电话方式传给具有保密功能的记录设备，该设备会在对报告进行转录以后将原记录删除。在电话报告结束后，飞行经理会当着驾驶员的面销毁所有访谈记录。曾希望访谈人员是已被 ALPA 选择的、且是参加了与飞行经理参加的相同研讨会的驾驶员。但不幸的是，当时的谈判将 ALPA 的全员参与排除在外。为达成共同的安全目标而不妨碍此项目进展，所有参与谈判的人员都付出了巨大的努力，包括航线驾驶员、联合航空公司的管理层以及在谈判压力下工作的 ALPA 代表。

报告使用的流程既反映了当时的技术，也反映了航线运输驾驶员和管理人员之间的信任关系，这在现在是相当不一般的。为了保护报告的航线驾驶员，飞行经理通过电话将针对事件进行的访谈内容告诉一台自动录音设备，该设备被锁在美国联合航空公司飞行运行部的一个柜子里。飞行经理所做的报告中没有任何可以识别的信息，例如姓名、日期、航班号、飞行经理的姓名及住所等内容。每天早上由一名秘书将这些记录带转录，并立即将原带销毁。因为有超过 100 名的飞行经理可能是信息的来源，所以，事实上不可能跟踪和识别这些信息。

这是一个复杂的操作，但是，关键是保证了有关人员的匿名。项目非常成功，当项目扩展到使用航线驾驶员作为访谈人员后报告的数量仍没有改变。没有人试图打破其保密性。不幸的是，这不能说成是因为所有航空公司的管理人员都参加了 FAA 新近建立的飞行运行质量保证（FOQA）项目（将在第二十章——全球性安全挑战中讨论 FOQA 项目）。打破参与者所做的保密承诺是破坏基于信任的项目的最好方法。

驾驶员和其他任何人都不愿参与严重危及个人的项目。除此之外，他们还固执地反对任何会引起此类危险的项目。为大家的安全起见，作者完全同意唐克机长的立场，他说："我更愿意知道事件的情况，而不是惩罚犯规者。" NASA/FAA 的 ASRS 项目、ICAO 和飞行安全基金会都有着同样的立场。

事件报告确实有用

当 1974 年 12 月 4 日泛美航空公司（TWA）514 航班在杜丽斯机场进近过程中坠毁时，非惩罚性事件报告的重要性得到了国家的关注。飞行机组误读了进近图和进近管制员所给的许可，飞机在该地区最低规定安全高度以下下降，撞到了维吉利亚一座名为圆山的山顶。

NTSB 很快从联合航空公司和 FAA 处得知，仅在 TWA 航班坠毁前 6 周，一架联合航空公司的航班就发生过与 TWA 坠机航班几乎同样的事件。联航的航班在同一高度收到了同样的许可，驾驶员同样错误理解了进近管制员的许可，只是因为运气好而避免了相同的命运。

飞机着陆后，联合航空公司的机组意识到他们在进近过程中低空飞行时间过长，并通过联航的 FSAP 进行了报告。事件发生后对副驾驶的访谈表明，不确切的航图程序、驾驶员与管制员对许可的理解不一导致了事件的发生。通过公司应急通告，所有联合航空公司的驾驶员立即知道了误解许可存在的潜在问题。

FAA 也接到了通知，但不幸的是，没有采用广为接受的方法迅速将此类信息向全行业公布。在 TWA 事故报告中，NTSB 声明"鼓励交流这类安全经验（如联合航空公司那样）"。报告进一步声明"回想起来，委员会发现事件发生时最不幸的是没有公开的报告……本应当由承运人广泛而及时地将这些安全信息发布给他们自己的飞行机组"。几乎可以肯定地说，TWA 事故和 NTSB 的报告就是催生美国航空安全报告系统——NASA/FAA ASRS 的最关键事件。

NASA/FAA 美国航空安全报告系统（ASRS）

FAA 是负责促进和规范美国航空业、保证美国航空安全的部门。在 TWA 圆山事故之后，FAA 受到了来自国会、委员会和美国航空系统等多方面的巨大压力。一些愤世嫉俗者认为圆山离华盛顿特区很近这一事实是引起国会高度重视的一个主要因素。

FAA 的措施之一就是构建了自称为非惩罚性事件报告的系统。一开始，FAA 的这个项目失败了，因为驾驶员们不相信 FAA。无论如何，FAA 既是规章的制订者，又是规章的执行者，人们并不认为 FAA 是利益无关方。

为了其声誉，FAA 没有放弃。1975 年 8 月，FAA 与 NASA 签署了协议，NASA 作为中立的第三方和"诚实的经纪人"，没有制订规章和执行规章的责任，可以收集、处理和分析航空业界自愿提交的报告。

结果是非常成功的航空安全报告系统（ASRS）的诞生。通过 ASRS，航空业界为那些在航空系统中存在的不足和缺陷引起事故或事件之前进行了报告的人员提供了匿名和有限豁免。该系统不承诺揭示犯罪行为或报告事故真相。正如本章开头所述，查尔斯·比林斯博士是非惩罚性事件报告的先驱，是 ASRS 的主要建设者。他和约翰·罗伯博士为 FAA/NASA 项目的成功作出了贡献。当 ASRS 起步时，他们都在 NASA 工作。

在比林斯博士之后，已故的威廉·列纳德律师继任 NASA 的 ASRS 经理。当非惩罚性和秘密的真实世界事件报告系统在美国这样一个好诉讼的社会中出现时，他在法律方面接受的训练对于保护 ASRS 十分必要。在项目的开始阶段，他与比林斯、罗伯一起阅读收到的每一份报告。不难想象准备充分的法律干涉对项目可能造成的伤害。

ASRS 的今天

ASRS 报告的输入已经从 1975 年 5 月一开始的每月大约 400 份报告发展为现在的每月近 3000 份报告。如今，为反映整体系统解决方案，ASRS 也为乘务员和机械人员设计了专门的报告格式。如果某个报告需要额外的信息，程序就会提供一个非常小的电话窗口，一名经训练的 ASRS 分析人员会与报告者联系。这个窗口从未被滥用过。系统保持了真正的匿名。

为了正确分析收到的大量报告，ASRS 有 15 名经严格训练的兼职分析人员。ASRS 分析人员包括曾在各管制单位工作过的退休管制人员和持有从单发着陆到高级"玻璃驾驶舱"各类执照和等级的驾驶员。分析人员有累计超过 400 年工作经历的驾驶员和管制人员。随着对客舱乘务员和机械师问题的日益重视和认识的加深，这些方面的专家也被充实到了分析人员当中。

ASRS 所存在的一个明显的问题是被驾驶员报告所淹没。因为要花可观的时间来正确分析有时是非常复杂的报告，ASRS 已开发了一套高级的处理方法来确保探察出任何报告的明显问题。根据 ASRS 的预算，不可能对所有的报告进行彻底的分析，但是，ASRS 的处理方法保证了所有的关键报告得以彻底分析。

ASRS 使用几种不同的方法向航空业界提供它所收到的信息。最常用的方法是发布月刊《回叫》，该月刊向读者通报 ASRS 项目、报告处理和研究动向，并与航空业界共享 ASRS 收到的他们感兴趣的和有意义的报告，最重要的是接受到危险情况报告后发出的警告。警告将安全信息传递给有相关责任人，这样他们可以对警告进行调查，如果需要的话，及时采取纠正措施。从 1976 年到 1996 年，ASRS 向航空系统中能处理所报告问题的人员发出了 1850 个警示公告和 FYI（给你的信息）通知，其中主要是 FYI 通知。ASRS 还出版名为《ASRS 直通车》的季度安全公告，其中刊登了涉及 ASRS 接受到的数据的相关文章。《ASRS 直通车》得以创刊，是为了满足复杂飞机的运营人和驾驶员的要求。该刊向运营经理、安全官员、训练机构和出版部门分发。

ASRS 中的信息可为所有感兴趣者所用，只要提出简单的申请即可。到目前，有超过 5770 次数据查询申请被满足。主要的申请人是 FAA、一般公众、媒体、学术机构、航空业界、外国组织、研究机构、MASA 和 NTSB。此外，ASRS 还为 FAA、NTSB 和其他政府部门进行了超过 103 次快速响应数据分析。

ASRS 出版了超过 55 份研究报告和专业论文，作为 NASA 的咨询报告（CR）、NASA 的技术备忘录（TM）和 NASA 的参考出版物、俄亥俄州大学双年国际航空心理学研讨会论文以及行业中的一些专业论文进行发表。为确保其研究专注于当前的问题，研究内容通过咨询 FAA、NASA、ASRS 相关人员和召开 ASRS 专题研究会议确定。

ASRS 使用的这一被称为"结构化的回叫"的工作程序是笔者认为 ASRS 使用的最有效的方式。在结构化的回叫中，一名接受过专门训练的 ASRS 研究人员把电话打回报告者（具有研究问题相关的专门经验的人员），向其询问与所报告问题相关的一系列深度问题。报告者的姓名和电话号码显示在事件报告表格中的一个很小的窗口中，可供 ASRS 使用，事后，所有可辨识的信息都会被销毁。

毫无疑问，报告者掌握的信息比书面报告中所显示的材料要多得多。结构化回叫仍然是一个劳动密集的过程，但与传统的个人访谈相比，其要求的人力和经费相当低。它也能从一个更大的样本中得到数据。

目前，ASRS 已为 NASA、FAA 和 NTSB 进行了晴空湍流遭遇者、多发涡喷飞机失去纵向操纵性、跑道侵入事件和 EMS 运行的结构化回叫分析研究。在本书的编写过程中，一项名为 FANS 的 ATC 系统的回叫研究刚刚开始。本书将在第二十二章——航空运输业的未来中进一步讨论 FANS 的有关情况。

最后，ASRS 通过其互联网网页提供了大量的信息。ASRS 的主页地址是：http：//olias. arc. nasa. gov/asrs。网站上提供的信息和服务包括 ASRS 出版物、ASRS 运行问题公告、报告表格、豁免政策、与 ASRS 数据库有关的信息、ASRS 程序回顾、项目简介、ASRS 各职能部门经理的电子邮件联系方式。这个系统使得任何感兴趣的人能够轻松获得 ASRS 报告、ASRS 数据和信息。

　　其他国家的非惩罚性事件报告项目

　　在欧洲，事件报告项目已不是新思想。早在 20 世纪 60 年代就有过一些尝试。最初的一些项目是几家航空公司之间非正式协议的产物，后来，当几家 IATA 成员公司同意互相交换事件信息后变得越来越正规。由于种种原因，这些项目只取得了部分成功。在人们意料之中的主要原因是害怕个人遭到公司或局方的处罚这个令人头痛的老问题。

　　ICAO 的航行局局长杰克·哈维尔曾经声明 ICAO 在航空业推行人为因素的一个基本挑战是"……确定消除目前存在于保密的、自愿的事件报告和信息交换系统中的障碍的方法，才能使这一系统在全球范围内得以实施"（Howell，1996）。目前，还有 12 个国家使用或正在开发非惩罚性事件报告系统，这个数字还在增加。

　　有很多原因可以说明建立这样的系统的困难性。主要原因之一是从过去的经验来看，驾驶员不大相信他们的局方或他们的公司会让事件真正成为非惩罚性的。作者回忆起 1975 年在土耳其伊斯坦布尔召开的 IATA 技术大会上一名来自欧洲某著名航空公司的飞行运行代表激烈的言辞："如果驾驶员犯错，就必须受惩罚。"

　　虽然我们认为这样的想法不能代表 20 世纪末开明的想法，但是不能说持有这种观点的人就一定是"坏人"。这种态度反映了某些特殊时期和某些地域的社会行为模式。需要记住的重要一点是，要想使一些人有大的态度改变是非常困难的。不幸的是，很多人仍然认为惩罚故意的或非故意的犯罪是保护社会免遭违规不良后果影响的必要措施。这种观点是很多国家、规章和组织文化的基本组成部分。

　　正是这一原因使得某些国家的文化难以管理或接受非惩罚性事件项目。甚至，即使有具备资质的人员和必要的项目资金支持，公司和他们的驾驶员也会非常害怕该项目可能带来的经济处罚，对于一个注重惩罚的社会更是如此。尽管存在上述这些困难，有效的非惩罚性事件报告项目对安全水平提高的潜在作用使其成为一个值得追求的目标。

　　幸运的是，目前，匿名的非惩罚性事件报告项目的重要性已被大家公认，开发这样的项目是全球的普遍做法。从加拿大和新西兰到俄罗斯和中国，很多国家都有正在使用的项目。除了美国的航空安全报告系统（ASRS），其他几个著名的报告系统项目是：

- 英国秘密事件报告项目（CHIRP）；
- 加拿大航空安全项目（CASRP/SECURITAS）；
- 澳大利亚航空事件秘密报告系统（CAIRS）；
- 德国和欧盟的欧洲航空安全秘密报告网络（EUCARE）。

其他为人所知的组织/项目/系统有：南非航空安全理事会（SAASCo）、新西兰的 ICARUS 项目和俄罗斯的航空自愿报告系统。

正如我们能够想到的那样，这些系统在质量、效果和一般接受程度上均有所不同。但是，他们都认识到了获得真实世界中事件的真实信息的重要性以及这些信息能为整体安全所作的贡献。

一些基本问题

所有非惩罚性安全事件报告项目都面临三个基本问题：对提交报告人员的豁免、项目提供数据的质量以及这些项目是否能真正提高航空安全水平。下面的几个段落将讨论这些问题。

豁免

豁免是一个关键的问题，因为如果报告会让他们陷入某种危险，驾驶员（或其他人）就不会报告了。因此，所有的事件报告项目都存在豁免问题。豁免因规章和企业文化而异，有些时候甚至会与所在的国家文化有关。在美国这个多诉讼和违规的后果是处罚的社会中，对豁免这个问题仍然存在一些争议。目前，豁免是所有参与飞行运行的人员都面临的问题，因此很多的重点被放在保护参与者的豁免上。

1979 年，FAA 修改了原来的 ASRS 豁免条件，并做了以下的规定：

FAA 认为，将涉及违反法律或联邦航空规章的事件或事情的 NASA 报告进行整理归档是具有建设性的态度，其目的是为了预防未来的违章。因此，尽管可能发生了一违章行为，但如果满足以下条件，也不得使用民法进行惩罚或吊销执照：

1. 由于疏忽引起的非故意违章；
2. 违章不涉及犯罪、航空事故或联邦航空法第 609 款所要求的资质或能力的行为，此类违章被完全排除在该政策之外；

　　3. 相关人员在事件发生前 5 年中从未曾因违反联邦航空法或相关规章而被 FAA 采取强制性措施；

　　4. 在违章 10 天内，有证据表明他/她完成并向 NASA 的 ASRS 提交了关于事件或事情的书面报告。

要特别注意两类豁免。一个是"使用豁免"，适用于对所获得数据的使用。另一个是"罪行豁免"，是对提交报告的人员放弃使用处罚措施。上面所列的第 3 条说明了原来的罪行豁免政策的改变。作为原 ASRS 的一部分，给报告者的豁免既不宽大、也不宽容。而 1979 年的修改满足了 ASRS 行业小组的要求，但 FAA 的法律部门认为原来的罪行豁免太过宽泛。我们认为以事发前两年为期会更好一些，应该能够对任何漠视规章的轻率行为产生足够的威慑。

匿名报告是否提供了有用的数据？

从定义上看，报告中的信息如果是真正匿名的，则不能用于查证或诉讼。要求或允许查证、诉讼会破坏使此项目得以成功实施匿名制。因此，这些数据和信息通常都不能被查证。在严格的科学界中会怀疑这些数据和信息的正确性，但是这并不意味着这些数据和信息就一定是不正确的。

事实上，在所有的情况下，人们都确信确实发生过所报告的事件。此外，所有匿名事件报告都要求报告方进行一定程度的分析和解释。当不同的报告者同时报告同一件事时，就有充分的理由怀疑问题是否被正确报告。报告者如果在报告的同时还自愿提供了他/她上报此事的理由，至少从报告者的角度来看，其理由应当是完全准确的。然而，即使报告者是错误的，纠正其中的误解也是非常重要的。误解是造成 1974 年 12 月泛美航班圆山事故的主要原因，此事故直接导致了美国 ASRS 的诞生。

没有一个有效的事件报告系统，就难以真正获得报告中的信息。这些报告的主要价值在于他们能确定进一步深入调查的范围（Hardy，1990）。这是数据研究要求的有效性对航空安全作出重要贡献的原因之一。

匿名事件系统是否提高了安全水平？

飞行安全水平是多因素共同作用的结果，这些因素包括训练、驾驶员的经验水平、基础设施以及安全文化的各个方面。事实上，不可能就每个相关因素对安全的贡献单独打分。很少有报告能像联合航空公司的事件报告那样作为泛美航班圆山事故的不幸预演而有可能拯救大量的生命。作为一个例外，FAA 要求美国的 121 部运营人在其飞机上安装 GPWS 带来了同样的效果。该要求确实减少了 121 部运营人可控飞行撞地事故的发生率。

因为难以明确界定每一安全因素的作用，迫使行业依赖良好的判断和共识。我们必须依赖一些安全专家的判断，这些安全专家包括罗比·艾伦和在 ICAO 事故调查会议上做题为"澳大利亚事故征候调查对飞机运行安全的贡献高于事故调查的贡献"发言的那位澳大利亚代表。

在比林斯博士之后继任 NASA 的 ASRS 经理的已故的比尔·列纳德先生曾善意地说道，他发现"记录一个'非事件'是困难的"。事故征候和事故都是事件，它们是有别于正常运行的事情，虽然对它们进行彻底、有效的分析并不总是那么容易，但把它们记录下来还是相对容易的。相对来说，例行的安全运行简单而平凡，属于"非事件"，因此通常无需记录。所以，很难量化事件报告系统对航空安全所作的贡献。

美国 ASRS 的数据既容易获得、又很有用。从 1976 年开始，ASRS 已经收到并处理了超过 410000 份报告。其数据库中有超过 70000 次事件的数据，是全球最大的人为因素航空数据仓库。利用报告得到了大多情况下利用其他方式不能获得的信息，ASRS 已经发出了超过 2300 份报告航空危险的安全警示信息。此外，ASRS 已经完成了来自政府、公众、学院、研究组织、媒体、外国航空组织和航空业界的超过 5770 次数据库查询要求，它为 FAA、NTSB 和其他政府部门完成了 103 次快速响应数据分析。并且，它还有诸如《回叫》和《直通车》这些为航空业界提供当前有效航空安全材料的定期出版物。尽管这不能证明 ASRS 对航空安全的特殊贡献，但我们绝不能怀疑它的价值。

其他安全问题

另外有三个问题也很重要。一个问题是由确保日常航线运行数据可靠性的固有困难所致。一个有效的事件报告系统能够提供这些信息。为了保证其有效性，事件报告系统必须是非惩罚性的。一个开明的管理者可获得非惩罚性事件报告系统不能获得的其他信息，因任何人都不可能监督每一个航班。所有这些问题同样适用于管制者当局。

第二个问题源于事件归档人员所接受的建设性和高度个性化的训练。事实上，在任何情况下，事件都是事件所涉及人员不想发生的事情。确实有某些报告是在试图避免任何可能的惩罚措施，如偏离指定高度。但是，一些事件报告需要对所涉及相关因素进行重新组合和思考，这也是事实。将预防再次发生不想发生事件作为考虑之一是必然的选择。结果通常是及时的、具有反省性质的、无痛苦的训练，以应对机组成员刚经历过的不想发生的事件。恰当的训练时间安排是非常有效的。

第三个问题是数据共享、保密以及所有参与自愿项目的人员免受威胁。目前，FAA 飞行运行质量保证项目（FOQA）中确实存在一些问题，我们将在第二十章——全球范围的安全挑战中对此加以讨论。FOQA 试图保护通过其他方式不可能获得的运行信息，并向航空公司和驾驶员承诺如果他们参与的话，会免受威胁。正如我们看到的，航空公司和驾驶员对此都心存疑虑，FOQA 的管理仍然没有解决这些基本问题。我们将会在第二十章中讨论其中的某些问题。

至此，我们对美国 ASRS 对航空安全所作一些贡献进行了回顾。全球其他事件报告系统已经、并将继续对航空安全作出这样的贡献。

参考文献

［1］ Allen, Bobbie R. （1966）. 'Incident Investigation—The Sleeping Giant', *A Summary of the 19th Annual Air Safety Seminar*, Madrid, 15-18 November 1966, Flight Safety Foundation, Arlington, Virginia.

［2］ Ashby, Gus（1974）. 'Task Force for Flight Safety Awareness Program', United Airlines, Chicago, Illinois.

［3］ Aviation Safety Reporting System（1997）. *Program Overview*, NASA/Ames Research Center, Moffett Field, California.

［4］ Dunkle William D. （1973）. Letter to Harry Orlady re human factors activity, United Airlines, Chicago, Illinois.

［5］ Hardy, Rex（1990）. *CALLBACK：NASA's Aviation Safety Reporting System*, The Smithsonian Institution, Washington, D. C.

［6］ Howell, Jack（1996）. Opening address in *Proceedings of The Third Global Flight Safety and Human Factors Symposium*, International Civil Aviation Organization, Montreal,

Canada.

[7] ICAO (1996) . *Human Factors Digest No. 13*, International Civil Aviation Organization, Montreal, Canada.

[8] Kidera, George J. and Orlady, Harry W. (1975) . 'Non-punitive Aviation Incident Reporting', presented at XXIII Congress of Aviation and Space Medicine, 30 September 1975, United Air Lines, Chicago, Illinois.

[9] Orlady, Harry W. (1975) . 'A Study of Turbo-Jet Transport Approach and Landing Accidents', Twentieth Technical Conference, International Air Transport Association, Montreal, Canada.

[10] Reynard, W. D. , Billings, C. E. , Cheaney, E. S. , and Hardy, R. (1986), *The Development of the NASA Aviation Safety Reporting System*, NASA Reference Publication 1114, NASA/Ames Research Center, Moffett Field, California.

[11] United Airlines Safety Awareness Program (1974) . 'Guide for the Collection of Aviation Safety Data in Airline Operations', United Airlines, Chicago, Illinois.

[12] United Airlines Safety Awareness Program (1975—1978) . *Flight Safety Awareness Bulletins*, United Airlines, Chicago, Illinois.

第十九章　事故分析的一些流派

一般来说，多个而非某单一原因共同作用引起了差错，这使识别和预防差错变得相当困难。

（Senders and Moray，1991）

找出人类行为中的原因

航空人为因素的一个主要目标是使人—机—环之间的界面更加有效和高效，以确保人员长期处于良好状态下。这个目标的一个重要组成部分是识别相关因素中事件的致因，以便消除它们；即使不能消除，至少也要控制它们。这不是件容易的事。大约40年前，阿方斯·齐潘里斯曾用一个例子很好地说明了其困难程度。此例表明确定某一相对简单事故中影响人的行为的单一因素的困难所在：

确定人的行为的原因是一项极端困难的事情，以下面的事件为例。一位男士与妻子大吵一架后，冲出了家门来到离家最近的酒吧，喝了4杯掺有冰水的威士忌饮料。然后，他决定开车出去兜风。当时是晚上，路上有一薄层雪，主人公的车胎是光滑的。在一个略微倾斜的转弯处超速转弯后，车的右前胎爆了，车离开了道路、被毁坏了。是什么引起了这次事故？吵架？喝酒？超速？天气？光滑的轮胎？爆胎？设计不佳的高速公路？我们不能说，如果改变了以上这些因素之一，也许这次事故就不会发生。尽管我们能够非常详细地描述事故发生的情况，但是，我们没有办法指定一个

"原因"。事实上，很有可能验尸官、州警察、部长、精神病医生和高速公路安全工程师都会在这次事故中找到不同的原因。

（Alphonse Chapanis，1959）

航空运输事故的传统分析方式

芝加哥公约附件 13

现在的芝加哥公约附件 13（见附录 D）声明：调查事故和事故征候的唯一目的是预防事故和事故征候。这一活动的目的不是为了分摊过失或责任。当然，ICAO 是政府性组织，会遇到政治性的压力。引用的这句话不是原来就有的。作为附件 13 中极其重要的一个部分，这是多年以来痛苦斗争的结果。尽管所有 184 个 ICAO 成员都签署认可了包含了此句的附件 13，但在今天的环境中，要实践这句话的要求有时是困难的。

"停止规则"问题

航空运输是一个紧密联系的复杂系统。除了内在固有的运行挑战外，政治和经济压力不断地将它推向危险的边缘。如前所述，被拉斯姆森、邓肯和雷普兰特（1987）确定的问题之一是"识别一个人为差错事件完全依靠事情发生后解释性研究所应用的停止规则"。他们进一步认为"问题应探究的深度是一个相当开放问题；一般来说，在发现了一个或几个熟悉的变化，并作为可接受的原因解释，又确定了可以采取的纠正措施时，研究就会停止"。他们的观察很好地说明了航空运输事故调查的传统方法。

过去大多数航空运输事故调查停止得太早，对此很少有疑问。在调查人员发现他们认为的可能原因时，调查就停止了。起作用的原因和潜在的原因被忽视了。如果能识别出这些原因，就可能采取意义重大的纠正措施来预防类似事故的再次发生。不幸的是，太多时候某一单一主要原因的纠正措施未能解决引发事故的问题。

ICAO 的丹·莫里诺已经抨击过传统的事故调查文化，很少有调查员把调查人为因素作为他们的一项任务。在有些情况下，其原因可能是缺少具有资质的人员。莫里诺告诉我们，直到这些人员成为任何严肃调查中必不可少的组成部分"……我们会继续加强（飞行运行中）已经很好、但未能有效应对不足的领域"（Maurino et al. , 1995）。

很多有思想的批评家一直认为，美国以及世界其他很多地方的传统事故分析似乎对分担过失责任比对预防事故更感兴趣。存在确定了过失就停止调查的倾向可能是由于强调找到了"可能的原因"。法律本身和媒体、国会、公众以及不幸受害者的律师和亲友希望得到快速、简洁的回答，但问题通常是困难和复杂的，这给 NTSB 和 FAA 特别的压力（Miller[①]，1998）。这很不幸，因为大部分航空专家们（包括 NTSB 和 FAA 的航空专家们）认为对所有航空事故的分析实际上总是揭示了紧密相关的一系列事件。这与"差错链"理论非常接近，后面的章节会对此加以讨论。森德斯和莫奈曾写到事故分析中最基本的困难始终是"由多个而非某单一的原因共同引起了差错，这使得识别和预防差错有难度"（Senders and Moray，1991）。

在"'可能原因'的专制"中，C.O. 米勒指出："事件系列原理的一个基本推论是安全调查的目标是切断事故产生链中任何可能的链接"。他还进一步说明"接受'可能的原因'的危害主要是违反最基本的事件系列原理，并导致过于简单的分析，从而限制了可能的纠正措施范围"（Miller，1998）。

差错链

"差错链"的概念是得到很多专家广泛支持的航空运输事故/事故征候致因理论。这个概念表明大多数事故/事故征候包含着一系列差错或连接链，只要破坏其中任何一项就可能防止事故的发生。基于这一理论，通过打破相关链条来预防或至少控制这些差错是提高安全记录的一种非常有效的方法。我们应当注意到差错有其内在和外在的原因。对差错链中的相关因素以及可预防事故在实践中相互关联方式的明确定义和清晰界定并不总是很多事故分析中引人注意的部分。

1985 年，波音商业飞机公司的产品安全工程师理查德·西尔斯提出了一个类似、但也许有些离题的看法（Sears，1985）。他深入研究了 1977 年

---

① C.O. (Chuck) Miller 拥有航空工程学士学位、系统管理硕士学位和法学博士学位。他曾在航空行业、私人咨询机构、研究机构和重点大学任职。1968 年至 1974 年，他为政府工作，担任 NTSB 航空安全局主任。

到 1984 年期间的事故报告。他的研究再次确认了从 1967 年到 1984 年期间的严重事故发生率（他把严重事故定义为有人员死亡的事故或飞机机体受损的事故）几乎保持恒定。其研究表明世界平均事故发生率（不包括在前苏联和中国大陆发生的事故，也不包括因故意破坏、劫机或军事行动导致的事故）大约为每年发生 20 起严重事故，其中平均有 5 起发生在美国运营人的身上。正如西尔斯所写到的那样，一个基本问题是"仔细研究每一次事故会清楚地发现商业喷气运输事故的随机性和不可预测性……"。他没有讨论是否可将这一结论扩展到该时期内被彻底分析的事故。

西尔斯对 1977 至 1984 年之间全球航空公司发生的 93 起事故做了进一步的研究，以寻找导致这些事故发生的原因。这些事故原因满足以下条件：

1. 如果引发事故发生的原因没有出现，则将在很大程度上预防事故的发生（这基本上是"差错链"的概念）。

2. 可以找到一个明确的解决方案或补救措施来消除事故原因。

用上述条件来分析，93 起事故中有 182 个起作用的原因。其分布如图 19.1 所示。在这些事故中有 54% 由两个原因导致，只有 28% 的事故是由单一原因所致。

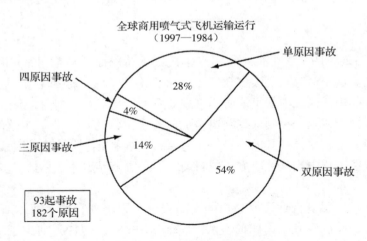

图 19.1　事故致因数量分布

资料来源：'A New Look at Accident Contributors and the Implications of Operational and Training Procedures', page 6, Sears, 1985

有 24 个明显的事故因素满足西尔斯提出的标准。这些因素从"驾驶员偏离基本操纵程序"或"副驾驶不充分的交叉检查"到"运行程序没有要求使用可用的进近导航设备"或"机长缺乏驾驶此类型飞机的经验"。很多因素都与人为因素问题相关,很多因素都被(恰当或不恰当地)归结为飞行机组差错。其中的 71% 直接与标准操作程序的符合性相关。

附录 M 中列出了"93 起重大事故的主要原因及其所占比例"和"93 起重大事故的飞行机组原因及其所占比例"。他们清楚地阐明了行业对飞行机组差错感兴趣,希望通过飞行机组训练来减少(希望是消除)相关差错。这些数据也阐明了在飞行机组的训练上花费了大量的时间、努力和金钱的原因,但只要是花在有效的训练上钱就花得值当。

最后,飞行机组有发现差错和预防事故的最后机会。在杰勒德·布鲁格英克与 ALPA 驾驶员举行的一次专门会议上,他就此观点做了很好的解释。他告诉这些驾驶员:"作为驾驶员,你是系统中所有技术缺陷和状况不佳的最终接收端……如果你察觉到了不良的状况,你通常是能够中断其进一步发展的最后一人"(Bruggink,1975)。

运行差错的系统原因

所有的因素都是事故/事故征候中的重要组成部分,但其实很多因素都被忽视了。需要采用全面系统的方法对事故/事故征候进行分析。公众期望、行业需要对事故和事故征候进行分析,确定并纠正航空运输中这些不必要事件的全部原因。

幸运的是,目前,行业(在 ICAO 的帮助下)更多地从系统的角度来看待全球航空运输的安全问题。这不仅包括航空运输的社会环境,还包括系统的基础设施。尽管这个新的视角并不意味着大量的传统飞行机组差错会被忽略,但的确意味着人为差错并不仅限于与事故或事故征候直接相关的人员以及如其他一些将自己归于"最不利处境中"的人员。

我们现在知道,如果将查找航空运输事故的原因研究限制在与这些灾难直接相关的人员范围内、并在此范围内就结束研究,会导致不能对相关问题进行彻底的分析。目前,仍存在维持原有系统的巨大惰性,我们依然处在一个"注重单一原因"的环境中。这个问题还在恶化,且在美国也的确如此,因为美国是一个喜欢争论的社会。

重要的是要认识到（很多例子已证明），传统的分析和纠正措施通常会错过提高航空安全的大好机会。太多的航空运输事故和事故征候分析忽略了那些源于国家、规章、组织文化（社会环境）的原因，太多的分析忽略了潜在的条件。这将在本章后面部分讨论。

加拿大对 1989 年 3 月 10 日安大略航空公司发生在安大略省德莱登的事故调查是个例外。它彻底采用了全面系统的方法，由受人尊重的维吉尔·P. 莫山斯基率领的特别调查委员会对该事故进行了调查。他曾写到："对于查找整个航空系统中可能引起机长错误决策的潜在和显性差错，委员会是一个难得的机会。"针对这些差错，委员会进行了专题深度研究，并且全面调查了航空系统中人为因素对德莱登事件的影响（Moshansky, 1995）。该调查和调查报告都具有划时代的意义。后来莫山斯基法官曾说到："此次事故是由于航空运输系统整体失效所致。"为强调这些发现的重要性，曼切斯特大学的詹姆士·雷森教授说："那些现场人员更像事故后果的后继者，而不是事故后果的调查人员。"

全面系统的方法

雷森教授提出了一个用于事故调查的全面系统方法的新组织框架，它扩展并提炼了差错链理论。事实上，这种方法已为所有的航空运输机构——国内的和国际的立法当局、外国和国内的航空公司、驾驶员组织、空中交通管制人员的认可。它扩展了事故征候或事故分析的范围，不仅包括其差错直接引发了灾难性事件的个人，还包括了所有可能涉及的人或组织。它的主要贡献是识别系统中的弱点或"潜在问题"，它们长期隐匿在系统中，直到综合条件触发了最终致命的人为差错。暗藏的潜在差错不仅本身是差错，还会增加系统中显性人为差错的可能性。正如很多年前安洽德·泽勒在讲到人为局限时告诉我们的："如果这种可能性重复足够多次，就会造成事故。"（Zeller, 1966）也可以将此原则应用到潜在问题上。如果某潜在问题存在时间足够长，最终会引起事故。

这个新的组织调查框架极大地促进了全面系统的分析方法的形成。此框架已正式被各种类型组织所接受——所有的这些组织有着共同的目标，那就是致力于尽力提高航空安全水平。这些组织包括 ICAO、国际航空运输协会（IATA）、国际航线驾驶员联合会（IFALPA）、国际空中交通管制员联合会（IFATCA）、美国的 NTSB、澳大利亚的航空安全调查局（BASI）、加拿大运输部以及其他许多诸如美国航空公司和航线运输驾驶员协会（ALPA）等组织。

显性失效和潜在问题

全面系统的方法将事故和事故征候分析从直接有责任的个人扩展到了所有可能有关的人员和组织。其主要贡献是认识到了潜在问题的存在及其相关因素。潜在问题可被定义为"系统防御中的漏洞……在事故发生之前就可能已经存在了一段时间，尽管通常没有什么明显的负面影响"。在它们与显性失效和其他"导火索"事件一起打破航空运输系统的防线之前，潜在问题可能已经长期隐匿，甚至已存在多年了。尽管如今潜在问题引发真实事件的情况极其少见，但是他们一直都很重要。

存在（潜在）的问题十分重要，因为它们创造了一个状态，提高了最终出现显性失效和事故发生的可能性。显性失效是我们最熟悉的失效类型，对事故或事故征候的发生有当即和直接的影响。它们立即受到重视。如果使用系统的方法对事故和严重事故征候进行彻底调查，潜在问题也会被包含在调查的范围中。

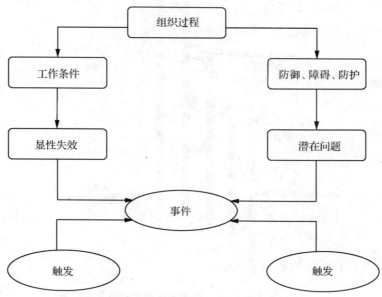

图 19.2　显性失效和潜在问题共同引发事件

资料来源：*Beyond Aviation Human Factors*，page 24，Maurino, et al., 1995，获得 Ashgate 出版社授权

　　图19.2说明了显性失效和潜在问题共同作用引发一个不期望发生事件的方式。

　　这种事故分析方法中最具吸引力的两个概念是提出了一个问题分析流程，该流程包括：（1）从全面系统的观点来分析事故或事故征候；（2）确定显性失效和潜在问题引发事件的路径。事件被定义为"打破、缺乏或绕过系统的某些或全部防线或防护"。需要考虑的问题从"对有关工作环境条件（驾驶舱、机库等）所做的管理决策"到引起差错和违章的个人或环境条件因素。事件可能造成灾难，也可能仅仅是一个事故征候——获得一次"免费的教训"，这在很大程度上有赖于运气和系统的防线是否有效运转（Maurino et. al.，1995）。组织或管理决策以及参与者的决定都受到社会环境的影响。

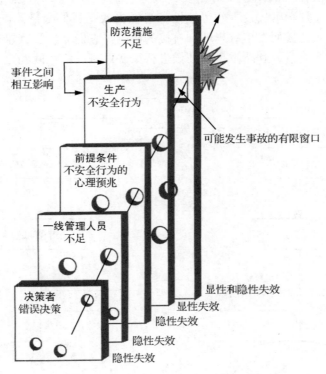

图19.3　Reason模型：复杂系统中人对事故的影响

资料来源：根据 *ICAO Human Factors Digest No.*10，第19页修改

显性失效由那些与系统直接接触的人员，例如驾驶员、空中交通管制员、机械师等等所引起。它们相对比较容易识别。与之相对应，潜在问题通常是组织文化的一部分，包括作为整个系统一部分的防御、障碍和安全保护。我们知道，国家和组织中的文化因素变化很慢。但无论如何，系统必须能够应对这种状况。

图 19.3 说明了整个防御系统中的显性失效和潜在问题，它们能够交织或共同作用引发航空运输事故。在现实世界中，防御系统中的各种漏洞不是静止的。存在显性失效和潜在问题的漏洞点会随着时间和情况的改变而变化。只有当这些漏洞连成了线、且在特定的情况下航空系统中的所有防范措施都失效时，事故才会发生。显示在图的最上方的是事故发生概率的窗口大小，它将随整个系统管理的有效性而变化。

管理是一个原因?

有些人争辩说，当航空公司人员被认为是航空运输事故的"主要原因"时，管理至少是相关联的一部分。这不是一个新的想法（Prendal，1974）。另外，现在已经了解组织因素至少应对很多航空运输事故或事故征候承担部分责任（Johnston，1991）。

在其他行业中，管理责任也被作为相关因素加以考虑。1987 年 3 月 6 日，自由先驱公司的一艘北海号客货轮渡在离开比利时泽布勒赫内港后仅 4 分钟就倾覆，导致 193 人死亡。管理责任是其直接原因。由退役驾驶员和经理 B. S. 格雷弗①机长所写的一篇题为"可怕的风险——值得深思"的文章阐明了那次事故对航空运输业的启迪。格雷弗机长直接而坦率地说："经理们必须接受运行安全应完全处于他们的掌控下。"他还相当有洞察力地进一步写道：

> 驾驶航空公司飞机的飞行员仅是管理团队所关心的一部分，该管理团队的目标是确保将风险降低到一个绝对低的水平，同时意识到与商业预期保持妥善平衡的必要性。

（B. S. Grieve，1990）

---

① 撰写此文时，B. S. 格雷弗是英国一家大型航空公司的运行主任。

变化的事故模式

历史上，行业内外的人员对事故的印象大多是老套地发现飞行机组在航空运输事故中扮演着直接而重要的角色。在美国，这种感觉被 1994 年 NTSB 的安全论文（NTAB/SS 94/01）所强化，这篇论文写道："大部分重大航空事故都是由于飞行机组人员的作为或不作为。"但是，杰勒德·布鲁格英克所做的一项研究指出，NTSB 委员会是把 13 年（1978—1990）重大航空事故的数据混在一起才得出此结论的。

为了确定事故模式是否有所变化，布鲁格英克利用 NTSB 的数据对 1997 年至 1996 年这 20 年间美国航空承运人的事故进行了分析。他只分析了那些"处于飞行机组人员控制下、依靠自身动力运动的航空器"发生的事故，将 8 起仅一人死亡的机坪事故排除在外①；而按照 NTSB 的统计标准，这 8 起事故与那些机上人员全部死亡的事故一样，都是重大事故。顺便提一句，从 NTSB 的调查结果来看，这 8 起机坪事故都与机组成员无关。

在"变化的事故模式"中，布鲁格英克报告，如果将这 20 年划分为 5 年一个阶段，"根据 NTSB 的数据，机组失控的事故率为：1977 至 1981 年是 33%、1982 至 1986 年是 22%、1987 至 1991 年是 60%、1992 年至 1996 年是 67%"（Bruggink，1997）。更引人注目的是，1977 至 1986 年因机组失控的事故发生率为 25.5%，1987 至 1996 年的数值为 63.5%。这些数据如图 19.4 所示。

这与 NTSB 将 1977 年至 1996 年这 20 年的数据放在一起分析得到的航空运输事故模式有着明显而惊人的不同。布鲁格英克的数据显示，如果将太长时间的数据堆在一起分析会多么容易造成结论上的错误。这样做不容易找出发生这种明显变化的原因。布鲁格英克列出了两种可能性：

- 从 20 世纪 80 年代开始日益重视飞行机组成员的团队表现；
- 注意力逐渐、一致地转向提供短程旅客运输的支线运营人。

NTSB 在其研究中集合了 13 年的数据。其分析认为飞行机组差错是那期间发生的大部分重大航空事故的主要原因。现在已清楚地知道这些事故的原

---

① 这 8 个案例的有趣之处在于如果不是"为了飞行"的话，就不会发生事故。如果是这样的话，按照 ICAO 对航空器事故的定义，这 8 个案例都不属于事故范畴。

因分布有了重大的改变。对于后面的几年，NTSB 的结论不正确。除了布鲁格英克指出的事故模式发生变化的原因之外，我们认为还有另外一个因素。这个因素就是航空公司训练以及事故分析复杂程度的提高。重要的是应记住 FAA 要求 121 部和 125 部运营人在其飞机上安装 GPWS 的规定在很大程度上减少、但未消除 CFIT 事故。规章对 NTSB 和布鲁格英克的研究的影响可能很小，因为规章的有效性在被查找的事故原因发生改变之前就已经得以确定了。

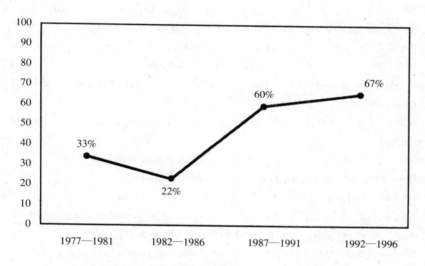

图 19.4　因机组失控导致重大事故的 121 部定期航班比例

资料来源：*Air Line Pilot*，page 11，May 1997，Copyright©*Air Line Pilot*

　　布鲁格英克的研究成果是有价值、并具有煽动性的报告，其中有值得借鉴的经验教训。发达国家和在不同环境下运行的其他国家从中得到的经验教训应有很大不同。

最后的思考

　　本书的目的之一是激发某种意识，这种意识将使运行小组的所有人员知晓他们在事故/事故征候预防中的重要性，并确保运行小组成员不仅仅是各种状况下发生的不可避免的事故或事故征候的牺牲品。在事故发生后，有一点非常清楚，那就是在任何情况下都要采用全面系统的方法来分析事故。全面系统的方法使得航空系统充分汲取应有的经验教训成为可能。还有一点是明确的，即必须考虑社会环境的各个方面。

参考文献

[1] Bruggink, Gerard B. (1975). 'The Last Line of Defense', presented to the special meeting of ALPA Pilots, 14 April 1975, New Orleans, Louisiana.

[2] Bruggink, Gerard, B. (1997). 'A Changing Accident Pattern', *Air Line Pilot*, May 1997, The Air Line Pilots Association, Herndon, Virginia.

[3] Chapanis, Alphonse (1959). *Research Techniques in Human Engineering*, John Hopkins Press, Baltimore, Maryland.

[4] Grieve, B. S. (1990). 'The Terrible Risk', Britannia Airways Ltd., Bedfordshire, England.

[5] Hawkins, Frank H. (1993). *Human Factors in Flight*, 2nd Edition, edited by Orlady, Harry W., Ashgate Publishing Ltd., Aldershot, England.

[6] Howard, Benjamin (1954). 'The Attainment of Greater Safety', presented at the 1st Annual ALPA Air Safety Forum, and later reprinted for presentation at the Aircraft Accident Prevention Course, University of Southern California, July 1957.

[7] Johnston, Neil (1991). 'Organizational Factors in Human Factors Accident Investigation', *Proceedings of the Sixth International Symposium on Aviation Psychology*. 29 April-2 May 1991, The Ohio State University, Columbus, Ohio.

[8] Lautman, L, . G. and Gallimore, P. L. (1987). 'Control of the Crew-Caused Accident', *Flight Safety Foundation Flight Safety Digest*, Flight Safety Foundation, Alexandria Virginia.

[9] Lundberg, Bo O. K. (1966). *The 'Allotment-of Probability-Shares ' - APS - Method*, *Memorandum PE-18*, The Aeronautical Research Institute of Sweden (FFA), Stockholm, Sweden.

[10] Maurino, Daniel E., Reason, James, Johnston, Neil, and Lee, Rob B. (1995). *Beyond Aviation Human Factors*, Ashgate Publishing Limited, Aldershot, Hants, England.

［11］ Miller, C. O. （1998）. 'Trapped by 'Probable Cause', *Air Line Pilot*, The Air Line Pilots Association, International, Herndon, Virginia.

［12］ Moshansky, Virgil P. （1995）. From the Foreword to *Beyond Aviation Human Factors*, Maurino, Reason, Johnston, and Lee, Ashgate Publishing Limited, Aldershot, Hants, England.

［13］ North, David M. （1997）. Editorial— 'We Know the Safety Issues, Now Let's Push Solutions', *Aviation Week and Space Technology*, 1 December 1997, McGraw and Hill Inc. , New York.

［14］ Prendal, Bjarne （1974）. 'Management and Communication: Discipline and Motivation', Flight Safety Foundation's 27th International Aviation Safety Seminar, Flight Safety Foundation, New York.

［15］ Rasmussen, Jens, Duncan, Keith, and Leplat, Jacques, eds. （1987）. *New Technology and Human Error*, John Wiley & Sons Ltd. , Chichester, England.

［16］ Reason, James （1997）. *Managing the Risks of Organizational Accidents*, Ashgate Publishing Limited, Aldershot, Hants, England.

［17］ Sears, Richard L. （1985）, 'A New Look at Accident Contributors and the Implications of Operational and Training Procedures', presented at Flight Safety Foundation 38th International Air Safety Seminar, Flight Safety Foundation, Alexandria, Virginia.

［18］ Senders, John W. and Moray, Neville, P. （1991）. *Human Error: Cause, Prediction, and Reduction*, Lawrence Erlbaum Associates, Hillsdale, New Jersey.

［19］ Wiener, E. L. （1989）. *Human factors of advanced technology（ "glass cockpit"）transport aircraft*, NASA Technical Report 177528, Ames Research Center, Moffett Field, California.

［20］ Zeller, Anchard F. （1966）. *Summary of Human Factors Session*, *19th Annual International Air Safety Seminar*, Flight Safety Foundation, Alexandria, Virginia.

第二十章 全球性安全挑战

人类最大的罪恶在于收割无辜的生命。

(Benjamin O. Howard，1954)

风险的概念与事实

如同其他任何形式的交通一样，航空运输也有其内在的风险。早在1903 年，Wilbur Wright 就曾写到："如果你正在寻求百分之百安全的话，那么你最好躲在栅栏后面去欣赏鸟儿吧。"由于风险因素存在的必然性，就决定了安全在本质上不可避免的、相对的，而非绝对。作为航空运输安全领域享有盛誉的专家和导师，John Lawber 博士坦率地指出："讨论'零风险'已经对公众造成了伤害……'零风险'是不可能实现的。飞行操作常常充满了高风险，所以我们应当将安全置于首位。"

"零"事故和"零"事件作为我们追求的目标已经有着许多年的历史了，即使我们都知道这个目标可能永远无法达到。在美国，"零"事故这个说法由于随后担任运输部长的 Frederico Pena 将其作为他的管理目标而备受民众关注。本书的作者记得最初听到这句话还是1973 年初的时候，当时还没有担任美联航医疗主管的乔治·基德拉博士把这句话用于一部名为《不称职的乘务员》的培训影片中结束语的一部分。这部影片朝着"零"事故和"零"事件的终极目标迈进了一大步。

"零"事故和"零"事件并不意味着"零"风险，认识到这点非常重要。正如第二章——航空运输业及其安全记录中所言，Benjamin Howard 多年前曾写道,"我们可以发现,与飞行相关的风险大约有95%跟飞行本身相关,而其余5%则与飞行时间和飞行距离有关"(Howard,1953)。詹姆士·里森教授利用飞行安全基金会(FSF)的Icarus委员会的统计数据写到道,"……在1995年,对全球范围内的空中乘客而言,与至少一种灾祸相联系的可能性的风险改变了42倍:从二十六万分之一的人员死亡或受伤的最差状况到一千一百万分之一可能性的最佳状况"(Reason,1997)。航空运输业的任务便是控制航空运输与生俱来的风险,目的是朝"零"事故这个梦寐以求的目标更大步地前进。

事故率与统计

航空安全方面所取得的进步有时并不会得到充分正确的评价。巨大的进步已然做出,例如,当John Dent爵士还是英国民航局主席时,就曾言道:"……假如1985年的事故率与1950年相同的话,那我们将会有23000起灾难。"然而事实上,整个行业有2000起灾难。1997年,尽管基数显著增大,然而在全球范围内的灾难数量却降到了1307起。

航空业作为一种全球性的产业在过去的20年间已经取得了巨大的发展。不幸的是,在事故总数、抑或是灾难总数上都没有明显的减少。事实上,由大众媒体和出版社所公布的数据中,只有每年的事故数量和乘客死亡人数这两项统计数据可以比较。有一个长期困扰航空运输产业的问题,那就是如果事实和数字脱离了上下文而使用的话,往往会误导人。

一个迅速扩张的行业与一个本质上处于静态不变的安全率的问题并不是突然出现的。30年前,Bo K. O. Lundberg[1]就曾这样警告航空业界:"公众对于航空安全的信心并不是建立在基于统计学上的安全水平……而是多久会发生一次灾难性的航空事故。"事实正是如此。他还说,"对于一个恒定不变的事故率来说,事故的数量当然会随着航空领域的扩张而增大"(Lundberg,1966)。这个问题的重要性是一份航空业发展评估报告中提出来的,而这份报告是由时任美国联邦航空管理局局长的David Hinson在一次民航驾驶员协会主办的技术和驾驶舱讨论会上发表的。他告诉与会者,有这么一个

---

[1] 兰登博格(Bo K. O. Lundberg,)是著名的航天工程师和航空科学家,在任瑞士航空研究中心主任期间撰写了备忘录PE-18。1964年召开的第三届国际航天科学大会上,他发表了纪念丹尼尔和佛罗伦斯·古根海姆的讲话。

基于统计学的概率：如果事故率保持在 1966 年的水平上不变，即每百万架次离场发生一次事故，那么，按照预计的运输量增长，到 2015 年，每周都会发生一次严重的事故。正如 Hinson 先生所言："……时钟不停歇……时光却短暂……"

Lautman 和 Gallimore 的研究

1986 年，波音公司的 Les Lautman 和 Peter Gallimore 对发生于 1977—1984 年间的 126 起重要的航空运输事故进行了研究，并编写了研究报告。这是一项重要的研究和思想上的碰撞。除其他一些情况外，Lautman 和 Gallimore 还发现，尽管对于驾驶员座舱资源管理计划和人的因素这两方面的关注度开始不断增加，但是总的来说，超过 20% 的重大事故——灾难性事故或者机体毁损事故——仍然是我们过去称之为的"机组人员引发的事故"。

那份统计表或者理念中并无多少新意可言。虽然在最后一章 Gerard Bruggink 的研究——"一种变革性的事故模式"中暗示了旧有的模式正在发生着变化。Bruggink 的研究告诉我们，在事故分析中，我们应该考虑的因素有很多，而不仅仅是机组人员的因素，但也不是说我们不应该关注驾驶员座舱中人员的行为。毫无疑问，这种把大多数的航空运输事故归咎于飞行机组人员的航空安全研究已然变成了一种令人沮丧的固定思维，并在航空运输操作中存在了多年之久。

Lautman 和 Gallimore 的分析研究主要是基于每百万架次飞机离场而发生的重大事故。我们相信，这是一种更为科学的方法，比之使用每百万乘客英里事故数或者是使用大量的飞行时数要好得多。如果有选择地使用的话，那么每百万架次离场的事故数（当然也包括了进场的事故数）可以考虑每条航线和每个航班的充分使用。

我们都知道，飞机飞行的阶段是很重要的，而进场和离场时所发生的事故就占了事故总数的大约 94%。在另一项研究中，Weener 和 Russell 对离场、接近和着陆的时间范围做了一个狭义上的定义，利用这个定义，Weener 和 Russell 指出，65% 的事故都发生在通常飞机飞行的最初两分钟和最后的四分钟，比如飞机离开机场之后的最初两分钟之内以及接近和着陆的最后四分钟之内（Weener and Russell，1993）。具体数据见图 20.1。

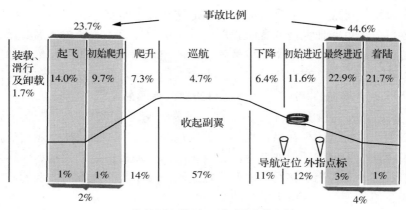

图 20.1　机体损毁事故的百分比

资料来源：Adapted from *Statistical Summary of Commercial Jet Aircraft Accidents—Worldwide Operations—1959—1996*, page 13, Boeing Commercial Aircraft Company

安全——航空运输业的最大挑战

我们很容易低估当前航空运输业所面临的安全挑战的严重性。仅以美国为例，在下个 10 年中，航空运输业将会有每天 35000 架次的飞机起降。这就意味着每月有超过 100 万架次，差不多每年就有 1260 万架次，当然，它们的目标都是"零"事故。虽然"零"事故这个目标值得我们付出努力去追求，但是很不幸，它可能是我们永远无法企及的。

在全球范围内，我们可以预测到的起降架次的数目要大得多。用来支持飞行操作的培训、装备以及基础设施不但异常复杂，而且代价不菲。毫无疑问，安全是要花钱的，但是，正如一位匿名观察家某次私下说的那样："如果你认为安全（费用）太昂贵的话，那你试着出次事故看看（即事故的代价更为昂贵）。"

有些航空专家认为，至少有一些航空运输事故是我们这个多元文化和高科技社会的多样性与复杂性不可避免的一个组成部分（Perrow，1984）。尽管有这种消极的观点存在，但我们仍然坚信，虽然一个航空运输系统没有风险和事故是不可能的，但是我们可以创造这样一个航空系统，这个系统的保护装置可以尽可能地控制或者防止那些看起来无可避免的事故。很明显，这种系统包含了对飞行机组全体成员的有效监控和习惯性操作的注意。如果这些可以预测到，那么我们便可以控制人的失误，接着便可以识别和消除雷森教授所称的"潜在的状况"，一些无可避免的事故最终将会消失。

"零"事故的目标也许无法实现，但是，毫无疑问的是，航空业界能够、必须、也将会比现在做得更好、更出色。在将来，如果航空运输业自身的增长预计成为现实，但安全率没有改善的话，那么事故的数量和灾难性事故的数量将不为人们所接受。因此，在这里，对于我们复杂而多变的航空业界来说，便呈现了一项巨大的挑战。

全球范围的安全问题

当前，航空运输是一个全球性的行业。因此，不论是航空运输还是它的安全性，都必须站在全球性的高度来考虑。在全球不同的地理区域内，其安全水平有着巨大的差异，所以上述观点才尤为重要。在全球不同的地理区域内都有着一些拥有良好安全记录的航空企业（Weener and Russell，1993）。

当对全球范围内的由世界上最大的商用飞机制造公司波音商业飞机公司所制造的喷气式飞机加以研究的时候，Lautman 和 Gallimore 发现，16% 的操作者发生"机组人员引发"的事故率要高于平均水平。在操作人员中，有80% 的人员从未发生过"机组人员引发"的事故。这是首批报道此类问题的其中之一。

特别令人受到启发，而同时也令人困扰的现实是，16% 的操作者占据了80% 的总事故数量。有了这些数据，我们很难不正视这样的现实：相对少数的操作者与大多数的航空运输事故密切相关。

工业化国家占有了大约 84% 的全球航空运输份额，而且通常来说，他们也拥有着最佳的安全记录。自从航空运输安全记录开始保存之日起，澳大利亚和新西兰就一直处于世界的前列。尽管保持这项非凡的记录是正确无误的，但是我们应该谨记，一家大型的美国航空公司仅一年的航班数就比澳大利亚和新西兰所有正在运行的航空公司的大多数中的航班数都要多。

包括中国和独联体国家在内的第三世界国家占有了大约现有全球总运输

量的 16%，同时也占有了现有商业喷气式飞机机体毁损大约 70% 的比例。表 20-1 节选自飞行安全基金会（FSF）1996 年 3 月出版的飞行安全摘录，在表中，它给出了国际民航组织（ICAO）区域内的航空运输事故分布状况。

利用国际民航组织（ICAO）的区域划分可以得知，今天的最高事故发生率在非洲、亚太区、东欧和拉丁美洲。根据一个重要的欧洲制造商的预测，假如"事故率不变，则灾难性事故将在亚洲以 250% 的速度增长，欧洲是 190%，拉丁美洲是 150%，非洲则是 70%"（North，1997）。上述百分数之所以各有不同，是由于在不同的区域，它本身可预测的增长以及整体航空安全水平都是互不相同的。

重要的是，我们应该意识到，在不同的地理区域，其安全挑战的具体问题是不同的，而且在决定一个极限安全记录时会涉及很多种因素，例如基础设施、制度和组织文化之类的因素都发挥着重要的作用。政治稳定性则是另外一个具有潜在意义的因素。

比如，不属于欧洲联合航空局（JAA）的欧洲国家的航空公司就有着 8 倍于从属于欧洲联合航空局（JAA）的航空公司安全记录的事故率。24 个欧洲国家从属于欧洲联合航空局（JAA）。在另外一个例子中，澳大利亚和新西兰有时会被分到范围相当大的亚太区，而该区有着最持久的高发事故率，可是这两个国家却是自安全记录诞生以来航空运输安全领域的领先者。

表 20-1　ICAO 区域内的航空器事故

ICAO 区域	事故数	架次	事故率/百万架次
非洲	17	562734	30.21
亚太	19	1039380	18.28
东欧	5	243300	20.55
欧洲	26	2732780	9.51
拉丁美洲	34	1050632	32.56
中东	3	263183	11.4
北美	28	6680700	4.08
合计	132	12752709	10.35

资料来源：'Airport Safety：A Study of Accidents and Available Approach-and-Landing Aids'，page 9，*Flight Safety Digest*，March 1996，Flight Safety Foundation

举上述这些事例并不是要说明有着良好安全记录的国家的航空公司就没有安全问题。事实上，他们中的任意一个都存在接近于灾难性事故的事件。而上述那些航空公司的安全问题与那些有着更差记录的航空公司的安全问题是两个不同的级别，而且这些问题还可能是属于不同的类型。如果你认为所有国家的安全问题都有着相同的特征，那么你就大错特错了。

虽然事故率有地区性差异，但世界各地都同样存在拥有良好安全记录的航空公司（Weener and Russell，1993）。这样的航空公司证明，尽管在这些区域中重要的基础设施和其他不足之处都有着最差的记录，但是区域性差异的问题还是可以得到解决的。如果这些不被全面理解的话，那么单纯的区域评估就会误导我们。

航空安全中人的因素

许多年以来，航空运输公司一直在试图有效地解决"最紧迫而且最令人沮丧的事件"——航空器事故。国际航空运输协会秘书长 Knut Hammarskjöld 在 1975 年发表了一个令人振奋的观点，他说：

> 我们现在称之为"人的因素"的问题……是至关重要的问题……我相信，对于这个问题，随着民用航空历史的发展，我们将会有足够的可利用的知识来对这个"最后的未开拓领域"——航空安全问题发起一场郑重而有效的"攻击"。

（Hammarskjöld，1975）

不幸的是，我们已经花费了将近 20 年的时间来"对航空安全问题这个'最后的未开拓领域'发起一场郑重而有效的攻击"了。但是现在，在国际民航组织所展现出来的领导才能的巨大帮助下，全球的航空领域正在逐渐达成共识——主要以人的因素为基础的技术正成为一项核心航空技术。与世界上大多数取得进步的领域一样，这项技术得到了世人的公认。人的因素现在已经是任何一种事故调查或事件调查中必不可少的一个组成部分。美国已成为这项研究的先行者之一。而对于全球范围内的其他国家而言，对航空领域中人的因素研究的支持和实施则是参差不齐：有的国家做得很好，而有的国家根本就连有都没有。

在认识到航空领域中人的因素所呈现出来的机遇性和挑战性后，美国在20世纪90年代初发起了"民用航空人因研究国家计划"。这项国家计划包括了美国联邦航空管理局与美国国家航空航天局之间签订的一份跨部门的合作协议，在这份协议中体现了多项承诺。它的目标之一就是确保所做的研究必须是航空领域中人的因素中最基本的问题。Jane Garvey 在本书编写时正担任美国联邦航空管理局局长，她说，人因问题作为针对安全的四大领域之一，美国联邦航空管理局将会在她5年的任期内始终强调。美国联邦航空管理局将会强调的其他三大领域分别是可控飞行撞地、失控事故和进近着陆事故。她也对飞行品质监控计划给予了全力支持。航空人因是飞行品质监控计划的一个必要组成部分，而该计划在其他事情中则是收集与监控确定的飞行数据参数。飞行品质监控计划受到了操作人员和飞行员组织的支持。但是，不论是飞行员协会还是许多的航空公司都对这项计划有着一些明确的担心和保留。飞行品质监控计划将会在本章后面部分继续讨论。

国际民航组织中的航空安全和人的因素

国际民航组织是最重要的国际航空组织（见第六章——社会环境，以及附录D）。该组织包含了所有重要的和较小的国家，国际民航组织的影响力扩展到了发展中国家以及他们的航空公司，而在此之前，这些国家和公司则只有依靠自己的力量挣扎着生存。当然，国际民航组织也有其他方面的兴趣和责任。但是，不可否认的是，解决不断增加的飞行安全是它重要的长期目标之一。1986年，国际民航组织代表大会通过了A26-9号决议，该决议强调了人的因素的重要性，并再一次强调了飞行安全的重要性。作为国际民航组织代表大会决议的延续，国际民航组织空中航行委员会进一步明确了该决议的目标，并将其目的陈述如下：

> 要想提高航空安全性，就得使成员国对民用航空运营中人的因素更加警觉与负责，就要充分利用这些成员国在其自身经验基础上发展起来的具有实践意义的人的因素的材料与方法。

在通过了A26-9号决议之后的3年内，国际民航组织理事会颁布了一项针对国际民航组织附件 I （人员执照）的修订版，该修订版要求，将来所有的飞行员都必须熟悉"人的行为与限制"，因为这与他们的飞行活动和执照里所规定的权力相关。现在所要求的正式的许可与授权程序必须包括人的行为和限制无疑是一项重要的成就，而今最迫切的问题是如何有效地实施这项规定。要想在所有的国际民航组织成员国都顺利有效地实施该规定，说当然比做要容易得多。英国在这项计划的实施中处于世界的领先位置。

国际民航组织飞行安全与人因计划

一项积极的国际民航组织飞行安全与人因计划已经形成，这项计划的形成一方面是与国际民航组织代表大会和理事会的意愿相一致，另一方面是根据 A26-9 号决议而采取的积极的行为。这项计划所基于的信念是"人因领域所取得的重大进步将只有通过全球所有参与者的共同努力才能实现"。该计划进一步坚信，大规模的教育是人因研究所取得进步的第一步。国际民航组织此类计划的优势在于，他们可以接触许多的航空公司和国家，而其他人却没有这些优势，即接触不到那些公司和国家。

国际民航组织计划的重要部分包括：一个充满活力的多元文化的人的因素研究团队，13 项人的因素摘录成果（见附录 N），谨慎选择的国家飞行安全和人因论坛组织以及区域性飞行安全和人因专题讨论会的组织和管理部门。国际民航组织人因和安全计划也参与了由其他国际性组织所发起的行动，也在国际民航组织期刊和其他媒介上发表论文。在下一段中，我们将会简要论述国际民航组织的人因和安全论坛与专题讨论会，及其在解决一个具体的国际航空交通管制中所扮演的角色。

国际民航组织的全球论坛

国际民航组织举办的 4~5 天的全球论坛是其发起的飞行安全与人因研究十年计划中的一个组成部分。这个论坛是由国际民航组织与主办国的官方航空组织联合发起的，它强调世界航空运输应该紧密联系人因的重要性。而该论坛的与会者们不仅有国际民航组织成员国的官方人员，还包括了航空公司、运行雇员团体、航空运输系统制造商和其他相关的国际组织的代表们，以及各学院、培训与研究机构的代表们。

第一届论坛于 1990 年 4 月在俄罗斯的列宁格勒（现在的圣彼得堡）举办，为期 5 天的论坛主题是"人因知识体系在航空管理、培训与运作上的应用"，目标是"要想提高航空安全性，就得使成员国对航空运营中人的因素更加警觉与负责，就要充分利用这些成员国在其自身经验基础上发展起来的具有实践意义的人的因素的材料与方法"。此次论坛的工作语言是英语、法语、俄语和西班牙语。"工作语言"指的是提供给所有与会者的耳机里播放的演讲或者讲座内容的同声传译，就像我们在联合国会议上所见到的一样。230 名与会者来自于 30 个不同的国家或地区以及数个国际性组织。

第二届全球论坛于 1993 年 4 月份在华盛顿特区召开。这届论坛的主题是"针对操作人员的人因培训"，而它的目标与在列宁格勒召开的第一届论坛的目标是相同的。此次论坛的工作语言仍然是英语、法语、俄语和西班牙语。这届论坛的 325 名与会人员来自 42 个国家和 6 个国际性组织。

第三届论坛是在 1996 年的 4 月于新西兰的奥克兰召开的。它的主题是"安全 2000 年：整合人因知识和实践于未来的航空系统之中"，目标是通过把人因的整合与实践应用利用到航空领域的各个方面，以此来提高航空系统的安全性与有效性。此次论坛的工作语言是英语和法语。这届论坛的与会人员达到了 533 人，分别来自于 52 个国家（地区）和 3 个国际组织。

第四届论坛也是最近的一次论坛召开于本书出版之前，即 1999 年 4 月 12—15 日，举办地是智利的圣地亚哥。论坛的主题是"人的因素和新航行系统（CNS/ATM）的安全性与有效性：创造未来"，工作语言则是英语和西班牙语。

国际民航组织的区域性研讨会

国际民航组织持续 4 ~ 5 天的区域性研讨会每三年举办一次，每年两次。这些研讨会曾经在开罗、墨西哥城、亚的斯亚贝巴、曼谷和里约热内卢这些城市举办过，与会者一般是该区域内国家的官方人员、该区域内的航空公司的代表、使用该区域的飞机制造商、其他有关国家和国际性的组织以及区域性的和个别国际性的学院、培训和研究机构。人员组成包括：20 名航空公司和人的因素领域内国际公认的专家、当地的专家学者以及当地的和国际上的国际民航组织的代表们。

美国的航空安全评估计划和国际民航组织的审计计划

美国联邦航空管理局在 20 世纪 90 年代初期发起了一项航空安全评估计划（ASAP），目的在于努力提高全球航空安全性与保护美国公民。这项计划监控其他国家遵守国际航空安全监察制度以及附带性地加强国际民航组织的标准和推荐性惯例的重要性。不遵守国际安全监察制度的后果是：一个没有提供规定的安全监察制度的国家的航空公司将被禁止进入能获得利润的美国市场。

美国联邦航空管理局已经明确说明，不准进入美国市场不是因为个别航空公司是否安全或者欠安全，而是在于受到监控的国家是否存在一个可以充分发挥作用的民航局来确保他们的航空公司是否正确地执行了可接受操作和安全程序。

国际民航组织的审计计划

紧随美国联邦航空管理局的首创精神，并将其充分扩展，国际民航组织理事会主席 Assad Kotaite 博士在 1997 年 2 月 24 日召开的理事会上说，由国际民航组织发起的国家航空运输标准审计应该成为全世界公认的规范。他呼吁国际民航组织当时的 185 个成员国给予国际民航组织充分的权力来对其进行检查。Kotaite 博士认为该方法可以实现如下目标："该方法可能很好地在国际技术检查或用于证实潜在失效的安全、保安审计中。"他进一步说明："国际民航组织作为一个国际性的组织，应当有权近距离地检查安全和安全保卫标准的实施状况，以及执行常规性的检查。"该建议得到了国际民航组织理事会的同意。国际民航组织应当成为国际民航领域普遍认可的全球安全与安全保卫标准的审计者（Ott，1997a）。

从传统意义上来说，与之相似的计划的批准一般要经历一个缓慢的进程，而且也很少有国际民航组织的观察员会同意类似国际民航组织审计计划这种在短期内难以见到成效的计划如此迅速的得到批准。但是，义务性的安全监察制度在 1997 年 11 月 10—12 日召开的会议上得到了广泛的重视。国际民航组织理事会的观点得到了其 185 个成员国中 148 个国家的支持。会上讨论的最艰苦的问题之一是如何把需求融入保持安全监察计划的机密性上来。机密性的妥协可能带来只有在提供足够时间改正重大缺陷之后的非惩罚安全监察报告的公开。Kotaite 博士声明，"国际民航组织的最终目标不是强制制裁，而是为了使整个航空领域更加安全……飞行安全已不再是一个禁忌的话题——我们必须在它和国家主权之间找到平衡"。国际民航组织的审计计划（安全监察计划）已经得到了包括美国联邦航空管理局、代表 36 个欧洲国家的欧洲民航会议（ECAC）以及很多其他方面在内的支持。

我们已经看见国际民航组织成员国非常郑重地对待全球航空运输安全，正如整个航空运输行业所做的一样。早期的国际民航组织安全监察计划是于1995年在一个自愿的基础上开始的。国际民航组织应85个国家的要求而进行安全审计，并且已经实施了70项安全审计。另外，除了最初的计划以外，又有37项后续计划。这种响应水平明显说明了这项计划的需求性和普遍接受性。最终，强制性安全审计在第32届国际民航组织代表大会上被正式赋予了国际民航组织，该届大会于1998年10月2日闭幕。正如 Assad Kotaite 博士所言，"……它宣告国际民航组织进入了21世纪"。

国际民航组织代表大会同时宣布，未来的强制性计划的效果现在可以出版面世了，但这也给了国际民航组织一个基于公众注意的强制过程。Assad Kotaite 博士不得不谨慎面对，"我不喜欢制裁，联合抵制一个国家并不会使空中更加安全，如果空中和地面有缺陷，而我们消极对待的话，那么并不会得到我们想要的结果。我们必须一方面对其施压，一方面提供帮助"。Assad Kotaite 博士还说道："一个国家并不缺乏政治信念（来执行国际安全监察标准）……他们既不缺乏知识，也不缺少资金抑或国家立法。"而上述三大因素已经在国际民航组织自愿安全审计现行计划中体现出来了（Warwick，1998）。

国际民航组织审计的一个非常肯定的优势在于，他们可以帮助某些第三世界或者现在称为"发展中国家"的官方机构实现其符合国际认可的标准的目标。这些国家可能有其特殊的问题和具体的需求。他们中的很大一部分并没有形成一个制度文化所需要的专门技术人才。作为国际航空运输协会的安全委员会主席和巴基斯坦国际航空公司安全主管的 Amjad Faizi 在最近一次国际会议上直言不讳地提道，制度不健全摆在了第三世界航空安全众多问题的最顶端（Faizi，1997）。

国际航空运输协会的"伙伴体系"计划

作为致力于世界航空安全的另一手段，国际航空运输协会发起了一项"伙伴体系"计划。为了完成其令人钦佩的截至2004年机体毁损事故率降低一半的宏伟目标，将需要每年减少9次或10次的飞机坠毁。国际航空运输协会认识到，"……其成员国所发生事故的80%都是由大约20%的航线问题造成的"，而且，使它的"伙伴"理念成为一个重要的条款，并用于7点计划来实现事故减半的伟大目标。

国际航空运输协会这个创新性计划目的是，在一个区域内，由拥有良好安全记录的航空公司与拥有差的安全记录的航空公司联合，在"飞行安全伙伴体系"下努力提高他们的安全表现。这样一个计划很明显会伴随着许多困难。这些困难包括了预算（该计划会花费双方的时间和财力）、操作问题中可能的差别性的有效认知、"伙伴"双方对计划的有效义务、对适合的员工的分配、该计划的需求认知、有效安全计划的执行。例如，最初的时候，该计划将会关注拉美和加勒比海地区。当本书编写的时候，该计划已打算在 1999 年开始试行。国际航空运输协会宣布，该计划已处于试验阶段，他们正在南美寻找合适的搭配"伙伴"。数家航空公司已经对其表示了兴趣（*Flight International*，13—19 August 1997）

一开始的时候，"伙伴"计划希望一个区域内拥有良好安全记录的航空公司的高级安全飞行安全经理在指定的"伙伴"航空公司花费五天时间，在这五天里，该飞行经理将会在诸多领域提供给对方广泛而综合的简要介绍和评估，内容包括飞行安全组织简介、操作规程、程序、飞行安全报告、培训、全体机组人员的资源管理以及风险评估等方面。该计划还包括了提高对方的飞行数据分析、事故报告以及近地面报警系统的装置和维修（*Flight International*，13—19 August 1997）。这是一项宏伟的计划，假如它可以有效的实施，那么，即使是它的一小部分，也会对我们帮助甚大。

数据分析与 FAA 的飞行品质监控

多年来，飞行操作数据的有效共享已成为一个具有挑战性的领域。这些数据的自发收集、分析以及共享主要是通过飞机上的快速存取记录器和基于地面的分析程序，而且经过适当的修改后已经在欧洲的部分地区得到使用超过了 20 年。在美国，操作数据共享被包括在美国联邦航空管理局的飞行品质监控计划（FOQA）中。不幸的是，飞行品质监控计划基于的基础是：美国联邦航空管理局是否会对其违反安全法规的行为提起公诉，而且，这些数据是否会泄露给媒体以及针对航空公司或其雇员的民事诉讼中的原告。这个领域充满着荆棘。这对于飞行员来说是一个至关重要的问题。Stuart Mathews 作为飞行安全基金会（FSF）的主席已经提出警告，"如果它对于在法庭程序中被揭露就容易受到影响的话，那么将没有一项飞行品质监控计划会在美国取得成功"（McKenna，1997）。

　　实际问题不仅仅是法庭程序，而是比这更为广泛，因为它容易受到美国联邦航空管理局（FAA）的强制行为和公司纪律的影响。（见第二十二章——航空运输业的未来中对全球航空信息网"GAIN"的讨论。）1997 年 2 月 7 日，针对于 1995 年 12 月发生于加利福尼亚州卡利市附近的美国航空公司事故，在一个联邦民事法庭判决中，美国地区法院法官 Stanley Marcus 支持航空公司和飞行员在本案中的立场，他写道，对从美国航空公司的航线安全行为协议（ASAP）得到的数据"赋予其特权并拒绝原告接触"。Marcus 法官进一步写道，"一些观察家认为，ASAP 计划是一个'未来航空公司与美国联邦航空管理局共同合作，提高安全的伙伴计划的模板'"。在美国的 ASAP 计划中，错误报告的收集实行电子化，而确认报告则由来自美国、美国联邦航空管理局和代表美国飞行员的飞行员联盟协会（APA）的代表组成的联合委员会每周进行检查。

　　飞行安全基金会全力支持 Marcus 法官的裁决，并做出了如下报道："一个美国地区法院法官最近的一项判决支持了一家航空公司保留其通过非惩罚性安全报告计划收集信息的权利，这是我们使该计划迈向推广普及到全部商业航空公司和减少事故的重要一步。这些计划成功的根本在于承诺揭露信息的目的在于提高安全水平，而不是被用来判刑写报告的。"该方法已经得到了飞行员、飞行员联盟以及航空运作管理人员的认可。

　　最近，针对美国联邦航空管理局政策，美国联邦航空管理局局长 Garvey 在 1998 年 11 月于加利福尼亚州的长滩举行的国际全球航空信息网会议上做出了一份勇气十足且深受欢迎的声明，她说，她将起草一项政策，规定监督机构的检查人员不要使用基于从飞机飞行品质监控计划下的快速存取记录器寻回数据，并用以处罚航空公司和个人。该政策将会以英国航空公司和美国国家航空航天局的机密安全报告系统为模型。Garvey 说，她将会考虑扩展它，并使之包含由比如美国航空公司的航空安全行为计划安排的专人所报告的问题（World News Roundup，1998）。当然，局长广受欢迎的声明并不会、也不能解决依然存在的民事法律问题。

　　飞行安全基金会还在继续解决其称之为"消除障碍"的问题——正在妨碍可以帮助减少事故的飞行品质监控计划的实施。飞行安全基金会的主席 Stuart Mathews 已经明确说过，"缺乏飞行品质监控计划法规的保护"仍然是广泛实施该计划最大的绊脚石。很多航空公司在参与飞行品质监控计划的时候所基于的都是一个有限的基础，所以成功也是有限的。在飞行品质监控计划可以得到全面实施之前，各个航空公司和航空公司联合会都强烈要求能够在潜在的法庭诉讼或者是从使用这些数据发展而来的美国联邦航空管理局强制性规定中得到法律的保护。他们希望在获得保护之时不要像非惩罚性事件报告和 ASRS 的发展那样酿成悲剧。

飞行品质监控计划数据错误使用引发的错误

这个进程的安全性问题不应该被过分强调。比如，一家大型的美国航空公司现在就在所谓的飞行品质监控计划数据错误使用的问题上与其飞行员组织产生了严重的冲突。在这次特殊的事件中，一个飞行经理通过从美国联邦航空管理局的飞行品质监控计划得到的数据确定了一个规定的超过数，试图用此追踪一个机组人员。在这个案例中，该飞行经理首次成功尝试把工作重心从非身份性的飞行品质监控计划信息追溯到确认机组人员。第二次违反协议发生于飞行经理私下给一个飞行员打电话进一步进行事件调查。在其他事情中，很明显，该飞行经理确认的是错误超常和发生错误的机组的月份。在特殊的航线上达成协议在多数承运人中比较典型，因为飞行品质监控系统被用来处理发生的任何错误超常。作为这个事件的结果，航空公司飞行员协会希望此次事件的主角——那位飞行经理离职，因为他触犯了飞行品质监控计划系统所基于的匿名法和非惩罚性协议。根据飞行品质监控计划，航空公司与其飞行员所订立协议的典型语言应包括如下条款：

> 要单独接触任何一个与特定超过数事件有关的飞行机组人员都应当通过指定的"FOQA 监控小组成员"和机组人员的本地执行理事会代表或他的委托人。
> ……在事件中，任何雇员/机构泄露任何信息给了任何的除了指定的 FOQA 监控小组成员代表以外的任何人的话，该雇员就应当立即从 FOQA 计划参与活动中除名。
> 任何违反协议 FOQA 计划的要求或是其中的协议条款，应当立即终止 FOQA 计划，并销毁所有的数据。

这个问题的"变化"并不仅局限于美国。新西兰航空公司的飞行员组织最近通知其他组织说，一家新西兰航空公司上诉法院支持一个下级法院的判决，即，如果不与任何一项国家法律相违背，那么飞机驾驶舱的语音记录可以被用在民事和犯罪程序中指控飞行员。在一个相关事件中，一架于 1996 年 6 月坠落在 Fukota 机场的印度尼西亚鹰航空公司的 DC-10-30 飞机的机长被指控犯了"职业疏忽导致伤亡"罪，并判处了入狱 8 年且强制劳动，罚款 20000 元。在另外一个事件中，日本航空器事故调查委员会指责机长在飞机速度在超过了 V_R 转速后决定放弃起飞的不适当决定。还有另一个案例，一家法国法院刚刚判决了于 1988 年坠毁在 Mulhouse-Habersheim 航空飞行表演中并导致 3 人死亡的 A320 飞机的飞行员犯过失杀人罪，并判处入狱 10 年，罚款 5000 美金；其副驾驶员被判处了 12 个月的暂缓监禁。

国际民航组织声明，飞机驾驶舱的语音记录是安全调查中一件必要而且有效的工具，并且飞机驾驶舱的语音记录只能为这种目的服务。在美国，美国联邦航空管理局是禁止把飞机驾驶舱的语音记录用于惩罚性目的的。国家运输安全委员会禁止泄露包括任何"非相关性"对话在内的记录部分。在为安全目的服务的数据中产生的潜在可靠性问题非常脆弱，这对于飞行员本身以及整个航空业都是一个十分严肃而重要的问题。开发并成功实施一个目的是为了满足日趋重要的安全需求而有效共享的飞行操作数据的系统，这是摆在航空公司与其飞行员面前的一项真正的挑战。

关于航空公司安全问题和航空运输领域所面临的挑战的几点最终想法

"安全第一"在航空运输领域内并不是一个崭新的想法。它的重要性在本书第六章——社会环境的某些部分中已经讨论过了。不幸的是，有人会天真地以为，安全的重要性与首要性已经被所有的飞行员、航空公司或者是管理人员充分地理解，并有效地执行了。尽管互相抵触的命令和有时相矛盾的行为依然存在，但是，运行安全高于一切的思想许多年以来早已成为大多数航空公司的核心理念。

比如，作为美国航空业历史最悠久而且规模最大的企业之一的美国航空公司，已经开始在它的新版的飞行运行手册里用大号加粗黑体字强调它著名的"三大规则"。它简单而有效。飞行手册的初稿扉页中写道，飞行运行应依照如下优先权：

安全
乘客的舒适感
航班

这个基本的理念对美国来说并不是唯一的，它作为一个核心的合作哲学思想并一直延续到今天，尽管"三大规则"已经被修订为：

安全
服务
诚信与责任

安全依然是首要的企业需求。最近，由美国最大的联合机构之一的航空公司飞行员协会再次声明了公司的价值观。文中进一步强调了该理念，并表述如下："运行安全在所有的企业决策中应处于最高优先位置……安全是一项道德的义务，并优先于其他所有要考虑的事情。简言之，一直在交易的（航空）公司的股票是为了不折不扣地提供安全运输。"

另一家美国顶尖的航空公司——美利坚航空公司的主席①这样写道：

质量对不同的人在不同的时间意味着不一样的含义。我在此没有任何小瞧其他方法重要性的意思，但我认为，所有人都应该同意航空质量最重要的衡量标准是安全性，而且，企业承诺在安全的最高可能水平上运作是一个质量上乘的航空公司所应该必备的。

（Crandall，1991）

再比如，德国汉莎航空公司是德国航空公司的先驱，而且现在仍然非常的成功，该公司的主席兼首席执行官②在给一家刚与其签订了"代码共享"

---

① 罗伯特·柯南道尔，1991 年 5 月《美国之路》杂志采访他时担任美利坚航空公司董事会主席和 CEO。

② 于尔根·韦伯，以汉莎航空公司董事会主席和 CEO 的身份接受了美联航《我们的时代》杂志的采访。不久前，韦伯先生被吸纳为史密森中心国家航空和航天博物馆名人堂中的一员。

协议的美国航空公司员工描述他的公司文化时，他强调说：

> 首先，为了成为一家安全的航空公司，我们付出了艰辛的努力。我们信奉"安全至上"。
>
> （Weber）

毫无疑问，企业必须有利可图、给员工提供满意的薪酬，还得为它的股票持有者提供股息和收益。但也不可否认，安全供给经常得花钱，而这些钱同样可以用作其他用途。安全与利益之间有着明显的冲突，但是如果没有安全，航空运输公司就无法继续生存。安全与实际的商业期望之间往往有一个微妙的平衡。但是为了短期的收益而忽视安全无异于经济自杀，这是底线。

作为西北航空公司的航空运作副主席与首席安全官，John Kern 在一次全球航空安全与安全保卫峰会上对与会者强调说，"你必须建立一个远高于安全需求的安全文化"（Shifrin，1996）。

因为安全是一个航空公司每日操作长期成功的主要考虑因素，它几乎是一项不成文的规定，即安全的卓越性必须在手册、国际民航组织公告和其他所有包含飞行或地面操作的公司通告中体现出来。安全作为航空公司首要考虑对象这一箴言必须被所有人——从董事长、首席执行官（或其他一把手）和主管董事一直到最后一名员工所认可。不幸的是，在现实世界中，这往往只是美好的幻想。

在当今世界，事实的真相是，每个航空公司都必须制作出一个"产品"——乘客座英里数——但首先是安全，其次才是效率。基于道德和经济的双重原因，安全经常是最重要的考虑对象。假如任何航空产品、飞机、航线或者是系统被认为是不安全的，那它将无法生存下去。

一种安全哲学思想

几年前，现在已经退休的一个美国国家航空航天局的科学家引用了飞行安全基金会 1966 年 11 月出版的时事通讯中的一段话：

> 任何行为在其能力范围内都有义务提高其安全记录，如果某些人一直忽略那些还可以解决的小问题，一直等到无能为力的大问题出现，那么这些人大多数是在逃避问题。我们采取的大多数的安全

手段都针对的是大危险的一小部分。多年之后，安全性稳固提高的结果是明显的。如果因为每一步都无法解决整个问题，从而消极应对的话，那么就没有一件事情能取得成功。

（Pinkle，1966）

在接下来的 30 年里，航空运输企业已经对其操作安全做出了重大的改善。大多数的改善之所以实现，是因为企业的所有部门做出的改善都被人们所认可。虽然，很多改善都只帮助解决了相对较小的安全问题，但每一个都对提升整体安全水平作出了重大的贡献。另外，至少有一项改善就远远不是一个"小"的改善：机载语音近地警告系统和最低安全高度警报系统的发展从很大程度上减少了美国和其他规定使用 GPWS 的国家的可控飞行撞地事故（CFIT）。可控飞行撞地事故已成为航空运输事故中最大的单一事故种类，而且我们将在第二十一章——当今安全问题中对其进行详细讨论。

参考文献

[1] *Aviation Week and Space Technology*, 9 November 1998. In World News Roundup, 'The Americas', McGraw and Hill, Inc., New York.

[2] Degani, Asaf and Wiener, Earl L. (1990). *Human Factors of Flight Deck Checklists— The Normal Checklist*, NASA Contractor Report 177549, Ames Research Center, Moffett Field, California.

[3] Degani, Asaf and Wiener, Earl L. (1991). 'Philosophy, Policies, and Procedures: The Three P's of Flight-Deck Operations', *Proceedings of the Sixth International Symposium on Aviation Psychology*, 29 April-2 May 1991, Columbus, Ohio.

[4] Degani, Asaf and Wiener, Earl L. (1993). 'Cockpit Checklists: Concepts, Design, and Use', *Human Factors*, Human Factors and Ergonomics Society, Inc., Santa Monica, California.

[5] Degani, Asaf and Wiener, Earl L. (1994). *On the Design of Flight-Deck Procedures*, NASA Contractor Report 177462, June 1994, Ames Research Center, Moffett Field, California.

[6] Faizi, Amjad, (1997). Quoted in 'The Last Challenge,' *Flight International*, 8-14 January 1997. Reed Business Publishing, Sutton, Surrey, United Kingdom.

[7] Greene, Berk and Richmond, Jim (1993). 'Human Factors in Workload Certifica-

tion', paper given at SAE Aerotech 93, Federal Aviation Administration, Seattle, Washington.

[8] Grieve, B. S. (1990) . 'The Terrible Risk', Britannia Airways Ltd. , Bedfordshire, England.

[9] Hammarskjöld, Knut (1975) . Secretary-General of IATA at his Opening Address at IATA's 20th Technical Conference, 10-14 November 1975, Istanbul, International Air Transport Association, Montreal.

[10] Hawkins, Frank H. (1993) . *Human Factors in Flight*, Second Edition, Edited by Orlady, Harry W. , Ashgate Publishing Ltd. , Aldershot, England.

[11] Howard, Benjiamin (1954) . 'The Attainment of Greater Safety', presented at the 1st Annual ALPA Air Safety Forum, and later reprinted for presentation at the Aircraft Accident Prevention Course, University of Southern California, July 1957.

[12] Lautman, L. G. and Gallimore, P. L. (1987) . 'Control of the Crew-Caused Accident', *Flight Safety Foundation Flight Safety Digest*, Flight Safety Foundation, Alexandria Virginia.

[13] Learmount, David (1997) . 'Safety', *Flight International*, 1-7 January 1977, Reed Business Information, Suntton, Surrey, United Kingdom.

[14] Lundberg, Bo O. K. (1966) . *The "Allotment-of Probability-Shares". -APS-Method*, *Memorandum PE-18*, The Aeronautical Research Institute of Sweden (FFA), Stockholm, Sweden.

[15] Maurino, Daniel E. , Reason, James, Johnston, Neil, and Lee, Rob B. (1995) . *Beyond Aviation Human Factors*, Ashgate Publishing Limited, Aldershot, Hants, England.

[16] McKenna, James T. (1997) . 'Garvey Commits FAA to Safety Partnerships,' *Aviation Week and Space Technology*, November 1997, McGraw and Hill, Inc. , New York.

[17] North, David M. (1997) . Editorial—' We Know the Safety Issues, Now Let's Push Solutions', *Aviation Week and Space Technology*, 1 December 1997, McGraw and Hill Inc. , New York.

[18] Ott, James (1997a) . 'ICAO Stresses Safety Compliance', *Aviation Week and Space Technology*, 2 June 1997, McGraw and Hill Inc. , New York.

[19] Ott, James (1997b) . 'Civil Aviation Directors to Explore Expanded Safety Role for ICAO', *Aviation Week and Space Technology*, 18 August 1997, McGraw and Hill Inc. , New York.

[20] Perrow, Charles (1984) . 'The Organizational Context of Human Factors Engineer-

ing', Department of Sociology, Yale University, New Haven, Connecticut.

[21] Pinkle, Irving I. (1966) . 'Something To Think About,' *Newsletter*, November 1966, Flight Safety Foundation, Alexandria, Virginia.

[22] Rasmussen, Jens, Duncan, Keith, and Leplat, Jacques, eds. (1987) . *New Technology and Human Error*, John Wiley & Sons Ltd. , Chichester, England.

[23] Reason, James (1997) . *Managing the Risks of Organizational Accidents*, Ashgate Publishing Limited, Aldershot, Hants, England.

[24] Senders, John W. and Moray, Neville, P. (1991) . *Human Error: Cause, Prediction, and Reduction*, Lawrence Erlbaum Associates, Hillsdale, New Jersey.

[25] Shrifin, Carol A. (1996) . 'Safety Experts Seek Data Sharing', *Aviation Week and Space Technology*, Mcgraw and Hill, Inc. , New York.

[26] Svàtek, Nicole (1997) . 'Human Factors Training for Flight Crew, Cabin Crew, and Ground Maintenance', *Focus on Commercial Aviation Safety*, The United Kingdom Flight Safety Committee, Choham, Woking, United Kingdom.

[27] Warwick, Graham (1998) . 'Improving Safety', *Flight International*, 14 – 20 October 1998, Reed Publishing Company, Sutton, United Kingdom.

[28] Weener, Earl F. and Russell, Paul D. (1993) . 'Crew Factor Accidents: Regional Perspective', presented at the 22nd International Air Transport Association Technical Conference, Montreal, Canada.

[29] Wiener, E. L. (1989) . *Human Factors of Advanced Technology ('Glass Cockpit') Transport Aircraft*, NASA Technical Report 177528, Ames Research Center, Moffett Field, California.

[30] Zeller, Anchard F. (1966) . *Summary of Human Factors Session*, *19th Annual International Air Safety Seminar*, Flight Safety Foundation, Alexandria, Virginia.

第二十一章 当今安全问题

确定安全问题的优先顺序

在行业中，对于应该优先在哪些方面做出努力以增加安全性，并不总能达成一致。为识别特定的运营问题，组织结构、运营和管理文化以及培训都是重要的相关领域，他们会随着地区和国家的不同有很大变化。把培训作为一个单独的领域，不仅因为培训工作本身非常重要，而且在不同国家航空公司中的培训也存在差异。而无论任何国家，与飞行员相关的研究大多都将疲劳因素考虑在内，认为需要进行更多的研究和人为因素分析，尽管其他方面的研究并不把疲劳当作一个非常重要的问题。在第十四章——疲劳和压力中，对疲劳和压力问题有更详细的论述。

美国近期成立的一支行业团队的最初努力就是一个优先考虑不同安全问题的例证。这个新成立的团队由航空运输协会（ATA）领导，是航空工业协会（主要成员是飞机和发动机制造商）、航空公司和航空公司飞行员协会合作的结果，这个新成立的行业队伍叫"商业航空安全战略组"（CASST）。CASST 认为，过去的航空安全努力"……总体上，常常仅具有边际价值"，CASST 指出，"是将力量集中于承诺将使航空安全取得有意义进展的项目上的时候了"（Flight International，1998 年 2 月 18—24 日）。为确保各种观点被认真对待，CASST 组织了与任何已有机构无关的三个专业小组。

CASST 的工作方式得到了 FAA 的支持，它有其独特的、区别于其他的安全工作日程。CASST 的目标是"提出几个能产生差异的关键举措"。它运用有限系统的思路，对飞行安全、客舱安全、工程与维修进行研究。

CASST 最初的研究将针对可控飞行撞地事故，包括增强型近地警告系统，开发更好的风、冰、尾流湍流、晴空湍流探测器。此外，一个 CASST 专业小组正在研究在维修程序、维修中的资源管理以及诸如发动机叶片故障维修问题中的潜在人为差错。另一个 ATA 资助的 CASST 专业组正在调查飞行品质监控系统在安全数据采集和分析中的广泛应用（McKenna，1998a）。

还有一个安全管理优先领域改变的例子。随着已知和已被分析的数据越来越多，美国 NTSB 最近将 1997 年的"最急需"安全建议目录从 21 项消减到 10 项（Business and Commercial Aviation，1998 年 9 月）。其中有 4 个保留项目，包括油箱中的爆炸性混合物、人的疲劳、机体结冰和跑道入侵。NTSB 委员会把飞行数据记录、飞行员背景检查、尾流湍流问题从以前年度的"最急需"从安全建议目录中去掉，其原因是对这些问题的解答已使委员会感到满意。

英国民航局 20 年前上马的一套系统今天已在世界范围内被普遍接受。该系统包括对高级飞行数据记录器（FDRs）和快速存取记录器（QARs）数据的计算机分析，该专业软件系统将对未来趋势做出判断。行业中的各个机构都认识到类似软件所带来的好处，但是对于那些喜好诉讼的国家，出于对飞行员和航空公司责任的考虑，采用类似软件分析系统可能带来非常现实的问题。

在 1998 年 11 月 16—19 日于南非开普敦召开的 FSF 国际航空安全研讨会上，FAA 航空证照服务司副司长伊丽莎白·艾瑞克森指出，未来相关机构提高安全的努力将是运用"结构性数据驱动过程，不断降低事故发生的概率"。FAA 对从飞行品质监控系统中获得的数据寄予很高希望。但是，正如我们所看到的那样，实施 FOQA 仍存在一些主要问题。FOQA 的问题已在第二十章中讨论。

FSF 研讨会还涉及其他有趣的方面：FAA 和 JAA（两个在世界上最具影响力、不断对专业术语下定义的航空管理局）具有相同的目标，但他们对航空安全管理的优先领域有着不同的考虑，这些不同如表 21-1 所示。

表 21-1　JAA 和 FAA 的附加安全行动项目

JAA 行动清单	FAA 的安全分析和战略干预清单
进近和着陆事故	失控
失控事故	发动机叶片故障
与设计相关的事故	跑道入侵
与气象相关的事故	进近和着陆
机上人员安全与生存	气象

　　两家机构各自独立完成他们的行动清单，二者都认同可控飞行撞地是首要的安全问题。两个目录中其他行动项目的不同，证明了安全问题随地区发生变化，因此，安全行动计划需根据不同地区有所侧重。JAA 的清单涵盖了 89% 发生在欧洲的事故，FAA 的清单包括 80% 发生在美国的事故（Learmount，1998b）。

　　航空运输中的人为因素是重要的，但仅是全部事故问题中的一部分。为有效应对它的挑战，飞行安全基金会成立了 ICARUS 委员会①。该委员会在世界范围内得到主要飞机及设备制造商、航空公司、飞行员代表机构、研究机构和管制机构的支持。它的成员是这些机构和相关学科的高层代表，它的成立是为了研究减少与人为因素相关的事故的方法。ICARUS 委员会前两年的工作产生了 18 项新发现和 10 项行动建议。他们的研究以当前美国和世界范围内航空运输运营中的人为因素问题为基础。

　　另一个具体的区域性问题，是安全信息的日常数据共享。在美国、新西兰和其他一些国家，这是一个非常严重的问题。而在那些实施非惩罚性数据共享计划的国家，这就不是一个问题。而实施数据共享计划的质量也有很大不同。至少在上一个十年中，英国和英航是在日常飞行运行中最大限度的利用安全数据的引领者。

---

　　① ICARUS 委员会于 1992 年由飞安基金理事会董事长 John Enders 和飞安基金会理事会成员 Jean Pinet 提议成立。其成员在与人为因素相关的设计、制造、飞行、维修、运营环境或研究方面具有深厚的功底。

可控飞行撞地（CFIT）

可控飞行撞地事故仍然是构成全球范围内航空运输事故的最主要原因。尽管在发达国家的骨干航空公司中，可控飞行撞地的危害性已得到控制，但在 1997 年航空公司的空难中，仍有 640 人死于可控飞行撞地事故。这证明了此类航空事故是全球航空生命损失的最大威胁。1998 年，可控飞行撞地事故率一改过去的下降趋势，许多安全专家相信其中的一个原因是一些运营者忽视对防可控飞行撞地助航设施的使用（McKenna，1998b）。我们将在本节后面的内容中对此进行讨论。

控制可控飞行撞地事故的努力始于近地警告系统（GPWS）的发展。20 世纪 70 年代早期，一些航空公司引入了这一系统。可控飞行撞地事故在美国的显著减少使航空规章要求所有运载人数大于等于 11 人的客机必须安装近地警告系统。自那时起，很多非美国航空公司的可控飞行撞地事故也有了类似的显著下降。目前，安装近地警告系统是很多其他国家的规章要求。

根据一项广为引用的定义，一个可控飞行撞地事故"是在飞行员控制下的一架适航飞机无意中触及到地面、障碍物或水面所发生的事故，飞行员在事故发生前并没有意识即将发生碰撞"（Wiener，1977）。这是一个很好的、有用的、包含多种意义的定义。应该认识到，可控飞行撞地定义了一个"条件"——能发生在任何飞行阶段的条件。例如，当飞机着陆时因跑道长度不够发生的可控飞行撞地事故，是进近和着陆飞行阶段的可控飞行撞地事故。这样一个事故既可以被划分为可控飞行撞地事故，也可能被当作一个进近和着陆事故。这种情况有时会导致对统计数据的误读。

可控飞行撞地事故确实是悲剧性事件。它是指处于掌控下的一架性能优良的适航飞机，在飞行员完全没有预感即将发生灾难的前提下，撞到地面、山上或其他障碍物的情况。可控飞行撞地也被称为"典型的人为差错事故"。实际上，所有的可控飞行撞地事故都与导航过程、有效监控中的差错以及不按章操作等因素相关。当然，经常还会有一些其他原因。但是飞机本身绝不是导致灾难发生的祸首。

非常有趣的一点是，所有可控飞行撞地事故都有三个相同的特征。第一，有非常清晰的指征，表明当时驾驶舱内的情况不是很好；第二，在绝大多数情况下，有充裕的时间对操作做出适当更正；最后，直到事故发生，驾驶员似乎都不知道将会出现问题。

可控飞行撞地事故是不应该发生的悲剧，但不幸的是，在全球范围内这样的事故却经常发生。现在已经知道，航空事故的潜在条件会成为一个影响因素。分析还表明，可控飞行撞地事故的高发率与运行链条上关键人物的明显失误相关。大多数情况下，关键人物是驾驶员，但有些时候，关键人物是空管员。幸运的是，民航业已经了解到，近地警告系统、其他电子预警设备、更好的培训、更科学合理的排班以及不断改善的航空基础设施能对控制这一悲剧性的风险作出卓有成效的贡献。

一个长期存在的问题

发生可控飞行撞地事故并不是新鲜事。早在 1958 年，一个地质勘探员就在距墨尔本西南 200 公里的大雪山的一个山顶附近发现了 1931 年 3 月坠毁的一架三引擎福克飞机"南方的云"的残骸。从那时起，超过 3 万名旅客和机组人员在可控飞行撞地事故中丧生（Bateman，1994）。曾担任美国国家运输安全委员会主席的 John H. Reed 列举了频发的可控飞行撞地事故的后期事例。1974 年 9 月 18 日，他在国会委员会作证时说："自 1969 年以来，安全委员会一直并将继续关注完全适航的飞机在无意识情况下的撞地数量。"他对委员会进一步说道，在 1968—1974 年间，美国安全委员会调查了夺走 490 人生命的 15 起此类航空安全事故。在同一时期，其他国家政府对致使 841 人丧生的可控飞行撞地事故进行了调查。

在全球范围内，共有 1331 人因可控飞行撞地事故而失去生命。在这 6 年中，平均每年死亡人数超过 220 人。当 Reed 先生在国会委员会作证时，美国国家运输安全委员会正在调查涉及 179 人丧生的 5 起航空事故，这几起事故的发生都有类似的环境（Reed，1974）。安全委员会的结论是：一个滑翔路径预警系统"应该可以为飞行员提供信息，以保证飞机的下降和着陆过程都处于安全区域之内"。也许在当时来看过于狭隘，在 1974 年，人们将太多的注意力放在了对更多、更好的地面辅助设施的需求上，而忽视了对驾驶舱内部操作过程的关注。25 年后，世界航空业都认识到需要下滑坡度引导设备。这既可以是外部的，也可以是内部的。

可控飞行撞地事故过去是、现在仍是航空运输业的一个大问题。尽管今天很多大型航空公司已经掌握了防止大多数典型可控飞行撞地事故的方法，但在 1983—1992 年间，全球可控飞行撞地事故率仍为每百万架次 0.35。与此同时，北美可控飞行撞地事故率为每百万架次0.03，低于全球水平的十分之一。世界其他主要地区的事故率高达北美和有选择的非北美地区事故率的80倍。波音的数据表明，在这10年中，机体损毁保险索赔超过了3.34亿美金。这一数字还不包括旅客和机组人员数百万的保险索赔，以及按惯例对相关人员丧失未来收入的补偿。一个令人不安的事实是，如果可控飞行撞地事故和进近、着陆事故能被消灭，超过80%的丧生可以避免（FSF，1993）。

严峻的现实是，如果不能在全球显著降低可控飞行撞地的风险，航空运输的安全记录就不能控制在一个可接受的水平。幸运的是我们知道如何做到这一点。世界范围内可控飞行撞地事故率差别较大。随着现代技术手段和方法的应用，北美、欧洲的发达国家以及其他一些国家的可控飞行撞地事故率得到了控制，甚至被完全消除。表21-2中的数据非常重要，它是按国际民航组织划分区域统计的、由机组人员引起的可控飞行撞地事故。该统计数据表明，航空基础设施和社会文化可能是非常重要的影响因素。统计结果还进一步说明，仅靠安装近地警告系统（或增强型近地警告系统），解决不了所有的问题。

表21-2　按国际民航组织划分区域统计的每百万架次可控飞行撞地事故率

（每百万架次事故率）

ICAO 地区	该论文结果	飞安基金 CFIT 小组研究结果	飞安基金 CFIT 风险系数
非洲	0.70	2.40	8.0
亚洲/太平洋	0.57	1.00	3.0
欧洲	0.27	0.45	1.3
南美	0.63	1.14	5.0
中东	0.00	0.00	1.1
北美	0.00	0.03	1.0

资料来源：'An Analysis of Controlled-flight-into-terrain（CFIT）Accidents of Commercial Operators，1988 Through 1994'，Khatwa and Roelen，*Flight Safety Digest*，April-May 1996

解决可控飞行撞地问题

就解决可控飞行撞地问题，行业已相当不满于未能取得任何实质性进展，直到上个世纪60年代后期无线电高度表的引入，才使情况有所改观。

无线电高度表的使用使降低Ⅱ类最低运行标准①高度成为可能，也使应用电子近地警告系统的概念变得可行。电子警告系统的概念是一种新的思路，由欧洲斯堪迪纳维亚（北欧）航空公司（SAS）的电子工程师 Don Bateman 率先提出。Bateman 是他以前工作公司的电子工程师，现在是为联信航空工业公司提供服务的飞行安全电子公司的主任工程师。在 1971 年，只有几家航空公司自愿安装电子近地警告系统，包括北欧航空公司、加拿大国际航空公司、马士基航空、布兰尼夫航空公司和前泛美航空公司。1973 年，波音公司将 GPWS 作为推荐安装的安全设施。到了 1974 年，GPWS 已成为所有波音飞机的一个基本配置。

　20 世纪 80 年代 10 年间的可控飞行撞地事故

　　如前所述，可控飞行撞地事故率随地区不同而变化。图 21.1 是从 1983—1992 年 10 年中按主运营基地所在地区统计的每百万航班 CFIT 事故率。

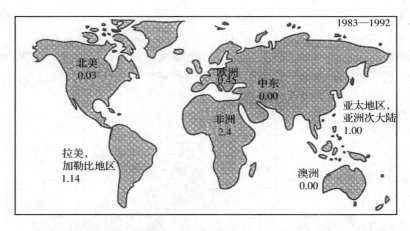

图 21.1　世界喷气式运输机按主运营基地所在地区统计的每百万航班 CFIT 事故率

资料来源：摘自 'Crew Factor Accidents：Regional Perspective'，Figure 11，Weener and Russell，1993

---

　　① 词汇表中定义了Ⅰ类、Ⅱ类、Ⅲ类最低运行标准。

图 21.1 说明了几件有趣的事。并不令人吃惊的是，澳大利亚、新西兰及其航空公司以 CFIT 事故率最低名列前茅。自运营喷气式飞机以来，澳大利亚航空公司无一例旅客死亡事故。从使用喷气式飞机之初，澳大利亚就要求所有飞机进场时使用仪表着陆系统（ILS）或 T 型目视进场下滑道指示装置（T-VASI）作为下滑坡度引导设备。澳大利亚有非常健全的规章体系，且拥有良好的航空基础设施。快达航空公司，作为澳大利亚的旗舰国际航空公司，所达之处并不总是如此幸运。新西兰的安全记录毁于 1979 年 11 月 28 日发生在埃雷布斯山的唯一一次空难。为正确理解澳大利亚和新西兰创下的良好安全记录，人们不该忘记，澳新两国航空公司的喷气式飞机比重大大低于美国和世界其他国家骨干航空公司拥有喷气式飞机的比重。

John Reed 在国会委员会作证后不久，环球航空公司（TWA）的一架 B727 于 1974 年 12 月 1 日在马里兰的圆山发生了一起 CFIT 事故。飞机在一座山脊下 50 英尺处坠毁，距离目的地——华盛顿杜勒斯机场的跑道 20 海里，有 92 人在这次空难中丧生。这是一次非常引人注目的 CFIT 事故。空难后不久，FAA 制定规章，要求所有大型运输机在一年内必须安装 GPWS（FAR 121. 360）。一些旁观者相信，飞机失事地点靠近华盛顿是官方对一个已知问题做出快速反应的主要原因。发生在圆山的坠机事件也有助于美国建立起非惩罚事故征候报告制度（见第十八章——非惩罚性事件报告）。

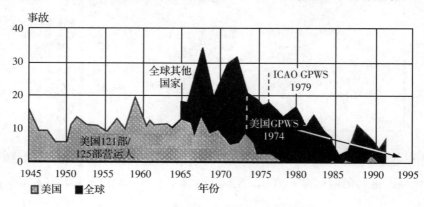

图 21.2　美国和世界航空承运人每年 CFIT 事故

资料来源：'Past, Present and Future Efforts to Reduce Controlled Flight into Terrain（CFIT）Accidents', Bateman, 1990

图 21.2 是美国和全球航空公司每年发生的 CFIT 事故。图中的显著特征是，1975 年实施 FAA 的要求后（圆山事故发生后不久，FAA 要求所有大型喷气式飞机安装 GPWS），美国大型飞机 CFIT 事故明显下降。

在此期间，FAA 的软件专家还设计了一个叫做最低安全高度警告系统（MSAW）的软件包。作为 GPWS 的一个后续措施，被用在美国空管 ART III 设备上，对保持良好的 CFIT 记录起着积极的作用。MSAW 需要利用 ART III 的雷达功能。当探测到飞机飞行高度低于最低安全高度时，安装在空管设施上的 MSAW 就会让空管员向飞行员发出警告，因此它被称为空管员的 GP-WS。

直到今天，仍要在空管 ART III 设备上安装 MSAW 软件系统。MSAW 也在美国以外的其他一些地方使用。以色列用得较多，日本、意大利、瑞士也有一些应用。不久后，奥地利、澳大利亚、加拿大、阿布扎比、巴林、香港等国家和地区将应用这一技术。而另外一些国家，由于其地势平坦，还没有感到使用这一系统的重要意义。当然还有其他多种原因，使一些国家至今没有使用 MSAW 系统。

随着 1975 年安装 GPWS 法令的实施，美国大型飞机的 CFIT 事故显著下降。这清晰地表明，CFIT 事故能得到很好的控制，甚至基本上被消除。在美国，CFIT 坠机从平均每年 8 架下降到每两年 1 架。实际数据是，在安装 GPWS 之前的 5 年中，商用飞机发生了 17 次 CFIT 机毁人亡事故，而在 FAA 强制要求安装 GPWS 之后的 5 年中只发生了 2 起。GPWS 有效性的另一个生动例子是，当时的美国并没有要求适用 135 部（飞机座位少于 30 个）的航空公司安装 GPWS，这些公司的安全记录基本保持相同水平。通过调整美国 1990 年机队规模和班次数据，结果是：适用于 135 部、没有安装 GPWS 的航空公司 CFIT 事故数量是适用 121 部、强制安装 GPWS 的航空公司 CFIT 事故数量的 100 倍（Bateman，1990）。一些通勤航空公司在政府没有强制性要求的情况下安装了 GPWS，事实证明，这些公司的举动是值得的。

在美国，一个非常积极的变化是，FAA 将适用于 135 部（10～30 座）的承运人纳入 121/125 部下管辖。1997 年 3 月以后，135 部中对出租人的要求，仅适用预定空中的士和飞机座位少于 9 座的定期航班服务。可以预见，随着所有超过 9 座的飞机被强制安装 GPWS 和达到 121/125 部的安全标准，美国通勤航空公司的 CFIT 记录将得到进一步改善。阻碍 GPWS 安装的一些实际问题已大大减少，安装 GPWS 的成本也不是很高，但一些商业航空公司的人仍经常说，这是强加给他们的一个经济负担。有人曾说过，安装一套 GPWS 的费用低于喷涂一架大型运输机。根据飞机的置换成本和飞机失事后人员伤亡的平均结算额，回收一套 GPWS 原始投资的时间是 1～3 年（Bateman，1994）。

实施 GPWS 计划的一个困难是产品替代的经济性，这是所有技术发展过程中会面临的问题。现在的 GPWS 系统已在原有基础上有了不少改善。早期 GPWS 系统有很多错误警告、迟到警告，甚至出现在需要告警时不发警告的问题。因此，早期使用 GPWS 时，飞行员经常对一个 GPWS 的有效告警反应滞后，这有可能导致不必要的坠机事件或严重的飞机事故征候。对 GPWS 的不断改进与完善，几乎已解决了早期 GPWS 产品的所有问题。但不幸的是，目前安装的并不都是改进或升级版的 GPWS 系统，甚至在今天，一些最早的 Mark I 系统仍在使用。

尽管如此，今天全球已广泛认识 GPWS 所作出的贡献。"有证据显示，即使使用早期的 GPWS 设备，CFIT 风险将降为原来的 1/20。如果使用最新一代 GPWS 设备，CFIT 风险会降为原来的 1/50"（Bateman，1994）。这是非常显著的下降。

正确看待 CFIT 事故和 GPWS 系统

GPWS 之父 Don Beteman 曾写了如下一段话：

> 如果将美国大型飞机 CFIT 事故率的显著下降仅归功于 GPWS，这就夸大了事实。FAA 对空管雷达、设备的不断投入和升级——如 ART III、MSAW、进近灯光、VASI、ILS、DME 和其他导航设备，还有工作程序的改善，都有助于降低 CFIT 风险。

对此，我们还想说的是，培训工作的大大改善、提高飞行员对 CFIT 危害性的认识以及非惩罚 CFIT 事故征候报告制度的实施，也都有助于使 CFIT 风险下降。

不幸的是，CFIT 事故仍在全球范围内不断发生。为了更好地了解这些不必要的悲剧性事件，荷兰国家航空航天实验室（NLR）进行了一项研究——1988—1994 年商业运营者发生的 CFIT 事故分析。这项研究分析了发生在世界各地的 CFIT 事故。研究报告分别由 Tatan Khatwa 博士[1]和 Alfred Roelen 撰写。报告发表在一直致力于将全球 CFIT 事故率降低 50% 的飞安基金联合会。该报告指出，在已知数据中，75% 的事故是由于没有安装 GPWS 造成的。更令人惊讶的是，为数不少的 CFIT 事故并不是发生在高地上。报告进一步指出，北美和中东（拥有良好基础设施）定期航班主要运营者的 CFIT 事故率最低。

Khatwa 和 Roelen 的报告强烈建议在国内商业航空飞机上强制安装 GPWS，包括所有支线飞机和空中的士运营。在 1988—1994 年全球发生的所有 CFIT 事故中，71% 发生在额定载运人数少于 9 人的小型飞机身上。那时，还没有针对此级别飞机的相应管制规章。

下面一段话基于令人吃惊的统计结果："目前，没有安装 GPWS 的飞机不到全球商业飞机总量的 5%，然而，正是这些装备不善的飞机，所发生的事故几乎占了全球 CFIT 事故的 50%"（FAA/ICAO/Flight Safety Foundation Controlled Flight Into Terrain Education and Training Aid）。导致这些事故当然不止一个原因，但这清晰地表明，需要正视数据识别出的问题。

CFIT 的国际性

为了解决全球范围内的 CFIT 问题，ICAO 已发布了相关的标准，并于 1998 年生效。新标准规定，所有最大起飞全重大于 12566 磅、额定载客人数超过 9 人、飞国际航线的商业飞机都应该安装 GPWS。有些遗憾的是，ICAO 的标准还不是强制性要求（目前还只是建议标准），并且仅限于国际航线飞行，但这决不意味着 ICAO 的管制没有在正确的方向上。目前，除各国自己制定的规章外，还没有国际上官方统一的涵盖各种国内商业飞行的管理机制。

加入 ICAO 的各国，有着各不相同的情况。随着 ICAO 安全审计工作的完成，我们不仅会看到 ICAO 审计对安全的总体效果，也会看到对 CFIT 问题带来的影响。一个非常现实的问题是：CFIT 事故高发组，即包括美国在内的国内空中的士运营者，并没有采用 ICAO 的新标准。为了努力解决这一主要安全问题，飞安基金会（FSF）早在 20 世纪 90 年代就组织了一个国际

---

[1]　卡特华（Khatwa）博士现在是位于美国依阿华州希达·皮兹市罗克韦尔-柯林斯公司的驾驶舱设计经理。

CFIT 专项任务组，以致力于减少全球范围的 CFIT 事故。FSF 的专项任务组由 150 名代表组成，他们来自 24 家航空公司、飞机制造商、5 家设备制造商、机长工会以及相关技术、研究、专业机构。

虽然 CFIT 事故高发组的事故率仍然很高，1998 年的数据也令人深感不安，但 CFIT 事故数量的下降似乎说明行业正行走在正确的方向上。作为飞安基金 CFIT 专项任务组的工作成果，飞安基金的 CFIT 检查单已有了英语、西班牙语、中文、法语、俄语和阿拉伯语多个版本。"公司承销"的方式使在全球免费发放了超过 30000 份 CFIT 检查单成为可能。基金会的最终工作成果，是专项任务组于 1997 年开发了一套综合性的、被大力推介的多媒体 CFIT 教育与培训辅助材料。波音公司承担了制作任务。它包括一个录像片和基金会的 CFIT 检查单。飞安基金会因其"专项任务组的出色工作，以及在与全球 CFIT 事故斗争中所做出的努力"，获得国际飞行奖。

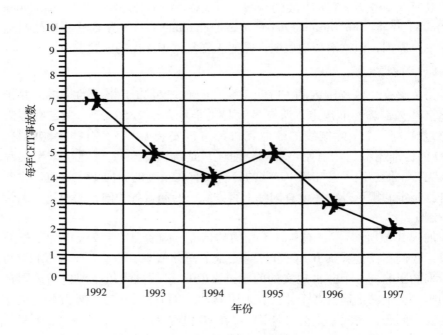

图 21.3　世界大型商用喷气飞机的 CFIT 事故

资料来源：*Flight Safety Foundation News*，27 February 1998

图 21.3 显示过去 6 年，全球大型商用喷气飞机的 CFIT 事故呈下降趋势。尽管 1998 年的 CFIT 事故有所抬头（图中没有显示），行业所取得的成就已给人留下了深刻的印象。

总体上，航空运输业在安全运营上已取得了令人瞩目的进步。不断完善的 GPWS、MASW 及相关设备，日臻合理的操作程序、培训与教育工作，使发生在美国大多数航空领域和全球大多大型航空公司的 CFIT 事故大大减少。但是，从世界范围看，CFIT 事故仍然是航空事故中第一大类。GPWS、MASW 确实可以帮助解决一些特定问题，但前提是设备的正确安装、使用和修护，同时，要进行适当的培训，完善操作程序，并加强对飞行员教育。

目前，MSAW 系统对 ARTS-3 的雷达性能要求较高。虽然很多非美国家的空管设施上确实装有 ARTS-3 系统，但很多国家仍没有使用 MSAW。对于那些想对 GPWS 有更多的了解读者，推荐阅读前面提到的 Beteman 的论文，及 Khatwa 与 Roelen 合写的研究报告。FAA 近来已开始在其规章中使用简称 TAWS（地形提示和警告系统），显然是为了避免在规章中使用 GPWS 或 EGPWS 这些与特定销售商关联密切的缩略语。

失控事故

"失控事故"是航空事故中相对比较新的一个类别。我们之所以对此类事故深感不安，是因为至少有些失控事故似乎是由于飞行员对飞机做了什么或没做什么而引起的。这涉及对飞行员的培训和训练。最近的一个失控事故发生在 1996 年 11 月 6 日，ADC 航空公司的 B727-231 在尼日利亚拉各斯附近失事，143 人丧生。在这次事故中，飞行员对 TCAS 发出的警告做出了反应，然而可能是由于对 TCAS 警告的反应动作过于突然，致使飞机失去控制，飞机从 16000 英尺的高空冲向地面。缺乏针对 TCAS 警告的有效飞行训练可能是发生此次事故的一个原因。一个 TCAS 警告，应不至于使一个训练有素的飞行员失去对飞机的控制，并且当时还有 16000 英尺的高度使飞机恢复平衡。

其他还有一些明显的失控事故，包括联合航的 B737 在科罗拉多泉做最后进近时发生的空难和合众航的 B737 在匹兹堡进近时发生的坠机事件。在这两起事件中，NTSB 发现对飞机失去控制是导致悲剧发生的原因。近期，几家航空公司在培训计划中增加了从极端状态下恢复飞行姿态的培训内容，但这并不能保证这些新的培训可以防止此类事故的发生。我们还没有彻底搞清发生这些事故的真正原因，对此，行业十分焦虑。进行"飞行特技"训练确实是重要的，但是在训练的详细计划上，在哪些"特技"训练是有帮助的认识上，还存在很大分歧。

失控事故造成了大量人员死亡，在过去 10 年中，失控事故夺走了 1932 条生命。同期，只有致使 2806 人丧生的 36 起 CFIT 事故超过它。一个由商业航空安全战略集团（CAAST）成员组成的联合安全分析小组，对发生在 1988—1997 年期间的 31 起与飞机失控相关的空难进行了分析。

在一项研究当中，这些事故被划分为三类：可以控制事故、控制失效事故和其他/未知事故。31 个事故中的 16 个被认为属于可以控制事故，另 13 个事故是由一个已知机械失灵引起的控制失效事故。在一些事故中，确实是机械故障造成飞机无法飞行。前面所述两个事故被归为未知事故类。对于这种分类方法，很多人并不认同。联合安全分析小组的一名成员在认真分析了这些事故后认为，31 个事故中只有 7 个真正属于失控事故。一个有趣的现象是，被研究的 31 个事故中有 25 个发生在美国以外的非美籍航空公司身上（Dornheim，1998）。

分类是一个普遍性的问题，绝不仅限于失控事故。例如，把在进近和着陆时发生的事故划入 CFIT 事故类还是失控事故类，在很大程度上取决于分析事故的人。在很多情况下，此类事故会被重复计算。然而无论如何分类，有一点是清楚的，那就是与过去相比，业界在更大程度上考虑全球的安全问题，并竭力有所作为。

正如本章开始所写，令人遗憾的名单可能还会不断加长。很多人认为，1998 年 2 月 16 日发生在台北机场的华航坠机的直接原因就是飞机失控。台湾民航管理局公布了飞行数据记录。信息显示，飞机已经对准了 05L 号跑道，但是飞机位置太高，飞行员在大大超出许可范围的高度和速度下手动复飞，致使飞机失去控制（Learmount，1998a）。除非同时出现其他故障，否则一个训练有素的飞行员采用手动方式复飞应该不成问题。

进近和着陆事故

航空事故大多发生在飞行的进近和着陆阶段。其中，很多是 CFIT 事故。出现这种情况的原因显而易见，因为飞机在进近和着陆时必须接近地面。飞机在进近和着陆阶段的 CFIT 风险显然高于巡航阶段，因为要在 35000 英尺的高空撞到地是不容易的。

最近，荷兰民航总局为飞安基金完成了一项针对空运中进近与着陆风险的综合性研究。研究题目是"机场安全：事故与防范方法研究"。和飞安基金的 CFIT 研究一样，该项研究也是由 Ratan Khatwa 和 Alfred Roelen 完成的。该研究涉及全球 557 个机场，分析了发生在 1984—1993 年期间的 132 个着陆和进近事故。其中的 40% 被认定为 CFIT 事故。该研究还包括一项涉及飞行员培训、驾驶舱操作程序和飞行文件的问卷调查。研究发现，在发生在机场 25 公里范围内的所有事故中，有 50% 的事故发生在进近和着陆阶段。一个主要研究结论是："从世界范围来看……妥善执行的精密进近是非精密进近风险的 1/5"。此外，根据 ICAO 划分的地区统计，各地区"非精密进近的风险是精密进近风险的 3 到 8 倍。另一项发现是，5 年中喷气式飞机发生的 50% 的 CFIT 事故与非精密进近有关"（Enders et al.，1996）。CFIT 和非精密进近与这些事故密切相关。

毫不奇怪的是，研究发现，如果机场当局能配备精密进近和着陆设施，可以减少进近的风险并安全着陆。不发达地区存在大量进近和着陆事故问题，非精密进近的比例也相对较高。此外，空管员的操作标准和实际情况也是重要的影响因素。例如在亚太地区，很多机场周边的地形不利或有其他障碍物。

研究发现，在北美地区，没有终端进近雷达的机场实际上并不使用仪表着陆系统进近。然而，在非洲和拉丁美洲，很多机场配备精密进近设施，但却没有安装终端进近雷达。这似乎说明，进近和着陆事故与缺乏终端进近雷达之间存在必然联系，即使对那些拥有精密进近设施的机场也无例外。在非精密进近的情况下，缺乏标准到达程序图（STARs），机场当局非可控因素的影响，如灯光和气象条件，都是重要的风险因素。在此项研究中，还有16% 的事故"涉及机组人员无法控制的一些机械事故"。相关因素可能有飞行员培训和维修。

表 21-3 是对该研究中 132 起事故的分类。各事故类别均不相同，每一起事故只在一个类别中统计。

几乎可以肯定的是，由飞行员完成的都是非精密进近。从这一研究中我们获得的启发是，这种进近方式会增加事故风险。因此，本书前面一些章节的讨论就变得尤为重要。非精密进近的成功要靠健全的运行政策和良好的实际操作。在此，大力推荐采用"平稳进近"① 程序。

表 21-3　132 起事故分类

事故分类	数量	百分比（%）
CFIT，未知	1	0.8
CFIT，着陆，跑道短	24	18.2
CFIT，相撞，高地	22	16.7
CFIT，相撞，障碍物	4	3.0
CFIT，水	2	1.5
飞机撞地	1	0.8
冲出跑道	14	10.6
偏离跑道	2	1.5
起落架问题	7	5.3
机轮收起着陆	1	0.8
不稳定进近	10	7.6
失控，机组原因	12	9.1
风切变	3	2.3
机体结冰	1	0.8
空中相撞	4	3.0
失去动力	7	5.3
飞机结构	1	0.8
系统故障	6	4.5
燃油耗尽	1	0.8
未知	9	6.8

资料来源：Airport Safety：A Study of Accidents and Available Approach-and-landing Aids（第12页）

---

① 平稳进近是指飞机以稳定的航速以及良好的动力配置和着陆状态，保持大约3°的下降坡度进近。

飞机撞地

　　飞机撞地是非常现实的老问题。此类事故通常与最低气象条件有关。当天气状况处于或接近最低气象条件时，塔台人员完全掌握飞机的滑行状况是困难、甚至是不可能的。对飞行员也是一样，要让飞行员确切掌握飞机所在位置就更加困难，特别当他们在一个比较陌生的机场时。史上最悲惨的一次飞机撞地事故发生在 1977 年大西洋中部的岛屿特内里费。一架正要起飞的满载荷兰皇家航 B747 飞机与一架刚刚落地还没有滑出跑道的泛美航空的 B747 相撞。除了当时的大雾影响了视线外，还有其他很多因素导致这起事故发生。这酿成了世界航空史上最悲惨的事故之一，582 人死于此次空难。

　　FAA 告诉我们，1977 年，没有发生在跑道或滑行道上（原以为应该）的事故征候数量增加了近 19%。实际上，通用航空发生在高原机场上的占到了 59%，其中又有 72% 是因为飞机偏出跑道（对此飞行员有不可推卸的责任）。一家网上视频动画周刊在最新一期报道中说：

　　　　"谈到'跑道偏出'，让我们看看最近发生在新泽西 Newark 机场的西北与大陆的飞机'头尾相接'事件。当西北航飞行员把飞机停在滑行道上时，飞机尾部仍在跑道上，目击者说地面雷达并没有对此发出警告。正要起飞的大陆航飞机飞行员最终设法将飞机停在了与西北航的 DC-9 飞机相距 1200 英尺的地方。在加利福尼亚的西海岸的安大略，西南航的 B737 滑上跑道时，迎面而来的是正要起飞的联合航的 B737。联合航的飞行员紧急改变滑跑方向后停了下来，避免了一场悲剧的发生。

　　　　　　　　　　　　　　　　　　　　　　　　　　　（AVflash，1998）

　　为了解决飞机撞地问题，行业做出了很多努力，主要包括：使用更好的塔台雷达，设计更加合理的机场跑道和滑行道，安装更易识别和维护的跑道、滑行道标志以及采用更有针对性的程序。同时，当飞机在地面时，为了准确引导，也需要机组有较好的配合。虽然有时各相关单位的联系并不密切，但他们之间的良好沟通是非常关键的。还有一个措施，就是在跑道和滑行道上安装由塔台控制的定向灯，以加强无线电语音指示。这其中包括在滑行道和跑道入口的红灯停、绿灯行指示灯。该系统已非常成功地运行了几年，并在伦敦希思罗机场受到了飞行员的大力赞赏。

在起飞接近抬前轮时的飞与不飞决策

继续还是放弃起飞，特别在飞机速度接近抬前轮速度时，是航空运营中另一个长期的、且非常困难的问题。几乎所有的人都认为这个决策应该由机长来做，并一致同意这一决策应当迅速做出。机长没有时间与其他机组人员一起讨论。

其实，即使在条件都具备的情况下，复杂的决策也很难在一时做出。终止起飞问题通常与飞机速度接近起飞决断速度 V_1[①] 有关，特别当出现的不是发动机单发失效问题时，是否终止起飞对飞行员而言就不仅是一个涉及多方面因素的困难抉择，而且是一个无法预期的事件。如果终止起飞的模拟机训练是针对飞机发动机单发失效以外的其他原因，很显然，这是对该训练适应性的恰当反思。

一项针对接近起飞决断速度 V_1 问题中的一部分——加速－停止标准的研究，是 Foxworth 和 Marthinsen 在 1969 年所做的。那时的标准存在明显的缺陷，Foxworth 和 Marthinsen 的研究是最早认真审视该问题的研究之一（Foxworth，T. G.. and Marthinsen，H. F.，1969）。在另一项研究中，通过对一家美国飞机制造商生产的飞机在 10 年期间起飞中断情况的分析，J. S. Clauzel 发现，因起落架/轮胎或发动机引起的中断起飞中的 75% 将导致事故或事故征候的发生。并且，因起落架或轮胎问题而引致的事故或事故征候几乎是发动机原因的 4 倍（Clauzel，1985）。Clauzel 的这一研究结果并不令人吃惊。实际上，就发动机失效或接近决断飞行速度 V_1 问题，所有的航空公司都对机组做了很好的培训，但是却很少有航空公司对一些更普遍的问题做适当的培训。

Harold Marthinsen 于 1993 年 11 月发表了一项研究成果，该项研究对起

---

① V_1 过去被称为"关键发动机速度"，现在被定义为"起飞决断速度"。它是一个计算速度，低于该速度中断起飞，飞机仍能在发动机单发失效的情况下在跑道上安全停止。它也被称作发动机失效的反应速度。在实际中，应该将飞行员从决断到行动的反应时间考虑在内。

飞过程中飞或不飞的过程进行了详细的分析（Marthinsen，1993）。Marthinsen 的研究对在极短时间里做决策的相关影响因素进行了评估，这些因素包括：

- 跑道定位距离；
- 起飞进程的影响因素；
- 发动机失效外的其他失效问题；
- 决断时间；
- 停止距离的影响因素；
- 继续起飞的影响因素。

Marthinsen 还列举了可影响以上 6 大方面的另 31 个因素，每一因素都可能与中断或继续起飞相关。在每一起飞过程中，所有因素之间明显无相互关联，每一因素都可被单独考虑。

是否继续或中断起飞的决策必须迅速做出，通常还要承受巨大压力。做这样的决策，机长要考虑很多因素，包括与本次起飞相关的一些特定因素。做多因素决策不是一件容易的事，它是一个复杂的过程。为避免在短时间且承受巨大压力下做决策评估，一般对大多影响因素提前评估。例如，如果飞机起飞速度超过 V_1 后机舱门灯亮起（因舱门没有关严而发出的警告），机长会事先决定不中断起飞。飞机制造商也在协助解决这一过程中的问题，在一些新一代飞机上，已设计并安装了针对起飞和初期爬升阶段的预警系统。

今天，航空公司采取多种方法应对所面临的这一难题。解决问题的方案包括所有的起飞命令由机长做出（至少有一家非美籍航空公司这样做），以排除在起飞关键期改变指挥权造成的问题。许多航空公司也采取在飞机起飞速度比 V_1 速度低 5 节时进行提示的方式，以便使飞行员有足够的反应时间。其他方法还有，在培训中花大量时间讨论包括 Marthinsen 所列举因素在内的相关问题。由于即使知道了起飞过程中出现的问题也无法确知飞机的停止能力和全力使飞机停下来的风险，更多的注意力被放在继续起飞的可能性和在较差的条件下机组及飞机安全飞行的能力上。

也许应该用大陆航空公司一名 DC-10 机长的话来结束本话题的讨论，他曾有过因一系列飞机轮胎问题不得不在洛杉矶的一条湿滑跑道上中断起飞的经历。尽管该机长反应迅速，并且实际上早在起飞达到 157 节的 V_1 速度前就开始执行中断起飞程序，飞机仍然在冲出 10285 英尺长的跑道后的 644

英尺处被烧毁。这起事故造成 2 名旅客死亡，31 名旅客重伤。事后，该机长因反应迅速而受到赞扬。当他被问到如果事先了解类似中断起飞的情况后是否会做出不同反应时，他回答道："我应该请病假。"

其他中断起飞（RTO）

Roy Chamberlin 机长对发生在 1989 年 1 月 1 日至 1990 年 11 月 30 日期间，驾驶的飞机重量超过 6 万磅的飞行员向 ASRS 报告的中断起飞事故征候进行了研究。他发现，168 个报告与中断起飞的启动与执行中的决策及程序性问题相关，而其中的 94 个报告涉及与飞行员相关的差错，包括未接到指令的擅自起飞、滑行道起飞、跑道偏离起飞（飞机沿跑道边灯而不是中线灯）、飞机布局异常和 10 起飞机失控事故征候。这些机组在程序上的差错常常与航班拥堵、保持航班正常的压力、机长指挥权的转移以及诸如跑道、滑行道灯的可见度及亮度这样的环境因素相关。其他一些问题是由于机组与空管人员之间信息沟通不良，在任务管理及机组配合中存在缺陷所致（Chamberlin，1991）。

此研究中的一项重要内容是针对中断起飞后的机组决策分析。很多中断起飞发生在起飞过程中速度相对较低阶段，并不涉及起飞速度接近 V_1 时飞还是不飞的危急决策。正如我们所看到的，导致中断起飞的原因很多。中断起飞后如何决策也取决于不同的起因，比如预警系统报警、触觉感知、发动机仪表显示、飞机产生的噪音或塔台人员或其他飞机通过无线电传送的观察到的险象。当中断起飞是因发动机或其他部位着火时，通常需使用应急设备。中断起飞发生后，有时会进行人员疏散，但也并非一定如此，因此，中断起飞后需采取的措施绝不是有一定之规的日常运行。

几乎在所有的情况下，让飞机减速的紧急刹车会使飞机轮胎和制动装置间产生巨大的热量，这使驾驶员对于把飞机滑回停机坪或尝试再次起飞产生了顾虑。颇具危险性的热刹车有可能使飞机轮胎或轮毂发生爆炸，这会对在那个区域工作的地面人员造成重大危害。在每个飞机轮毂上安装热熔断器，在发生爆炸前释放出轮胎中的高压热空气，将有助于防范这种风险。假如试图再次起飞，具有危险性的热刹车将大大增加刹车失灵或轮胎爆炸的风险。

中断飞行发生后，制动能量图能帮助确定刹车动能容量不少于刹车吸收的动能。该图可说明再次起飞前刹车冷却所需要的时间、刹车的制动能量，否则无法确保再次发生中断起飞时的制动性能。为了最大限度地减少这方面的问题，最新研制的飞机在驾驶舱安装仪表，以监视刹车温度是否有过热的情况。

非洲的安全与空管

空中交通管制在非洲一直是一个特别的问题。国际民航组织已声明，除7个国家外，其他非洲国家的空管能力"匮乏"。这些国家覆盖了75%的非洲大陆，只有位于北部的埃及、摩洛哥和突尼斯和位于南部的博茨瓦纳、纳米比亚、南非和津巴布韦的空管能力被认为是可接受的。

1996年10月，国际驾驶员协会联合会（IFALPA）出版了一份卓有成效的报告，该报告详细说明了超过3/4的非洲大陆上空管服务所处的"危险"状态。它讽刺道："没有发生空中撞击并不是空管的功劳，只因天空太空旷"（Learmount，1997）。伴随反对种族隔离制度，南非在国际舞台上迅速崛起，加之许多非洲发展中国家的经济增长，使非洲的航空运输格局发生了显著变化。现在，非洲每年的航空运输量增长6%～8%。1996—1997年间，其航空运输增长率高达13.9%，共载运旅客510万人。1998年，非洲的航空运输依然保持了高速增长的势头。

几年来，飞行员依靠IATA设计的一个工作程序来保持安全间隔。该工作程序让飞行员借助导航设施，通过收听来自相互报告情况的一个公共频道的信息来保持安全间隔。因为航路上的交通流量相对较少，IATA的工作程序使该系统在初期运作良好。但正如大家所预见到的，这一工作程序无法为所有飞机提供有效的间隔标准。随着空运量的增长，发生灾难的风险在不断增加，终于在1996年11月6日，ADC航空公司的B727-231飞机在尼日利亚拉各斯附近发生了空难，机上143人遇难。当时，B727飞行员对TCAS报警做出了反应，但由于他的反应动作过于突然而失去了对飞机的控制，致使飞机从16000英尺的高空直接冲向了地面。因此，这起事故的另一原因有可能是针对TCAS报警的训练不足。这起事故也被当作"飞机失控"事故加以讨论。

我们希望，一项受ICAO理事会支持的空中航行计划能缓解非洲大路上业已非常严重的空管问题。实际上，ICAO的这一计划直指整个非洲和印度地区。该计划在1996年5月于尼日利亚阿布贾召开的、有56个国家的350名代表参加的大会上得以通过。该计划包括128项针对空管问题的建议，而这些问题都是 IFALPA、IATA、ICAO 和南非航空公司飞行员联合会所关注的。

IFALPA 相信，跨非洲大陆飞行的飞机上需要安装 TCAS。IFALPA 表示，从实际运营的角度看，许多非洲大陆的航班基本上都在无人控制的空域里飞行。IFALPA 的这一观点在业内得到广泛支持。

非洲的其他安全问题

非洲的航空安全问题不仅限于空管领域。相对于每百万驾次 1.4 起的世界平均水平，非洲的机体损毁事故率达到每百万架次 9.5 起。由飞安基金支持的进近与着陆事故减少工作组研究发现，迄今为止，非洲的人员伤之进近与着陆事故率全球最高，为每百万架次 2.43 起，而世界的平均水平只有 0.43 起。拉丁美洲的此项安全记录全球倒数第二，是每百万架次 1.65 起。北美以每百万架次 0.13 起的记录名列全球第一。为改善安全状况，拉丁美洲正在建立健全自己的机构，以实施、监控地区飞行安全政策。美欧的安全专家对他们的努力表示赞赏（Jones and Learmount，1998）。

1996 年，非洲发生了 17 起机毁人亡事故，包括一起导致地面 350 人丧生的极端严重事故。最近一次 ICAO 会议着重讨论了非洲大陆安全问题的严重性。美国运输部长 Rodney Slater 对非洲民航的局长们表明，在非洲大陆的安全状况得到改善之前，不会增加美非之间的航班。他强调，美国 FAA 将帮助非洲，使之在空中导航、机场保安等领域达到国际水平。从 1998 年 7 月 7 日开始，Slater 计划在非洲用一周的时间，商讨作为 120 万美元的"非洲的安全天空"项目中的一部分——安全及机场方面的问题。目前，只有 5 个非洲国家达到了 ICAO 的标准，他们分别是埃及、埃塞俄比亚、加纳、摩洛哥和南非（Aviation Week and Space Technology，1998）。

航空公司每月大约要向非洲国家交 600 万美元的过境费，很多人怀疑这每月交的 600 万中有多少被用于改善这些国家的基础设施（Aviation Week and Space Technology，1997）。这里讲一个 10 年前一名航空公司雇员被派往非洲国家协商实施援助以提高空运安全水平的匿名故事（匿名的原因显而易见）。有一家航空公司愿意提供资助用以增加全项信标，另一家航空公司可以帮助安装着陆仪表系统并负责维护，以确保其正常工作。作为交换，航空公司希望能减少机场起降费。一个关注此事的当地官员的反应是：走到窗前，指着停在楼下准备给民航局长的劳斯莱斯汽车，沮丧地扬着手说："这就是用你们交的起降费买的。"

在非洲，也有一些好的方面。例如，非洲航空安全局（ASECNA），作为西部非洲法语地区国家的公共安全机构的代表，近期的报告表明西非的航空事故征候有了明显的改善。1997 年报告了 30 件航空事故征候，到 1998 年仅有 14 件；1997 年报告的危险接近事件是 26 件，而 1998 年只有 17 件。尽管如此，ASECNA 警告说，可能还有一些没有报告的事故征候和危险接近事件，因此这些数据很可能会误导人。ASECNA 是一个组织得力、资金充裕的机构，目前它有 14 个成员国分布在非洲大陆，它负责 24 个国际机场及 100 个国内机场的空中导航。

目前，迫切需要更好的、覆盖整个非洲的航空交流与协作，但很不幸，还没有一个平台把非洲作为一个整体来考虑。尽管具有很多共同的愿景和目标，但在南部非洲最具凝聚力的基础性航空论坛——南部非洲发展共同体（SADC）和 ASECNA 之间仍没有建立起固定的航空通讯网，缺乏现代航空通讯设施是其中的主要原因。飞行员与空管员通讯中固定/移动通讯设施的短缺（如扩展甚高频）以及基本空管手段和人员培训的不足都是发展中国家所面临的非常现实的问题（Jones and Learmount，1998）。

其他国家的航空安全问题

显然，很多第三世界国家都有航空安全问题。但需要清醒地认识到，航空安全问题不仅限于所谓的"发展中国家"。航空运输业虽是一个全球性的产业，以下章节却并不想讨论全行业的所有安全问题。取而代之，我们将讨论受媒体关注的几个方面的问题。本书的读者应该了解媒体所报道的数字的局限性。能认识到以下事实非常重要：因对一些术语的定义缺乏共识，且又被频繁用于不同的报道，造成了数据之间的不一致。

国际驾驶员协会联合会列举了其他国家安全领域的问题，包括一些南美国家和希腊的空管设施及运营问题。不同的国家存在不同的问题，这些问题涉及：雷达老旧或缺乏；空管员缺乏培训，且为了维持生计，一些空管员还被迫从事第二职业；军民用飞机运行的不合理界定和划分；在一些国家中，政府的政策也对飞行员造成威胁，飞行员抱怨这些国家空管系统中不合理的执照吊销政策以及其他不良法律行为。

过去 10 年，在全球数百家航空公司中，只有 5 家航空公司的严重事故数量是 4 起或以上。其中，有 4 家是亚洲航空公司，其中包括印度航空 7 起，大韩航空 5 起，华航 4 起，印度尼西亚鹰航 4 起。由于近来亚洲航空公司发生了一系列定期航班事故，ICAO 已公开呼吁要提高航空公司安全审计标准。①

亚洲国家地区的航空运输迅速增长，这个增长过程也伴随着我们前面讨论的所有航空安全问题。1998 年上半年的数字说明南亚和亚太地区面临严峻的安全挑战。1998 年上半年，这一地区定期包机和通勤航空公司发生了 6 起严重事故，同期全球商业旅客运输承运人发生的严重事故是 11 起。就整体航空安全性而言，6 个月的时间太短，还不足以获得有意义的结论，但按照人们习惯的思维模式，毫无疑问，南亚和亚太地区国家存在航空安全问题。在与此同期的 6 个月中，世界骨干"西方"航空公司、澳大利亚以及中东的承运人没有发生一次严重航空安全事故（Flight International，22-28 July 1998）。

一般认为，绝大多数第三世界和发展中国家的严重航空事故率大大高于世界平均水平，通常是世界最佳航空公司安全记录的数倍。ICAO 强制性的安全审计计划能对改善这些国家的航空安全问题提供很大帮助。在第二十章——全球性安全挑战中，我们已讨论了 ICAO 的航空安全审计计划。

自动警告系统

与自动警告问题相关的一个长期性问题是，一些飞行员把自动警告作为首要报警和警告设施，而不是如原来的设计，仅把它们当作次要的辅助警告设施，一些类型的高度警告以及诸如显示起飞襟翼姿态的警告尤其如此。但有一种与接近计划高度相关的警告除外，无论什么时间听到或看到这种警告，几乎都意味着机组人员有疏忽或差错发生。

近地警告系统（GPWS）

最新一代的近地警告系统可对飞行员的操作失误告警，并告知飞行员问题所在，以及飞机在飞行方向上（水平或垂直）产生的偏差。如果一切操

① 此为一家美国航空公司列出的航空事故记录。美国合众航空在过去 10 年中发生过 5 次严重事故，但自从大约 3 年前重组后，除了一些事故征候和一次无法解释的在匹兹堡 6000 英尺高度进近时发生的失控，合众航的事故记录几乎是完美无缺的。

作按计划进行，飞行员一般不会听到警告。但很不幸，错误警告问题仍然存在。虽然新一代警告系统已在很大程度上减少了错误警告的数量，但这依然是一个问题。没有飞行员愿意无谓急剧调整飞机的飞行姿态（像接到一个有效 GPWS 警告作出的反应）。当 GPWS 警告发出后，除非能通过观察确信警告是错误的，在大多数情况下，机组人员会立即采取积极的应对措施（全功率和最大爬升姿态）。

还有一种罕见的情况，错误的 GPWS 警告是由仪表进近程序引起的。在这种情况下，即使小心翼翼的严格执行相应进近程序，GPWS 仍会发出警告。其原因是数据库没有根据特定地形特征更新，由此在安全的状态下触发了 GPWS 的警告系统。在新版 GPWS 系统中，制造商可预置各机场进近程序，这样可消除这些干扰性错误警告。当然，上述情况非常少见，不会在很大程度上对航空安全产生负面影响。

由于早期出现的错误警告，在全行业范围内产生了对 GPWS 警告反应延迟的问题。最典型的例子是发生在南美的一个悲剧性 GPWS 事故。当时，GPWS 警告响起，并伴有响亮、清晰的"拉起！拉起！"的语音提示。而就在飞机撞山之前，机长还不耐烦地大声喊道："北方佬，闭嘴！"显然，机长认为这又是一次错误警告。49 人在这起本可避免的事故中丧生。

增强型近地警告系统（EGWPS）

原有 GPWS 及其升级版的主要缺陷是仅能根据雷达高度表中的信息对位于飞机正下方的地面障碍物发出警告。这个系统留给飞行员的反应时间非常有限。对位于飞机正前方陡峭地形，该系统也不能充分告警。美利坚航空公司发生在哥伦比亚卡利的事故清楚地表明，这是 GPWS 系统的一个重要缺陷。

卡利事故后，原有 GPWS 概念被进一步细化，产生了新一代增强型近地警告系统（EGWPS）。相对于原有 GPWS，EGWPS 有两个显著的优势，一是可对位于飞机前方的陡峭地形发出警告；二是延长了告警的时间。EGWPS 通过飞机位置、高度与系统内部全球地形数据库的对比，生成一个图形展示周围地形。原有 GPWS 仅给飞行员 10 ~ 30 秒的反应时间，EGWPS 把给飞行员的反应时间提高到 60 秒。

在本书写作之时，有几家航空公司已开始在它们的飞机上安装 EGWPS。目前，EGWPS 订单已超过 1000 个。美国航空协会表示，美国航空公司已承诺到 2003 年将有 6300 架飞机安装 EGWPS，全部安装成本预计为 6 亿美元。前不久美国宣布，到 2001 年 EGWPS 将是必装系统。在英国，英航耗资 2000 万英镑（3340 万美元）在其所有飞机上安装 EGWPS。英航是欧盟航空承运人中首家安装 EGWPS 的航空公司，预计其他航空公司会很快跟进。此外，空客已宣布 1999 年后将在所有空客飞机上安装 EGWPS。目前，EGWPS 是波音飞机的一个选装系统，但大多数航空公司都要求安装该系统。

毫无疑问，相对于 GWPS，EGWPS 代表着技术上的显著进步。并且随着经验的积累，EGWPS 本身也会得到不断完善。EGWPS 所用颜色已遭到质疑，因它改变了飞行员现存的预警理念。无论这样做的好处是什么，对飞行员来说唯一的答案是：要使用 EGWPS 就要适应这个系统中特定的颜色设计。EGWPS 的使用代表了航空安全领域的巨大进步，对此，业内已有广泛的共识。

机载防撞系统（TCAS）及风切变警告系统（WSAS）

在美国，政府要求大型运输飞机必须安装 TCAS 和 WSAS。但在本书写作之时，相关规章还没有要求全货机安装这两个系统。尽管如此，至少有一家货运航空公司正自愿在其所有的飞机上安装 TCAS。政府要求安装 GWPS 已经有一段时间了。为了使 TCAS 起作用，早期在安装 TCAS 时，要求每一架飞机上都必须安装 TCAS，而升级系统已没有这样的限制条件。

飞行员信任 TCAS 和 WSAS 这两个系统，并表示 TCAS 已经有效地防止了空中撞机事故。要证明这一说法的正确性存在一定困难，因为缺乏获取可靠数据的系统方法。现在的 TCAS 系统仅能发出垂直方向的防撞指示。将来，该系统应具有水平和垂直两个方向的告警功能。与 WSAS 相关的一个有趣事实是，自政府颁布条例要求安装 WSAS 系统并进行正规系统使用培训以后，合众航发生在夏洛特（北卡罗来纳州）的空难是美国仅有的一次大型运输机风切变事故。

WSAS 系统的功效不是一个简单的问题。发生夏洛特空难时，机组人员正来回巡视，飞机襟翼正在改变姿态。当飞机襟翼变换姿态时，安装在飞机上的 WSAS 系统停止了运行。这可能就是发生这次空难的主要原因。认识到 WSAS 系统失效的原因使发生在很多飞机上的问题得以解决。

还有一个问题是几乎使每个人（不包括管制者和政治家）都感到困惑的术语上的分歧。美国 FAA 把这个系统叫做 TCAS，ICAO 则称这个系统为

ACAS。FAA 要求所有 30 座以上的运输机从 1993 年 12 月 31 日起必须安装 TCAS II 系统，所有 10 ~ 30 座的飞机从 1995 年 2 月 10 日起安装 TCAS I 系统。欧洲空中航行安全组织（EUROCONTROL）也要求 30 座以上的飞机在 2000 年 1 月 1 日前必须完成 TCAS 或 ACAS II 系统安装，同时货运飞机也必须遵守这一指令。对 19 ~ 30 座的飞机，EUROCONTROL 没有发布安装 TCAS I 或类似系统的咨询通告，到 2005 年之前，这一座级的飞机无需遵守这一指令。

电子技术的不断创新能改善甚至消除系统中的缺陷。这里有一个很好的例子。第 7 版 TCAS/ACAS II（最新版）被设计用于改善垂直方向高速移动或突然撞机的问题。这个升级系统可对空中交通流量信息进行仿真，模拟飞机垂直飞行速度改变下的各种情况，使空中交通预警能以清晰的视听效果呈现。美国和欧洲都将通过修改规章强制安装第 7 版 TCAS/ACAS II 系统。该系统的空中交通预警时间是 20 ~ 48 秒，留给飞行员的决策时间是 15 ~ 35 秒。但飞行员的应对之策仅限于飞机垂直方向的移动。

如今，空中撞机在美国已不是一个严重问题。但一旦发生，就将是一场大灾难。随着航空运输量的持续增长，发生空中撞机的风险也相应增加。很多人相信，在飞机驾驶舱间传递信息的 TCAS 将对保持飞机之间的适当间隔承担起更多的责任，特别当更多的人接受了"自由飞行"的概念之后尤其如此。我们将在第二十二章——航空运输业的未来中讨论"自由飞行"的问题。

参考文献

[1] AVflash (1998). 'Airlines Get Up Close and Personal', 22 February 1998, AVflash@acweb. com.

[2] Aviation Week and Space Technology (1998). 'Slater to Push African Safety', *Aviation Week and Space Technology*, 6 July 1998, McGraw Hill Inc., New York.

[3] Aviation Week and Space Technology-Editorial (1997). 'Avoiding a Mid air Collision in Africa', *Aviation Week and Space Technology*, 7 April 1997. McGraw Hill Inc., New York.

[4] Bateman, Don (1994). 'Development of Ground Proximity Warning Systems (GPWS)', presented at Royal Aeronautical Society Controlled Flight Into Terrain Conference,

8 November 1994, London, AlliedSignal Inc. , Redmond, Washington.

[5] Bateman, Don (1993) . 'How to Terrain-Proof Corporate & Regional Aircraft', 5th Annual European Corporate and Regional Operators Safety Seminar, 3 March 1993, Amsterdam, AlliedSignal Inc. , Redmond, Washington.

[6] Bateman, Don (1991) . 'How to Terrain-Proof the World's Airline Fleet', 44th Annual International Air Safety Seminar, 14 November 1991, Singapore AlliedSignal Inc, Redmond, Washington.

[7] Bateman, Don (1990) . 'Past, Present, and Future Efforts to Reduce Controlled Flight into Terrain (CFIT) Accidents', Flight Safety Foundation 43rd International Aviation Safety Seminar, 1990, Rome, AlliedSignal Inc. , Redmond Washington.

[8] Chamberlin, Roy W. (1991) . 'Rejected Takeoffs: Causes, Problems and Consequences', *Proceedings of the Sixth International Symposium on Aviation Psychology*, Aviation Safety Reporting System, Mountain View, California.

[9] Clauzel, J. S. (1985) . 'Should We Provide More Realistic Training for Airline Flight Crew?', presented at Flight Safety Foundation 38th International Air Safety Seminar, Boston, Massachusetts, 4-7 November 1985, Flight Safety Foundation, Alexandria, Virginia.

[10] Dornheim, Michael A. (1998) . ' "Loss of Control" Under Scrutiny', *Aviation Week and Space Technology*, 27 April 1998, McGraw Hill, Inc. , New York.

[11] Enders, John H. , Dodd, Robert, Tarrel, Rich, Khatwa, Roelen, Alfred L. C. , and Karwal, Arun K. (1996) . Referenced in 'Airport Safety: A Study of Accidents and Available Approach-and-landing Aids', *Flight Safety Digest*, March 1993, Flight Safety Foundation, Alexandria, Virginia.

[12] Flight International (18-24 February 1998) . 'Industry launches safety initiative', *Flight Safety International*, Reed Business Information, Sutton, Surrey, United Kingdom.

[13] Flight Safety Foundation (1993) . *Safety Alert*, 25 June 1993, Flight Safety Foundation, Alexandria, Virginia.

[14] Foxworth, T. G. and Marthinsen, H. G. (1969) . 'Another Look At Accelerate-Stop Criteria', AIAA paper No. 69-772, AIAA Aircraft Design and Operations Meeting, 14 – 16 July 1969, Los Angeles, California.

[15] Hammarskjöld, Knut (1975) . Secretary-General of IATA at his Opening Address at IATA's 20th Technical Conference, 10-14 November 1975, Istanbul, International Air Transport Association, Montreal.

[16] Jones, Lois and Learmount, David (1998) . 'African dawn', *Flight International*,

9-15 December 1998, Reed Business Information, Sutton, Surrey, United Kingdom.

[17] Khatwa, Ratan and Roelen, Alfred (1996a). 'Airport Safety: A Study fo Accidents and Available Approach-and-landing Aids', Flight Safety Digest, March 1996, Alexandria Virginia.

[18] Learmount, David (1997). 'Safety', *Flight International*, 1-7 January 1997, Reed Business Information, Sutton, Surrey, United Kingdom.

[19] Learmount, David (1998a). 'Loss of control is key to China Airlines accident', *Flight International*, 17 March 1998, Reed Business Information, Sutton, Surrey, United Kingdom.

[20] Learmount, David (1998b). 'The Precision Approach', *Flight International*, 9-15 December 1998, Reed Business Information, Sutton, Surrey, United Kingdom.

[21] Lundberg, Bo O. K. (1966). *The 'Allotment-of Probability-Shares' -APS-Method. Memorandum PE-18*, The Aeronautical Research Institute of Sweden (FFA), Stochholm, Sweden.

[22] Marthinsen, Harold F., (1993). 'The Decision-Making Process During Takeoff', the Air Line Pilots Association, Herndon, Virginia.

[23] McKenna, James T. (1998b). 'Many Operators Ignore Vaunted CFIT Aids', *Aviation Week and Space Technology*, 9 November 1998, McGraw and Hill, Inc., New York.

[24] McKenna, James T. (1998a). 'Industry Team Pushes Focused Safety Plan', *Aviation Week and Space Technology*, 16 February 1998, McGraw and Hill, Inc., New York.

[25] McKenna, James T. (1997). 'Garvey Commits FAA to Safety Partnerships', *Aviation Week and Space Technology*, 3 November 1997, McGraw and Hill, Inc., New York.

[26] Murphy, Frank B. (1994). 'Crew Centered Concepts Applied to Flight Deck Technology: the Boeing 777', presented to SAE Cmmittee G-10, Boeing Commercial Airplane Co., Seattle, Washington.

[27] North, David M. (1997). Editorial— 'We Know the Safety Issues, Now Let's Push Solutions', *Aviation Week and Space Technbology*, 1 December 1997, McGraw and Hill Inc., New York.

[28] Ott, James (1997a). 'ICAO Stresses Safety Compliance', *Aviation Week and Space Technology*, 2 June 1997, McGraw and Hill Inc., New York.

[29] Ott, James (1997b). 'Civil Aviation Directors to Explore Expanded Safety Role for

ICAO', *Aviation Week and Space Technology*, 18 August 1997, McGraw and Hill Inc., New York.

[30] Reed, John H. (1974). Statement of National Transportation Safety Board by its Chairman before the House of Representatives House Interstate and Foreign Commerce Subcommittee on Investigations Hearings on Groud Proximity Warning System, 18 September 1974, Washington D. C.

[31] Sears, Richard L. (1985). 'A New Look at Accident Contributors and the Implications of Operational and Training Procedures', presented at Flight Safety Foundation 38th International Air Safety Seminar, Flight Safety Foundation, Alexandria, Virginia.

[32] Senders, Johm W. and Moray, Neville, P. (1991). *Human Error: Cause, Prediction, and Reduction*, Lawrence Erlbaum Associates, Hillsdale, New Jersey.

[33] Shifrin, Carol A. (1996). 'Safety Experts Seek Data Sharing', *Aviation Week and Space Technology*, 12 December 1996, McGraw and Hill Inc., New York.

[34] Taylor, Laurie (1998). *Air Travel: How Safe Is It?*, BSP Professional Books, London.

[35] US Airways (1998). 'Controlled Flight Into Terrain', In *Flight Crew View*, July, August, September 1998, reprinted from FAA/ICAO//Boeing/Flight Safety Foundation Controlled Flight Into Terrain Education and Training Aid, US Airways, Pittsburgh, Pennsylvania.

[36] Weener, E. F. and Russell, Paul D. (1993). 'Crew Factor Accidents: Regional Perspective', presented at 22nd IATA Technical Conference, 6-8 October 1993, Boeing Commercial Airplane Group, Seattle, Washington.

[37] Wiener, E. L. (1989). *Human factors of advanced technology ("glass cockpit") transport aircraft*, NASA Technical Report 177528, Ames Research Center, Moffett Field, California.

[38] Wiener, E. L. (1997), 'Controlled Flight Into Terrain: System Induced Accidents', *Human Factors Journal*, Volume 19, Human Factors and Ergonomics Society, Santa Monica, California.

第二十二章　航空运输业的未来

我眺望未来，人类能望及的最远处，看到了无限的奇迹……

（Alfred，Lord Tennyson）①

今天和未来的预期增长

航空运输业的可预期性与持续性增长是一个活生生的事实。当然，今后的发展也将包含大量的与人为因素相关的问题。无论是谁作出对行业的预测，毫无疑问会有如下一致看法：行业将会呈现爆炸性的增长。即使保守主义者也会进行合理的预期，全球航空运输业在接下来的 12 年中，每年国际旅客将会高达 20 亿。这种预测对航空运输业和认真考虑的拟加入者无疑是很重要的。这些预测预示着在 21 世纪人为因素的挑战和发展。

国际航空公司的预测

国际民航组织的 185 名成员国在 1997 年共接待了 15 亿旅客，并且运载了大约 1000 亿吨公里（RTK）的货物。无论是美国还是非美航空公司的国际航空运输量，预计都会有飞跃性的增长，特别是货运方面，预期 2015 年的货运量将达到如今的 3 倍，为此将需要增加大约 850 架大型货运飞机。到 2015 年，美国航空公司在世界货运中占有的份额将从今天的 30% 降至 27%。

对亚太航线的预测在过去一年中已经略有削减，一些业内人士表达了对未来 10 年亚洲市场的关切。这种关注的提升是由 1997 年的经济与金融危机

① 引自'Locksley Hall'，1842。

造成的。对气候变化和环境污染的关注也暂时减少了许多东南亚地区重要的旅游客流量。尽管这一切客观存在，但人们还是广泛相信世界的经济中心将缓慢地移至远东，因为那里人口众多。远东的航空运输预计将会反弹并逐渐繁荣（Shifrin and Thomas，1998），预期的增长速率为每年 5%～6%，这一数字将随国家的不同而不同。

不幸的是，依据世界人员伤亡事故与坠机数量来统计，1997 年的表现比起以往年份的平均记录稍有逊色。纵览世界，1997 年共发生 51 起人员伤亡事故，这些事故共造成 1307 人丧生。相比之下，过去 10 年中平均每年发生 49 起事故，有 1243 人因此丧生。尽管拥有优良安全传统的澳大利亚、中东、北美和西欧航空公司实际并未出现人员伤亡的航空事故，除了已提及的美国骨干航空公司的 3 起人员伤亡航空事故，世界航空安全问题亟待改善依然是明显的事实（Learmount，1998）。亚太地区、拉丁美洲和非洲发展中国家的航空运输安全特别需要改善。改善这些地区航空运输业的安全状况是行业面临的一项重要挑战。

1998 年的安全纪录包含了各种各样的情况。可控飞行撞地在世界范围内许多国家和地区都是重要的问题，无论是喷气式飞机还是螺旋桨飞机。1998 年共有 5 架喷气式飞机和 8 架螺旋桨飞机发生可控飞行撞地事故。尽管世界各个地区的安全状况仍然存在较大差别，但区域间存在的差异已经被大家广泛认同，这些问题正在逐步解决。

支线及通勤航空公司继续表现出很大的进步。但亚太地区是一个问题地区。安全领域无疑需要更多改进，其中包括基础设施、管制效率、培训、"4P"等。由于运行经验在每一地区是独特的，因此识别运行问题并在当地得以解决是非常重要的。

全面的数据很接近 10 年内的平均数值。1998 年安全事故中的 1244 名丧生者中接近半数是定期航班喷气式飞机所致。不幸的是，在 1998 年，西欧航空公司发生了他们自 1993 年后的首起事故。那是 1998 年 9 月 2 日瑞士航空公司 MD-11 发生在 Nova Scotia 海岸的坠机事故，机上 229 人全部丧生。另一起规模较小的事故是西班牙 Paukn 航空公司于 9 月 25 日发生的，飞机在即将抵达摩洛哥的梅利利亚时坠毁，38 人因此丧生。

美国大型航空公司

美国经营定期航班的航空公司在 1996 年共运载 13 亿 6 千万旅客，并预测在世纪之交时这个数目将达到 17 亿 2 千万。根据美国联邦航空局的统计，1997 年，美国航空公司国内载客量为 5.462 亿，预计增长率将达到 3.9%，据此预测，2008 年乘客将达到 8.27 亿（FAA，1997）。美国航空运输协会（ATA）主席卡罗尔·哈雷特预计，到 2015 年旅客数将会达到 1996 年的 2 倍，货物运输量甚至会更加惊人。

如今，美国航空公司每天有 3 万次航班起降，运载大约 150 万旅客，达到这种规模似乎是顺理成章的事情。相对于 1996 年的 342 人丧生，美国航空公司在 1997 年拥有非常良好的安全纪录，全年仅有 3 人丧生。1997 年丧生的 3 人没有一起是由于飞机失事，3 人中的 2 人并非乘客，其中 1 人是在秘鲁登机时不慎跌入正在打开的配餐口。另外一起是由于一架美国联合航空公司的 B747 在飞越太平洋时遭遇气流，该旅客因并未系好安全带而丧生。当时，座位上的安全带信号灯处于开启状态。第三起人员伤亡事故是由于一架飞机在纽约拉瓜地亚机场与三角航地面服务人员相撞（AVflash，3/2/98）。国家运输安全委员会认为这些事故与飞机失事属于同一类别。但是许多专家包括委员会的委员则认为这种类别划分是一种误导，国家运输安全委员会需要一个拥有正确数据或结论支持的分类系统。

1998 年的安全状况甚至好于 1997 年，全年没有人员伤亡事故发生。著名的安全专家杰里·雷德尔指出，美国定期航班航空公司已经是第三个年头全年没有出现人员伤亡事故。1923 年，美国航空邮件公司没有一起人员伤亡事故，尽管在这一年中发生了一些事件，并有 477 次迫降。1923 年的记录让人印象深刻，然而在 1923 年航空邮政飞行员的预期寿命仅有 4 年。下一次全年没发生人员伤亡事故的年份已经是 1944 年了。当时使用 DC-3 的美国航空公司创造了一项新纪录，在 1944 年之前的 18 个月中未发生一起人员伤亡事故，然而在 1944 年一共发生了 5 起人员伤亡的坠毁事故（personal communication，1999 年 1 月 19 日）。

1998 年的记录令人印象深刻，我们从中要学到的是：短期的安全纪录可能会造成误导，正如我们在上文提到过的。事故是一种小概率事件，并且也不是按照日历规律发生的。美国航空公司对于他们 1998 年的安全纪录非常自豪。保持如此优秀的纪录是一个巨大的挑战。

如果行业按照预期那样增长的话，另一个非常现实的问题是本章稍后将要讨论的、与交通流量增长相关的航空基础设施问题。有趣的是，北美的机场容纳了几乎占全球一半的运量，1996 年进出港旅客增加了 7000 万名，但航班架次几乎没有增长。答案显而易见，航空公司使用更大型的飞机，并伴有较高的客座率。很显然，目前的国内和国际基础设施已经接近饱和，预期运量的增长将会给航空公司和当局造成严重问题，不仅在美国，全球都存在类似的问题。其中一些问题将在本章的后面部分进行讨论。

美国支线航空公司

据估计，支线客英里和人数将与大型航空公司所预测的一样呈现非常相似的增长态势。图 22.1 为根据旅客人数对美国支线航空公司直至 2005 年所需 SAAB 飞机的增长预测。表 22-1 比较了 1995 年和 2005 年预计的机队规模。过去 3 年，支线/通勤运输一直是商业航空在美国发展最快的部分。未来的世界中，人们确信主要支线航空公司的发展将伴随 50 ~ 70 座级飞机的增长，大约会有 8000 架支线飞机交付使用，其中大约有一半是喷气式飞机。

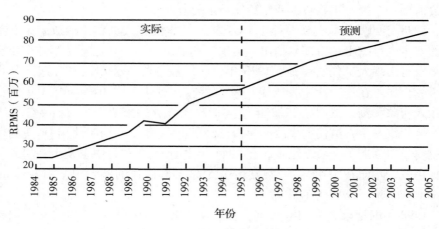

图 22.1　1984—2005 年美国支线旅客运输量

资料来源：*Regional Airline Association Annual Report*，1996，page 57

表 22-1 美国支线航空公司机队增长

座级（座）	1995 年机队（架）	2005 年机队（架）	新交付使用飞机（架）
15 ~ 19	730	436	197
20 ~ 39	697	1481	795
40 ~ 59	171	485	344
60 ~ 89	174	311	201
总计	1772	2713	1537

资料来源：*Regional Airline Association Annual Report*，1996，page 57

FAA 估计，到 2009 年支线航空公司将运载 1170 万名旅客，达到美国国内旅客人数的 13.4%。由高速涡扇飞机及支线喷气机整合而成的支线/通勤机队将使平均航程持续增长，这些飞机给非传统的支线/通勤市场的增长创造了良机。

航空基础设施

如今大部分专家认为，航空基础设施将面临极大的压力，以适应不断增加的需求。民航基础设施包括空管系统、固定设施，如机场跑道、滑行道、旅客候机楼和货栈、航油管线、塔台和其他地面设施以及通讯、雷达设备。一些国家将基础设施问题置于事故纪录的高度或中度风险类别中，如缺乏有效的仪表着陆系统（ILS）、空中交通管制能力不强、缺乏导航设施、雷达覆盖不足或缺乏、不可靠的气象报告以及不合标准的机场设备。

今天，一架飞机的载运能力远远超过其他形式的运输方式，这将加剧机场本身及为其提供地面服务设施的负担。据估计，21 世纪的 20 至 30 年代，载客量为 600 ~ 1000 名旅客的飞机将是航空公司日常使用的飞机。从发展趋势来看，航空公司将使用比现在更大的飞机以满足日益增长的旅客需求，解决问题的唯一的办法是增加所有类别飞机的载量，并增加机场、登机门、跑道、滑行道等的数量，或在不增加基础设施的情况下进一步增加起降架次。但在许多地区，这要么不可能要么非常困难。这需要大量的资金，并且是一个全球性的问题。

世界各地的航空基础设施

尽管世界各地的航空基础设施规模和特征不尽相同，但这在许多国家和地区无疑是一个问题。基础设施问题并不仅仅限于"第三世界"国家或者发展中国家。对于那些航空系统处于发展中的国家，有一个令人充满希望的信息：他们将得益于卫星技术的帮助，这将会减少甚至完全排除对地面导航和通信设施的需求。

一些国家和地区的机场正在进行大规模的建设。其中最引人注目的是，香港于近期完成了新的赤蜡角国际机场（HKG）。机场建设在九龙湾，由两个小岛积压而成，并开垦了大量土地，共花费大约 200 亿美元。新的航站楼占地 600 万平方英尺，高 8 层，比它所替代的启德机场候机楼大 9 倍。新候机楼的设计容量为年旅客流量 8700 万人次。

赤蜡角机场工程包括一个 4475 英尺长的吊桥（世界上同类型最长）以及连接机场到市中心的高速公路和铁路。因为进出港航班飞越住宅区产生的噪声，启德机场在夜间关闭。与此不同，赤蜡角机场因所处位置较为偏远，将 24 小时运营。赤蜡角机场已于 1998 年 7 月投入运营。

为了为预计的客货运量增长提供更好的服务，并为更有效地与同一地区首屈一指的新加坡樟宜国际机场展开竞争，马来西亚吉隆坡刚刚完成了一个新的耗资 115 亿美元的机场的第一阶段建设。类似的发展正在整个欧洲发生。其中一个例子是耗资 4.16 亿美元扩建的法国第二繁忙机场（Nice-Cote d'Azur）。由于进一步扩建该机场似乎并不可行，已规划的一个新机场预计将于 1999 年开工。如果目前的预计增长成为现实，这种新的建设需求不仅在欧洲、也将在世界的其他地区展开。

美国的基础设施

美国如同在许多欧洲国家一样，基础设施的方方面面目前几乎都在或接近其能力极限的状态下运营。繁忙机场已不能为更多的航空需求提供服务，且登机门已经超过其本身的能力。开辟的航线正逐步接近极限，机场的到达和起飞航班已受到限制。新机场的建设或原有机场的大规模扩建也使空管设施面临很多困难，更大型飞机的出现似乎已无法避免。这意味着，所有的航段上将使用比目前更大的飞机，这已是大势所趋。北美航空公司在 1996 年多承运了 7000 万名旅客，但是飞机起降总架次基本保持不变。使用更大、更重的飞机的结果，就是需要对机场进行改建或者为应对旅客量的增长，需要增加相应基础设施的建设。机场规划有时容易忽视的一个问题是，更重的飞机需要修建更坚实的跑道、滑行道和机坪。

国家民用航空调查委员会（NCARC）是作为《联邦航空再授权法》的一部分于1996年成立的，由来自21个不同的航空机构组成。它建议未来5年，每年支出20亿美元用于"机场改进计划"中的资本开发项目。该委员会称目前没有并无额外的经费，而当前机场改造所需资金已超过机场设施建设可获得的资金。

国家民用航空调查委员会估计，美国的航空系统需要增加跑道和飞行区，特别是在"发挥作用不足的机场"，此项建设的预算估计为大约每年50至70亿美元。如果FAA所做的未来12年旅客将增加3.51亿的预测是正确的，"那么我们需要10个像芝加哥俄亥俄机场大小的新机场以满足如此庞大的需求"（David Plavin，pres. of Airports Council International，North America）。

对许多机场来说，唯一的选择就是对已有设施进行升级改造。尽管当前很多机场已经或正准备扩建，但不幸的是，许多机场已经没有空间。除了丹佛科罗拉多机场（DIA），美国已经许多年没有修建大型机场了，并且在不久的将来，我们似乎看不到修建更多新机场的希望。一个非常现实的问题是，当前许多城市的城区已经蔓延至机场附近。毗邻机场很难成为适宜居住的场所。就像查尔斯·比林斯（1997）所提到的那样，"'毗邻'综合症不会比其他航空问题更显而易见，其部分原因是由于飞机、即使是相对安静的飞机，也会被视为比其他机器对环境产生更大的噪声"。

美国洛杉矶国际机场（LAX）的管理者正在积极地筹划未来。到目前为止，洛杉矶国际机场的管理者们正着手考虑在21世纪将机场容量提高60%，此项计划将耗资120亿美元。筹措如此巨额资金是一个大难题。机场的扩建及设施的更新改造已成为跟上日益发展的行业步伐的保证，并且和经济发展紧密联系在一起。今天，洛杉矶国际机场（LAX）已经成为世界第二大货运、全球第四最繁忙机场。大约25%的旅客来自国际航班，96家航空公司使用洛杉矶国际机场。这清楚地表明，航空运输是一个世界性的产业。

现行系统扩容

行业的扩张与增长一般被行业各方认为是一种可喜的现象。因为对员工而言，行业增长意味着更多更好的就业机会；对投资者和股东而言，行业增长意味着更多的利润，同时也可以更好地服务于社会；对飞行员而言，行业增长意味着更优厚的报酬，且通常（但不总是）会拥有更好的航班计划，因为有更多的飞行路线可供选择。然而很可惜，如果没有巨大的基础设施扩建，行业的扩张与增长将会在多方面受到限制。

扩建目前的航空基础设施存在着巨大的困难，迫使业界作出了多种努力，以确保现有设施都得以充分利用。FAA、NASA 和其他一些研究机构正在进行大量研究，致力于通过使用更佳的程序、最新的技术或其他方法改进当前航空系统的各个部分，使其能够更为有效的运作。

如今，毫无疑问，航空运输业必须以尽可能高的水准充分利用现有机场和航空系统中的其他部分。然而，机场扩容同时伴随着安全隐患问题。如果没有基础设施的极大改善或基本程序的改变，不可能不减少纵向、横向或时间围度上的空中区域。除非有更先进的程序和技术改进，否则缩减上述空中区域必然伴随安全系数的降低。必须对更先进的程序和技术进行全面的测试，无论是航空公司还是任何飞行员都承担不起飞机空中相撞的可怕后果。

航空公司飞行员协会对 FAA 计划中所涉及的一些要素给予了特别的关注，例如着陆短距运行（LASHO 是目前 SOIR 计划的派生物，或交叉跑道计划的同步运行计划）、精准雷达监控（PRM）、趋同进近工作组（CASTWIG）建议、自由飞行（本章稍后讨论）和所需导航性能（RNP）。上述的每一项都能提高容量，但不幸的是，在现阶段，FAA、航空公司和飞行员在进一步所需训练和装备方面并没有达成一致。飞行员认为这是一个非常严重的问题，因为一旦发生死亡，几乎得不到相应的补偿。

上述这些是非常重要且很微妙的问题。航空业是一个巨大的产业，在复杂的环境下运营着大量的航班。如果弦绷得太紧，在某个时刻出现事故是必然的。同时，应遵循的一个基本点是最大限度地确保公众、飞行员、航空公司、行业管理者的利益，使航空运输系统在安全水平最大化的状态下运行。这并不是件容易的事情。

空中交通管理系统

业内对空中交通管理系统必须现代化这一认识高度一致。NCARC 警告说，到 2010 年，如果国家空域系统（NAS）不有效地实现现代化，美国将成为国际航空业内的一潭死水。批评者说 NAS 资金投入不足，并且管理不善。如果再加上航空交通量在未来 10 年内不成比例的增加，若不以资金加强建设和提高安全性，其结果将是空中交通拥堵，这足以在全球航空运输达到一个新的赢利水平时，制约美国经济的发展。今天，航班延误每年要花掉航空业数十亿美元，拥挤的航路也令人担心其安全性。1997 年有 255 起因飞机靠得过近的未遂事故，比 1996 年的未遂事故纪录增长了 22%。

作为解决方法，美国联邦航空局已经宣布，它正在发起一项计划，即在全美国范围内重构空域，以提高效率、安全性和降低噪音。该计划拟从波士顿至迈阿密走廊开始，包括纽约地区和其三个主要的商业机场——拉瓜地、约翰肯尼迪国际机场和纽瓦克国际机场。在本书写作之时，FAA 将宣布一系列逐步改进措施，其中包括安装新的耗资 20 亿美元的空中交通管制工作站。开发 WAAS 系统的计划将继续推进，该系统可在特定情况下使飞机的起飞和降落完全独立于任何地面系统。该计划的细节将在本章的后面部分"航空运输系统的未来发展"中讨论。

旧金山湾区

旧金山机场（SFO）正在实施一个耗资 24 亿美元、具有深远影响的拓展计划。它将改善整个湾区的交通和环境。由于空间拥挤，设计者将其拓高而不是扩大。在全美主要机场中，旧金山机场以 2400 亩的面积居末位。相比之下，丹佛机场有 35000 亩。设计者的挑战在于，要在客流量世界排名第七的机场的基础上建立一个全新的机场，而不使每年 4000 万进出港旅客受到影响。这个价值 24 亿美元的扩建工程是全美最大的机场改建工程。还有花费 12 亿的纽约肯尼迪机场改建和底特律 16 亿美元的中心机场改建计划，这两项扩建工程都计划于 2001 年完工。旧金山机场要早一年完成改建。

一个高效的航空运输体系对于旧金山的经济影响巨大。机场对于整个旧金山湾而言犹如一台印钞机。去年机场为个人收入所作贡献超过 75 亿美元，同时为联邦政府、州政府和地方上缴税款 38 亿美元。1996 年，其物流中心总价值超过 760 亿。此外，据估计，整个湾区吸引了 107 亿元的投资。维持一个高效的国际机场对于旧金山及其他城市而言一样，需要高昂的经济投入。

旧金山机场改建计划中争议较大的地方是修建一条新的跑道或将跑道延伸至海湾内，以容纳新一代的战斗机和超音速飞机。这是 30 年内最重要的填海造陆计划，引起了巨大的环境担忧。新跑道建设要求减少噪音污染，并降低湾内天气对航班延误的影响。目前全美机场中旧金山机场航班延误排名第三，但有证据表明旧金山机场延误航班正在增加。

产业的未来局限

波音公司主席及执行总裁菲利普·康迪在世界大会及博览会上的莱特兄弟航空学讲座中说道：

> ……我可以肯定的是真实衡量其价值（未来的技术突破），将取决于航空公司的顾客，而不是工程师。顾客，也只有顾客，才是决定以多少价格购买何种产品的最终价值判断者。作为飞机的设计者，能尝试进行技术运行性能、成本和市场等诸多因素的合理组合，但作为客户的航空公司，将最后决定我们所做的作业是否正确。
>
> 我们可以试着推测未来 5 年、10 年我们的顾客需要什么，但是我们最好能确保所用技术是让购买飞机的航空公司有良好效益表现的现实问题。我们的顾客将最终决定未来商用飞机的设计走向。

（Condit，1996）

这段评论的现实意义可以从图 22.2 中的曲线上体现出来。这张图将自 1960 年划时代的喷气航空运输开始以来的平均旅客收益与单座运价水平进行了比较。自那时以来，喷气客机单座运价水平的上升速度高于通货膨胀率，但航空公司的客英里收益却以同样的幅度在减少。显而易见，这种趋势不可能无止境地持续下去。今天，一架新的 B747-400 标价 1.5 亿美元，而早在 1970 年，一架新的 B747 只要 2300 万美元。1975 年，环球航空公司曾以每架 1650 万美元的价格卖给伊朗 6 架 B747。西南航空公司的首席营运官格林·贝伦斯抱怨说，一架 B737 的价格已经从 1971 年的 300 万美元暴涨到今年的 3500 万美元。这些价格就是飞机大涨价中的典型事例，这清楚地表明了未来该行业面临的一个问题。

在康迪讲座的第二天，美国航天局的局长 Daniel S. Goldin 借用康迪的幻灯片展示了日渐降低的航空公司客英里收入，并在世界航空大会和博览会上告诉业界："这是我任局长以来展示的唯一一张幻灯片，在我的意识里，如果我们认为渐进的变化将使我们走出困境，那将成为一个大麻烦。"Goldin 局长相信仅仅依靠飞机的升级换代"会把我们带到了错误的道路上",因为"那不符合那条曲线所展示的规律"。作为总结,他请听众记住两件事:一方面"我们不能脱离这一曲线而生存",另一方面"我们必须采取措施保持与提高航空安全水平"(Ponticel,1996)。

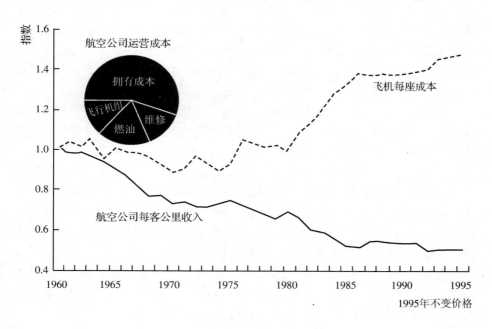

图 22.2　每客英里收益与每座运价水平

资料来源:'Performance,Process,and Value:Commercial Aircraft Design in the 21st Century',第 8 页,波音商用飞机公司,1996

　　最终限制产业成长的很可能是世界各国政府希望改善和扩大基础设施的愿望。不幸的是,改善和扩大基础设施建设需要大量的资金。资金的获得以及如何使用的决策将会成为影响行业增长的重要因素。

　　与此同时,我们大家都应该记住,运量的增长可能是缓慢、平缓的,甚至出现负增长。当然,我们从过去的经验中知道,运量本身很少会出现下降的情况。整个行业,包括世界上绝大多数国家的政府,必须为 21 世纪航空运量的高速增长做好准备。

渐进变化

有趣的是，美国宇航局局长 Goldin 认为渐进的变化将不足以"使我们走出麻烦"，而实际上，渐进的变化已成为过去多年来行业发展的一部分。也许这涉及如何定义"变化"的基本问题，但过去半个世纪中真正称得上革命性的变化恐怕只有增压飞机和喷气飞机的出现。行业中发生的其他变化几乎都是渐进变化。除了超音速飞机的研发——我们稍后会讨论与超音速飞机相关的问题，在飞机制造领域，近期我们还没有看到可称得上革命性的变化。在可预见的将来，高速飞机也不会成为行业的主导。

我们决不认为 20 世纪 70 年早期制造的飞机能与 25 年后制造的飞机相提并论。二者之间相同的也许只有飞机系列代码。发生在这些飞机的变化是逐步的、连续的和渐进的，但没有革命性的变化。

一个渐进、非革命性变化的例子是新一代 B737 系列飞机。波音的目标是为未来 20 年单通道飞机市场提供 11000 架飞机。这种变化包括设计一个飞机系列，在需要时可被加长，可承运 100～189 名乘客。新的 B737 系列飞机所具有的性能包括推力更大的发动机、燃油效率更高以及其他大量的技术进步。新 B737 系列飞机首席项目工程师及项目副主任哈罗德·阿诺德告诉我们，最新取得适航证的飞机（B737-800）所用的技术与第一架 B737 只有约 10% 是相同的。对航空公司具有吸引力的一个事实是，最新的 B737 系列飞机的维修费用比老 B737 系列飞机大约低 15%。

新的 B737-800 飞行员与 B737 系列其他飞机的飞行员可互换使用，但由于学员的背景不同，B737-800 飞行员需要 10 小时至 8 天不等的"差异化训练"。"差异化训练"可根据每一飞行员的不同需要进行，更加强化了训练的个性化。由空客发起了一个动议：在可能的情况下，进行更多通用项目的训练，以提高初级取证、飞行员所需训练和定期复训的经济性。渐进的变化过程对行业是实质性的经济上的利好，行业可以享受具有增量性质的技术进步带来的好处。最新的空客飞机与新的 B737 系列的竞争是全方位的。

标准型飞机

为降低运输机的生产成本，业界已要求波音和空客公司着手研发"标准型飞机"。美国汽车工程师学会将于 1998 年 11 月举办一个论坛，广泛研讨围绕"标准型飞机"这一概念的相关问题。该概念的倡导者认为，如果飞机制造商交付一个飞机基本型的标准设计，客户在此基础上提出非常有限的个性化要求，就能节省大量资金。在此"标准型飞机"的概念下，客户可做的选择仅是那些对旅客而言可以看得见、感觉到或感知的特性要求。

波音表示，他们对 5 个基本型飞机提供的生产变化已超过 14000 个，其中 72% 的变化是应单一客户的要求而提供的。空客公司也有类似的经验。用同一标准型飞机，航空公司的个性化要求包括座椅、内饰、餐饮和机上娱乐等。毫无疑问，标准型飞机可为航空公司节省大量的金钱。但无论标准型飞机的开发是渐进的还是革命性的变化，似乎都还停留在学术探讨阶段。其中最大的问题是，波音、空客、航空公司以及行业管制者是否能就研发"标准型飞机"这一概念的诸多细节达成一致。"标准型飞机"的客户化是要花钱的，所花资金的多少将取决于工程耗时、使用的特殊工具以及拆卸和组装过程。

国际协调

协调是不同国家涉及制造、认证以运行等方面的法规和规章的标准化。对于行业中的各个方面，这无疑非常重要。几乎行业中的所有方都同意，这是一个值得追求的重要的概念。国际民航组织正在积极开展相关协调活动。其中最成功的协调案例是美国联邦航空局和欧洲联合航空局（JAA）之间的法规和规章协调。

JAA 由 27 个欧洲国家组成——其中 15 个属于日益扩大的欧盟（EU）。JAA 是一个制定规章、但不制定法律的机构。它之所以不是一个具有权威性的管制机构，主要是因为各国不愿意放弃制定规章管制本国航空运输的权利。欧盟要求各成员国通过法律的形式执行 JAA 的规定，但各国有权利根据自己的需要改变其中的部分条款。"尽管事实上，所有的 JAA 成员国在原则上已经接受了 JAR-OPS（管制航空运行的一套规则），但并不是所有的成员国都采纳 JAR-OPS"。

协调工作充满挑战，其中包括大量政治性的争论。例如，欧盟坚持认为其会员国不能将 JAA 的法规纳入本国法律，除非是欧盟法律的一部分。欧盟所持有的只有它才有权利制定航空规章来约束所有成员的观点，已造成了严重的政治性问题。批评者指出，欧盟并无航空专长，完全是一个政治性实体，而 JAA 则被认为是一个欧洲内部处理航空事务的专业中心。从一个小问题上就可看出二者的不同：欧盟规章规定，所有的文件必须使用成员国的 11 种语言，而国际航空界（以及 JAA）传统上只要求使用 4 种语言——英语、法语、西班牙语和俄语（见附录 O）。

最近，欧盟运输部长已成立了欧洲航空安全局（EASA），该机构被赋予相应的权利来"开发、采用、发布（如有必要的话）规章，范围涉及飞机设计、认证、制造、持续适航、维修和民用飞机的运行以及与上述活动相关的人员取证工作"。新的机构显然与 JAA 相冲突，与 JAA 不同，新机构的成立基于所有欧盟成员国的法律框架。EASA 希望以国际安全标准来规范飞机设备和程序的取证工作，并确保其标准应用于所有欧盟国家。

双边协调是通过国家之间的双边协议来实现的，且这种做法已运用多时。在美国，有一个委员会来管理国家之间的认证过程。目前，已有了 37 个国家之间相互承认安全规章的双边协议得到签署。美国飞行员协会、国际航空公司飞行员协会、国际航空运输协会和国际民航组织坚信统一的协调原则，将有助于世界各国就安全标准达成一致。

航空运输系统的发展

在本书写作之时，航空运输业的大量变革和创新正在成为现实。其中一些已部分得到实施。具有代表性的一些变化和发展都将在以下的几个段落中加以讨论。其中一些变化是不折不扣的革命性变化。

从历史上看，空中导航一直关注飞机运行的三个维度：使飞机的经度、纬度和垂直高度保持在合理的运行范围之内。时间因素（第四个维度）具有相当的灵活性，主要涉及航班起飞和到达时间、预计抵达时间（ETA）以及相对少见的机场宵禁问题。

在 21 世纪，时间因素可能会失去很大的灵活性，它将与其他几个因素一样成为空中导航的关键因素。几乎可以肯定地说，特定的时间要求是放行许可中的必要组成部分，特别对于如"自由飞行"这样的空管创新更是如此。我们将在本节稍后讨论"自由飞行"问题。目前的飞行管理系统（FMSs）能够调整飞行动力，因此可以调整飞行速度，以满足基于精确的到达时间和地点的放行要求。

未来空中导航系统（FANS）

FANS 是未来空中导航系统，其技术指标是由国际民航组织制定的。其所有的关键功能包括通信、导航、监视及空中交通管理（CNS/ATM）——在全球范围内使用 FANS 的基石——已准备就绪，随着技术的成熟和不断完善将会逐步实施。目前所面临的关键问题是资金问题，特别在发展中国家更是如此。在最近一次国际会议上，来自尼泊尔代表相当有预见性地向与会的 800 多名参会代表宣称："全球性的 CNS/ATM 系统成功与否，将不取决于跑得最快的马（发达国家），而是由跑得最慢的马（发展中国家）来决定。"

国际民航组织和国际航协已领导亚太地区取得了巨大的发展，这包括大韩航空、新加坡航空公司、日航、英航和皇家荷兰航空公司的合作努力。国际航协的区域协调小组（RCG）和国际民航组织通过调解亚洲国家政治上的分歧，开辟了许多横跨亚洲到欧洲新航线。飞越北极至美国东海岸的 CNS/ATM 航线正在成为现实。开通一条从东南亚城市出发，至印度、巴基斯坦、伊朗、土耳其，并最终抵达欧洲的 CNS/ATM 航线的长期性计划，也正逐步变为现实。

飞机和航空电子设备制造商被迫满足运营商的当前要求，同时满足他们的长期需求。空中交通管理之所以复杂，是因为缺乏一个全球范围的空中交通管制系统，且特定地区的政治形势也会影响到满足 FANS 要求的 CNS/ATM 标准的制定。今天，已迈出的第一步包括安装在 B747-400 和最新空客飞机上的 FANS-1，与之相对应的导航系统被称为 FANS-A。所幸的是，目前的流量控制和导航系统可与卫星导航系统共存，这大大减轻了过渡到卫星导航系统的压力。美国航空运输协会（ATA）估计，不尽完善的空中交通系统和指挥程序每年消耗美国国内航空运输业 35 亿美元。

数据链系统是建设 CNS/ATM 系统最关键的要素之一。全球卫星定位系统（GPS 或欧洲的 GNSS、俄罗斯的 GLONASS）和自动相关监视系统或它的改进型（即 ADS-B）都是 FANS 的关键要素，它们不断自动的向地面控制台提供飞机的位置、高度和速度的飞行数据。

国际社会对 FANS 计划提出的一个主要问题是，如何就选择自动相关监视 – 广播技术的数据链系统达成一致。两个主要候选对象是瑞典研发的数字甚高频（VHF）数据链系统和由美国研发、FAA 资助的 Mode-S 数据链系统。其潜在的市场非常大，并且与各国的利益密切相关。两个竞争者都想安装上自己的系统，这样就会成为国际民航组织的标准。决定获胜系统的过程是一个漫长的技术和政治争斗过程。如果只需考虑相互竞争系统的相对优势，事情就变得简单了，但不幸的是，现实世界中的事情并不这么简单。

全球定位系统（GPS）、欧洲的全球卫星导航系统（GNSS）和俄罗斯的全球导航卫星系统（GLONASS）

全球定位系统——其地理位置完全从导航卫星获得——被看做开发全球卫星技术的下一个重要步骤，尤其是将它的导航潜力与数据链通信及空管相结合。当这个项目还处于初始和探索阶段的时候，四家航空公司就走出了精心策划的一步，它们在太平洋上空使用了 FANS（包括 GPS 和运用数据链的 GNS/ATM 系统）。这四家航空公司是美联航、快达航空公司、新西兰航空公司和国泰航空公司。其运行协调工作由美国 FAA、澳大利亚航空服务局、新西兰航空服务局以及霍尼韦尔公司和波音公司共同完成。全球定位系统使用了美国的军用卫星。

很多人认为，GPS 是符合美国 FAA 要求的、适用于民用航空导航的唯一导航方法。但是，也有人不愿意把 GPS 作为处理导航数据的唯一系统。关键基础设施保护组织总裁委员会指出："……存在于其中的最大潜在漏洞，与 NAS 系统的现代化，以及美国把 GPS 当作 2010 年唯一的无线导航系统计划相关……仅仅依赖任何单一系统的做法都会产生固有的缺陷，没有一个单一系统可在 100% 的时间内确保 100% 的正常运行。"完全依靠 GPS 指挥飞机着陆，"将有造成单点故障和级联效应的潜在危险"。

在最近一次向国会报告中，FAA 警告说：与蓄意干扰、无意干扰以及太阳活动有关的"技术不确定性"，要求建立一个备份系统，独立于 GPS 系统和已建议建设的 WAAS 系统。在本书写作之时还没有与此相关的任何决定，但 FAA 似乎赞成把以 GPS 为基础的 WAAS 作为一个主要系统，而不是唯一的导航系统。FAA 表示，将来所需的一个备份导航系统也许是目前导航系统的结合物。FAA 已与 RTCA 公司签约，委托其研究这个问题。

在"第三世界"的许多国家或其他没有较好导航基础设施的国家（如独联体、中国、许多非洲和南美洲国家等），GPS 系统具有很大的优势：GPS 系统或者其他卫星导航系统可能是开放空域的途径之一，可带来飞越领空的收益、改善国内空中导航能力。GPS 在完成这些任务的同时并不要求这些国家花巨资来建设地面辅助导航设施。一些发展中国家已敦促 ICAO 建立一个国际基金会，资助他们建设 CNS/ATM 系统的计划。总之，人们相信，相对于现在的运行程序，一个协调的 CNS/ATM 系统每年能减少大约 60 亿美元的成本（Kelly，1998a）。

在欧洲，欧洲委员会（EC）、欧洲航天局和欧洲空中航行安全组织已同意正式合作，并将合作扩大到包括可用于替代 GPS 和 GLONASS（俄罗斯全球导航卫星系统）的第二代导航卫星系统-2（GNSS-2）。目前，这三个组织已就 GNSS-1 开展合作，该系统与美国军队的 GPS、俄罗斯军队的 GLONASS 以及区域增强系统兼容。GNSS-2 被设计为完全民用的系统。无论是欧洲委员会还是前苏联都不愿意依靠完全由美国控制的 GPS。

GPS、GLONASS 和欧洲的 EGNOS 通常被称为 GNSS-1，尤其是在欧洲，使用该系统的顾虑很大，因为 GPS 系统和 GLONASS 系统分别由美国和俄罗斯的军方拥有。有人担心，在发生军事冲突时，这些系统很可能出于战略目的而被关闭。很多欧洲的用户因此更愿意直接使用民营的 GNSS-2 系统，以省去大约 1 亿美元替代 GNSS-1 系统的费用（Global Airspace，1999）。

在本章正在写作时，《航空周刊和空间技术》杂志报道说，美国大陆航空公司的一架正式运营的飞机第一次在美国得到差别化的 GPS 仪表进场服务。美国 FAA 已向大陆航的 MD-80 系列飞机颁发了在纽瓦克机场和明尼阿波利斯机场使用霍尼韦尔/佩路罗导航系统 SLS-2000 进行 I 类盲降的许可证。与传统的 ILS 相比，GLS（着陆系统）可显著降低机场成本。单一卫星系统可为所有的机场跑道提供精确的进场路径，而传统的 ILS 需要在每一跑道上安装独立航向信标、下滑道天线和指点信标。对于在 21 世纪使用卫星导航（GPS/GLS）系统的盲降，这迈出了一大步。

虽然新系统的发展潜力还没有被完全认可，但开发该系统的前提是它将为一条跑道提多种精确的进近方法，并且有可能达到 II 类和 III 类最低气象条件的要求。对于正在建设现代航空基础设施的经济欠发达国家，其潜力是非常可观的。

自由飞行

自由飞行已被定义为"……在仪表飞行规则（IFR）下的一个安全有效的飞行运行体系，在该体系中，飞行员能够自由选择飞行航路和飞行速度。这个概念将集中掌控飞行员和空管员的全国空域系统（NAS）转变为分散指挥系统——允许飞行员因地制宜地选择自己的飞行路线，并制定最有效、最经济的飞行计划。流量控制只有在为了确保飞行间隔，防止机场拥塞，预防特殊空域的非授权飞行（SUA）时才适用，其目的是确保飞行安全。为正确识别问题所在，流量控制被限制在一定的范围和时间内。任何消除流量控制的活动，都意味着向自由飞行迈出了一步"（RTCA 第三任务组，1995）。

自由飞行的目标是通过增加机场起降架次、缩小飞行间隔以及更有效的空中流量管理，使飞行运行的效率更高。这是一个非常值得追求的目标。自由飞行将充分发挥 GPS/ATM 系统的潜力。GPS 是 CNS/ATM 系统的关键要素，它是美国 FAA 推荐的空中交通管理系统。NAS 目前使用的运行概念很有可能被取而代之。在某些情况下，自由飞行也限制了飞行员的灵活性，例如在拥挤领空或繁忙的机场为保证一定的飞行间隔时。

自由飞行的一般概念，也必须符合 FANS 的要求。在欧洲，这一概念已被空中交通管理者们所接受。当然，还有一些细节需要完善和协调。正如我们在讨论 FANS 时所提到的，当前，在美国 FAA 和一些欧洲国家之间存在关于系统选择的重大分歧。同时，在民用卫星技术要求上也有一些不同观点。

无论是在美国还是世界其他地区，自由飞行的时机和未来发展前景仍不明朗。但显然，很多相关人士认为，自由飞行可以显著改善当前的空管系统。如果不改变现状，目前的空管系统很难满足动态增长行业的未来需求。为保持或超越当前已达到的安全水平，要求每个相关人员竭心尽力。

自由飞行的好处

自由飞行概念的一大好处，是把目前相当严格和程序化的空管系统，向为用户提供更大灵活性的未来协作系统迈进了一步。为了做到这一点，它运用了基于空间技术的系统，如 GPS、双向导航数据链和最新自动相关监视 – 广播系统（ADS-B）。所有这一切给驾驶员提供了更多的灵活选择，并赋予驾驶员更多的航路流量控制责任，当然，飞行间隔的最终控制权掌握在空管手中。如果能进一步提高全球空中交通和流量管理的无缝图形显示，新的仪表显示方式（包括驾驶舱和空管站的仪表显示）将能满足当前的现实需求（Braune，Funk，Bittner，1996）。

在自由飞行的概念下，飞行员将选择航路、飞行速度和飞行高度。正如 RTCA 的构想（图22.3），自由飞行概念建立在两个空域的基础上——一个受保护区域和一个预警区域。区域的大小取决于飞机的速度、运行状况、运行特征、通信、导航和监视系统。飞行员可以自由操控飞机，直到越过预警区域时，空管人员将给一架或两架飞机发出指令，确保两架飞机分离。还有一个涉及四个区域的自由飞行概念，其工作原理与现在使用的 TCAS 预警系统非常类似。

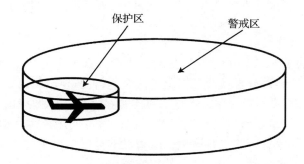

图 22.3　计算机构建的受保护区域和预警区域

资料来源：*Report of RTCA Board of Directors Select Committee on Free Flight.* 由 RTCA 有限公司授权引用。

FAA 和其他机构的承诺

1994 年，美国 FAA 就自由飞行问题做出了一项重大承诺。它的承诺是与一些世界组织分享自由飞行的好处，这些组织包括 ICAO、EUROCON-TROL、行业和飞行员组织、NASA 以及相关学术机构。目前，比原先自由飞行的概念已显然有了进一步发展。它包括大量不同的、已有的或开发中的硬件系统、软件系统、运行程序、培训和研究计划。如果自由飞行要想取得成功，需要在业务上的和行政上付出相当多努力。

前美国联邦航空局副局长乔治·多诺霍，从研究和探索的角度明智地说过："在被管制员和飞行员圈子接受之前，任何推进自由飞行的之举都有极大的示范作用。"

为产生显著的示范效应，也为验证目前自由飞行概念的可行性，在阿拉斯加和夏威夷之间的航路上计划了一项为期两年的评估项目"飞行 2000"（Flight 2000）。之所以选夏威夷和阿拉斯加，是因他们所处的地理环境和他们容纳飞机数量的能力。项目的实施者希望，在项目实施期间，所有重大的运行纰漏能被及时发现并加以改正。历时两年的评估将涉及所有型号的商用飞机和一些军用飞机。大约会有 2000 架飞机参与其中。通用航空自愿参加。为确保评估涵盖所有主要类型的用户，还有可能会再选一个俄亥俄的河谷场地，这可使主要的航空货运承运人参与到评估项目中。目前的计划是对自由飞行概念进行一次全面的评估，Flight 2000 项目的最终报告将于 2005 年完成。

自由飞行的改进

RTCA 研究自由飞行的分委员会最近建议，自由飞行计划应该改名为飞行运行促进计划。该分委员会已提出了 9 个运行促进项目，这些项目被认为是把美国 NAS 成功转变为自由飞行系统的必经之路。他们提出的建议包括："使用飞行信息系统，改善驾驶舱情境意识；通过使用成本 – 效益地形数据库和图形显示，避免可控飞行撞地；改善低能见度条件下的站调管理；增强可视程度，避免事故发生；驾驶员的特定授权；改善地面指挥；促进对空管人员的机场地面监视；在没有雷达覆盖的区域使用自动相关监视 – 广播系统（ADS-B）；采用基于 ADS-B 技术的独立标准"（Kelly，1998b）。美国 FAA 最近宣布，修改后的 Flight 2000 最终计划将于 1998 年 12 月公布。

在实施全球范围的自由飞行计划时，直接涉及很多人为因素以及政治和经济的问题。这不是一个简单的过程。美国汽车工程师学会的 G-10 自由飞行分委员会正在就自由飞行的相关问题进行研究，并提出了所谓的 8 个关键问题、9 个严重问题和 4 个可接受问题。该分委员会认为，不解决这些问题，特别是那些关键性问题，将影响自由飞行的长期发展进程。

不忽视与自由飞行相关的根本性问题，同时兼顾自由飞行所具有的优势，在可预见的将来，要排除不受限制地自由飞行的障碍，就要解决繁忙机场附近高航班密度区域和已经拥堵的飞行区域的问题。出于多种原因，航空公司的旅客希望在大体相同的时间段内从同一机场出发和到达。要查找实施自由飞行过程中难以避免的冲突，就需要让系统的各部分充分接近（虽然也许是显著改善）目前所使用的系统。全球繁忙机场普遍存在的中枢辐射航班系统使这些问题进一步恶化。自由飞行能显著改善空管系统中航路这一部分的问题，但它很可能给航班的到达和出发带来更大的拥堵问题。

在自由飞行的未来发展中，空中交通管制员将继续发挥着重要作用。国家空管员协会主席麦克·麦克纳利最近说道：

> 我知道很多人相信，随着技术不断被采纳，计划逐步减少人员的使用。但具有讽刺意味的是，事实恰恰相反。你不能让空中交通管制员在监视雷达范围和多个屏幕的同时，继续以今天的工作方式完成相应的工作。因此，我们将需要更多的眼睛查看其他设备的工作。我们看到的是需要更多的空管人员，而不是更少。事实上，在戴维·辛森（前美国 FAA 局长）一年多离职时就已指出这一点。我们将需要更多的空管人员，而不是更少。

> （Lowe，1998）

自由飞行与飞行员工作负荷

业界的一些人对自由飞行会增加飞行员工作负荷——甚至可会达到一个不可接受的程度，已表达出了极大的担忧。一项由美国 FAA 提供部分资助，荷兰航空航天实验室（NLR）和 NASA 联合开展的研究表明，这些担忧是值得商榷的。研究结果表明：当飞行员处于相对隔离的"自由飞行"环境中时，工作负荷并没有增加。该项目的负责人说项目的研究结果令研究组成员感到惊讶："我们原以为飞行员的工作负荷会显著提高……但结论是：即使空中交通流量增加到我们从未经历过的程度，飞行员的工作负荷将与以往持平。"（Sheppard，1998）

除非将研究限制在飞行阶段，并假设在站调区域转到目前的控制系统，这一结论似乎与大多数观察者的直觉相反。针对新环境下飞行员的工作负荷，将会有很多讨论出现。其关键问题将是：即使工作负荷有所增加，是否在可接受的范围内。正如我们在第十章——工作负荷量中所讨论过的，肯定有人会提出如何用可靠、合理的方式来衡量工作负荷量的问题。

这些都是非常复杂的问题。查尔斯·比林斯《航空自动化：以人为本的方法研究》一书中有一章名为"未来空中交通控制与管理自动化"，我们向对自动化运行以及其他涉及自由飞行的人为因素问题感兴趣的读者大力推荐阅读这一章。

美国 FAA 的广域增强系统（WAAS）

广域增强系统（WAAS）是美国 FAA 对 21 世纪的空中交通管制给出的答案。WAAS 由提供精确位置卫星信号（如 GPS）的地面站构成。在 WAAS 和自由飞行之间没有直接的联系。当 WAAS 被引入时，是用于在已有空中交通控制系统中提供导航能力，而自由飞行将借助已有的 WAAS 系统。这与 ICAO 的 FANS 系统完全吻合。

欧洲同步导航系统（EGNOS）

为了改善欧洲空管能力不佳的现状，1999 年 4 月 23 日，EUROCONTROL 的临时立法会审查并通过了一项受到抨击的、在欧洲上空缩小最低垂直间隔（RVSM）的详细计划。毫无疑问，要将这一收效可观的计划付诸实施，需要克服巨大的障碍。该计划给商业飞行提供了 6 个新的飞行高度层（30000、32000、34000、36000、38000 和 40000 英尺）。据 IATA 估计，成本节约大约为 20 亿欧元（约合 23 亿美元），大多数费用降低来自空中流量控制延误的减少。其他成本节约是由于选择较高和更经济的飞行高度而减少了燃油消耗而获得的。

在需要克服的诸多障碍中，加入该计划的 40 个国家和欧洲空管系统之间的协调与合作是一个大问题。欧洲的航路结构非常复杂，其中运行着多种型号的飞机，空中交通流量密度非常高，而且在跨北大西洋航路上还有很多的爬升和下降。EUROCONTROL 空间与导航部的埃里克·瑟弥靳没有低估 EUROCONTROL 所辖国家面临的问题，他说道："主要的任务是解决东半球的问题，那里正发生着变革"（Doyle，1999）。

向 RVSM 高度层的转变直接影响到在欧洲上空运营的航空公司 8000 多名飞行员以及 38 个国家的空管人员。EUROCONTROL 负责向每一相关国家的培训经理通报情况。这些培训经理负责本国空管人员的培训。计划于 2000 年完成对培训经理的情况通报。

EUROCONTROL 相信，在欧洲引入 RVSM 并致力于这一计划，是在欧洲上空发现急需的额外容量最经济、最有效的办法。据估计，到 2015 年，实施这一计划的成本效益比率将达到大规模成本投入的 11 倍。计划将于 2001 年 7 月完成对安全实施的预评估，实施/或延迟项目的最后决定将在同年 9 月做出。IATA 希望世界各国在条件允许的情况下尽早实施该项计划。

该计划完成后，任何没有被正式批准的飞机（必须具备 MASPS 测高功能）以及没有接受过适当训练的飞行员都不能在 29000 至 40000 英尺的高度飞行。但军队、海关和警察使用的飞机例外。

欧洲对 21 世纪空中交通管制给出的答案是欧洲同步导航系统（EGNOS）。它与 WAAS 满足同样的要求。两个系统携手共同努力，符合国际航空界的根本利益。WAAS/EGNOS 协同工作的初次尝试于 1998 年 10 月在冰岛进行，并取得了巨大的成功。英国国家空中交通服务局的工程副经理最近表示："WAAS 和 EGNOS 之间的协作不再是一个问题"（Global Airspace，1999）。

全球航空信息网（GAIN）

全球航空信息网的概念是美国 FAA 于 1996 年 5 月首先提出的。自那时以来，这一概念已得到了国际上的广泛支持，其中包括英国民航局、美国的 NTSB、欧盟民航会议。GAIN 建议建立一个时时向全球发布安全信息的系统。同时，建议由一个国际联合体拥有和经营该系统。希望通过这一做法来避免或最大限度地减少类似美国的诉讼问题。

行业内已在波士顿、伦敦和旧金山举办了三次全球航空信息网会议，这三次会议分别由美国 FAA、英国皇家航空协会和美国联合航空公司资助。在旧金山举办的会议的目的之一，是促使更多的太平洋沿岸和亚洲地区的国际承运人参会。其实，一些航空公司自身已拥有非常好的航空信息系统，但还没有参与到 GAIN 中来。最近一次 GAIN 会议于 1998 年 11 月 3—5 日在加州长滩召开。由美国联合航空公司提供赞助，与会代表包括来自其他美国和国际航空公司的高级管理人员和来自美国 FAA、英国 CAA 和其他国家的政府官员代表。

在美国，有 3 种开发 GAIN 系统的基本模式。第一种是美国航空协会（ATA）的模式，该模式是以非常成功的英航安全信息系统（BASIS）为基础的。ATA 的系统被称为航空安全信息交换系统（ASES），其主要目标是使成员航空公司的信息自由交换。第二种运营模式是由飞行安全基金会（FSF）借助巴特尔公司推出的一种模式，其方法是以互联网为传播信息的电子平台，自由交换航空公司的安全信息。第三种模式是由荷兰机场当局开发的运营机场安全信息系统（OASIS），它将采用类似 ASES 和 BASIS 的模式，共享航空公司和机场的安全信息（Phillips，1997）。

理想的情况下，GAIN 将包括航空承运人、其他运营者、飞机制造商、保险业者、飞行员、机械师、乘务员、空中交通管制员、机场运营商以及来自世界所有地区的政府官员。借助容易进入的计算机网络，GAIN 将所有这些人联系在一起。最关键的信息将是驾驶舱语音记录（CVR）、飞行数据纪录，和飞行品质监控（FOQA）信息。

在现阶段，有一个令人担忧的严重问题，就是这些数据可能被用于其他非预期目的。就职于美国联合航空公司，飞行员协会行政执行委员会的现任主席，机长麦克·格拉维近日对新西兰上诉法院作出的裁决有以下评论：

> 如果使用得当，驾驶舱语音记录器将是一个不可多得的工具；然而，如果它被用于其他目的，它就会迅速失去其有效性和职业飞行员的支持。这种短视的做法将使新西兰的航空安全水平下降，并使新西兰的国际旅行者减少……我们认为这是国际社会改善航空安全努力遭遇的一次重大挫折。我们将让我们的成员知道，在新西兰，驾驶舱语音记录可能被用于其他非预期目的。

（Lowe，1997）

对滥用信息的关注是一个遍及全球的重大问题。这一问题已在第二十章的"数据共享与飞行品质监控（FOQA）"一节中进行过讨论。

美国 FAA 对 FOQA 的积极推动、对收集安全信息做出的努力以及其他信息保密工作的帮助使人们逐步认识到，非惩罚事件报告系统对提高航空安全的贡献。美国西北航空公司负责运行的副总裁约翰·科恩曾建议成立一个工作组，以对安全事件采取惩罚性的或非惩罚性的行动做出决定。工作组将定义一个"盒子"的范围。在"盒子"里面，人为失误可被无惩罚地报告，而故意的、疏忽的和重复性的失误将落在"盒子"外面，受到惩罚。

不难想象，决定一个事件是否属于"盒子"是非常困难的。人们确信，飞行员对此抱有极其谨慎的态度。前美国联合航空公司资深运行副总裁，第一个真正的非惩罚事件报告系统的创始人机长邓肯很好地阐明了一个有效事件报告系统的根本性问题。他说："我更想知道事件本身，而不是处罚失误者。"这是一个重要的问题。不幸的是，没有更典型性的事件能表明非惩罚系统潜在地减少了事故的发生。在美国成功建设这一系统前，一定会有大量的争论。毫无疑问，环球航空公司（TWA）1974 年 12 月发生在圆山的不幸事故使开发 NASA/FAA 航空安全报告系统称为可能。

美国航天局的地面开发与实验设备

作为提高空管有效性和生产率的一个重要组成部分，NASA 正在建造一耗资 930 万美元的模拟机。该模拟机安装在美国加州莫非特基地艾姆斯研究中心的一座大楼里，将占用两层楼。新的模拟机具有演示和感受塔台控制的功能，借助一个图像产生系统，可提供气象、环境条件、季节变化的真实场景，并可演示 200 架飞机在地面或空中运行的情况。

NASA 模拟机项目经理斯蒂文·哈克表示："机场是整个系统的瓶颈。"现在，研究人员能利用模拟机强大的数据库，模拟几乎所有主要机场的现实情况。他们的任务和目标是开发和测试新的技术和程序，以使飞机的运行更加安全、有效（Sweeney，1998）。人为因素专家确信这是一个非常好的研究设备，他们将利用该设备研发改善机场拥堵的最佳途径。

美国宇航局的滑行道导航和情境意识项目（T-NASA）

据 FAA 的研究报告，从 1990 年到 1993 年，平均有 31.2 万航班个在地面上延误。这些延误使航空公司付出了巨大的运行成本——仅 1990 年就有 30 亿美元，同年，航班延误给旅客造成的损失高达 60 亿美元。为减少延误，NASA 在 1995 年提出一个被称为"航站区生产效率"的一揽子项目。该项目的目标是：在非可视或使用盲降设备的情况下，安全地增加机场容量，直至基本达到可视条件下的机场容量。NASA 已运用了很多先进的技术，如卫星导航系统、数字化信息通讯、信息呈现技术等，而先进的地面监视系统的信息也必须植入机上信息系统中，才能使该项目目标得以实现。

为改善飞机在地面的运行状况，特别在能见度较差的情况下，NASA 开发了滑行道导航与情景感知系统。在能见度较低的情况下，该系统通过 HUD 显示设备，事先提供航路、滑行道的信息，以引导飞机，同时，该系统中还装有一个地面防撞音频警告子系统（Foyle et al.，1996）。

受多方面因素影响，彻底建成这一系统不是一项短期的工作。上述简短的讨论只是想说明实际全天候运行的复杂性，与此同时，还想说明的一个事实是：技术，有可能非常先进，但如果没有大量的资金投入和复杂的整合过程，有时就不能变为现实。

未来的飞行器

超大型运输机

飞机制造业正积极筹划下一代可承运 650～700 人的运输机，可承载高达 1000 名旅客的超大型飞机（VLA）也正在讨论之中（Air Transport Medicine Committee，1997）。近来，有 8 个欧盟国家联合支持未来大型飞机（FLA）的制造计划，并声称他们有近 300 架的需求。目前，已拥有世界上最大货机（AN-124）的俄罗斯也表示他们正在设计一种载客量为 860～1000 人的客机。俄罗斯还打算制造 AN-124 加长型货机，它有可能被称作 AN-125，其载重量可达 250000 公斤（551150 磅）。

据空客公司估计，"大于今天所有飞机"的大型机的市场需求有 1442 架，一个看似离题但却很现实的问题是，航空保险公司很担心大型飞机会发生事故时，他们可能承担的潜在责任。例如，如果一架设计承载能力为 650 名旅客的飞机失事，其损失可能超过 20 亿美元。现在，单价飞机的价格已稳步攀升至 2 亿美元。在美国，一名乘客的死亡赔偿金一般会超过 250 万美元。所以毫无疑问，保险费用会继续上涨。潜在的赔偿费用将是一个天文数字。

高速民航运输机（HSCT）

美国的商业航空业正在研究生产新一代超音速运输机（被称作高速民航运输机）的可能性。目前计划生产的 HSCT 是一种起飞全重超过 700000 磅、长度超过 300 英尺、巡航速度约为 2.4 马赫的飞行器。它可以搭载 300 名乘客，飞行航程长度约为 5800 英里。HSCT 可将跨太平洋的飞行时间缩短 60%。HSCT 的最大优势是可增加每年的航班次数，这可使所排出的航班对国际旅客更具吸引力。

当飞行速度超过 1 马赫时，HSCT 飞机将比亚音速飞机飞得更高。例如，协和飞机的超音速巡航通常是从 49000 英尺高度开始的，随着航油的燃烧，飞机变轻，它随即上升到 59000 英尺。NASA 的 HSCT 飞机的正常巡航高度是 60000 英尺。一个有趣的大气现象是，在高于 45000 英尺的地方，气流一般相对平稳。HSCT 最适宜的飞行计划可能取决于温度状况。在速度不变的情况下，较低的温度可转化为较大的推力，进而减少燃料的消耗。将来也许有必要为 SST 超音速飞行提供及时的风向、温度以及天气的预报。

如果运行环境允许的话，这样的航班可使航空公司发挥 HSCT 的优势，节省飞行时间，获得运营的经济性。很多人相信，在 CNS/ATM 环境中，借助 FMC 系统所拥有的 4D 功能（经度、纬度、含 ATC 地理方位的时间），可以就任何情况以及预期的延误进行时时沟通。理论上讲，它可让一架 HSCT 飞机用以下方式管理其航班：大大减少目前遵循的飞行程序，甚至可完全废弃这些程序，使那些即使有时在亚音速状态下巡航的 HSCT 航班获得运营的经济性。

具有经济可行性的 HSCT 的发展

具有经济可行性的 HSCT 的发展充满着人为因素问题。例如，根据空气动力学原理，且出于减少机件、减轻下垂鼻机头（协和飞机起降所需）重量的需要，HSCT 似乎可以不再需要驾驶舱前视窗（Regal，Hofer，and Pfaff，1996）。它们将被仍处于开发阶段的全天候前视视屏所取代。该视屏随后将接受测试，并需获得批准。其实，无需将驾驶舱设计得比今天的更复杂，但提高驾驶舱的自动化程度是必不可少的。这是因为，要达到最大的气动效率，HSCT 飞机需要在 CG 条件下运行，这需要更先进的控制手段。

美国宇航局的一个小组正与制造商合作，积极参与一个高速飞机研究项目。该项目的使命是：

> 提供验证驾驶舱控制的概念、技术和指导方针，在可接受的风险下，促进安全、高效、经济可行的 HSCT 飞机的开发、认证和运营。

美国航天局的 HSCT 飞机的参数具有可比性。这是一架长 320 英尺、翼展 130 英尺、起飞全重 750000 磅的飞机。发动机制造商的一个问题是：对任一架 HSCT 飞机，早已确定了高排放目标。美国航天局，在其研究中一直使用俄罗斯的图-144，最近宣布无法确定开发 HSCT 项目的最后期限，因为现在的技术无法使 HSCT 飞机达到噪音要求。

HSCT 最后的经济问题

最后，所有 HSCT 飞机都将面对令人沮丧的经济问题。必须让制造商相信，有足够大的市场来抵消开发 HSCT 所需的巨额费用。HSCT 的优势在于节省乘客时间。但是，随着"中枢"概念的广受欢迎以及亚音速飞机的航程越来越长，乘客也许会更倾向选择亚音速航班旅行，比如从费城或波士顿这样的城市到欧洲各地的城市，而只有在伦敦和纽约这样的大城市才有 HSCT 航班。举一个例子，一名旅客想从费城乘坐 HSCT 飞机到法兰克福，那么他首先要在费城乘亚音速飞机到纽约，然后乘 HSCT 飞机到伦敦，再换乘亚音速飞机去法兰克福。这样即便比亚音速飞机节省时间，其节省的时间也非常有限。类似的情况发生在西海岸，从合乎逻辑的角度看，HSCT 机场应该是洛杉矶、旧金山，可能还会有西雅图。乘客可能会先飞往东京的成田机场，然后再乘亚音速飞机到亚洲其他城市。其中的一个关键性问题，是支持 HSCT 运行的所谓"中枢"机场的数量。波音公司最近宣布，将无限期推迟 HSCT 飞机的开发。一些专家相信，只有超高音速飞机（飞行速度超过 5 马赫），在经济上才是可行的。

HSCT 在其他国家的情况

在大西洋彼岸，欧洲超音速研究项目（ESRP）正在积极致力于开发超音速飞机（SST）。目前，正在开发的是一种 250 座、速度是 2 马赫、航程长度是 5500 海里的超音速飞机。ESRP 项目的专家认为，速度为 2 马赫的飞机，其直接运营成本会远远低于速度为 2.4 马赫的飞机，而在跨大西洋这样的航程上，它仅有 20 分钟的时间劣势。

据最新出版的《国际航班》报道，日本 SST 研究项目是目前日本国际贸易及工业部的最大单一航空预算项目。截至当前，大部分资金花在飞行动力的实验上。日本下一代 SST 的目标与欧洲和美国的十分接近，即一架运载 300 名乘客、航程约 11000 公里或 6800 英里的飞机（Paul，1998）。由于 SST 项目耗资巨大，日本显然是把自己当作一个国际合作者。

垂直/短程起降飞机（V/STOL）

此类飞机中早期有一型号被称为垂直短程起降飞机（V/STOL）。美国航天局的哈珀（现已退休）用一个比喻来描述此类飞机早期出现的问题：

> V/STOL 飞机对于航空运输业而言，正如少女们对一个男孩一样。在这两种情形下，极具吸引力的特质能很快被认识到，但该如何利用却并不是很清楚。正如男孩最终取得成功是通过复杂、而且

往往是昂贵的途径得来的，T/STOL 用户最终也认识到，用简单、廉价的方式很难取得成功。在两种情况下，成功地解决问题才会让人满意。

（Flight Safety Foundation Newsletter，1966 年 11 月）

美国有一个非常活跃的项目，旨在研制一架具有可行性的 STOL 飞机。它采用倾斜发动机技术——发动机在起飞和降落阶段主要提供垂直推力，在巡航阶段提供水平推力。在本文写作过程之时，大约有 60 种 STOL 制造方案可供选择。第一代 STOL 飞机只能搭乘约 9 名乘客，因此它的目标客户只是企业界。虽然现在看来它似乎还有些遥远，但我们相信，其后续机型的载客量会更大，对人口众多的大城市间的短程运输将具有吸引力。

运行创新

前文已就运行的概念进行了广泛讨论，它将引领航空运输业的一系列未来发展。下一节将主要讨论驾驶舱的未来发展。人为因素问题将与它的发展和实施过程密切相关。

电子飞行包

航空运输业的一个长远目标是研发出"无纸化驾驶舱"——飞行员需要的所有信息都可以从电子显示仪或平面液晶显示器上获得。这意味着，目前使用的飞行运行手册、设备手册、起飞、进近、离港以及航路导航图上所有的数据和资料将储存于 FMS 中。只要调用一下所需的资料，它就会显示在特定的显像管或仪表盘上。已有人提议，也可把这些数据用座舱打印机打印出来。

要达到这一目标，会遇到很多问题。其中一个问题涉及设备的可靠性。电子元件失效已为人所知，特别在有图表时情况更糟，目前最好的应对方法是准备纸板材料。数字打印机容易出现卡纸、打印纸用光或打印机本身的问题等。打印质量通常也不是很好。虽然打印机有故障指示灯来监测其打印结果，但唯一可靠的方法还是准备一份复印件。没有方法能确保打印机打出的信息是完全正确的。

对航空公司和拟飞航线而言，需要大量特定的数据和信息。航路、起飞、离港、进近和降落数据频繁变化，绝对需要有一个可靠的、经常更新的数据源。新西兰航空公司——其值得骄傲的安全纪录在 Mt. Erebus 的灾难性事故中毁于一旦，保留了与该事故相关的大量数据。

虽然在显示进近路径时，机载电子显示仪会比打印机效果好，但是除了基本的可靠性外，电子显示仪还有其他问题。其中一个问题牵涉到信息的显示，如显示分辨率。电子显示仪通常不能显示细节，而打印的图表则可以很好地做到这一点。一张进近图表中往往包含着大量非常详细的信息。正如预料的那样，机载打印机也同样存在分辨率的问题。附录 F 详细描述了进近图应提供的所有详细信息。

由飞机制造商将电子飞行包的最初信息安装在飞机的磁盘上是比较合理的。对设备说明书的修订，应视航空公司的需要。导航资料更加麻烦，因为它需要不断更新。通常由一个签约供应商将相关信息拷入一张磁盘，再用适当的方式分发。在欧洲竞争有很多竞争对手的杰普森公司，对大多数航空承运人和"无纸化驾驶舱"来说是一个合理的导航资料提供者，现正努力完善电子飞行包的概念。

飞行员对电子飞行包的反应不一。许多人对不用时时更新纸质图表津津乐道，也有许多人对该系统现阶段的可靠性表示怀疑。电子飞行包的一个明显优势是，可以确保驾驶舱内安装了最新的版本。同时大多数观察家认为，"无纸化驾驶舱"的趋势将持续下去，但会是一个漫长、或许是无限期的过程，在此期间，对一些用户，电子飞行包既是可行的、也是经济的，而另一些用户发现继续使用现在系统是可行的、经济的。

民用飞机上的平视显示器

传统的平视显示器（HUD）已经在前面的一章中讨论过了，因为已经使用了一段时间。我们将该话题纳入本章——航空运输业的未来，是因为平视显示器较以往已有了显著的改善。前不久，出现了在所有交通运输工具上安装平视显示器的趋势，虽然一些制造商和其他人就其必要性表示了怀疑。普通平视显示器被描述为：

> 一种透过飞行员前面的挡风玻璃呈现图像的方法。这些图像从飞行员视野以外的设备发出，发射到飞行员前面的一个透明表面上。这样，飞行员能透过这一透明表面，将信息叠加到他/她视线

里的现实世界中①。

（Koonce and Allen，1988）

所有平视显示器都使用头上投影仪和可拉长伸缩至前窗的组合装配，以便能提供与普通设备所显示信息相同的导航信息。坐在其他的座位上不能使用这些信息。HUD 主要提供"更远"处的信息，而不是仅限于仪表盘的距离。这意味着通过看显示器，飞行员能看到他/她所需要的所有手动飞行信息，或在飞机自动降落时监察飞机的位置。同时，在着陆之前，飞行员可以立刻看到现实中的进近和跑道灯，而不必东看西看。眼睛的聚焦和认知转换需要花费几秒钟的时间。但如果这个过程发生在飞行员非常忙的时候，会消耗很多时间。

最新型号的平视显示器通过显示计算机绘制的跑道、预计着陆点、速度矢量（气团或惯性）图来提供辅助信息。他们要么基于空中数据资料提供包含气团信息的飞行路径，要么基于空降惯性系统提供考虑惯性的飞行路径。前者是要告诉飞行员，他/她在地球的相对位置，但只有在完全静止的空气中，信息才是准确的。

这些有关飞行路径的信息来自空气团数据库，用以显示飞机在移动的空气团中的运行轨迹。相对于地面上的物体，这种做法有可能提供一个错误的飞行路径。相比之下，惯性飞行路径及时告诉飞行员飞机相对于地球（跑道）的位置。这是一个显著的改善。

一家国际航空公司的飞行员哈钦森列举了他认为是以惯性为基础的平视显示器的显著优势：

●在缺乏地面辅助设备时，提供进场时的视觉引导；同时，通过从进场定位点以理想的方位和海拔高度飞 FPV（飞行航径矢量），为非精密进场提供跟踪引导；

●在起飞过程中提供方向性的引导，使起飞最低标准与 Cat II-

---

①　引自 *Aerospace Glossary for Human Factors Engineers*（1988）。SAE ARP 4107，Society of Automotive Engineers，Warrendale，Pennsylvania.

IB 最低着陆标准相匹配；

　　●FPV 提供了直接、时时的风切变的信息，可用于后续航班飞行路径指挥程序，以帮助寻找最佳的脱离轨迹；

　　●在必要时，比如飞机起飞时发动机发生故障，可以利用 FPV 显示爬升过程中总能量消耗与最大飞行坡度的关系。

（Hutchinson，1989）

　　基于惯性的 HUD 与具有自动着陆功能的自动驾驶仪结合起来，形成一种混合着陆系统。国际民航组织在其全天候运行手册中对混合着陆系统进行了描述。手册描述了一个初级的故障－性能下降自动着陆系统，与二级独立引导系统（即通常理解的平视显示器）的结合。美国的 ALPA 全天候飞行委员会相信，"混合系统的概念远优于单一故障－性能下降自动着陆系统的可靠性和运行表现"。

平视显示器在航空运输业的应用

　　法国航空公司、法国国内航空公司（现为法航的一部分），在 1974 年率先使用平视显示器，并应用到了所有型号的飞机上。当飞机上安装了自动着陆系统时，HUD 被用于监控。Air Inter 有超过 20 年成功使用 CAT IIIA 的经验，现在最低决断高度已达到最小 20 英尺，跑道视程（RVR）缩短到 150 米（Hutchinson，1989）。美国阿拉斯加航空公司自 1984 年使用平视引导系统（HGS）以来，人工着陆最低决断高度已下降到 50 英尺，跑道视程下降到 210 米的水平，其起飞最低标准也从 210 米降到 90 米。

　　在更多的飞机上安装平视显示器的行动正在美国及世界各地蓬勃展开。对降低机场最低运行条件和充分发挥 HUD 潜能的追求，持续推动着 HUD 向前发展，特别在提高可视潜力方面。并且据称，HUD 能促使两位机组人员提高情景感知能力。平视显示器是一个高度竞争的市场，尽管目前还没有就用什么符号在 HUD 上显示有用信息达成共识。美国、英国、意大利和法国的航空电子设备制造商是其中的先行者。据英国一家公司预测，民用飞机的 HUD 市场大约为 10000 个。还有人预测："在未来 20 年，平视显示器就像汽车的大灯，没有它们，你将看不清道路。"

　　据称，无论在目视或通常的 IFR 条件下，使用平视显示器可以增加着陆的安全性。三角航、美西南、德国汉莎航空公司、意大利航空公司和其他航空公司都正在为一些飞机安装 HUD，并且将会有越来越多 HUD 安装在它们的飞机上。最近，美利坚航空公司订购了 75 台宽角 HUD、外加 400 台宽角 HUD 的意向订单（Fitzsimons，1998）。

地处俄勒冈州波特兰的飞行动力学院是一家 HUD 的领先制造商，不断强调所谓等角 HUD 的核心价值。他们宣称，他们生产的 HUD 可为每天中的每一次着陆提供帮助（Phelps，1998）。如果没有其他下滑坡度资料可供参考，或飞机正在作一个非精确进场（NPA），当前的 HUD 会非常有用。很明显，今天许多航空公司正在大规模安装 HUD，这不仅仅是为了最低运行条件。

出于对硬件成本的考虑，至少在某些情况下，可只为左边座位的飞行员提供 HUD。显然，这会引起其他人为因素问题，包括对交叉检查、运行监督以及潜在问题的影响。一些支持者相信，HUD 可被视为一个主飞行显示器。另外一些人，尽管承认目前 HUD 所起的作用越来越大，但认为仍存在着大量的人为因素问题，至少在能见度低、人的视线有阻隔的环境下是如此。这些批评者认为，实际中的人为因素问题，使平视显示器不能作为主飞行显示器（Greene and Richmond，1993）。只要美国联邦航空条例要求考虑到飞行员劳动能力及其相关问题，我们认为安装双平视显示器就是必然的，也只有我们所提到人为因素问题得到解决，平视显示器才能作为一个主飞行显示器。

虽然目前已将平视显示器列在客户备选件中，空客公司仍对在他们的飞机上安装平视显示器的必要性或可行性持怀疑态度。空中客车公司利用其 CAT IIIb 自动着陆系统和三个冗余自动驾驶仪处理低能见度时精确进场的情况。由于 GPS 现在已被公认为主要的导航手段，空客公司的 FPA/TRK（飞行航迹角和跟踪）模式，就是要使所有进场可以在垂直引导下飞行。信息以正常的形式显示在 PFD 上，它不应被视为非正常形式。垂直引导有一个重要的属性，因为它不再需要做任何非精密进场的飞行（NPAs）。而在非精密进场过程中，通常伴随着大量 CFIT 事故。合众航空公司刚刚从空客机队上拆除了 ADFs[①]，且不会再把 NPAs 纳入其空客飞机的运行规范。空客飞机的竞争地位使我们现在还没有必要额外承担一台 HUD 的成本和所带来的复

---

① ADF 是一种自动定向仪——一种在空中传播无线电信号的助航设备，能发射无方向信号或作为其他适宜的信号源。

杂性。这也仅仅是整个平视显示器领域充满复杂性和竞争性的一个原因。

视觉增强系统

视觉增强系统（EVSs）正处在研究设计阶段，尚未投入使用。它们可被用于先进的 HUD 系统中，也可用在普通驾驶舱的显像管或平面显示器上。许多视觉增强系统使用数字化地形数据与雷达高度表测量的地形数据项匹配，并且还利用前视红外线（FLIR）或毫米波机载雷达。前视红外线（FLIR）与毫米波机载雷达在能见度有限状况下的优势，取决于具体的天气情况。可以想象，这两种设备都要求持续提供正在使用跑道的视频图像。支持者相信，视觉增强系统将最终使飞机独立于地面电子辅助设施。视觉增强系统也能够探测到地面的障碍物，因此，允许飞机在能见度有限情况下滑行。美西北和美国其他骨干航空公司正积极在他们机队中的部分飞机上推广视觉增强系统。

泰勒曾表示："EVS 的最终形式将会是提供一个合成视觉系统（SVS），以地形数据库及传感器为后台支持，最终彻底摆脱看到一个'真实的世界'的需要"（Taylor，1998）。这个概念吸引了许多未来超音速飞机设计师，这些设计师希望避免设计类似协和飞机下垂鼻式复杂、笨重的机头系统（参见本章关于 HCST 的讨论）。

具有垂直和水平预警功能的 TCAS 系统

目前，即使是最先进的 TCAS 系统（或是 ICAO 的 ACAS 系统），也只能在垂直面内发出防撞预警信号。但毫无疑问在不久的将来，该系统能从垂直和水平两个方向发出防撞预警信号。这种发展趋势，无疑会使机组人员在各种情况下承担更多的防撞责任。对 ATC 的传统职责（保持所有 IFR 飞机的安全间隔）而言，这是一个不可逆转的变化。同样不可避免的结果是飞行员工作负荷的增加。这种工作负荷的增加不仅影响了飞机及其独立系统的认证，还影响到机组人员工作任务的分配和一般的工作程序。几乎可以肯定，飞行员的工作负荷将会增加，这让我们又遇到了那个长期以来没有搞清楚的问题：工作负荷的增加是否会对航空安全造成负面影响？

集成危险规避系统

最新的努力是对众多的预警给出一定顺序，该系统被称为集成危险规避系统（IHAS）。这是一个对外部的危险探测信息和危险规避信息进行集成的系统。IHAS 系统被设计用于替代 EGPWS、TCAS、Mode-S 空管雷达收发机、天气/风向雷达以及飞机预警系统，并把它们完全整合在一起。

据称 IHAS 有多种潜力，它可为飞行员提供尾流预警、机翼结冰探测、晴空湍流探查、火山灰探测和日臻成熟完善的 EVS 系统的功能。数名辛勤工作的科学家和工程师正在进行着 IHAS 的开发工作，之后他们还将对 IHAS 进行严格的测试，我们不应对看到 IHAS 早期的"摇摆阶段"感到惊讶。正如我们已经看到的，对最初的 GPWS 系统也进行过多次改进，甚至早于 EGPWS（增强型近地警告系统），并且 EGPWS 被认为是对原始 GPWS 功能进行改进和拓展的系统。

据我们所知，只有非常少的飞机上安装了 IHAS 系统。出于经济的考虑，如果没有规章要求安装 IHAS 或类似的系统，改装现有飞机似乎并没有太大意义。除非在其潜在使用范围中这一系统会带来巨大优势。缺乏规章要求，要想广泛推广这种先进技术，恐怕要等到使用下一代飞机。当然，如果 IHAS 能对一次重大航空事故甚至事件提供帮助，也许事情就会发生变化。

1998 年末曾发生过一次例外。当时，FAA 批准了将 IHAS 安装在英航的 B777 飞机上的改装计划。波音公司还宣布他的一些刚下线的飞机也装有类似的系统。IHAS 是波音公司与开发了 EGPWS 的美国联合信号公司的工程师们一起研发的。可以预见，其他航空电子设备公司也会开发类似的系统。

IHAS 报警的优先顺序

根据 IHAS 报警的一般优先顺序，"岩石与天气"威胁排在如 TCAS 警示这类更小的问题之前。给警报排序的复杂性可通过下面的事实得到证明：警报来自 6 个不同的系统，且必须对来自不同系统的 25 种警报给出优先顺序。6 个不同的系统分别是：GPWS/EGPWS、PWS（预测风切变）、TCAS、TA（交通警告）、TR[①]（交通决断）。新系统包括"语音分离"系统，以在适当的时候减少语音报警，同时保持视觉系统不受干扰。IHAS 将报警和预警交叉进行，这样当系统觉察到恢复已经开始执行时，将取消后面的语音报警（Proctor，1998）。持怀疑态度的飞行员正拭目以待，想知道该系统能在多大程度上降低工作负荷、减少反馈信息，并切实提高安全水平。表 2-22 显示了一体化驾驶舱安全系统的复杂性，表明了一家公司的语音报警的优先顺序。

---

① 在术语表中对这些缩写进行了解释。

表 22-2　一体化驾驶舱安全系统

优先顺序	系统	描述	地面预警	空中预警	是否继续飞行
1	GPWS	风切变警告	警报	警报	
2	GPWS	下降速率拉起警告		警报	是
3	GPWS	近地拉升警告		警报	是
4	GPWS	地面障碍		警报	
5	GPWS	V1 呼叫（仅限 777）	指令		改变
6	GPWS	发动机失效呼叫（仅限 777）	警报		
7	EGPWS	地形情景拉升警告		警报	
8	PWS	PWS 警告		警报	
9	GPWS	地形提示		提示	是
10	GPWS	最低决断		指令	改变
11	EGPWS	地形情景提示		提示	7 秒
12	GPWS	距地面太近		提示	
13	EGPWS	距地面太近提示		提示	
14	GPWS	高度呼叫		指令	改变
15	GPWS	起落架过低		提示	
16	GPWS	副翼过低		提示	
17	GPWS	下降速率		提示	
18	GPWS	不下降		提示	
19	GPWS	下滑坡度		提示	3 秒
20	PWS	PWS 提示	提示	提示	
21	GPWS	进近决断高度		指令	改变
22	GPWS	倾斜角度		提示	
23	GPWS	风切变提示		提示	
—	GPWS	TCAS 决断警告："爬升"、"下降"等		警报	是
—	GPWS	TCAS 交通警告："通过"		提示	是

注：GPWS：近地警告系统；

　　EGPWS：增强近地警告系统；

　　PWS：风切变预警；

　　TCAS：机载防撞系统；

　　RA：决断警告；

　　TA：空中交通情况警告。

资料来源：由 Allied Signal Aerospace 授权使用

未来安全领域的创新

英国的一个研究项目取得了一些进展，该项目对飞行员运用视频摄像系统监控驾驶舱内物理环境的有效性进行了研究。

鉴于新式波音飞机的长度，一种完全不同的地面机动摄像监视系统早已开发完成。B777-300 比 B747 长 33 英尺。由于这种飞机的长度，波音公司已提供了一种地面机动摄像系统，显示前起落架和两个主后起落架的画面，以帮助飞行员在地面上操控飞机。该系统有三个摄像头，一个安装在机身前端，另外两个安装在水平尾翼边缘。这些摄像头有加热装置以防止结冰，同时还有照明装置以便夜间使用。当飞行员选择这一功能时，视频画面可呈现在多功能显示器的较低部位。

世界"航空安全先生"杰罗姆·莱德罗最近建议使用今天的遥感技术取代 FDR。这样，在任何事故发生时，可以立即得到相应的运行数据。他举了阿波罗 6 号的例子。一架无人驾驶宇宙飞船失踪且再也找不到了，但凭借遥感和模拟技术，NASA 在三周内就确定了故障出在氧气管上。如果没有遥感技术，这根本不可能实现。当然，采纳这一建议要面对包括成本在内的许多现实问题。

弗兰克·霍金斯在他的《飞行中的人为因素》一书引用了两段值得牢记的名言。作为哲学家和数学家的伯特兰·罗素曾说过："从事科学研究的人不仅要尽力解决所研究的科学问题，更为困难的是要设法让世界倾听他们的发现。"更早些时候，物理学家马克斯·普朗克曾更悲观地说道："一个新的科学真理取得胜利并不是通过让它的反对者们信服并看到真理的光明，而是通过这些反对者们最终死去，熟悉它的新一代成长起来。"航空运营和安全管理的从业者们应该认识到，上述两段话是对航空运输业创新过程的真实写照。然而，观察者们也必须认识到，航空运输业能在没有安全管制的情况下正常运作，是行业中那些保守主义者取得异乎寻常的成功的原因之一。

在过去几年中，航空运输业取得了飞速发展。即使面临大量挑战，我们也相信，这种快速增长和不断的技术进步还会持续下去。先进、复杂的人为因素问题已成为行业运行的必然组成部分。它将会对也许是无法企及的未来目标——"零"事故和"零"事件作出实质性的贡献。

参考文献

［1］ Air Transport Medicine Committee (1997) . 'The Very Large Airplane: Safety, Health, and Comfort Considerations', The Aerospace Medical Association, Alexandria, Virginia.

［2］ Bateman, Don (1990) . 'Past, Present and Future Efforts to Reduce Controoled Flight Into Terrain (CFIT) Accidents', Presented at Flight Safety Foundation 43rd International Air Safety Seminar, Flight Safety Foundation, Alexandria, Virginia.

［3］ Billings, Charles E. (1997) . *Aviation Automation: The Search for a Human-Centered Approach*, Lawrence Erlbaum Associates, Mahwah, New Jersey.

［4］ Boyle, Andrew (1999) . 'New Levels', *Flight International*, 3-9 February 1999, Reed Publishing, Sutton, Surrey, United Kingdom.

［5］ Braune, Rolf J. , Funk, Kenneth H. II, Bittner, Alvah C. (1996) . *Human Engineering Process in Systems Design and Integration*, SAE 965533, Society of Automotive Engineers, Warrendale, Pennsylvania.

［6］ Bruggink, Gerard B. (1975) . 'The Last Line of Defense', presented to the Special LEC meeting of ALPA Pilots, 14 April 1975, New Orleans, Louisiana, USA, New Orleans.

［7］ Condit, Phillipo M. (1996) . '*Performance, Process, and Value: Commercial Aircraft Design in the 21st Century*', the Wright Brothers Lectureship in Aeronautics presented at the World Aviation Congress and Exposition, Los Angeles, California, The Boeing Company, Seattle, Washington.

［8］ FAA (1997) . FAA Commercial Aviation Forecast Conference, first week of March, 1997, Federal Aviation Administration, Washington, D. C.

［9］ Fitzsimons, Bernard (1998) . 'Wide-angle GEC-Marconi HUD to debut with American Airlines,' *Aviation International News*, 26 February 1998, Midland Park, New Jersey.

［10］ Foyle, David C. , Andre, Anthony D. , McCann, Robert S. , Wenzel, Elizabeth M. , Begault, Durand R. , Battiste, Vernol (1996) . *Taxiway Navigation and Situation Awareness (T-NASA) System: Problem, Design Philosophy, and Description of an Integratred Display Suite for Low-Visibility Airport Surface Operations*, presented at 1996 World Aviation Congress, 21-24 October 1996, SAE International, Warrendale, Pennsylvania.

［11］ Global Airspace (1999) . 'WAAS & EGNOS Working Together', *Global Airspace*, January 1999, Phillips Information, Inc. , Potomac, Maryland.

［12］ Greene, Berk and Richmond, Jim (1993) . 'Human Factors in Workload Certification', paper presented at SAE Aerotech 93, Federal Aviation Administration, Seattle, Washington.

[13] Hutchinson, J. E. (1989). *The Hybrid Landing System-An Airline Pilot's View*, SAE Technical Paper 892377, Society of Automotive Engineers, Warrendale, Pennsylvania.

[14] Kelly, Emma (1998a). 'Developing nations ask ICAO to help with CNS/ATM funding', *Flight International*, 20-26 May 1998, Reed Publishing, Sutton, Surrey, United Kingdom.

[15] Kelly, Emma (1998b). 'FAA close to finalising Flight 2000', *Flight International*, 23-29 September 1998, Reed Publishing, Sutton, Surrey, United Kingdom.

[16] Koonce, Jefferson M. and Allen, Jeremiah M. (1988). *Aerospace Glossary for Human Factors Engineers*, SAE ARP 4107, Society of Automotive Engineers, Warrendale, Pennsylvania.

[17] Learmount, David (1998). 'Safety Perceptions', *Flight International*, Reed Business Publishing, Sutton, Surrey, United Kingdom.

[18] Lewis, Paul (1998). 'Supersonic Rising Sun', *Flight International*, 17 – 23 June 1998, Reed Publishing, Sutton, Surrey, United Kingdom.

[19] Lowe, Paul (1998a). From 'Voice behind the mike at controllers' union', *Aviation International News*, 1 January 1998, Midland Park, New Jersey.

[20] Lowe, Paul (1997b). 'Washington report', *Aviation International News*, 1 August 1997, Midland Park, New Jersey.

[21] Lundberg, Bo O. K. (1996). *The 'Allotment- of Probability-Shares' -APS-Method. Memorandum PE-18*, The Aeronautical Research Institute of Sweden (FFA), Stockholm, Sweden.

[22] Newman, R. L. (1995). *Head-Up Displays: Designing the Way Ahead*, Ashgate Publishing Ltd. , Aldershot, England.

[23] Phelps, Mark, 1998. 'Head-up displays gaining favor in airline and bizav operations', Aviation International News, 1 Februrary 1998, Midland Park, New Jersey.

[24] Phillips, Edward H. (1997). ' "GAIN" Committee Seeks Third Airline Safety Conference', *Aviation Week and Space Technology*, 7 July 1997, McGraw and Hill, Inc. , New York.

[25] Ponticel, Patrick, (1996). 'First World Aviation Congress pitches a curve', *Aerospace Engineering*, December 1996, the American Institute of Aeronautics and Astronautics, Washington, D. C.

[26] Proctor, Paul (1998). 'Integrated Cockpit System Certified', *Aviation Week and*

Space Technology, 6 April 1998, McGraw and Hill, Inc. , New York.

[27] Regal, David, Hofer, Elfie, and Pfaff, Thomas (1996) . *Integration of Primary Flight Symbology and the External Vision System of the High Speed Civil Transport*, presented at the 1996 World Aviation Congress, Society of Automotive Engineers, Warrendale, Pennsylvania, and the American Institute of Aeronautics and Astronautics, Washington, D. C.

[28] RTCA (1995) . From 'Report of the RTCA Board of Directors' Select Committee on Free Flight', RTCA Inc. , Washington, D. C.

[29] Sears, Richard L. (1985) . 'A New Look at Accident Contributors and the Implications of Operational and Training Procedures', presented at Flight Safety Foundation 38th International Air Safety Seminar, Flight Safety Foundation, Alexandria, Virginia.

[30] Sheppard, Ian (1998) . 'Free flight study finds pilots' workload is not increased', *Flight International*, 20-26 May 1998, Reed Business Publishing, Sutton, Surrey, United Kingdom.

[31] Shifrin, Carole A. and Thomas, Geoffrey (1998) . 'Asia/Pacific Market Healthy in Long-Term', *Aviation Week and Space Technology*, 23 March 1998, McGraw and Hill, Inc. , New York.

[32] Stokes, A. , Wickens, C. D. , and Kite, K (1990) . Display Technology: *Human Factors Concepts*, Society of Automotive Engineers, Warrendale, Pennsylvania.

[33] Sweeney, Frank (1998) . 'Simulated Skies: Ames to make airport testing "as real as it gets"', San *Jose Mercury News*, 21 April 1998, San Jose, California.

[34] Toylor, Laurie (1998) . *Air Travel: How Safe Is It?*, Second Edition, Blackwell Science Ltd. , London, England.

附录 A　独联体和中国的安全状况

　　一直很难获得独联体（前苏联）和中国航空运输安全方面的准确统计数据。直到近期，这种只有西方国家提供可靠信息的情况才有所改观。其主要原因似乎是政治因素，而政治观点也在发生着改变。随着航空运输越来越国际化以及这些国家政治态度的改变，那些以前不可能得到的数据也逐渐为感兴趣的团体和航空媒体获得。那些关注世界航空安全发展情况的人应当对以下的文章以及近期文章摘要感兴趣。

独联体

　　1. 以下的短文摘自 1996 年 1 月的《国际飞行》第 17 ~ 23 页，未做任何改动。它代表着航空运输安全信息可获得性方面的一个重大变化。

俄罗斯遵循使用国际统计方法

　　俄罗斯需要改变其统计基础以适应国际规范。传统上，在前苏联时代，既没有私人航空，也没有商业航空，事故统计包括了所有民用航空俱乐部、为行业运送人员或货物的飞机和行业所运营的飞机、直升机和用于播种或其他航空作业或特技飞行的安-2 类飞机等发生的事故。而其他国家并不把用于播种或其他航空作业及特技飞行的飞机所发生的事故统计入航空安全统计数据之中。

　　这不是一个不利的局面。考虑到俄罗斯机场的状况和他们的天气条件，俄罗斯飞机曾经有过非常安全的记录。出厂的 108 架Ⅱ-86 飞机中仅有一架损失——1994 年，当它停在德里机场时被一架着陆的 B737 撞上了。图-154 飞机一共生产了 900 多架，仅发生过 21 次重大事故，第 21 次重大事故发生在 12 月的伯力市，一架伯力航空公司的图-154B 飞机失踪。从 1963 年以来，图-134B 一共生产了 852 架，而该机型共发生了 23 次重大事故，第 23 次事故是阿塞拜疆航空公司的一架此型飞机在 Nahicevan 起飞后不久坠毁。Ⅱ-62 仅生产了 275 架，有 14 架发生了重大事故。与他们服役的年头和飞行小时数相比，这些数据可以与西方同时代同类型飞机的安全记录相媲美。

《国际飞行》，1996 年 1 月，第 17～23 页

2. 在 1996 年 6 月的《国际飞行》第 4～10 页中的一篇文章中，保罗·达菲写道：

  MAK（洲际航空委员会）于 1999 年 12 月创立，它是当时的新独联体成立的第一个政府间组织，是在认识到需要解决前苏联各国家之间共同的航空问题而成立的。

文章题目是"让独联体的航空运转起来"，其副标题中写道"在独联体内，洲际航空委员会的工作是为了让标准符合国际要求"。在此处引用仅作为独联体所做努力的一个印证实例。

3. 从 1997 年 6 月 19 日的《国际航空新闻》节选段落中可以得知对当前情况的另一个看法。在标题为"俄罗斯航空业在自由市场上格斗"的文章中，卢本·约翰逊写道：

  两家承运人（ARIA 和 Transaero）和其他一些从前苏联瓦解后重组的航空公司已经运转良好，其中几家已经租赁了包括 B737、B757、B767、A310 和麦道 DC-10 在内的西方制造的飞机运营。

  3 月 13 日，苏联民航总局宣布，俄罗斯总统叶利钦的女婿瓦勒瑞·欧古乐夫已经被指定为该公司的新总裁。很明显，俄罗斯政府高层希望国家在全球航空界保持优势地位。将欧古乐夫放在此职位上可以确保俄罗斯的承运人在影响到航空界的政府重大决定中继续处于优势地位。

  但是，对于俄罗斯自相矛盾的观点是当航空运输业对于国家的主要承运人来说是有利的，但民航业其他部分的情况在以令人担忧的速率恶化。

  公众对俄罗斯航空安全的担忧是另一个问题。几年之前，前苏

联飞机乘客的遇难率是世界其他国家的 10 倍。仅 1996 年，俄罗斯官方公布：219 次重大事故中，俄罗斯民航飞机有 13 架坠毁……

一年之前成立的俄罗斯商业航空管理当局俄罗斯 FAS，其职责类似于美国的 FAA，该部门试图解决俄罗斯民用航空系统中仍然存在的那些"漏洞"。FAS 仍然面临着没有工资可发的困难，同时也面临着俄罗斯有数量众多的商业航空公司和包机航空公司的现实情况。根据上一次统计，大约有 400 家航空公司在俄罗斯运营，其中有 108 家具备运营国际航班的资格。解决此问题的最新建议是将这些航空公司合并成大约 100 家规模较大的航空公司，这样就能像其他大多数国家的航空公司那样能够更多地实现自我管理。

4. 作为提高整个航空运输安全水平一致努力的一个重要组成部分，独联体的州际航空委员会（MA）近期刚发布了该地区有史以来最差的航空公司重大事故率数据。MA 声明此事故率数据为每百万架次 3.5 次，比以前的最差记录（1994 年的事故率）的 2 倍还要多。该飞行安全委员会的主席将 1996 年的 13 次重大事故的原因归结为以下 4 个：行业放松管制、老龄飞机、维修标准过低和包括超载在内的载重平衡不当。MA 也表示这 13 次重大事故中有 10 次发生在独联体注册的货机上，要特别关注某些货运航班上的机上"机组人员"的数量。II-76 发生的 3 次事故中，假定该飞机上最多有 6 名机组成员，但实际上这 3 个航班上分别有 21、29 和 37 名机组成员（Duffy，1997）。自从对航空运输活动放松管制之后，超过 400 家的航空公司开始在独联体境内运营。

5. 以下是 AVflash 1998 年 1 月 19 日新闻报告，它说明了俄罗斯航空在不断发生重大改变：

俄罗斯镇压：到 2000 年，俄罗斯将会从目前的 315 家航空承运人急剧减少到只剩下大约 8 家联邦航空承运人和 40～50 家支线航空公司。俄罗斯联邦航空局第一副局长伊万·万乐夫宣称会通过更加严格的执照颁发、运行合格审定和航空安全标准来实现航空公司数量上的减少。

6. 1998 年 2 月 1 日《国际航空新闻》中报道：

1997 年俄罗斯因航班坠毁而死亡的人数下降

去年，俄罗斯因航班坠毁而死亡的人数从 1996 年 13 次重大事故、219 名旅客死亡降到了 1997 年的 10 次重大事故、80 名旅客死亡。10 年中俄罗斯民用航空安全记录最差的一年是 1994 年，当年有 310 名旅客死于航空事故。

7. 1998 年 3 月 20 日的《华尔街日报》的一篇短文中反映了俄罗斯对其航空运输行业的关注及存在的主要问题：

俄罗斯公布对航空运输行业的重大革新计划

在多年的疏忽之后，莫斯科显然已经准备好整顿其急需革新的航空运输业。315 家航空承运人中仅有几家有坚实的经济基础，俄罗斯公布了减少国内航空公司数量的计划，计划将在未来的几年中通过合并和联盟将航空公司数量减少 2/3。苏联民航总局经历了以前的困难时期后，随着前苏联的解体它也分裂为几百个小的航空公司——其中一个仍然继续使用苏联民航总局的名字，但是与俄罗斯航空业已无太多关系。

从曾经是世界上最大的航空公司中分化出来的这些数量众多的小航空公司亏本经营，其安全记录让很多潜在旅客待在家里。昨天公布的计划预计到 2000 年俄罗斯将有 100 家航空公司，其中有 5 ~ 8 家国内航空承运人，旅客运输量将会增加 4% ~ 5%。政府也希望这种整合会让行业购买或租赁新飞机。目前俄罗斯航空公司运营的飞机只有一小部分（大约 1%）是新的。

8. 1998 年 4 月 19 日 AVFlash 报道：

俄罗斯开发研制超级巨型运输机：据报道，俄罗斯苏克霍伊设计局正在开发研制一种载客量达 1000 人的客机，与波音和空客正在设计的超级巨型运输机竞争。俄罗斯已经有了世界上最大的货运飞机——安东诺夫安-124——而计划中的 KR-860 可以载运 860 ~ 1000 名旅客，其航程达 14000 公里。

9. 从 1998 年 8 月《国际飞行》署名为保罗·达菲的 "俄罗斯将民用航空公司的安全监督权交到了军队手中"一文中摘录如下：

> 一项新的总统令将民用航空安全进行监督和事故调查的职责交到了俄罗斯军队手中。
>
> 8 月 10 日，叶利钦总统签署了一项总统令，将俄罗斯民用航空飞行安全职责转到了国防部肩上。
>
> 叶利钦此举的深层原因是：由于民用和军用飞行活动的重叠，俄罗斯需要一个单一中心对所有的航空活动进行监督，而该职责不能由一个民用部门承担。
>
> 该项职责的转移显示了联邦航空局（FAS）遇到的挫折，该局负责对民用航空进行立法和管制，但它现在不得不听命于国防部部长……
>
> 新的总统令目的在于提供一个监管机构来监督所有的航空活动安全问题。该总统令还要求所有的事故和事故征候调查都必须在 4 个月内结束。

中国

1. 最近，《国际飞行》授奖给中国民航总局副局长沈元康，表扬他 "促进加强了快速发展的中国民用航空业的航空安全监督工作"。这是一个有声望的奖项，一个很有资质的国际选拔委员会选择了沈元康。以下两段摘自 1997 年 6 月的《国际飞行》第 18 ~ 24 页，讲述了颁发该奖励的原因：

> 在过去三年中，中国的航空安全水平有了极大的提高。中国的民用航空体制经历了重大变革，更加注重快速发展的国家航空运输业内的安全程序和相关监督工作。
>
> 特别是停止了螺旋上升的坠机率。过去三年是中国历史上航空

安全记录最好的时期。

2. 下面摘自 1997 年 6 月《国际飞行》第 2～8 页的一篇短文：

JAA/中国的统一

欧洲联合航空当局（JAA）和中国民用航空总局签署了谅解备忘录，双方承诺逐步统一适航标准。JAA 声称首先统一的是"……规章和程序涉及联合航空要求第 21 部，该部是关于航空器和相关产品和部件的合格审定的要求"。JAA 欢迎简化空客公司和中国航空总公司联合研制的中国 AE3IX 支线喷气系统飞机的最终合格审定程序。

3. 下面摘自 1995 年 10 月 2 日《航空航天技术周刊》中的一篇文章，此段文字说明了中国航空运输业存在的问题：

中国应对航空安全关键问题

麦克尔·梅坎/北京

世界上人口最多的国家已经与美国政府合作建立一个规章系统，其目的是为更加安全的飞行运行提供一个坚实的基础。航空界最大的制造厂商、航空公司和安全专家们都已卷入对中国人的国内外培训中。

……两组统计数据说明了中国航空业在 20 世纪将要结束时的矛盾处境。根据政府公布的数据，90 年代前 5 年，中国航空运输量年平均增长率为 23.5%。预计后 5 年会下降为每年平均增长 13%，但是，预计至少到 2020 年仍会保持两位数的增长率。

旅客数量从 1980 年的 370 万猛增到去年的 4000 万。国内航线数量的增加尤为突出，从 1980 年的 159 条增加到去年的 630 条。同一时期，总的航线数量从 180 条增加到 727 条。按座位数衡量运力的话，空客公司的预测是到 2014 年会增长到今天的 6 倍，即从目前的 55000 个座位增加到 349000 个座位。

但是另一组统计数据也很重要。1992 年，中国有 5 次重大空难，295 名旅客丧生。中国的事故报告都很简要，但也表明了存在着太多的驾驶舱机组成员通常不熟悉他们的设备、地空英语通话能力不足、维护不当、飞机超载、缺乏运行和安全惩罚等情况。

更糟糕的是，1993 年中国的劫机次数居世界之首，共有 13 次。

……到了 1993 年，中国成为航空器制造厂商重视的国家，因为，每 6 架卖出的大型运输机中就有 1 架是中国购买的。但是在过去 21 个月中，CAAC（中国民航总局）已经对此进行了限制（限制更多地购买俄制或西方生产的飞机），很少有例外。

……提高安全标准是中国长期艰巨的任务，存在着以下障碍：

- 缺乏规章
- 文化和制度障碍
- 管理能力不足
- 英语标准低

……在过去的两年中，CAAC 已经实施了 FAR61 部——有关飞行员的工作条件、第 21 部——改装飞机、第 23 部——小飞机的适航标准、第 25 部——大飞机的适航标准、第 43 部——维修人员标准和第 145 部——维修单位标准。

将要实施的 121 部是关于大型运输机运营执照的。但是美国的系统并不完全适合中国的情况，因此，这将是一项艰难的工作。

4. 下面的文章摘自 1997 年 10 月《国际飞行》第 8～14 页：

教室革命
5 年内中国需要 1 万名合格的飞行员，培训任务艰巨。

保罗·路易斯/北京

20 世纪 80 年代改革开放以来，中国民航已经进行了改革。中国统一的国家承运人和陈旧的苏联飞机已经不复存在，取而代之的是运营着西方最新设计飞机各个国际、各地区和各省的航空公司。最近，驾驶舱中进行了静悄悄的不易察觉的软件革命。

过去 4 年中，中国的驾驶员训练经历了广泛的变革和 4 倍的扩张，其目的是满足现代航空运输业对飞行学校和技术学院的需求。

中国民航总局（CAAC）的大量注资和努力带来了这种数量和质量上的双重提高。

这种投资唯一最有价值的回报是中国曾经极糟的安全记录的好转。自从副局长沈元康 1994 年宣布安全制裁以来，3 年里中国仅发生了一起重大事故、35 人死亡。在此之前的两年就发生了 7 起坠机事故，死亡人数超过 500 人。

跟上运输量增长的脚步

但是，中国民航的天空尚未彻底晴朗。为了跟上计划的运输量增长，中国必须在未来的 5 年内将其飞行员队伍扩大到至少 1 万人。

附录 B　人为因素人员教育背景的多样性

　　可以从下面对超过 5000 名人为因素和人机工程协会成员的列表中看出人为因素专家的教育背景多样性。NASA 艾姆氏研究中心航空人为因素部的 83 名拥有研究生及以上学历的人员有 41 名是博士。NASA 艾姆氏研究中心专门研究航空人为因素，相比之下，人为因素和人机工程协会的研究范围更加广泛。

人为因素和人机工程协会（1995—1996）

专业	合计（%）	博士所占比例（%）
心理学	38.85	
通用		11.72
实验		6.30
工业		1.12
工程		0.92
认知		1.33
其他		1.42
工程学	23.58	
通用		0.59
工业		5.73
机械		0.55
机电		0.15
航空航天		0.13
其他		0.96
人为因素/人机工程学	9.83	
通用		1.70
心理		0.70
工程		0.31

续表

专业	合计（%）	博士所占比例（%）
工业设计	1.60	0.02
医学/生理学/生命科学	4.88	2.04
教育学	1.57	0.78
商业管理	2.25	0.11
计算机科学	1.07	0.35
安全	8.27	· 0.16

NASA 艾姆斯研究中心

高等学历	数量	总数
心理学		55
通用心理学	25	
实验心理学	15	
认知心理学	7	
定量心理学	2	
发展心理学	1	
工程心理学	1	
认知/数学心理学	1	
实验/工程心理学	1	
心理/生理学	2	
工程学		11
机电工程	4	
航空航天工程	2	
机械工程	1	
工程数学	1	
通用工程学	1	
航空工程学	1	
工业工程学	1	

高等学历	数量	总数
物理学		2
计算机科学		2
数学		1
航空和数学		1
计算机音乐		1
智能系统编程		1
人为因素		1
神经系统科学		1
生物物理学和神经系统科学		1
行为科学		1
社会科学		1
管理学		1

附录 C 错觉的类型

空军《医疗委员会成员调查指南》（第二草案）中给出了以下与航空相关的错觉类型：

1. 运动性错觉：对身体的韧带、肌肉或关节的身体刺激产生的错误感觉。
   a. G 适应错觉：在持续保持不变的速度后错误地认为运动已经停止。例如，在乘坐电梯时，仅在电梯开始上升或下降的时候感觉有运动。
   b. G 差异错觉：基于"直觉"对飞机姿态的错误感觉。例如，如果没有其他感官输入，对一个 30°倾斜的水平转弯与一个 60°的向后转弯的感觉是一样的。
2. 相对运动性错觉：看到外面物体的运动而产生相对运动的视错觉，一个人认为是自己在动，但实际是外面的物体在动。
   a. 旋转相对运动：由于视野内的外部物体的运动而产生自己在旋转运动的错觉。
   b. 线性相对运动：由于视野内的外部物体的运动而产生自己在线性运动的错觉。
3. 前庭错觉：由于对前庭器官中的半规管或耳石器官的方位刺激而产生的错觉。
   a. 柯氏错觉：由于在有线性加速度或角加速度的飞机中头部的运动而造成的半规管内液体流动而导致的错误感觉。
   b. 升降错觉：在急剧爬升后拉平或在颠簸中错误地认为飞机处于抬头状态。
   c. 巨手错觉：即使是花很大的力气都不能根据输入来控制飞机的错误感觉，这种抗拒实际上是操作者自己想要响应相互矛盾的感觉暗示。
   d. 倾斜：由于超阈值角加速度后的不可感知的阈下角加速度而产生的角位移（倾斜）错觉。

e. 体重力错觉：由于线性加速度而在垂直飞机上的倾斜错觉。这种错觉常发生在快速加速或减速时。

f. 体旋转错觉：由于半规管液体在角加速度后已经稳定而产生的旋转停止错觉。死亡旋转或死亡螺旋是体旋转错觉的结果。

4. 视错觉：因视觉系统的刺激而产生的错觉。

a. 自主运动错觉：在黑暗的视野内中长时间注视会错误地觉得灯光在移动。

b. 金属丝网错觉：当将视线集中在一个远处的目标时，会将其与近处的物体交织在一起。

c. 空间近视：当观察一个没有任何刺激的可见视野时，会将目光集中在大约 1 米处的倾向。

d. 闪烁眩晕：每秒 10～15 次循环的视觉刺激而产生的分裂性心理效果。

e. 假水平线错觉：由于斜云、朦胧的地平线、模糊的地面灯光和星星或者是形成一定图案的地面灯光等造成驾驶员将飞机置于危险姿态，因为他的感觉使得他不能对准真实的地平线（AIM）。

f. 几何错觉：由于距离远近不同而对物体的真实大小产生的错觉。因为同一物体在视网膜上的成像大小是距离和角位移的平衡。例如，在 1000 英尺高度看到的 8000 英尺长跑道与在 1500 英尺高度看到的 10000 英尺长跑道是一样长的。另一个例子是，在比一般跑道宽的跑道上飞行员会在较高高度就将飞机拉平。

该错觉分类法收录于《航天人为因素工程师词汇表》SAE ARP 4107 中。

附录 D   ICAO 的发展历程和 6 种空中航行权

　　无可否认的是，下面对 ICAO 和政治上很重要的 6 种航行权的讨论已经超出了一般的人为因素范围。但是，在此处讨论 ICAO 是因为它是全球公认的关注全球民用航空运输有序发展的国际机构。需要制定全球统一的、而不是各个主权国家自己的标准尚未为全球所有国家所认同。下面几段文字的目的是简单介绍一些背景知识，这有助于理解作为重要国际组织的 ICAO 的发展历程、并能更好地理解在全球范围内实施航空人为因素的重要意义。

　　国际民航组织（ICAO）成立于 1944 年。当年美国政府邀请 55 个二战中的盟国和中立国家在芝加哥召开会议考虑战后的航空问题，有 52 个国家派出了代表参加会议。经过 5 周的商讨，他们最后签署了《芝加哥公约》。芝加哥公约有 96 个条款，这 96 个条款规定了所有缔约国的权利和义务，并要求各成员国采纳与空中航行相关的国际标准和建议措施（SARPS），并建议各缔约国建立导航设施以及简化海关和移民手续来提高航空运输的效率。

　　芝加哥公约的成果之一就是成立了国际民航组织，现在该组织是联合国的一个专门机构。它在国际航空界的安全方面起着重要作用，影响着 ICAO 所有缔约国的规章制订。每一个 ICAO 成员国都是一个拥有主权的政治实体，与美国的各州有着很大的差别。

　　ICAO 的最高权力机构是大会，常设机构是 ICAO 理事会。理事会是向大会负责的永久性机构，其成员国每三年选举一次。组织的所有工作都在大会期间进行审查通过。理事会的一项重要工作就是制订、采纳和修订空中航行规范，该规范被称作国际标准和建议措施。标准是"统一使用对国际航行的安全和正常是必须的那些规范，而建议措施是期望实施但不是必要的那些规范。19 个 SARPS 中有 18 个与技术有关"（Taylor，1997）。

　　ICAO 意图将各成员国的规章与 SARPS 的规范之间的差距最小化。但是，ICAO 的两三项规定阻碍了它在此方面的努力。首先，也可能是最重要的是，ICAO 本身没有监管或强制执行的能力。尽管各成员国都同意 ICAO 的 SARPS，但是 SARPS 的实施是个大问题。其次是虽然 ICAO 的 SARPS 中豁免极少，但是如果一个成员国不能满足某一 SARPS 的要求，它就必须申请豁免。ICAO 的另一项规定，也是作为原芝加哥公约的一部分为全球所接受的一项规定确实会带来航空安全问题。这项规定是：每一个缔约国保持着对其领土之内和之上的所有运行进行管理的主权。

6 种空中航行权

如图 D.1 所示，六种空中航行权是各缔约国需要考虑的重要问题。各缔约国审慎地捍卫着这六种空中航行权，不随便将其给予其他国家。航权在国际航空中也很重要。每一种航权都是严谨的外交问题，通常要通过双边谈判予以解决。近来成立的欧盟强烈地感觉到它应当有权代表其成员国进行此方面的谈判，这会造成双边协议被宣布为无效，其经济和政治后果严重，这是一个有争议的政治话题。关于运行规范和经济权利方面的谈判并非永远都是成功的。

- 航空公司从 A 国飞越 B 国到达 C 国的权利；
- 航空公司在 B 国因加油或维修着陆、但不能上下旅客或货物的权利；
- 航空公司从 A 国飞到 B 国下客或货的权利；
- 航空公司将客或货从 B 国运回到 A 国的权利；
- 航空公司从 B 国上客、货并将其运输到 C 国的权利；
- 航空公司在 X 国上前往 C 国的客、货，并飞经 A 国。客货属于 X 国和 C 国的航空公司。

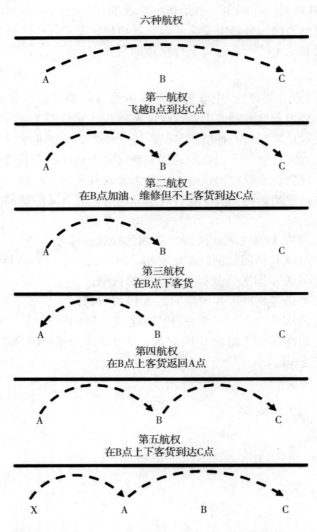

图 D.1　6 种空中航行权

参考资料

Taylor, Laurie (1998). *Air Travel*: *How Safe Is It*?, Second Edition, Blackwell Science Ltd., London, England.

附录 E 陆空通话中字母和数字的发音

ICAO 标准字母表（ICAO 附件 10）

A	alfa	H	hotel	O	oscar	V	victor
B	bravo	I	India	P	papa	W	whiskey
C	charlie	J	Juliet	Q	quebec	X	x-ray
D	delta	K	kilo	R	romeo	Y	yankee
E	echo	L	lima	S	sierra	Z	zulu
F	fox trot	M	mike	T	tango		
G	golf	N	november	U	uniform		

ICAO 无线电通话手册

字母	词	读 音
A	Alpha	AL FAH
B	Bravo	BRAH VOH
C	Charlie	CHAR LEE 或 SHAR LEE
D	Delta	DELL TAH
E	Echo	ECK OH
F	Foxtrot	FOKS TROT
G	Golf	GOLF
H	Hotel	HOH TELL
I	India	IN DEE AH
J	Juliet	JEW LEE ETT
K	Kilo	KEY LOH
L	Lima	LEE MAH
M	Mike	MIKE
N	November	NO VEM BER
O	Oscar	OSS CAH

字母	词	读音
P	Papa	PAH PAH
Q	Quebec	KEH BECK
R	Romeo	ROW ME OH
S	Sierra	SEE AIRRAH
T	Tango	TAN GO
U	Uniform	YOU NEE FORM 或 OO NEE FORM
V	Victor	VIK TAH
W	Whiskey	WISS KEY
X	X-ray	ECKS RAY
Y	Yankee	YANG KEY
Z	Zulu	ZOO LOO

通讯中数字的读法

数字或基数	读音
0	ZE-RO
1	WUN
2	TOO
3	TREE
4	FOW-er
5	FIFE
6	SIX
7	SEV-en
8	AIT
9	NIN-er
小数点	DAY-SEE-MAL
千	TOUSAND

注：上表中用大写字母印刷的音节是为了强调重音：例如，两个音节 ZE-RO 表示同样的重音，而 FOW-er 表示重音在第一个音节上。

除了整千的所有数字都必须逐位念出每个数字。整千数字要先念出千位上的数字，后跟"千"。

数字	读法	读音
10	ONE ZERO	WUN ZE-RO
75	SEVEN FIVE	SEV-en FIVE
100	ONE ZERO ZERO	WUN ZE-RO ZE-RO
583	FIVE EIGHT THREE	FIFE AIT TREE
2500	TWO FIFE ZERO ZERO	TOO FIFE ZE-RO ZE-RO
5000	FIVE THOUSAND	FIFE TOUSAND
11000	ONE ONE THOUSAND	WUN WUN TOUSAND
25000	TWO FIFE THOUSAND	TOO FIFE TOUSAND
38143	THREE EIGHT ONE FOUR THREE	TREE AIT WUN FOW-er TREE

含小数点的数字要按照小数点的读法顺序读出。

数字	读法	读音
118. 1	ONE ONE EIGHT DECIMAL ONE	WUN WUN AIT DAY SEE-MAL WUN
120. 37	ONE TWO ZERO DECIMAL THREE SEVEN	WUN TOO ZE-RO DAY SEE-MAL TREE SEV-en

在读时间的时候，一般只要求读到分钟。但是，如果存在任何可能的混淆时，要加上小时。要使用全球协调时间（UTC）。

附录 F　杰弗逊信息通告——新的进近航图

下面的材料是一份杰弗逊信息通告。在杰弗逊山德森公司的许可下，这里对原文进行了放大复印，不能用于导航。1997 年杰弗逊山德森公司版权所有。

杰弗逊信息通告　DEN 97-M
引入新格式的杰弗逊进近图
1997 年 9 月 19 日

从 1997 年 9 月 19 日开始，在修订版航图中会出现新格式的杰弗逊进近图。新格式是基于"简报进程单"的理念设计的，后面会对该理念进行解释。新格式会首先出现在某些选定的地区。一开始不会将修订版中的所有航图都转换为新格式，但是会逐渐增加新格式的数量。因此，你可能在每一个修订版中都看不到一个新格式的航图。为了兼容，机场航图的标题部分也会做同样的修改。最终，在几年之内，全球使用的杰弗逊进近图和机场航图会全部转换成新格式航图。

新杰弗逊"简报进程单"航图格式是升级航图的可用性和易读性方面持续努力的一个重要部分。杰弗逊与很多航空公司、公司和通航顾客以及广泛的驾驶员和航空组织一起紧密合作开发了此新航图格式，其结果是航图按照飞行员飞行前对程序进行正常简报或复习时的顺序提供最基本的进近信息。新格式综合考虑到了以下方面：

- 人为因素评估
- 进近前标准简报的信息顺序
- 机组资源管理或机组资源管理技巧
- 强调了可用性和易读性

新"简报进程单"进近图格式（续）

在新航图上，所提供的信息基本上是一样的，只是其安排方式是根据对驾驶舱中航图是如何被查阅和使用的人为因素研究来确定的。航图的最上端是地点的名称、程序名称、识别代码和机场的名称，这样，即使航图被驾驶杆的夹子夹住时也能清楚看见这些名称。下一行是按照正常情况下的使用顺序排列的所有无线电通讯频率。第三行是进近前简报信息，包括了基本导航设备、最终进近路线和高度。这一行下面是完整的复飞程序。最低安全高度（MSA）列在其右边。适用的程序性注释在航图标题部分的最后一行。

计划图和剖面图只有一些小的改动，其目的是为了看上去不那么密，能看得更清楚些。

其他值得注意的改变是剖面图下面的内容。根据用途，将转换表放在了此处。其他的新特点包括直接进入跑道的进近灯光的图示以及复飞程序中初始"拉起并飞出"机动（ICON）的图示。

根据多方的要求，在进近图被转换为新版重新发布时，会按照跑道编号重新排序。这种简化的方法是可以理解的，查找某一航图会更加容易。

新格式是几家航空公司和航空组织在此方面所作的巨大贡献，同时也是几千名职业飞行员的共同努力的结果。对顾客的调查显示了全球不同地区的不同背景的飞行员对新航图的积极支持。在此，我们向为此发展曾出力的各方表示我们诚挚的谢意。

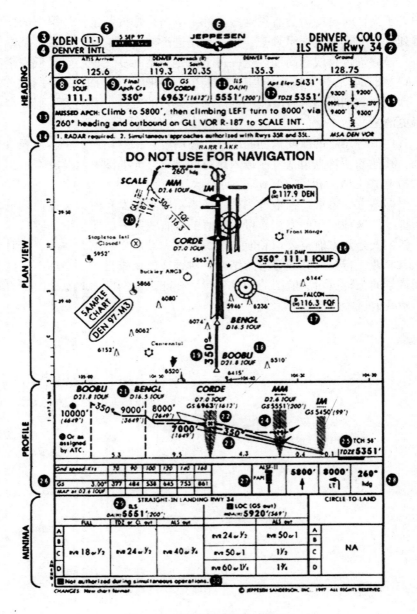

图 F.1 "简报进程单"进近图

新"简报进程单"进近图格式（续）

后面几页是一张样图，并对新格式的一些特点进行解释。

①城市/地点和国家名。

②程序代码。

③杰弗逊导航数据/ICAO 机场代码。

④机场名。

⑤索引号、改版和生效日期。按照跑道编号从小到大顺序排列航图。

⑥标题部分数据的安排避免了驾驶杆夹子的影响。

⑦通讯频率安排在一行上。

⑧基本导航设备。

⑨最终进近路线方向。

⑩精密进近的 OM 位置（或同等）处下滑道高度，或者是非精密进近的最终进近点（FAF）的最低高度。

⑪直接着陆的决断高（度）或最低下降高（度）。

⑫机场和接地区/跑道端的海拔高度。

⑬完整的复飞程序指令。

⑭把适用于程序的注释放在同一位置处。

⑮把最低安全高度（MSA）放在图中同一位置处。

计划图

⑯基本导航设备信息的字体放大，并以粗体表示。

⑰所有导航设备都采用新型框和更细的箭头符号。

⑱与进近程序相关的空域点的名称和标志的字体放大，并以粗体表示。

⑲最终进近路线的方向被放大，并以粗体表示。

⑳formation radials 和次要机场等的信息被省略，让图看上去不那么杂乱。

剖面图

㉑与进近程序相关的空域点的名称和标志的字体放大，并以粗体表示。

㉒OM 位置（或同等）处的下滑道高度或最终进近点（FAF）的最低高度的字体放大，并以粗体表示。

㉓最终进近路线的方向被放大，并以粗体表示。

㉔导航设备和导航点的图标被省略，让图看上去不那么杂乱。

㉕机场和接地区/跑道端的海拔高度字体放大、并以粗体表示。

㉖转换表放在剖面图下面，方便使用。

㉗可用的进近灯光系统和/或目视下降灯光指引设备的图示。

㉘复飞时驾驶员采取措施（"拉起并飞出"）被符号化（也被称做 I-CON）。航图标题部分有完整的复飞指令。

最低天气条件

㉙直接着陆的决断高（度）（DA（H））或最低下降高（度）（MDA（H））字体放大、以粗体表示。

㉚在最低天气条件的最下面通常是适用于着陆最低天气条件的注释。

1997 年 8 月 22 日　　　　（续）　　　　1997 年杰弗逊山德森公司版权所有

附录 G　ICAO 和 FAA CRM 培训的内容

ICAO CRM 培训的内容

沟通

- 文化的影响
- 职责（年龄、机组的职位等）
- 过分自信
- 参与意识
- 倾听
- 反馈

情境意识

- 对周围环境的意识
- 现实与对现实的感觉
- 定位
- 监控
- 失能（部分/全部，生理/心理）

问题解决能力/决策能力/判断能力

- 解决冲突
- 检查（时限内）

领导力/服从力

- 团队建设
- 管理和监督技巧
- 授权
- 过分自信
- 障碍
- 文化的影响
- 职责
- 专业化

- 可信度
- 团队责任

压力管理

- 适于飞行
- 疲劳
- 精神状态

批评

- 飞行前的分析和计划
- 持续检查
- 飞行后

FAA CRM 培训内容

沟通程序和决策行为

- 简报
- 质询/拥护/武断
- 机组自我批评（决定和行为）
- 解决冲突
- 沟通和决策

团队建设和维持

- 领导力/服从力/关心任务
- 人际交往能力/团队氛围
- 工作量管理和情境意识
- 准备/计划/警惕
- 工作量分配/避免注意力受干扰
- 个人因素/减少压力

附录 H　10 种破坏 CRM 项目有效性的方式

1992 年在澳大利亚悉尼曼丽港召开的澳大利亚航空心理协会会议上提出了破坏 CRM 项目最有效的 10 种方式。这些方式的原始清单中包括了以下内容：

1. 不将 CRM 溶入 LOFT、PT 和其他运行训练中；
2. 不能认识到本航空公司文化的独特需求；
3. 让 CRM 狂热者实施整个项目；
4. 忽略研究和数据收集等步骤；
5. 忽视飞行检查员和标准飞行员；
6. 过多的图、框和缩写；
7. 让 CRM 成为一次性项目；
8. 使用流行的心理学和不正常的胡说；
9. 将 CRM 变成治疗；
10. 将 "C" 重新定义为神学。

（Taggart，1993）

附录 I 警觉性管理

以下部分摘自美联航飞行运行手册。它显示了大型航空公司是如何应对警觉性问题和疲劳问题的。在此使用获得了该公司的许可。

"警觉性管理"（对抗疲劳）

必须由保持警觉性的机组成员进行飞行运行，这是最最重要的。飞行运行的特点使得保持警觉是必要的、但同时也是困难的。一天中的任何时候都会有飞行运行，而且还会跨越不同的时区。尽管 FAA 的规章和合同性规定都对飞行时间和值勤时间进行了限制，并对休息期进行了规定，但是要保持高度警觉仅仅有规定是不够的。它要求每一名驾驶员对此做出承诺。

"在飞行之前，很多因素会影响到机组成员的警觉性，包括在家期间和短停期间的睡眠时间和质量、锻炼、营养、一般的健康状况、酒精和药物的使用情况、一般的精神状况和情绪等等。机组成员应当了解哪些对于保持飞行中的警觉性有利、并努力身体力行。尽管上述所有因素都对警觉性有影响，但是不能夸大睡眠的重要性。与食物和水一样，睡眠是生理需要，唯一满足睡眠需求的方式就是睡觉！"

"飞行中，长途航班会给没有飞行任务的飞行员提供在航行中睡觉的机会。在这种情况下，要鼓励机组成员充分利用睡眠机会进行休息。但是大家都知道，备份机组的成员不是飞行中唯一会疲劳的人员。FAA 认识到了这一点，因此，它委托 NASA 进行研究，并成立了政府/行业联合工作小组来'确定在驾驶舱进行预先计划好的休息的可行性……并且，如何可行的话，确定设立这种休息期的标准'。此工作小组重新审查了 NASA 的研究结果，并制订了一个咨询通告草案。FAA 尚未发布此咨询通告。"

附录 J　早期飞行

30 年代前期的报告

下面是 1931 年左右一次真实的无线电通信的副本。对话中，埃德加·埃德森是调度员，弗兰克·克莱斯蒙是驾驶员，现在已故。

埃德森：夏安呼叫克莱斯蒙，264 号飞机，报告位置！

克莱斯蒙：我在 Rock Springs 东 73 英里处。

埃德森：你是如何确认 73 英里的？

克莱斯蒙：因为暴风雪。我在林肯高速公路上着陆。所处位置是一个十字路口，高速公路标牌上标着岩泉 73 英里。一旦暴风雪过去，我就起飞。

一次多事的飞行经历

下面是已故拉尔瑞·雷森机长在 1975 年写给其朋友——已故乔·哈特金森机长的一封信。在退休之前，这两人都是美联航的驾驶员，而且都是早期的运输飞机驾驶员。

1934 年 5 月 30 日，B247 飞机

关于我们在康涅狄格坠机的那次航班，我想告诉你我们是如何让航班上的旅客幸存下来的一些细节。首先要声明的是，这不是原来安排给我的航班。杰克·荷利合作为副驾驶取代了我原来飞往克里夫兰的航班，我被安排到一个小时之后起飞的另一个航班。后来的情况证明了此航班是一场噩梦。

我们于 5 月 29 日的下午 4 点或 5 点离开芝加哥，在克里夫兰着陆。原来的安排是继续飞往纽瓦克，但是那里的天气一整天都很恶劣。因为是副驾驶负责在起飞前检查油量——用油尺插入油箱测量其中的油量——但是考虑到我们需要可以得到的全部燃油，因此

我给油箱加满了油——还有点溢出来——为了确保油箱确实是满了（286加仑）。离开克里夫兰后，我们仅被放行去宾夕法尼亚州的凯勒城。当我们在克里夫兰起飞时，夜幕已经降临。在我操纵飞机在克里夫兰起飞之后，驾驶员约翰·伍尔夫申请放行至纽约艾尔巴尼，这样去纽约的旅客可以更方便地赶上中转的火车。然后我将航向调至前往我左边的克里夫兰至艾尔巴尼的航路，按照前往艾尔巴尼（航路）信标灯光的指引向前飞行。强尼到后面的客舱去呆了好一会儿。在到达艾尔巴尼航线点时，他回来听天气预报。我们在北—南航路附近，该航路在离纽瓦克大约50英里处与我们的航路交叉。预报的纽瓦克天气条件良好，600-1/2。强尼向我示意飞往纽瓦克。

当我们静下心来在自己的航路上飞行时，强尼报告通过了无线电指点标（我忘记了那个应急区域的名字）。这让我们每一个人都很吃惊，因为当时我们应当在艾尔巴尼附近。强尼接过飞机的操纵权。当我们到达纽瓦克时飞机再次下降。纽瓦克跑道有中心线灯光——我认为是每一个灯之间的间隔是200英尺。强尼做得很好，每一次都能让飞机顺利接地（但每一次试图都）在灯光的左侧。我把头探出侧窗，每次都只能看见一盏朦胧的灯。我们也不能长时间待在跑道上，因为跑道另一端的边上就是一个机库。在每一次拉起时，机库的红色警示灯都在表示我们的翼尖刚刚擦过机库。在四次努力后，我们放弃了着陆，回到了云顶，云顶是1200英尺，其上的星星和月亮都很明朗。帝国大厦像令人难堪的大拇指竖在那里。景色很不错。

我们现在只剩下最后一个油箱中的36加仑燃油了。我已经将其他两个油箱的油抽完了。请记住，（B247，NC13334）飞机的发动机一分钟大概要消耗1加仑燃油，因此，我们只有36分钟时间做点什么事情了。当只剩15加仑燃油时，强尼开始让飞机慢慢下降，希望能着陆，并寻找一块平坦的区域——一个苹果园或玉米地——我们不能再挑剔机场了。我把头探出侧窗，寻找地面或其他可以着陆的地方。这时我注意到我这边的螺旋桨发动机后面的

"白帽"。我的想法是我们可是在大西洋上空飞行，没有了燃油，而我不会游泳。我检查了高度显示是 900 英尺。然后我突然意识到"白帽"是树叶的下表面（你知道，树叶的下表面是与螺旋桨喷气上表面类似的浅色）。我赶紧操纵驾驶杆，飞机又重新回到 1200 英尺高度。这是一次勉强的逃脱——后面又有很多次。然后我示意强尼 90°转弯转向海岸，也许我们能够脱离云层的覆盖，找到一个开阔地带。我们向西北飞行，但是就我目力所及之处都是云层。现在，我们只剩下 4~5 加仑的油了。强尼再次开始缓慢地下降高度——我们不知道下面是什么在等待着我们。最后，我看见了下面的灯光——我们在一个城镇的上空。强尼快速地看了一眼，然后告诉我发闪光信号。几秒钟之内，闪光信号在很多房子中间落下。我们继续向前飞了一分钟，强尼要我再放一个闪光信号，但是没有成功。我们撞上了类似于刚关上一部分的管子的什么东西，闪光信号滚到一边去了（我们后来发现，我们差点撞断了离纽瓦克东北 70 英里的 Bethel Conn 小镇的教堂尖塔）。那时，我们只剩下 1~2 加仑燃油了——什么也不能做，只能拉平——直接向前，离开该镇。最后，大约几秒钟之后，燃油压力表的灯亮了。我尽力将头在飞机中向后——也可以说是尽可能长时间地靠着。我们互相说了一句"到此吧"——强尼让飞机尽可能慢地下降，我记得的最后一件事是看见树枝掠过亮着的右侧着陆灯。

当我"醒过来时"，周围安静得像真空。我的第一个想法是"飞行结束了"。我查看自己的左胳膊，好的，我能动，接下来是右胳膊，也能动。我的左腿——不能动，右腿——不能动。然后，我就招呼乘务员，问她是否有事。所有人都在飞机外的地上。乘务员没有事。"你能确定吗？——我能确定——你还好吗？——我还好——两条腿可能断了"。

我们在 1934 年 5 月 30 日午夜 18 分坠机。飞机尾部在客舱门后的地方断裂。它旋转后反转，安定面的末端斜靠在客舱门的右边，因此，旅客可以利用它滑到地面上。坠机惊醒了这个小镇，很多人来到残骸处，并将人员送到 3、4 英里以外的 Danbury, Conn 医院。

同时，男人们试图将残骸从我身上移开，但是却不能把我从断裂的机头部分解救出来。后来，他们从客舱把我拽出来，从飞机尾部把我送出到地面上。然后他们把我垫起来，放到汽车的后座上，把我送到了医院。医院里一派忙碌的景象。没有受重伤的旅客。一名女士断了手指，有些旅客因为撞到了前面的椅背而眼圈发黑。约翰·伍尔夫的前额到后脑勺的头皮有一道长长的割伤。乘务员是一名护士，她发现他的头皮滑向耳下，就将头皮复位，然后用他的帽子盖住头，让血流得慢一些。乘务员的一侧肩膀和一条腿有淤伤。坠机发生后45分钟内，我们都进了医院。在医院，乘务员给公司打了电话。

几天之后，所有的旅客都出院了。约翰·伍尔夫比他们多住了7~10天。我在医院呆了8个半月。两条腿都断了，左膝盖的皮没了，还有很多的割伤和淤伤。在医生断定我没有内伤后，他们在我左大腿骨中放了一个钢板，从胸部向下直到脚底打了全身石膏。3个半月后他们去掉了全身石膏——并取走了钢板，如果我在此后的一个打石膏手术中无法醒来的话，我就死了。这次石膏又是3个半月。在他们取下后，我才开始重新学习走路，这时我的体重也开始慢慢增加。当时我看上去像圣雄甘地——你可以用我的臀骨把我悬挂起来。

当所有这一切都结束之后，事情并不那么糟糕。好医院、好医生、好护士，那里的人都很好。我也得到一些教训——一个人会习惯大多数绝对必要的东西——例如"水泥裤子"。对于那架飞机的残骸，我也萌发了一些想法—关于起飞备降场、保留油量以及到那里以及着陆时。如果我记忆准确的话，我们没有最低天气条件——如果你能到达，可以……没有问题。我也思索应当想想进近灯光等事情。不相信我们在1934年就有这些设备了。无论如何，在每一次坠机事故之后，运行和设备都有所改善。如同你知道的那样，乔，当时的所有东西都很不成熟。你和我，尤其是那些在我们之前的人都在为铺平道路而努力，并倡导改进运行设施和运行方法，让现在这代飞行员更加容易地飞行。我们希望他们一切都顺利。

　　约翰·伍尔夫（由于其头部受伤）再也没有作为美联航的驾驶员飞行。17 个月后，1936 年 12 月 15 日，与妻子搭乘西部 B247 飞机的航班时死于坠机。

附录 K 航空运输中因失能引发的事故精选

1. 有记录以来的最早也是最著名的驾驶员失能之一是 20 世纪 40 年代发生在澳大利亚布里斯班的一次 DC-4 坠机事件。利奥德·布里博士确认驾驶员失能是造成此次事故的可能原因。一段时间之后，一架星座式客运飞机在俄克拉荷马城坠毁。该飞机的驾驶员劳埃德·皮特曼被发现服用了不当的心血管疾病药物。如果他没有向 FAA 隐瞒自己的情况，那么他的心血管疾病应当让他不能飞行。

2. 认识到失能带来的危害并对其进行控制开始于哈利·奥兰迪机长、理查德·哈珀博士和吉欧特格·克得拉博士在 60 年代中期为美联航所做的一项研究。他们制订了两次通话规则来识别隐蔽的或明显的失能。两次通话规则规定：如果驾驶舱机组成员对两次口头通话都没有适当的反应，或者，某机组成员不能适当应对任何口头通话、并且明显偏离 SOP 或标准飞行剖面时，就可以高度怀疑他/她失能了。

他们也制订了以下的四个步骤作为运行中失能的控制规定：

- 保持对飞机的控制；
- 照顾好失能的驾驶员；
- 重新安排驾驶舱人员、并让飞机着陆；
- 计划飞机着陆后的措施。

3. 作为 ICAO 主任医疗官和 ICAO 医疗小组秘书，在利奥德·布里博士检查 ICAO-IATA-IFALPA 对驾驶员失误进行的联合研究项目的进展时，飞行员失能问题得到了官方的注意。布里博士对其"中期检查"所做的结论是：

> ……这意味着：在可预见的将来把认识到驾驶员值勤期的失能作为航空运输行业一个不变的考虑，这是一个建议性的而不是失败的医学立场。此外，在判断实际上能保持的安全水平时……设计、管理、运行、培训和执照颁发规定都有必要充分考虑到驾驶员失能。通过这些认识才能满意地全面控制这个令人不快但并不难处理的问题。

这些是先知性语言。在此结论发布时，这是革命性的语言。最终导致了驾驶员执照颁发标准的重大修改。行业和规章制订当局不再认为驾驶员失能是比航空器及其系统的设计能控制的其他紧急情况更重要的紧急情况。认识到这句话中的内在逻辑，现在，英国对单一机组飞行的驾驶员适用的医疗标准比多人机组的驾驶员以及其航空公司实施了失能训练的驾驶员的标准更加严格。

4. 明显失能是那些立即就能被其他机组成员所识别出的失能。他们可能突然发生，通常是长时期的，可能造成完全失去能力。驾驶舱内驾驶员死亡是最引人注目的明显失能。在美国，1956 年至 1966 年期间有 15 名飞行员在飞行中死亡。1982 年有 3 起死亡——此年是最容易获得数据的最近的一年。其中最年轻的飞行员死时仅 47 岁。

5. "隐蔽"失能比"明显"失能发生的频率要高得多。通常不被报告，部分原因是由于其特点、通常是瞬时现象——持续几秒钟到几分钟。他们很阴险，因为失能的驾驶员看上去很健康、并继续操纵飞机、但是其大脑功能已部分丧失。驾驶员不会清楚他/她自己的问题，也不能理性地评估这种情况。有很多的原因会诱发隐蔽失能。

6. 1972 年 5 月 18 日，英国航空公司一架三叉戟式飞机在斯太恩斯坠机，导致 118 人丧生。官方报告说："Key 机长反常的心脏情况使其注意力不能集中、并削弱了其判断力，这些足以让他容许速度差错、并且错误地收起、或试图收起襟翼，"以及"缺乏'隐蔽失能'可能性方面的训练"。隐蔽失能导致了严重的运行问题。

7. 后来成为英国苏格兰航空公司的医疗主管的彼得·查普曼博士研究了（1965—1981）17 年间 IATA 48 家航空公司的空中运行经历。他发现失能的报告次数从 1965 年 4 起增加到 1977 年的 27 起。他还对飞行最关键时期的失能模拟进行了综合研究，并确认能通过充足的训练来有效控制失能问题。

8. 在问到是否有可能在航空公司运行中采用一人制机组时，退役的 FAA 试飞员伯克·格林尼和吉姆·里奇蒙德回答说：

只要 FAR25 部附录 D 要求考虑到驾驶员的失能或离开，就不可能批准一名驾驶员的驾驶舱或只采用一名驾驶员进行运行。我们在驾驶员健康方面的经验告诉我们目前的要求是正确的。因为失能要求，现在所有的驾驶舱设计都允许一名驾驶员进行基本和正常的飞行操纵，但是会继续要求驾驶舱的设计完全适合两名驾驶员的操纵。

附录 L　乘务员必须报告的 23 种情况

1. 当发生侵犯性活动时（例如，炸弹威胁或劫机）；
2. 当违反了保安程序时；
3. 当客舱准备好紧急着陆时；
4. 当通讯系统（例如，PA、录像设备或呼唤铃）失效或损坏时；
5. 当飞机释压时；
6. 当遇到破坏性旅客时；
7. 当应急设备不能使用或不见了时（也要通知机长）；
8. 当发生了紧急着陆时；
9. 当航空器实施了应急撤离时；
10. 当客舱出现火/烟/雾时；
11. 当客舱出现危险物品时；
12. 当遇到醉酒的旅客时；
13. 当折叠座椅损坏或不能使用时；
14. 当厕所的水外溢时；
15. 当潜在的危险会导致乘客或乘务员受伤时。例如，破损的地毯或坏的手推车；
16. 当出现有必要强制执行 FAR 的问题时；
17. 在不得干扰驾驶舱期间发生安全问题对驾驶舱进行干扰时；
18. 当遇到明显的颠簸时；
19. 当因不注意而放下滑梯时；
20. 当厕所烟雾探测器报警或被破坏时；
21. 当由于旅客吸烟导致事故征候时（必须完成 CSR 第 17 节的规定）；
22. 会降低安全标准的任何事件；
23. 能为提高客舱安全提供有用信息的任何事件。

（摘自美国航空公司安全热线，1998 年 6 月）

一共给乘务员规定了 23 种强制报告事件。"尽管有些情况下还要填写 ASR［航空安全报告］，飞行乘务员的观点对于保证全面看待问题来说是非常必要的"。

附录 M　从新视角看 93 起重大事故的 原因及其所占比例

93 起重大事故的原因及其所占比例

33%	驾驶员偏离基本操作程序
26%	第二名机组成员交叉检查不充分
13%	设计缺陷
12%	维护和检修不足
10%	没有进近指南
10%	机长没有理会机组成员的意见
9%	ATC 失误或差错
9%	在不正常情况下，机组成员未正确响应
9%	其他
8%	天气信息不充足或错误
7%	跑道危险
6%	ATC/机组通讯问题
6%	驾驶员没有意识到需要复飞
5%	没有安装 GPWS
5%	重量或重心错误
4%	使用的导航程序存在缺陷
4%	驾驶员失能
4%	驾驶员技术不好
3%	复飞时，驾驶员使用了不正确的程序
3%	训练飞行时发生的机组差错
3%	驾驶员没有接受过立即响应 GPWS 命令的训练
3%	当跑道在 MDA 或 DH 下不可见时，驾驶员未能安全着陆或复飞
3%	运行程序没有要求使用可用的进近导航设备

3%   机长没有驾驶此机型的经验

93 起事故中的飞行机组原因及其比例

33%   驾驶员偏离基本操作程序

26%   第二名机组成员交叉检查不充分

10%   机长没有理会机组成员的意见

9%   在不正常情况下，机组成员未正确响应

6%   驾驶员没有意识到需要复飞

4%   使用的导航程序存在缺陷

4%   驾驶员失能

4%   驾驶员技术不好

3%   复飞时，驾驶员使用了不正确的程序

3%   训练飞行时发生机组差错

3%   驾驶员没有接受过立即响应 GPWS 命令的训练

3%   当跑道在 MDA 或 DH 下不可见时，驾驶员未能安全着陆或复飞

3%   运行程序没有要求使用可用的进近导航设备

3%   机长没有驾驶此机型的经验

与遵守标准运行程序直接相关的事故原因比例

33%   驾驶员偏离基本操作程序

26%   第二名机组成员交叉检查不充分

6%   驾驶员没有意识到需要复飞

3%   驾驶员没有接受过立即响应 GPWS 命令的训练

3%   运行程序没有要求使用可用的进近导航设备

　　这些数据摘自一篇标题为"从新视角看事故原因以及运行和训练程序的意义"的论文。这篇论文是波音商用飞机公司的里卡德·L·西尔斯在 1985 年 11 月马萨诸塞州波士顿举行的第 38 届国际飞行安全基金航空安全研讨会上发表的。

附录 N ICAO 的 13 期人为因素周刊清单

人为因素周刊第 1 期	人为因素基本概念
人为因素周刊第 2 期	驾驶舱资源管理（CRM）和面向航线的飞行训练（LOFT）
人为因素周刊第 3 期	运行人员的人为因素训练
人为因素周刊第 4 期	ICAO 人为因素研讨会学报（1990 年 4 月，列宁格勒）
人为因素周刊第 5 期	飞行驾驶舱高级技术中的自动化对运行的意义
人为因素周刊第 6 期	人机工程
人为因素周刊第 7 期	事故和事故征候调查中的人为因素
人为因素周刊第 8 期	空中交通管制中的人为因素
人为因素周刊第 9 期	ICAO 第二次飞行安全和人为因素研讨会学报（1993 年 4 月，华盛顿特区）
人为因素周刊第 10 期	人为因素、管理层和组织
人为因素周刊第 11 期	CNS/ATM 系统中的人为因素
人为因素周刊第 12 期	航空器维修和检查中的人为因素
人为因素周刊第 13 期	ICAO 第三次全球飞行安全和人为因素研讨会学报（1996 年 4 月，奥克兰）

ICAO 分别以英语、法语、俄语和西班牙语出版以上人为因素周刊。可以将订单发到以下任何一个地址，汇款可以是美元，也可以是接受订单国家的流通币种。

Document Sales Unit

International Civil Aviation Organization

1000 Sherbrooke Street West, Suite 400

Montreal, Quebec

Canada H3A 2R2

埃及   ICAO Representative, Middle East Office, 9 Shagaret E1 Door

	Street, Zamalek 11211, Cairo.
法国	Representant de l'OACI, Bureau Europe et Atlantique Nord, 3 bis, villa Emile-Bergerat, 92522 Neuilly-sur-seine (Cedex).
印度	Oxford Book and Stationery Co., Scindia House, New Delhi, or 17 Park Street, Calcutta.
日本	Japan Civil Aviation Promotion Foundation, 15-12, 1-chome, Toranomon, Minato-Ku, Tokyo.
肯尼亚	ICAO Representative, Eastern and Southern Office, United Nations Accommodations, PO Box 46294, Nairobi.
墨西哥	Representante de la OACI. Oficina Norteamerica, Centroamerica y Caribe, Apartado postal 5-377, C. P. 06500, Mexico, D. F.
秘鲁	Representante de la OACI. Oficina Sudamerica, Apartado 4127, Lima 100.
塞内加尔	Representante de l'OACI, Bureau Afreque occidentale et centrale, Boite postale 2356, Dakar.
西班牙	Pilot's, Suministros Aeronauticos, S. A., C/Ulises, 5-Oficina Num. 2, 238043 Madrid.
泰国	ICAO Representative, Asia and Pacific Office, P. O. Box 11, Samyack Ladprao, Bangkok 10901.
英国	Civil Aviation Authority, Printing and Publications Services, Greville House, 37 Grantton Road, Cheltenham, Glos., GL50 2BN.

附录 O　多重文化背景下合格审定中的人为因素

哈利·W·欧兰德和罗伯特·B·巴恩斯著

　　世界范围内，如果全球各地区的航空运输业都要完成预计的增长，就要更多地意识到需要更多地重点考虑现代运行中的人为因素。这对于进一步提高进行合格审定程序的航空运输行业现有的良好安全记录非常有必要。运行安全是此合格审定中的固有组成部分。

　　从历史上来看，如果新飞机和新航空系统是为全球市场设计的，其设计就要满足美国、英国或欧洲相应规章的规定，并在这些规章下通过合格审定。未参加初始合格审定的那些国家并不承认这项审定。因此，即使是主要的合格审定国进行的审定也不能保证某一飞机或系统不做任何改变就会为全球所接受。其他国家有他们自己的、有时候是额外的要求，这些是他们认为是其国家主权的重要组成部分。

　　一个著名的例子是组成联合航空当局（JAA）的 27 个欧洲国家所制订的互惠标准化。JAA 的成就包括颁布了几部联合航空要求（JAR）。ICAO 领导着消除多重合格审定的活动，因为多重合格审定往往非常昂贵。ICAO 奋斗在简化合格审定程序的活动（有时候被称作一致化）的最前沿。

　　毋庸置疑，提高航空运输运行安全是全球性的挑战。合格审定和与其相关的培训是该挑战中重要的组成部分。虽然急切需要，但是双重或多重文化下的合格审定让合格审定和安全程序愈加复杂，原因有如下所述。

　　主要原因之一是必须在每一个国家和航空公司的实际运行环境中考虑合格审定中的安全问题。各主权国家的这些环境会有极大的差别。尽管有差别，但并没有改变我们的目标。

　　只要飞机或部件通过了合格审定，被某一运营人购买后，该新飞机和部件就必须按照运营国的规章要求日复一日地在该国安全和有效地运行。在有些情况下，它必须在与设计者或制造厂商所处环境极其不同的环境下运行。

　　各个国家及其航空公司不会以相同方式运行。很多国家有不同的规章和不同的基础设施。这些都不能让双边或多边合格审定问题变得更加容易解决。

双边或多边合格审定是一个越来越常见的现象。例如，目前美国有 27 个双边合格审定，并且有更多的此类双边正在制订中。这不仅仅涉及不同文化和不同规章规定的各个国家，最终还会涉及拥有不同运营理念的各个航空公司。

最近，此问题在欧洲变得更加复杂，欧盟（一个有欧洲国家参加的逐渐发展壮大的政治组织）近日宣布其成员国签订的所有双边协议不再有效——只有欧盟有权签署此类协议。这个问题已经超出了合格审定的范畴。15 个欧盟成员国均是 JAA27 个成员国中的一员。虽然这主要是个政治问题，但是它会导致运行和合格审定方面的严重问题。

目前的航空运输合格审定

目前，语言和文化差异在全球的航空运输运行中起着越来越重要的作用。如果希望新飞机或部件的运行成功，在合格审定和训练过程中就必须认识到这些差异。关注此问题的米卡·恩德斯利博士曾经写道：

> 大多数设计指南都适用于部件——计量表、控制杆或椅子的设计。但是，很多人为因素问题与如何将这些部件组合在一起、在某些用户人群的某些任务下相互之间如何磨合等相关。某一系统设计结构的可接受性评估是不会在真空中进行的。合格审定必须从根本上考虑系统如何作为整体使用、各种部件之间如何配合完成系统功能以及谁会使用这些系统等问题。这要求完全理解被测试的系统的计划（或可能）用户。

> (Endsley，1994)

目前的合格审定既考虑到测量和标准方面的传统工程理念，也考虑到更加复杂的个人行为问题。尽管合格审定中的技术方面是相当简单易懂的，但是很多的行为问题就不那么简单易懂了。不同国家的当局之间确实存在着不同之处。

我们的世界是越来越互相依赖的世界。我们行业在这种相互依赖中承担着重要职责，这种职责使得参与合格审定的各方不仅要完全理解本国的合格审定过程，还要完全理解其他国家的合格审定过程，此事至关重要。每个国家的文化影响着其合格审定过程，从而影响到审定过程的一致化。跨文化合作是一个关键的因素。

运行程序和训练的重要性

运行程序和训练是合格审定过程中一个重要组成部分。他们必须与用户的运行文化和环境相适应。我们要避免在以下情况使用性能良好的飞机或部件：非最恰当程序、人员没有接受过充足的训练而无法安全、有效地使用设备。不幸的是，这类事情确有发生。不可避免的结果是低性能，从而让人们认为此新设备设计不良。这不是问题之真正所在。真正的问题是很简单，训练不足或者是两者（设备设计不良和训练不足）同时存在。

无论飞机或部件的设计国是谁，设计这些飞机或部件的目的都是完成某些任务。参与设计的工程师们经过高度的专业训练，并且清楚地了解有效使用其设计所需要的技能和知识。但是，这还不够。设计的工程师们还要考虑到将要在其使用运行环境下安全和有效操纵这些新设计进行日常运行的驾驶员所具备的技能、知识和经验。

后面一点特别关键。参与设计和合格审定过程的任何人都不能假设所有的驾驶员都具备设计国驾驶员所具备的技能和知识水平。A国能完全接受的训练的大纲可能在B、C、D等国都不被接受。必须严肃认真地考虑预期用户的文化准则和经验以及新设计将要运行的环境。在各个国家，解决这些差异和确保安全运行所必需的训练会有相当大的差异。

语言很重要，因为字、词和概念通常都不能得以确切翻译。如果要在非原始设计和制造国使用这些飞机或部件，必须认识到国家、规章和组织的文化对航线运行的影响。

简单地将英语作为国际航空界的通用语言并不能解决这些问题。我们都看到过这样的情况，一名教员用学员的非母语语言讲课，虽然有很多人在肯定的点头，但这种点头很少与学员已经理解了讲课的内容相关。

跨文化训练的一次真实挑战

最近，作者参加了一项旨在解决文化问题的活动。俄罗斯联邦向美国

FAA 提出要求，请 FAA 帮助其通过美国对四发喷气式飞机 IL-96T 的合格审定。此次合格审定包括了将飞行机组定员从原来的 3 人减至 2 人。

这项明显而简单的任务真正是一个复杂的挑战，因为它牵涉到了两种完全不同但同样高度复杂的技术文化和两种差异极大的语言。

我们被要求为直接参与合格审定的俄罗斯航空合格审定官员、设计工程师和试飞员开一个为期两周的研讨会。俄方的参与人员在其国家的航空行业中非常有资质，同样也非常符合美国的标准。但是，他们几乎不会说英语，很难理解美国（或西方）的工程或航空运输运行文化。

召开跨文化研讨会

计划为解决跨文化挑战而召开的研讨会的主要目的是让所有参与人员在研讨会结束时确实能够演示出他们应用美国最低机组人员配置和工作量方面合格审定的规章要求的能力。

我们认为这样一个焦点集中的熟练性演示是有必要的，因为这可以设计具体的训练目标，然后随着计划的进展，逐步对训练效果进行衡量。这与那种直接进行的技术讲座有相当大的不同，在那种讲座中参与人员很少有机会与新的不同理念进行互动，但不幸的是那种讲座更加流行。我们采用的方法的另一个大好处是通过每天留给学生的作业可以让我们完全了解他们面临问题和困难的原因。

设计该研讨会的一个前提是：人们使用母语工作会比被强迫在一般的直接语言翻译下工作感到更加舒服、并且思考更加积极。同样，如果他们能用母语提出其讨论和商议的结果，他们所做结论的质量就不会受到其语言能力的负面影响了。

该研讨会的一个关键支持因素是一本综合的学员双语工作手册。该手册中包括了两周研讨会中所有专题的全部课程要点和补充信息，其中还有每天的作业和额外的参考资料。一页内容是作者的母语英文，另一页就是同样内容的俄语对照版。每一页都编有页码，所以不会误解所讨论的基本信息。此外，所有的讲座和课堂讨论都有翻译，翻译工作由两名母语是俄语的两名航空专业翻译完成。我们发现：熟悉两国航空问题和术语的高水平翻译对于此次研讨会的成功极端重要。这两名翻译与讨论负责人或讲课人一起工作，成为日常教学/辅导小组的成员。

研讨会的组织安排使得人员能全面参与研讨而不仅是记笔记。其目的是在研讨会结束时，每一名参与者都能够：

- 演示其对美国最低机组定员合格审定的必需步骤的理解；
- 确定美国最低机组定员合格审定中 FAA 和申请者双方各自的关键问题；
- 找出并使用适用的美国规章、咨询通告、研究程序；
- 设计和实施一个机组工作量基本分析计划。

两周内，研讨会在教室里进行了 80 个小时。每一名参与者的日程安排都很紧张，而且他们都非常努力。在第一周中，向他们介绍了美国机组理念的发展过程，现在该理念已经是合格审定的一个必不可少的组成部分。研讨会向他们提供了历史参考资料，让他们能够理解美国目前的合格审定政策是如何发展而来的，以及为什么会发展成如今这样。

这些背景信息中的一个重要部分就是介绍我们的，至少是在美国，机组资源管理训练的情况。尽管，有些国家对 CRS 的叫法不同，我们认为 CRS 原则已为全球所接受。目前，CRM 是美国合格审定中一个重要事项。我们利用对 CRM 基本原则进行的讨论来帮助参与者理解人与人之间、团体与团体之间的沟通是如何影响我们商用飞机的设计、合格审定和运行的。

两个星期的研讨会之后，俄罗斯的参与人员被分成了两个小组，分别解决不同的具体问题。然后，每一个小组用俄语向大组汇报他们建议的解决方案。在他们进行介绍的同时，我们听了翻译的内容，并给出了意见。这使得所有的俄罗斯参与人员和他们的美国辅导者们就不同的方案建议进行了意义重大的相互讨论。

获得的经验教训

用一页英文、一页俄语的方式编写跨文化工作手册是值得花时间和精力的。很快，大家发现，手册明显有助于参与人员理解用其母语所写的作业并对不同的可用方案产生反应。这被证明是一个能解决复杂文化问题而不会将情况复杂化的有效手段。没有多次翻译的过程。这对让参与者与合格审定基础理念进行亲密接触非常重要，因为这些参与人员在回国后要将这些理念融入他们自己的文化中去。

对于我们给予他们的挑战和我们使用的方法，俄罗斯参与人员的反应也很好。毋庸置疑，让他们用母语工作帮了他们大忙。在研讨会后召开的总结会上（也在俄罗斯开了一次），参与人员的意见表明研讨会达成了其目的，这是一次非常有用的研讨会，极大地促进了他们回国后的重要工作。

作者把从此次研讨会获得的基本经验教训总结如下：

- 当前的合格审定既要包括传统的工程理念，还要包括扩展的人为因素；

- "扩展的"人为因素包括整个社会文化（例如，国家文化、规章文化、公司或组织文化），并且这些都应当是合格审定中不可或缺的组成部分；

- 驾驶员的训练和程序的适当性以及飞机或部件的运行环境必须是合格审定中不可或缺的组成部分。

在这个快速发展变化的世界、也是一个越来越依赖安全、可靠和有效的航空运输的世界中，这三个基本规则是很重要的理念。

如果制造厂商或原合格审定当局所提供的训练程序不能完全满足新飞机或设备的购买者的需要，非制造国的各航空公司可以通过为其关键运行的训练人员召开一次专门的研讨会来处理双重或多重文化的问题。这样的方法可以让关键人员全面了解和实施新飞机和新设备的运行前提，并让他们能确保将来操纵飞机的这些驾驶员对这些前提的理解和实施。如果由于某种原因，存有问题的国家不能开这样的研讨会，新飞机或新系统的运营人绝对有必要召开这样的研讨会。研讨会的结果必须是操纵这些新飞机或新系统的驾驶员接受过训练，这些训练让他们在日常的航线飞行运行中安全有效地操纵这些飞机或系统。

合格审定

合格审定是规章规定中的一个重要部分，受国家规章文化的直接影响。除非被合格审定过，或至少被国家官方批准，否则飞机不能在该国的境内起飞和着陆。这是个政治问题，因为运输航空是一个几乎涉及全球所有国家的国际性行业。

历史上，如果新飞机或新航空系统是为全球市场设计的，就极其希望它们的设计能满足美国或英国的合格审定要求。尽管英国和美国的要求之间存在着某些差异，这些差异在缓慢而艰难地减少，但是两个国家的要求中都意义重大地承认了现代人为因素。即使是这样的合格审定也不能确保新飞机和新系统在没有任何改变的情况下就会为全球所接受，因为其他国家有他们自己的、有时候是额外的一些要求。

关于合格审定的一个简单事实是很多国家没有足够的资源或专门知识来处理合格审定中出现的一些问题。这是迫使其他国家接受某一个拥有成熟合格审定能力的国家所进行的合格审定、或由类似于 JAA 的组织所进行的合格审定的另一个原因。今天，通过签订互惠协议来完成此项接受。达成互惠协议是一个非常痛苦的过程，尤其是国家之间存在语言或文化差异时尤甚。当我们考虑这些问题时，应当记住各个国家对其领土之上的空域所拥有的主权，以及他们在谨慎地捍卫着此项权利。

参考资料

[1] Adam, C. F., Barnes, R., Orlady, H., and Ostrovsky, Y. (1996). 'Human Factors in the International Certification of Transport Category Aircraft', presented at ICAO Third Global Flight Safety and Human Factors Symposium, April 1996, Auckland.

[2] Barnes, Robert B., Orlady, Harry W., and Orlady, Linda M. (1996). 'Multi-Culture Training in Human Factors For Transport Aircraft Certification', presented at ICAO Third Global Flight Safety and Human Factors Symposium, April 1996, Auckland.

[3] Endsley, Mica R. (1994). 'Aviation System Certification: Challenges and Opportunities', in *Human Factors Certification of Advanced Aviation Technologies*, Embry-Riddle Aeronautical University Press, Daytona Beach, Florida.

[4] Maurino, D. L. and Galotti (1994). 'The Point of View of the International Civil Aviation Organization (ICAO)', in *Human Factors Certification of Advanced Aviation Technologies*, Embry-Riddle Aeronautical University Press, Daytona Beach, Florida.

[5] Orlady, Harry W. (1994). 'Airline Pilot Training Programmes Have Undergone Important and Necessary Changes in the Pase Decade', *ICAO Journal*, April 1994, Montreal.

附录 P　FAA 体检标准——1995 年 9 月 16 日起生效

——摘自《航空体检医生指南》

体检合格证	一级	二级	三级
驾驶员执照类别	航线运输驾驶员	商用驾驶员	私人驾驶员
远视力	单眼远视力不论矫正与否必须达到 20/20 或更好		单眼远视力不论矫正与否必须达到 20/40 或更好
近距离视力	16 英寸处测量，单眼近距离视力不论矫正与否必须达到 20/40 或更好（Snellen 同等）		
中距离视力	16 英寸处测量，单眼中距离视力不论矫正与否必须达到 20/40 或更好（Snellen 同等）		无要求
色觉	能够辨别出航空人员履行安全职责所必需识别的颜色		
听力	在安静的房间内距离 6 英尺远处，背对着能用双耳能听清正常的谈话，或者通过下面的听力测试		
听力测试	口语语音听力测试：一耳至少要达到 70% 的分数		

听力测试	纯音听力测试：无辅助设备，损失不能超过以下规定			
		500HZ	1000HZ	2000HZ	3000HZ
	最好	35Db	30Db	30Db	40Db
	最差	35Db	50Db	50Db	60Db

耳鼻喉科（ENT）	没有眩晕、说话障碍或平衡障碍等能证明或相当有理由认为能证明存在耳部疾病或状况		
脉搏	没有不合格标准。用来确定心脏系统的状况和敏感度		
血压	没有明确的标准。一般医学标准的高血压。参见《航空体检医生指南》		
心电图	35 岁首次做，40 岁后一年一次	没有常规要求	
精神状态	没有精神病症、精神分裂症或严重的病态人格		

体检合格证	一级	二级	三级
物品依赖和滥用	诊断为"物品依赖"或曾经的相关治疗历史为不合格，除非有满足联邦航空外科康复（Federal Air Surgeon of recovery）医疗证明，包括至少最近两年持续戒断。最近2年一直"物品滥用"为不合格。"物品"包括酒精和其他毒品，例如，PCP、镇静剂和安眠药、麻醉剂、大麻、可卡因、鸦片、安非他命、迷幻剂和其他影响精神的毒品或化学品		
不合格的情况	如果申请人有下列病史，体检医生必须认定其为不合格： 1. 要求进行降血糖药物治疗的糖尿病； 2. 心绞痛； 3. 曾经因冠心病接受过治疗，或者没有治疗、但发过病或有临床症状； 4. 心肌梗塞； 5. 贲门瓣移植； 6. 永久性心脏起搏器； 7. 心脏移植； 8. 精神病； 9. 分裂症； 10. 病态人格，严重到重复而明显的行为； 11. 物品依赖； 12. 物品滥用； 13. 癫痫症； 14. 无法满意解释其原因的失去知觉； 15. 无法满意解释其原因的神经系统暂时失控		

附录 Q. 航空网站精选

　　下面是作者发现特别有用的一些网站。此处并不想列出一个没有任何遗漏的清单，只是想给读者提供一些可以继续探询的领域和一些可用的资源。这些网站上的信息会经常更新，通常是最新可用的信息。相关的链接特别有帮助。因为现在的互联网上有相当大量的可用信息，所以有必要注意以下两点：首先，有些数据可能代表了某些作者独特的观点，应当将其作为作者的独特观点看待；其次，有些信息是还未经科学研究和/或证实过就发布在网站上了。

Ⅰ. 政府组织和联邦各部门

　　A. FAA 人为因素：http：//www. hf. faa. gov/

　　B. Fedworld 信息网：http：//www. fedworld. gov

　　C. 德国国家航天研究中心（DLR）：http：//www. dlr. de

　　D. IATA：http：//www. iata. org

　　E. ICAO：http：//www. icao. org

　　F. NASA：http：//www. nasa. gov

　　G. NASA 的 ASRS：http：//www-afo. arc. nasa. gov/asrs/

　　H. NTSB：http：//www. ntsb. gov

Ⅱ. 新闻来源和出版商

　　A. Ashgate：http：//www. ashgate. com

　　B. Aviation Week & Space Technology：http：//www. aviationweek. com

　　C. Aviation Week Safety Resource：http：//www. awgnet. com

　　D. Aviation International News：http：//www. ainonline. com

　　E. 新闻和数据库来源：http：//www. avweb. com

　　F. CRM Industry Developers Group：http：//www. caar. db. erau. edu/crm

　　G. 新闻和数据库来源：http：//www. landings. com

　　H. Professional Pilot magazine：http：//www. flightdata. com/propilot

Ⅲ. 制造厂商和销售商

　　A. 波音飞机公司：http：//www. boeing. com

B. 空客公司：http：//www. airbus. com

C. 杰弗逊公司：http：//www. jeppesen. com

Ⅳ. 协会

A. 航线运输驾驶员协会（ALPA）：http：//www. alpa. org

B. 机场运营人和驾驶员协会（AOPA）：http：//www. aopa. org

C. 澳大利亚航空心理学家协会（AAvPa）：http：//vicnet. au ~ aavpa/

D. 欧洲航空心理学家协会（EAAP）：http：//www. eaap. com

E. EUROCONTROL：http：//www. eurocontrol. fr

F. 飞行安全基金会：http：//www. flightsafety. org

G. 人为因素和人机工程协会：http：//hfes. org

H. 国际航空安全调查员协会（ISASI）：http：//awgnet. com/safety/isasi. htm

I. 国家商业航空器协会（NBAA）：http：//nbaa. org

J. 皇家航空协会：http：//raes. org. uk

K. 汽车工程师协会：http：//www. sae. org

Ⅴ. 航空大学的网站

A. Granfield 大学：http：//www. cranfield. ac. uk/coa

B. Embry-Riddle 大学：http：//www. db. erau. edu/

C. 伊利诺伊州大学：http：//aviation. uiuc. edu

D. 麻省理工学院（MIT）：http：//www. mit. edu

E. 俄亥俄州州立大学：http：//aviation. eng. ohio-state. edu

F. Purdue 大学：http：//www. tech. purdue. edu/at/

G. 北达科他州大学：http：//www. aero. und. edu/Academics/Aviation

H. 得克萨斯大学：http：//www. psy. utexas. edu/helmreich/nasaut. htm

缩写和缩略语表

  以下的缩写、缩略语、字、词或短语是选自众多的参考资料，并做了某些修改。这些参考资料包括：航空运输协会（ATA）的《航空公司手册》、查尔斯·比林斯的《自动化：寻求以人为中心的解决方案》、比尔·甘斯顿编写的简氏《航空字典》、波音的《术语表：航空中的人为因素》以及 SAE G-10 FAA 主持编写的《航空人为因素工程师术语表》（ARP 4107）。

  本术语表的目的是帮助那些不太熟悉这些术语的读者更加理解本书的内容。但是，书中使用到的很多术语没有在此表中列出，本表并不包括一切，不能被认为是权威性资料。

AC	咨询通告（Advisory Circular）。由 FAA 颁布，其目的是就某些专题给行业以指导。AC 不是强制性的，不是规章，只是指导材料。
ACARS	航空器寻址通信和报告系统（Aircraft Communications Addressing and Reporting System）。
ACAS	机载防撞系统（Airborne Collision Avoidance System）。ICAO 术语，指安装在商用喷气式飞机上搜索其他飞机的出现、并向驾驶员发出警告的系统。与美国的 TCAS 实质上完全相同。EURO-CONTROL 和其他国际使用 ACAS 一词。参见 TCAS。
ADM	航空决策（Aeronautical Decision Making）。
ADS	自动相关监视（Automatic Dependence Surveillance）。按照时间间隔自动向地面基站提供航空器的位置、高度和速度向量数据。
ADS-B	按照时间间隔自动报告航空器的位置、高度和速度向量数据，

为其他航空器或地面用户提供显示。它是一种高级 ADS，其功能的实现要求数据链的支持。

ADVTCH　先进技术航空器（Advanced Technology Aircraft）。也被称作玻璃驾驶舱航空器。

AGARD　宇航研发顾问小组（Advisory Group for Aerospace Research and Development）。AGARD 成立于 1952 年，其目的是"促进和提高北大西洋公约组织成员国之间交换宇航研发相关信息，从而可以使某一国家取得的进步可以为其他国家所用。"

AIM　驾驶员资料手册（Airman's Information Manual）。FAA 针对实践驾驶员的一份出版物。AIM"用于提供美国国家空域系统（NAS）内的基本飞行信息和 ATC 程序。其中的信息与美国发行的国际性航行资料汇编（AIP）内容相同。"

ALPA　航线运输驾驶员协会（Air Line Pilots Association）。ALPA 是全球历史最长、规模最大的职业驾驶员协会。大多数美国航空公司的驾驶员都是该会会员。最大的例外是美利坚航空公司，它的大约 8000 名驾驶员是另一个规模较小的驾驶员协会——驾驶员联合会（APA）的成员。ALPA 有一个非常积极的工程和安全部门，在美国所有的合格审定和其他与安全相关的活动中起着重要作用。1997 年 2 月，加拿大航线运输驾驶员协会（CALPA）与 ALPA 合并。从那时起，ALPA 是北美地区唯一的 IFALPA 的成员，IFALPA 是航线驾驶员协会国际联合会。

APA　驾驶员联合会（Allied Pilots Association）。该联合会代表着美利坚航空公司的驾驶员。

AQP　FAA 高级资质项目（The FAA's Advanced Qualification Program）。通过改进训练和评估来提高航空安全的创新性项目。为响应航空器技术、运行和训练方式的改变而设计了 AQP。

ARINC　航空无线电公司（Aeronautical Radio, Incorporated）。为航空承运人和其他订户提供国际、国内数据传输和接收、传送服务，并根据用户的要求进行专门的研究。为美国 FAA 提供大量服务。

ARTCC　航路交通管制中心（Air Route Traffic Control Center（US））。也

被称作航路中心（En Route Center）。为识别和指挥航路飞行的飞机所必需的空中交通管制员和设备提供场所。

ARTS Ⅲ 　　自动雷达终端系统Ⅲ（Automatic Radar Terminal System Ⅲ）。能够使用 MSAW ARTS III 的高级自动雷达终端系统（第三代），由 FAA 研发成功，主要在美国使用。

ASAP 　　航空公司安全行动合作系统（Airlines Safety Action Partnership）。在 ASAP 中，以电子数据格式收集来自美利坚航空公司驾驶员的差错报告和其他运行安全数据，然后被去标。由来自 FAA、美利坚和驾驶员联合会的代表组成的联合委员会每一周对数据进行一次检查。

ASCENA 　　ASCENA 是一个公共的安全组织，代表着西非的法语国家。它负责提供 24 个国际机场和 100 个国内机场的导航服务。

ASES 　　航空安全信息交换系统（Aviation Safety Exchange System）。ATA 主办的交换航空安全数据的系统，在 GAIN 下很有用。

ASRS 　　航空安全报告系统（Aviation Safety Reporting System）。美国的非惩罚性事件报告系统。在过去 23 年中，由 NASA 成功管理。目前，每年大约收到 32000 份报告（事件和其他与安全相关的事项）。由 FAA 提供大部分资金。FAA 从未干扰过 ASRS 的运转，这使得 ASRS 系统得以继续存在，并为航空界所接受，成为一个高效的非惩罚性航空安全信息资源。

ATA 　　美国航空运输协会（Air Transport Association of America）。由美国的航空公司在 1936 年成立，关注航空运输安全、会对航空公司产生影响的国家的法律和规章以及会对航空公司产生连带影响的其他事务。它是航空承运人的行业性组织。

ATC 　　空中交通管制（Air Traffic Control）。由塔台和航路交通管制中心为航空器活动提供战术性管制。FAA 管理美国的所有空中交通管制。

ATM 　　空中交通管理（Air Traffic Management）。FAA 计划用于管理美国的空中交通的系统。

BASI 　　航空安全调查局（Bureau of Air Safety Investigation）。澳大利亚负责调查和报告澳大利亚航空事故的部门。

BASIS　　英国航空公司安全信息系统（British Airways Safety Information System）。由英国航空公司 1990 年开发的系统。它是一个非惩罚性系统，并已成为全球最受欢迎的航空管理工具之一。BASIS 为英国航空公司所有和运行，但是允许其他航空公司和组织使用。目前，该系统为超过 150 个组织、管理当局和航空器制造厂商所使用。

CAA　　1. 民用航空局（美国）［Civil Aviation Administration（US）］。1978 年美国放松管制法撤销了该 CAA。在这之前，它负责美国航空系统各个方面的一般运行。现在由 FAA 承担其原职责。

2. 民用航空当局（Civil Aviation Authority）。英国民用航空局，与 FAA 职责相当的英国民航当局。在其他国家也使用 CAA 这个名称。

3. 民用航空当局（Civil Aviation Administration）。某几个国家管理民用航空的政府部门。

CAB　　民用航空委员会（Civil Aeronautics Board）。1978 年放松管制法撤销了美国的民用航空委员会。CAB 负责航空器的适航审定、确定最低机组定员等等事项。现在由 FAA 承担这些职责。

CAIRS　　航空事件保密报告系统（Confidential Aviation Incident Reporting System）。不能将澳大利亚航空事件保密报告系统（CAIRS）误解为澳大利亚航行规章中的长期事件报告要求。

CASRP/
SECU-
RITAS　　加拿大航空安全报告项目（Canada Aviation Safety Reporting Program）。

CASST　　商业航空安全战略小组（Commercial Aviation Safety Strategy Team）。由 ATA 领导的这个小组，是与航天行业协会、飞机和发动机主要的制造厂商、航空公司和航线运输驾驶员协会共同协调的结果。FAA 和 NASA 是该小组积极的参与方。

CAT Ⅰ、   机场运行最低标准（Categories for Landing Minimums）。它是飞
CAT Ⅱ、   机使用仪表着陆系统时的最低天气标准和决断高（DH）、跑道
CAT Ⅲ   视程（RVR）的组合。由 ICAO 达成一致意见，并在全球通用。

  Category I　决断高 200 英尺、跑道视程不低于 1800 英尺

  Category II 决断高 100~200 英尺、跑道视程不低于 1200 英尺

  Category IIIa 无决断高、跑道视程不低于 700 英尺

  Category IIIb 无决断高、跑道视程不低于 150 英尺

  Category IIIc 无决断高、跑道视程 0（例如，外部能见度为 0）

CDU   控制和显示单元（Control and Display Unit）。在当今很多航空器
          的飞行管理系统中提供大量的人与系统之间的界面。在波音飞
          机上使得驾驶员可以进行飞行管理计算机（FMC）编程，即是
          飞行管理系统（FMS）。在空客的飞机上，CDU 被称为 MCDU
          （"M" 代表多功能）。它为 FMGC（飞行管理和指引计算机）提
          供使用界面。

CFIT   可控撞地飞行（Controlled Flight Into Terrain）。"处于机组控制
          下的可用航空器（不是故意的）撞到地形、障碍物或水面上，
          而机组并未意识到即将发生的碰撞的"事故。

CHIRP   事故报告保密项目（Confidential Human Incident Reporting Pro-
          gram）。英国使用的事故报告秘密系统。

CIS   独联体（Commonwealth of Independent States）。前苏联的各个成
          员国。

CNS/ATM   集通讯、导航和监视为一体的空中交通管理系统。参见 FANS。

Code Sharing代码共享。在旅游代理使用的计算机系统中，两家航空公司在
          同一个航班上使用两家代码的市场营销做法。

CRM   机组资源管理（Crew Resource Management）。利用和提高驾驶
          员、乘务员和航空系统中其他人员的资源管理能力的一个理念。
          此词源于 John Lauber 最初创造的驾驶舱资源管理一词，但曾有
          几个前身。它是普遍认识到安全和有效运行现代运输机需要的
          不仅是技术、还需要全面的团队概念以及应当教授必须的技能
          和理念等之后的产物。

CRT   阴极射线管（Cathode Ray Tube）。在玻璃驾驶舱航空器仪表板

上用来显示信息的设备。

CVR　　　舱音记录器（Cockpit Voice Recorder）。记录前 30 分钟内包括驾驶舱中的说话和无线电通讯在内的驾驶舱声音的标准设备。未来的发展是期望能增加记录的时间。CVR 的设计能力是能忍受坠机的冲击力，因此能通过分析其上的信息来推测坠机的原因。

DFDR　　数字式飞行数据记录器（Digital Flight Data Recorder）。参见 FDR。

DH　　　决断高（Decision Height）。用于决定最低着陆天气条件。

Dirigible 或 Airship　飞船或飞艇。一种轻于空气的航空器，自带动力、机组可以操控其方向。参见 Zeppelin。

DME　　测距仪（Distance Measuring Equipment）。测量斜距的机载导航设备。

Doppler　多普勒系统。使用多普勒雷达测量航空器位置改变率的机载导航系统，也是用于探测风切变或与雷暴相关的微下击暴流的地面雷达系统。

DOT　　运输部（Department of Transportation）。该部负责美国所有商业运输事务，部门领导是运输部部长。FAA 是 DOT 下的一个单位。

EASA　　欧洲航空安全局（European Aviation Safety Agency）。由欧盟近期成立的一个航空局，是 EU 计划拥有在 EU 各国颁发和强制执行航空规章的法律权利的基础部门。预计在 2003 年全面合法并开始运转。

ECAC　　欧洲民航会议（European Civil Aviation Conference）。目前 ECAC 有 36 个成员国。

EEC　　EUROCONTROL 实验中心（EUROCONTROL Experimental Center）。成立于 1962 年，是 EUROCONTROL 的一个组成部分。主要为研究、设计、开发和改进空中交通管制系统提供支持。

EGNOS　欧洲同步卫星导航覆盖系统（European Geostationary Navigation Overlay System）。EGNOS 是欧洲的一个卫星导航系统，与美国的 WAAS 类似。这两个系统必须无缝运转。已经成功地在冰岛完成了两个系统的初步协调测试。

EGPWS   增强型近地警告系统（Enhanced Ground Proximity Warning System）。是 GPWS 的改进型。

ESRD   欧洲超音速航空器研究计划（European Supersonic Research Program）。

EU   欧盟（European Union）。由 27 个欧洲国家组成的政治性组织，成员国数量仍在增加。

EUCARE   欧洲航空安全秘密报告网络（European Confidential Aviation Safety Reporting Network）。欧洲新建的独立安全报告系统。航空界的各个成员都可以向 EUCARE 提交报告，绝对保密的。EUCARE 与柏林技术大学建立了联合关系。

EUROCO-NTROL   欧洲空中航行安全组织。仍然在扩大会员范围，1995 年有 33 个成员国。

EVS   增强型视景系统（Enhanced Visual Systems）。还未投入使用的先进 HUD 系统。其目的是让飞机不再依靠地面导航设备。EVS 的显示可以显示在 CRT、平板或先进的 HUD 上。

FAA   联邦航空当局（Federal Aviation Administration）。由局长负责的一个 DOT 下设部门。负责航空安全和空中交通管制系统的运行。从 1926 年美国商务部航空分部对航空立法以来，FAA 是同时负责管理航空安全和促进航空行业高效发展的一个政府部门。

FADEC   全能数字式发动机控制器（Full-Authority Digital Engine Control）。自动确定发动机参数、并能控制包括起飞在内的所有飞行阶段中发动机的动力。

Fail Active   失效－系统安全。在发生任何失效后，系统或系统组仍能正确运转。

Fail Operational   失效－系统继续运行。无论是一个还是多个部件失效，都不影响（或有限影响）其运转的系统。

Fail Passive   失效－系统停止运转。发生失效后就无法运转的系统。失效会让系统停止运转，从而防止危险运转或过严重故障。

FANS   新一代航行系统（Future Air Navigation System）。FANS 是由 ICAO 提出、并在逐步实现的一个全球空中航行系统计划。第一步是就未来的通信、导航、监视和空中交通管理（CNS/ATM）

的标准达成一致意见。美国和海外的新飞机都要符合 FANS-1 或 FANS-A（欧洲）的要求。

FAR 联邦航空条例（Federal Aviation Regulation）。FAR 由诸如 23 部、25 部、121 部等的各部组成。这些部是美国条例中的特别部分。

FCU 飞行控制组件（Flight Control Unit）。空客自动驾驶系统的战术模式和输入数据控制面板。参见 FMS。

FDR 飞行数据记录器（Flight Data Recorder）。记录飞行中的相关技术信息，例如速度、高度、航向和其他飞行参数等航空器性能数据以及其他选定系统数据。现代的 FDR 被称作数字式飞行数据记录器，能记录 88 个参数。其设计能力都能承受坠机冲击力。

FEIA 国际飞行技师联合会（Flight Engineers International Association）。二次世界大战刚结束时，美国的一个大问题是机组的数量和质量远超过其飞机的数量。FEIA 是美国总统飞行机组人员定员工作小组的主要贡献单位。

FLA 未来的大型航空器（Future Large Aircraft）。欧洲使用此词作为美国的超大型航空器（VLA）的同义词。

Flat Panel 平板显示器与早期的 CRT 一样，提供信息显示。平板显示比 CRT 好是因为它们所占空间更小、并且有其他好处。

FLIR 前视红外线辐射（Forward Looking Infrared Radiation）。红外线辐射是一种电磁辐射，其波长比可见光长、但比微波短。对于某些天气情况的探测很有用，但对另一些天气情况的探测无用。FLIR 被认为一种很重要的增强型视景系统（EVS）。

Fly-by-wire 电传操纵。传统的飞行控制是使用驾驶舱中的驾驶杆与控制面附近的液压做动筒之间的缆绳进行的。电传操纵在驾驶员的控制杆和控制面之间装上了计算机，在驾驶员和控制面之间插入了一个微芯片。电传飞行控制系统的一个简单定义就是使用电信号进行飞行控制的系统。

FMA 飞行状态显示器面板（Flight Mode Annunciation Panel）。老式飞机上，在姿态指引仪上方或边上有一个专门的面板。在玻璃驾驶舱中，在主飞行显示的最上面有一个飞行状态的显示。

FMS 　　飞行管理系统（Flight Management System）。FMS 的用途越来越多、也越来越复杂。他们是有效运行如今技术先进的飞机所必不可少的系统。在空客飞机上，FMS 被称作是 FMGC，意思是飞行管理和指引系统。

FOQA 　　飞行运行品质保证（Flight Operation Quality Assurance）。这是一个备受争议、被部分实施的 FAA 和行业项目。如果完全实施的话，FOQA 包括 AQP 项目和收集由快速存取记录器（QAR）所记录的每一个航班的飞行运行数据。它是完全实施 GAIN 的一个重要组成部分。

FPV 　　航路无线电导引（Flight Path Vector）。预报未来的飞行航路上的情况。取代高级 EFIS 中的传统型飞行指引仪。FPV 对于探测和应对风切变特别有用。

Free Flight 　　自由飞行。一个先进的空中交通管制理念。被定义为"……仪表飞行规则下安全有效的飞行运行，其中运营人能够实时地自由选择其航路、速度……仅有的限制是纠正已被明确的问题的范围和持续时间。消除这些限制的任何活动都是朝自由飞行前进的一个进步"（RTCA 第 3 任务小组，1995）。

FSB 　　飞行标准化委员会（Flight Standardization Board）。FAA 的一个内部委员会。

FSF 　　飞行安全基金会（Flight Safety Foundation）。非政治性、非赢利性、国际性的独立组织，其成员超过 77 个国家的 660 个组织。FSF 提供信息和收集功能，不太发达的航空行业单位可以依靠此功能获得航空安全信息。它也提供对全球的公司和航空公司的运行进行秘密安全审计服务。

G 　　G 代表地球上所有物体由于地球的引力而受到的向下加速度。虽然 G 会随着纬度的变化而有略微的变化，但一般认为 G 的大小是 32 英尺/平方秒（即 981 厘米/平方秒）。

GAIN 　　全球安全信息网（Global Analysis and Information Network）。收集、分析和分发航空安全信息，从而明显改进运行中的早期安全警告能力的国际信息系统。预计它将是航空界通过共享信息、分析方法和结果而实现成本节约的一个信息系统。

GLONASS 全球卫星导航系统（Global Navigation Satellite System）。由俄罗斯联邦部署并由其国防部控制的一个卫星导航系统。GLONASS不承认会减弱其信号而为民用服务。与 GPS 一样，它提供精确的全球持续性定位能力。

GNSS 全球卫星导航系统（Global Navigation Satellite System）。欧洲的卫星导航系统，该系统能与 GPS 和 GLONASS 兼容。

GPS 全球定位系统（Global Positioning System）。美国的卫星导航系统，由美国国防部所有和控制。提供精确的全球持续性定位能力。

GPS/ADS 全球定位系统和自动相关监视。参见 FANS。

GPWS 近地警告系统（Ground Proximity Warning System）。

Harmonization 一致化。不同国家关于航空运输的制造、审定和运输方面的规定和规章的标准化。

HGS 平视指引系统（Head-up Guidance System）。参见 HUD。

Hub and Spoke 通过增加航班选择更加有效利用航空器的一个系统。使用枢纽机场（或枢纽）作为其来往于周围城市或城镇之间航班（轮辐）的换乘点。

HUD 平视显示器（Head-up Display）。在驾驶员面前的透明面板上向驾驶员提供航路信息的平视显示，在他/她看到的真实世界中增加了这些显示信息。

Hypersonic 高超音速飞机。速度超过马赫数 5 的航空器。

IATA 国际航空运输协会（International Air Transportation Association）。IATA 是由 235 个国际性航空公司组成的行业协会。它管理国际航空运输的各个方面，既包括经济问题也包括技术问题。

ICAO 国际民用航空组织（International Civil Aviation Organization）。它是联合国的专门机构。现有 186 个成员国。1947 年成立，大会是其权利机构，理事会是其常设机构，工作人员来自世界各地。

IFALPA 航线驾驶员协会国际联合会（International Federation of Airline Pilots Associations）。IFALPA 的成员协会代表着来自 90 个国家的 12 万名驾驶员。在联合国成立 ICAO 时，它也向 IFALPA 派

驻了官方观察员，IFALPA 是全球航线驾驶员唯一合法的声音。IFALPA 向 ICAO 派驻了职业观察员，也向 ICAO 的 28 个专业委员会、专业小组和秘书处研究小组分别派驻了职业代表。IFAL-PA 是国家航空安全论坛中一个积极而有影响力的贡献者。

IHAS　　　综合避害系统（Integrated Hazard Avoidance System）。

Infrastructure基础设施。航空系统中的 ATC 系统，诸如机场跑道、滑行道、机坪、旅客候机楼和货运楼、输油管线、塔台和其他地面建筑等的固定建筑物以及雷达和通讯设施。

INS　　　惯性导航系统（Inertial Navigation System）。利用陀螺仪和加速计来跟踪航空器速度和位置的机载系统。

JAA　　　联合航空当局（Joint Aviation Authorities）。JAA 由 24 个欧洲国家组成——这 24 个国家都是欧盟成员国。它负责欧洲航空各个方面的规章制订和标准化工作。欧盟认为它可以承担 JAA 的职责。

JAR　　　联合航空要求（Joint Aviation Requirement）。由 JAA 制订的联合航空要求是欧洲各当局经过一系列艰苦努力而在适航问题上达成一致意见的产物。JAR 包括要求和指导材料——联合咨询通告（ACJ）、联合指导材料（AMJ）、可接受的符合性方法（AMC）、解释性材料以及与维修、审定、运行和执照颁发有关的通用文件。

KUFAC　　荷兰航空公司人为因素宣传课程。

LAAS　　　本地增强系统。增强 GPS 信号，改善 WAAS，其目的是满足严格的 2 类和 3 类进近和着陆要求。

LCD　　　液晶显示器（Liquid Crystal Display）。LCD 是平板显示，在最新的飞机上逐渐代替 CRT。

LORAN　　罗兰（远程空中导航）系统（Long-Range Navigation）。它利用地基低频无线电设备。在美国，美国海岸警卫队控制罗兰系统。

MASPS　　航空器系统最低性能规范（Minimum Aircraft System Performance Specifications）。使得高度保持范围在 50 英尺内的数字式航空数据计算机和相关系统的运行系统标准。RVSM 运行中要求 MASPS。

MEL   最低设备清单（Minimum Equipment List）。为了旅客航班合法起飞而必须处于良好工作状态的航空器设备。FAA 可以对航空器适航不必要的项目进行有限类型和时间的延期。

Mode S   S 模式。这是一种增强型应答机系统，使得 ATC 和飞机之间进行数据链信息通信。S 模式应答机也可以让航空器就可能的冲突避免信息互相进行通信。

MSAW   最低安全高度警告系统（Minimum Safe Altitude Warning System）。ATC ARTS III 设施中的一种地基系统，当航空器低于最低安全高度时，能自动向航空器发出警告。

NAS   国家空域系统（美国）。

NASA   国家航空航天局（美国）。

NASA/UT   NASA 提供资金的一个得克萨斯大学研究小组。（有时候会与 FAA 一起工作，或由 FAA 提供赞助，这时候它就被称作 NASA/FAA/UT）。

NCARC   国家民航评审委员会（National Civil Aviation Review Commission）。该委员会作为 1996 年联邦航空重新授权法的一部分成立，由来自不同航空组织的 21 名人员组成。

NPA   非精密进近（Non-precision Approach）。从最后进近点（FAP）到跑道接地点期间仅有水平指引的仪表进近。NPA 也被定义为不提供电子下滑道指引的标准仪表进近。

NPRM   建议规章制订通告（Notice of Proposed Rule Making）。由 FAA 颁布，其目的是让其意图获得更加广泛的理解，它也是规章制订程序中的一个步骤。

NTSB   国家运输安全委员会（The National Transportation Safety Board）。美国调查航空器事故的官方委员会。

OASIS   运行机场安全信息系统（Operational Airport Safety Information System）。GAIN 中，由 FSF 和 Battelle 共同开发的一个安全信息系统。

PF   把杆飞行员（Pilot Flying）。

PNF   不把杆飞行员（Pilot Not-flying）。

POI   主任运行监察员（Principal Operations Inspector）。FAA 为每一

家航空公司指定的主任运行监察员。

Precision Approach	精密进近。从最后进近点（FAP）到跑道接地点期间有水平和垂直两个方向指引的仪表进近。使用仪表着陆系统（ILS）、微波着陆系统（MLS）和精密进近雷达（PAR）的进近被认为是精密进近。
PWS	可预测风切变（Predictive Wind Shear）。
QAR	快速存取记录器（Quick Access Recorder）。
Regional Air Carrier 或 Regional	支线航空公司。年收入低于 1 亿美金、并且航班局限在某一地域范围内的航空公司。
RTCA	航空无线电技术委员会有限公司（Radio Technical Commission for Aeronautic Inc）。1935 年成立时名为航空无线电技术委员会，1991 年成为有限公司，简称 RTCA。其使命是"为广大公众的利益，提高航空和航空电子系统的艺术和科学"。其资金主要来源于其 200 多个成员。成员中有超过 150 个美国政府部门、商业实体、学术团体和国际协会。RTCA 作为一个联邦咨询委员会，并称为是一致意见的创造者。
RTK	吨公里（Metric Ton Kilometer）。用于衡量国际货运量的常用单位。
RTO	中断起飞（Rejected Takeoff）。
RVR	跑道视程（Runway Vision Range）。
RVSM	缩小垂直间隔（Reduced Vertical Separation Minimum）。缩小 29000 英尺以上空域的垂直间距。气压计虽然仍然显示 1000 英尺，但是因为高高度的空气密度变小，因此真实距离不到 1000 英尺。处理 RVSM 过渡的所有空中管制人员需要进行专门的训练。所有在 RVSM 空域运行的航空器需要专门的设备和运行批准。
SADEC	南非发展共同体（South African Development Community）。
Social Environment	社会环境。它包括国家环境、规章环境以及组织或公司环境。

Stabilized Approach　稳定进近。从最后进近高度到跑道接地点一直沿着跑道中心线的延长线保持飞行中可核实的不变下降角度进行的进近。除航向道偏置（offset-localizer）进近之外，ILS 进近从本质上来说是稳定进近。

Stage 2　描述满足起飞和降落特定噪声参数的喷气式飞机的一个术语。B727 和 DC-9 属于此类飞机。

Stage 3　描述满足起飞和降落特定噪声参数的喷气式飞机的一个术语。此类飞机是目前在役的最安静的飞机，B757 和 MD-80 等属于此类飞机。

SST　超音速运输机（Supersonic Transport）。能以超音速飞行的运输飞机，其速度会随高度的变化而改变，但在海平面上的速度大于 700 英里/小时。

STC　补充型号合格证（Supplemental Type Certificate）。颁发给属于已经获得型号合格证飞机的派生机的合格证。

STCA　快速防撞警告（Short Term Conflict Alert）。为管制员开发的一个软件，在航空器将要失去间隔时，给管制员警告。该技术主要在欧洲研发和使用。

STOL　短距离起降航空器（Short Takeoff or Landing Aircraft）。依据适用的适航和运行规章的规定，可以在短跑道上运行的航空器。参见 VTOL。

SVS　综合视景系统（Synthetic Vision System）。

TA　空中交通情况警告（Traffic Advisory）。来自 TCAS 警告，通常在 TR 之前发出。

TAWS　地形提示及警告系统（Terrain Avoidance and Warning System）。美国在其规章中使用的缩略语。GPWS 和 EGPWS 都是 TAWS。

TC　型号合格证（Type Certificate）。某一管理当局给某一飞机颁发的设计适航证明。

TCAS　机载防撞系统（Traffic Alert and Collision Avoidance System）。商用喷气式飞机上安装的一个系统，其目的是搜寻并警告驾驶员有其他飞机的存在。更加先进的 TCAS 包括 TA（空中交通情况警告）和 TR（空中交通情况处理建议），能给出侧向避让指令。希望未来的改进还能给出垂直避让指令。ICAO 和欧盟使用 ACAS 一词。

TR　　　　空中交通情况处理建议（Traffic Resolution）。来自 TCAS 警告，通常在 TA 之后发出。

Transponder　应答机。以所安装航空器的四位识别代码"应答"地基雷达的询问的电子设备。以后的型号有能力自动将航空器的高度传送到地基雷达。

Transport Canada　加拿大运输部。加拿大管理民用航空的政府部门。与美国的 FAA 类似。

TSU　　　　无意识安全时间（Time of Safe Consciousness）。一个人由于失去氧气而无意识、但大脑不会受损伤的时间。

TUC　　　　有效意识时间（Time of Useful Consciousness）。一个人没有正常的氧气供给时还能采取有效预防措施的时间。

UTC　　　　协调世界时（Coordinated Universal Time）。全球原子钟所保持的标准时间。1964 年，UTC 被全球公认，现在已经代替了格林威治时间（GMT），成为全球标准时间。

V_1　　　　以前被称为"关键发动机速度"，现在被称作"起飞决断速度"。如果飞机在低于此速度时单发失效，这时飞机仍可以在跑道上停下来。

V_2　　　　安全起飞速度。单发时的正常起飞速度。它是飞机起飞后单发失效情况下能保持爬升梯度的最低空速。如果飞机在 V1 后发动机失效，驾驶员应当继续加速到 V2、继续起飞。

V_R　　　　抬前轮速度。起飞滑跑过程中飞机可以抬起前轮、维持其起飞姿态的空速。

VHF　　　　甚高频（Very High Frequency）。电磁波谱中的一部分，由于特性的限制，在航空中它只能用于视线范围内的通讯和导航。

VLA　　　　超大型航空器（Very Large Aircraft）。欧洲的未来的大型飞机（FLA）一词的同义词。

VTOL　　　垂直起降（航空器）[Vertical Takeoff and Landing（Aircraft）]。能够垂直爬升和下降的航空器，只需要要很短的跑道或很小的地方就能起飞和着陆。参见 STOL。

WAAS　　　广域增强系统（Wide Area Augmentation System）。美国 FAA 计划的 ATS 系统的一部分，利用能从太空中卫星所发出的信号而获得精确定位的地面基站。它被用在目前的空中交通管制系统中提供导航能力，进行自由飞行和利用已获批准的卫星系统。FAA 也研发了 LAAS（本地增强系统），以满足严格的 2 类和 3 类进近和着陆要求。

WSAS　　　风切变警告系统（Wind Shear Advisory System）。向驾驶员提供风切变警告的系统。该系统对机载传感器所探测到的加速压力被动反应或是在探测到风切变环境时被激活。系统可以是机载的，也可以安装在地面上。

Zeppelin　齐柏林硬式飞艇。以其发明者费迪南·齐柏林伯爵命名的刚性飞艇或飞船，此人是德国工程师，同时也是骑兵旅长。参见飞船或飞艇。